武汉大学研究生规划教材

地球物理大地测量反演理论与应用

Joint Inversion Theory Geophysics and Geodesy and Its Application

许才军 陈庭 张丽琴 温扬茂 汪建军 刘洋 编著

WUHAN UNIVERSITY PRESS
武汉大学出版社

图书在版编目(CIP)数据

地球物理大地测量反演理论与应用/许才军等编著．—武汉：武汉大学出版社，2015.9
ISBN 978-7-307-16331-7

Ⅰ.地…　Ⅱ.许…　Ⅲ.大地测量—地球物理反演　Ⅳ.①P22　②P31

中国版本图书馆 CIP 数据核字(2015)第 154363 号

责任编辑：黄汉平　　责任校对：汪欣怡　　版式设计：马　佳

出版发行：**武汉大学出版社**　(430072　武昌　珞珈山)
(电子邮件：cbs22@whu.edu.cn　网址：www.wdp.com.cn)
印刷：武汉中科兴业印务有限公司
开本：787×1092　1/16　印张：23.75　字数：557千字　插页：1
版次：2015年9月第1版　2015年9月第1次印刷
ISBN 978-7-307-16331-7　定价：48.00元

内 容 提 要

本书是作为教科书编写的，全书共9章。第1章：地球物理大地测量反演理论概述；第2章：地球物理大地测量反演的物理基础；第3章：地球物理大地测量反演的地质构造基础；第4章：线性反演方法；第5章：非线性反演方法；第6章：地球物理大地测量联合反演模型辨识与确定；第7章：基于位错模式的地球物理大地测量反演方法；第8章：基于黏弹体的地球物理大地测量反演方法；第9章：地球物理大地测量联合反演地壳应变应力场。

本书既有各种反演方法的数学公式推导，又有地球物理大地测量反演的一些概念分析，特别是结合作者的科研工作，体现了地球物理学与大地测量学的交叉特色，具有内容新，覆盖面广，概念清楚，深入浅出，通俗易懂等特点，具有较强的理论性和实用性，可作为固体地球物理专业、大地测量学与测量工程专业的研究生教材或教学参考书，亦可供从事相关领域及专业的科技人员和研究人员参考。

前　言

本书是作者在武汉大学大地测量学与测量工程及固体地球物理学专业的硕士研究生讲授的(大地测量)地球物理反演理论课程的基础上编写的。

地球物理反演理论的目的是根据观测数据求取相应的地球物理模型，更确切地说是认识地球动力学过程，而观测数据不只限于地球物理观测量，也包括地质、大地测量、摄影测量与遥感观测数据，因此，地球物理反演这个名称并不能确切地表达其内涵。特别是高精度、高分辨率的空间大地测量观测使地球物理反演进入了一个崭新的发展阶段，因此，20 世纪 80、90 年代提出了大地测量反演问题(理论)，其特点是应用高精度、高分辨率的大地测量数据进行地球物理问题的研究，大地测量反演问题是大地测量学科深入地学研究领域的核心问题。地球物理反演理论的目的是根据观测数据求取相应的地球物理模型，而大地测量反演与地球物理反演在本质上并没有区别，它也是根据观测数据(主要是大地测量数据)求取地球动力学(数学物理)模型。事实上，随着科学技术的发展，学科的发展不再是单一的，地球物理反演问题也好、大地测量反演问题也好，对于其要表达的含义都具有局限性，于是，一个崭新的学科分支——地球物理大地测量反演应运而生，地球物理大地测量反演问题能比较确切地反映其事物的本质，也代表了学科发展的趋势。

本书共 9 章，其中第 1 章由许才军教授编写、第 2 章由陈庭副教授编写，第 3、8 章由温扬茂副教授编写，第 4、9 章由汪建军讲师编写，第 5 章由张丽琴副教授编写，第 6 章由许才军教授、刘洋讲师编写，第 7 章由许才军教授、陈庭副教授、刘洋讲师编写，全书由许才军教授统稿。本书的编写参考了我国许多地学工作者的最新研究成果。

限于水平，书中缺点和疏漏在所难免，敬请读者指正。

编著者

2015 年 2 月

目　录

第1章 地球物理大地测量反演理论概述

1.1 正演问题与反演问题

正演问题和反演问题是普遍存在的两个相辅相成的问题。正演问题一般是属于数学物理方程的问题，即解算适合于一定附加条件的二阶偏微分方程问题（傅淑芳、朱仁益，1998）。通俗地讲，根据给定的数学物理模型的参数计算出（观测）结果的问题是正演问题，或者说正演问题是按照事物的一般原理（模型）以及相关的条件（初始条件、边界条件）来预测事物的结果。例如，在板块构造理论研究中，根据板块运动模型给出的欧拉运动参数（欧拉极坐标、旋转角速度）来计算任一点的板块运动速度就是一个正演问题；在地球物理磁法勘探的理论研究中，根据磁性体的形状、产状和磁性数据，通过理论计算、模拟计算或模型实验等方法，得到磁异常的理论数值或理论曲线，也是正演问题。而由观测数据通过适当的方法计算数学物理模型参数来重建数学物理模型的问题是反演问题，或者说由结果反推原因的问题就是反演问题。在测量数据处理中我们通常所做的工作由观测数据确定模型参数的平差问题就是反演问题最简单的一个例子；在磁法勘探理论研究和解释磁测成果时，根据磁异常特征，确定磁性体的形状、产状及其磁性等，也属于反演问题。

正演有时也称正演模拟，在地震勘探中，正演模拟是用一种生成人工合成地震记录的算法来实现的，这些算法有地震射线追踪法、有限差分法或有限元波动方程解法等。在重力勘探中，正演模拟方法包括根据假定的地下密度分布计算重力场异常分布。而反演或“反演模拟”试图根据给定的一组地球物理测量结果重建地下特征，重建工作以模型响应“拟合”测量结果的方式进行，反演可以理解为“对不精确、不充分和不一致的数据进行解释”（Jackson，1972）。

1.2 地球物理大地测量反演的研究对象

地球物理反演是在地球物理学中利用地球表面观测到的物理现象推测地球内部介质物理状态的空间变化及物性结构的一个分支。

地球物理反演理论的目的是根据观测数据求取相应的地球物理模型，更确切地说是认识地球动力学过程，而观测数据不只限于地球物理观测量，也包括地质、大地测量、摄影测量与遥感观测数据，因此地球物理反演这个名称并不能确切地表达其内涵。特别是高精度、高分辨率的空间大地测量观测使地球物理反演进入了一个崭新的发展阶段，因此20

世纪 80、90 年代提出了大地测量反演问题(理论)，其特点是应用高精度、高分辨率的大地测量数据进行地球物理问题的研究，大地测量反演问题是大地测量学科深入地学研究领域的核心问题。地球物理反演理论的目的是根据观测数据求取相应的地球物理模型，而大地测量反演与地球物理反演在本质上并没有区别，它也是根据观测数据(主要是大地测量数据)求取地球动力学(数学物理)模型。事实上，随着科学技术的发展，学科的发展不再是单一的，地球物理反演问题、大地测量反演问题，对于其要表达的含义都具有局限性，一个崭新的学科分支应运而生，地球物理大地测量反演问题(或者叫地球物理大地测量联合反演问题、大地测量地球物理联合反演问题等)能比较确切地反映其事物的本质，也代表了学科发展的趋势。

地球物理大地测量反演问题是一个可以同时包含动力学参数和介质物性参数的混合反问题，它涵盖了地球物理反演问题和大地测量反演问题所要解决的最基本的问题。

地球物理大地测量反演，以大地测量观测为基础，结合地球物理、地质等其他学科资料，利用地球物理学建立的先验地球动力学模型，反推动力学模型参数，修正或提出新的地球动力学模型；也可以根据地表观测结果反演研究活动断层、活动块体的运动情况，探讨地壳运动与地震关系，进行地震、地质灾害的预测预报。地球物理大地测量反演理论的目的就是根据观测数据求取相应的地球物理模型。

1.3　地球物理大地测量反演的发展历史

从我国东汉的科学家张衡在公元 132 年发明候风地动仪来测验地震以来，地球物理反演已经渗透到地球科学的各个领域。牛顿根据万有引力定律推测地球密度，开尔文研究地球的弹性和热传导，都是早期地球物理反演的范例。

从文献来看，早在 1930 年 Tsuboi 就研究了 1927 年发生的 Tango 地震的地壳形变，发表了论文 *Investigation on the deformation of the earth's crust in the Tango district connected with the Tango earthquake of* 1927。大地测量资料参与地球物理实质性反演最早是日本科学家 Kasahara，他于 1957、1958 年利用地震学的和大地测量学的观测数据反演研究地震成因的基本属性、地震断层的物理条件。Byerly(1958)利用大地测量资料计算了地震能量。随后 Chinnery(1961，1965)分别探讨了地表断层与地面位移、平移(走滑)断层与垂直位移的关系。Press(1965)发表了远程地震的位移、应变和倾斜的文章。Savage 和 Burford(1973)利用三角网观测数据反演确定了加利福尼亚中部的相对板块运动。Matsu'ura (1977)探讨了利用大地测量数据反演地下断层问题，明确提出了大地测量反演这一概念，详细讨论了大地测量反演的数学模型及公式，并对 1927 年发生的 Tango 地震进行了具体的研究。Okada (1985，1992)、Okubo(1992)等应用位错理论推导了由于地下断层引起地表位移和重力变化等经典公式，在地震同震变形正反演研究、负位错理论研究以及非震变形研究中，均得到了广泛应用。Segall(1980，1987，1988，1992，1993，1994，1996，1997，1998)、Savage(1994，1998，2000)等学者利用大地测量资料反演研究了地壳运动、活动断层运动及震源参数等。最近几年，Fukuda 和 Johnson(2008，2010)提出能够同时处理不同数据集相对权比、正则化参数、线性模型参数和非线性模型参数的“全贝叶斯算法”和线性非线性反演方法，Kositsky 和 Avouac(2010)提出主成分分析反演法(PCAIM)进行动态大地测量数据的反演分析。

我国学者利用大地测量资料进行地球物理反演研究最早是陈运泰院士，他于 1975 年根据地面形变的观测(水平和垂直位移场)研究了 1966 年邢台地震的震源过程，1979 年他又用大地测量资料反演了 1976 年唐山地震的位错模式。1978 年王椿镛等提出了用大地测量资料在最小二乘意义下确定通海地震断层参数的一个方法。1981 年朱成男等利用新丰江水库 1964 年 5.3 级地震区三角网平差结果反演了地震断层参数，讨论了“随机尝试——动态平差”方法。1984 年，张祖胜提出了利用原始观测资料(包括地面长度、角度、高差、倾斜、应变的变化值)直接进行反演的严密方法；改进了单纯形最优化计算方法，加速了迭代的收敛并给出了收敛准则；按逐渐趋近法进行观测资料的标准化，保证了标准化后的各类资料都属于同一正态分布。文中根据地震前、后的大地测量资料，对 1976 年唐山 7.8 级地震的震源参数进行了反演，并对成果的稳定性和可靠性进行了检验。高锡铭等(1990)讨论了地震位错引起的参考系，即大地水准面形变问题，给出了位错引起的大地水准面高和垂线偏差的变化，以及大地水准面高随位错面倾角变化等数值结果．在进一步考虑大地水准面形变的条件下，给出用表面视位移和重力变化资料反演位错模型参数的处理方法，以及用于确定唐山地震源参数和大地水准面高的变化的实例。顾国华(1990)详细讨论了形变监测网的基准与形变模型反演问题。

赵少荣(1991)从固体力学的基本方程出发，发展了动态大地测量反演及物理解释的理论，并利用大地测量数据反演研究了 1976 年唐山地震震前和震时地壳断裂运动的特征和规律，以及唐山地震的非均匀破裂图像。许才军(1994)研究了青藏高原地壳运动模型与构造应力场，建立了由大地测量数据反演三维线弹性构造应力场数学模型，并用大地测量数据结合地质、地球物理资料对青藏高原构造变形和构造应力场进行了三维数值模拟分析。党亚民(1998)研究了贝叶斯方法、蒙特卡洛法、模拟退火算法以及遗传算法等在大地测量形变分析和解释中的应用，并利用国家 GPS A 级网资料研究了中国大陆现今地壳水平运动的整体特征。伍吉仓(1998)提出了一种刚体运动加断层位错的板块边界断层运动模型，针对大地测量数据反演提出了两种构造先验信息矩阵的方法——经验统计法和物理约束法，较好地克服了反演问题的不唯一性。独知行(2001)初步探讨了大地测量反演模型辨识的定义、原则和方法，在联合反演中引入相对权比，并将它作为待反演参数，同其他反演参数一同反演求解，在此基础上利用中国地壳观测网络 GPS 观测资料和主应力方向数据进行了中国大陆及邻域边界力位移反演和川滇地区边界力的联合反演研究。杨志强(2003)提出并推导了根据实测资料反演边界力和材料参数的位移反分析模型。李志才(2005)研究了顾及地球结构的大地测量反演的模式，将大地测量学与活动块体、地震断层位错模型结合起来，建立了分块体多断层联合反演模式以及顾及地球结构的同震和震后变形反演模式。李爽(2005)研究了基于位错模式的多类数据的联合反演问题，采用了区间模拟退火法进行了近震定位实验并利用重力和 GPS 数据联合反演了川西地区的断层参数。陈庭(2005)利用数值流形方法模拟了川滇地区地壳运动速度场和应力场变化。张朝玉(2006)提出了半线性反演方法，克服了当前非线性方法不能评价反演结果，线性反演对初始模型依赖性大的缺点；证明了附加相对权比的联合反演方法与赫尔墨特公式的一致性，推导了具有自适应权比的大地测量联合反演的序贯算法。黄建平等(2006)利用重力和地形观测反演中国及邻区地壳厚度，杨元喜等(2009)讨论了顾及几何观测信息和地球物理模型的形变参数自适应滤波解，许才军等(2009)提出了利用赫尔默特方差估计方法求解大地测量地球物理联合反演中各类观测权比例因子的方法。王乐洋(2011)提出了总体最小二乘联合反演方法，推导了附有随机等式约束、非线性等情况下的加权总体最小二乘方法，开展了基于总体最小二乘的大地测量反演理论及应用的研究。刘洋(2012)进一步进行了顾及模型误差的震源参数 InSAR 反演问题的研究。

随着卫星重力技术的发展，特别是新一代卫星重力计划的实施，从 2000 年 7 月开始，CHAMP、GRACE、GOCE 3 颗重力卫星相继发射，时变地球重力场的获取已经成为现实，解决了地面重力测量难以获取地球重力场时变特性的困境。地球系统大范围的质量迁移，能引起地球自转、地球重力场及地球质心的变化。在较短的时间范围内这样的变化往往很微小，而且在较长的时间尺度上又往往保持相对静态，采用地面重力测量往往无法捕捉到这些变化。而卫星重力技术提供的地球重力场数据达到了地面测量所不能提供的信息，也为理解全球范围内的质量迁移过程和地球动态响应提供一种有效的途径(Chao 等，2000)。能引起地球系统质量迁移的基础地球物理过程很多，比如，地震，大气运动，海洋循环和海洋潮汐，冰雪融化，陆地及海洋负载，陆地水储量等等。在较长的时间尺度上，引起地球质量迁移的过程非常复杂，通常涉及固体地球物理以及其他地球动力学过程，而在较短的时间尺度上，引起地球质量迁移的最显著的动态因素则是气候因素。气候因素主要由太阳辐射能驱动，太阳照射时间的长短引起地表及空气温度差异，这些温度差异引起了大气层中空气的大范围移动，即气候引起的大气圈质量迁移，同时也对降水和蒸散产生影响，全球水循环是引起这部分质量迁移和重新分布的主要原因。这些影响也存在着季节内、季节性以及年际的震荡变化，而这一变化周期恰好符合卫星重力技术恢复的地球重力场目前所能达到的时间分辨率(胡小工等，2006)。

时变重力场可反映地球表层物质密度分布的变化。早在 1998 年 Wahr 建立了重力场模型时变位系数与密度分布变化的关系(Wahr 等，1998)，以及反演密度分布变化的数学模型，初步建立了一个由时变重力数据反演地球表层水储量分布变化的较完整的基础理论和方法。此后，国内外有众多研究人员据此开展了深入研究，利用 GRACE 时变重力实测数据反演计算了全球各大流域水储量分布的季节性和年际变化以及南极和格陵兰岛冰盖的质量平衡（Tapley 等，2004；周旭华等，2006；Velicogna 和 Wahr，2006；Chen 等，2007，2008，2009；Guntner 等，2007，2008；Rodell 等，2007；邢乐林等，2007；朱广彬等，2008；翟宁等，2009；李军海等，2011；Luo 等，2012；黄强等，2013），同时研究了青藏高原和印度北部地区冰川变化(Matsuo and Heki，2010)，以及一些典型地区由于对地下水的过度开采产生的后果，其中包括印度北部、美国东部、墨西哥北部、中东地区以及我国华北和东北部分地区(Rodell 等，2009；Tiwari 等，2009)。

GRACE 重力卫星的发射，使我们能够得到大尺度的全球时变重力场，并且有机会观测到质量重分布引起的同震重力变化。Valentin 等(2004)对利用卫星重力测量探测不同震级构造变形引起的重力场变化的可能性进行了数字模拟和统计检验分析。Sun 和 Okubo (2004)也做了类似分析，认为震级大于 9.0 级的剪切型或大于 7.5 级的张裂型地震的同震形变才能被 GRACE 卫星观测到。

2006 年 Han 等首次从 GRACE 重力卫星数据中提取出了 2004 年 Sumatra-Andaman 地震的同震重力变化，其结果与由地震模型预测的重力变化相当。Cambiotti(2011)在 Han 的基础之上进行了改进，用 GRACE 重力卫星数据来约束 2004 年 Sumatra 地震的模型，他使用的地球模型是可压缩包含自重的，还考虑到了水准面的反馈并计算了体积变化导致的重力变化。随后他继续使用 GRACE 数据研究了 2011 年日本 Tohoku-Oki 地震的同震重力变化，并反演了矩张量。

Wang 等(2012)尝试使用 GRACE 重力卫星数据反演了 2010 年 Mw 8.8 级智利 Maule 地震和 2011 年 Tohoku-Oki 地震的矩张量和部分震源参数。随后 Han 等(2013)利用过去十年的卫星重力数据反演了 2004 年 Sumatra-Andaman 地震，2011 年 Maule 地震，2011 年 Tohoku-Oki 地震，2012 年 Indian Ocean 走滑地震，2007 年 Bengkulu 地震的震源参数。

多种数据联合反演是地球物理大地测量反演发展的必然趋势，主要有多类大地测量数据如 GPS、水准数据和重力数据的联合反演，以及大地测量数据与地震、地质数据的联合反演。后者更具有代表性。

Holt 等(2000)利用 GPS 数据和地质断层数据(第四纪断层滑动率)反演给出了亚洲地区速度场，Tong 等(2010)联合 InSAR、GPS 和地质数据反演了汶川地震产生的同震滑动分布，其中地质考察的断层崖高作为下限约束，断层的几何参数也基于地表破裂的地质绘图，为 InSAR 和 GPS 的联合反演提供了重要的先验信息和约束。

Delouis 等(2002)联合 InSAR，GPS，远场地震波和强震数据反演地震滑动的时空分布，通过混合大地测量数据提供独立的时空约束。之后，Cirella 等(2009)、Yokota 等(2011)、Hartzell 等(2013)诸多学者对 GPS/InSAR 和波形资料联合反演震源时空破裂过程的方法与应用进行了研究。在可以看成是波形的高频 GPS 出现以前，GPS/InSAR 偏重于相对长周期(地震周期)的形变监测，这种相对长周期的监测时间分辨率低，难以识别形变的时变规律，而波形资料偏重于高频形变的观测，因此，在震源破裂过程联合反演中，大地测量数据主要用来约束其空间分布，而波形资料被用来约束时间分布。Wang 等(2012)联合了 GPS，InSAR 和海底测量数据反演 2011 年 Tohoku-Oki 地震滑动分布，利用震后两个时期的 GPS 形变做震后滑动改正，并比较了多个不同的模型，发现混合多种数据的模型能够提供最多的滑动细节，结果和地震波和大地测量联合反演结果一致。

大地测量数据与地震、地质数据的联合反演的发展趋势是，综合利用大地测量技术和地震观测手段，联合高频 GPS、InSAR 等获取的近场资料，与地震观测仪器获得的近场强震仪资料、远场宽频带地震波资料，确定地震的发震断层、发震深度、地震大小以及破裂过程，联合空间大地测量(包括卫星重力测量)、几何大地测量(主要包括地面重力测量、跨断层水准测量)、地震和地质观测资料研究地震震源性质和地震机理。

地球物理大地测量反演经历了由单一大地测量数据反演发展到了多种大地测量数据以及多类(大地测量、地球物理、地质等)观测数据参与的联合反演。反演模型已经由最初的连续型发展到了离散型(Jackson，1972，1979)，由线性反演发展到了非线性反演(Tarantola 等，1982；Jackson 等，1985；Gao 等，1993)，以及线性非线性联合反演(Fukuda 和 Johnson，2008，2010)。解反演问题的经典方法是最小二乘法及统计学的回归分析、参数估计等。近三十年来，由于大地测量地球物理反演问题的计算广泛应用了信息论、线性及非线性规划、广义逆理论及最优化方法等一些数学工具，在理论和方法上都有重大进展。

1.4　地球物理大地测量反演的研究内容与方法

当前，人类社会面临资源短缺、自然灾害频繁和生态环境退化问题，要求现代大地测量学科必须面向资源开发、减灾和监测生态环境。可以说，地球物理大地测量反演正成为大地测量学科深入地学领域、探索地球奥秘，透过复杂的地球动力学现象，研究其力学机制，进而解释区域性或全球性地球事件的最基本、最重要的方法。

地球物理大地测量反演的主要任务可以归纳为以下几个方面(刘鼎文，1989；赵少荣，1991；陈鑫连等，1994；许才军，2009)：

(1)利用监测不同周期变化的活动板块的边界运动、应变积累、板内变形以及其他构造运动或区域性的地壳运动信息来研究地震时空展布规律，反演方法求解地壳弹性应力-应变的分布，研究软流圈的流变持性、板块之间的力学耦合程度、建立板块驱动机制。

(2)通过监测全球重力场或区域重力场随时间的变化信息，反演研究地球内部构造和物质分布状态，推断地幔对流的模式；研究冰盖-海洋质量迁移引起的地壳形变，反演地幔的有效黏度。

(3)在活动断裂带上，特别是地震活动带上，综合利用GNSS、水准测量和重力测量的定期复测，以及InSAR监测数据可以反演求解断层的几何和运动参数并分析其构造应力的积累，结合其他地球物理数据评估地震发生的可能性和估计震源参数，研究地震破裂过程和地震机理。

(4)综合利用GNSS、重力测量和卫星测高等大地测量技术，可以监测冰期后回弹、极地冰原的运动和变化、陆地冰川的运动以及海平面变化以至厄尔尼诺和拉尼娜事件的发生与发展，并据此分析全球环境变迁，对其动力学机制和效应进行解释。

(5)监测人类活动对环境的影响，城市地面沉降、矿山崩坍，岩体滑坡以及其他自然因素导致地表变化而造成的各种灾害，进行反演研究并进行灾害预测、预警。

地球物理大地测量反演的主要任务也决定了地球物理大地测量反演的主要研究内容和方法。主要是地球物理大地测量反演模式、反演算法、反演结果的解释及可靠性。

地球物理大地测量反演模式可分为两类：单一种(类)观测资料的反演和多种(类)观测资料的反演。单一种(类)观测资料的反演包括由单一地球物理资料的反演，单一大地测量资料的反演或者单一地质资料的反演；多种(类)观测资料的反演包括由地球物理与大地测量资料的联合反演，地质和大地测量资料的联合反演，以及地球物理、地质和大地测量资料的联合反演等。

地球物理大地测量反演算法可以分成两大类：线性反演算法和非线性反演算法，其中非线性反演算法包括有最速下降法、共轭梯度法、牛顿法、变尺度法、蒙特卡洛法，以及目前常用的模拟退火法、遗传算法、人工神经网络法，还有最近几年发展起来的多尺度反演方法、粒子群算法(PSO)等。

反演结果的解释及可靠性也可以认为是对反演问题的解的评价，由于反演结果的非唯一性，使得它对反演问题非常重要，目前也正在发展之中。

1.5 地球物理大地测量反演的一般过程

地球物理大地测量反演问题首先必须确定观测数据和地球模型(数学物理)参数之间的函数关系，由此可以根据给定的模型参数计算相应的观测数据、进行正演计算，也可以根据观测数据求取地球动力学模型的参数、实现反演分析。正演是反演的前提和条件，只有解决了正演计算，不管是靠解析的方法还是数值的方法，才能实现反演分析。在地球物理学中或地球物理大地测量学中，将观测数据和地球的物理模型参数联系起来的数学表达式叫数学物理模型。不同的地球物理问题或地球物理大地测量学问题，其数学物理模型是不同的，就是同一个地球物理问题或地球物理大地测量学问题，若观测方式不同，近似条件有变，其数学物理模型也不一样。虽然地球物理问题或地球物理大地测量学问题千差万别，但把观测数据和物理模型参数联系起来的数学表达式却只有线性和非线性两大类。

如以 x 表示模型参数，y 表示观测数据，F 表示联系 x 和 y 的函数或泛函表达式，则满足

$$\begin{cases} F(x_1 + x_2) = F(x_1) + F(x_2) = y \\ F(\alpha x) = \alpha F(x) = y \end{cases}$$

两个条件时，称 F 为线性函数或线性泛函，其中 α 为常数。显然，不满足上式的函数或泛函就是非线性函数或非线性泛函。

不管是线性反演还是非线性反演，都涉及地球响应函数(或理论观测值)的计算。正演是反演的前提和条件，只有准确地计算出地球的响应函数，才能求得可靠的地球动力学模型。如果观测数据和地球动力学模型之间存在着确定的函数关系，具有解析表达式，这种正演计算是不难实现的。但是如果观测数据和地球动力学模型之间不存在着确定的函数关系，即不具有解析表达式，这时需要利用数值计算方法来实现正演计算。数值计算方法主要有有限单元法、样条函数拟合法、数值流形方法和积分方程等。

地球物理大地测量反演理论与地球物理反演理论一样必须解决以下 3 大问题。

1)解的适定问题，包括解的存在性(即给定一组观测数据后，是否一定存在一个能拟合观测数据的解或模型)、唯一性(即能拟合观测数据的模型是唯一的，还是非唯一的)及稳定性(即反演问题中的数据稍有变化时其解是否会发生大的变化)。

2)反演问题的求解方法：由于实际问题的复杂性，有时尽管作过解的存在性与唯一性的验证，但并不等于就有了求解的方法。许多问题都是通过反复的实践与演变，才能建立起比较完整的理论。

3)反演问题的解的评价：研究解的评价的一系列准则及折中原则，没有给出解的评价的反演理论是不完全的，它也不同于一般正演问题的误差分析，而是在反演理论中提取真实模型的地球动力学信息的重要工具。

解决这三大问题的过程也就是地球物理大地测量反演的一般过程。

◎ **参考文献：**

[1] Byerly P, DeNoyer J. Energy in earthquakes as computed from geodetic observations// Contributions in Geophysics, 1958, 1: 17-35, London: Pergamon Press

[2] Cambiotti G, Bordoni A, Sabadini R, et al. GRACE gravity data help constraining seismic models of the 2004 Sumatran earthquake. J. Geophys. Res, 2011, 116(B10403), B10403

[3] Cambiotti G, Sabadini R. A source model for the great 2011 Tohoku earthquake (Mw = 9.1) from inversion of GRACE gravity data. Earth Planet Sc Lett, 2012, 335: 72-79

[4] Chao B F, Dehant V, Gross R S, et al. Space geodesy monitors mass transports in global geophysical fluids. EOS Transactions, 2000, 81(22): 247, 249-450

[5] Chen J L, Wilson C R, Tapley B D, et al. GRACE detects coseismic and postseismic deformation from the Sumatra-Andaman earthquake. Geophys. Res. Lett, 2007, 34, L13302, doi: 10.1029/2007GL030356

[6] Chen J L, Wilson C R, Tapley B D, Yang Z L, Niu G Y. 2005 drought event in the Amazon River basin as measured by GRACE and estimated by climate models, J. Geophys. Res, 2009, 114, B05404, doi: 10.1029/2008JB006056

[7] Chinnery M A. The deformation of the ground around surface faults. Bull. Seismol. Soc. Am, 1961, 51: 355-372

[8] Chinnery M A. The vertical displacements associated with transcurrent faulting. J. Geophys. Res., 1965, 70(18): 4627-4632

[9] Fukuda J, Johnson K M. Mixed linear-non-linear inversion of crustal deformation data: Bayesian inference of model, weighting and regularization parameters. Geophys. J. Int., 2010, 181(3): 1441-1458

[10] Fukuda J, Johnson K M. A fully Bayesian inversion for spatial distribution of fault slip with objective smoothing. Bull. Seismol. Soc. Am., 2008, 98 (3): 1128-1146, doi: 10.1785/0120070194

[11] GOCE project. http: //www.esa.int/export/esaLP/goce.html, ESA, 2005

[12] GRACE misstion overview. http: //www.csr.utexas.edu/grace/overview.html, CSR, 2015

[13] Guntner A. Improvement of global hydrological models using GRACE data. Survery Geophysics, 2008, 29: 375-397

[14] Guntner A, Schmidt R, Doll P. Supporting large-scale hydrogeological monitoring and modeling by time-variable gravity data. Hydrogeology Journal, 2007, 15: 167-170

[15] Han S C, Shum C K, Bevis M, et al. Crustal dilatation observed by GRACE after the 2004 Sumatra-Andaman earthquake[J]. Science, 2006, 313(5787): 658-662

[16] Han S, Riva R, Sauber J, et al. Source parameter inversion for recent great earthquakes from a decade-long observation of global gravity fields[J]. Journal of Geophysical Research: Solid Earth, 2013: 1-28

[17] Han S C, Sauber J, Luthcke S. Regional gravity decrease after the 2010 Maule (Chile)

earthquake indicates large-scale mass redistribution. Geophys. Res. Lett., 2010, 37, L23307, doi: 10.1029/2010GL045449.

[18] Han S C, Sauber J, Luthcke S, et al. Implications of postseismic gravity change following the great 2004 Sumatra-Andaman earthquake from the regional harmonic analysis of GRACE intersatellite tracking data. J. Geophys. Res, 2008, 113, B11413, doi: 10.1029/2008JB005705

[19] Hartzell S, Mendoza C, Ramirez G L, et al. Rupture history of the 2008 Mw 7.9 Wenchuan, China, earthquake: evaluation of separate and joint inversions of geodetic, teleseismic, and strong-motion data. B Seismol Soc. Am., 2013, 103(1): 353-370

[20] Holt W E, Chamot-Rooke N, Le Pichon X, Haines A J, Shen-Tu B, Ren J. Velocity field in Asia inferred from quaternary fault slip rates and global positioning system observations. J. G. R., 2000, 105 (B8): 19185-19209

[21] Jackson D D, Matsu'ura M A Bayesian approach to nonlinear inversion. J. G. R., 1985, 90(B1): 581-591

[22] Jackson D D. Interpretation of inaccurate, insufficient and inconsistent data. J. G. R., astr. Soc., 1972, 28: 97-110

[23] Jackson D D. The use of a priori data to resolve non-uniqueness in linear inversion. J. Geophys. Res. astr. Soc., 1979, 57: 137-157

[24] Kasahara K. Physical conditions of earthquake faults as deduced from geodetic data. Bull. Earthq. Res. Inst., Tokyo Univ., 1958, 36(4): 455-464

[25] Kasahara K. The nature of seismic origins as inferred from seismological and geodetic observations(1). Bull. Earthq. Res. Inst., Tokyo Univ., 1957, 35(3): 473-532

[26] Koketsu K, Yokota Y, Nishimura N, et al. A unified source model for the 2011 Tohoku earthquake. Earth Planet Sc. Lett., 2011, 310(3): 480-487

[27] Kositsky A P, Avouac J P. Inverting geodetic time series with a principal component analysis-based inversion method. J. Geophys. Res., 2010, 115, B03401, doi: 10.1029/2009JB006535

[28] Luo Z C, Li Q, Zhang K, et al. Trend of mass change in the Antarctic ice sheet recovered from the GRACE temporal gravity field. Sci. China Earth Sci., 2012, 55: 76-82

[29] Rodell M, Famiglietti J S, Chen J L, et al. Basin scale estimates of evapotraspiration using GRACE and other observation. Geophysical Research Letters, 2004, 31(L20504): 1-4

[30] Matsu'ura M. Inversion of geodetic data. Part I. Mathematical formulation. J. Phys. Earth, 1977, 25: 69-90

[31] Matsu'ura M. Inversion of geodetic data. Part II. Optimal model of conjugate fault system for the 1927 Tango earthquake. J. Phys. Earth, 1977, 25(3): 233-255

[32] Mikhailov V, Tikhotsky S, Diament M, et al. Can tectonic processes be recovered from new gravity satellite data? [J]. Earth Planet Sc. Lett., 2004, 228(3-4): 281-297

[33] NASA, Goddard Space Flight Center. Studing the Earth's Gravity from Space: The Gravity

Recovery and Climate Experiment(GRACE). NASA Facts, 2003, FS-2002-1-029-GSFC: 1-6

[34] Press, F. Displacements, strains, and tilts at teleseismic distances. J. Geophys. Res., 1965, 70: 2395-2412

[35] Rodell M, Velicogna I, Famiglietti J S. Satellite-based estimates of groundwater depletion in India. Nature, 2009, 460: 999-1002, doi: 10.1038/nature08238.

[36] Rodell M, Chen J, Kato H, et al. Groundwater storage changes in the Mississippi River basin(USA) using GRACE. Hydrogeology Journal, 2007, 15: 159-166

[37] Rodell M, Chen J L, Kato H, et al. Estimating groundwater storage changes in the Mississippi River basin(USA) using GRACE. Hydrogeology Journal, 2007, 15: 159-166

[38] Rummel R, Horwath M, Yi W, Albertella A, Bosch W, Haagmans R. GOCE, Satellite gravimetry and antarctic mass transports. Surv. Geophys., 2011, doi: 10.1007/s10712-011-9115-5

[39] Savage J C, Burford R O. Geodetic determination of relative plate motion in Central California. J. Geophys. Res., 1973, 78: 832-845

[40] Science Results CHAMP: http: //op.gfz-potsdam.de/champ/results/index_RESULTS.html, GFZ, 2015

[41] Sun W, Okubo S. Truncated co-seismic geoid and gravity changes in the domain of spherical harmonic degree. Earth Planets Space, 2004, 56: 881-892

[42] Swenson S, Wahr J. Methods for inferring regional surface-mass anomalies from gravity recovery and climate experiment (GRACE) measurements of time-variable gravity. Journal of Geophysical Research, 107(b9): 2193-2205

[43] Tapley B D, John S B, Ries C. GRACE measurements of mass variability in the Earth system. Science, 2004, 305: 503-505

[44] Tapley B D, Bettadpur S B, Watkins M, Reigber C. The gravity recovery and climate experiment: mission overview and early results. Geophysical research letters, 2004, 31 (L09607): 1-6

[45] Tiwari V M, Wahr J, Swenson S. Dwindling groundwater resources in northern India, from satellite gravity observations. Geophys. Res. Lett., 2009, 36, L18401, doi: 10.1029/2009GL039401

[46] Tong X, Sandwell D T, Fialko Y. Coseismic slip model of the 2008 Wenchuan earthquake derived from joint inversion of interferometric synthetic aperture radar, GPS, and field data. Journal of Geophysical Research: Solid Earth, 2010, 115(B4), B4314

[47] Tsuboi C. Investigation on the deformation of the earth's crust in the Tango district connected with the Tango earthquake of 1927. Bull. Earthquake, Research Inst. Tokyo Univ., 1930, 8: 153-221

[48] Wahr J, Molenaav M, Bryan F. Time variability of the earth's gravity field: Hydrological and oceanic effects and their possible detection using GRACE. Journal of Geophysical Research,

1998, 103(B12): 30205-30229

[49] Wahr J, Swenson S, Victor Z, et al. Time-variable gravity from GRACE: First results. Geophysical research letters, 2004, 31(L11501): 1-4

[50] Wahr J, Swenson S, Isabella V. Accuracy of GRACE mass estimates. Geophysical Research Letters, 2006, 33(L06401): 1-5

[51] Wang C, Ding X, Shan X, et al. Slip distribution of the 2011 Tohoku earthquake derived from joint inversion of GPS, InSAR and seafloor GPS/acoustic measurements. J. Asian Earth Sci., 2012, 57: 128-136

[52] Wang L, Shum C K, Simons F J, et al. Coseismic and postseismic deformation of the 2011 Tohoku-Oki earthquake constrained by GRACE gravimetry. Geophys Res. Lett., 2012, 39 (7), L7301

[53] Wang L, Shum C K, Simons F J, et al. Coseismic slip of the 2010 Mw 8.8 Great Maule, Chile, earthquake quantified by the inversion of GRACE observations. Earth Planet Sc. Lett., 2012: 335-336, 167-179

[54] Werth S, Guntner A, Schmidt R, et al. Evaluation of GRACE filter tools from a hydrological perspective. Geophysical Journal International, 2009, 179: 1499-1515

[55] Yokota Y, Koketsu K, Fujii Y, et al. Joint inversion of strong motion, teleseismic, geodetic, and tsunami datasets for the rupture process of the 2011 Tohoku earthquake. Geophys Res. Lett., 2011, 38(7), L00G21, doi: 10.1029/2011GL050098

[56]陈庭. 球面数值流形方法及其在地壳运动中的应用研究. 武汉: 武汉大学, 2005

[57]陈鑫连, 黄立人, 孙铁珊, 薄志鹏. 动态大地测量. 北京: 中国铁道出版社, 1994

[58]陈运泰、黄立人、林邦慧, 等. 用大地测量资料反演的1976年唐山地震的位错模式. 地球物理学报, 1979, 22(3): 201-217

[59]陈运泰, 林邦慧, 林中洋, 李志勇. 根据地面形变的观测研究1966年邢台地震的震源过程: 地球物理学报, 1975, 18(3): 164-182

[60]刁法启, 熊熊, 郑勇. Mw 9.0日本Tohoku大地震静态位错模型: 陆地GPS资料和海底GPS/Acoustic资料联合反演的结果. 科学通报, 2012(18): 1676-1683

[61]段虎荣, 张永志, 徐海军, 姚顽强. 卫星重力测量数据反演中国西部地壳水平运动速率. 地震研究, 2011, 34(3): 344-349

[62]段虎荣, 张永志, 刘锋, 等. 利用GRACE卫星数据研究汶川地震前后重力场的变化. 地震研究, 2009, 32(3): 295-298

[63]段建宾, 钟敏. 闫昊明, 等. 利用重力卫星观测资料解算中国大陆水储量变化. 大地测量与地球动力学, 2007, 27(3): 68-71

[64]傅淑芳, 朱仁益. 地球物理反演问题. 北京: 地震出版社, 1998

[65]高锡铭, 钟晓雄, 王威中. 考虑地震位错引起的大地水准面形变的源参数反演. 地震学报, 1990(2): 148-158

[66]顾国华. 形变监测网的基准与形变模型反演. 地壳形变与地震, 1990, 10(1): 21-29

[67]胡小工, 陈剑利, 周永宏, 等. 利用GRACE空间重力测量监测长江流域水储量的季

节性变化．中国科学(D 辑：地球科学)，2006，36(3)：225-232
[68]黄城，胡小工．GRACE 重力计划在揭示地球系统质量重新分布中的应用．天文学进展，2004，22(1)：35-44
[69]黄建平，傅容珊，许萍等. 利用重力和地形观测反演中国及邻区地壳厚度. 地震学报，2006，28(3)：250-258
[70]李志才. 顾及地球结构的大地测量反演模式与应用. 武汉：武汉大学，2005
[71]刘鼎文. 从耗散结构论、协同论、突变论观点讨论断层演化问题——断层演化系统的自组织与地震预报. 华北地震科学，1989(1)：78-87
[72]刘洋. 顾及模型误差的震源参数 InSAR 反演. 武汉：武汉大学，2012
[73]王椿镛，朱成男，刘玉权. 用地形变资料测定通海地震的地震断层参数. 地球物理学报，1978，21(3)：191-198
[74]王乐洋. 基于总体最小二乘的大地测量反演理论及应用研究. 武汉：武汉大学，2011
[75]邢乐林，李辉，刘东至，等．利用 GRACE 时变重力场监测中国及其周边地区的水储量月变化. 大地测量与地球动力学，2007，27(4)：62-65
[76]许才军，申文斌，晁定波. 地球物理大地测量学原理与方法. 武汉：武汉大学出版社，2006：321-380
[77]许才军，张朝玉. 地壳形变测量与数据处理. 武汉：武汉大学出版社，2009
[78]杨元喜，曾安敏. 顾及几何观测信息和地球物理模型的形变参数自适应滤波解. 中国科学(D 辑：地球科学)，2009，39(4)：437-442
[79]翟宁，王泽民，伍岳. 利用 GRACE 反演长江流域水储量变化. 武汉大学学报(信息科学版)，2009，34(4)：436-439
[80]张朝玉. 大地测量反演若干理论问题研究. 武汉：武汉大学，2006
[81]张祖胜. 利用大地测量资料反演地震震源参数的若干问题. 地震学报，1984(2)：167-181
[82]赵少荣. 动态大地测量反演及物理解释的理论和应用. 武汉：武汉测绘科技大学，1991
[83]周旭华，许厚泽，吴斌，等. 用 GRACE 卫星跟踪数据反演地球重力场. 地球物理学报，2006，49(3)：718-723
[84]朱成男，刘玉权，王椿镛，卢汝圻，陈俭德. 新丰江水库 5.3 级(1964)地震区三角网平差和震源参数反演. 地震学报，1981(4)：371-378
[85]朱广彬，李建成，文汉江. 利用 GRACE 时变重力位模型研究全球陆地水储量变化. 大地测量与地球动力学，2008，28(5)：39-45

第2章　地球物理大地测量反演的物理基础

2.1　应力应变基础

2.1.1　应力

作用在物体上的外力可以分为表面力和体积力，二者分别简称面力和体力。所谓体力是作用在物体内部点上的外力，例如重力和惯性力、电磁力等。物体内各点受体力的情况，以及物体表面上各点的受力情况，一般都是随位置不同而变化的。

设 P 是物体内的一个点，取一个包含 P 点的微元体 ΔV，把作用在 ΔV 中的力记为 $\Delta \boldsymbol{F}$，令 ΔV 向点 P 收缩，则矢量

$$f = \lim_{\Delta v \to 0} \frac{\Delta \boldsymbol{F}}{\Delta V} \tag{2.1}$$

表示 P 点处单位体积所受的力，称为体积力或体力。

若设 P 是物体表面上的一个点，ΔS 是物体表面上包含 P 点且法向量为 n 的微面积，$\Delta \boldsymbol{F}$ 是作用在 ΔS 上的力，令 ΔS 向 P 点收缩，则矢量

$$\boldsymbol{T} = \lim_{\Delta S \to 0} \frac{\Delta \boldsymbol{F}}{\Delta S} \tag{2.2}$$

表示作用在 P 点以 n 为法向量的单位面积上的力，称为面力。

在外力作用下，物体将产生内力和变形，也就是物体中诸元素之间的相对位置发生变化，由于这种变化，便产生了企图恢复其初始状态的附加相互作用力。用以描述物体在受力后任何部位的内力和变形的力学量就是应力和应变(杨桂通，1997)。

假设把一组平衡力系作用的物体用一法向量为 n 的平面 C 分成 A 和 B 两部分(图2.1)。如将 B 部分移去，则 B 对 A 的作用应代之以 B 部分对 A 的作用力。这种力在 B 移去前是物体内 A、B 之前的在 C 截面上的内力，且为分布力(作用在构件上的外力如果作用面面积相对较大而不能简化为集中力时，应简化为分布力)。如果从 C 面上 P 点的邻域中取出一包括 P 点在内的微小面积元素 ΔS_C，而 ΔS_C 上的内力矢量为 $\Delta \boldsymbol{p}$，则内力的平均集度为 $\Delta \boldsymbol{p}/\Delta S_C$。如令 ΔS_C 无限缩小而趋近于 P 点，则在内力连续分布的条件下 $\Delta \boldsymbol{p}/\Delta S_C$ 趋近一定的极限 $\boldsymbol{\sigma}$，即：

$$\boldsymbol{T} = \lim_{\Delta S_C \to 0} \frac{\Delta \boldsymbol{p}}{\Delta S_C} \tag{2.3}$$

这个极限矢量 $\boldsymbol{T}$ 就是物体在过平面 C 上 P 点处的应力。其方向与 $\Delta \boldsymbol{p}$ 的极限方向一致，由

于平面 C 可由点 P 和法向量为 n 决定，因此，矢量 $\boldsymbol{T}$ 描述了点 P 处由法向量为 n 决定的应力。

显然，应力及其分量的量纲为[力][长度]$^{-2}$，如采用国际单位制其单位为帕(Pa)。

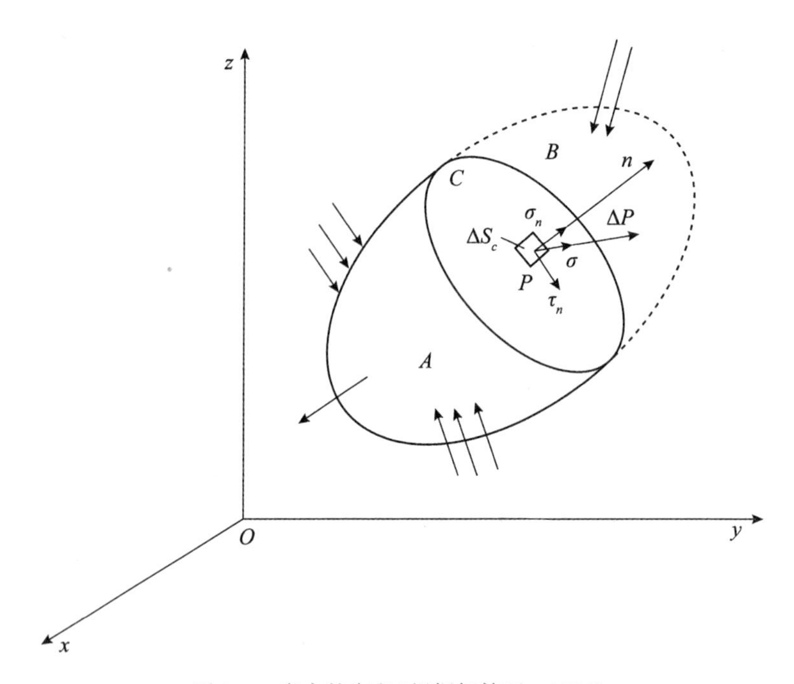

图 2.1　应力的定义(根据杨桂通，2006)

应力 $\boldsymbol{T}$ 可分解为其所在平面的外法线方向和切线方向这样两个分量。沿应力所在平面的外法线方向(n)的应力分量叫做正应力，记做 σ_n。沿切线方向的应力分量叫做剪应力，记做 τ_n。当取 n 与 x 轴重合时，正应力可记作 σ_x，而其剪应力可进一步向 y 轴和 z 轴分解，分别记为 τ_{xy} 和 τ_{xz}。同理，当 n 分别与 y 轴和 z 轴重合时可以得到其他 6 个应力分量，即 σ_y、τ_{yx}、τ_{yz}、σ_z、τ_{zx} 和 τ_{zy}，由这 9 个应力分量构成的二阶张量，称为应力张量。各应力分量就是应力张量的元素。应力张量通常表示为：

$$\boldsymbol{\sigma}_{ij} = \begin{bmatrix} \sigma_x & \tau_{xy} & \tau_{xz} \\ \tau_{yx} & \sigma_y & \tau_{yz} \\ \tau_{zx} & \tau_{zy} & \sigma_z \end{bmatrix} \tag{2.4}$$

其中，i，$j=x$，y，z，当 i，j 任取 x，y，z 时，便得到相应的分量，可以证明，它是一个对称的二阶张量。

对于 x 轴，其法向量 $n_x=(1,\ 0,\ 0)^{\mathrm{T}}$，该方向上的应力矢量

$$\boldsymbol{T}_x = \begin{bmatrix} \sigma_x & \tau_{xy} & \tau_{xz} \\ \tau_{yx} & \sigma_y & \tau_{yz} \\ \tau_{zx} & \tau_{zy} & \sigma_z \end{bmatrix} \begin{pmatrix} 1 \\ 0 \\ 0 \end{pmatrix} = \boldsymbol{\sigma} \cdot \boldsymbol{n}_x$$

如果 n 为其他任意方向，上式也同样成立，这是张量所具有的本质特征。

应力张量 $\boldsymbol{\sigma}_{ij}$ 与给定点的空间位置有关，谈到应力张量总是针对物体中的某一确定点而言的，以后将看到，应力张量 σ_{ij} 完全确定了一点处的应力状态。

一般而论，弹性体内任意一点的体力分量、面力分量、应力分量、形变分量和位移分量都是随着该点的位置而变的，因此都是位置坐标的函数。在弹性力学的问题里，通常是已知物体的形状和大小(即已知物体的边界)，已知物体的弹性常数、物体所受的体力、物体边界上的约束情况或面力，需要求解应力分量、形变分量和位移分量(徐芝纶，1978)。

2.1.2 平衡方程

应力的变化并不是任意的，应力张量的变化必须满足平衡条件或动量定理和动量矩定理。根据平衡条件导出应力分量和体力分量之间的关系，就是平衡方程。

设想在弹性体中取出一个小单元体 V，其表面为 S，则作用在 V 上的体积力、惯性力和面力的合力必须为零，考虑到连续性假设(应力分量的变化也应是连续的，并且具有连续的导数，除个别的点、线、面之外)，即

$$\int_V (\boldsymbol{f} - \rho\ddot{\boldsymbol{u}})\mathrm{d}V + \int_S \boldsymbol{T}\mathrm{d}s = 0 \tag{2.5}$$

式(2.5)中第二项可化为：

$$\int_S \boldsymbol{T}\mathrm{d}s = \int_S \boldsymbol{n}\cdot\boldsymbol{\sigma}\mathrm{d}S = \int_V \nabla\cdot\boldsymbol{\sigma}\mathrm{d}V \tag{2.6}$$

则式(2.5)可写为：

$$\int_V (\nabla\cdot\boldsymbol{\sigma} + \boldsymbol{f} - \rho\ddot{\boldsymbol{u}})\mathrm{d}V = 0 \tag{2.7}$$

假定被积函数是连续的，则由于 V 的任意性，从上式可得

$$\nabla\cdot\boldsymbol{\sigma} + \boldsymbol{f} = \rho\ddot{\boldsymbol{u}} \tag{2.8}$$

其分量形式为：

$$\sigma_{ji,j} + f_i = \rho\ddot{u}_i \tag{2.9}$$

式(2.9)称为运动方程，若 $\ddot{u}_i = 0$，则称为平衡方程。在直角坐标系下为：

$$\left.\begin{aligned}
\frac{\partial\sigma_x}{\partial x} + \frac{\partial\tau_{xy}}{\partial y} + \frac{\partial\tau_{xz}}{\partial z} = 0\\
\frac{\partial\tau_{xy}}{\partial x} + \frac{\partial\sigma_y}{\partial y} + \frac{\partial\tau_{yz}}{\partial z} = 0\\
\frac{\partial\tau_{xz}}{\partial x} + \frac{\partial\tau_{yz}}{\partial y} + \frac{\partial\sigma_z}{\partial z} = 0
\end{aligned}\right\} \tag{2.10}$$

由平衡条件合力矩为零 $\sum M_a = 0$，可推得另外 3 个平衡方程

$$\sigma_{xy} = \sigma_{yx},\ \sigma_{xz} = \sigma_{zx},\ \sigma_{yz} = \sigma_{zy} \tag{2.11a}$$

即

$$\boldsymbol{\sigma}_{ij} = \boldsymbol{\sigma}_{ji} \quad (i \neq j) \tag{2.11b}$$

式(2.11)就是著名的剪应力互等定理。它表明，应力张量具有对称性，9 个应力分量

中只有 6 个是独立的。更一般地，剪应力互等定理可叙述为：作用在两个互相垂直的面上并且垂直于该两面交线的剪应力，是互等的(徐芝纶，1978)。

2.1.3　应变

在外力作用下，物体各点的位置要发生变化，即发生位移。如果物体各点发生位移后仍保持各点间初始状态的相对位置，则物体实际上只产生了刚体平动和刚体转动，称这种位移为刚体位移。如果物体各点发生了相对位移，也即两点之间的距离发生了改变，则物体就同时也产生了形状的变化，称该物体产生了形变。

物体的形状总可以用它各部分的长度和角度来表示。因此，物体的形变总可以归结为长度的改变和角度的改变(徐芝纶，1978)。

一个受轴向均匀拉伸的直杆，其原长为 l，在外力 P 的作用下，发生变形，长度变为 l'，显然，杆的两端发生了相对位移，$\Delta l = l' - l$，通常以单位长度的变形量来描述其变形的程度，即 $\varepsilon = \Delta l/l$，称为平均线应变。这个例子比较特殊，但提供了关于变形的直观图像。

考虑更为一般的情形。如图 2.2 所示，以物体中的某一点 O 为坐标原点，O_1 为与它十分接近的另一点，点 O_1 的坐标设为 (dx，dy，dz)。

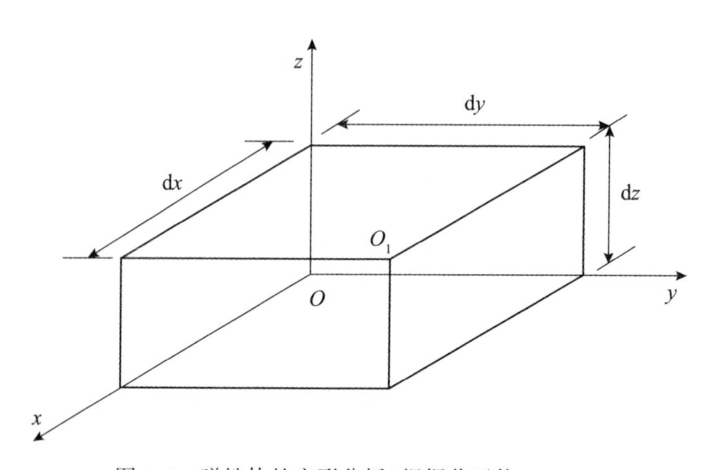

图 2.2　弹性体的变形分析(根据范天佑，1978)

物体发生变形时，点 O 在 x，y，z 方向产生的位移分量为 $\boldsymbol{u}_0$，$\boldsymbol{v}_0$，$\boldsymbol{w}_0$，点 O_1 产生的相应的位移是 $\boldsymbol{u}$，$\boldsymbol{v}$，$\boldsymbol{w}$。假定 $\boldsymbol{u}$，$\boldsymbol{v}$，$\boldsymbol{w}$ 为 x，y，z 的单值连续函数，则可将 O_1 点位移对 O 按泰勒级数展开，通常位移都很小，故可以近似的表示为：

$$\left.\begin{aligned} u - u_0 &= \frac{\partial u}{\partial x}\mathrm{d}x = \varepsilon_x \mathrm{d}x \\ v - v_0 &= \frac{\partial v}{\partial y}\mathrm{d}y = \varepsilon_y \mathrm{d}y \\ w - w_0 &= \frac{\partial w}{\partial z}\mathrm{d}z = \varepsilon_z \mathrm{d}z \end{aligned}\right\} \tag{2.12}$$

其中

$$\varepsilon_x = \frac{\partial u}{\partial x},\ \varepsilon_y = \frac{\partial v}{\partial y},\ \varepsilon_z = \frac{\partial w}{\partial z} \tag{2.13}$$

分别称为 x，y，z 方向的线应变。线应变就是各线段的每单位长度的伸缩，即单位伸缩或相对伸缩。

物体变形时，由一点引出的两条直线间的夹角也会发生变化，这种角度的改变量 γ 称为角应变或剪应变。线应变和剪应变都是无量纲的数量(徐芝纶，1978)。

另设两线段 OA 和 OB 分别与 x 轴和 y 轴正方向一致。设点 O 沿 x，y 方向的位移为 $\boldsymbol{u}$，$\boldsymbol{v}$，点 A 沿 x 方向以及点 B 沿 y 方向的位移分别为 $\boldsymbol{v} + \frac{\partial \boldsymbol{v}}{\partial x}\mathrm{d}x$ 及 $\boldsymbol{u} + \frac{\partial \boldsymbol{u}}{\partial y}\mathrm{d}y$。在变形很小的情形下，角 α 和 β 都很小，容易证明

$$\alpha \approx \tan\alpha = \frac{\partial v}{\partial x},\ \beta \approx \tan\beta = \frac{\partial u}{\partial y} \tag{2.14}$$

于是上面提到的剪应变 γ 为：

$$\gamma = \alpha + \beta = \frac{\partial v}{\partial x} + \frac{\partial u}{\partial y} \tag{2.15}$$

这里的剪应变是发生在 xy 平面里的，因而记为：

$$\gamma_{xy} = \frac{\partial v}{\partial x} + \frac{\partial u}{\partial y} \tag{2.16a}$$

类似地，也可以得到

$$\gamma_{xz} = \frac{\partial w}{\partial x} + \frac{\partial u}{\partial z} \tag{2.16b}$$

$$\gamma_{yz} = \frac{\partial w}{\partial y} + \frac{\partial v}{\partial z} \tag{2.16c}$$

分别为 yz 平面和 xz 平面里的剪应变。剪应变的正负号规定为：当两个正向(或负向)坐标轴间的直角减小时为正，反之为负。

2.1.4 几何方程

记

$$\boldsymbol{u}_{i,j} = \begin{bmatrix} \frac{\partial u}{\partial x} & \frac{\partial u}{\partial y} & \frac{\partial u}{\partial z} \\ \frac{\partial v}{\partial x} & \frac{\partial v}{\partial y} & \frac{\partial v}{\partial z} \\ \frac{\partial w}{\partial x} & \frac{\partial w}{\partial y} & \frac{\partial w}{\partial z} \end{bmatrix} \tag{2.17}$$

为相对位移张量，它是一个二阶张量。任何一个二阶张量都可以唯一分解成一个对称张量和一个反对称张量。因而 $\boldsymbol{u}_{i,j}$ 可以分为如下两个部分：

$$\boldsymbol{u}_{i,j} = \frac{1}{2}(\boldsymbol{u}_{i,j} + \boldsymbol{u}_{j,i}) + \frac{1}{2}(\boldsymbol{u}_{i,j} - \boldsymbol{u}_{j,i}) \tag{2.18}$$

或

$$\boldsymbol{u}_{i,j} = \boldsymbol{\varepsilon}_{ij} + \boldsymbol{\omega}_{ij} \tag{2.19}$$

此处

$$\boldsymbol{\varepsilon}_{ij} = \begin{bmatrix} \frac{\partial u}{\partial x} & \frac{1}{2}\left(\frac{\partial v}{\partial x} + \frac{\partial u}{\partial y}\right) & \frac{1}{2}\left(\frac{\partial u}{\partial z} + \frac{\partial w}{\partial x}\right) \\ \frac{1}{2}\left(\frac{\partial v}{\partial x} + \frac{\partial u}{\partial y}\right) & \frac{\partial v}{\partial y} & \frac{1}{2}\left(\frac{\partial v}{\partial z} + \frac{\partial w}{\partial y}\right) \\ \frac{1}{2}\left(\frac{\partial u}{\partial z} + \frac{\partial w}{\partial x}\right) & \frac{1}{2}\left(\frac{\partial v}{\partial z} + \frac{\partial w}{\partial y}\right) & \frac{\partial w}{\partial z} \end{bmatrix} = \begin{bmatrix} \varepsilon_x & \frac{1}{2}\gamma_{xy} & \frac{1}{2}\gamma_{xz} \\ \frac{1}{2}\gamma_{xy} & \varepsilon_y & \frac{1}{2}\gamma_{yz} \\ \frac{1}{2}\gamma_{xz} & \frac{1}{2}\gamma_{yz} & \varepsilon_z \end{bmatrix} \tag{2.20}$$

即为应变张量。

$$\boldsymbol{\omega}_{ij} = \begin{bmatrix} 0 & \frac{1}{2}\left(\frac{\partial u}{\partial y} - \frac{\partial v}{\partial x}\right) & \frac{1}{2}\left(\frac{\partial u}{\partial z} - \frac{\partial w}{\partial x}\right) \\ \frac{1}{2}\left(\frac{\partial v}{\partial x} - \frac{\partial u}{\partial y}\right) & 0 & \frac{1}{2}\left(\frac{\partial v}{\partial z} - \frac{\partial w}{\partial y}\right) \\ \frac{1}{2}\left(\frac{\partial w}{\partial x} - \frac{\partial u}{\partial z}\right) & \frac{1}{2}\left(\frac{\partial w}{\partial y} - \frac{\partial v}{\partial z}\right) & 0 \end{bmatrix} \tag{2.21}$$

即为转动张量。

显然

$$\gamma_{xy} = \gamma_{yx},\ \gamma_{yz} = \gamma_{zy},\ \gamma_{xz} = \gamma_{zx} \tag{2.22}$$

各应变分量为：

$$\left.\begin{aligned} \varepsilon_x &= \frac{\partial u}{\partial x} \\ \varepsilon_y &= \frac{\partial v}{\partial y} \\ \varepsilon_z &= \frac{\partial w}{\partial z} \\ \gamma_{xy} &= \frac{\partial v}{\partial x} + \frac{\partial u}{\partial y} \\ \gamma_{yz} &= \frac{\partial v}{\partial z} + \frac{\partial w}{\partial y} \\ \gamma_{xz} &= \frac{\partial u}{\partial z} + \frac{\partial w}{\partial x} \end{aligned}\right\} \tag{2.23}$$

式(2.23)描述了位移和应变之间的关系，称为几何方程。

在我们所讲的问题范围内，物体变形后必须仍保持其整体性和连续性，即变形的协调性。从数学的观点说，要求位移函数 u ，v，w 在其定义域内为单值函数。容易理解，若把一个矩形物体划分为一些方格，如对应变不加约束，即不要求协调性，就可能在变形后出现“撕裂”或“套叠”等现象。显然，出现了“撕裂”现象后位移函数就出现了中断，出现了“套叠”现象后位移函数就不会是单值的。这些现象破坏了物体的整体性和连续性，因此，为保持物体的整体性，各应变分量之间，必须要有一定的关系，称为变形协调条件。

另一方面，如给出应变分量需要求出位移，则应积分应变位移方程式(2.13)。以平面问题来说，有3个这样的方程，但只有两个位移分量，如果没有附加条件的话，一般的说是没有单值解的。这就要求应变分量 ε_{ij} 应当满足一定的变形协调条件。

对于二维问题，将 ε_x 对 y 的二阶导数与 ε_y 对 x 的二阶导数相加得

$$\frac{\partial^2\varepsilon_x}{\partial y^2}+\frac{\partial^2\varepsilon_y}{\partial x^2}=\frac{\partial^3 u}{\partial y\partial x^2}+\frac{\partial^3 v}{\partial x\partial y^2}=\frac{\partial^2}{\partial x\partial y}\left(\frac{\partial u}{\partial y}+\frac{\partial v}{\partial x}\right)=\frac{\partial^2\gamma_{xy}}{\partial x\partial y} \tag{2.24}$$

即

$$\frac{\partial^2\varepsilon_x}{\partial y^2}+\frac{\partial^2\varepsilon_y}{\partial x^2}=\frac{\partial^2\gamma_{xy}}{\partial x\partial y} \tag{2.25}$$

式(2.25)即二维情况下用应变分量表示的应变协调方程，或简称协调方程。应变分量 ε_x，ε_y，γ_{xy} 满足变形协调之后就保证了物体在变形后不会出现撕裂、套叠等现象，保证了位移解的单值和连续性。

类似的可得三维问题的应变协调方程

$$\left.\begin{aligned}
&\frac{\partial^2\varepsilon_x}{\partial y^2}+\frac{\partial^2\varepsilon_y}{\partial x^2}=\frac{\partial^2\gamma_{xy}}{\partial x\partial y}\\
&\frac{\partial^2\varepsilon_y}{\partial z^2}+\frac{\partial^2\varepsilon_z}{\partial y^2}=\frac{\partial^2\gamma_{yz}}{\partial y\partial z}\\
&\frac{\partial^2\varepsilon_x}{\partial z^2}+\frac{\partial^2\varepsilon_z}{\partial x^2}=\frac{\partial^2\gamma_{xz}}{\partial x\partial z}\\
&2\frac{\partial^2\varepsilon_x}{\partial y\partial z}=\frac{\partial}{\partial x}\left(-\frac{\partial\gamma_{yz}}{\partial x}+\frac{\partial\gamma_{xz}}{\partial y}+\frac{\partial\gamma_{xy}}{\partial z}\right)\\
&2\frac{\partial^2\varepsilon_y}{\partial x\partial z}=\frac{\partial}{\partial y}\left(\frac{\partial\gamma_{yz}}{\partial x}-\frac{\partial\gamma_{xz}}{\partial y}+\frac{\partial\gamma_{xy}}{\partial z}\right)\\
&2\frac{\partial^2\varepsilon_z}{\partial x\partial y}=\frac{\partial}{\partial z}\left(\frac{\partial\gamma_{yz}}{\partial x}+\frac{\partial\gamma_{xz}}{\partial y}-\frac{\partial\gamma_{xy}}{\partial z}\right)
\end{aligned}\right\} \tag{2.26}$$

当6个应变分量满足以上应变协调方程(2.26)时就能保证得到单值连续的位移函数。

2.2 弹性力学基础

2.2.1 应力应变关系

应力-应变关系是材料的力学性质的数学描述，也是表示材料力学性质的物理方程(郭日修，2003)。在三维应力状态下，描绘一点处的应力状态和应变状态通常都需要9个应力分量或应变分量，而由于应力分量与应变张量的对称性，$\boldsymbol{\sigma}_{ij}=\boldsymbol{\sigma}_{ji}$ $\quad$ $\boldsymbol{\varepsilon}_{ij}=\boldsymbol{\varepsilon}_{ji}$，9个应力分量与9个应变分量中独立的分量均只有6个。于是，均匀的理想弹性体在微小变形的情况下有如下应力-应变关系：

$$
\left.\begin{aligned}
\sigma_x &= c_{11}\varepsilon_x + c_{12}\varepsilon_y + c_{13}\varepsilon_z + c_{14}\gamma_{xy} + c_{15}\gamma_{yz} + c_{16}\gamma_{zx} \\
\sigma_y &= c_{21}\varepsilon_x + c_{22}\varepsilon_y + c_{23}\varepsilon_z + c_{24}\gamma_{xy} + c_{25}\gamma_{yz} + c_{26}\gamma_{zx} \\
\sigma_z &= c_{31}\varepsilon_x + c_{32}\varepsilon_y + c_{33}\varepsilon_z + c_{34}\gamma_{xy} + c_{35}\gamma_{yz} + c_{36}\gamma_{zx} \\
\tau_{xy} &= c_{41}\varepsilon_x + c_{42}\varepsilon_y + c_{43}\varepsilon_z + c_{44}\gamma_{xy} + c_{45}\gamma_{yz} + c_{46}\gamma_{zx} \\
\tau_{yz} &= c_{51}\varepsilon_x + c_{52}\varepsilon_y + c_{53}\varepsilon_z + c_{54}\gamma_{xy} + c_{55}\gamma_{yz} + c_{56}\gamma_{zx} \\
\tau_{zx} &= c_{61}\varepsilon_x + c_{62}\varepsilon_y + c_{63}\varepsilon_z + c_{64}\gamma_{xy} + c_{65}\gamma_{yz} + c_{66}\gamma_{zx}
\end{aligned}\right\} \tag{2.27}
$$

其中 $c_{mn}(m, n=1, 2, \cdots, 6)$ 为弹性系数。由材料的均匀性可知，系数 c_{mn} 是常数，与坐标 x，y，z 无关。

式(2.27)采用张量表示法可表示为：

$$
\boldsymbol{\sigma}_{ij} = c_{ijkl}\boldsymbol{\varepsilon}_{kl} \quad (i, j, k, l = 1, 2, 3) \tag{2.28}
$$

此处，c_{ijkl} 为弹性系数。

式(2.27)建立了应力与应变之间的关系，称为广义胡克定律或弹性本构方程。在式(2.27)中，弹性系数 c_{mn}（或 c_{ijkl}）共有 36 个，事实上，这 36 个常数并不是独立的。利用应变能密度可以证明，这些常数之间满足对称性条件

$$
C_{mn} = C_{nm} \tag{2.29}
$$

这样，应力-应变关系(2.27)中独立的弹性常数只有 21 个，亦即各向异性线性弹性材料的广义胡克定律。

正交各向异性的弹性材料的本构关系，可根据任一坐标轴反转时弹性常数 C_{mn} 保持不变的要求，由广义胡克定律(2.27)得出，为

$$
\left.\begin{aligned}
\sigma_x &= c_{11}\varepsilon_x + c_{12}\varepsilon_y + c_{13}\varepsilon_z \\
\sigma_y &= c_{21}\varepsilon_x + c_{22}\varepsilon_y + c_{23}\varepsilon_z \\
\sigma_z &= c_{31}\varepsilon_x + c_{32}\varepsilon_y + c_{33}\varepsilon_z \\
\tau_{xy} &= c_{44}\gamma_{xy} \\
\tau_{yz} &= c_{55}\gamma_{yz} \\
\tau_{zx} &= c_{66}\gamma_{zx}
\end{aligned}\right\} \tag{2.30}
$$

其中含有 c_{11}、c_{22}、c_{33}、c_{12}、c_{13}、c_{23}、c_{44}、c_{55}、c_{66} 共 9 个弹性常数。

同样可以证明，对于有一个弹性对称面的材料，独立的弹性系数有 13 个；对于具有一个各向同性面的横向各向同性弹性材料，独立弹性系数有 5 个；对于完全弹性对称即各向同性线性弹性材料，其应变主轴与应力主轴重合，独立的弹性常数只有 2 个。

根据胡克定律建立各向同性弹性材料的本构关系如下：

$$
\left.\begin{aligned}
\sigma_x &= \lambda e + 2\mu\varepsilon_x \\
\sigma_y &= \lambda e + 2\mu\varepsilon_y \\
\sigma_z &= \lambda e + 2\mu\varepsilon_z \\
\tau_{xy} &= \mu\gamma_{xy} \\
\tau_{yz} &= \mu\gamma_{yz} \\
\tau_{zx} &= \mu\gamma_{zx}
\end{aligned}\right\} \tag{2.31}
$$

用张量符号可表示为

$$\boldsymbol{\sigma}_{ij} = \lambda\boldsymbol{\delta}_{ij}e + 2\mu\boldsymbol{\varepsilon}_{ij} \tag{2.32}$$

式中，$e = \varepsilon_{xx} + \varepsilon_{yy} + \varepsilon_{zz}$ 称为体应变；常数 λ、μ 称为拉梅弹性常数。

工程上，常把广义胡克定律用 E 和 v 表示，在这种情况下，式(2.31)可转化为：

$$\left.\begin{aligned}
\varepsilon_x &= \frac{1}{E}[\sigma_x - \nu(\sigma_y + \sigma_z)] \\
\varepsilon_y &= \frac{1}{E}[\sigma_y - \nu(\sigma_x + \sigma_z)] \\
\varepsilon_z &= \frac{1}{E}[\sigma_z - \nu(\sigma_x + \sigma_y)] \\
\gamma_{xy} &= \frac{1}{G}\tau_{xy} \\
\gamma_{yz} &= \frac{1}{G}\tau_{yz} \\
\gamma_{zx} &= \frac{1}{G}\tau_{zx}
\end{aligned}\right\} \tag{2.33}$$

式中，E、ν 分别是杨氏弹性模量与泊松比；G 为剪切弹性模量。有如下关系(程尧舜，2009)：

$$\left.\begin{aligned}
E &= \frac{\mu(3\lambda + 2\mu)}{\lambda + \mu} \\
\nu &= \frac{\lambda}{2(\lambda + \mu)} \\
G &= \frac{E}{2(1 + \nu)}
\end{aligned}\right\} \tag{2.34}$$

这些弹性常数不随应力或应变的大小而变，不随位置坐标而变，也不随方向而变，因为已经假定考虑的物体是完全弹性的、均匀的，而且是各向同性的。由式(2.34)可知，G 不是独立的弹性常数。对于各向同性弹性体，独立的弹性常数只有两个，即 λ 和 μ 或 E 和 ν。

将式(2.33)稍加变换，可缩写为：

$$\varepsilon_{ij} = \frac{1 + \nu}{E}\sigma_{ij} - \frac{\nu}{E}\delta_{ij}\sigma \tag{2.35}$$

其中，$\sigma = \sigma_{ii}$。如解出应力，则上式转换为：

$$\sigma_{ij} = \frac{E}{1 + \nu}\varepsilon_{ij} + \frac{\nu E\delta_{ij}e}{(1 + \nu)(1 - 2\nu)} \tag{2.36}$$

如令

$$\left.\begin{aligned}
\sigma_m &= \frac{1}{3}(\sigma_x + \sigma_y + \sigma_z) \\
\varepsilon_m &= \frac{1}{3}(\varepsilon_x + \varepsilon_y + \varepsilon_z)
\end{aligned}\right\} \tag{2.37}$$

则广义胡克定律又可写成：

$$\left.\begin{aligned}\sigma_m &= 3K\varepsilon_m \\ s_{ij} &= 2Ge_{ij}\end{aligned}\right\} \tag{2.38}$$

其中，s_{ij} 和 e_{ij} 分别为应力偏量和应变偏量，

$$K = \frac{E}{3(1-2\nu)} \tag{2.39}$$

称为弹性体积膨胀系数，或体积模量。

2.2.2　圣维南局部影响原理

在求解弹性力学问题时，使应力分量、应变分量、位移分量完全满足基本方程，并不困难；但是，要使得边界条件也得到精确地满足是十分困难的(因此，弹性力学问题在数学上被称为边值问题或边界问题)。另一方面，在实际工程问题中往往仅仅知道物体表面某小部分区域上所受的合力和合力矩，而其分布方式并不明确，因而无从考虑这部分边界上的应力边界条件。

在上述两种情况下，圣维南原理有时可以提供极大的帮助。

圣维南(Saint-Venant)原理(又称局部影响原理)：如果作用在弹性体表面上某一不大的局部面积上的力系，为作用在同一局部面积上的另一静力等效力系所代替，则载荷的这种重新分布，只在离载荷作用处很近的地方，才使应力的分布发生显著的变化，在离载荷远处只有极小的影响。

以钳子夹截直杆为例。

如图 2.3 所示，钳子夹住一根杆件，等于在 A 处加了一对平衡力系，无论作用力多大，在 A 以外的部分几乎不会有应力产生。研究表明，影响区的大小，大致与外力作用区的大小相当(杨桂通，1997)。

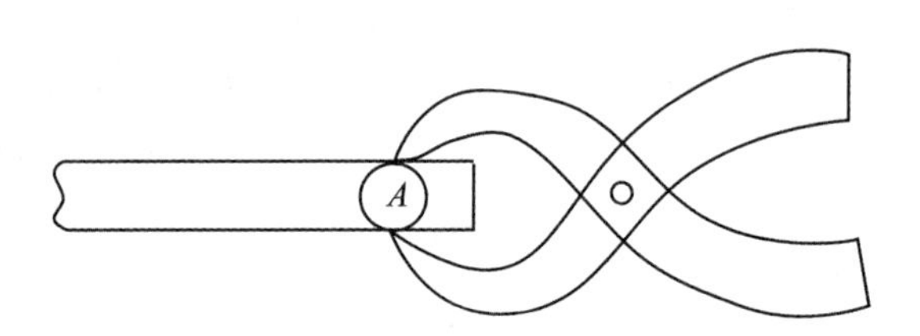

图 2.3　圣维南原理(根据杨桂通，2006)

由此，利用圣维南原理可以将一些较为复杂的问题化为较简单的题目来处理。例如，在求解弹性力学问题时，如果不知道作用在物体表面一小范围内的表面力的确切分布，可以用作用在同一范围内的另一静力等效力系代替，并求出解。根据圣维南原理，这个解在除该表面力作用范围附近的局部区域外的物体其余部分(即物体的绝大部分范围)是精确的，因此，可以认为这是该问题的精确解。

圣维南原理应该是弹性力学边值问题的某种固有性质，大量的实验结果和工作经验说明其是正确的，但是对此进行严格论证却非常困难(程尧舜，2009)。必须要强调：一是

力系作用范围是局部的；二是应用圣维南原理，绝不能离开“静力等效”的条件(程昌钧，1994)。另外，若载荷作用区内物体的最小几何尺寸小于该载荷作用区的尺寸，圣维南原理亦不适用。

2.2.3　平面应力问题

严格说来，任何一个实际的弹性力学问题都是空间问题。但是，如果弹性体具有某种特殊的形状，并且其受力情况和约束条件满足某些限制时，就可以把空间问题简化为近似的平面问题，从而减少处理、分析和计算的工作量，而成果仍然满足工程上对精度的要求。根据结构的几何形状及受力和约束情况，可以把工程中的弹性力学平面问题近似分成两大类：平面应力问题和平面应变问题。

平面应力问题的特征如表 2.1 所示。

表 2.1　**平面应力问题的特征表(根据程昌钧，2005)**

几何特征	以“薄板”为例，弹性体的 3 个特征尺寸 a，b，h 中的某一尺寸，如厚度 h 远远小于其他两个尺寸，即 $h \ll \min(a,\ b)$
受力特征	薄板受到的所有外力(面力、体力)都平行于板平面，且沿厚度不变。即有体积力 $(f_x,\ f_y,\ 0)$，侧表面力 $(p_x,\ p_y,\ 0)$，这些力的分量只是 x，y 的函数，并构成平衡力系。
内力特征	$\sigma_z = \tau_{zx} = \tau_{yz} = 0$，在板内处处成立；$\sigma_x$，$\sigma_y$，$\tau_{xy}$ 认为与 z 无关，只是 x，y 的函数。
变形特征	独立的位移 u，v 只是 x，y 的函数，应变 ε_x，ε_y，ε_z，γ_{xy} 也只是 x，y 的函数。

设有很薄的薄板，如图 2.4 所示，只在板边上有平行于板面并且不沿厚度变化的面力，同时体力也平行于板面并且不沿厚度变化。例如平板坝的平板支墩等。

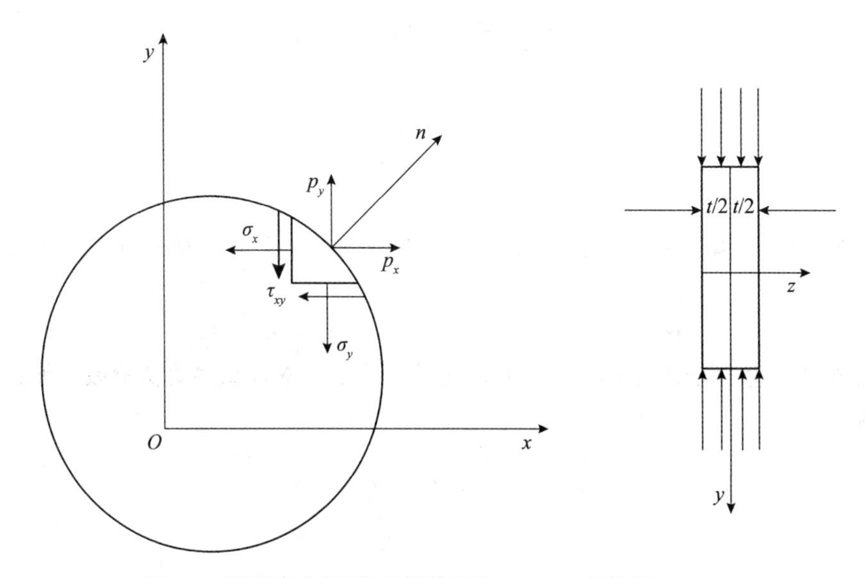

图 2.4　平面应力问题(根据徐芝纶，1990，杨桂通，2006)

在这种情况下，已知

$$\sigma_z = \tau_{zx} = \tau_{yz} = 0 \tag{2.40}$$

及

$$\left.\begin{aligned} \sigma_x &= \sigma_x(x,\ y) \\ \sigma_y &= \sigma_y(x,\ y) \\ \tau_{xy} &= \tau_{xy}(x,\ y) \end{aligned}\right\} \tag{2.41}$$

以及

$$\left.\begin{aligned} \gamma_{zx} &= \gamma_{yz} = 0 \\ \varepsilon_z &= -\frac{\nu}{E}(\sigma_x + \sigma_y) \end{aligned}\right\} \tag{2.42}$$

平衡方程为：

$$\left.\begin{aligned} \frac{\partial \sigma_x}{\partial x} + \frac{\partial \tau_{xy}}{\partial y} + f_x = 0 \\ \frac{\partial \tau_{xy}}{\partial x} + \frac{\partial \sigma_y}{\partial y} + f_y = 0 \end{aligned}\right\} \tag{2.43}$$

边界条件为：

$$\left.\begin{aligned} p_x &= \sigma_x l_1 - \tau_{xy} l_2 \\ p_y &= \tau_{xy} l_1 - \sigma_y l_2 \end{aligned}\right\} \tag{2.44}$$

其中

$$\left.\begin{aligned} l_1 &= \cos(n,\ x) \\ l_2 &= \cos(n,\ y) \end{aligned}\right\} \tag{2.45}$$

弹性本构方程(应力-应变关系)为：

$$\left.\begin{aligned} \varepsilon_x &= \frac{1}{E}[\sigma_x - \nu\sigma_y] \\ \varepsilon_y &= \frac{1}{E}[\sigma_y - \nu\sigma_x] \\ \gamma_{xy} &= \frac{1}{G}\tau_{xy} = \frac{2(1+\nu)}{E}\tau_{xy} \end{aligned}\right\} \tag{2.46}$$

将弹性本构方程(2.46)代入应变协调方程(2.25)，并考虑平衡方程(2.43)可以得到：

$$\left(\frac{\partial^2}{\partial x^2} + \frac{\partial^2}{\partial y^2}\right)(\sigma_x + \sigma_y) = -(1+\nu)\left(\frac{\partial f_x}{\partial x} + \frac{\partial f_y}{\partial y}\right) \tag{2.47}$$

式(2.47)即为用应力分量表示的变形协调方程。若不计体力或体力为常数，则式(2.47)可转化为：

$$\left(\frac{\partial^2}{\partial x^2} + \frac{\partial^2}{\partial y^2}\right)(\sigma_x + \sigma_y) = 0 \tag{2.48}$$

或写成

$$\nabla^2(\sigma_x + \sigma_y) = 0 \tag{2.49}$$

式中，∇^2 为拉普拉斯算子。式(2.49)称为莱维(Lévy，M.)方程。

2.2.4 平面应变问题

考虑和平面应力问题中的几何形状完全相反的一种情况。平面应变问题的特征如表2.2所示。

表2.2　平面应变问题的特征(根据程昌钧，2005)

几何特征	以无限长的等直柱体为研究对象。弹性体的3个特征尺寸 a，b，h 中的某一尺寸，如厚度 h 远远大于其他两个尺寸，即 $h \gg \min(a, b)$
受力特征	作用于柱体的体积力 $(f_x, f_y, 0)$，侧表面力 $(p_x, p_y, 0)$ 平行于横截面，且沿长度不变。这些力的分量只是 x，y 的函数，并构成平衡力系
内力特征	柱体中部的每个截面都是对称面，有 $\tau_{zx} = \tau_{yz} = 0$，且所有应力都与 z 无关，即 σ_x，σ_y，σ_z，τ_{xy} 只是 x，y 的函数
变形特征	z 向位移 $w = 0$，位移 u，v 只是 x，y 的函数，应变 $\varepsilon_x = \gamma_{zx} = \gamma_{yz} = 0$，且 ε_x，ε_y，γ_{xy} 只是 x，y 的函数

在平面应变条件下，z 方向无限延伸，视为刚性约束，故可取 $w = 0$，而又沿长度方向几何形状不变，载荷沿 z 方向不变，故位移 u，v 只是 x，y 的函数。于是，不妨假想将物体切成无数个与 Oxy 平面平行的薄片，任取一个并设厚度为1作为模型。

在这种情况下有几何方程为：

$$\left.\begin{aligned} \varepsilon_x &= \frac{\partial u}{\partial x} \\ \varepsilon_y &= \frac{\partial v}{\partial y} \\ \gamma_{xy} &= \frac{1}{2}\left(\frac{\partial u}{\partial y} + \frac{\partial v}{\partial x}\right) \end{aligned}\right\} \tag{2.50}$$

上述3个分量与 z 无关。其他3个应变分量为零，即

$$\varepsilon_z = \gamma_{zx} = \gamma_{yz} = 0 \tag{2.51}$$

所以，在平面应变问题中，独立的应变分量只有3个。将以上关系式代入本构方程式(2.33)可得

$$\left.\begin{aligned} \sigma_x &= 2G\varepsilon_x + \lambda(\varepsilon_x + \varepsilon_y) \\ \sigma_y &= 2G\varepsilon_y + \lambda(\varepsilon_x + \varepsilon_y) \\ \tau_{xy} &= G\gamma_{xy} \end{aligned}\right\} \tag{2.52}$$

及

$$\left.\begin{aligned} \tau_{xz} &= \tau_{yz} = 0 \\ \sigma_z &= \lambda(\varepsilon_x + \varepsilon_y) = \nu(\sigma_x + \sigma_y) \end{aligned}\right\} \tag{2.53}$$

平衡方程和平面应力问题相同：

$$\left.\begin{aligned}\frac{\partial \sigma_x}{\partial x}+\frac{\partial \tau_{xy}}{\partial y}+f_x=0\\ \frac{\partial \tau_{xy}}{\partial x}+\frac{\partial \sigma_y}{\partial y}+f_y=0\end{aligned}\right\} \tag{2.54}$$

边界条件同样满足。应用从平面应力变换到平面应变的对应关系，平面应变问题的协调方程可直接从式(2.47)中得出

$$\left(\frac{\partial^2}{\partial x^2}+\frac{\partial^2}{\partial y^2}\right)(\sigma_x+\sigma_y)=-\frac{1}{1-\nu}\left(\frac{\partial f_x}{\partial x}+\frac{\partial f_y}{\partial y}\right) \tag{2.55}$$

比较式(2.47)和式(2.55)可知，两者形式是一样的，只差了一个常数系数。这样一来，平面应力和平面应变问题的解，除共同必须满足同一组平衡方程外，还应分别满足变形协调式(2.47)和式(2.55)。但是，如果体力f_x，f_y都是常数，则以上两个协调方程都化为式(2.48)。平衡方程(2.43)、变形协调方程(2.47)以及边界条件式(2.44)均不含材料常数。这就是说，在体积力为常数(包括0)的情况下，不同材料的物体只要它们的几何条件、载荷条件相同，则不论其为平面应力或平面应变问题，它们在平面内的应力分布规律是相同的(杨桂通，2006)，这一结论为模型试验，特别是光弹试验提供了理论基础。

还可以这样理解：平面应变问题代表那些细长柱体在侧面沿长度方向均匀受力、而物体的长度是很难变更的情形；平面应力问题一般代表短柱体在侧面沿着长度方向均匀受力，并在柱体两端不受任何外力作用下的情况(钱伟长，叶开沅，1956)。

实际上对于平面应变问题，虽说是无限长柱体，但由于它的每一个横截面都是对称面，因此，对于柱体的研究归结为对它的任一个横截平面的研究。可见两类平面问题要解决的都是一个平面上的弹性力学问题。

2.3　流变力学基础

2.3.1　岩石流变基本性质

真实物体在外力作用下都将发生形变，形变按照性质的不同又可以分为弹性形变、黏性流动和塑性流动。流变即指物体受力变形中存在与时间有关的变形性质。流变学是研究物质在外力场或其他的物理场作用下，物质的变形和流动的科学(刘雄，1994)。

在地球科学中，时间效应这一重要因素早已为人们所知。诸多地质现象和地球物理现象都和流变学相关，如冰后回弹，层状岩石的褶皱、冰川的流动、造山作用、地震成因以及成矿作用的研究等。对于地球内部介质的物理力学过程，如岩浆活动、地幔对流、板块漂移，则和岩石高温高压流变学有关，从而发展了地球动力学。

事实上，所有的流变现象归根结底都是力学现象(袁龙蔚，1986)。岩石流变力学就是研究岩石矿物组构(骨架)随时间不断调整，导致其应力、应变状态亦随时间而持续地增长变化，进而探讨其力学性状和行为的科学。它的基本任务是研究岩石的应力-应变随时间的变化规律，并根据所建立的时效本构关系去解决工程实际中遇到的与流变有关的问题(孙钧，2004)。

经典弹塑性理论认为，物体的应力-应变状态是恒定不变的，它完全决定于荷载的大小和顺序，不考虑时间顺序，与以前加载的历程无关。若荷载不变，在物体中产生的应力和应变亦不变，所以物体变形规律中并不包括作为独立变数的时间。岩石流变力学着重研究岩体应力-应变状态随时间变化的规律，把时间作为独立参数应用到应力和应变的基本规律中。

岩石的流变力学特性一般包括以下几个方面：

(1)蠕变：在恒定荷载作用下岩石总应变随时间推移而逐渐增长的现象。

(2)应力松弛：当应变保持恒定时，岩石内部应力随时间推移而衰减直至某一限值的过程。

(3) 弹性后效和滞后效应：加载过程中弹性变形随时间的增长称为滞后效应，它也包括在蠕变中；卸载后弹性变形随时间的逐渐恢复称为弹性后效，也可将弹性后效和滞后效应统称为弹性后效。

(4)长期强度：在长期荷载作用下，延时强度随着时间推移而逐渐减小的特性。

(5)流动：随时间延续而发生的塑性变形，应变速率随着应力逐渐增长的现象。流动分为黏性流动和塑性流动，黏性流动是指微小外力作用下就发生的流动，塑性流动是指外力达到某一极限值后才开始的流动。

岩石的蠕变特性是岩石流变性质中最重要的一个方面。当作用于材料的应力变化时，材料显示出“瞬间”发生的弹性与塑性两类应变，紧接着发生与时间有关的蠕变，因此，变形等于承受荷载之后立即产生的瞬时弹性变形与随时间发展的变形之和，即

$$\gamma = \gamma_e + \gamma(t) \tag{2.56}$$

岩石的蠕变可用蠕变方程和蠕变曲线表示。图 2.5 为长时间恒荷载作用下的岩石蠕变曲线。

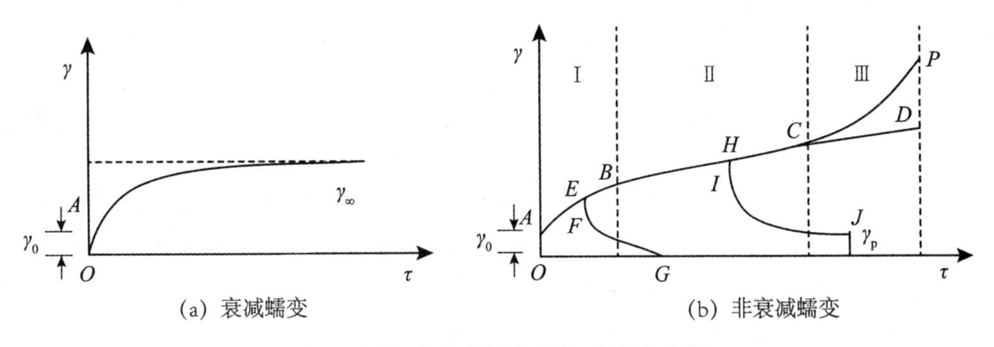

(a) 衰减蠕变　　(b) 非衰减蠕变

图 2.5　变形随时间变化的蠕变曲线(根据范广勤，1993)

蠕变曲线的性状随着岩石自身的属性、应力状态以及环境条件等的不同，可分为两种类型：稳定蠕变和不稳定蠕变。

第一种情况，称为稳定蠕变。在低应力水平下，变形 $\gamma(t)$ 以减速发展，其速度最后趋向于零，即 $\frac{d\gamma}{dt} \to 0$。而其变形值 $\gamma(t)$ 趋向于与荷载值有关的某一稳定极限值不再增长

(如图 2.5(a))。这一稳定值 γ_∞ = 常量，它与荷载大小、岩石性质、围压等因素有关。

第二种情况为不稳定蠕变。在较高应力水平下，岩石应变随时间逐渐增长，达到某一阶段应变率(表征材料变形速度的一种度量，应变对时间的导数)急剧增加，最后导致破坏。蠕变历程一般可分为Ⅰ(初始/过渡蠕变)、Ⅱ(稳态/等速蠕变)和Ⅲ(加速蠕变)3 个阶段。

(1)第Ⅰ蠕变阶段(图 2.5(b)，*AB* 段)称作初始蠕变阶段或过渡蠕变阶段。蠕变曲线斜率逐渐变小，应变率随时间迅速递减，变形以减速发展。当到达 *B* 点，应变率处于本阶段的最小值。若在此段某点 *E* 进行卸载，则应变沿着曲线 *EFG* 下降，最后应变为零。*EF* 曲线为瞬时弹性应变的恢复曲线，*FG* 曲线表示应变随时间逐渐恢复为零。

(2)第Ⅱ蠕变阶段(图 2.5(b)，*BC* 段)称作稳态蠕变阶段或等速蠕变阶段。蠕变曲线近似一倾斜直线，应变率大体不变，一直随时间发展持续到 *C* 点。若在此段某点 *H* 进行卸载，则应变沿着曲线 *HIJ* 逐渐恢复趋近于一渐近线，最后保留一定的永久应变 γ_p。

(3)第Ⅲ蠕变阶段(图 2.5(b)，*CD* 段)称作加速蠕变阶段。应变率由 *C* 点开始迅速增加，达到 *D* 点，导致岩石发生破坏(脆性的或黏性的破坏)。此段还可以分为：*CP* 段为发育着塑性变形但尚未引起破坏的阶段；*DP* 段为微裂隙强烈发展导致变形剧增和引起破坏的阶段，又称破坏阶段(范广勤，1993)。

不过，并非材料在任何加载条件下均为以上情况。如在中等应力水平下，变形可能先与稳定蠕变类似，减速发展而后趋于稳定，在图 2.5(a)中后部分是一条上升直线，这称为亚稳定蠕变；材料加载后可能只出现过渡蠕变阶段，随即进入变形稳定状态；也可能变形不经历第二阶段直接从过渡蠕变进入加速蠕变。具体出现何种状况与作用应力的量级有关。

应力松弛是岩石流变的另一个重要特性。岩石在一定的变形下，应力随时间衰减的特性称为应力松弛。通常认为应力松弛是蠕变的结果，材料的热运动使得变形由弹性变形全部或部分变为塑性变形，从而减小了与弹性变形相对应的应力。变形应力松弛也可划分成三种类型：立即松弛、完全松弛和不完全松弛。在同一变形条件下，不同岩石具有不同类型的松弛特性。同一岩石在不同变形条件下也可能表现为不同类型的应力松弛特性。

滞后效应包括卸载时弹性形变随时间而逐渐恢复，以及加载时弹性形变随时间逐步达到最大值的特性。加载后的弹性变形的滞后效应属于蠕变，一般只有在辨识岩石的蠕变模式时才予区分。某岩石在某种应力水平下的蠕变包含滞后效应与否，只有通过卸载后的弹性后效加以验证。如图 2.5(b)，在本节蠕变特性部分已经讨论，若在 *AB* 段某点 *E* 进行卸载，则弹性变形一部分瞬时恢复(*EF*)，另一部分随时间而恢复(*FG*)；若在 *BC* 段内卸载，则除了瞬时恢复和随时间恢复(*HI*)外，还有部分变形残留于材料中成为永久变形(*IJ*)。

岩石强度随着时间的推移逐渐下降，当时间趋于无穷大时，其强度由于流变特性达到稳定的最低值，即岩石的屈服极限(强度)随时间的延长而衰减，这已为众多实验室和现场试验所证实。

2.3.2 流变模型及其基本元件

所谓流变模型可以分为两大类：力学模型和物理模型。物理模型主要从事机制学方面的研究，考虑材料内部的物理化学机制和固体内部晶体和晶粒边界存在的缺陷，即从固体物理的角度建立材料的流变本构关系。而力学模型的研究主要是现象学研究，近似建立材料的本构关系，从而预测在任意应力作用史和变化的物理环境条件下的材料的变形与破坏性质。

从2.3.1节对岩石流变基本性质的讨论中可以看出，其力学形态涉及介质的弹性、塑性和黏性，这很容易使人想到，具体材料的力学形态，必然与这3种特性及其组合影响有关。因此，有可能建立抽象化的力学模型，来近似的描述材料的力学性质，并做出其本构关系。

首先来看一下弹性、塑性和黏性的解释。

弹性变形是指应力和应变之间存在着互为单值函数的对应关系，在应力消除之后，变形也立即消失。只发生弹性形变的物体称为弹性体，也称胡克体(Hooke)，简称H体，是材料力学和弹性理论的研究对象。

塑性变形是当加在材料上的力达到某一极限值(屈服应力)时，材料的变形将明显增加，或应力保持不变而变形不断增加，即形成塑性流动，卸载时产生不可恢复的永久变形，此时我们说材料进入塑性状态，表现出塑性特性。具有此性质的物体称为刚塑性体，也称圣维南体，简称St.V体，也可用V表示，即塑性力学的研究对象。

黏性流动是指液体在剪应力的作用下，剪应变将随时间发展而不断增加。若剪应力和剪应变的速率成正比，具有此性质的材料称为牛顿体，简称N体。液体在剪切应力的作用下，剪切应变将随时间而不断增加，这种形变称为黏性流动。牛顿体是流变力学的研究对象。

此外，胡克体、牛顿体、圣维南体，它们分别具有弹性、黏性和塑性，都是理想体。真实的物体往往或多或少同时具有这些性质，称为弹·黏·塑性体，这种最一般的物体就是流变学的研究对象。本节要介绍的流变力学模型3种基本元件：弹性元件、黏性元件、塑形元件分别代表胡克体、牛顿体、圣维南体中某种力和形变的关系。

1. 弹性元件

弹性元件(胡克体[H])的结构模型可用弹簧表示，如图2.6(a)。以$\boldsymbol{\sigma}$表示应力，ε表示应变，则本构关系即为胡克定律的表示式

$$\boldsymbol{\sigma} = \mathrm{E}\boldsymbol{\varepsilon} \tag{2.57}$$

式中，E为与弹性有关的常量。如以σ表示正应力，ε表示正应变，则上式中的E即为杨氏弹性模量。如以σ表示剪应力，ε表示剪应变γ的一半，则上式中的E应为$2G$，G为剪切弹性模量：

$$\sigma = G\gamma = 2G\varepsilon \tag{2.58}$$

由以上两式可见，σ与ε的值一一对应。如果σ保持一定，ε也将保持一定，反之亦然。

三维应力状态本构方程用张量表示为：

$$\left.\begin{aligned} \boldsymbol{s}_{ij} &= 2G\boldsymbol{e}_{ij} \\ \sigma_m &= 3K\varepsilon_m = K\varepsilon_v \end{aligned}\right\} \tag{2.59}$$

由表达式可知，弹性体在所受应力为恒量时，应变不随时间发展而变化，即无蠕变现象；若在应变处于恒量时，应力也不随时间发展而降低，即无松弛现象。

2. 黏性元件

黏性元件(牛顿体[N])的结构模型可用黏壶表示，如图 2.6(b)，在一个带孔的活塞在装满牛顿液体的黏壶中运动，模型符号为 N。黏壶中液体受力和形变关系服从粘滞定律，即应力与应变速率成正比。其本构关系为：

$$\sigma = \eta_n \dot{\varepsilon} \tag{2.60}$$

$$\tau = \eta_s \dot{\gamma} \tag{2.61}$$

式中，σ 表示正应力；$\dot{\varepsilon}$ 表示正应变速率；η_n 为拉伸或压缩时的黏性系数。在剪应力作用的情况下为式(2.61)，τ 为剪应力；η_s 为剪切黏性系数，在流变学中，η 是一个很重要的力学特征常数，一般简称为“黏度”，表示应力与应变速率的比值。对于牛顿体，应力与应变呈线性关系，但应变并非应力的单值函数。

对式(2.60)和式(2.61)积分，有

$$\varepsilon = \frac{\sigma_0}{\eta_n}t + C \tag{2.62}$$

或

$$\gamma = \frac{\tau}{\eta_s}t + C \tag{2.63}$$

此时，应变为时间 t 的线性函数。

三维应力状态的本构方程用张量表示为：

$$\left.\begin{aligned} \boldsymbol{s}_{ij} &= 2\eta\dot{\boldsymbol{e}}_{ij} \\ \sigma_m &= 3K\varepsilon_m = K\varepsilon_v \end{aligned}\right\} \tag{2.64}$$

可知，当黏性体在受应力为恒量时，应变随时间的发展而变化有蠕变现象，若保持应变处于恒量时，应力又随时间的发展而减小，即有松弛现象。黏性体只有黏性，而无弹性和强度，都没有瞬时应变。

3. 塑形元件

塑形元件(圣维南体[V])的结构模型可用摩擦滑块表示，如图 2.6(c)，它们之间在受力时产生摩擦力，其最大值为 f。当作用应力 $\sigma < f$，应变 $e = 0$；当作用应力 $\sigma \geqslant f$，应变 e 可为任意值，其本构关系为：

$$\left.\begin{aligned} &\sigma < f,\ e = 0 \\ &\sigma \geqslant f,\ e \to \infty \end{aligned}\right\} \tag{2.65}$$

在剪切情况下，σ 为剪应力 τ，f 为极限剪应力。从以上讨论可以认为，塑形元件是刚塑性体，它给予材料从理想刚体突变为理想塑性体的阈值 f。

以上所讨论的 3 种基本元件的本构关系均是线性的，因此，可以推知利用这 3 种元件所组成的复合体的本构关系也将是线性的。

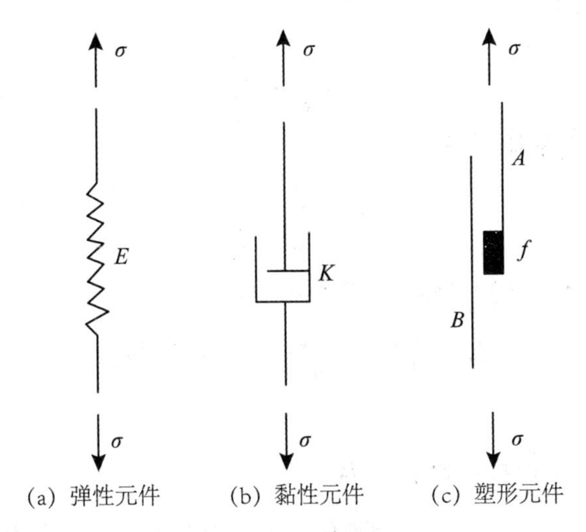

(a) 弹性元件　(b) 黏性元件　(c) 塑形元件

图 2.6 3 种基本元件(根据刘雄，1994)

2.3.3 流变介质模型

流变介质模型理论是众多流变理论中的一种，它的基本原理是按照岩石的弹性、塑性和黏性性质设定一些基本元件，通过这些基本元件的组合(串联、并联、串并联等)形成线性流变介质模型，建立各类岩石的本构关系。流变介质模型概念直观，简单形象，物理意义明确，又能较全面地反映岩石的各种流变特性，如：蠕变、应力松弛、弹性后效等。

将基本元件串联或并联，形成各种二元件、三元件和多元件模型。并联用符号“|”表示，当并联时，整个模型的应力是各基本元件的应力之和，而每个基本元件的变形速率是相同的；串联用符号“—”表示，当串联时，整个模型的变形速率是各基本元件的变形速率之和，每个基本元件都具有相同于总应力的应力。

3 个基本元件每两个并联或串联，共可得 6 个二元组合模型，在岩石流变力学中最有实用价值的有以下 3 个。

1. 麦克斯韦模型

麦克斯韦(Maxwell)模型[M]由弹性元件和黏性元件串联组成，又称弹性黏性体模型，即[**M**]=[**H**]-[**N**]。

本构方程：

M 体由于是串联，特点为应力相等而应变相加。设弹性应变 γ_1，黏性应变 γ_1，总应变 γ，有

$$\left.\begin{aligned}&\tau=\tau_1=\tau_2\\&\gamma=\gamma_1+\gamma_2\quad\text{或}\quad\dot{\gamma}=\dot{\gamma}_1+\dot{\gamma}_2\\&\tau=\tau_1=G\gamma_1\quad\text{或}\quad\dot{\gamma}_1=\dot{\tau}/G\\&\tau=\tau_2=\eta\gamma_2\quad\text{或}\quad\gamma_2=\tau/\eta\end{aligned}\right\}\tag{2.66}$$

得剪切变化的本构方程

$$\dot{\gamma}=\frac{\dot{\tau}}{G}+\frac{\tau}{\eta} \tag{2.67}$$

同理，可得拉压变化的本构方程

$$\dot{\varepsilon}_v=\frac{\dot{\sigma}}{E}+\frac{\sigma}{\eta} \tag{2.68}$$

在三维应力状态下，M 体本构方程用张量表示为：

$$\dot{\boldsymbol{e}}_{ij}=\frac{1}{2G}\dot{\boldsymbol{s}}_{ij}+\frac{1}{2\eta}\boldsymbol{s}_{ij},\quad \sigma_m=3K\varepsilon_m \tag{2.69}$$

蠕变方程：

应力条件：$\boldsymbol{s}_{ij}=s_0=$ 恒量，则 $\dot{\boldsymbol{s}}_{ij}=0$；

初始条件：$t=0$，$\boldsymbol{e}_{ij}=e_0=\dfrac{s_0}{2G}$；弹性体模型有瞬时应变。将本构方程式(2.69)进行积分可得

$$\boldsymbol{e}_{ij}=\frac{1}{2G}\boldsymbol{s}_{ij}+\frac{1}{2\eta}\boldsymbol{s}_{ij}t \tag{2.70a}$$

令 $T=\dfrac{\eta}{G}$，则

$$\boldsymbol{e}_{ij}=\frac{1}{2G}\boldsymbol{s}_{ij}\left(1+\frac{t}{T}\right)=\boldsymbol{e}_{ij}\left(1+\frac{t}{T}\right) \tag{2.70b}$$

也即

$$\gamma=\frac{\tau_0}{G}\left(1+\frac{t}{T}\right)=\frac{\tau_0}{G}\left(1+\frac{G}{\eta}t\right)=\gamma_0\left(1+\frac{t}{T}\right) \tag{2.70c}$$

式中，τ_0 为初始剪应力；γ_0 为初始剪应变。式(2.70)就是 M 体蠕变曲线方程。若 $t=0$，$e_0=\dfrac{s_0}{2G}$ 有瞬时应变：若随时间 t 发展，蠕变呈线性变化而增长。

松弛方程：

应变条件：$\boldsymbol{e}_{ij}=e_0=$ 恒量，则 $\dot{\boldsymbol{e}}_{ij}=0$；

初始条件：$t=0$，$\boldsymbol{s}_{ij}=s_0$；则由本构方程(2.69)得：

$$\frac{1}{2G}\dot{\boldsymbol{s}}_{ij}+\frac{1}{2\eta}\boldsymbol{s}_{ij}=0 \text{ 或 } \frac{\mathrm{d}s_{ij}}{s_{ij}}=-\frac{G}{\eta}\mathrm{d}t$$

按初始条件，两边积分

$$\int_{S'_0}^{S'}\frac{\mathrm{d}\boldsymbol{s}_{ij}}{\boldsymbol{s}_{ij}}=-\frac{G}{\eta}\int_0^t\mathrm{d}t$$

整理后得应力松弛方程

$$\boldsymbol{s}_{ij}=s_0\exp\left(-\frac{G}{\eta}t\right)=s_0\exp\left(-\frac{t}{T}\right)=2G\boldsymbol{e}_{ij}\exp\left(-\frac{t}{T}\right) \tag{2.71}$$

令 $T=\dfrac{\eta}{G}$，称为松弛时间。松弛时间是评定介质松弛形态的一个特征量，表示 M 体重的应力由初始值 s_{ij} 递减到 s_{ij}/e 所需的时间。说明 M 体有松弛，又称为松弛模型。

2. 开尔文模型

开尔文(Kelvin)模型[K]又称黏弹性固体模型，由弹性元件[H]和黏性元件[N]并联组成，此模型能表达非松弛现象和滞后效应，模型符号为 [K]=[H] | [N]。

本构方程：

设弹性应力 τ_1、应变 γ_1，黏性应力 τ_2、应变 γ_2。K 体为并联，应变相加，应力相等，故一维状态下有：

$$\left.\begin{aligned}&\tau=\tau_1=\tau_2\\&\gamma=\gamma_1+\gamma_2\quad\text{或}\quad\dot{\gamma}=\dot{\gamma}_1+\dot{\gamma}_2\\&\tau_1=G\gamma_1=G\gamma,\qquad\tau_2=G\gamma_2=G\gamma\end{aligned}\right\}\tag{2.72}$$

其本构方程为：

对于剪切变化

$$\tau=G\gamma+\eta\dot{\gamma}\tag{2.73}$$

对于拉压变化

$$\sigma=E\varepsilon+\eta\dot{\varepsilon}\tag{2.74}$$

三维张量方程

$$\boldsymbol{s}_{ij}=2G\boldsymbol{e}_{ij}+2\eta\dot{\boldsymbol{e}}_{ij},\qquad\sigma_m=3K\varepsilon_m\tag{2.75}$$

蠕变方程：

应力条件：$\boldsymbol{s}_{ij}=s_0=$ 恒量

初始条件：$t=0$ 时，$\boldsymbol{e}_{ij}=e_0=0$(黏性模型无瞬时应变)

由本构方程(2.75)通解为

$$\boldsymbol{e}_{ij}=\exp\left(-\frac{G}{\eta}t\right)\left[e_0+\frac{1}{2\eta}\int_0^1\boldsymbol{s}_{ij}\exp\left(\frac{G}{\eta}t\right)\mathrm{d}t\right]\tag{2.76}$$

得 K 体蠕变方程

$$\boldsymbol{e}_{ij}=\frac{1}{2G}s_0\left[1-\exp\left(\frac{G}{\eta}t\right)\right]\tag{2.77}$$

即

$$\gamma=\frac{\tau}{G}\left[1-\exp\left(\frac{G}{\eta}t\right)\right]\tag{2.78}$$

由蠕变曲线方程可知，若 $t=0$，$e_{ij}=0$，无瞬时应变；若 $t\to\infty$，$\boldsymbol{e}_{ij}=s_0/2G$；最终的最大应变值仅等于弹性体模型的瞬时应变，相当于推迟弹性应变的出现，弹性体模型最后总变形是随着时间发展渐渐达到的，故 K 体又称迟滞模型。

松弛方程：

应变条件：$\boldsymbol{e}_{ij} = e_0 =$恒量，$\dot{\boldsymbol{e}}_{ij} = 0$

初始条件：$t = 0$，$\boldsymbol{s}_{ij} = s_0 = 0$，

由本构方程(2.75)得

$$\boldsymbol{s}_{ij} = 2G\boldsymbol{e}_{ij} + 2\eta\dot{\boldsymbol{e}}_{ij} = 2Ge_0 \tag{2.79}$$

即：

$$\tau_0 = G\gamma_0 \tag{2.80}$$

由此说明 K 体是一种非松弛体，应力始终不随时间变化，保持恒量。

3. 宾汉模型

宾汉(Bingham)模型，由塑性元件和黏性元件并联组成，又称黏塑性模型。模型的总应变等于塑形元件的应变或黏性元件的应变，总应力等于黏性元件和塑形元件的应力之和。

本构方程

已知：

$$\left.\begin{aligned} &\tau = \tau_1 + \tau_2 \\ &\gamma = \gamma_1 + \gamma_2 \\ &\tau_1 = \eta\dot{\gamma} \\ &\gamma_2 = \begin{cases} 0, & \tau_2 < \tau_y \\ \gamma_1, & \tau_2 = \tau_y \end{cases} \end{aligned}\right\} \tag{2.81}$$

本构方程为：

$$\left.\begin{aligned} &\gamma = 0, && \tau_2 < \tau_y \\ &\tau = \eta\dot{\gamma} + \tau_y, && \tau_2 = \tau_y \end{aligned}\right\} \tag{2.82}$$

三维空间中张量方程为：

$$\left.\begin{aligned} &\boldsymbol{e}_{ij} = 0; && |\tau_2| < |\tau_y| \\ &s_{ij} = 2\eta\dot{\boldsymbol{e}}_{ij} + \tau_y,\ \sigma_m = 3K\dot{\varepsilon}_m; && |\tau_2| = |\tau_y| \end{aligned}\right\} \tag{2.83}$$

蠕变方程：

应力条件：$\boldsymbol{s}_{ij} = s_0 =$ 恒量

初始条件：$t = 0$，$\boldsymbol{e}_{ij} = 0$，由本构方程(2.83)得蠕变方程

$$\left.\begin{aligned} &\boldsymbol{e}_{ij} = 0; && |\tau_2| < |\tau_y| \\ &\boldsymbol{e}_{ij} = \frac{s_0 - \tau_y}{2\eta}t; && |\tau_2| = |\tau_y| \end{aligned}\right\} \tag{2.84}$$

松弛方程：

应变条件：$\boldsymbol{e}_{ij} = e_0 =$恒量

初始条件：$t = 0$，$\boldsymbol{s}_{ij} = 0$，

由本构方程(2.83)得

$$s_{ij} = 2\eta \dot{e}_{ij} + \tau_y = 2\eta \dot{e}_0 + \tau_y = \tau_y \tag{2.85}$$

故在 $\tau_2 = \tau_y$ 时无松弛。

以上 3 种二元件模型均没有讨论其弹性后效和黏性流动特性，感兴趣的同学可以查阅本章“参考文献”中的文献[9]~[14]。

2.4 岩石的脆性破裂

2.4.1 Griffith 能量平衡理论

岩石的脆性破裂是岩石形变的主要机制之一。

对于一般的脆性材料而言，当外界荷载超过它的强度或应力符合某种破坏准则时，它就会发生断裂破坏。研究还表明，材料在形成和加工过程中在其内部有很多缺陷，材料受载时，虽然应力很低，但缺陷周围形成应力集中，缺陷扩展直至材料断裂。

岩石作为一种典型的含有缺陷的脆性材料，其破坏过程实质上就是微裂纹产生、扩展及贯通的过程。岩石断裂力学就是利用断裂力学的方法和原理来研究岩石的破坏特性(谢和平，陈忠辉，2004)。

20 世纪 30 年代英国学者 A. A. Griffith 研究了带裂纹物体的脆性断裂问题，并建立了能量理论作为判断脆性材料的断裂依据。根据这个理论，同样可以解释为什么材料的实际强度大大地低于理论强度。他还推导出了含裂纹构件发生断裂时的应力。

Griffith 理论主要观点是：如果一物体中的裂纹扩展，该系统必然会释放出一定的能量，与此同时形成新的裂纹表面也需要能量，如果释放的能量低于形成新裂纹表面需要的能量，裂纹是不会扩展的；如果释放的能量高于形成新表面所需要的能量，裂纹就会扩展；释放的能量与形成新表面的能量相等，裂纹就处于临界状态。

下面讨论 Griffith 的分析方法。

考虑一单位厚度($B = 1$)的平板模型。上下施加均匀的拉应力 σ，处于稳定状态后把上下端固定，构成能量封闭体系，如图 2.7(a)所示。此时板中储存的初始弹性应变能为：

$$U_0 = \frac{1}{2}\sigma\varepsilon V = \frac{1}{2}\sigma \frac{\sigma}{E} V = \frac{\sigma^2}{2E} V \tag{2.86}$$

式中，$\frac{1}{2}\sigma\varepsilon$ 为弹性应变能密度，表示单位体积物体中储存的弹性应变能，此时应力应变满足胡克定律 $\varepsilon = \frac{\sigma}{E}$；$V$ 为板的体积。

然后设想在板内沿 x 方向割开一个长为 $2a$ 的裂纹(板为无限大)，如图 2.7(b)。出现裂纹以后，裂纹上下表面不再有应力，所以靠近裂纹表面区域的应力、应变被松弛，系统将释放出部分能量。Griffith 从整个试样的应力和应变分布计算了其释放的能量为：

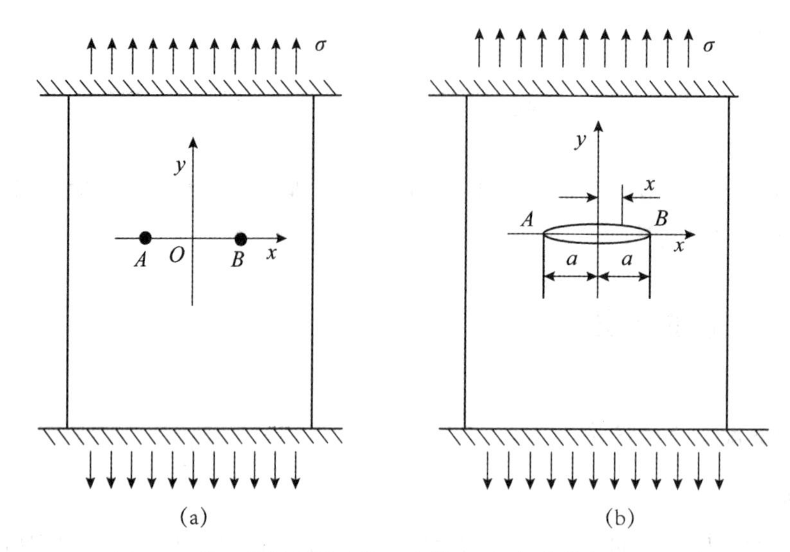

图 2.7　格里菲斯能量平衡理论模型(根据黄作宾，1991)

$$\left.\begin{aligned} &\text{平面应力：} U_1 = -\frac{\pi\sigma^2 a^2}{E} \\ &\text{平面应变：} U_1 = -\frac{\pi(1-\mu^2)\sigma^2 a^2}{E} \end{aligned}\right\} \tag{2.87}$$

割开裂纹后，裂纹处新形成了两个自由表面而吸收能量，即有表面能的增加，若 γ 为表面能密度，则两个自由表面新增表面能为：

$$U_2 = 4a\gamma \tag{2.88}$$

因此，形成裂纹后平面应力条件下系统总的能量为：

$$U = U_0 + U_1 + U_2 = 4a\gamma + \frac{\sigma^2}{2E}V - \frac{\pi\sigma^2 a^2}{E} \tag{2.89}$$

可知，系统内能是外加应力与裂纹长度的函数。下面考察系统内能与裂纹长度或外加应力之间的关系。

将式(2.89)对裂纹长度 a 求一次偏微分并令其为零，可得

$$\frac{\partial U}{\partial a} = 4\gamma - \frac{\pi\sigma^2 a}{E} = 0 \tag{2.90}$$

式(2.90)表明，当裂纹扩展单位面积释放的应变能力恰好等于形成其自由表面所需的表面能时，裂纹就处于不稳定平衡状态；当裂纹扩展单位面积释放的应变能力大于形成其自由表面所需的表面能时，裂纹就会失稳扩展而断裂；当裂纹扩展单位面积释放的应变能小于形成其自由表面所需的表面能时，裂纹就不会扩展，处于静止状态。

若给定应力，则裂纹长度有临界值，为

$$a_c = \frac{2E\gamma}{\pi\sigma^2} \tag{2.91}$$

根据式(2.90)，将式(2.89)对裂纹长度 a 求二次偏微分可知，如果裂纹长度达到该

临界值，系统内能有极大值。这说明，当 $a < a_c$ 时，a 的增加会引起系统内能的增加，若外界无能量补充，则裂纹不会扩展；若 $a > a_c$，裂纹长度的增加会引起系统内能的下降，所以裂纹的扩展是自发趋势，裂纹会失稳扩展。

若给定裂纹长度，应力 σ 也有临界值，其与裂纹长度存在如下关系：

$$\sigma_c\sqrt{a} = \begin{cases} \left(\dfrac{2E\gamma}{\pi a}\right)^{\frac{1}{2}} & (\text{平面应力}) \\ \left(\dfrac{2E\gamma}{\pi(1-\mu^2)}\right)^{\frac{1}{2}} & (\text{平面应变}) \end{cases} \tag{2.92}$$

上式分别表明了平面应力和平面应变条件下含裂纹长度为 $2a$ 的裂纹体的断裂强度，当外加应力 $\sigma > \sigma_c$，裂纹变回失稳扩展。除此之外，式(2.92)右边为常数项，均均与材料本身的特性有关。因此，$\sigma_c\sqrt{a}$ 为常数，反映了材料抵抗断裂的能力。

2.4.2 裂纹尖端附近的应力和位移场

断裂力学的主要研究对象是裂纹，理想裂纹是指平直、端部尖锐及厚度为零的裂纹。根据裂纹在物体中情况的不同，可分为穿透裂纹、表面裂纹和埋藏裂纹。根据外力作用方式，断裂力学又将材料中存在的裂纹分为 3 种基本形式(如图 2.8)。Ⅰ型为张开型(如图 2.8(a))，裂纹面上点的位移与裂纹面垂直，由于法向唯一造成裂纹上下表面张开；Ⅱ型为滑开型(如图 2.8(b))，质点位移平行于裂纹面，但与裂纹前缘垂直，切向位移引起上下表面滑开；Ⅲ型为撕开型(如图 2.8(c))，质点位移平行于裂纹面，同时也与裂纹前缘相平行。在岩石中经常遇到的是Ⅱ型和Ⅲ型，统称为剪切型裂纹。

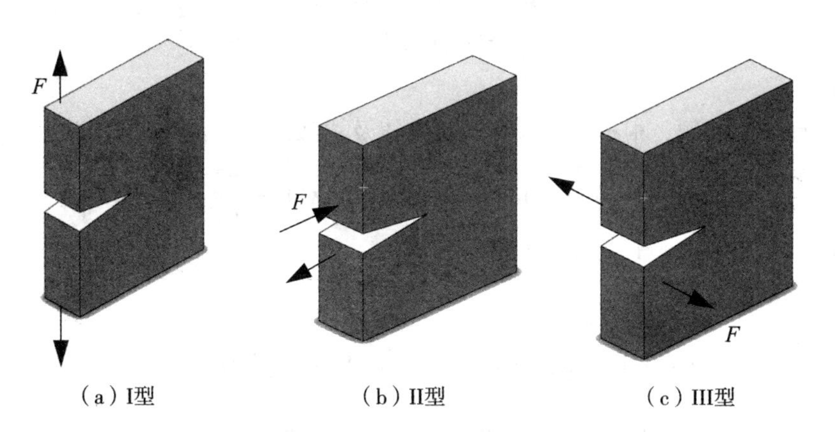

图 2.8　裂纹的三种基本形式(根据马源，2010)

分析裂纹尖端附近区域的应力场和位移场需要应用弹性力学中的应力函数方法。

Airy 应力函数 ϕ：满足变形协调条件

$$\nabla^2 \nabla^2 \phi = 0 \tag{2.93}$$

如果不计体力，则应力分量与应力函数之间有下列关系

$$\sigma_x = \frac{\partial^2 \phi}{\partial y^2},\ \sigma_y = \frac{\partial^2 \phi}{\partial x^2},\ \tau_{xy} = -\frac{\partial^2 \phi}{\partial x \partial y} \tag{2.94}$$

对解析函数 $Z(z)$，引入记号

$$\bar{\bar{Z}}(z) = \int \bar{Z}(z)\,\mathrm{d}z,\ \bar{Z} = \int Z(z)\,\mathrm{d}z,\ Z' = \frac{\mathrm{d}Z(z)}{\mathrm{d}z} \tag{2.95}$$

伊尔文理论的计算方法是借助于 Airy 应力函数，对某一具体形式的裂纹采用相应的 Westergaard 复变函数作为求解应力函数来分析裂纹应力场，计算出应力分量和位移分量。

下面介绍 Westergaard 应力函数法，它的形式为：

$$\phi = \mathrm{Re}\,\bar{\bar{Z}} + \mathrm{Im}\bar{Z} \tag{2.96}$$

Re 和 Im 分别表示实部和虚部。为了应用 Westergaard 应力函数，可以证明它满足变形协调条件式(2.93)。其次分别求出应力分量、位移分量与 ϕ 之间的关系式。

1. 应力场

裂纹体内任一点的直角坐标应力分量为：

$$\begin{aligned}\sigma_x &= \frac{\partial^2 \phi}{\partial y^2} = \frac{\partial^2}{\partial y^2}(\mathrm{Re}\,\bar{\bar{Z}}) + \frac{\partial^2}{\partial y^2}(y\mathrm{Im}\bar{Z}) = \frac{\partial}{\partial y}\left(\frac{\partial \mathrm{Re}\,\bar{\bar{Z}}}{\partial y}\right) + \frac{\partial}{\partial y}\left(\frac{\partial \mathrm{Im}\bar{Z}}{\partial y} + \mathrm{Im}\bar{Z}\right)\\ &= \frac{\partial}{\partial y}(-\mathrm{Im}\bar{Z}) + \frac{\partial}{\partial y}(\mathrm{Im}\bar{Z} + y\mathrm{Re}\bar{Z}) = \mathrm{Re}Z - y\mathrm{Im}Z'\end{aligned}$$

类似推导可得到各应力分量

$$\left.\begin{aligned}\sigma_x &= \mathrm{Re}Z - y\mathrm{Im}Z'\\ \sigma_y &= \mathrm{Re}Z + y\mathrm{Im}Z'\\ \tau_{xy} &= -y\mathrm{Re}Z'\end{aligned}\right\} \tag{2.97}$$

2. 位移场

考虑平面应力问题，根据平面应力胡克定律及式(2.97)，沿 x 轴位移分量为：

$$\frac{\partial u}{\partial x} = \varepsilon_x = \frac{1}{E}(\sigma_x - \nu\sigma_y) = \frac{1}{E}(\mathrm{Re}Z - y\mathrm{Im}Z') - \frac{\nu}{E}(\mathrm{Re}Z + y\mathrm{Im}Z')$$

式中，E 为材料的弹性模量；ν 为泊松比。

两边积分得 x 方向位移为：

$$\begin{aligned}u &= \frac{1}{E}\int[(\mathrm{Re}Z - y\mathrm{Im}Z') - \nu(\mathrm{Re}Z + y\mathrm{Im}Z')]\mathrm{d}x\\ &= \frac{1}{E}\int\left[(1-\nu)\frac{\partial \mathrm{Re}\bar{Z}}{\partial x} - (1+\nu)\frac{\partial \mathrm{Im}\bar{Z}}{\partial x}\right]\mathrm{d}x\\ &= \frac{1}{E}[(1-\nu)\mathrm{Re}\bar{Z} - (1+\nu)y\mathrm{Im}\bar{Z}]\end{aligned} \tag{2.98a}$$

同理可得方向位移分量为：

$$v = \frac{1}{E}[2\mathrm{Im}\bar{Z} - (1+\nu)y\mathrm{Re}\bar{Z}] \tag{2.98b}$$

同理，得平面应变条件下的位移表达式

$$\left.\begin{aligned} u &= \frac{1+\nu}{E}[(1-2\nu)\mathrm{Re}\bar{Z} - y\mathrm{Im}\bar{Z}] \\ v &= \frac{1+\nu}{E}[2(1-\nu)\mathrm{Im}\bar{Z} - y\mathrm{Re}\bar{Z}] \end{aligned}\right\} \tag{2.99}$$

为了研究方便，把式(2.98)和式(2.99)写成统一形式

$$\left.\begin{aligned} u &= \frac{1+\nu}{E}\left[\frac{\kappa-1}{2}\mathrm{Re}\bar{Z} - y\mathrm{Im}\bar{Z}\right] \\ v &= \frac{1+\nu}{E}\left[\frac{\kappa+1}{2}\mathrm{Im}\bar{Z} - y\mathrm{Re}\bar{Z}\right] \end{aligned}\right\} \tag{2.100}$$

式中，

$$\kappa = \begin{cases} \dfrac{3-\nu}{1+\nu}, & \text{平面应力} \\ 3-4\nu, & \text{平面应变} \end{cases} \tag{2.101}$$

以上就是 Westergaard 应力函数法。对于不同形式的裂纹，只需要代入不同的边界条件即可。由此可以看出，对某一断裂力学的平面问题，如果找到一个解析函数 Z，使其满足具体问题的边界条件，并将其按照 Westergaard 应力函数法组合起来，则该问题中的应力、应变及位移均可求出。

2.4.3 三种基本裂纹及其应力强度因子的计算

基于裂纹尖端应力场强度的观点，设裂纹体为线弹性材料，由弹性力学方法可以得到裂纹尖端附近的应力场为：

$$\sigma_{ij} = \frac{K}{\sqrt{2\pi r}} f_{ij}(\theta) \tag{2.102}$$

对于平面裂纹体，式(2.102)为裂纹尖端附近一点 A 处的 3 个应力分量，其中，$f_{ij}(\theta)$ 为角分布函数，与点到裂纹尖端的距离无关。

对于给定的裂纹类型与外载荷大小，K 为一个与坐标无关的常数，其大小可以用于衡量整个裂纹尖端附近应力场的强弱程度，称为裂纹尖端应力场强度因子，简称为应力强度因子。事实上，应力强度因子的大小与裂纹和构件的几何形状、作用力的大小和形式有关，与坐标选择无关。对于Ⅰ型、Ⅱ型、Ⅲ型裂纹，应力强度因子分别为 K_{I}、K_{II}、K_{III}，其国际单位为 $\mathrm{MPa}\cdot \mathrm{g}\sqrt{\mathrm{m}} = 10^6\mathrm{N}\cdot\mathrm{m}^{-\frac{3}{2}}$。

2.4.2 节中简要介绍了 3 种基本裂纹，本节将利用 3 种基本裂纹的边界条件确定各自的应力强度因子。

1. Ⅰ型裂纹

对于受双向拉应力的张开型裂纹(如图 2.9(a)所示)的边界条件如下

$$\begin{cases} (1)\ \text{当}\ y=0,\ |x|<a\ \text{时},\ \sigma_y = 0,\ \tau_{xy} = 0 \\ (2)\ \text{当}\ y=0,\ x\to\pm\infty\ \text{时},\ \sigma_x = \sigma_y = \sigma \\ (3)\ \text{当}\ y=0,\ |x|>a\ \text{时},\ \sigma_y > \sigma,\ \text{且}\ x\ \text{越接近}\ a,\ \sigma_y\ \text{则越大} \end{cases} \tag{2.103}$$

根据上述 3 个边界条件便可以选定 $Z_{\mathrm{I}}(x, y)$，下面不加推导地给出结果。

$$Z_{\mathrm{I}}(x, y)=\frac{\sigma}{\sqrt{1-\left(\frac{a}{z}\right)^{2}}}=\sigma \frac{z}{\sqrt{z^{2}-a^{2}}} \tag{2.104}$$

把式(2.104)代入式(2.97)~式(2.99)中得到的结论中即可求得应力、应变和位移等分量。如果用极坐标 $\xi(r, \theta)$ 代替直角坐标 $z(x, y)$，引入欧拉公式，并令 $r \to 0$，$K_{\mathrm{I}}=\sigma\sqrt{\pi a}$，最后可得

$$\left.\begin{aligned}
\sigma_{x} &= \frac{K_{\mathrm{I}}}{\sqrt{2\pi r}}\cos\frac{\theta}{2}\left[1-\sin\frac{\theta}{2}\sin\frac{3\theta}{2}\right] \\
\sigma_{y} &= \frac{K_{\mathrm{I}}}{\sqrt{2\pi r}}\cos\frac{\theta}{2}\left[1+\sin\frac{\theta}{2}\sin\frac{3\theta}{2}\right] \\
\tau_{xy} &= \frac{K_{\mathrm{I}}}{\sqrt{2\pi r}}\cos\frac{\theta}{2}\sin\frac{\theta}{2}\cos\frac{3\theta}{2}
\end{aligned}\right\} \tag{2.105}$$

$$\left.\begin{aligned}
\varepsilon_{x} &= \frac{K_{\mathrm{I}}}{2G\sqrt{2\pi r}}\cos\frac{\theta}{2}\left[(1-2\nu)+\sin\frac{\theta}{2}\sin\frac{3\theta}{2}\right] \\
\varepsilon_{y} &= \frac{K_{\mathrm{I}}}{2G\sqrt{2\pi r}}\cos\frac{\theta}{2}\left[(1-2\nu)+\sin\frac{\theta}{2}\sin\frac{3\theta}{2}\right]
\end{aligned}\right\} \tag{2.106}$$

$$\left.\begin{aligned}
u &= \frac{K_{\mathrm{I}}}{2G}\sqrt{\frac{r}{2\pi}}\cos\frac{\theta}{2}\left(K-1+2\sin^{2}\frac{\theta}{2}\right) \\
v &= \frac{K_{\mathrm{I}}}{2G}\sqrt{\frac{r}{2\pi}}\sin\frac{\theta}{2}\left(K+1-2\cos^{2}\frac{\theta}{2}\right)
\end{aligned}\right\} \tag{2.107}$$

式(2.105)、式(2.106)、式(2.107)便是 I 型裂纹在平面应变状态下裂纹尖端附近区域的应力分量、应变分量和位移分量的表达式，其中

$$K_{\mathrm{I}}=\sigma\sqrt{\pi a} \tag{2.108}$$

就是 I 型裂纹的应力强度因子。

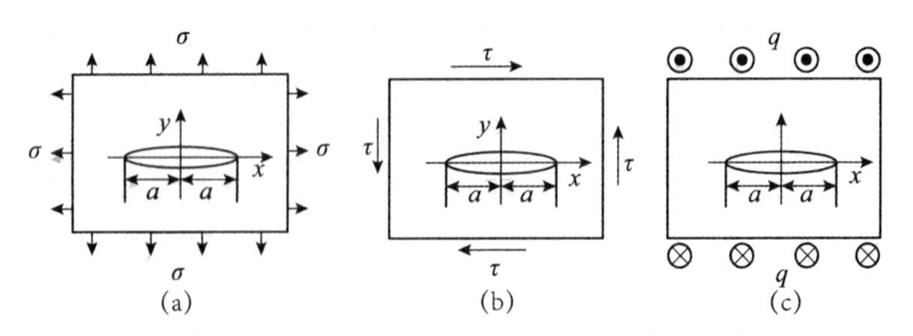

图 2.9　I 型、Ⅱ型、Ⅲ型裂纹模型(根据谢和平，陈忠辉，2004)

2. Ⅱ型裂纹

如图 2.9(b)，含有长 $2a$ 的穿透裂纹的无限大平板，在无限远处受面内等值剪应力作

用，这是一个典型的Ⅱ型裂纹问题，其用 Westergaard 应力函数表示为

$$\phi = -y\mathrm{Re}\,\bar{\bar{Z}}_{\mathrm{II}} \tag{2.109}$$

滑开型裂纹的边界条件如下

$$\begin{cases}(1)\ 当\ y=0,\ |x|<a\ 时,\ \sigma_y=0,\ \tau_{xy}=0\\(2)\ 当\ z\rightarrow\pm\infty\ 时,\ \sigma_x=\sigma_y=0,\ \tau_{xy}=\tau\end{cases} \tag{2.110}$$

根据上述边界条件选定 Z_{II}：

$$Z_{\mathrm{II}}(x,\ y)=\tau\frac{z}{\sqrt{z^2-a^2}} \tag{2.111a}$$

$$Z_{\mathrm{II}}(\xi)=\tau\sqrt{\frac{a}{2}}\cdot\xi^{-\frac{1}{2}} \tag{2.111b}$$

经过与Ⅰ型裂纹类似的推导可得

$$\left.\begin{aligned}\sigma_x&=-\frac{K_{\mathrm{II}}}{\sqrt{2\pi r}}\sin\frac{\theta}{2}\left[2+\cos\frac{\theta}{2}\cos\frac{3\theta}{2}\right]\\\sigma_y&=\frac{K_{\mathrm{II}}}{\sqrt{2\pi r}}\cos\frac{\theta}{2}\sin\frac{\theta}{2}\sin\frac{3\theta}{2}\\\tau_{xy}&=\frac{K_{\mathrm{II}}}{\sqrt{2\pi r}}\cos\frac{\theta}{2}\left(1-\sin\frac{\theta}{2}\sin\frac{3\theta}{2}\right)\end{aligned}\right\} \tag{2.112}$$

$$\left.\begin{aligned}u&=\frac{K_{\mathrm{II}}}{2G}\sqrt{\frac{r}{2\pi}}\sin\frac{\theta}{2}\left(K+1+2\cos^2\frac{\theta}{2}\right)\\v&=\frac{K_{\mathrm{II}}}{2G}\sqrt{\frac{r}{2\pi}}\cos\frac{\theta}{2}\left(-K+1+2\sin^2\frac{\theta}{2}\right)\end{aligned}\right\} \tag{2.113}$$

其中，

$$K_{\mathrm{II}}=\sigma\sqrt{\pi a} \tag{2.114}$$

就是Ⅱ型裂纹的应力强度因子。

3. Ⅲ型裂纹

如图 2.9(c)所示，带有中心穿透裂纹的无限大平板当在无限远处受到垂直于 xy 平面的剪应力作用时，裂纹表面将垂直于平面表面方向相对滑开，这就是Ⅲ型(撕开型)裂纹问题。

由于Ⅲ型裂纹沿 z 方向前后错开，因而平行于 xy 平面的位移 $u=0$，$v=0$，只有垂直于 xy 平面的位移 $w\neq 0$。由此可见，Ⅲ型裂纹不属于平面问题，应当用空间问题的基本方程进行研究。将弹性力学空间问题的基本方程(几何方程、平衡方程、本构方程)代入以上条件，推导可得如下调和方程：

$$\left(\frac{\partial^2}{\partial x^2}+\frac{\partial^2}{\partial y^2}\right)w=\nabla^2 w=0 \tag{2.115}$$

其选择的 Westergaard 复变解析函数应该满足

$$w=\frac{1}{G}\mathrm{Im}\,\bar{\bar{Z}}_{\mathrm{III}} \tag{2.116}$$

撕开型裂纹的边界条件为

$$\begin{cases}(1)\ 当\ y=0,\ |x|<a\ 时,\ \tau_{yz}=0\\(2)\ 当\ y\to\pm\infty\ 时,\ \tau_{yz}=\tau\\(3)\ 当\ x\to\pm\infty\ 时,\ \tau_{xz}=0\end{cases}\tag{2.117}$$

Ⅲ型和Ⅱ型类似，同样选定 $Z_{Ⅲ}$ 为：

$$Z_{Ⅲ}(x,\ y)=\tau\frac{z}{\sqrt{z^2-a^2}}\tag{2.118a}$$

$$Z_{Ⅲ}(\xi)=\tau\sqrt{\frac{a}{2}}\cdot\xi^{-\frac{1}{2}}\tag{2.118b}$$

最后可得

$$\left.\begin{aligned}\tau_{xz}&=\frac{-K_{Ⅲ}}{\sqrt{2\pi r}}\sin\frac{\theta}{2}\\\tau_{yz}&=\frac{K_{Ⅲ}}{\sqrt{2\pi r}}\cos\frac{\theta}{2}\\w&=\frac{K_{Ⅲ}}{G}\sqrt{\frac{2r}{\pi}}\sin\frac{\theta}{2}\end{aligned}\right\}\tag{2.119}$$

其中，

$$K_{Ⅲ}=\tau\sqrt{\pi a}\tag{2.120}$$

就是Ⅲ型裂纹的应力强度因子。

最后需要指出，Ⅲ型裂纹问题虽不是平面问题，但由于应力分量与位移分量仅与 x、y 有关，而与 z 无关，因此仍为二维问题，有时也称为反平面问题。

以上利用 Westergaard 应力函数确定应力强度因子的方法称为解析法(更具体地，复变函数法)，确定应力强度因子的方法还有很多，解析法中除了使用 Westergaard 应力函数外，也可利用 Muskhelishvili 方法或积分变换法，复变函数法主要解决二维问题，积分变换法可解二维与三维问题。除了解析法之外，还有数值解法、实验法等(黄作宾，1991)。

在线弹性断裂力学中，对结构裂纹尖端附近应力场、应变场的分析和求解，都可归结为求解其应力强度因子。因此，确定应力强度因子显得非常重要。对于一些常见的裂纹分布和受力状态的应力强度因子已经列表成手册(《应力强度因子手册》，北京航空研究院，1993)，查表即可。

随着外应力增加，裂纹尖端应力强度因子 K 也不断增大，裂纹尖端的应力也随之增大。当 K 增加到一个临界值 K_c 时，使得裂纹尖端某一区域内应力大到足以使裂纹起裂，从而导致裂纹失稳扩展。裂纹失稳扩展时临界状态所对应的应力强度因子称为材料的断裂韧度。

断裂韧度 K_c 是应力强度因子 K 的临界值，但两者意义不同。K 是裂纹尖端应力大小的度量，和裂纹的大小、形状和外加应力有关，而断裂韧度 K_c 是材料组织宏观裂纹失稳扩展能力的度量，为材料固有属性，只与材料种类有关(谢和平，陈忠辉，2004)。

以上我们讨论的都是以线弹性材料断裂为前提，对于一些软岩，其本身具有较强塑性性能，或裂纹尖端的塑性区尺寸接近或超过裂缝尺寸，在这种情况下就需要用弹塑性断裂力学来解决。Rice 于 1968 年提出与积分路径无关的 J 积分，用来表示裂纹尖端应力集中平均特征参量，避免了直接计算裂纹尖端附近的弹塑性应力场和应变场。其物理意义为裂纹扩展单位长度时每单位厚度流入回路 Γ 的能量。

$$J = \int_{\Gamma}\left(W\mathrm{d}y - T\frac{\partial \bar{u}}{\partial x}\mathrm{d}s\right) = \int_{\Gamma}\left(W\mathrm{d}y - T_i\frac{\partial u_i}{\partial x}\mathrm{d}s\right) \tag{2.121}$$

其中，Γ 为包围裂纹尖端的曲线，从裂纹下表面开始，逆时针方向围绕裂纹尖端终止于裂纹上表面；$\mathrm{d}s$ 为积分回路的弧度；W 为应变能密度；u 为积分回路边界上的位移，其分量为 $u_i(x,\ y)$，T 是作用于积分回路长度上的力。

2.4.4 复合裂纹断裂理论

在实际中往往由于载荷不对称、裂纹位置不对称、构建几何形状不对称及材料的各向异性等情况，使裂纹形式不单纯是一种(如Ⅰ型或Ⅱ型)，而是集中裂纹形式的复合，这类问题就是复合型裂纹问题。从实验研究的现象可见，复合型裂纹一般并不按原裂纹线方向扩展，而是沿与裂纹线某一角度的方向扩展。

复合型裂纹问题不能再用单一形式裂纹的断裂判据来判断其断裂情况，本节着重介绍 3 种主要的，也是最常见的复合型断裂准则：最大周向应力准则，能量释放率准则和应变能密度因子准则。

1. 最大周向拉应力理论

Erdogan 与薛昌明(Sih，美籍华裔科学家)(1963)基于复合型裂纹在垂直于最大周向拉应力方向的平面内扩展这一实验观测结果，提出了最大周向拉应力准则。

最大周向拉应力理论有以下两个基本假设：

(1)裂纹沿最大周向拉应力 σ_θ 作用面方向扩展

(2)当最大周向拉应力 σ_θ 达到起裂的临界值时，裂纹开始扩展。

根据第一个假设可以求得开裂角，根据第二个假设可以求得起裂时的临界应力值。首先将应力的直角坐标换成极坐标分量。利用公式

$$\left.\begin{aligned}
\sigma_r &= \frac{\sigma_x + \sigma_y}{2} + \frac{\sigma_x - \sigma_y}{2}\cos 2\theta + \tau_{xy}\sin 2\theta \\
\sigma_\theta &= \frac{\sigma_x + \sigma_y}{2} + \frac{\sigma_x - \sigma_y}{2}\cos 2\theta - \tau_{xy}\sin 2\theta \\
\tau_{r\theta} &= \tau_{xy}\cos 2\theta - \frac{\sigma_x - \sigma_y}{2}\sin 2\theta
\end{aligned}\right\} \tag{2.122}$$

现考虑Ⅰ、Ⅱ型复合型裂纹。对于Ⅰ型裂纹，根据式(2.105)可以得到

$$\sigma_\theta^{\mathrm{I}} = \frac{K_{\mathrm{I}}}{\sqrt{2\pi r}}\cos^3\frac{\theta}{2} \tag{2.123}$$

对于Ⅱ型裂纹，根据式(2.112)可以得到

$$\sigma_\theta^{\mathrm{II}} = \frac{-K_{\mathrm{I}}}{\sqrt{2\pi r}}\cdot\frac{3}{2}\cos\frac{\theta}{2}\sin\theta \tag{2.124}$$

根据叠加原理，Ⅰ、Ⅱ型复合型裂纹的 σ_θ 值应为：

$$\sigma_\theta = \sigma_\theta^{\mathrm{I}} + \sigma_\theta^{\mathrm{II}} = \frac{1}{\sqrt{2\pi r}}\left(K_{\mathrm{I}}\cos^2\frac{\theta}{2} - \frac{3}{2}K_{\mathrm{II}}\sin\theta\right)\cos\frac{\theta}{2} \tag{2.125}$$

周向应力 σ_θ 取得最大值的条件是

$$\frac{\partial\sigma_\theta}{\partial\theta} = 0 \tag{2.126}$$

代入式(2.124)可以得到开裂角的求解公式，求出开裂角 $\theta = \theta_0$：

$$K_{\mathrm{I}}\sin\frac{\theta}{2} - K_{\mathrm{II}}(3\cos\theta - 1) = 0 \tag{2.127}$$

圆周($r = r_0$)上的最大周向应力为

$$(\sigma_\theta)_{\max} = \frac{1}{\sqrt{2\pi r_0}}\left(K_{\mathrm{I}}\cos^2\frac{\theta_0}{2} - \frac{3}{2}K_{\mathrm{II}}\sin\theta_0\right)\cos\frac{\theta_0}{2} \tag{2.128}$$

根据假设 2 建立相应的断裂判据

$$(\sigma_\theta)_{\max} = (\sigma_\theta)_c \tag{2.129}$$

式中，$(\sigma_\theta)_c$ 为最大周向应力的临界值，可以通过Ⅰ型裂纹的断裂韧度 K_{IC} 来确定。

按照这个结论，对于纯Ⅰ型、纯Ⅱ型裂纹都可以应用上述得到的结论进行分析，这里不再详述。

2. 应变能密度因子理论

应变能密度因子理论是 Sih(薛昌明)于 1972 年首先提出的，其特点是有可能处理所有复合型裂纹的扩展问题。我们知道，弹性体受力后会产生形变，同时在其内部储存有变形能，单位体积的应变能称为应变能密度。

$$W = \int\sigma_{ij}\mathrm{d}\varepsilon_{ij} \tag{2.130}$$

对于线弹性体，利用广义胡克定律，并将Ⅰ、Ⅱ、Ⅲ型裂纹尖端附近的应力场叠加，可用 K_{I}、K_{II}、K_{III} 表示出平面应变条件下 I、II、III 复合型裂纹尖端附近区域的应变能密度

$$W = \frac{1}{r}(a_{11}K_{\mathrm{I}}^2 + 2a_{12}K_{\mathrm{I}}K_{\mathrm{II}} + a_{22}K_{\mathrm{II}}^2 + a_{22}K_{\mathrm{III}}^2) \tag{2.131}$$

式中系数分别为

$$\left.\begin{aligned}
a_{11} &= \frac{1}{16\pi G}[(3 - 4\mu - \cos\theta)(1 + \cos\theta)] \\
a_{12} &= \frac{1}{16\pi G}\cdot 2\sin\theta[\cos\theta - (1 - 2\mu)] \\
a_{22} &= \frac{1}{16\pi G}[4(1 - \mu)(1 - \cos\theta) + (1 + \cos\theta)(3\cos\theta - 1)] \\
a_{33} &= \frac{1}{4\pi G}
\end{aligned}\right\} \tag{2.132}$$

由上式可知，裂纹尖端附近区域的应变能密度不但与材料的弹性常数有关，而且还是极角

θ 的函数。令

$$S = a_{11}K_{\mathrm{I}}^2 + 2a_{12}K_{\mathrm{I}}K_{\mathrm{II}} + a_{22}K_{\mathrm{II}}^2 + a_{22}K_{\mathrm{III}}^2 \tag{2.133}$$

则

$$W = \frac{S}{r} \tag{2.134}$$

其中，S 称为应变能密度因子，它表示裂纹尖端附近区域应变能密度的强度，单位是 $\mathrm{N \cdot m^{-1}}$

应变能密度因子理论在应用时有两个基本假设：

(1)裂纹沿着应变能密度因子最小的方向开始扩展；

(2)应变能密度因子 S 达到临界值 S_c 时，裂纹开始扩展。

由假设(1)可知，裂纹开裂方向必须满足以下条件，并可以确定开裂角 θ_0

$$\frac{\partial S}{\partial \theta} = 0,\ \frac{\partial^2 S}{\partial \theta^2} > 0 \tag{2.135}$$

由假设(2)可得断裂判据：

$$S_{\min} = S(\sigma_\theta) = S_c \tag{2.136}$$

在以下情况中 S_c 分别为：

纯 Ⅰ 型裂纹：$S_c = \dfrac{1-2\mu}{4\pi G}K_{\mathrm{I}c}^2,\ \sigma_c = \sqrt{\dfrac{4GS_c}{(1-2\mu)a}}$

纯 Ⅱ 型裂纹：$S_c = \dfrac{2(1-\mu)-\mu^2}{12\pi G}K_{\mathrm{II}c}^2 = \dfrac{1-2\mu}{4\pi G}K_{\mathrm{I}c}^2,\ \dfrac{K_{\mathrm{I}c}}{K_{\mathrm{II}c}} = \sqrt{\dfrac{3(1-2\mu)}{2(1-\mu)-\mu^2}}$

纯 Ⅲ 型裂纹：

$$\begin{cases} S_c = \dfrac{1}{4\pi G}K_{\mathrm{III}c}^2 = \dfrac{2(1-\mu)-\mu^2}{12\pi G}K_{\mathrm{II}c}^2 = \dfrac{1-2\mu}{4\pi G}K_{\mathrm{I}c}^2, \\ K_{\mathrm{I}c} : K_{\mathrm{II}c} : K_{\mathrm{III}c} = 1 : \sqrt{\dfrac{3(1-2\mu)}{2(1-\mu)-\mu^2}} : \sqrt{1-2\mu} \end{cases} \tag{2.137}$$

3. 最大能量释放率理论简介

应力强度因子作为裂纹尖端应力场和位移场的特征量可以研究裂纹的扩展状态，目前常用的能量方法也能解决断裂力学中裂纹扩展问题，这里作简要介绍。

通常把裂纹扩展单位面积系统所释放的势能称为能量释放率，用 G 表示。设裂纹长度为 a，P 为单位厚度上的外荷载，加载点位移为 Δ，系统形变能为 $\prod$，那么裂纹扩展时能量释放率为：

$$G = \frac{\partial \prod}{\partial a} \tag{2.138}$$

1972 年 Palaniswamy 提出了最大能量释放率理论，他认为可以从裂纹扩展能量释放率的概念出发来解决复合裂纹问题。这个理论有两个基本假设：

(1)裂纹沿着能产生最大能量释放率的方向扩展；

(2)裂纹在最大能量释放率达到了临界值时开始扩展。

该理论物理意义明确，容易理解，但是，由于复合型裂纹扩展时往往不在沿着裂纹本身原有方向，而是存在开裂角，这就使得原来的能量释放率公式不再适用，而具有开裂角的符合裂纹能量释放率表达式目前还没有统一的结论(黄作宾，1991)。

2.5　点源位错模型

根据弹性位错理论的观点，地壳的破裂现象可以看作是弹性介质内的一种位移突变，1958 年 Steketee 把位错理论引入地震学，之后很多学者研究了半无限空间均匀介质地球模型的同震变形问题。其中 Okada(1985)总结出的同震变形公式适用于计算任何剪切与张裂断层引起的位移、应变和倾斜变形；Okubo(1991，1992)导出了点源和有限断层的同震重力位和重力变化的解析表达式。本节将简要介绍点源位错模型并列举最终计算公式。

把弹性半空间中的一个位移位错面看作是断层面，就可以用位错模拟地震产生的永久形变场或由断层的缓慢运动所产生的准静态形变场。Steketee(1958)表明在各向同性介质内穿过断层面 $\sum$ 的位错 $\Delta u_j(\xi_1,\ \xi_2,\ \xi_3)$ 所产生的位移场可表示为：

$$u_i = \frac{1}{F}\iint_{\Sigma}\Delta u_j\left[\lambda\delta_{jk}\frac{\partial u_i^n}{\partial\xi_n} + \mu\left(\frac{\partial u_i^j}{\partial\xi_k} + \frac{\partial u_i^k}{\partial\xi_j}\right)\right]v_k d\Sigma \tag{2.139}$$

式中，δ_{jk} 是 Kronecker 符号；λ 和 μ 为介质弹性参数(也叫拉梅常数)；v_k 为断层面法矢量分量；δ 为断层面倾角；d 代表震源深度。u_t^j 为在点 $(\xi_1,\ \xi_2,\ \xi_3)$ 处振幅为 F 的点震源的 j 分量在点 $(x_1,\ x_2,\ x_3)$ 处产生的 i 分量位移。定义笛卡尔坐标系如图 2.10，弹性介质充满 $z\leqslant 0$ 的半无限空间，设与断层走向平行为 x 轴，定义基本位错分量 U_1、U_2、U_3，分别对应于任意位错的走滑、倾滑和张裂位错分量，δ 表示断层的倾角，d 表示震源深度。图中 L 和 W 分别表示断层面的长度和宽度，图中每个分量都是上盘相对于下盘的滑动。

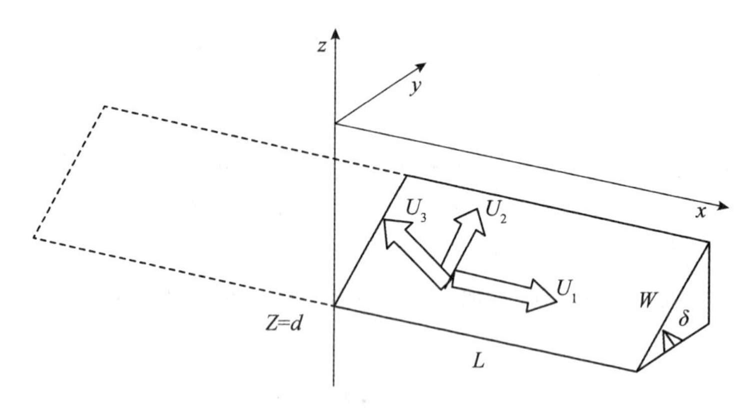

图 2.10　震源模型的几何关系(Okada，1985)

在此坐标系下，地表面的同震位移可用 u_i^j 表示，若令 $\xi_1=\xi_2=0$，$\xi_3=-d$，我们可得位于 $(0,\ 0,\ -d)$ 的点震源在表面产生的位移，并对其微分可得应变和倾斜。可用 $(x,\ y,\ z)$ 代替 $(x_1,\ x_2,\ x_3)$，并用上标“0”表示与点震源有关的量，位错引起的位移和应变最终表达式如下。

2.5.1 点源位错引起的位移

走滑分量引起的地表位移是：

$$\left.\begin{aligned} u_x^0 &= -\frac{U_1}{2\pi}\left[\frac{3x^2q}{R^5} + I_1^0\sin\delta\right]\Delta\Sigma \\ u_y^0 &= -\frac{U_1}{2\pi}\left[\frac{3xyq}{R^5} + I_2^0\sin\delta\right]\Delta\Sigma \\ u_z^0 &= -\frac{U_1}{2\pi}\left[\frac{3xdq}{R^5} + I_4^0\sin\delta\right]\Delta\Sigma \end{aligned}\right\} \tag{2.140}$$

倾滑分量引起的地表位移是：

$$\left.\begin{aligned} u_x^0 &= -\frac{U_2}{2\pi}\left[\frac{3xpq}{R^5} - I_3^0\sin\delta\cos\delta\right]\Delta\Sigma \\ u_y^0 &= -\frac{U_2}{2\pi}\left[\frac{3ypq}{R^5} - I_3^0\sin\delta\cos\delta\right]\Delta\Sigma \\ u_z^0 &= -\frac{U_2}{2\pi}\left[\frac{3dpq}{R^5} - I_3^0\sin\delta\cos\delta\right]\Delta\Sigma \end{aligned}\right\} \tag{2.141}$$

张裂分量引起的地表位移是：

$$\left.\begin{aligned} u_x^0 &= \frac{U_3}{2\pi}\left[\frac{3xq^2}{R^5} - I_3^0\sin^2\delta\right]\Delta\Sigma \\ u_y^0 &= \frac{U_3}{2\pi}\left[\frac{3yq^2}{R^5} - I_1^0\sin^2\delta\right]\Delta\Sigma \\ u_z^0 &= \frac{U_3}{2\pi}\left[\frac{3dq^2}{R^5} - I_5^0\sin^2\delta\right]\Delta\Sigma \end{aligned}\right\} \tag{2.142}$$

其中

$$\left.\begin{aligned} I_1^0 &= \frac{\mu}{\lambda+\mu}y\left[\frac{1}{R(R+d)^2} - x^2\frac{3R+d}{R^3(R+d)^3}\right] \\ I_2^0 &= \frac{\mu}{\lambda+\mu}x\left[\frac{1}{R(R+d)^2} - y^2\frac{3R+d}{R^3(R+d)^3}\right] \\ I_3^0 &= \frac{\mu}{\lambda+\mu}\left[\frac{x}{R^3}\right] - I_2^0 \\ I_4^0 &= \frac{\mu}{\lambda+\mu}\left[-xy\frac{2R+d}{R^3(R+d)^2}\right] \\ I_5^0 &= \frac{\mu}{\lambda+\mu}\left[\frac{1}{R(R+d)^2} - y^2\frac{2R+d}{R^3(R+d)^2}\right] \end{aligned}\right\} \tag{2.143}$$

$$\left.\begin{aligned} p &= y\cos\delta + d\cos\delta \\ q &= y\sin\delta - d\cos\delta \\ R^2 &= x^2 + y^2 + d^2 = x^2 + p^2 + q^2 \end{aligned}\right\} \tag{2.144}$$

$$R^2 = (x_1 - \xi_1)^2 + (x_2 - \xi_2)^2 + (x_3 - \xi_3)^2 \tag{2.145}$$

2.5.2　应变

走滑位错引起的应变是：

$$\left.\begin{aligned} \frac{\partial u_x^0}{\partial x} &= -\frac{U_1}{2\pi}\left[\frac{3xq}{R^5}\left(2 - \frac{5x^2}{R^2}\right) + J_1^0\sin\delta\right]\Delta\Sigma \\ \frac{\partial u_x^0}{\partial y} &= -\frac{U_1}{2\pi}\left[-\frac{15x^2yq}{R^7} + \left(\frac{3x^2}{R^5} + J_2^0\right)\sin\delta\right]\Delta\Sigma \\ \frac{\partial u_y^0}{\partial x} &= -\frac{U_1}{2\pi}\left[\frac{3xq}{R^5}\left(2 - \frac{5x^2}{R^2}\right) + J_2^0\sin\delta\right]\Delta\Sigma \\ \frac{\partial u_y^0}{\partial y} &= -\frac{U_1}{2\pi}\left[\frac{3xq}{R^5}\left(1 - \frac{5y^2}{R^2}\right) + \left(\frac{3xy}{R^5} + J_4^0\right)\sin\delta\right]\Delta\Sigma \end{aligned}\right\} \tag{2.146}$$

倾滑位错引起的应变是：

$$\left.\begin{aligned} \frac{\partial u_x^0}{\partial x} &= -\frac{U_2}{2\pi}\left[\frac{3pq}{R^5}\left(1 - \frac{5x^2}{R^2}\right) - J_3^0\sin\delta\cos\delta\right]\Delta\Sigma \\ \frac{\partial u_x^0}{\partial y} &= -\frac{U_2}{2\pi}\left[\frac{3x}{R^5}\left(s - \frac{5ypq}{R^2}\right) - J_1^0\sin\delta\cos\delta\right]\Delta\Sigma \\ \frac{\partial u_y^0}{\partial x} &= -\frac{U_2}{2\pi}\left[-\frac{15xypq}{R^7} - J_1^0\sin\delta\cos\delta\right]\Delta\Sigma \\ \frac{\partial u_y^0}{\partial y} &= -\frac{U_2}{2\pi}\left[\frac{3pq}{R^5}\left(1 - \frac{5y^2}{R^2}\right) + \frac{3ys}{R^5} - J_2^0\sin\delta\cos\delta\right]\Delta\Sigma \end{aligned}\right\} \tag{2.147}$$

张裂位错引起的应变是：

$$\left.\begin{aligned} \frac{\partial u_x^0}{\partial x} &= \frac{U_3}{2\pi}\left[\frac{3q^2}{R^5}\left(1 - \frac{5x^2}{R^2}\right) - J_3^0\sin^2\delta\right]\Delta\Sigma \\ \frac{\partial u_x^0}{\partial y} &= \frac{U_3}{2\pi}\left[\frac{3xq}{R^5}\left(2\sin\delta - \frac{5yq}{R^2}\right) - J_1^0\sin^2\delta\right]\Delta\Sigma \\ \frac{\partial u_y^0}{\partial x} &= \frac{U_3}{2\pi}\left[-\frac{15xyq^2}{R^7} - J_1^0\sin^2\delta\right]\Delta\Sigma \\ \frac{\partial u_y^0}{\partial y} &= \frac{U_3}{2\pi}\left[\frac{3q}{R^5}\left(q + 2y\sin\delta - \frac{5y^2q}{R^2}\right) - J_2^0\sin^2\delta\right]\Delta\Sigma \end{aligned}\right\} \tag{2.148}$$

其中，$s = p\sin\delta + q\cos\delta$，以及

$$
\left.\begin{aligned}
J_1^0 &= \frac{\mu}{\lambda+\mu}\left[-3xy\frac{3R+d}{R^3(R+d)^3}+3x^3y\frac{5R^2+4Rd+d^2}{R^5(R+d)^4}\right]\\
J_2^0 &= \frac{\mu}{\lambda+\mu}\left[\frac{1}{R^3}-\frac{3}{R(R+d)}+3x^2y^2\frac{5R^2+4Rd+d^2}{R^5(R+d)^4}\right]\\
J_3^0 &= \frac{\mu}{\lambda+\mu}\left[\frac{1}{R^3}-\frac{3x^2}{R^5}\right]-J_2^0\\
J_4^0 &= \frac{\mu}{\lambda+\mu}\left[-\frac{3xy}{R^5}\right]-J_1^0
\end{aligned}\right\} \tag{2.149}
$$

2.5.3 点源位错引起的重力变化

黄建梁等(1995)从形变引起的位势变化的基本公式出发，从理论上推导出弹性半空间点源位错引起的位势和重力变化，简要过程如下。

如图2.11所示，$P(r')$ 是观测点，$r'=(x',\ y',\ z')$，$Q(r)$ 是变形体 V 的任意点，其界面为 S，单位质量在 P 点所受到的变形体中体元 dV 的引力位为：

$$
\Delta\Psi = \rho G dV/|r'-r| \tag{2.150}
$$

其中，G 为引力常数，ρ 为介质密度，在变形过程中，认为体元 dV 质量守恒，变形仅改变它的位置，那么有位势变化

$$
d\Psi = \rho G dR dV/|r'-r|^2 \tag{2.151}
$$

设 $u(r)$ 为单元质量的位移，e_R 为 $r'-r$ 方向的单位向量，那么 $dR=u\cdot e_R$，将它代入式(2.151)并对整个变形体积分得总的位势变化为

$$
\begin{aligned}
\Psi &= G\int_V \frac{\rho u\cdot e_R}{|r'-r|^2}dV = G\int_V \frac{\nabla\cdot\rho u}{|r'-r|}dV - G\int_V \nabla\cdot\left(\frac{\rho u}{|r'-r|}\right)dV\\
&= G\int_V \frac{\nabla\cdot\rho u}{|r'-r|}dV - G\int_S \frac{\rho u\cdot n}{|r'-r|}dS
\end{aligned} \tag{2.152}
$$

式(2.152)中，第一项代表由于体应变引起的质量重新分布引起的位势及重力变化，第二项代表变形体通过界面 S 与外界进行质量交换引起的位势及重力变化。

采用各向同性弹性半无限介质中的位错模型和笛卡尔坐标系，那么同震位错引起的弹性半无限空间的位移场为(Steketee，1958)：

$$
u(r;\ \xi_3) = \frac{1}{8\pi\mu}\omega^{(ij)}(r;\ \xi_3)U_i n_j d\Sigma \tag{2.153}
$$

其中，$\omega^{(ij)}$ 的哑指标采用爱因斯坦约定，μ 和 n_j 分别是拉梅常数和位错面的法向量；U_i 为位错分量；$d\Sigma$ 表示位错面，点源位错位于 $\xi=(\xi_1,\ \xi_2,\ \xi_3)$（见图2.12），从式(2.152)可以知道，点源位错引起的位势变化由3部分组成：①相对于始密度 ρ 的质量扰动 $-\rho\nabla\cdot u$ 引起的位势变化；②表面 S_0 变形引起的位势变化；③位错面 $S_1(S_1=d\Sigma^+ + d\Sigma^-)$ 变形引起的位势变化。

将式(2.153)代入式(2.152)，得到点源位错引起的总位势变化，

$$
\Psi(r';\ \xi_3) = \Psi^{(ij)}(r';\ \xi_3)U_i n_j d\Sigma \tag{2.154}
$$

$$
\Psi^{(ij)}(r';\ \xi_3) = \psi^{(ij)}(r';\ \xi_3) + \varphi^{(ij)}(r';\ \xi_3) + \varphi_d{}^{(ij)}(r';\ \xi_3) \tag{2.155}
$$

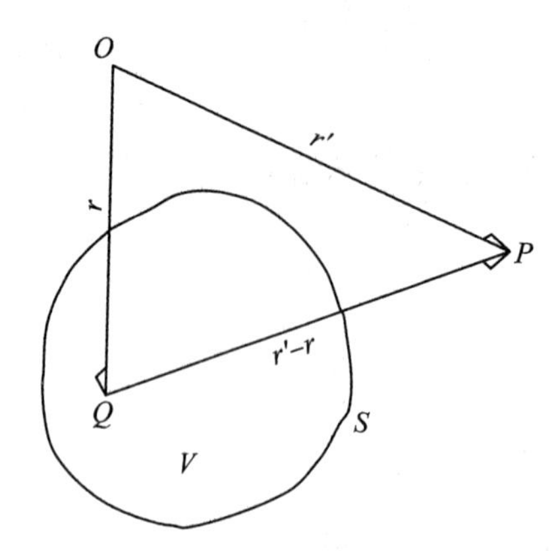

图 2.11　变形体一般模型(黄建梁等，1995)

其中

$$\psi^{(ij)}(r';\ \xi_3)=\frac{\rho G}{8\pi\mu}\int_V\frac{\nabla\cdot\omega^{(ij)}(r;\ \xi_3)}{|r'-r|}\mathrm{d}V \tag{2.156}$$

$$\varphi^{(ij)}(r';\ \xi_3)=\frac{\rho G}{8\pi\mu}\int_{S_0}\frac{\omega_3{}^{(ij)}(r;\ \xi_3)}{|r'-r|}\mathrm{d}S \tag{2.157}$$

$$\varphi_d{}^{(ij)}(r';\ \xi_3)=\left(-\rho G\int_{S_1}\frac{\rho u\cdot n}{|r'-r|}\mathrm{d}S\right)/U_in_j\mathrm{d}\Sigma \tag{2.158}$$

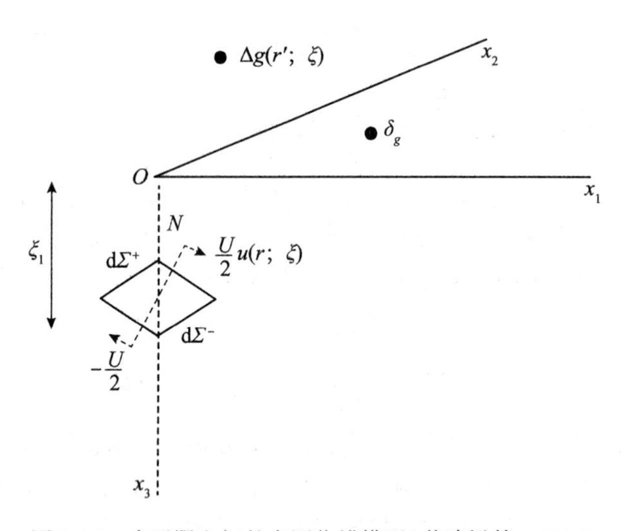

图 2.12　半无限空间的点源位错模型(黄建梁等，1995)

点位错引起空间一点的重力变化为：

$$\Delta g(r;\ \xi_3)=-\frac{\partial\Psi(r;\ \xi_3)}{\partial x_3} \tag{2.159}$$

将式(2.154)代入式(2.159)有：

$$\Delta g(r;\ \xi_3) = \Delta g^{(ij)}(r;\ \xi_3) U_i n_j \mathrm{d}\Sigma \tag{2.160}$$

$$\Delta g^{(11)}(r;\ \xi_3) = -\rho G\left[\frac{\xi_3}{R_3} - \frac{3x_1{}^2\xi_3}{R^5}\right] - 2\rho' G\frac{x_3 - \xi_3}{R^3} \tag{2.161}$$

$$\Delta g^{(33)}(r;\ \xi_3) = -\rho G\left[\frac{\xi_3}{R_3} - \frac{3\xi\ (x_3 - \xi_3)^2}{R^5}\right] - 2\rho' G\frac{x_3 - \xi_3}{R^3} \tag{2.162}$$

$$\Delta g^{(12)}(r;\ \xi_3) = 3\rho G\frac{x_1 x_2 \xi_3}{R^5} \tag{2.163}$$

$$\Delta g^{(13)}(r;\ \xi_3) = 3\rho G\frac{x_1 \xi_3 (x_3 - \xi_3)}{R^5} \tag{2.164}$$

其中，$\rho' = \rho - \rho_f$，ρ_f 为空穴的填充密度。

空间一点的重力梯度变化为：

$$\Delta\gamma(r;\ \xi_3) = \frac{\partial \Delta g(r;\ \xi_3)}{\partial x_3} \tag{2.165}$$

将式(2.160)代入式(2.165)有：

$$\Delta\gamma(r;\ \xi_3) = \Delta\gamma^{(ij)}(r;\ \xi_3) U_i n_j \mathrm{d}\Sigma \tag{2.166}$$

$$\Delta\gamma^{(11)}(r;\ \xi_3) = \rho G\left[\frac{3\xi_3(x_3 - \xi_3)}{R^5} - \frac{15x_1{}^2\xi_3(x_3 - \xi_3)}{R^7}\right] + \rho' G\left[\frac{1}{R^3} - \frac{3\ (x_3 - \xi_3)^2}{R^5}\right] \tag{2.167}$$

$$\Delta\gamma^{(33)}(r;\ \xi_3) = \rho G\left[\frac{9\xi_3(x_3 - \xi_3)}{R^5} - \frac{15\xi_3\ (x_3 - \xi_3)^3}{R^7}\right] + \rho' G\left[\frac{1}{R^3} - \frac{3\ (x_3 - \xi_3)^2}{R^5}\right] \tag{2.168}$$

$$\Delta\gamma^{(12)}(r;\ \xi_3) = -\rho G x_1 x_2 \xi_3 \frac{15(x_3 - \xi_3)}{R^7} \tag{2.169}$$

$$\Delta\gamma^{(13)}(r;\ \xi_3) = 3\rho G x_1 \xi_3\left[\frac{1}{R^5} - \frac{5\ (x_3 - \xi_3)^2}{R^7}\right] \tag{2.170}$$

测点水平位移引起的重力变化很小，远小于同量级的垂直位移引起的重力变化，这里只考虑垂直位移的影响，那么地表固定点的重力变化为：

$$\delta g(r_h;\ \xi_3) = \delta g^{(ij)}(r_h;\ \xi_3) U_i n_j \mathrm{d}\Sigma \tag{2.171}$$

$$\delta g^{(ij)}(r_h;\ \xi_3) = \Delta g^{(ij)}(r_h;\ \xi_3)\mid_{x_3 = \Delta h} - \gamma \Delta h^{(ij)}(x_1,\ x_2;\ \xi_3) \tag{2.172}$$

$$\Delta h(x_1,\ x_2;\ \xi_3) = \Delta h^{(ij)}(x_1,\ x_2;\ \xi_3) U_i n_j \mathrm{d}\Sigma \tag{2.173}$$

$$\Delta h^{(ij)}(x_1,\ x_2;\ \xi_3) = -\frac{1}{8\pi\mu}\omega_3{}^{(ij)}(x_1,\ x_2;\ \xi_3) \tag{2.174}$$

其中，$\gamma = 0.308\,6 \times 10^{-5} \cdot \mathrm{s}^{-2}$ 为自由空气重力梯度；$r_h = (x_1,\ x_2,\ \Delta h)$；$\Delta h^{(ij)}(x_1,\ x_2;\ \xi_3)$ 的详细表达式见文献[45](Okubo，1991)。

2.6 矩形位错模型

2.6.1 位错引起的内部变形

为了描述断层活动与地面位移、应变、应变梯度之间的关系，设长为 L，宽为 W 的确定有限矩形面，其位移场的表示可以通过矩形面上各点的点源表达式由点源位错表达式在矩形面上积分求得，设矩形面内任意一点的坐标为 (ξ', η')（其中，$0 < \xi' < L$，$0 < \eta' < W$），用 $x - \xi'$，$y - \eta'\cos\delta$ 和 $d - \eta'\sin\delta$ 代替 x，y 和 d，得：

$$\int_0^L \mathrm{d}\xi' \int_0^W \mathrm{d}\eta' \tag{2.175}$$

根据 Sato(1974)的方法可以将坐标 ξ' 和 η' 变换到 ξ 和 η，即：

$$\begin{cases} x - \xi' = \xi \\ p - \eta' = \eta \end{cases} \tag{2.176}$$

其中，$p = y\cos\delta + d\sin\delta$，与式(2.144)中 p 相同。则式(2.174)可变换为：

$$\int_x^{x-L} \mathrm{d}\xi \int_p^{p-W} \mathrm{d}\eta \tag{2.177}$$

最终结果可以用 Chinnery 记号 ‖ 简化表示，矩形位错产生的地表位移计算公式为：

$$f(\xi, \eta) \| = f(x, p) - f(x - p, -W) - f(x + L, p) - f(x - L) \tag{2.178}$$

Okada(1992 年)提出了位错的内部变形的一系列公式，进一步补充和完善了位错理论模型。假设断层边缘的深度为 c，倾角为 δ。则：

$$\begin{aligned}
&X_{11} = \frac{1}{R(R+\xi)},\ X_{32} = \frac{2R+\xi}{R^3(R+\xi)^2},\ X_{53} = \frac{8R^2+9R\xi+3\xi^2}{R^5(R+\xi)^3}, \\
&Y_{11} = \frac{1}{R(R+\eta)},\ Y_{32} = \frac{2R+\eta}{R^3(R+\eta)^2},\ Y_{53} = \frac{8R^2+9R\eta+3\eta^2}{R^5(R+\eta)^3}, \\
&Z_{11} = \frac{\sin\delta}{R^3} - hY_{32},\ h = q\cos\delta - z,\ Z_{53} = \frac{3\sin\delta}{R^5} - hY_{53}, \\
&Y_0 = Y_{11} - \xi^2 Y_{32},\ Z_0 = Z_{32} - \xi^2 Z_{53}
\end{aligned} \tag{2.179}$$

并且：

$$f(\xi, \eta) \| = f(x, p) - f(x, p - W) - f(x - L, p) + f(x - L, p - W) \tag{2.180}$$

表 2.3 列出了 3 种不同位错断层产生的内部变形(张永志，2011)。

表 2.3　**断层产生的内部变形**

$$\begin{cases}
u_x(x,y,z) = U/2\pi[u_1^A \hat{u}_1^A + u_1^B + zu_1^C] \\
u_y(x,y,z) = U/2\pi[(u_2^A \hat{u}_2^A + u_2^B + zu_2^C)\cos\delta - (u_3^A \hat{u}_3^A + u_3^B + zu_3^C)\sin\delta \\
u_z(x,y,z) = U/2\pi[(u_2^A \hat{u}_2^A + u_2^B + zu_2^C)\sin\delta + (u_3^A \hat{u}_3^A + u_3^B + zu_3^C)\cos\delta
\end{cases}$$

其中：

$$u_i^A = f_i^A(\xi,\eta,z) \left| \begin{matrix} \xi = x - L \\ \xi = x \end{matrix} \right| \begin{matrix} \eta = p - W \\ \eta = p \end{matrix},\ \hat{u}_i^A = f_i^A(\xi,\eta,-z) \|,\ u_i^B = f_i^B(\xi,\eta,z) \|,\ u_i^C = f_i^C(\xi,\eta,z) \|$$

续表

类型	f^A	f^B	f^C
走滑	$\frac{\Theta}{2}+\frac{\alpha}{2}\xi qY_{11}$ $\frac{\alpha}{2}\frac{q}{R}$ $\frac{1-\alpha}{2}\ln(R+\eta)-\frac{\alpha}{2}q^2Y_{11}$	$-\xi qY_{11}-\Theta-\frac{1-\alpha}{\alpha}I_1\sin\delta$ $-\frac{q}{R}+\frac{1-\alpha}{\alpha}\frac{Y}{R+d}\sin\delta$ $q^2Y_{11}-\frac{1-\alpha}{\alpha}I_2\sin\delta$	$(1-\alpha)\xi Y_{11}\cos\delta-\alpha qz_{32}$ $(1-\alpha)\left[\frac{\cos\delta}{R}+2qY_{11}\sin\delta\right]-\alpha\frac{cq}{R^3}$ $(1-\alpha)qY_{11}\cos\delta-\alpha\left[\frac{c\eta}{R^3}-ZY_{11}+\xi^2z_{32}\right]$
倾滑	$\frac{\alpha}{2}\frac{q}{R}$ $\frac{\Theta}{2}+\frac{\alpha}{2}\eta qX_{11}$ $\frac{1-\alpha}{2}\ln(R+\xi)-\frac{\alpha}{2}q^2X_{11}$	$-\frac{q}{R}+\frac{1-\alpha}{\alpha}I_3\sin\delta\cos\delta$ $-\eta qX_{11}-\Theta-\frac{1-\alpha}{\alpha}\frac{\xi}{R+d}\sin\delta\cos\delta$ $q^2X_{11}+\frac{1-\alpha}{\alpha}I_4\sin\delta\cos\delta$	$(1-\alpha)\frac{\cos\delta}{R}-qY_{11}\sin\delta-\alpha\frac{cq}{R^3}$ $(1-\alpha)yX_{11}-ac\eta qX_{32}$ $-dX_{11}-\xi Y_{11}\sin\delta-\alpha c[X_{11}-q^2X_{32}]$
张裂	$-\frac{1-\alpha}{2}\ln(R+\eta)-\frac{\alpha}{2}q^2Y_{11}$ $-\frac{1-\alpha}{2}\ln(R+\xi)-\frac{\alpha}{2}q^2X_{11}$ $\frac{\Theta}{2}-\frac{\alpha}{2}q(\eta X_{11}+\xi Y_{11})$	$q^2Y_{11}-\frac{1-\alpha}{\alpha}I_3\sin^2\delta$ $q^2X_{11}+\frac{1-\alpha}{\alpha}\frac{\xi}{R+d}\sin^2\delta$ $q(\eta X_{11}+\xi Y_{11})-\Theta-\frac{1-\alpha}{\alpha}I_4\sin^2\delta$	$-(1-\alpha)\left[\frac{\sin\delta}{R}+qY_{11}\cos\delta\right]-\alpha[zY_{11}-q^2Z_{32}]$ $(1-\alpha)2\xi Y_{11}\sin\delta+dX_{11}-ac[X_{11}-q^2X_{32}]$ $(1-\alpha)[zX_{11}+\xi Y_{11}\cos\delta]+aq[c\eta X_{32}+\xi Z_{32}]$

其中，每个小格上中下3项分别对应f_1，f_2，f_3，并不直接对等于x，y，z方向相应的分量f_x，f_y，f_z，而是满足一定关系，如下：

$$\begin{cases} f_x=f_1 \\ f_y=f_2\cos\delta-f_3\sin\delta\ (\text{对于}A\text{、}B\text{部分}) \\ f_z=f_2\sin\delta+f_3\cos\delta \end{cases} \tag{2.181}$$

$$\begin{cases} f_x=f_1 \\ f_y=f_2\cos\delta-f_3\sin\delta\ (\text{对于}C\text{部分}) \\ f_z=-f_2\sin\delta-f_3\cos\delta \end{cases} \tag{2.182}$$

表2.3中对应的公共符号为：

$$\begin{cases} f_x=f \\ f_y=f_2\cos\delta-f_3\sin\delta \\ f_z=-f_2\sin\delta-f_3\cos\delta \end{cases}$$

$d=c-z$，$p=y\cos\delta+d\sin\delta$，$q=y\sin\delta-d\cos\delta$，

$y=\eta\cos\delta+q\sin\delta$，$d=\eta\sin\delta-q\cos\delta$，$c=d+z$，

$R^2=\xi^2+\eta^2+q^2$，$\alpha=(\lambda+\mu)/(\lambda+2\mu)$，$\Theta=\tan^{-1}\frac{\xi\eta}{qR}$，$X^2=\xi^2+q^2$，

$I_1=-\frac{\xi}{R+d}\cos\delta-I_4\sin\delta$，$I_2=\ln(R+d)+I_3\sin\delta$，

$$I_3 = -\frac{1}{\cos\delta}\frac{y}{R+d} - \frac{1}{\cos^2\delta}[\ln(R+\eta) - \sin\delta\ln(R+d)],$$

$$I_4 = -\frac{\sin\delta}{\cos\delta}\frac{\xi}{R+d} + \frac{2}{\cos^2\delta}\tan^{-1}\frac{\eta(X+q\cos\delta)+X(R+X)\sin\delta}{\xi(R+X)\cos\delta} \tag{2.183}$$

若 $\cos\delta = 0$，则有：

$$\begin{cases} I_3 = \dfrac{1}{2}\left[\dfrac{\eta}{R+d} + \dfrac{yq}{(R+d)^2} - \ln(R+\eta)\right] \\ I_4 = \dfrac{1}{2}\dfrac{y\xi}{(R+d)^2} \end{cases} \tag{2.184}$$

2.6.2　位错引起的重力变化

Okubo(1992)的理论主要是计算地震引力位变化和重力变化。其定义的坐标系为 (x_1, x_2, x_3) 直角坐标系，但是 x_3 向下为正，使得弹性介质充满 $x_3 > 0$ 的区域为半无限空间模型，与断层走向平行的轴取为 x_1 轴，另一轴为 x_2。定义在点 $(0, 0, \xi_3)$ 处无限小断层面 Σ 的位错分量 (U_1, U_2, U_3) 分别对应于任意位错的走滑、倾滑和引张位错(孙文科，2012)。

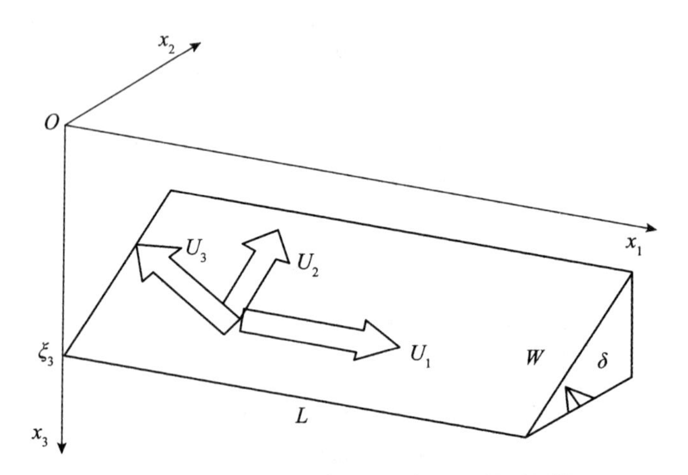

图 2.13　Okubo(1992)定义的坐标系下的震源模型

有限矩形位错的结果是点源位错的积分结果。如图 2.13 所示，位错源的滑动矢量和其法向量可以表示为：

$$\Delta u = (\Delta u_1, \Delta u_2, \Delta u_3) = (U_1, U_2\cos\delta - U_3\sin\delta, -U_2\sin\delta - U_3\cos\delta) \tag{2.185}$$

$$n = (n_1, n_2, n_3) = (0, -\sin\delta, -\cos\delta) \tag{2.186}$$

对断层面积分：

$$\int_0^L \mathrm{d}\xi' \int_0^W \mathrm{d}\eta' \Delta\psi^{ij}(x_1 - \xi_1', x_2 - \eta'\cos\delta, d - \eta'\sin\delta)\Delta u_i n_j \tag{2.187}$$

把上述积分式作变量变换：$\xi = x_1 - \xi'$，$\eta = p - \eta'$，其中，$p = x_2\cos\delta + (d - x_3)\sin\delta$，于是式(2.162)变为：

$$\int_{x_1}^{x_1-L} \mathrm{d}\xi \int_{p}^{p-W} \mathrm{d}\eta \tag{2.188}$$

最后结果用 Chinnery 记号 ‖ 简化表示

$$f(\xi,\ \eta)\ \| = f(x_1,\ p) - f(x_1,\ p-W) - f(x_1-L,\ p) + f(x_1-L,\ p-W) \tag{2.189}$$

所以得引力位变化和重力变化的最后计算公式如下：

引力位变化：

$$\Delta\psi(x_1,\ x_2,\ x_3) = \{\rho G[U_1 S(\xi,\ \eta) + U_2 D(\xi,\ \eta) + U_3 T(\xi,\ \eta)] + \Delta\rho G U_3 C(\xi,\ \eta)\} \tag{2.190}$$

式中，$\Delta\rho = \rho' - \rho$，$\rho$ 为介质密度，ρ' 为引张破裂后填充物质的密度；S，D，T，C 分别代表走滑、倾滑、引张和引张破裂填充物的贡献，它们分别为：

$$S(\xi,\ \eta) = -q_0 I_0 \sec^2\delta + R\tan\delta + 2\xi I_1 \tan^2\delta \tag{2.191}$$

$$D(\xi,\ \eta) = -\xi I_0 \tan\delta - 2x_3 I_2 \sin\delta - q_0[\lg(R+\xi) + 2I_1\tan\delta] \tag{2.192}$$

$$T(\xi,\ \eta) = \xi I_0 \tan^2\delta - x_3\sin\delta\lg(R+\xi) + 2q_0(I_1\tan^2\delta + I_2) + C(\xi,\ \eta) \tag{2.193}$$

$$C(\xi,\ \eta) = -\xi\lg(R+\eta) - \eta\lg(R+\xi) - 2qI_2 \tag{2.194}$$

其中，

$$I_0(\xi,\ \eta) = \lg(R+\eta) - \sin\delta\cdot\lg(R+\tilde{d}) \tag{2.195}$$

$$I_1(\xi,\ \eta) = \tan^{-1}\left(\frac{-q\cos\delta + (1+\sin\delta)(R+\eta)}{\xi\cos\delta}\right) \tag{2.196}$$

$$I_2(\xi,\ \eta) = \tan^{-1}\left(\frac{R+\xi+\eta}{q}\right) \tag{2.197}$$

$$R = \sqrt{\xi^2 + \eta^2 + q^2} \tag{2.198}$$

$$q = x_2\sin\delta - (d - x_3)\cos\delta \tag{2.199}$$

$$q_0 = q - x_3\cos\delta \tag{2.200}$$

$$\tilde{d} = \eta\sin\delta - q\cos\delta \tag{2.201}$$

当 $\cos\delta = 0$ 时，取

$$T(\xi,\ \eta) = C(\xi,\ \eta) + 2q_0 I_2 + \frac{\xi(2x_3\sin\delta + \eta)}{2(R+\tilde{d})} + \frac{\sin\delta}{2}[-2x_3\lg(R+\xi) + \xi\lg(R+\tilde{d})] \tag{2.202}$$

空间固定点的重力变化：

$$\Delta g(x_1,\ x_2) = \{\rho G[U_1 S_g(\xi,\ \eta) + U_2 D_g(\xi,\ \eta) + U_3 T_g(\xi,\ \eta)] + \Delta\rho G U_3 C_g(\xi,\ \eta)\}\ \| \tag{2.203}$$

变形地表面的重力变化：

$$\delta g(x_1,\ x_2) = \Delta g(x_1,\ x_2) - \beta\Delta h(x_1,\ x_2) \tag{2.204}$$

其中，

$$\Delta h(x_1,\ x_2) = \frac{1}{2\pi}[U_1 S_h(\xi,\ \eta) + U_2 D_h(\xi,\ \eta) + U_3 T_h(\xi,\ \eta)]\ \| \tag{2.205}$$

参数 $(S_g,\ D_g,\ T_g,\ C_g)$ 是对 $(S,\ D,\ T,\ C)$ 进行微分得到的，即：

$$(S_g,\ D_g,\ T_g,\ C_g) \equiv \Gamma(S,\ D,\ T,\ C) \tag{2.206}$$

$$\Gamma \equiv \left(-\frac{\partial}{\partial x_3},\ -\frac{\partial q}{\partial x_3}\frac{\partial}{\partial q},\ -\frac{\partial p}{\partial x_3}\frac{\partial}{\partial \eta}\right)\Bigg|_{x_3=0} \tag{2.207}$$

具体表达式为：

$$S_g(\xi,\ \eta) = -\frac{q\sin\delta}{R} + \frac{q^2\cos\delta}{R(R+\eta)} \tag{2.208}$$

$$D_g(\xi,\ \eta) = 2I_2\sin\delta - \frac{q\ \tilde{d}}{R(R+\xi)} \tag{2.209}$$

$$T_g(\xi,\ \eta) = 2I_2\cos\delta + \frac{q\ \tilde{y}}{R(R+\xi)} + \frac{q\xi\cos\delta}{R(R+\eta)} \tag{2.210}$$

$$C_g(\xi,\ \eta) = 2I_2\cos\delta - \sin\delta\lg(R+\xi) \tag{2.211}$$

同理，

$$S_h(\xi,\ \eta) = \frac{\tilde{d}\,q}{R(R+\eta)} - \frac{q\sin\delta}{R+\eta} - I_4\sin\delta \tag{2.212}$$

$$D_h(\xi,\ \eta) = -\frac{q\ \tilde{d}}{R(R+\xi)} - \sin\delta\tan^{-1}\left(\frac{\xi\eta}{qR}\right) + I_5\sin\delta\cos\delta \tag{2.213}$$

$$T_h(\xi,\ \eta) = \frac{q\ \tilde{y}}{R(R+\xi)} + \cos\delta\left[\frac{q\xi}{R(R+\eta)} - \tan^{-1}\left(\frac{\xi\eta}{qR}\right)\right] - I_5{}^2\sin\delta \tag{2.214}$$

式中，

$$\tilde{y} = \eta\cos\delta + q\sin\delta \tag{2.215}$$

$$I_4(\xi,\ \eta) = (1-2v)[\lg(R+\tilde{d}) - \sin\delta\lg((R+\eta))]\sec\delta \tag{2.216}$$

$$I_5(\xi,\ \eta) = 2(1-2v)I_1\sec\delta \tag{2.217}$$

当 $\cos\delta = 0$ 时，取

$$I_4(\xi,\ \eta) = -(1-2v)\frac{q}{R+\tilde{d}} \tag{2.218}$$

$$I_5(\xi,\ \eta) = 1(1-2v)\frac{\xi\sin\delta}{R+\tilde{d}} \tag{2.219}$$

上述计算公式中有些项在一些情况下是奇异的，计算时需要引入下面的规定：

①当 $\xi = 0$ 时令 $I_1 = 0$；

②当 $R+\eta = 0$ 时，令所有分母中含 $R+\eta$ 的项为零，并用 $-\ln(R-\eta)$ 代替 $\ln(R+\eta)$；

③当 $q = 0$ 时令 $I_2 = 0$。

2.7 Jeyakumaran 三角位错原理

前面章节所提到的矩形位错是一种用得最为广泛的形式。它有以下两个优点：一是这种解为代数形式，故而获得应力和位移等感兴趣的量不需要太大的计算量；二是把矩形位错元组合起来模拟不均匀滑动区时也不需要积分，只需要把各个矩形元的贡献简单相加即可。然而它的应用也有很大限制，由于矩形单元的几何性质，如果滑动区具有弯曲的边界，那么将其划分为若干个矩形来模拟时，所得到的边界为阶梯状，而非圆柱的弯曲表面又不能简单地用矩形元来进行模拟。Jeyakumaran(1992)建立了半空间三角形单元均匀间断的解，该解是通过把 Comninou 和 Dundurs(1975)推导的弹性半空间角位错的解适当叠加复合而成的，该三角形单元的解也是代数形式。它包括矩形单元的特殊情况，所以比矩形位错面的解复杂。

如图 2.14 所示，*QPR* 是一个角位错，这个 *x* 坐标系的原点在半空间表面上，而坐标轴指向半空间上方。位错位于一与 *x* 轴成 ω 角的垂直平面上，以向负方向无限延伸的两条射线 *PQ* 和 *PR* 为界，其中 *PQ* 为垂向的(与轴平行)，*PR* 与垂直方向成 α 角。交点 *P* 的坐标是。位错面的正负由 *QP* 和 *PR* 线上的箭头方向和右手定律确定：拇指指向 *QP* 和 *PR* 的箭头方向，右手指弯曲所指的就是从负(-)面到正(+)面的方向，并不通过连续面。

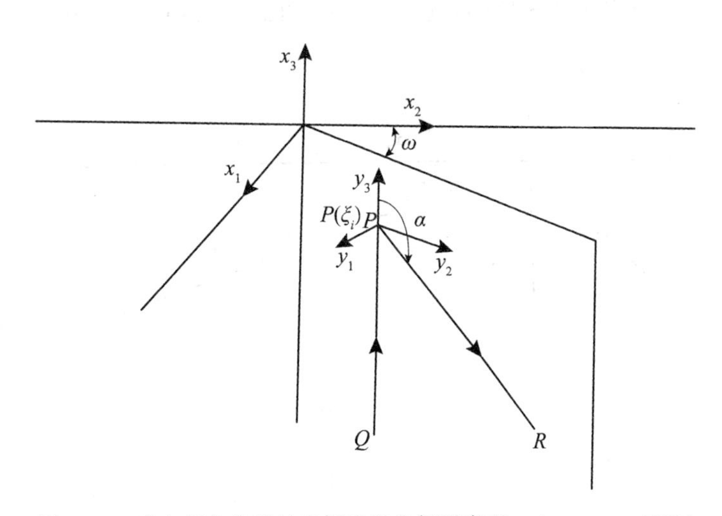

图 2.14 半空间角位错的坐标系和几何形态(Jeyakumaran, 1992)

角位错的弹性场为位错面上有给定均匀位移间断时造成的位移和应力：

$$u_i^+ - u_i^- = B_i \tag{2.220}$$

和分别是位错面上正负面上的位移，常数是相对于坐标系的伯格斯矢量分量。Comninou 和 Dundurs(1975)给出了该问题的解。他们最初用的是 Yoffe(1960)关于全空间角位错的解，然后用镜像位错除掉半空间面的剪切牵引力，再用 Boussinesq 的叠加(如 Sokoinikoff, 1956)把半空间面其余的正牵引力除去。这里我们给出所得的位移为：

$$u_i = B_j U_{ij}^P(x;\ \xi,\ \alpha) \tag{2.221}$$

式中，除有说明者外，我们采用爱因斯坦约定。

Comninou 和 Dundurs(1975)实际上给出的是 $\omega=0$ 情况下的解，是用原点在角位错顶点的局部坐标系(图 2.14 的坐标系)表示其结果的。为了后面的推导方便，我们选用了相对于图 2.14 中整体坐标系 x 来表示全部结果。

Comninou 和 Dundurs(1975)并未给出完整的应力场，但它可以从胡克定律得出：

$$\sigma_{ij} = C_{ijkl}\, u_{k,\ l} \tag{2.222}$$

其中，逗号表示偏微分，表示弹性模量的张量。对于 Comninou 和 Dundurs(1975)所考虑的均匀介质，该张量为：

$$C_{ijkl} = \frac{2\mu\nu}{(1-2\nu)}\delta_{ij}\delta_{kl} + \mu(\delta_{ik}\delta_{jl} + \delta_{il}\delta_{jk}) \tag{2.223}$$

其中，μ 是剪切模量；ν 是泊松比，δ_{ij}是克罗内克符号。求三角形位错元解的下一步是把两个角位错叠加来得到位错片的解。图 2.15 表示两个角位错 *QAR* 和 *SBR*，它们的顶点分别为和。如图中反时针箭头所示，*SBR* 和 *QAR* 的方向相反，所以 *SBR* 的两个角位错的位移间断抵消了，仅在 *QABS* 上有间断。位移由下式给出

$$u_i = B_j U_{ij}^{AB}(x;\ \xi^A,\ \xi^B) \tag{2.224}$$

其中：

$$U_{ij}^{AB} = U_{ij}^A(x;\ \xi^A,\ \alpha) - U_{ij}^B(x;\ \xi^B,\ \alpha) \tag{2.225}$$

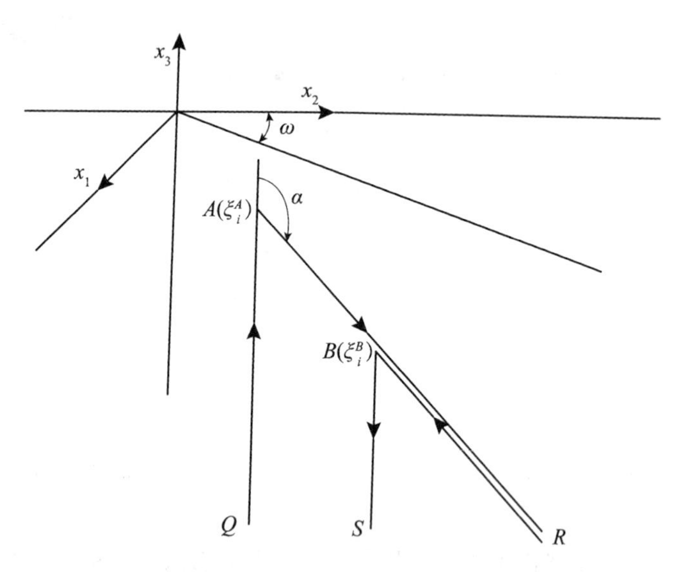

图 2.15　叠加符号相反的两个角位错 QAR 和 SBR 形成角位错片 QABS(Jeyakumaran，1992)

角度 α 和 ω 完全由两个角位错定点 A，B 的坐标和决定．在把两个单独的角位错叠加时，必须保证产生位移间断的多值项在 SBR 左区抵消掉。

显然，三个不同方向位错片的解可以复合起来形成垂直平面上的三角形位错。但在任意的斜面上用类似的方法形成三角形单元则不那么容易。Yoffe(1960)详细讨论了无限弹

性体中任意多边形的构成情况。图 2.16 表示的是把三个位错片 *DABE*、*EBCF* 和 *FCAD* 复合形成斜面上的三角位错元。三角形单元所在的平面与半空间面成 β 角的位于面内。三角形单元的位置和方向完全取决于顶点和的坐标，与图 2.14、图 2.15、图 2.16 中出现的角度 α，β 和 ω 无关。同把两个角度断错组合成位错片一样，不同位错片的多值顶在垂向侧边必须抵消掉，仅在三角形 ABC 内存在位移间断。

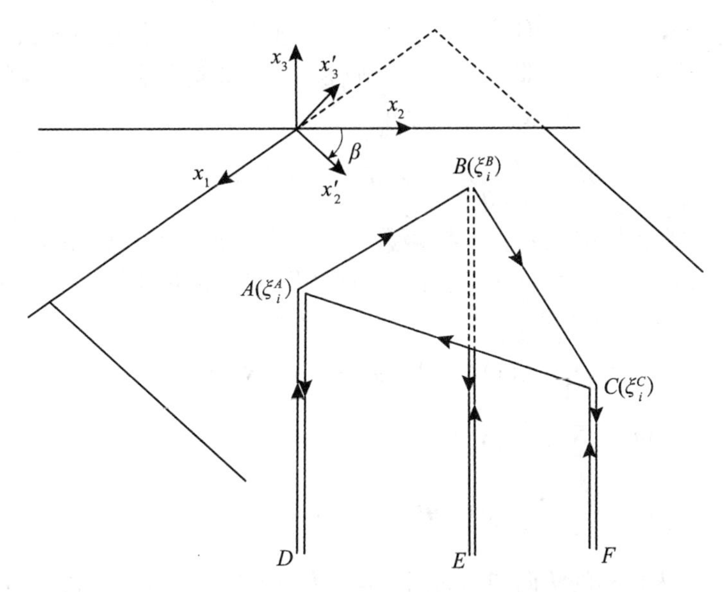

图 2.16 叠加 3 个位错片 *DABE*，*EBCF* 和 *FCAD* 形成位于半空间面成 β 角平面上的三角形位错单元(Jeyakumaran，1992)

三角形位错元产生的位移的解为：

$$u_i = B_j U_{ij}(x;\ \xi^A,\ \xi^B,\ \xi^C) \tag{2.226}$$

其中：

$$U_{ij}(x;\ \xi^A,\ \xi^B,\ \xi^C) = U_{ij}^{AB} + U_{ij}^{BC} + U_{ij}^{CA} \tag{2.227}$$

根据角位错解的应力场，按同样的方式建立的应力场为：

$$\sigma_{ij} = B_k S_{ijk} \tag{2.228}$$

为了验证划分三角形单元方法结果的准确性及其在计算机程序中的应用的可行性，用两个三角形单元组成矩形单元，并把其结果与矩形位错单元的解进行了比较，可以验证位移场能够简化到 Chinnery(1961)得到的结果。对于斜面，解析比较则不容易，因而把位移和应变结果(表面和深部的)同 Simpson 的倾斜矩形滑动面的数值解作了比较，除近奇异点外，内部点的结果很吻合。

如果一个不均匀位移间断可由 N 个均匀位移间断的三角形单元近似，则其产生的位移和应力可由下式给出

$$u_i(x) = \sum_{L=1}^{N} U_{ij}(x,\ \xi^L)\ B_j^L \tag{2.229}$$

$$\sigma_{ij}(x) = \sum_{L=1}^{N} s_{ijk}(x, \xi^L) B_k^L \tag{2.230}$$

其中是第 L 个三角元的位移间断，表示三角形顶点的坐标。

2.8　球体内点位错产生的球形位移场

孙文科等(1994)研究了球体内点位错产生的球型位移场，简要推导如下。

采用一个球对称、自重、非旋转、完全弹性、径向非均匀和各向同性的 SNREI 模型。假设该模型内点 (r_s, θ_s, ϕ_s) 处存在一个单位点力 ρf，即

$$\rho f = \frac{v}{r^2 sin\theta}\delta(r - r_s)\delta(\theta - \theta_s)\delta(\phi - \phi_s) \tag{2.231}$$

其中，ρ 为地球介质密度；δ 表示 δ- 函数；r，θ 和 ϕ 分别为计算点的球心距、余纬和经度；下标 s 表示点源；v 是单位向量。在该点力作用下产生的位移 u、位 ψ 以及应力 τ 的球型场可以用球谐函数表示如下：

$$\begin{cases} \boldsymbol{u} = \sum\limits_{n, m} [y_1(r)\boldsymbol{R}_n^m(\theta, \phi) + y_3(r)\boldsymbol{S}_n^m(\theta, \phi)] \\ \psi = \sum\limits_{n, m} y_5(r)\boldsymbol{Y}_n^m(\theta, \phi) \\ \tau \cdot e_r = \sum\limits_{n, m} [y_2(r)\boldsymbol{R}_n^m(\theta, \phi) + y_4(r)\boldsymbol{S}_n^m(\theta, \phi)] \end{cases} \tag{2.232}$$

式中，y_1 和 y_3 为位移的法向和切向因子；y_5 为位的径向因子；y_2 和 y_4 分别是应力的法向和径向因子；$\boldsymbol{R}_n^m$ 和 $\boldsymbol{S}_n^m$ 是向量面球谐函数：

$$\begin{cases} \boldsymbol{R}_n^m(\theta, \phi) = e_r\boldsymbol{Y}_n^m(\theta, \phi) \\ \boldsymbol{S}_n^m(\theta, \phi) = \left(e_\theta \dfrac{\partial}{\partial\theta} + e_\phi \dfrac{1}{\sin\theta}\dfrac{\partial}{\partial\phi}\right)\boldsymbol{Y}_n^m(\theta, \phi) \end{cases} \tag{2.233}$$

其中：e_r、e_θ 和 e_ϕ 是球坐标的基向量；$\boldsymbol{Y}_n^m(\theta, \phi)$ 是缔合勒让德函数，其形式为：

$$\boldsymbol{Y}_n^m(\theta, \phi) = \boldsymbol{P}_n^m(\cos\theta)e^{im\phi}, \quad m = 0, \quad \pm 1, \cdots, \quad \pm n \tag{2.234}$$

于是由平衡方程、应力-应变关系以及泊松方程，得如下含有点力的线性化方程组

$$\frac{\mathrm{d}\boldsymbol{Y}}{\mathrm{d}r} = \boldsymbol{AY} + \boldsymbol{S} \tag{2.235}$$

其中，$\boldsymbol{Y} = (y_1, y_2, \cdots, y_6)^{\mathrm{T}}$，$y_6$ 是关于 y_1 和 y_5 的函数；系数 $\boldsymbol{A}$ 是地球半径 r、球谐阶数 n 和地球模型的函数；$\boldsymbol{S}$ 是点力 $\boldsymbol{\rho f}$ 的球谐向量，表示位移或应力的不连续，一般形式为 $\boldsymbol{S} = (s_1, s_2, \cdots, s_6)^{\mathrm{T}}$。S 的内容取决于点力的形式。定义为：

$$\boldsymbol{S} = \boldsymbol{Y}(r_s + 0) - \boldsymbol{Y}(r_s - 0) \tag{2.236}$$

对于任何点源，s_5 和 s_6 总是为 0，因为位 ψ 和 $\left(\dfrac{\partial\psi}{\partial r} - 4\pi G\rho u_r\right)$ 过任何界面连续。

一个点位错的位错矢量 v 及其断层面法线矢量 $\boldsymbol{n}$ 可以表示为如下形式：

$$\begin{cases} \boldsymbol{n} = n_x e_x + n_y e_y + n_z e_z \\ \boldsymbol{v} = v_x e_x + v_y e_y + v_z e_z \end{cases} \tag{2.237}$$

其中，e_x，e_y 和 e_z 是直角坐标系基向量，我们分别取 e_x 沿 $\phi=0$，e_y 沿 $\phi=\pi/2$，而 e_z 沿极轴方向。Takeuchi等(1972)把点位错的源函数 s_i 表示为：

$$
\begin{cases}
s_1(n,\ m)=\dfrac{2n+1}{4\pi r_s^2}\left[v_3n_3+\dfrac{\lambda}{\lambda+2\mu}(v_1n_1+v_2n_2)\right]\delta_{m0}U\mathrm{d}S \\
s_2(n,\ m)=-\dfrac{2n+1}{2\pi r_s^3}\dfrac{\mu(3\lambda+2\mu)}{\lambda+2\mu}(v_1n_1+v_2n_2)\delta_{m0}U\mathrm{d}S \\
s_3(n,\ m)=\dfrac{2n+1}{4\pi n(n+1)r_s^2}\dfrac{1}{2}[(v_1n_3+v_3n_1)(\delta_{m1}-\delta_{m_1-1})- \\
\qquad i(v_3n_2+v_2n_3)\delta_{m_1\pm1}]U\mathrm{d}S \\
s_4(n,\ m)=\{\dfrac{2n+1}{4\pi r_s^2}\dfrac{\mu(3\lambda+2\mu)}{\lambda+2\mu}(v_1n_1+v_2n_2)\delta_{m0}+\dfrac{2n+1}{4\pi n(n+1)r_s^3}\dfrac{\mu}{2}\times \\
\qquad [(-v_1n_1+v_2n_2)\delta_{m_1\pm2}+i(v_2n_1+v_1n_2)(\delta_{m2}-\delta_{m_1-2})]\}U\mathrm{d}S \\
s_5(n,\ m)=0 \\
s_6(n,\ m)=0
\end{cases}
\tag{2.238}
$$

其中，δ_{m0}，$\delta_{m_1\pm1}$ 和 $\delta_{m_1\pm2}$ 等均为 Kronecker 符号；μ 和 λ 为拉梅常数；U 为断层面 $\mathrm{d}S$ 上的位错量。

外力作用下地球的弹性变形通常用 Love 数来描述。孙文科等(1994)定义位错 Love 数 $(h_{nm}^{ij},\ l_{nm}^{ij},\ k_{nm}^{ij})$：

$$
\begin{cases}
h_{nm}^{ij}=y_1^{ij}(r;\ n,\ m)a^2 \\
l_{nm}^{ij}=y_3^{ij}(r;\ n,\ m)a^2 \\
k_{nm}^{ij}=y_5^{ij}(r;\ n,\ m)(a^2/g_0)
\end{cases}
\tag{2.239}
$$

其中，g_0 为地表面的平均重力加速度，使得点位错产生的球形形变可以表示为：

$$
\begin{cases}
\boldsymbol{u}(r,\ \theta,\ \phi)=\dfrac{1}{a^2}\sum\limits_{n,\ m}[h_{nm}^{ij}\boldsymbol{R}_n^m(\theta,\ \phi)+l_{nm}^{ij}\boldsymbol{S}_n^m(\theta,\ \phi)]v_in_jU\mathrm{d}S \\
\boldsymbol{\psi}(r,\ \theta,\ \phi)=\dfrac{g_0}{a^2}\sum\limits_{n,\ m}k_{nm}^{ij}\boldsymbol{Y}_n^m(\theta,\ \phi)v_in_jU\mathrm{d}S
\end{cases}
\tag{2.240}
$$

其中，上标 ij 表示沿 n_j 方向的位错分量 v_i 所产生的形变或位的变化；下标 nm 表示 n 阶 m 次球谐分量。令 Z^{ij} 表示与法线 n_j 相垂直的有限平面上剪切位错 v_i 所产生的位移或位的变化，则其形变场为：

$$
Z(r,\ \theta,\ \phi)=Z^{ij}(r,\ \theta,\ \phi)v_in_jU\mathrm{d}S \tag{2.241}
$$

用断层参数来描述一个任意点位错。如图 2.17 所示，考虑一个位于余纬 θ_s、经度 ϕ_s 和半径 r_s 处的地震断层。断层面由断层方位角 α（从北起顺时针方向为正）和其倾角 δ 所确定。位错的方向由滑动角 λ 决定(在断层方向上水平方向起逆时针方向为正)，在后边的讨论中，假设 $\theta_s=\phi_s=\alpha=0$。这等于把震源放在极轴上，并使断层线沿着格林威治子午线。该假设下得到的结果只要作适当的旋转变换，就可得到任意位置点位错的形变场。剪切位错向量 v 及其法向量 n 可以简单地表示为：

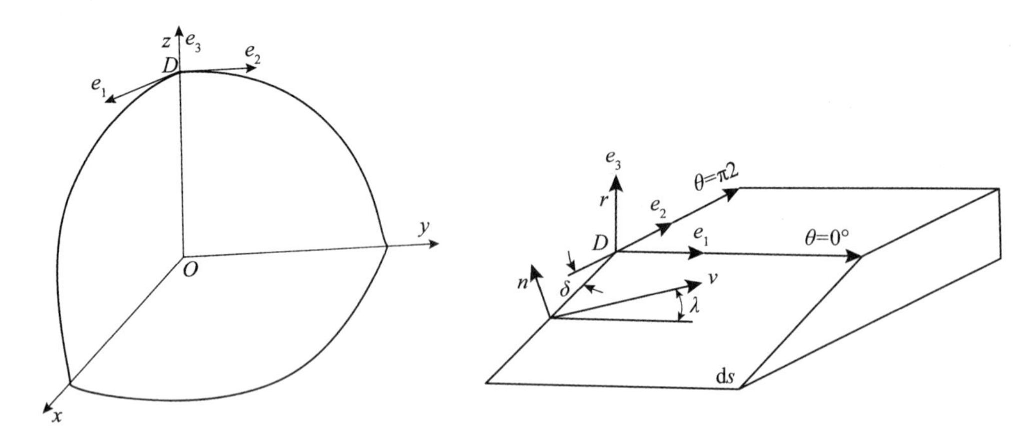

图 2.17　球体内的位错模型(孙文科等，1994)

$$\begin{cases}\boldsymbol{n} = e_3\cos\delta - e_2\sin\delta \\ \boldsymbol{v} = e_3\sin\delta\sin\lambda + e_1\cos\lambda + e_2\cos\delta\sin\lambda\end{cases} \tag{2.242}$$

图 2.17 中取 $\boldsymbol{v} = e_1$，$\boldsymbol{n} = e_2$，便成为垂直断层的水平剪切(走滑)位错问题；取 $\boldsymbol{v} = e_3$，$\boldsymbol{n} = e_2$，得垂直倾滑位错；取 $\boldsymbol{v} = \boldsymbol{n} = e_2$，则成为垂直断层的水平张裂位错问题；取 $\boldsymbol{v} = \boldsymbol{n} = e_3$，即成为垂直方向的张裂位错问题。

如定义下式

$$\begin{cases}\hat{u}_r^{12}(r,\ \theta) = \dfrac{2}{a^2}\sum\limits_{n=2}^{\infty} h_{n2}^{12} P_n^2(\cos\theta) \\ \hat{u}_\theta^{12}(r,\ \theta) = \dfrac{2}{a^2}\sum\limits_{n=2}^{\infty} l_{n2}^{12} \dfrac{\partial P_n^2(\cos\theta)}{\partial\theta} \\ \hat{u}_\phi^{12}(r,\ \theta) = \dfrac{2}{a^2}\sum\limits_{n=2}^{\infty} l_{n2}^{12} \dfrac{P_n^2(\cos\theta)}{\sin\theta}\end{cases} \tag{2.243}$$

$$\begin{cases}\hat{u}_r^{32}(r,\ \theta) = \dfrac{2}{a^2}\sum\limits_{n=1}^{\infty} h_{n1}^{32} P_n^1(\cos\theta) \\ \hat{u}_\theta^{32}(r,\ \theta) = \dfrac{2}{a^2}\sum\limits_{n=1}^{\infty} l_{n1}^{32} \dfrac{\partial P_n^1(\cos\theta)}{\partial\theta} \\ \hat{u}_\phi^{32}(r,\ \theta) = \dfrac{2}{a^2}\sum\limits_{n=1}^{\infty} l_{n1}^{32} \dfrac{P_n^1(\cos\theta)}{\sin\theta}\end{cases} \tag{2.244}$$

$$\begin{cases}\hat{u}_r^{22,\ 0}(r,\ \theta) = \dfrac{1}{a^2}\sum\limits_{n=0}^{\infty} h_{n0}^{22} P_n(\cos\theta) \\ \hat{u}_\theta^{22,\ 0}(r,\ \theta) = \dfrac{1}{a^2}\sum\limits_{n=0}^{\infty} l_{n0}^{22} \dfrac{\partial P_n(\cos\theta)}{\partial\theta} \\ \hat{u}_\phi^{22,\ 0}(r,\ \theta) = 0\end{cases} \tag{2.245}$$

设法向位移为 u_r^{i2}，切向位移为 u_θ^{i2} 和 u_ϕ^{i2}（$i=1, 2, 3$）。

则垂直断层的水平剪切位错（Z^{12}）对应的位移为：

$$\begin{cases} u_r^{12}(r, \theta, \phi) = \hat{u}_r^{12}(r, \theta)\sin 2\phi \\ u_\theta^{12}(r, \theta, \phi) = \hat{u}_\theta^{12}(r, \theta)\sin 2\phi \\ u_\phi^{12}(r, \theta, \phi) = \hat{u}_\phi^{12}(r, \theta) 2\cos 2\phi \end{cases} \tag{2.246}$$

垂直断层的上下倾滑位错（Z^{32}）对应的位移为：

$$\begin{cases} u_r^{32}(r, \theta, \phi) = \hat{u}_r^{32}(r, \theta)\sin\phi \\ u_\theta^{32}(r, \theta, \phi) = \hat{u}_\theta^{32}(r, \theta)\sin\phi \\ u_\phi^{32}(r, \theta, \phi) = \hat{u}_\phi^{32}(r, \theta)\cos\phi \end{cases} \tag{2.247}$$

垂直断层的引张位错（Z^{22}）对应的位移为：

$$\begin{cases} u_r^{22}(r, \theta, \phi) = \hat{u}_r^{22,0}(r, \theta) - \hat{u}_r^{12}(r, \theta)\cos 2\phi \\ u_\theta^{22}(r, \theta, \phi) = \hat{u}_\theta^{22,0}(r, \theta) - \hat{u}_\theta^{12}(r, \theta)\cos 2\phi \\ u_\phi^{22}(r, \theta, \phi) = \hat{u}_\phi^{12}(r, \theta) 2\sin 2\phi \end{cases} \tag{2.248}$$

水平断层的垂直引张位错（Z^{33}）对应的位移为：

$$\begin{cases} u_r^{33}(r, \theta, \phi) = \dfrac{1}{a^2}\sum\limits_{n=0}^{\infty} h_{n0}^{33} P_n(\cos\theta) \\ u_\theta^{33}(r, \theta, \phi) = \dfrac{1}{a^2}\sum\limits_{n=0}^{\infty} l_{n0}^{33} \dfrac{\partial P_n(\cos\theta)}{\partial\theta} \\ u_\phi^{33}(r, \theta, \phi) = 0 \end{cases} \tag{2.249}$$

由上述公式经球面变换后可得到地球上各处任意点位错所产生位移场的计算公式。

孙文科 2012 年在《地震位错理论》中全面讲述了球形弹性地球模型内各种地震源在地表面产生变形的理论，更具体的内容可参考该文献。

2.9 Mogi 模型

Mogi 模型是研究爆炸源引起的地表位移及重力变化最常用、最简单的地球物理模型。它作为最早应用于火山形变机理的模型，由日本学者 Kiyoo Mogi 于 1958 年首次依据 Yamakawa 理论公式将岩浆压力源与火山地形变形相联系而建立的，其基本思想是用“埋置”于均匀弹性半空间的点状静水压力源来模拟火山膨胀和收缩期的地表形变，应用前提是压力源的半径远小于源的深度以及地壳是均匀弹性介质。Mogi 模型在火山区地表形变及重力研究中得到了广泛的应用（胡亚轩等，2003，2004，2007，2009；张永志等，2003；施行觉等，2004，2005；陈国浒，2007；Bifulco 等，2009；王乐洋，2011；何平，2014），在地球物理大地测量观测技术如 GPS、InSAR、水准及重力测量研究火山区地下岩浆活动中发挥了重要作用。下面从垂直位移、水平位移和重力变化等 3 个方面给出地表形变与爆炸源参数的关系式（王乐洋，2011）。

2.9.1　垂直位移

Yamakawa 给出的膨胀源(或爆炸源，即 Mogi 模型)引起的地表垂直位移的表达式为(Yamakawa，1955)：

$$\Delta h = \frac{3K+4\mu}{2\pi(3K+\mu)} \frac{D}{(D^2+r^2)^{3/2}}\Delta V \tag{2.250}$$

其中，Δh 为垂直位移；μ 为剪切模量；K 为体积弹性模量；D 为源的深度；ΔV 为体积增量。

当地壳为泊松介质时，体积模量与剪切模量之间的关系式为：

$$K = \frac{5\mu}{3} \tag{2.251}$$

因此，式(2.250)可简化为：

$$\Delta h = \frac{3D\Delta V}{4\pi(D^2+r^2)^{3/2}} \tag{2.252}$$

由式(2.252)知，根据地表垂直位移 Δh 反演爆炸源的待反演参数为源的深度 D，体积增量 ΔV，以及源在平面上投影的坐标(x_0，y_0)。第 i 个监测点到源之间的地表径向距离为 $r_i^2=(x_i-x_0)^2+(y_i-y_0)^2$。若有 n 个监测点，则有：

$$\Delta h_i + e_i = \frac{3D\Delta V}{4\pi(D^2+(x_i-x_0)^2+(y_i-y_0)^2)^{3/2}} = f_i(\theta) \quad (i=1,2,\cdots,n) \tag{2.253}$$

其中，$\theta = [\Delta V \quad D \quad x_0 \quad y_0]^{\mathrm{T}}$

对式(2.253)进行泰勒展开至一次项得

$$f_i(\theta) = f_i(\theta_0) + \left.\frac{\partial f_i}{\partial \theta}\right|_{\theta_0} \mathrm{d}\theta \quad (i=1,2,\cdots,n) \tag{2.254}$$

式中，$\mathrm{d}\theta = [\mathrm{d}V \quad \mathrm{d}D \quad \mathrm{d}x_0 \quad \mathrm{d}y_0]^{\mathrm{T}}$，$\left.\frac{\partial f_i}{\partial \theta}\right|_{\theta_0} = \left.\begin{bmatrix} \frac{\partial f_i}{\partial(\Delta V)} & \frac{\partial f_i}{\partial D} & \frac{\partial f_i}{\partial x_0} & \frac{\partial f_i}{\partial y_0} \end{bmatrix}\right|_{\theta_0}$

$$\frac{\partial f_i}{\partial(\Delta V)} = \frac{3D}{4\pi(D^2+r_i^2)^{3/2}} \tag{2.255}$$

$$\frac{\partial f_i}{\partial D} = -\frac{3}{4\pi}\frac{\Delta V(2D^2-r_i^2)}{(D^2+r_i^2)^{5/2}} \tag{2.256}$$

$$\frac{\partial f_i}{\partial x_0} = \frac{9}{4\pi}\frac{D\Delta V(x_i-x_0)}{(D^2+r_i^2)^{5/2}} \tag{2.257}$$

$$\frac{\partial f_i}{\partial y_0} = \frac{9}{4\pi}\frac{D\Delta V(y_i-y_0)}{(D^2+r_i^2)^{5/2}} \tag{2.258}$$

由式(2.253)和式(2.254)得(王乐洋，2011)：

$$\left.\begin{aligned}\Delta h_1+e_1&=\left.\frac{\partial f_1}{\partial(\Delta V)}\right|_{\theta_0}\mathrm{d}V+\left.\frac{\partial f_1}{\partial D}\right|_{\theta_0}\mathrm{d}D+\left.\frac{\partial f_1}{\partial x_0}\right|_{\theta_0}\mathrm{d}x_0+\left.\frac{\partial f_1}{\partial y_0}\right|_{\theta_0}\mathrm{d}y_0+f_1(\theta_0)\\ \Delta h_n+e_n&=\left.\frac{\partial f_n}{\partial(\Delta V)}\right|_{\theta_0}\mathrm{d}V+\left.\frac{\partial f_n}{\partial D}\right|_{\theta_0}\mathrm{d}D+\left.\frac{\partial f_n}{\partial x_0}\right|_{\theta_0}\mathrm{d}x_0+\left.\frac{\partial f_n}{\partial y_0}\right|_{\theta_0}\mathrm{d}y_0+f_n(\theta_0)\end{aligned}\right\} \tag{2.259}$$

写成矩阵形式，有：

$$\begin{bmatrix}\Delta h_1\\ \vdots\\ \Delta h_n\end{bmatrix}+\begin{bmatrix}e_1\\ \vdots\\ e_n\end{bmatrix}=\left.\begin{bmatrix}\frac{\partial f_1}{\partial(\Delta V)} & \frac{\partial f_1}{\partial D} & \frac{\partial f_1}{\partial x_0} & \frac{\partial f_1}{\partial y_0}\\ \vdots & & & \vdots\\ \frac{\partial f_n}{\partial(\Delta V)} & \frac{\partial f_n}{\partial D} & \frac{\partial f_n}{\partial x_0} & \frac{\partial f_n}{\partial y_0}\end{bmatrix}\right|_{\theta_0}\begin{bmatrix}\mathrm{d}V\\ \mathrm{d}D\\ \mathrm{d}x_0\\ \mathrm{d}y_0\end{bmatrix}+\begin{bmatrix}f_1(\theta_0)\\ \vdots\\ f_n(\theta_0)\end{bmatrix} \tag{2.260}$$

2.9.2 水平位移

地表的水平位移与等效爆炸源参数之间的表达式为(Scarpa 等，2001)：

$$\Delta r=\frac{3K+4\mu}{2\pi(3K+\mu)}\frac{r}{(D^2+r^2)^{3/2}}\Delta V \tag{2.261}$$

其中，r 为地表径向距离；μ 为剪切模量；K 为体积弹性模量；D 为源的深度；ΔV 为体积增量。

将式(2.251)代入式(2.261)化简得：

$$\Delta r=\frac{3r\Delta V}{4\pi(D^2+r^2)^{3/2}} \tag{2.262}$$

由式(2.262)知，根据地表水平位移 Δr 反演爆炸源的待反演参数为源的深度 D，体积增量 ΔV，以及源在平面上投影的坐标$(x_0,\ y_0)$。第 i 个监测点到源之间的地表径向距离为 $r_i^2=(x_i-x_0)^2+(y_i-y_0)^2$。若有 n 个监测点，则有：

$$\Delta r_i+e_i=\frac{3r_i\Delta V}{4\pi(D^2+(x_i-x_0)^2+(y_i-y_0)^2)^{3/2}}=\varphi_i(\theta)\quad(i=1,\ 2,\ \cdots,\ n) \tag{2.263}$$

其中，$\theta=[\Delta V\quad D\quad x_{0y0}]^{\mathrm{T}}$

对式(2.263)进行泰勒展开至一次项得

$$\varphi_i(\theta)=\varphi_i(\theta_0)+\left.\frac{\partial\varphi_i}{\partial\theta}\right|_{\theta_0}\mathrm{d}\theta\quad(i=1,\ 2,\ \cdots,\ n) \tag{2.264}$$

其中，$\mathrm{d}\theta=[\mathrm{d}V\quad \mathrm{d}D\quad \mathrm{d}x_0\quad \mathrm{d}y_0]^{\mathrm{T}}$，$\left.\frac{\partial\varphi_i}{\partial\theta}\right|_{\theta_0}=\left.\begin{bmatrix}\frac{\partial\varphi_i}{\partial(\Delta V)} & \frac{\partial\varphi_i}{\partial D} & \frac{\partial\varphi_i}{\partial x_0} & \frac{\partial\varphi_i}{\partial y_0}\end{bmatrix}\right|_{\theta_0}$

$$\frac{\partial\varphi_i}{\partial(\Delta V)}=\frac{3r_i}{4\pi(D^2+r_i^2)^{3/2}} \tag{2.265}$$

$$\frac{\partial\varphi_i}{\partial D}=-\frac{9}{4\pi}\frac{Dr_i\Delta V}{(D^2+r_i^2)^{5/2}} \tag{2.266}$$

$$\frac{\partial \varphi_i}{\partial x_0}=\frac{9}{4\pi}\frac{r_i\Delta V(x_i-x_0)}{(D^2+r_i^2)^{5/2}} \tag{2.267}$$

$$\frac{\partial \varphi_i}{\partial y_0}=\frac{9}{4\pi}\frac{r_i\Delta V(y_i-y_0)}{(D^2+r_i^2)^{5/2}} \tag{2.268}$$

由式(2.263)和式(2.264)得[王乐洋，2011]

$$\left.\begin{aligned}\Delta r_1+e_1&=\left.\frac{\partial \varphi_i}{\partial(\Delta V)}\right|_{\theta_0}\mathrm{d}V+\left.\frac{\partial \varphi_i}{\partial D}\right|_{\theta_0}\mathrm{d}D+\left.\frac{\partial \varphi_i}{\partial x_0}\right|_{\theta_0}\mathrm{d}x_0+\left.\frac{\partial \varphi_i}{\partial y_0}\right|_{\theta_0}\mathrm{d}y_0+\varphi_1(\theta_0)\\&\vdots\\\Delta r_n+e_n&=\left.\frac{\partial \varphi_n}{\partial(\Delta V)}\right|_{\theta_0}\mathrm{d}V+\left.\frac{\partial \varphi_n}{\partial D}\right|_{\theta_0}\mathrm{d}D+\left.\frac{\partial \varphi_n}{\partial x_0}\right|_{\theta_0}\mathrm{d}x_0+\left.\frac{\partial \varphi_n}{\partial y_0}\right|_{\theta_0}\mathrm{d}y_0+\varphi_n(\theta_0)\end{aligned}\right\} \tag{2.269}$$

写成矩阵形式有：

$$\begin{bmatrix}\Delta r_1\\\vdots\\\Delta r_n\end{bmatrix}+\begin{bmatrix}e_1\\\vdots\\e_n\end{bmatrix}=\left.\begin{bmatrix}\frac{\partial \varphi_1}{\partial(\Delta V)} & \frac{\partial \varphi_1}{\partial D} & \frac{\partial \varphi_1}{\partial x_0} & \frac{\partial \varphi_1}{\partial y_0}\\\vdots & & & \vdots\\\frac{\partial \varphi_n}{\partial(\Delta V)} & \frac{\partial \varphi_n}{\partial D} & \frac{\partial \varphi_n}{\partial x_0} & \frac{\partial \varphi_n}{\partial y_0}\end{bmatrix}\right|_{\theta_0}\begin{bmatrix}\mathrm{d}V\\\mathrm{d}D\\\mathrm{d}x_0\\\mathrm{d}y_0\end{bmatrix}+\begin{bmatrix}\varphi_1(\theta_0)\\\vdots\\\varphi_n(\theta_0)\end{bmatrix} \tag{2.270}$$

在实际的火山形变监测中，得到的水平位移往往是东向分量和北向分量的形式，如 GPS 得到的形变速度场，因而反演时常使用如下模型(胡亚轩等，2005)：

$$U_x=\frac{3\Delta V(x-x_0)}{4\pi(D^2+r^2)^{3/2}} \tag{2.271}$$

$$U_y=\frac{3\Delta V(y-y_0)}{4\pi(D^2+r^2)^{3/2}} \tag{2.272}$$

其中，U_x 为 x 分量位移；U_y 为 y 分量位移；D 为源的深度；ΔY 为体积增量；$(x_0，y_0)$为源的中心在平面上投影的坐标；第 i 个监测点到源之间的地表径向距离为 $r_i^2=(x_i-x_0)^2+(y_i-y_0)^2$。

若有 n 个监测点，则有：

$$U_{x_i}+e_{U_{x_i}}=\frac{3\Delta V(x_i-x_0)}{4\pi(D^2+(x_i-x_0)^2+(y_i-y_0)^2)^{3/2}}=\varphi_{x_i}(\theta)\quad(i,1,2,\cdots,n) \tag{2.273}$$

$$U_{y_i}+e_{U_{y_i}}=\frac{3\Delta V(y_i-y_0)}{4\pi(D^2+(x_i-x_0)^2+(y_i-y_0)^2)^{3/2}}=\varphi_{y_i}(\theta)\quad(i,1,2,\cdots,n) \tag{2.274}$$

其中，$\theta=[\Delta V\quad D\quad x_0\quad y_0]^{\mathrm{T}}$

对式(2.273)进行泰勒展开至一次项得：

$$\varphi_{x_i}=\varphi_{x_i}(\theta_0)+\left.\frac{\partial \varphi_{x_i}}{\partial \theta}\right|_{\theta_0}\mathrm{d}\theta\quad(i=1,2,\cdots,n) \tag{2.275}$$

其中，$d\theta = [dV \quad dD \quad dx_0 \quad dy_0]^T$；$\left.\frac{\partial \varphi_{x_i}}{\partial \theta}\right|_{\theta_0} = \left.\begin{bmatrix}\frac{\partial \varphi_{x_i}}{\partial(\Delta V)} & \frac{\partial \varphi_{x_i}}{\partial D} & \frac{\partial \varphi_{x_i}}{\partial x_0} & \frac{\partial \varphi_{x_i}}{\partial y_0}\end{bmatrix}\right|_{\theta_0}$

$$\frac{\partial \varphi_{x_i}}{\partial(\Delta V)} = \frac{3(x_i - x_0)}{4\pi(D^2 + r_i^2)^{3/2}} \tag{2.276}$$

$$\frac{\partial \varphi_{x_i}}{\partial D} = -\frac{9}{4\pi}\frac{D\Delta V(x_i - x_0)}{(D^2 + r_i^2)^{5/2}} \tag{2.277}$$

$$\frac{\partial \varphi_{x_i}}{\partial x_0} = \frac{3}{4\pi}\frac{\Delta V}{(D^2 + r_i^2)^{3/2}} + \frac{9}{4\pi}\frac{\Delta V(x_i - x_0)^2}{(D^2 + r_i^2)^{5/2}} \tag{2.278}$$

$$\frac{\partial \varphi_{x_i}}{\partial y_0} = \frac{9}{4\pi}\frac{\Delta V(x_i - x_0)(y_i - y_0)}{(D^2 + r_i^2)^{5/2}} \tag{2.279}$$

由式(2.273)和式(2.275)得[王乐洋，2011]：

$$\left.\begin{aligned} U_{x_1} + e_{U_{x_i}} &= \left.\frac{\partial \varphi_{x_i}}{\partial(\Delta V)}\right|_{\theta_0} dV + \left.\frac{\partial \varphi_{x_i}}{\partial D}\right|_{\theta_0} dD + \left.\frac{\partial \varphi_{x_i}}{\partial x_0}\right|_{\theta_0} dx_0 + \left.\frac{\partial \varphi_{x_i}}{\partial y_0}\right|_{\theta_0} dy_0 + \varphi_{x_i}(\theta_0) \\ &\vdots \\ U_{x_n} + e_{U_{x_n}} &= \left.\frac{\partial \varphi_{x_n}}{\partial(\Delta V)}\right|_{\theta_0} dV + \left.\frac{\partial \varphi_{x_n}}{\partial D}\right|_{\theta_0} dD + \left.\frac{\partial \varphi_{x_n}}{\partial x_0}\right|_{\theta_0} dx_0 + \left.\frac{\partial \varphi_{x_n}}{\partial y_0}\right|_{\theta_0} dy_0 + \varphi_{x_n}(\theta_0) \end{aligned}\right\} \tag{2.280}$$

写成矩阵形式有：

$$\begin{bmatrix} U_{x_1} \\ \vdots \\ U_{x_n} \end{bmatrix} + \begin{bmatrix} e_{U_{x_1}} \\ \vdots \\ e_{U_{x_n}} \end{bmatrix} = \left.\begin{bmatrix} \frac{\partial \varphi_{x_1}}{\partial(\Delta V)} & \frac{\partial \varphi_{x_1}}{\partial D} & \frac{\partial \varphi_{x_1}}{\partial x_0} & \frac{\partial \varphi_{x_1}}{\partial y_0} \\ \vdots & & & \vdots \\ \frac{\partial \varphi_{x_n}}{\partial(\Delta V)} & \frac{\partial \varphi_{x_n}}{\partial D} & \frac{\partial \varphi_{x_n}}{\partial x_0} & \frac{\partial \varphi_{x_n}}{\partial y_0} \end{bmatrix}\right|_{\theta_0} \begin{bmatrix} dV \\ dD \\ dx_0 \\ dy_0 \end{bmatrix} + \begin{bmatrix} \varphi_{x_1}(\theta_0) \\ \vdots \\ \varphi_{x_n}(\theta_0) \end{bmatrix} \tag{2.281}$$

对式(2.274)进行泰勒展开至一次项得：

$$\varphi_{y_i} = \varphi_{y_i}(\theta_0) + \left.\frac{\partial \varphi_{y_i}}{\partial \theta}\right|_{\theta_0} d\theta \quad (i = 1, 2, \cdots, n) \tag{2.282}$$

其中，$d\theta = [dV \quad dD \quad dx_0 \quad dy_0]^T$；$\left.\frac{\partial \varphi_{y_i}}{\partial \theta}\right|_{\theta_0} = \left.\begin{bmatrix}\frac{\partial \varphi_{y_i}}{\partial(\Delta V)} & \frac{\partial \varphi_{y_i}}{\partial D} & \frac{\partial \varphi_{y_i}}{\partial x_0} & \frac{\partial \varphi_{y_i}}{\partial y_0}\end{bmatrix}\right|_{\theta_0}$

$$\frac{\partial \varphi_{y_i}}{\partial(\Delta V)} = \frac{3(y_i - y_0)}{4\pi(D^2 + r_i^2)^{3/2}} \tag{2.283}$$

$$\frac{\partial \varphi_{y_i}}{\partial D} = -\frac{9}{4\pi}\frac{D\Delta V(y_i - y_0)}{(D^2 + r_i^2)^{5/2}} \tag{2.284}$$

$$\frac{\partial \varphi_{y_i}}{\partial x_0} = \frac{9}{4\pi}\frac{\Delta V(x_i - x_0)(y_i - y_0)}{(D^2 + r_i^2)^{5/2}} \tag{2.285}$$

$$\frac{\partial\varphi_{y_i}}{\partial y_0}=-\frac{3}{4\pi}\frac{\Delta V}{(D^2+r_i^2)^{3/2}}+\frac{9}{4\pi}\frac{\Delta V(y_i-y_0)^2}{(D^2+r_i^2)^{5/2}} \tag{2.286}$$

由式(2.274)和式(2.282)得[王乐洋，2011]：

$$\left.\begin{aligned}U_{y_1}+e_{U_{y_1}}&=\left.\frac{\partial\varphi_{y_1}}{\partial(\Delta V)}\right|_{\theta_0}\mathrm{d}V+\left.\frac{\partial\varphi_{y_1}}{\partial D}\right|_{\theta_0}\mathrm{d}D+\left.\frac{\partial\varphi_{y_1}}{\partial x_0}\right|_{\theta_0}\mathrm{d}x_0+\left.\frac{\partial\varphi_{y_1}}{\partial y_0}\right|_{\theta_0}\mathrm{d}y_0+\varphi_{y_1}(\theta_0)\\&\vdots\\U_{y_n}+e_{U_{y_n}}&=\left.\frac{\partial\varphi_{y_n}}{\partial(\Delta V)}\right|_{\theta_0}\mathrm{d}V+\left.\frac{\partial\varphi_{y_n}}{\partial D}\right|_{\theta_0}\mathrm{d}D+\left.\frac{\partial\varphi_{y_n}}{\partial x_0}\right|_{\theta_0}\mathrm{d}x_0+\left.\frac{\partial\varphi_{y_n}}{\partial y_0}\right|_{\theta_0}\mathrm{d}y_0+\varphi_{y_n}(\theta_0)\end{aligned}\right\} \tag{2.287}$$

写成矩阵形式有：

$$\begin{bmatrix}U_{y_1}\\\vdots\\U_{y_n}\end{bmatrix}+\begin{bmatrix}e_{U_{y_1}}\\\vdots\\e_{U_{y_n}}\end{bmatrix}=\left.\begin{bmatrix}\frac{\partial\varphi_{y_1}}{\partial(\Delta V)}&\frac{\partial\varphi_{y_1}}{\partial D}&\frac{\partial\varphi_{y_1}}{\partial x_0}&\frac{\partial\varphi_{y_1}}{\partial y_0}\\\vdots&&&\vdots\\\frac{\partial\varphi_{y_n}}{\partial(\Delta V)}&\frac{\partial\varphi_{y_n}}{\partial D}&\frac{\partial\varphi_{y_n}}{\partial x_0}&\frac{\partial\varphi_{y_n}}{\partial y_0}\end{bmatrix}\right|_{\theta_0}\begin{bmatrix}\mathrm{d}V\\\mathrm{d}D\\\mathrm{d}x_0\\\mathrm{d}y_0\end{bmatrix}+\begin{bmatrix}\varphi_{y_1}(\theta_0)\\\vdots\\\varphi_{y_n}(\theta_0)\end{bmatrix} \tag{2.288}$$

2.9.3 重力变化

Hagiwara 给出了爆炸源(Mogi 模型)引起的地表重力变化的表达式为(Hagiwara，1977)

$$\Delta g=(-\gamma+\frac{2\pi G\rho(3K+\mu)}{(3K+4\mu)}\Delta h \tag{2.289}$$

式中，μ 为剪切模量；K 为体积弹性模量；G 为万有引力常数；Δh 为地表垂直位移的变化量；γ 为自由空气重力变化梯度；ρ 为膨胀体内异常质量的密度。

同样，地表重力的变化量也可以用等效源的体积来表示(施行觉等，2004)：

$$\Delta g=\frac{G\rho D\Delta V}{(D^2+r^2)^{3/2}} \tag{2.290}$$

由式(2.290)可知，根据地表重力的变化量 Δg 反演爆炸源的待反演参数为源的深度 D，体积增量 ΔV，以及源在平面上投影的坐标(x_0，y_0)。第 i 个监测点到源之间的地表径向距离为 $r_i^2=(x_i-x_0)^2+(y_i-y_0)^2$。若有 n 个监测点，则有：

$$\Delta g_i+e_i=\frac{G\rho D\Delta V}{(D^2+(x_i-x_0)^2+(y_i-y_0)^2)^{3/2}}=\psi_i(\theta)\quad(i=1,2,\cdots,n) \tag{2.291}$$

其中，$\theta=[\Delta V\quad D\quad x_0\quad y_0]^{\mathrm{T}}$

对式(2.291)进行泰勒展开至一次项得：

$$\psi_i(\theta)=\psi_i(\theta_0)+\left.\frac{\partial\psi_i}{\partial\theta}\right|_{\theta_0}\mathrm{d}\theta\quad(i=1,2,\cdots,n) \tag{2.292}$$

其中，$d\theta = [dV \quad dD \quad dx_0 \quad dy_0]^T$；$\left.\frac{\partial \psi_{x_i}}{\partial \theta}\right|_{\theta_0} = \left.\begin{bmatrix} \frac{\partial \psi_i}{\partial(\Delta V)} & \frac{\partial \psi_i}{\partial D} & \frac{\partial \psi_i}{\partial x_0} & \frac{\partial \psi_i}{\partial y_0} \end{bmatrix}\right|_{\theta_0}$

$$\frac{\partial \psi_i}{\partial(\Delta V)} = \frac{G\rho D}{(D^2 + r_i^2)^{3/2}} \tag{2.293}$$

$$\frac{\partial \psi_i}{\partial D} = \frac{G\rho D}{(D^2 + r_i^2)^{3/2}} - \frac{3G\rho D^2 \Delta V}{(D^2 + r_i^2)^{5/2}} \tag{2.294}$$

$$\frac{\partial \psi_i}{\partial x_0} = \frac{3G\rho D\Delta V(x_i - x_0)}{(D^2 + r_i^2)^{5/2}} \tag{2.295}$$

$$\frac{\partial \psi_i}{\partial y_0} = \frac{3G\rho D\Delta V(y_i - y_0)}{(D^2 + r_i^2)^{5/2}} \tag{2.296}$$

由式(2.291)和式(2.292)得[王乐洋，2011]：

$$\left.\begin{aligned} \Delta g_1 + e_1 &= \left.\frac{\partial \psi_i}{\partial(\Delta V)}\right|_{\theta_0} dV + \left.\frac{\partial \psi_1}{\partial D}\right|_{\theta_0} dD + \left.\frac{\partial \psi_1}{\partial x_0}\right|_{\theta_0} dx_0 + \left.\frac{\partial \varphi_1}{\partial y_0}\right|_{\theta_0} dy_0 + \psi_1(\theta_0) \\ &\vdots \qquad\qquad\qquad\qquad \vdots \\ \Delta g_n + e_n &= \left.\frac{\partial \psi_n}{\partial(\Delta V)}\right|_{\theta_0} dV + \left.\frac{\partial \psi_n}{\partial D}\right|_{\theta_0} dD + \left.\frac{\partial \psi_n}{\partial x_0}\right|_{\theta_0} dx_0 + \left.\frac{\partial \varphi_n}{\partial y_0}\right|_{\theta_0} dy_0 + \psi_n(\theta_0) \end{aligned}\right\} \tag{2.297}$$

写成矩阵形式有：

$$\begin{bmatrix} \Delta g_1 \\ \vdots \\ \Delta g_n \end{bmatrix} + \begin{bmatrix} e_1 \\ \vdots \\ e_n \end{bmatrix} = \left.\begin{bmatrix} \frac{\partial \psi_1}{\partial(\Delta V)} & \frac{\partial \psi_1}{\partial D} & \frac{\partial \psi_1}{\partial x_0} & \frac{\partial \psi_1}{\partial y_0} \\ \vdots & & & \vdots \\ \frac{\partial \psi_n}{\partial(\Delta V)} & \frac{\partial \psi_n}{\partial D} & \frac{\partial \psi_n}{\partial x_0} & \frac{\partial \psi_n}{\partial y_0} \end{bmatrix}\right|_{\theta_0} \begin{bmatrix} dV \\ dD \\ dx_0 \\ dy_0 \end{bmatrix} + \begin{bmatrix} \psi_1(\theta_0) \\ \vdots \\ \psi_n(\theta_0) \end{bmatrix} \tag{2.298}$$

◎ 参考文献：

[1]杨桂通．弹塑性力学引论．北京：清华大学出版社，2004
[2]杨桂通．弹性力学．北京：高等教育出版社，1998
[3]程尧舜．弹性力学基础．上海：同济大学出版社，2009
[4]徐芝纶．弹性力学 第三版(上册)．北京：高等教育出版社，1990
[5]杨桂通．弹性力学简明教程．北京：清华大学出版社，2006
[6]程昌钧，朱媛媛．弹性力学(修订版)．上海：上海大学出版社，2005
[7]钱伟长，叶开沅．弹性力学．北京：科学出版社，1956
[8]盖秉政．弹性力学(上册)．哈尔滨：哈尔滨工业大学出版社，2009
[9]刘雄．岩石流变学概论．北京：地质出版社，1994
[10]孙钧，王贵君．岩石流变力学．南京：河海大学出版社，2004
[11]袁龙蔚．流变力学．北京：科学出版社，1986
[12]王启宏等．材料流变学．北京：中国建筑工业出版社，1985

[13]范广勤．岩土工程流变力学．北京：煤炭工业出版社，1993
[14]谢和平，陈忠辉．岩石力学．北京：科学出版社，2004
[15]薛世峰，侯密山．工程断裂力学．东营：中国石油大学出版社，2012
[16]黄作宾．断裂力学基础．武汉：中国地质大学出版社，1991
[17]李贺，尹光志，许江，张文卫．岩石断裂力学．重庆：重庆大学出版社，1988
[18]孙文科，大久保修平．球体内点位错产生的球型位移场：Ⅰ．理论. 地球物理学报，1994 37(3)：298-310
[19]孙文科．地震位错理论. 北京：科学出版社，2012
[20]黄立人等，静力位错理论. 北京：地震出版社，1982
[21]黄建梁，李辉．点源位错引起的重力，位势及其梯度变化. 地震学报，1995，17(1)：72-80
[22]胡亚轩，王庆良，崔笃信，等．长白山火山区几何形变的联合反演. 大地测量与地球动力学，2004，24(4)：90-94
[23]胡亚轩，王庆良，崔笃信，等．Mogi 模型在长白山天池火山区的应用. 地震地质，2007，29(1)：144-151
[24]陈国浒，单新建，Wooil M M，等．基于 InSAR、GPS 形变场的长白山地区火山岩浆囊参数模拟研究[J]. 地球物理学报，2008，51(4)：1085-1092
[25]张永志，王庆良，朱桂芝．火山地区重力场变化的数值模拟．大地测量与地球动力学，2003，23(2)：69-72
[26]施行觉，胡亚轩，毛竹，等．断层模型在火山区形变和重力反演中的应用．大地测量与地球动力学，2004，24(3)：24-28
[27]施行觉，胡亚轩，毛竹，等．以垂直形变资料反演腾冲火山区岩浆活动性的初步研究．地震研究，2005，28(3)：256-261
[28]何平，时序 InSAR 的误差分析及应用研究. 博士学位论文，武汉大学，2014
[29]王乐洋，基于总体最小二乘的大地测量反演理论与应用研究. 博士学位论文，武汉大学，2011
[30]Alterman Z, Jarosch H, Pekris C L. Oscillation of the Earth. Proc. R. Soc. Lond., 1959, A252: 80-95
[31]Bifulco I, Raiconi G, Scarpa R. Computer algebra software for least squares and total least norm inversion of geophysical models. Computers & Geosciences, 2009, 35: 1427-1438
[32]Chinnery M A. The deformation of the ground around surface faults, Bull. Seism. Soc. Am, 1961, 51: 355-72
[33]Comninou M A, Dundurs J. The angular dislocation in a half-space. J. Elasticity, 1975, 5: 203-216
[34]Dahlen F A. The normal modes of a rotating, elliptical earth. Geophys. J. R. Astron. Soc., 1968, 16: 329-367
[35]Erdogan F, Sih G C. On the extension in plates under plane loading and transverse shear. J. Bag. Eng., 1963(12): 519-527

[36] Erickson L L. A three-dimensional dislocation program with applications to faulting in the earth, M. S. Thesis, Stanford, California: Stanford University, 1986

[37] Farrell W E. Deformati on of the earth by surface loads. Reviews of Geophysics and Space Physics, 1972, 10: 761-797

[38] Lawn B R, Wilshaw T R. Fracture of Brittle Solids. Cambridge: Cambridge University Press, 1975

[39] Longman I M. A Green's function for determining the deformation of the earth under surface mass loads. 1. Theory. J. Geophys. Res. , 1962, 67: 845-850

[40] Longman I M. A Green's function for determining the deformation of the earth under surface mass loads, 2. Computations and numerical results. J. Geophys. Res., 1963, 68: 485-495

[41] Melchior P. The tide of the planet earth. London: Pergamon Press, 1978.

[42] Jeyakumaran M, Rudnicki J W, Keer L M. Modeling slip zones with triangular dislocation elements. Bulletin of the Seismological Society of America, 1992, 82(5): 2 153-2 169

[43] Mansinha L, Smylie D E. The displacement fields of inclined faults. Bull. Seism. Soc. Am., 1971, 61: 1433-1440

[44] Okada Y. Surface deformation due to shear and tensile faults in a half-space. Bulletin of the seismological society of America, 1985, 75(4): 1135-1154

[45] Okubo S. Potential and gravity changes raised by point dislocations. Geophysical Journal International, 1991, 105(3): 573-586

[46] Okada Y. Internal deformation due to shear and tensile faults in a half-space. Bulletin of the Seismological Society of America, 1992, 82(2): 1018-1040

[47] Okubo S. Gravity and potential changes due to shear and tensile faults in a half-space. Journal of geophysical research, 1992, 97(B5): 7137-7144

[48] Sokolnikoff I S. Mathematical Theory of Elasticity, 2nd Ed: New York: McGraw-Hill, 1956: 336-337

[49] Saito M. Relationship between tidal and load love numbers. J. Phys. Earth, 1978, 26: 13-16

[50] Takeuchi H, Saito M. Seismic surface waves. Methods Comput. Phys., 1972, 11: 217-295

[51] Wong G K K. A dislocation method for solving three dimensional crack and inclusion problems, PH. D. Thesis, Stanford, California: Stanford University, 1985

[52] Wu M, Rudnicki J W, Kuo C H, Keer L M. Surface deformation and energy release rates for constant stress drop slip zones in an elastic half-space. J. Geophys. Res., 1991, 96: 16509-16524

[53] Yoffe E H. The angular dislocation. Phil. Mag., 1960, 5: 161-175

第3章　地球物理大地测量反演的地质构造基础

3.1　地球的圈层构造

地球本身和它周围的空间并不是一个均质体，在长达数十亿年的演化过程中，其组成物质形成了自身特有的大致呈同心圆状分布的圈层结构。根据物质组成及性质的不同，以地球表面为界，地球的圈层结构可以划分为地球的内部圈层和地球的外部圈层。而地球内、外圈层又可更进一步划分成几个次级圈层。所有这些圈层均有着自身独特的物质运动特征和物理、化学性质，并且对各种动力学作用有着不同程度的影响。

3.1.1　地球的内部圈层构造

目前，一般认为地球在46亿年前从太阳星云中分化出来时是一个接近均质的球体，其组成物质主要是碳、氧、镁、硅、铁、镍等元素。在地球逐渐收缩演化过程中，放射性元素所释放的能量在地球内部不断积累。同时，在物质向中心收缩过程中，又有位能向热能的转化。这样，使得地球内部的温度不断升高，物质可以出现塑性，在不停的自转过程中，由于重力等作用而发生分异，轻物质上浮而成为表层，重物质下沉而成为内层，地球从此逐渐形成了性质不同的各种圈层。现在的地球仍然继续演化着，有人认为地球内部温度仍在增高，随着温度的变化，物质将会进一步分异。当然，所有这些推测和设想都有待实际观测和必要的模拟实验来验证。

然而，地球具有一个坚硬的岩石外壳，所以我们对其内部状况能直接观测到的范围是十分有限的。目前人类所钻探的最深钻井(俄罗斯科拉 SG3 超深钻井)也仅有 13 km 深，这个深度不到地球半径的五百分之一。因此，对于地球内部结构及其物质状态的了解，只能靠间接的方法来进行分析和推测。目前，常用方法包括地震波观测、重力测量、地磁场测量、放射性测量等，这些方法相互补充、相互检校就能得出地球内部的较为可靠的认识。目前，对于地球内部的主要了解，主要是来自地震波观测资料。根据地震波传播速度的突然变化，表明地球内部是非均质的，从而推测出地球内部物质的结构变化(图 3.1 和表 3.1)。

在地球内部，地震波的传播速度是越往深处越大，但又不是等速增加的，而是达到某些深度时突然增大，达到某些深度后又突然降低(图 3.1)，这种发生波速突然变化的面叫做不连续面。在已发现的7个显著的不连续面中，最重要的不连续面有两个，分别是莫霍洛维奇面和古登堡面。其中莫霍洛维奇不连续面(莫霍面)是1909年由前南斯拉夫地震学家莫霍洛维奇(Mohorovieic，1857-1936)在研究克罗地亚境内的一组地震记录时发现的。莫霍面出现的深度在大陆之下平均为33 km，在大洋之下平均为7 km，整体平均深度为 17 km。而古登堡面则是1914年由美籍德国地球物理学家古登堡(Gutenberg，1889-1960)所发现。在此不连续面上下，地震波的传播速度有明显变化，其中纵波的速度明显下降，横波突然完全消失(图3.1)。该分界面位于地下约2 900km深度位置。以这两个分界面为界，地球内部圈层主要分为3个大圈层：地壳、地幔和地核(图3.2)。

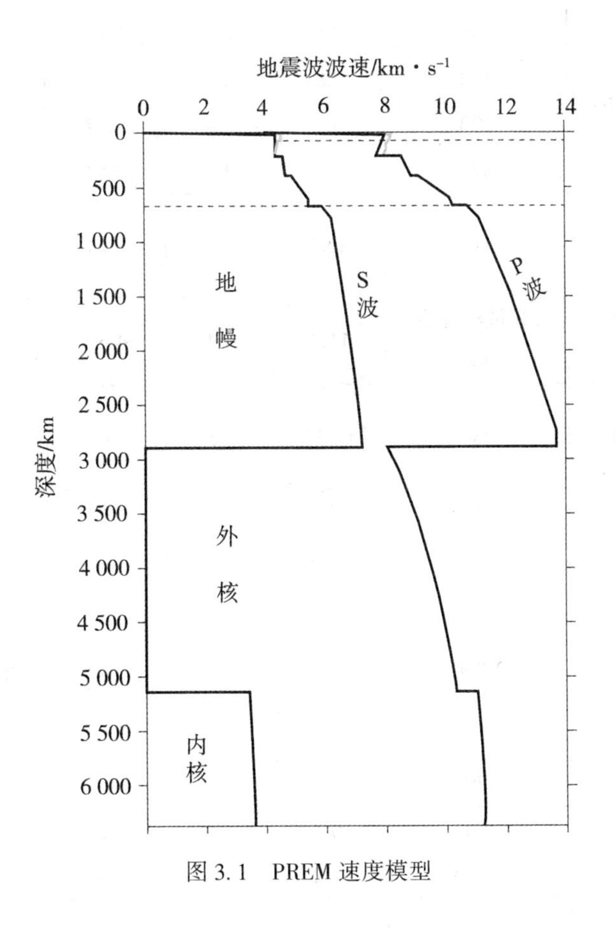

图3.1 PREM速度模型

1. 地壳

地壳是指地面以下、莫霍面以上的固态外壳。地壳的厚度在全球范围内是不均匀的。在大陆区域的平均厚度约为33 km，但变化非常大。例如世界屋脊——青藏高原下面的地壳厚度约为70 km，而在华北地区有些地方，还不到30 km。在海洋区域内，平均厚度大约为7 km，大西洋和印度洋部分厚度为10~15 km，而太平洋中央部分厚度则仅有5 km。

表 3.1　**地球内部圈层结构**[*]

内部圈层			深度/km	地震波波速/(km·s^{-1}) 纵波 V_P	横波 V_S	密度 ρ/(g·cm^{-3})	压力 P/MPa	物态
地壳			0					固态岩石圈
地壳			15-20	5.5	3.2	2.7		固态岩石圈
地壳				5.6	3.2			固态岩石圈
地壳		康拉德面	20	6.4	3.7	2.8		固态岩石圈
地壳		莫霍面	33	7.6	4.2	2.9	900	固态岩石圈
地幔	上地幔	莫霍面	33	8.1	4.6	3.32	900	塑性软流圈
地幔	上地幔	古登堡低速层(50~250 km)	80	7.8	4.5	3.37		塑性软流圈
地幔	上地幔	古登堡低速层(50~250 km)	150	7.9	4.4	3.42		塑性软流圈
地幔	上地幔	古登堡低速层(50~250 km)	190	8.1	4.4	3.47		塑性软流圈
地幔	上地幔	古登堡低速层(50~250 km)	270	8.4	4.6	3.53		塑性软流圈
地幔	上地幔	拜尔利面	413	8.97	5.0	3.64	14 000	塑性软流圈
地幔	上地幔	高里村高速层	720(最深地震) 900	11.3	6.3	4.60	27 000	固态
地幔	下地幔	雷波蒂面	984	11.42	6.3	4.64	38 200	固态
地幔	下地幔	古登堡面	1 800	12.5	6.8	5.13		固态
地幔	下地幔	古登堡面	2 700	13.6	7.3	5.60 5.66		固态
地幔	下地幔	古登堡面		13.64	7.3			固态
地幔	下地幔	古登堡面	2 900				136 800	固态
地核	外核	古登堡面	2 900	8.1	—	9.71	136 800	液态
地核	外核		4 703			11.7	318 000	液态
地核	过渡层		4 908	10.4	—	12.0		固液态
地核	过渡层		5 120	11.2	—	15.0		固液态
地核	过渡层		5 154			~16	330 000	固液态
地核	内核		5 200	9.6	—			固态
地核	内核		6 371	11.3	—	17.9	360 000	固态

* 数据引自中国地震局监测预报司：地震地质学，2007。

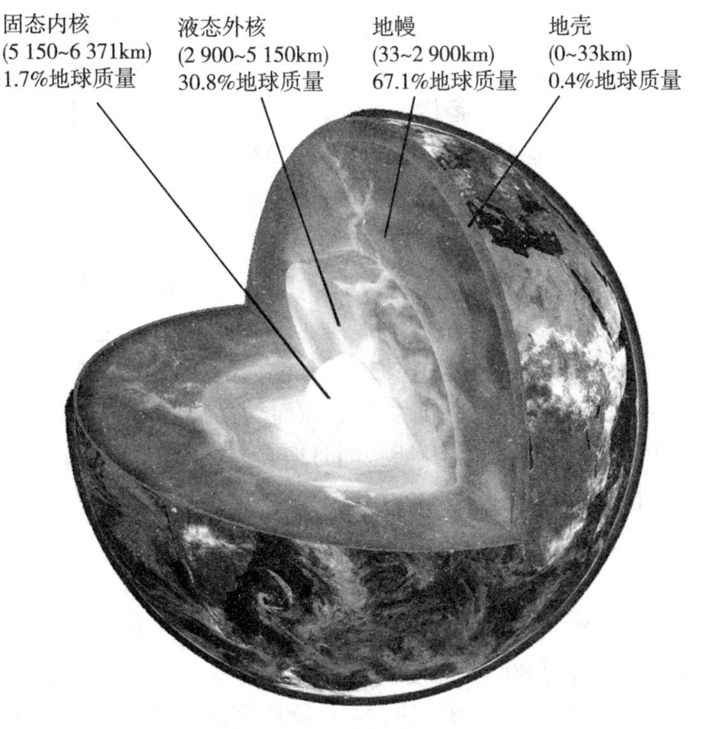

图 3.2 地球内部构造示意图

在大陆型地壳和大洋型地壳之间，还存在一类过渡型地壳——它们是岛弧和大陆边缘区的总称，一般厚度为 15~30 km，局部厚度可达到 80 km。

地壳内部有一个次一级的不连续面，称为康拉德面。它把地壳分为两层，上一层为硅铝层，主要由沉积岩和花岗类岩石组成。上地壳呈不连续分布，在大洋底缺失。下一层为硅镁层，主要由玄武质岩石组成。而下地壳呈连续分布，陆地和洋底均有分布。在地壳最表层，由于长期受到水和大气等因素的作用，形成了一层沉积层，其平均厚度约 1.8 km，但变化非常大，有的地区可厚达 10 km，有的地区缺失。

地壳厚度的差异和花岗岩层的不连续分布状态是地壳构造的主要特点。由于地壳物质在水平和垂直方向上的不均匀性，势必导致地壳经常进行物质的重新分配调整(即物质迁移)，这是引起地壳运动的因素之一。地壳同时受外力的改造与地壳运动和岩浆活动等内力作用，发生变形，形成了各种类型的褶皱和断裂、隆起和凹陷等各种构造变化。

莫霍面作为一个明显的速度分界面，对它的认识也是随着地球内部结构研究的不断深入而逐步完善起来。起初，莫霍面被认为是处处连续、横向均匀的，但是现在越来越多的地球物理探测结果显示莫霍面是横向不均匀的、间断的，甚至在海岭等地区是不明显的。并且，在构造活动活跃的一些造山带地区，莫霍面的形态不是一个单纯的速度分界面，而具有多层结构。莫霍面有一定的厚度，是一个速度梯度层。

2. 地幔

地幔是指位于莫霍面至古登堡面之间的地球圈层部分，厚度在2 800km以上，地幔的体积约占地球总体积的82%，质量约占地球总质量的67%，是地球的主体部分。由于地幔既能传播地震波的纵波，又能传播横波，通常认为它由固体物质组成。地幔的横向变化比较均匀，但是在纵向上，地震波显示在413 km和984 km深处各有一个次一级的不连续面存在，分别是拜尔利(Byerly)面和雷波蒂(Repetti)面，表明地幔物质具有一定的分异作用。目前，一般以雷波蒂面为界，把地幔分成上地幔和下地幔。

上地幔的顶部是固态的，平均P波速度为8.1 km/s，它与其上部的地壳一起构成岩石圈。在深度为50~250 km处，地震波的传播速度明显降低，这个区域就是古登堡软流层。该层可能有部分熔融，数量可达10%，具有很大的塑性或潜柔性，地质学家把它称之为软流层。软流层的深度、厚度和范围常随地而异，边界有起伏变化，有时呈渐变关系。一般认为，这里是岩浆的主要发源地，同时地壳运动、岩浆活动、火山活动等都可能与此层有关。岩石圈和软流圈是产生地质构造的主要源地，因此，人们又把这一层合称为构造圈。250~400 km深度的上地幔下部物质又变得致密、刚性，温度也回归正常增长范围。

地震波速度在下地幔的传播速度是缓慢增加，这意味着下地幔是一个物质成分比较均匀，相变不明显的区域。在2 800km深度的下地幔底部，压力高达13.7×10^{10}Pa，温度高达2 700℃。下地幔的平均密度为5.6 g/cm^3，其物质密度的变化主要是由于压力的增加，此外，铁含量的增加也是其中一个重要因素。

3. 地核

地核是指位于古登堡面至地心之间的地球圈层部分，厚约3 400km。地震波的传播速度在这一部分有一个明显的突变，即纵波(P波)由13.6 km/s下降到8.1 km/s。而横波(S波)在那个位置突然消失了(图3.1)。根据地震波在地核内的传播情况，地核可分为外核、过渡层和内核三个部分，其中外核处于液态或极为接近液态，过渡层也是液态，波速变化梯度小，而内核则是固态。

到目前为止，关于地核的化学成分和物理状态还是一个很有争议的话题。大多数人认为内核的主要物质是铁镍物质，与铁陨石的成分相当，这和地球磁性来源于地核相吻合。也有人认为地核应该是由铁与较轻元素所组成的合金构成，如80%铁与20%硅所组成的合金就具有接近于地核的性质。

经过近30年来穿透地核的地震波的研究，发现内核的对称轴比地球的旋转轴每年向东偏移1.0°，内核比壳幔自转速度每年快2~3°，这种现象称为内核超速旋转。一般认为，这种超速旋转可能是因为内核继承并保持了早期地球转速较快的结果。

3.1.2 地球的外部圈层构造

地球的外部圈层指自地球表面向上至地球大气的边界所围限的区域，自上往下分别是大气圈、水圈和生物圈，它们包围着地球，各自形成连续完整的圈层。与地球内部圈层不同，外部圈层可以通过直接测量的方式来进行研究。

1. 大气圈

大气圈是指因地球引力而聚集在地表表层周围的气体圈层，是地球最外部的一个圈层。大气圈没有确切的上界，在2 000~16 000km高空仍有稀薄的气体和基本粒子。在地下，土壤和某些岩石裂隙中也会有气体，但其深度一般不超过2 km。大气圈总质量约为5.3×10^{18} kg，不到地球总质量的百万分之一。由于地心引力作用，几乎全部的气体都集中在离地面100 km范围内，其中79%的大气又集中在地面以上18 km范围内。随着高度的增加，大气组成由分子状态往原子状态，再往离子状态存在。根据大气温度垂直变化特征，可以将大气圈进一步分为对流层、平流层、中间层、暖层和散逸层等(图3.3)。

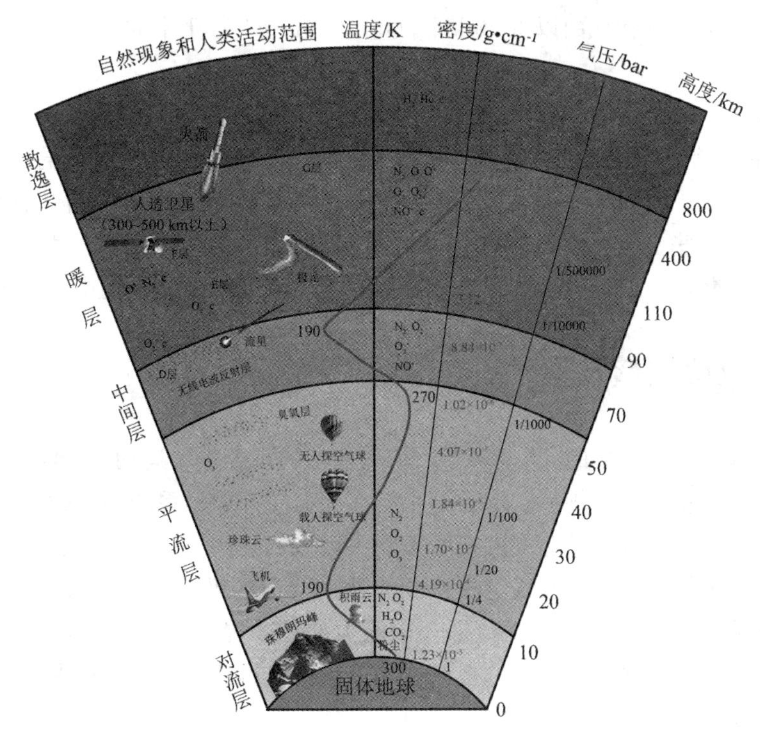

图3.3 大气圈结构示意图

大气圈是包围地球的气体圈层，它是气候系统和自然地理系统的重要组成部分。大气圈保护地面生物不受强烈的宇宙射线的伤害，而且大气中的许多气体是生物圈中动植物维持生命所不可或缺的。而大气中的氧和二氧化碳、大气的温度变化以及风雨等，直接作用于地表的岩石，对地表岩石的形成和破坏有较大的影响，对地表具有显著的地质作用。

2. 水圈

水圈是由水体(包括液态水和固态水)组成的地球表层，它的存在是地球与太阳系的其他行星的主要区别之一。地表最大的水体是海洋，占地表水总量的97.2%，属于咸水；另一部分散布在陆地上的河流、湖泊、冰层、土壤和岩石孔隙中，占2.8%，属于淡水，而在陆地水中，冰川大约占其总体积的77.4%；此外，在大气层和生物中也含有水分。

这些水包围着地球形成一个连续而不规则的圈层。水圈的厚度因地而异，厚度可达 11 km 以上，最高的山区地下水层可达 10 km，在沙漠地区可以薄到 1 km 以下。

水圈中的水，主要在太阳能和重力的作用下，不断地进行着循环，成为改变地貌的重要因素。陆地水绝大部分流入海洋，一部分陆地水和海洋水被蒸发进入大气圈，由大气环流带到各处，以雨、雪等形式返回地表。水圈的这种循环蕴含着巨大动力，不间断地对岩石圈、大气圈与生物圈产生着影响。

3. 生物圈

生物圈是指地球表面由生物(动物、植物和微生物)及生命活动的地带所构成的连续圈层，是所有生物及其生存环境的总称。生物生存的范围相当广泛，大部分集中在陆地表面和水圈上层。但是，在地面以上 10 km 的高空，在地下数千米的深处以及在深海海底都有生命的存在。

目前，在生物圈中生存的动物约有 110 多万种，植物约有 40 多万种，微生物至少有 10 多万种。生物圈中的生物和有机体总量约 11.4×10^{12} t，为地壳总质量的 $1/10^{5}$。生物的数量虽少，但是由于其在生命活动过程中，通过光合作用和呼吸作用等，使碳、氢、氧、氮等元素，以及一些金属元素钾、钠、硅、镁等产生复杂的化学循环，使得地壳的物质成分和结构状态不断地改变，直接或间接地在促成地壳演变的地质作用中起着重要的作用。

3.2　现今板块构造及运动

在板块构造理论出现后的 40 多年间，精确估计的现今板块运动被广泛地应用于地质、地球物理和大地测量等研究领域。随着越来越多的有关洋中脊系统的船载、航空和卫星测量手段的出现，使得板块运动速度的精度得到了极大的提高，从而可以更好地确定现今板块运动模型、探测慢形变区以及确定板块刚体运动假设的极限所在。从 1990 年代早期至今，随着 GPS 和其他大地测量技术数据获取能力的稳步提升，使得可以对基于大地测量技术手段和地球物理数据分别给出的板块运动进行深入得比较分析，从中发现现今板块运动的变化，以及探测造成这些变化的驱动力。

DeMets 等(2010)利用长达 20 多年的观测资料，采用1 696个海底扩张速度、163 个断层方向、56 个地震滑动方向、498 个 GPS 观测向量和 25 个板块划分(占地球表面积的 97%)，给出了新一代板块运动模型——MORVEL(Mid-Ocean Ridge VELocity)模型。MORVEL 模型是基于现今最精确的板块划分，并利用众多地面和空间观测数据，其分辨率和精度达到了极高的水平。本节主要以 MORVEL 板块运动模型来介绍现今全球板块构造及运动。

3.2.1　现今全球板块构造

在早期的最为全面的全球板块构造模型中，Bird(2003)划分出了 14 个大板块和 38 个小板块，从最大的太平洋板块(占地球表面积的 20.5%)到马努斯微板块(占地球表面积约 0.016%)。而 MORVEL 模型则将整个地壳划分为 25 个构造板块(图 3.4)，这里包括了

Bird 模型中的 14 个大板块(占地球表面积的 95.1%)，以及 9 个次级大板块中的 7 个(占地球表面积的 2%)。因此，除了分割这 25 个板块的扩散变形区外，MORVEL 模型涵盖了地球表面的 97%。

相比于 NUVEL-1 和 NUVEL-1A 模型，MORVEL 包括的板块数量是它们的两倍，并且覆盖面积也比前两者大得多(97%之于 92.4%)。此外，有些板块还采用了不同的几何结构。MORVEL 与 NUVEL-1 之间的重要差别之一是 MORVEL 用努比亚(Nubia)、卢万德勒(Lwandle)和索马里(Somalia)板块代替了 NUVEL-1 中的非洲板块。

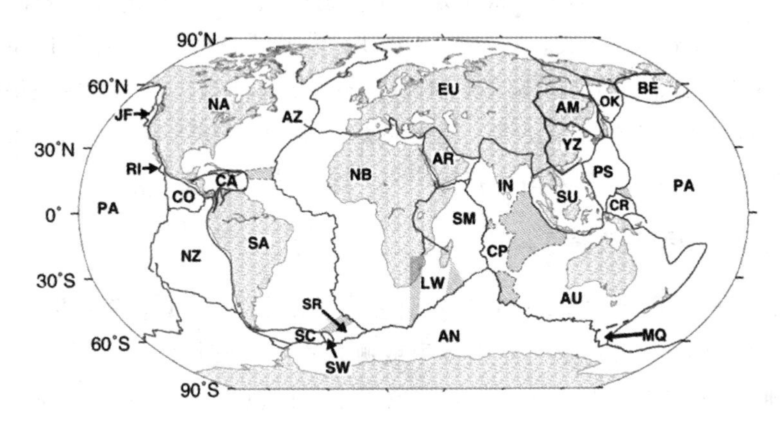

图 3.4　全球板块构造分布图(引自 DeMets 等，2010)

NUVEL-1A 模型中的澳洲板块在 MORVEL 中被划分成卡普里康(Capricorn)、澳洲(Australia)和麦考瑞(Macquarie)3 个板块。已有研究表明，麦考瑞的存在对于来自中印度洋脊，西南印度洋脊和东南印度洋脊的 C5n.1o(11 Ma)的重构具有重要作用。一个基于古地磁(1.03 Ma)的东南印度洋脊扩张速度的分析证明了卡普里康的存在，并且指出澳大利亚和卡普里康的形变限制在东南印度洋脊北部的一个宽约1 200km的区域内。

DeMets 等最早在 1988 年确定了位于麦考瑞洋脊组和东南印度洋脊间板内地震活动扩散区的塔斯马尼亚(Tasmania)南部的麦考瑞微板块的存在，并发现来自定义该微板块西边界的东南印度洋脊转换断层的地震滑动方向与预期的澳大利亚-南极的运动方向有着约 5°逆时针的偏差。然而，NUVEL-1 所采用的数据不足估计这个微型板块的运动。最近，来自印度洋脊东南部的破碎带流径线和海底磁异常交叉数据表明麦考瑞块体已经存在了 6 Ma，并且和塔斯曼(Tasman)破碎带有着共同的西边界。综上所述，麦考瑞块体被包含在 MORVEL 模型中。

同时，MORVEL 模型还将曾经在 NUVEL 中讨论过但最终被忽略的 9 个板块也加了进来。在南大西洋，主要包含有斯科舍(Scoti)和桑德威奇(Sandwich)板块。另外，还加入了一个位于南桑德威奇俯冲区的名为苏尔(Sur)的新微型板块。在大西洋盆地北部更远的位置，还有一个亚速尔(Azores)微板块，但是由于数据稀疏的原因并没有估计其运动参数。

在太平洋盆地东部，MORVEL 模型包括了俯冲于北美西部的里韦拉(Rivera)和胡安德富卡(Juan de Fuca)板块，但是去除了下加州(Baja California)条状板块。沿太平洋盆地西部边缘和东南亚，由于很少或没有可靠的地质尺度时间的常规板块运动数据来估计板块运动速度，MOVEL 模型使用 GPS 台站速度来估算阿穆尔(Amur，即黑龙江)、菲律宾海(Philippine Sea)、巽他(Sundaland)和扬子(Yangtze)板块等的运动速度。

MORVEL 模型去除的板块包括有以前假定的白令(Bering)、鄂霍次克(Okhotsk)、华北(North China)板块，以及非洲的维多利亚(Victoria)或鲁伍马(Rovuma)微板块。MORVEL 模型中去除的最大的大洋板块是位于赤道西太平洋，接近菲律宾海板块南部位置的神秘卡罗琳(Caroline)板块。同时，MORVEL 模型还忽略了复活节(Easter)、胡安费尔南德兹(Juan Fernandez)和加拉帕戈斯(Galapagos)等海洋微板块，这些板块的几何结构和边界在过去百万年间变化非常迅速，应当用更加时变的方式来加于描述。此外，还忽略了很多后弧扩张与潜没区的地壳前弧裂片和微小板块等。

3.2.2　MORVEL 模型的数据源

MORVEL 模型采用了比 NUVEL-1 模型多许多的数据，其中海底扩张速度几乎是 NUVEL-1 的 6 倍(1696：277)，来自多波束或侧扫声呐的转换断层几乎是 NUVEL-1 的 5 倍。在用来确定 MORVEL 的 2203 个运动学数据中，仅包含有 15 个转换断层方位角，它们之前被用来确定 NUVEL-1 和 NUVEL-1A 模型。

1. *磁场和测深数据*

MORVEL 模型采用的磁场和测深数据来源广泛，其中包括有数百个自 2007 年 1 月起存放在美国国家地球物理数据中心(NGDC)的船磁和航磁存档数据集。此外，还采用了来自美国海军研究实验室，拉蒙特-多尔蒂地球观测站以及来自加拿大、法国、英国、印度、意大利、日本、荷兰、俄罗斯和日本等地研究结构的野外考察和存档数据。MORVEL 中所采用的海底扩张速度大约有 45%来源于美国本土之外。相比之前的 NUVEL-1 模型，现有数据在洋中脊的覆盖率得到了极大的改善。具体来说，在有密集观测的欧亚-北美板块边界区域，数据量提高了将近 20 倍；而在仅有稀疏观测的美洲-南极洋脊，数据量也提高了 25%。(磁场剖面的具体数据请参见 http：//www. geology. wisc. edu/~chuck/MORVEL。)

在 20 世纪 80 年代 NUVEL-1 模型构建时，很多海洋转换断层没有进行观测或只有零星的观测；而在 MORVEL 构建时，则采用了高分辨率多波束或侧扫声呐系统对这些断层进行测量。此外，MORVEL 还从相关文献、同事间未发表成果以及海洋地球科学数据系统的多波束格网和共轨多波束条带数据中提取了 133 个转换断层，它们不完全来自多波束或侧扫声呐。与之相比，NUVEL-1 只有 25 个转换断层数据是来自多波束或者侧扫声呐。

MORVEL 还使用了 2007 年年中基于传统单声呐调查给出的 10 个断层方位角。此外，还从 Smith 和 Sandwell 的 1 分分辨率的海洋重力格网中估计了 12 个其他的长偏移转换断层。由于卫星测高技术缺乏足够的分辨率来定位转换断层带或主要的转换形变区；因此，MORVEL 仅在赤道和南大西洋海洋盆地采用测高数据来确定转换断层。

2. 地震数据

在 MORVEL 所采用的 2203 个数据中，仅有 56 个地震滑移方向，占数据总量的 2%。这些方向可以给那些只有较弱约束的板块角速度的运动方向给予一个额外约束。而在 NUVEL-1 中，采用了 724 个地震滑移方向(占数据量的 65%)，这些数据用于估计位于所有大板块边缘的板块的运动方向。

已有研究表明，地震滑移方向会给板块运动方向的估计造成偏差。斜俯冲几乎总是部分或者完全分解成与海沟平行和与海沟正交的分量，这形成了上地壳前弧裂片的平动和转动以及正交或近正交的俯冲。当这种分解发生时，相比于俯冲和其主覆盖层的运动方向，浅源俯冲地震的滑移方向将系统性的偏向于垂直海沟方向。而在发生后弧蔓延的区域，如西太平洋盆地，浅源俯冲地震也可能对俯冲板块相对其主覆盖层运动方向给出错误估计。因此，MOVEL 模型中只采用了很少的地震滑移方向数据。

此外，现有研究还表明发生在沿海洋转换断层上的走滑地震的滑移方向和转换断层峡谷的走滑断层的方位角之间有着系统差异。这个差异与沿转换断层的滑移是右旋还是左旋相关，而发生这种差异的原因目前还不是很明晰，似乎可以通过去除板块运动方向的最新变化来解释。

3. GPS 数据

MORVEL 模型中采用 144 个连续和会战式 GPS 台站观测值来估计阿穆尔、加勒比(Caribbean)、菲律宾海、斯科舍、巽他和扬子板块等的运动。除了加勒比和斯科舍板块之外，其他的板块还有来自洋中脊数据的约束。这 144 个 GPS 台站都是有着 2 到 3 年以上观测历史的台站，并且从 GPS 观测时间序列中扣除了季节性变化或长周期噪音。而有着异常历史的测站被扣除在外，比如位于活动断裂带上的测站。

MORVEL 模型一共使用来自澳洲、北美和太平洋板块的 498 个测站速度来连接上述板块与 MOREVL 板块环(图 3.5)。在估计 MORVEL 模型时，这 498 个数据并没有直接用来估计板块运动，它们仅为估计阿穆尔、加勒比、菲律宾海、斯科舍、巽他和扬子板块运动的 144 个 GPS 台站建立一个以板块为中心的参考框架。

MORVEL 模型所采用的原始 GPS 数据大部分来自公开资源，包括 SOPAC，美国国家大地测量 CORS 和 UNAVCO 的数据备份中心。西太平洋所选的一些台站数据主要来自澳大利亚地球科学中心，日本地理调查中心和日本测量员协会，以及很少一部分台站来自单独观测数据。

3.2.3　MORVEL 模型的数据处理

在构建 MOVEL 模型时，数据将经过 4 个步骤的处理。第一步包括从磁场数据中获取扩张速率并对逆转边界的径向外移进行改正；从测深数据中估计转换断层方位角；从公开发表的地震震源机制解中估计滑移方向以及从 GPS 观测时间序列中获取 GPS 站速度并转换到板块中心参考框架下。在第二步中，对沿单个板块边界或单个板块的板块运动进行检验，确定最佳的角速度模型以及对单个板块组和所有板块进行数据的相互检验。第三步，通过多板块边界的数据检验板块环是否闭合。最后一步，对所有数据同时进行反演，确定

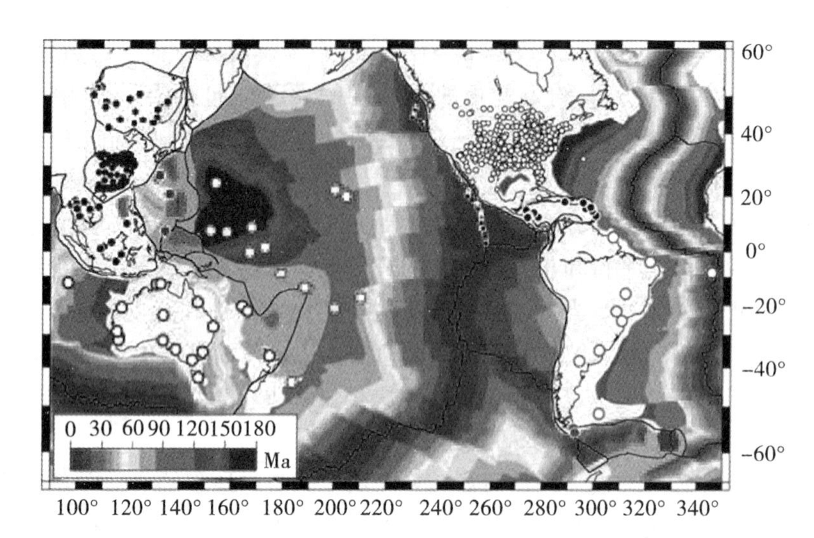

图 3.5　MORVEL 模型中所用 GPS 数据的点位分布图(引自 DeMets 等，2010)

一个最小二乘意义下的角速度模型，该模型需要通过全球板块环的一致性检验。在经过以上 4 个步骤的处理后可以给出一个基于所有数据的闭合最优角速度模型(除共享边界的板块组外)。

1. *海底扩张速率*

在 1 696 个用来确定 MORVEL 模型的扩张速率中，有 1 607 个(95%)是通过对数字海洋磁场数据的观测和合成磁场剖面的自动互相关来确定。而剩余 89 个(5%)扩张速率是通过观测和合成磁场剖面的视觉互相关来确定。MORVEL 采用的互相关技术是基于最小二乘拟合准则来实现的，其精度高于视觉互相关。

在新生洋壳，有着多种地球物理现象，它们会拓宽磁异常转换区域，包括新火山岩浆喷发到相邻的老地壳上，相邻的老地壳侵入到岩脉，位于地壳底部磁化辉长岩的积累以及下地壳和上地幔的压热剩磁等。这些现象会优先影响与扩张轴相邻的更老地壳，它们使得磁极过渡区的中点向扩张轴外移。即两个相同年代的磁性线间的距离比与它们共生的海底之间的距离大。这个径向外移导致基于磁极区中点估计的扩张速率要比真实值大，因此需要进行改正。

基于前人的研究成果，MORVEL 模型假设在除嘉士伯(Carlsberg)和雷克雅未克(Reykjanes)洋脊外的其他地区，径向外移为 2 km；而在这两个地区，径向外移分别为 3.5 km 和 5 km。据此作出的速度修正如下，自 1n(0.78 Ma)以来发生的平均运动速度减小约 2.56 mm/a，自 2A(2.58~3.60Ma)来的平均运动速度减小约 0.63 mm/a。而在嘉士伯和雷克雅未克洋脊，相应的改正分别是约 1.1mm/a 和约 1.6 mm/a。

扩张速率不确定度的确定分为两步。首先，根据多种因素对每个磁剖面分配一个从低、中到高的质量排名，这些因素主要包括剖面相对于洋脊垂直方向的倾角，异常序列和异常强度与其对应合成磁场剖面的符合程度，剖面导航的质量和磁场强度测量之间的距离

(通常是50~100m，但是一些老的船测数据偶尔会超过几km)。对从这些剖面得到的速率按照高、中、低的质量排名来给定初始的不确定度，分别是±1、±1.5和±2 mm/a。然后据此给出单一板块组的速率不确定度，这里需要注意的是在确定初始不确定度时候需要乘以一个乘量因子使得后验方差等于1。

2. 基于转换断层方位角的板块运动方向

对于所有采用单波束、多波束或侧扫声呐进行观测的转换断层，MORVEL模型估计了那些存在现今走滑运动的最窄成像构造地貌单元的方位角。这些典型单元包括有转换断层区(TFZ)，即所有那些存在活动走滑断裂运动的区域。对于TFZ不能确定的转换断层，则估计了转换构造区(TTZ，即同时存在活动和不活跃走滑运动的区域)的方位角。

举个例子，在沿中印度洋脊的韦玛(Vema)转换断层谷的TFZ就很容易识别出单独的走滑断层，它们的可定位长度达160 km。在这里，宽为1~2km的TFZ内的多个断层线偏移了韦玛转换谷的年轻侵入。作为转换谷特征的这些断层线似乎伴随有活跃的走滑运动，据此可以高精度的测量出索马里和卡普里康板块的局部运动方向。

成像构造单元的转换断层方位角精度和宽度(W)、最窄位置的观测长度(L)之间的关系为：

$$\sigma = \frac{\tan^{-1}(W/L)}{\sqrt{3}} \tag{3.1}$$

在大多数情况下，TFZ在距洋脊-转换断层交点约10km的位置开始朝脊轴方向内弯，这种情况下可以很好地确定断层方位角和降低对应的L。而对于转换断层区或转换构造区的宽度W，它通常在数km的范围内变换，这主要是看如何对观测数据进行解释。最后，对来自不同合作者的转换断层方位角的精度经过一个尺度变换(实际计算时比例因子取0.6)得到了转换断层方位角的残差中误差(rms misfit)，这样它就能真实地反映观测数据的离散程度。

在断层方位角的估计过程中，如果有最高分辨率(通常是200 m)的测深格网的话就用测深格网，否则就使用最高质量的地图。其中有8个转换断层，只有低分辨率的卫星测高观测，它们用来估计方位角的转换断层谷的宽度W被假定为8 km或更大的数值。

3. GPS台站速度场

MORVEL模型中所采用的大部分GPS台站速度场都是在威斯康星大学麦迪逊分校(UW-Madison)采用美国喷气实验室(JPL)的GIPSY软件对GPS的伪码-相位观测值进行处理后得到的。其中，采用精密单点定位(PPP)技术和JPL提供的精密卫星轨道和钟差来获取1993—2008年9月间的单日GPS台站坐标。通过JPL提供的单日七参数Helrmert变换将单日无基准解转换到ITRF2000和ITRF2005坐标参考框架下。

采用区域尺度的噪声叠加技术来估计和消除测站间的单日和长期空间相关噪声。在去除公共模噪声后的GPS时间序列中，其单日站坐标北方向，东方向和垂直方向的重复度分别降至1~3，2~4和6~10mm，比未经改正的单日站坐标的重复度小10%~40%。公共模改正也有效得削弱了GPS时间序列中的长周期噪声，幅度达50%~70%。

MORVEL 模型中，还有一些 GPS 数据来自其他研究人员的成果，他们使用 GAMIT 和 GIPSY 软件来进行数据处理。对手头数据的不同软件处理结果的分析表明两者之间在不确定度(大多数情况下为 ±0.5 mm/a)内没有差别。

与之前的大多数研究一样，MORVEL 模型也将地球质心定义为大地测量框架下的板块运动的原点。基于 4 种不同大地测量手段给出的速度场的水平分量显示地球质心与 ITRF2005 的几何中心在 X，Y 和 Z 方向的变化分别为 0.3，0.0 和 1.2 mm/a。同样的，GPS 速度场的 ITRF2000 框架在 X，Y 和 Z 方向的变化分别为-0.1，0.1 和-0.6 mm/a。对 GPS 台站 ITRF2005 框架下速度场按照这个数值进行转换后就可以得到相同质心参考框架下 ITRF2005 的 GPS 台站改正速度场。

为了减少 GPS 台站速度对所有那些在一个或多个边界上具有扩张速率和转换断层方位角观测的板块角速度估计的影响，MORVEL 采用两步处理的方式来估计有 GPS 台站覆盖的板块角速度。在第一步，将 GPS 站速度的原始参考框架从 ITRF2000 或 ITRF2005 变换到板块中心下。然后，对板块中心的 GPS 速度和其他 MORVEL 运动学数据进行反演估计出强制闭合的 MORVEL 角速度。最终可以在地质时间尺度上描述大板块和大部分小板块的板块运动。

例如，对于位于阿穆尔、巽他和扬子板块上的 GPS 台站，MORVEL 将其参考框架从 ITRF2000 变换到澳洲板块(图 3.4)。而对于加勒比和菲律宾海板块，则将其参考框架从 ITRF2005 变换到北美和太平洋板块。基于 GPS 台站的分布、质量及自身与上述 5 个板块之间的位置关系，MORVEL 选取澳大利亚、北美和太平洋板块作为大地参考板块。使用基于参考板块上的 GPS 台站速率的最佳拟合角速度，MORVEL 将阿穆尔、加勒比、菲律宾海，巽他和扬子板块上的站速度变换到各自的板块中心参考框架上，然后再估计其板块运动角速度。

4. 板块运动角速度

MORVEL 模型采用 DeMets 等(1990)给出的函数来拟合扩张速率和板块运动模型，以及采用 Ward(1990)给出的函数来拟合 GPS 速度场，据此得到的角速度模型见表 3.2。对于给定 P 个板块上的 N 个观测值，可以给出最小二乘意义下满足板块环闭合的 $P-1$ 个角速度。如果假定的板块几何结构恰当，板块没有变形，数据没有偏差以及假定的数据不确定度恰当及不相关，那么对于足够大的 N，简化卡方 χ_v^2 [即$\chi^2/(N-3P)$] 应该接近 1。角速度的形式不确定度可以通过一个 $3(P-1)\times 3(P-1)$ 的协方差矩阵将数据的误差线性传播过来。

这个形式协方差没有考虑影响数据的任何不相关误差，它是参数不确定度的一个最小估值。相关误差之一是径向外移平均改正的可能偏差，其整体中误差为 0.3 km，但是在个别板块边界有约 1km 的变化。如果以 ±1 km 作为径向外移的中误差，那么对于 0.78 Ma 平均扩张速率来说，其相关误差为 ±1.3 mm/a；对 3.16 Ma 平均扩张速率而言，则有 ±0.32 mm/a 偏差。这些都超过了相对板块速率的±(0.1~0.3) mm/a 形式误差。因此，在 MORVEL 模型中，将这额外不确定度加入到最佳拟合的角速度协方差中，可以给出更为真实的角速度不确定度。

表 3.2 **MORVEL 模型给出的角速度**

板块组	纬度 /(°)	经度 /(°)	角速度率 /(°/Ma)	板块组	纬度 /(°)	经度 /(°)	角速度率 /(°/Ma)
AU-AN	11.3	41.8	0.633	CO-PA	37.4	−109.4	2.005
CP-AN	17.2	32.8	0.580	JF-PA	−0.6	37.8	0.625
LW-AN	−1.2	−33.6	0.133	NZ-PA	52.7	−88.6	1.326
NB-AN	−6.2	−34.3	0.158	RI-PA	25.7	−104.8	4.966
NZ-AN	33.1	−96.3	0.477	NB-SA	60.9	−39.0	0.295
PA-AN	−65.1	99.8	0.870	SW-SC	−32.0	−32.2	1.316
SM-AN	11.2	−56.7	0.140	AR-SM	22.7	26.5	0.429
EU-NA	61.8	139.6	0.210	CP-SM	16.9	45.8	0.570
NB-NA	79.2	40.2	0.233	IN-SM	22.7	30.6	0.408
AR-NB	30.9	23.6	0.403	AN-SR	85.7	−139.3	0.317
CO-NZ	1.6	−143.5	0.636	NB-SR	70.6	−60.9	0.346

数据引自 DeMets 等，2010。

3.2.4 现今全球板块运动

1. 北极和大西洋盆地

(1)欧亚-北美板块运动

MORVEL 模型采用 453 个转换断层速率和 5 个转换断层方位角来估计欧亚-北美板块运动，其转换断层速率从沿加科尔(Gakkel)洋脊的 11～12 mm/a 增加到亚速尔北部三联节点的 23 mm/a。由于众多数据的约束，这组板块运动得到了很好的确定，板块运动在边界位置的形式误差仅为 ±0.1 mm/a，旋转轴位置的最大不确定度为 ±0.5°。

(2)亚速尔微板块

在亚速尔三联节点，中大西洋洋脊扩张速率并没有像欧亚、北美和努比亚板块的离散三联节点那样发生剧烈的变化；相反的，它是从 40°N 的 22.9±0.1 mm/a 逐渐变化到38°N 的 19.8±0.2 mm/a。这些渐变的转换速率与亚速尔微板块的西边界相吻合，并为其存在提供了第一手运动学证据。而在这之前，其存在的证据主要来自海底地貌和地震活动。

很多中大西洋洋脊扩张速率可以用来定位与大西洋洋脊相交的亚速尔微型板块的北部和南部边界。北部边界似乎与脊轴相交于 39.4°N～40.0°N。南部微型板块的边界似乎与洋脊相交于 38.5°N～38.2°N。

18 个位于亚速尔微板块西边界(～38.5°N～39.5°N)的扩张速率可以用来估计跨欧亚和努比亚边界的微板块的运动。在 39°N，沿边界的中间位置，平均扩张速率为 20.8±1 mm/a，它比根据欧亚-北美板块最佳拟合角速度给出的扩张速率低 2 mm/a，而比估计的努比亚-北美板块拉张速率高 1.5 mm/a。如果亚速尔-北美板块在这个位置的运动方向正好介于欧亚-北美板块和努比亚-北美板块运动方向的中间，那么将有 2 mm/a 的 NE 至 SW 斜向发散分布在位于亚速尔微板块和欧亚板块之间的特塞拉(Terceira)裂谷。

(3)从亚速尔到直布罗陀的努比亚-欧亚板块运动

沿努比亚-欧亚板块边界的变形从亚速尔三联节点附近的 ENE-WSW 扩张，到沿凯莱(Gloria)断层的右旋走滑，再到凯莱断层东段的斜汇聚。对该组板块角速度的唯一直接约束是来自凯莱断层的 3 个方位角，它们在 MORVEL 反演中仅占 0.87，仅为确定努比亚-欧亚-北美板块环提供了 15%(0.87/6)的信息。不过，MORVEL 的努比亚-欧亚板块角速度与凯莱断层方位角吻合的很好，不确定度仅为几度；并且努比亚-欧亚-北美板块环是闭合环。

MORVEL 和 NUVEL-1A 给出的努比亚-欧亚板块的角速度在位置上仅相差 0.6°，并且两者预测的运动速率(4±0.2 mm/a)在沿板块边界的任何位置也仅相差几分之一个 mm/a。例如，沿着精测绘的凯莱断层，两者之间给出的速度只差 0.1mm/a 和 1.0°，完全落在了误差范围内。

(4)北美和南美板块的边界

MORVEL 中有许多来自中大西洋洋脊的扩张速率和转换断层方位角，这使得可以以比以前更高的分辨率来研究北美和南美板块的边界位置和相对运动。之前的证据主要是在洋脊附近 12°N 和 16°N 位置的两个板块的相对运动，包括纵跨研究者(Researcher)洋脊、研究者槽和皇家(Royal)槽的扩张的形态学证据，13°N 和 16°N 间中大西洋洋脊西部升高的地震活动和正断层地震，12.65°N 和 15.2°N 间中大西洋洋脊西部约 70 km 的异常离轴地震活动以及转换断层方位角模式。MORVEL 扩张速率和转换断层方位角认为板块边界与洋脊在该区域相交。

来自洋脊各段的扩张速率表明在十五-二十(Fifteen-Twenty)转换断层位置存在一个先前没有发现的不连续性，该断层南部的速率比北部低 2 mm/a。这与预期的努比亚-北美至努比亚-南美的海底渐变扩张发生在十五-二十断层相吻合。速率的变化意味着有约2mm/a的左旋滑动必须发生在十五-二十断裂带以西的脊轴上，即北美和南美板块在这个位置的相对运动不是单纯的 N-S 扩张。

(5)努比亚-北美板块运动

MORVEL 采用 161 个扩张速率和 4 个转换断层方位角来估计介于十五-二十断层和亚速尔微板块的努比亚-北美板块的运动。扩张速率从 38.5°N 的 19.5 mm/a 增加到十五-二十转换断层的 25 mm/a，残差中误差为 1.0 mm/a。

该组板块的最佳估计运动速率和方向与 MORVEL 角速度相互之间的吻合度分别是几分之一个 mm/a 和 0.5°。NUVEL-1A 角速度比 MORVEL 的估值系统性的高 0.3~0.5mm/a，部分原因是径向外移校准，不同模型的板块闭合环和海底扩张速率等。

(6)努比亚-南美板块运动

99 个扩张速率记录了努比亚-南美板块运动，它们从十五-二十转换断层的 24 mm/a 增加到 26°S 的 33 mm/a。许多扩张速率的中误差为 0.7 mm/a，与其他的慢扩张边界一样。这组板块的 27 个转换断层方位角中误差是 1.4°。假设沿板块边界的平均扩张速率为 30 mm/a，转换断层方位角 1.4°的角度误差在几何上相当于与洋脊平行的 0.7 mm/a 中误差，与该板块边界的扩张速率中误差相当。

MORVEL 和最佳拟合的努比亚-南美板块运动几乎一致，两个角速度的大小和方向分别仅差 0.01 mm/a 和 0.1°。NUVEL-1A 的努比亚-南美板块运动旋转轴超出了 MORVEL 旋转轴的 95%置信区间，并且其扩张速率比 MORVEL 大 1.5～2 mm/a。这个差异，部分(40%～50%)归因于径向外移改正；其余则与现有数据数量的提高和速率估计中所采用的自动互相关技术有关。

(7)北美和南美板块间的运动

MORVEL 给出的相对于南美板块的北美旋转轴位于(10°S，57°W)，据此估计的中大西洋洋脊附近的 NNW 至 NW 向运动为 3±0.3 mm/a，而西边更远位置的西向运动为 2～3 mm/a。

所有之前估计的北美和南美旋转轴的位置均在 MORVEL 模型北部几百 km 的位置，包括 NUVEL-1A 的 0～3Ma 轴，一个长期轴和一个 0～10Ma 轴。所有这 4 个轴均认为洋脊附近的运动是 N-S 方向。MORVEL 轴与先前轴的差别在于 MORVEL 轴是一个稳健的轴，可以允许更宽的北美-南美板块边界。对于许多新的来自中大西洋洋脊的数据来说，没有一个先前的轴能够成功发现跨十五-二十转换断层的约 2 mm/a 的差别。

(8)南极洲-苏尔板块运动

一个 NE-SW 走向的地震区连接了 48°S 附近的中大西洋洋脊和南桑德威奇俯冲区的东北角，表明这个扩散地震带南部的岩石圈可作为一个独立板块运动。统计假设检验表明该微型板块确实存在。

MORVEL 中把这个块体看成苏尔微板块(翻译成西班牙语就是“南部”微板块)。只有很少的数据能够用来估计这个板块的运动，包括位于 47°S 至布维(Bouvet)三联节点的中大西洋洋脊的 27 个速率和方位角及美洲-大西洋洋脊的 10 个速度和方位角数据。这些数据仅能松弛约束苏尔-南美板块运动的旋转轴，其 95%的置信椭圆包括了半球的大部分。

来自美洲-南极洋脊的稀疏数据给出的角速度表明沿板块边界有着 18±1 mm/a 的近东西向运动。在美洲-南极洋脊的西端，320 km 长的南桑德威奇转换断层的方位角和来自沿该断层的两个经过 6°～7°顺时针旋转后最大走滑地震的滑动方向被用来最佳拟合南极-苏尔板块的角速度。

最佳拟合的南极-苏尔板块角速度给出的沿美洲-南极洋脊的扩张速率比强制闭合 MORVEL 角速度给出的速率和方向分别高 2 mm/a 和 1～2°(逆时针)。这个差异是由于努比亚-南极-苏尔板块环路的非闭合所造成的。NUVEL-1A 的南极-南美旋转轴和 MORVEL 南极-苏尔角速度也显著不同，并且其所给出的运动方向也不能很好拟合精确测定的布拉德(Bullard)和康拉德(Conrad)转换断层方位角。而且无论是否强制闭合，角速度都不能很好地拟合这些数据。

2. 斯科舍海

沿斯科舍-南极板块边界，MORVEL 显示该处存在着左旋走滑和较小的拉张分量。MORVEL 关于这组板块的角速度表明沿板块边界的运动速率为 6～7mm/a。来自南桑德威奇俯冲区的平均地震滑动方向与 MORVEL 模型给出的苏尔-桑德威奇板块角速度之间吻合良好。这个角速度表明在沿俯冲区的(57.5°S，25.0°W)存在 72.6±2.2 mm/a 大小的汇聚速度。

MORVEL模型中斯科舍-南美板块速度与其他包含在斯科舍-桑德威奇板块环中的板块组有较大不同。MORVEL认为板块速率从北斯科舍洋脊西端的9.6±1.4 mm/a逐渐减少到东部(35°W)的8.9±1.2 mm/a，这比位于斯科舍板块上的3个GPS台站给出的速度要高3~4mm/a。这种每年几个毫米的差异主要是由于采用了不同的闭合约束(南极-南美板块)所造成，而更好的约束要等待该偏远地区的更多数据。

3. 印度洋盆地

(1)西南印度洋洋脊的板块运动

来自西南印度洋洋脊的约160个扩张速率并没有沿着板块边界产生正弦模式的变化，而这通常发生在仅由两个板块的运动所形成的扩张中心上。然而，扩张速率在沿扩张中心1/3的东、中和西部呈现出不同的模式，这与之前所假设的非洲板块(而不是努比亚、卢万德勒和索马里板块)洋脊北部的几何结构相一致。

与扩张速率不同，来自西南印度洋洋脊的18个有着良好观测的长偏移转换断层的方位角在沿板块边界渐变。一个采用所有这18个方位角观测最佳拟合的单一旋转轴显示这些方位角的平均残差中误差为1.0°，小于观测值本身的误差。西南印度洋洋脊由3个不同的板块边界构成的证据可以通过这些扩张速率模式给出。此外，通过强制闭合沿洋脊任何一端的三联节点和索马里-阿拉伯-努比亚-南极板块环都很好地提高了数据拟合度。

沿着努比亚-南极板块边界，最佳拟合和MORVEL角速度给出的扩张速率比NUVEL-1A的大1.5~2mm/a。NUVEL-1A中的低速率使得其对很多新扩张速率数据拟合得很差，甚至会在较高的置信水平下拒绝这些数据。

NUVEL-1A的非洲-南极旋转轴位于MORVEL努比亚-南极旋转轴的东北部，超出了其95%的置信区间。旋转轴的差异表明MOREVL用来估计这组板块所用数据-西南印度洋洋脊长度(0°~25°)比NUVEL-1A的(0°~61°)更短。改进的努比亚-南极运动可以消除NUVEL-1A非洲-南极角速度(这个角速度还传播到NUVEL-1A全球闭合回路的其他板块上)中的一个重要误差源。

沿索马里-南极板块边界，最佳拟合和MORVEL角速度给出了几乎相同的运动，这表明非闭合的卡普里康-南极-索马里板块闭合回路的影响微乎其微。NUVEL-1A非洲-南极旋转轴落在了MORVEL索马里-南极旋转轴的95%置信区间之外，意味着最佳拟合和MORVEL中使用了不同的扩张速率梯度和不同的方向观测数据。

(2)卢万德勒板块运动

卢万德勒板块从西南印度洋洋脊(30°~50°)开始向北延伸，与努比亚、索马里和南极板块共享边界。来自西南印度洋洋脊卢万德勒-南极段的16个扩张速率和6个转换断层方位角被用来确定最佳拟合和MORVEL模型中的卢万德勒-南极角速度。

介于西南印度洋洋脊和马达加斯加(Madagascar)的卢万德勒-南极板块角速度表明该区的运动是从西南印度洋洋脊附近的ENE-WSW逆冲往马达加斯加的E-W向正断过渡。靠近洋脊处(位于37°S，50°E，1.3±0.5 mm/a)和马达加斯加(位于20°S，46°E，1.4±0.7 mm/a)相对较慢的运动与沿该扩散边界稀疏的地震活动相吻合。

介于南美的努比亚-卢万德勒板块的角速度，与假定的努比亚-卢万德勒板块边界相去甚远。如果这个边界位于接近或沿着安德鲁贝恩破碎带，那么将存在~2 mm/a 的右旋走滑的剪切及一定的拉张。暂时还没有任何形态学证据证明该边界的存在。而沿这个假定边界的地震活动也很稀疏。沿该边界运动的主要证据来自能对安德鲁贝恩破碎带东部数据拟合很好地旋转不能很好地拟合西部的第 5 磁异常带(年代参见地磁极性年表)。

此外，没有任何来自卢万德勒板块边界的运动信息可以用于 MORVEL 的板块环闭合；并且如果把卢万德勒板块排除在外的话，其他板块的角速度仍然保持不变。

(3)卡普里康-澳洲板块边界位置

伴随卡普里康-澳洲板块运动的分布式形变可能展布在沿东南印度洋脊的宽达2 000km 的区域。位于罗德里格斯(Rodrigues)三联点(70°E)和塔斯曼转换断层(146°E)间的 242 个扩张速率和转换断层方位角被用来确定形变区的西界，最佳拟合的假定边界位于 100°E 至 105°E。

在沿东南印度洋脊的其他地方，如果假设卡普里康-澳洲板块块边界在位于阿姆斯特丹(Amsterdam)热点高原西北边界的阿姆斯特丹转换断层的西北部与洋脊相交，则拟合效果很差。拟合残差表明澳洲板块西边界并没有朝比泰尔托连(Ter Tholen)转换断层更西的方向延伸，而可能位于阿姆斯特丹转换断层的东部及其破碎带的洋脊北部。

假定卡普里康-澳洲板块与洋脊相交的东边界位于阿姆斯特丹转换断层，其拟合效果比没有板块边界与洋脊相交要好。这个位置与东南印度洋脊北边的地震趋势集中在沿阿姆斯特丹破碎带及更远的西北部相一致，而不是沿着位于阿姆斯特丹转换断层东南的破碎带。

同样的，MORVEL 采用上述 242 个东南印度洋脊数据和 97 个来自索马里-南极和卡普里康-索马里板块边界的扩张速率和转换断层方位角来确定卡普里康-澳洲板块扩散边界(即未变形卡普里康板块的东缘)的西界。后面这些数据通过南极-卡普里康-索马里板块环对卡普里康-南极运动施加额外约束。对于位于罗德里格斯三联节点和泰尔托连转换断层之间的任意边界，反演结果均可以给出很好的拟合效果；而如果假定边界与东南印度洋脊相交于泰尔托连转换断层东南则拟合效果迅速变差。

尽管现有数据表明卡普里康板在泰尔托连破碎带西北部没有形变，但是泰尔托连破碎带西北部数百 km 范围的洋脊北部海底存在着活跃的地震活动。该区域的运动学数据与海底扩张速率吻合得很好，但是不恰当地位于那些无法检测出任何与洋脊平行的海底拉伸或缩短的区域。发生在洋脊北部的几个正断层地震的 T 轴平行于洋脊，意味着该区存在与洋脊平行的拉伸。

基于地震震中资料，定义了一个比形变区与洋脊西交点更西的位置，即距泰尔托连转换断层西北部(29°S，75°E)约 600 km 处。接下来，MORVEL 采用去除 5 个跨越这约 600km 洋脊的磁场剖面来确定卡普里康-澳洲板块角速度。

(4)麦考瑞-澳洲板块边界位置

基于来自东南印度洋脊东端的破碎带流动线的分析表明脊轴北部的塔斯曼破碎带标示了麦考瑞和澳洲板块的边界。研究表明，麦考瑞板块的北部扩散边界与塔斯曼转换断层在某处相交。MORVEL 将澳洲-南极板块固定为麦考瑞-澳洲板块最北方位角，并使用其他两个方位角来估计其运动。

(5)卡普里康-南极板块运动

基于来自东南印度洋脊西部 500 km 的 35 个扩张速率和 1 个转换断层方位角最佳拟合了卡普里康南极角速度(表 3.2)。沿这部分山脊，0.78 Ma 平均扩张速率从三联节点 53±1 mm/a 增加到(28°S，74°E)附近的 56±2 mm/a，这个速度比 NUVEL-1A 速率低 3 mm/a。最佳拟合和 MORVEL 强制闭合的角速度相差小于 0.3 mm/a 和 0.7°，表明卡普里康-南极-索马里板环具有闭合一致性。

(6)澳洲-南极板块运动

167 个澳洲-南极扩张速率从阿姆斯特丹转换断层的 60 mm/a 增加到澳洲-南极不整合(115~125°E)的 70 mm/a。如预期那样，扩张速率按沿板块边界的角距离正弦变化。许多高质量数据，包括 19 个转换断层方位角，为最佳拟合模型和 MORVEL 模型的角速度提供了强力约束。这组板块的 MORVEL 角速度和最佳拟合角速度一致，意味着板块环闭合没有影响到前者。

NUVEL-1A 角速度表明沿边界任何位置的扩张速率比观测值大 1~3mm/a。其中一部分，平均下来为 2.1 mm/a，可以归因于 MORVEL 速率中的约 2.6mm/a 径向外移改正。然而，哪怕对 3.16 Ma 的 NUVEL-1A 速率进行 2 km 的径向外移改正，仍然存在一个 1.4 mm/a 的系统性差异。NUVEL-1A 不能很好地估计速率梯度，这是由于它的旋转轴比 MORVEL 旋转轴要远好几度。MORVEL 和 NUVEL-1A 的角速率存在着显著差别。

(7)麦考瑞-南极板块运动

麦考瑞-南极板块之间的运动是通过两个塔斯曼转换断层南部条带方位角、370 km 长的巴勒尼(Balleny)转换断层方位角和 8 个扩张速率来确定的。观测的扩张速率从塔斯曼转换断层的 68±2 mm/a 减少到麦考瑞三联点西部的 64±2 mm/a，这与对沿东南印度洋脊西端更远位置进行梯度外推的结果相一致。快速变化的转换断层方向与澳洲-南极角速度之间拟合很差，这构成了的麦考瑞板块存在的主要运动学证据。

(8)澳洲-卡普里康板块运动

卡普里康板块相对于澳洲板块的旋转轴位于东南印度洋脊的北部，这个位置是这两个板块的扩散形变区。与无旋转相比，两板块间缓慢的相对角速度是显著的，也可以很好地解释观测数据。在(30°S，80°E)，一个位于澳洲-卡普里康板块边界的地震活动活跃区，角速度显示卡普里康板块相对于澳洲板块的运动为 1.9±0.5 mm/a，方向为 N45°W±15°，与该处正断层震源机制给出的与洋脊平行的拉伸相一致。在(15°S，95°E)，角速度显示卡普里康板块的运动速度为 4.7±0.9 mm/a，方向为 S50°E±6°。这与该地区根据地震 NW-SE 向 *P* 轴给出的收缩变形相一致，并且与该区域假定的岩石圈折叠走向相垂直。

(9)澳洲-麦考瑞-太平洋板块运动

澳洲-麦考瑞板块运动角速度来自于麦考瑞-澳洲-南极板块的环闭合，它位于这两个板块的扩散形变区内。MORVEL 角速度显示沿无充分认识边界的运动为 1~2mm/a。对于这样一个缓慢运动，相比于无旋转，还是明显显著的。

沿北太平洋-南极-麦考瑞三联节点的麦考瑞洋脊组，估计给出的太平洋-麦考瑞板块的角速度比太平洋-澳洲角速度小约 6 mm/a；并且估计给出的板块运动也稍微斜向 57°S 的板块边界，而与基于沿板块边界的大量走滑地震震源机制给出的运动方向更一致。地震学证据和新估计的沿麦考瑞-太平洋板块边界的运动表明在~58°S南部任何位置都以右旋走滑剪切为主。

(10)卡普里康-索马里板块运动

卡普里康-索马里板块边界的56个扩张速率从10°S附近的35.5±0.5 mm/a增加到罗德里格斯三联点的47±0.5 mm/a。它们的分布情况与其他板块自0.78 Ma来平均的速率相类似。该板块组最佳拟合和MORVEL角速度差别不显著。

NUVEL-1A非洲-澳洲旋转轴比MORVEL模型更接近板块边界6°，这也超出了MORVEL旋转轴的95%置信区间。MORVEL和NUVEL-1A之间的角速率区别是显著，表现在NUVEL-1A的速率和运动方向残差上。例如，NUVEL-1A给出的17°S南的方向和最佳拟合存在2~3°逆时针系统性偏差，包括有强力方位角约束的多条伊吉丽亚(Egeria)转换断层。NUVEL-1A角速度同样也不能拟合观测的扩张速率梯度，主要在20°S北部，它高估了速度1~2.5 mm/a。

(11)印度-索马里板块运动

113个印度-索马里海底扩张率从嘉士伯洋脊西端的23±0.5 mm/a增加到沿中印度洋脊北部的32±0.5 mm/a，其0.8 mm/a的残差中误差与其他缓慢扩张边界的3.16Ma平均速率的离散度一致。许多新的扩张速率和板块运动方向对最佳拟合角速度提供了强约束。最佳拟合旋转轴比9.1 Ma至今的旋转轴(21.9°N，30.7°E)要小1°。

MORVEL印度-索马里角速度给出的扩张速率和方向与最佳拟合结果一致，在沿板块边界任何位置都在0.2 mm/a和1.5°之内；同时，它与阿拉伯-印度-索马里板块环闭合也相吻合。对于巨型窗棱构造线理方位角和6个基于测高的断层方位角，MORVEL模型甚至拟合的比最佳拟合模型还要好。

印度-索马里扩张速率比NUVEL-1A高1.8 mm/a，这个差异主要是由于为了补偿3.5 km径向外移对印度-索马里扩张速率做的1.1 mm/a的下调。经过径向外移改正后的NUVEL-1A也出现了类似的下移。

(12)阿拉伯-印度板块运动

MORVEL阿拉伯-印度角速度给出的沿欧文(Owen)破碎带的平均滑动量为3±0.4mm/a,这与最近GPS估计的3mm/a和NUVEL-1/1A的2±2 mm/a相一致。但是，人们对旋转轴位置和运动方向所知甚少。强制闭合的MORVEL角速度显示在15.2°N和18°N之间其运动是与破碎带相平行的右旋滑动，但是在约18°N北部则逐渐增加扭张分量。

对于阿拉伯-印度旋转轴的位置，MORVEL与之前的研究有着很大的差别。MORVEL的运动学数据允许阿拉伯-印度运动在沿欧文破碎带和达尔林普尔(Dalymple)海槽由走滑所主导。

(13)亚丁(Aden)湾的阿拉伯-索马里板块运动

来自示巴(Sheba)洋脊和亚丁湾的扩张速率从亚丁湾西部的12.8±0.4 mm/a迅速增加到板块边界东端附近的23±0.4 mm/a。51个速率和5个转换断层方位角给出了一个精确确定的最佳拟合旋转轴，其中包括NUVEL-1A非洲-阿拉伯旋转轴也在它的95%置信区间内。51个速率的残差中误差为0.7 mm/a，与其他缓慢扩张的板块组类似。

最佳拟合和MORVEL阿拉伯-索马里角速度给出的板块速度在沿着板块边界任何地方

的差别不超过1 mm/a和1.5°。MORVEL角速度给出的拉张速率和NUVEL-1A阿拉伯-非洲角速度之差的平均值仅为0.3 mm/a。

(14)红海的努比亚-阿拉伯板块运动

红海扩张速率从中央红海的15±0.5 mm/a往北迅速减少到红海北部的9±1 mm/a。许多扩张速率及其剧烈的梯度变化给角拉张速率和旋转轴的距离(即最佳拟合角度三分量中的两个)很好的约束；但是由于缺乏关于当前板块运动方向的形态学数据或地震信息，对于旋转轴的方位角只有来自红海的弱约束。

MORVEL和最佳拟合的努比亚-阿拉伯扩张速率在沿板块边界的任何位置相差少于1mm/a，这也与根据33个阿拉伯板块GPS站和39个努比亚板块GPS站给出的角速度相接近。地质和GPS估计之间的一致性表明努比亚-阿拉伯运动在过去的几个Ma间一直保持不变。

4. 太平洋盆地

(1)太平洋-南极板块运动

MORVEL采用沿板块边界的48个扩散速率和10个转换断层方位角来估计太平洋-南极板块运动。扩张速率从麦考瑞三联节点的42±1 mm/a开始，增加到胡安费尔南德斯三联节点附近的两倍以上(94 mm/a)。48个扩张速率的1.4 mm/a残差中误差小于21个NUVEL-1太平洋-南极速率残差中误差，尽管其平均时间比MORVEL速率缩短4倍。因此，MORVEL速率比NUVEL-1A数据具有更好的内部一致性。

10个转换断层方位角残差中误差的离散度为0.8°，远小于8个NUVEL-1太平洋-南极转换断层的5.9°。新的和改进的扩张速率和板块运动方向对最佳拟合旋转轴和角拉张速率的估计提供了强力约束。

最佳拟合和MORVEL角速度估计的扩张速率和方向在沿板块边界仅相差几分之一mm/a和几分之一度。如此小的差异反映了太平洋-纳斯卡-南极板块环闭合的一致性。

NUVEL-1A太平洋-南极角速度与0.78 Ma平均的MORVEL角速度存在显著差异。平均而言，NUVEL-1A比MORVEL高1.5 mm/a；如果对NUVEL-1A进行径向外移改正，则差值减少到0.8 mm/a。来自MORVEL的扩张速率沿轴变化略比NUVEL-1A旋转轴陡峭。NUVEL-1A旋转轴位置比MORVEL和最优旋转轴离板块边界更远几度。这些差异可以归因于NUVEL-1A的量少、低质数据以及NUVEL-1A没有进行任何的径向外移改正。

(2)纳斯卡(Nazca)-南极板块运动

沿着以转换为主的智利(Chile)洋脊，转换断层方位角从板块边界西端的S74°±1° E变化到其东端的N73°E±0.5°。21个平缓变化的转换断层方位角的残差中误差为1.0°。相比许多新的方位角，智利转换断层东部NUVEL-1A的方位角有着1~3°的顺时针系统偏差，表明NUVEL-1A估计的纳斯卡-南极板块运动是不准确的。与大多数扩张中心不同，扩张速率比转换断层在角速度估计上提供了更多信息。对于最佳拟合角速度，21个智利洋脊转换断层(56%)比扩张速率(44%)贡献了更多的信息，其中扩张速率只呈现出了一个弱梯度特征。

智利洋脊的扩张速率，自0.78 Ma平均运动，从沿瓦尔迪维亚(Valdavia)转换断层西部扩张段的50±1 mm/a增加到沿瓦尔迪维亚转换断层西部扩张段的52±1 mm/a。新扩张速率比 NUVEL-1A 自 3.16 Ma 平均的 57～58mm/a 要低。这个差别大于其他任何一组板块，相应地证实了沿板块边界存在精确测定的缓慢扩张速率。

最佳拟合和 MORVEL 纳斯卡-南极角速度给出速率和方向估计的差别在沿板块边界任何地方几乎可以忽略不计，反映了太平洋-纳斯卡-南极板块环闭合的一致性。

(3)太平洋-纳斯卡板块运动

地球上最快的扩张发生在太平洋-纳斯卡板块边界，MORVEL 采用 42 个扩张速率和来自 6 个被板块边界错断的转换断层的 15 个精确测量的断层段来确定其运动。扩张速率从加拉帕戈斯三联点附近的 120±3 mm/a 增加到智利三联点附近的 145±4 mm/a，并且具有所有板块组中最大的拟合残差(3.2 mm/a)。尽管一部分原因是获取速率的可靠性差和位于赤道和约 15°S 间较低的磁异常强度，但是根据～15°S 磁场剖面获取的扩张速率同样具有大误差。因此，较大的误差可能是快速扩张中心的内在特征，就像来自快速扩张的太平洋-可可斯(Cocos)边界的速率。

更大的离散程度，由此带来的太平洋-纳斯卡扩张速率的更大不确定度，使得沿板块边界的扩张速度梯度具有更差的确定度，相应地会增加最佳拟合旋转轴位置的不确定度。相比之下，由于从太平洋-纳斯卡-南极和太平洋-可可斯-纳斯卡板块环闭合引入了额外信息，MORVEL 强制闭合估计给出的形式不确定性要小得多。

MORVEL 和最佳拟合太平洋-纳斯卡运动给出的 0.78 Ma 平均扩张速率和方向相互之间吻合良好，但比 NUVEL-1A 的 3.16Ma 平均扩张速率低 5 mm/a。这个差别符合 3.16 Ma 以来不断减小的太平洋-纳斯卡运动，并和纳斯卡-南极扩张速率约 6 mm/a 的减小相类似。加上 3.16 Ma 来位于板块边界最北端的太平洋-南极运动的稳定性，可用观测表明纳斯卡板块绝对运动的东方向分量自 3.16 Ma 以来已经大幅放缓。

为了更好地描述太平洋-纳斯卡运动的不确定度，分别从纳斯卡-南极-太平洋和纳斯卡-可可斯-太平洋板块环来独立确定太平洋-纳斯卡板块运动。两个强制闭合的太平洋-纳斯卡扩张速率在板块边界北端均比最佳拟合高 1～4mm/a，在板块边界南端比最佳拟合低 1～2mm/a。类似地，两个板块闭合环给出的太平洋-纳斯卡的运动方向在板块边界两端只相差 0.5°和 0.2°。板块闭合环给出的独立信息表明强制闭合的 MORVEL 要比最佳拟合更精确。需要注意的是，纳斯卡-太平洋-纳斯卡板块环无法保证闭合。

(4)可可斯-纳斯卡板块运动

88 个加拉帕戈斯上升扩张速率从板块边界东端的 62 mm/a 减小到 101.0°W～100.5°W(即可可斯-纳斯卡-加拉帕戈斯三联节点终止可可斯-纳斯卡板块边界的位置)的 48 mm/a。三联节点西部，介于可可斯板块和加拉帕戈斯微型板块之间的海底扩张速率从 100.5°W 附近的 44±2 mm/a 减少 101.6°W 的仅仅 26±2 mm/a，典型快速的板块速度变化常见于沿海洋微板块的边界。

最佳拟合的 0.78 Ma 可可斯-纳斯卡旋转轴比 NUVEL-1A 的 3.16 Ma 平均旋转轴离加拉帕戈斯扩张中心更远19.4°(2 160km)，这意味着自 3.16 Ma 以来沿轴向扩张速率梯度有一个变化。数据表明从 3.16 到 0.78 Ma，旋转轴存在着一个快速西向迁移。尽管旋转轴位置有着很大的变化，但是沿板块边界的平均扩张速度在同一时期只加速了 1.5±1.5 mm/a。

最佳拟合和 MORVEL 旋转轴在其 95%置信区间内相一致，而两个角速度给出的扩张速率差值在沿板块边界任何地方不超过 0.4 mm/a。但是其方向存在 2°系统性偏差，这主要归因于可可斯-纳斯卡-太平洋板块环的非闭合。对于可可斯-纳斯卡运动方向，最佳拟合和 MORVEL 比 NUVEL-1A 拟合得好。

(5)太平洋-可可斯板块运动

来自太平洋-可可斯板块边界的 68 个扩张速率从板块边界北端的 72 mm/a 迅速增加到加拉帕戈斯三联节点(位于板块边界南端)附近的 128 mm/a。由于充足的数据及其急剧变化的梯度，很好地确定了太平洋-可可斯旋转轴位置。类似沿太平洋-纳斯卡板块边界快速扩张速率大的拟合中误差，最佳拟合太平洋-可可斯角速度拟合残差为 2.8 mm/a，比那些缓慢扩张板块边界的误差大。

最佳拟合角速度给出的速度在大多数位置比 0.78 Ma 平均速度小 1~2mm/a。对后者的 2.6 mm/a 下向调整(假设存在 2 km 的径向外移)后，两者在沿板块边界大部分位置的差异好于 1 mm/a。

沿约 16.5°N 北的板块边界，最佳拟合角速度给出的扩张速率高于观测值，最北的两个磁场剖面的最大差值达 7 mm/a。根据约 16.5°N 南部和北部扩张速率分别拟合给出的角速度，与可可斯-太平洋最佳拟合角度相比差异不显著。约 16.5°N 以北速率的重要性并不想期望中的那样可以用来来表征太平洋-可可斯板块运动。

上述部分误差可以归因于隆升轴一侧或两侧的岩石圈活跃变形。在隆升轴西部，即 18°N 重叠隆升区，发生过很多地震，可能表明传递运动的形变就发生在重叠断陷中。这些地震向南扩展到 17.1°N，沿隆升轴集中。变形也可能发生在位于中美洲俯冲带和隆升轴之间的年轻的海洋岩石圈。一种扩散地震带，向西南延伸到中美海沟，可能与东太平洋海隆相交在 16°N 以南。相比可可斯板块内部，约 16°N 北部海底可能缓慢运动，类似北部的里维拉板块滑脱区。从东太平洋海隆附近起，沿约 16.5°N 北海沟年轻、发育中的海底俯冲降低了俯冲速率，因此也会造成岩石圈形变。

最佳拟合和强制闭合 MORVEL 角速度给出的板块速度在太平洋-可可斯海隆南端沿整个板块边界相差 7 mm/a，方向相差 2°~3°。

(6)太平洋-里韦拉板块运动和里韦拉板块解体的证据

26 个太平洋-里维拉扩张速率从板块边界北端的 51±1 mm/a 迅速增加到沿曼萨尼约(Manzanillo)扩张段的 73±3 mm/a。扩张速率剧烈变化的梯度为位于板块边界东北的旋转轴提供了很好的约束。由于没有板块环闭合来影响太平洋-里维拉板的角速度，因此最佳拟合和 MORVEL 的结果是相同的。

MORVEL 的太平洋-里维拉角速度与之前基于 1n 异常交叉和精挑细选的里维拉角破碎带交叉点给出的结果很类似，两者仅相差 0.3°，这表明两者近乎相同的扩张速率梯度和运动方向。经过径向外移改正后的扩张速率仅差 0.5 mm/a。

47~49 mm/a 的扩张速率很好的拟合了跨 22.0°N 隆升轴的磁场剖面，比太平洋-里维拉的最佳拟合角速度高 1~8 mm/a，但是与来自加利福尼亚湾南部的湾海隆的扩张速率(发生在介于下加利福尼亚半岛和北美板块间)几乎一样。位于 22.0°N 的扩张速率的变化表明里维拉板块北部地区脱离了板块内部并开始朝北美(或相对缓慢的)运动。

（7）太平洋-胡安德富卡板块运动

27 个来自太平洋-胡安德富卡板块边界的扩张速率从沿戈尔达（Gorda）岭北部的 48±1 mm/a 增加到沿胡安德富卡脊北部的 51.5±1 mm/a。大的旋转轴位置不确定性反映了覆盖数据的短角距和扩张速率梯度定义的不精确。由于这组板块没有形成任何的环闭合，因此，最佳拟合和 MORVEL 给出的结果是一样的。

MORVEL 角速度给出的扩张速率比前人研究成果低 2～3mm/a，这与 0.78 Ma 平均扩张速率进行 2.6 mm/a 径向外移改正后一致。

5. 西太平洋盆地和东亚

（1）巽他大陆（桑达兰）板块和沿爪哇（Java）-苏门答腊海沟的汇聚

印度和澳洲板块，以及它们之间的扩散海洋板块边界，沿爪哇-苏门答腊海沟俯冲到东南亚下面，在那里，这两个板块的斜俯冲伴随着不同程度的与海沟平行的弧前转换。来自 1994—2004 年间东南亚观测的 100 多个 GPS 站数据表明远离爪哇-苏门答腊海沟的内陆作为连贯的巽他大陆（桑达兰）板块的一部分在运动。

MORVEL 使用了 18 个远离爪哇-苏门答腊俯冲带的巽他大陆（桑达兰）板块的 GPS 站，这 18 个测量模式台站的北方向和东方向加权中误差分别为 0.7mm/a 和 1.4 mm/a。与板块内部相比，这 18 个站的运动没有呈现出明显的模式，这与它们位于板块内部无形变区的假设一致。因此，这 18 个站速度可以用来定义巽他大陆（桑达兰）板块的运动。

首先，需要通过最佳拟合角速度将这 18 个站速度从 ITRF2000 参考框架变换到澳洲板块参考框架下。这个角速度是通过对 ITRF2000 的 19 个澳洲板块 GPS 站速度拟合得到的。这 19 个澳洲板块 GPS 站速度的北方向和东方向速度中误差为 0.54mm/a 和 0.60 mm/a，它们加强了板块角速度的约束。

18 个变换后的巽他大陆（桑达兰）板块站速度和其他 MORVEL 数据一起用来估计最佳拟合的澳洲-巽他角速度以及通过环闭合来确定巽他大陆（桑达兰）板块相对其他板块的角速度。澳洲-巽他角速度给出的汇聚速度从沿爪哇海沟的 73±0.8 mm/a 减少到沿苏门答腊岛海沟南部的 60±0.4 mm/a。

与完全由 GPS 观测数据得到的澳洲-巽他角速度不同，印度和巽他大陆（桑达兰）板块通过板块环与印度洋脊的几个海底扩张中心联系起来。印度-巽他角速度给出的北-东北向汇聚速率从沿苏门答腊沟南部的 48±1.2 mm/a 慢慢降低到苏门答腊沟北端附近的 44±1.0 mm/a。位于苏门答腊俯冲带南端的澳洲-巽他和印度-巽他汇聚速率之间 12 mm/a 的差异表明介于印度和澳洲板块之间的相对运动分布在其广泛的海洋板块边界以西的爪哇-苏门答腊海沟上。

（2）扬子-巽他大陆（桑达兰）板块运动

MORVEL 将 83 个位于扬子板块的速度场变换到澳洲板块参考框架（在确定巽他大陆（桑达兰）板块运动时使用过）上。这 83 个站速度可以很好地拟合出一个角速度来，其北分量和东分量拟合中误差分别只有 0.76 和 0.87 mm/a。相对于板块内部，这些站的速度残差是随机分布，与无变形板块的预期一致。

扬子板块相对巽他大陆（桑达兰）板块的 MORVEL 旋转轴位于琉球（Ryukyu）海沟的最南端。MORVEL 角速度给出了沿中国南部和越南的红河走滑断层 S10°E±8°方向的缓慢滑动(2.3 mm/a)，这个速度比沿该断层5 mm/a的地质学滑动速率要低。

(3)阿穆尔板块运动：亚洲东北

阿穆尔板块，位于分割它与扬子板块之间广阔变形区的北部，相对于欧亚板块向东运动的速度仅为3~4 mm/a，远低于巽他和扬子板块相对于欧亚大陆向东12 mm/a的运动速度。

MORVEL采用14个测量模式和6个连续GPS台站来估计阿穆尔板块的运动。站速度拟合效果良好，东方向和北方向的加权残差中误差分别为1.0mm/a和1.2 mm/a。位于板块东缘的4个台站的残差均指向板块内部，意味着相对于日本和千岛(Kuril)海沟南部，所有这4个台站存在1~2 mm/a的震间弹性缩短。此外，残差速度场中没有其他明显的模式。

通过澳洲板块，将阿穆尔板块引入全球板块环。这样可以确保澳洲板块角速度的任何误差在估计介于阿穆尔和扬子板块广阔形变区缓慢运动的角速度过程中给予抵消。MORVEL扬子-阿穆尔角速度表明扬子板块以4.4±0.4 mm/a相对于阿穆尔板块往东跨过位于中国北部的广阔、地震活跃的边界，很好地吻合了该地区地震震源机制给出的形变。

为了估计阿穆尔-欧亚板块角速度，需要构建一个冗长的板块环(图3.4中的AM-AU-AN-NB-NA-EU)，这将会使得其他板块组的误差传递到阿穆尔-欧亚板块角速度上来。MORVEL阿穆尔-欧亚角速度显示沿着缓慢变形的阿穆尔-欧亚板块边界存在着形变模式的改变。MORVEL的旋转轴位于板块边界北部(66.5°N，138.5°E)，跨越贝加尔(Baikal)湖的拉张速度为4.2±1.2 mm/a。

尽管使用了外部环来连接这组板块，MORVEL阿穆尔-欧亚大陆的角速度与根据沿其板块边界形变观测值独立给出的结果相一致。沿板块边界不同位置的观测和模型所给出的速率和方向的一致性表明连接这两个板块的板块环间的累积误差是很小的。

(4)菲律宾海板块和西太平洋俯冲带

超过90%的菲律宾海板块被俯冲带环绕，活跃的弧后扩展或缓慢拉张发生在马里亚纳(Mariana)，伊豆小笠原(Izu-Bonin)和琉球海沟。由于大部分的板块内部位于海水以下，不太适合进行大地测量观测，这为确定其运动提出了挑战。

MORVEL仅通过4个GPS台站速度来估计菲律宾海板块运动。台站Okino Torishima位于靠近板块中心位置，它应该明确记录了板块的运动。另外两个台站，KITA和MINA，位于琉球海沟东部仅180km的位置。尽管这两个台站的速度可能受沿琉球海沟俯冲的弹性应变的影响，但是位于琉球弧岛屿上的GPS观测表明在弧内只有很少或几乎没有弹性应变累积。在这里，俯冲通过频繁的慢滑动事件来释放弹性应变累积。因而，KITA和MINA可能记录菲律宾海板块运动。PALA台站位于雅浦(Yap)海沟南端的西部，那里的俯冲速率仅为0~3mm/a。因此那怕附近的俯冲面完全闭锁，由此造成的PALA弹性缩短也仅为几分之一mm/a，小到足以忽略

基于以上4个GPS台站最佳拟合的菲律宾海板块角速度的东方向和北方向速度加权残差中误差分别为0.62mm/a和0.75 mm/a，与其他板块的GPS数据的残差一致。通过太平洋板块(基于位于中和西太平洋的21个GPS连续跟踪站速度确定)，可以将这4个菲律宾海板块的站数据纳入MORVEL板块环。

相比于菲律宾海板块，太平洋板块绕位于其板边界南端附近的旋转轴逆时针旋转。最佳角速度显示汇聚速率向南快速减少，从伊豆小笠原沟最北端的49±0.7 mm/a到沿雅浦沟南部正交俯冲的9±0.8 mm/a。在雅浦海沟南部的几百公里处，板块角速度表明阿尤(Ayu)海槽有9±0.6 mm/a的斜拉张。阿尤海槽在介于卡罗琳和菲律宾海板块之间伴随有缓慢的相对运动。

菲律宾海板块沿琉球海沟俯冲在扬子板块东部边界处，在那里，缓慢的后弧扩散与来自扬子板块内部的前弧相解耦。相比其他结果，许多用来估计扬子板块运动的站速度仅仅略微改变了菲律宾海-扬子角速度。

沿着南海(Nankai)海槽，即菲律宾海板块向下俯冲到阿穆尔东边界的位置，MORVEL给出了58.4±1.2 mm/a的WNW汇聚速率。未来该复杂形变区的GPS速度场所揭示的南海海槽构造背景可以为东亚构造演化提供更进一步的信息。

6. 加勒比海

MORVEL加勒比-北美板块角速度给出的沿加勒比-北美板块边界大多数位置的速率为19~21mm/a。与其他研究结果相一致。MORVEL确定NUVEL-1和NUVEL-1A低估了近50%的加勒比-北美板块运动。例如，在一个沿着小安德列斯群(Lesser Antilles)海沟的位置，MORVEL加勒比-北美运动角速度给出了20±0.4 mm/a的运动速度，方向为S74°W±1°；而NUVEL-1A给出的运动几乎也在同一个方向，但是数值几乎是其一半(11.4±3.2 mm/a，方向为S81°W±6°)。

沿特立尼达(Trinidad)断层的中央山脉(10.4°N，61.2°W)，位于南美东南部的以剪切为主的加勒比-南美板块边界，MORVEL加勒比海-南美板块角速度给出的运动为20.0±0.5 mm/a，方向为S78.2°W±1.3°。它超出了NUVEL-1A预测的沿板块边界13±3 mm/a东西运动的50%。MORVEL给出的高度斜汇聚解释了沿N68°E走向中央山脉断层与断层平行的19.6±0.5 mm/a和与断层垂直的3.5±0.5 mm/a速度分量。

3.3 几条重要的活动断裂带

3.3.1 圣安德烈斯活动断裂带

圣安德烈斯活动断裂带(San Andreas Fault)位于美国西海岸，它穿过加利福尼亚州及墨西哥的一部分，经过加利福尼亚湾到中美，断层总体走向为北西35°~45°，全长达1 200km，切割深度超过18km(图3.6)。它是太平洋板块和北美板块碰撞带的一部分，东侧是山区；西侧一部分是山脉，一部分是海洋。由于太平洋板块相对北美板块向北西方向运动，圣安德烈斯活动断裂一直作右旋走滑运动。从板块构造观点出发，圣安德烈斯主断裂被认为是转换断层。

圣安德烈斯断裂具有明显的右旋走滑性质，断面一般陡直，局部地段由于断面倾斜而具有逆断层的特点。自中新世中期以来，圣安德烈斯断裂已发生的大的位移达330km，平均滑动速率在第四纪时期估计约为5.6cm/a。断裂北端在阿雷纳角的北边伸入太平洋，在岸边与近东西向的门多西诺大洋断裂呈角度相交，南段延伸至加利福尼亚湾。整个断裂将胡安德富卡扩张中心与加利福尼亚扩张中心相连。断裂走向近北西，大致与美国西海岸平行，几乎纵贯加利福尼亚州西部，中部略向西突出，表现出稍具弧形的构造特征。

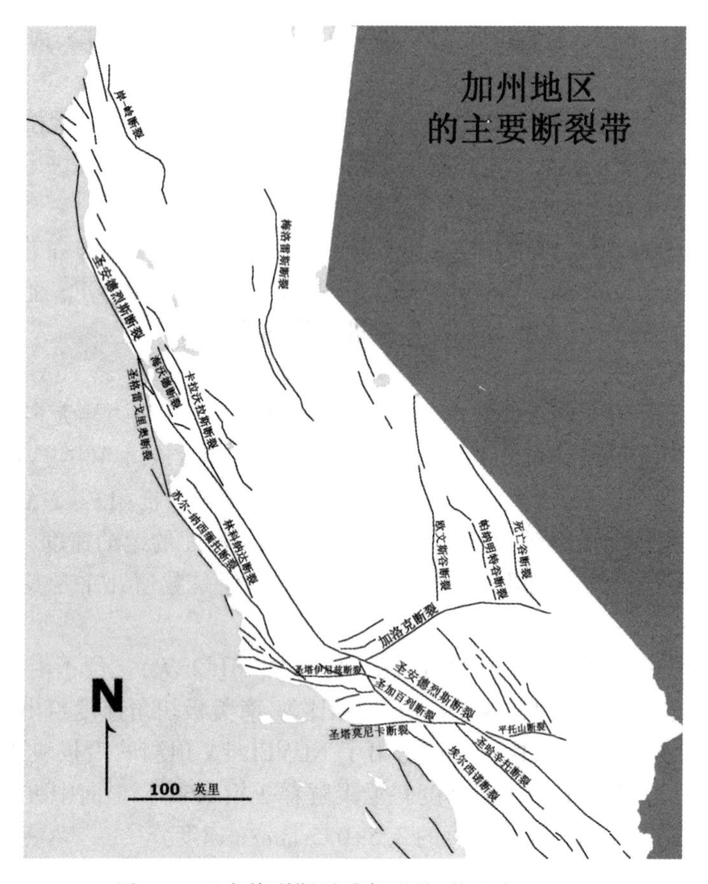

图 3.6　圣安德烈斯活动断裂带(修改自 NEIC)

圣安德烈斯断裂伴有平行和分枝状的断裂(图 3.6)，例如明显的平行于主断裂的中加利福尼亚州的卡拉沃拉斯(Calaveras)断裂和海沃德(Hayward)断裂，南部的圣哈辛托(San Jacinto)断裂和埃尔西诺(Elsinore)断裂，与主断裂横交的加洛克(Garlock)断裂等。在圣安德烈斯断裂的东边，有许多派生的褶皱及分支断裂，它们与作为主干的圣安德烈斯断裂成锐角相交，并指向北，这表明圣安德烈斯断裂是右旋走滑断层。

圣安德烈斯断裂的演化历史可以追溯至新生代中期(约 30Ma)。在那个时候，一个位于太平洋板块和费拉隆板块(现在大部分已俯冲消失，残余部分包括胡安德富卡板块，里维拉板块，可可斯板块和纳斯卡板块)之间的扩张中心开始与北美西海岸的俯冲带相互作用。由于太平洋板块和北美板块之间的相对运动与费拉隆板块和北美板块之间的相对运动速度不同，导致当扩张脊俯冲时这种相对运动产生了一种新的变形方式。这种变形方式主要形成了圣安德烈斯断裂，但同时还包括了盆岭省的变形，下加利福尼亚州的分离和横向山脉的旋转等。

根据圣安德烈斯断裂各段的现今构造和地震活动性的不同，可以将其分为几个闭锁段和蠕变段。在某些段，历史上未发生过大于8级的地震，现在微小地震频繁(个别达5~6级)，断裂两侧不断滑移。而在某些段，历史上曾发生过 $M \geqslant 8$ 的特大地震，现今微震不多，断层似乎是锁住的。明显的闭锁段为北段和中段南部。北段是1906年4月18日 *M*7.8级旧金山特大地震破裂段，1989年10月17日 *M*7.1级洛马普列塔地震发生在该段的南端。中段南部是1857年 *M*7.9级蒂洪堡特大地震破裂段。这两段之间的中段，从圣胡安巴蒂斯塔到乔拉姆一带，以断层蠕动为特征，历史上两次大震的破裂均未穿过这一地带。圣安德烈斯断裂的南段，从卡洪山口起到加利福尼亚湾，断裂出现平行排列的断裂群和局部网状构造，微震活跃，并有多次中强震，蠕动很小，但也可归入蠕变段。

3.3.2 北安纳托利亚活动断裂带

北安纳托利亚活动断裂带(North Anatolian Fault)位于土耳其北部，总体走向东西向，其东段近于NWW向，西段近NEE向，大致呈宽缓的向北突出的弧形。从卡尔勒奥尔起至马尔马拉海，沿大体与黑海海岸线平行的方向横贯土耳其北部，长约1 200km。它是世界上最著名的右旋走滑断层之一，与美国的圣安德烈斯断裂号称“姊妹断裂”。

土耳其及其周边地区处于一个复杂的板块构造地带，该地带位于喜马拉雅-阿尔卑斯新生代造山带的东地中海段，几大板块在该地区汇聚，并相互作用。北面有欧亚板块，南面是向北方向运动的非洲板块，东南面是向北方向运动阿拉伯板块，北安纳托利亚断裂以南的大部分土耳其国土位于土耳其-爱琴次级板块上。阿拉伯板块向北方向的运动是北安纳托利亚右旋走滑断裂的重要成因，也是土耳其现代构造运动主要动因之一(火恩杰等，2004)。

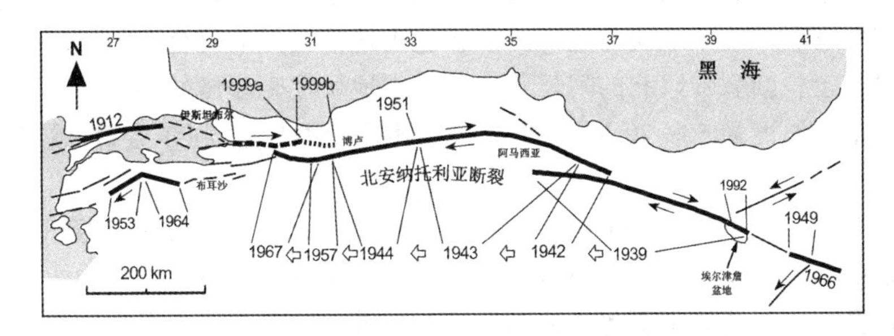

图3.7 北安纳托利亚活动断裂带及近期地震分布图(修改自 Akyüz 等，2002)

北安纳托利亚断裂为安纳托利亚板块和黑海板块的交界，属于欧亚板块的黑海板块位于它的北侧，南侧是安纳托利亚块体。但是，北安纳托利亚断裂演化的历史并不是很长，只有到了中新世中晚期，作为特提斯海南支的一部分的比特里斯海封闭后，阿拉伯板块和安纳托利亚块体发生碰撞，北安纳托利亚断裂才以一条比较宽的右旋剪切带出现。在晚第三纪晚期的上新世，北安纳托利亚断裂开始表现为一条和现今结构类似的断裂带。

由于安纳托利亚块体受欧亚板块的阻挡，在南北向挤压力作用下，安纳托利亚只能选择向西逃逸的运动方式。为了给安纳托利亚块体西行提供通道，北安纳托利亚断裂开始发育，随着阿拉伯板块向西推挤，北安纳托利亚断裂也经历了一个由东向西逐渐发展的过程。由于安纳托利亚块体在向西逃逸过程中同时伴有逆时针转动的特点，使得北安纳托利亚断裂在几何结构上呈现向北突出的弧形，以弧顶为界，北安纳托利亚断裂分为东西两支，东支走向110°，西支走向75°左右。晚第三纪以来，东支断裂的平均水平位错为35~45 km，而西支断裂为20~30 km，表现出由东向西递减的特点。

北安纳托利亚断裂内部包含多有条次级断裂，它们首尾相连，多呈雁列式分布。板块运动研究表明土耳其周围地区板块运动速度为1.3~2 cm/a。这与基于GPS观测给出的穿过伊兹米特(Izmit)和马尔马海北部的北安纳托利亚断裂的滑动速率15 mm/a相一致。

北安纳托利亚断裂是亚洲大陆内部一条强烈的地震活动带。在过去的1 000年里，沿北安纳托利亚断裂共有4次强震活动丛集期，分别是967—1030年、1254年前后、1666—1668年和1939—1999年，两次丛集期之间的间隔时间约为200~300年。每期强震活动特征，如空间迁移、地点、破裂带分布范围等都有所差别。

自1939年起，北安纳托利亚断裂自东向西发生了一系列地震(图3.7)。1939—1999年的7次7级强震地表破裂带在空间上的分布则充分反映了断裂带分段活动特点，分段界限区存在明显的构造标志，主要表现为拉张型阶区。不同段落存在相互关联性，7次强震依次由东向西发展。在各次地震造成破裂终止的地方，应力重新分布，并不断增加新的应力积累，从而增加了地震危险性。这一迁移式的地震发生现象，给地震迁移理论提供了新的证据。

3.3.3　阿尔金活动断裂带

阿尔金活动断裂带(Altyn Tagh Fault)是我国西部一条规模巨大的活动构造，它位于青藏高原北缘，处于青藏高原向北逐级梯级下降的第一级阶梯的衔接地带。地质构造部位接近塔里木、阿拉善和柴达木地块与昆仑山、祁连山地槽接界的缝合线上。同时，它又处于地壳厚度变异带上，断裂带以北的阿拉善、塔里木地块地壳厚度约40 km；断裂带以南为青藏高原区，地壳厚度为50~70 km。此外，它还位于西昆仑-阿尔金-北祁连山重力梯级带上。

阿尔金断裂带呈NE-SW方向展布，全长约1 600km(图3.8)，断裂破碎带一般宽达1~2km，主要由一系列压碎岩、碎裂岩、构造透镜体及扁豆体与断层泥构成。断裂带向西南延伸，斜切昆仑山，消失于藏北高原的拉竹龙一带；向东北经托库孜达坂北麓，出阿尔金山脉，横截祁连山西北端，直到玉门镇附近，最后隐没于巴丹吉林沙漠之下。整个断裂带在平面上呈舒缓波状，较为平直，连续性较好，具有良好的线性影像特征；剖面上倾角较陡，常可达60°~70°，倾向向南向北不定。

阿尔金断裂带切割了从元古代到新生代的底层，沿断裂带有超基性岩及其他各类火成岩体分布，反映其具有巨大的深度。根据断裂带所切割的大地构造部位和断裂带本身形态、性质等变化，断裂带可以分为三段，西段指安迪尔河以西，断裂带斜切昆仑山构造带的区段，断裂带呈“多”字形向西撇开，延伸方向为50°，断面向S-SE方向倾斜。东段指党河以东，断裂带切割祁连构造的区段，断裂带单一，呈稀疏的左阶雁列分布，延伸方向为94°，断面向S方向倾斜，倾角变化较大。中段，即安迪尔河和党河之间的区段，断裂

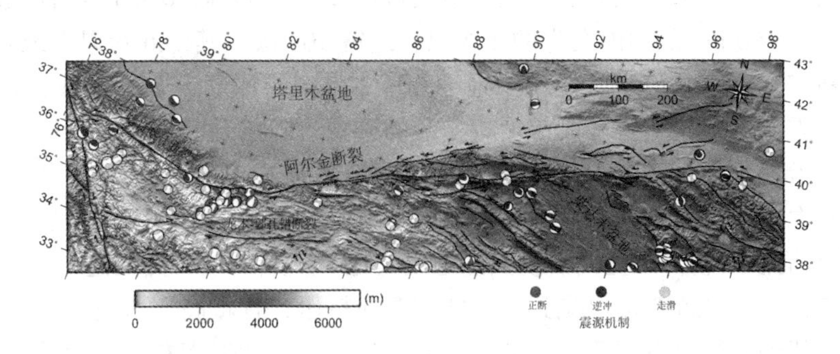

图 3.8 阿尔金活动断裂带及 1976~2013 年 Mw>5.0 级地震分布图(修改自李鹏, 2013)

带分割塔里木块体和青藏块体的区段，是断裂带的主体部分。

在第四纪时期，随着青藏构造块体的东移，使阿尔金断裂带南盘成为断裂活动的主动盘，断裂的左旋走滑特征比较突出，有一定的逆冲活动。因而在第四纪阿尔金断裂带主要具有左旋走滑活动性质，近代断层的左旋走滑特点更为显著。此外，阿尔金断裂带在不同地段的断层力学性质往往也有变化，随着碰撞构造的形成，压性特征开始突出，在主体走滑段出现了较宽的断裂破碎带。随着断裂带在第四纪时期的演化和发展，在不同的构造演化阶段其活动性质和运动方式不完全相同。同时，南缘断裂带与北缘断裂带在第四纪的不同时期，其运动学特征也不完全相同(表 3.4)。

表 3.4 **阿尔金断裂带不同地段各时期以来的滑动速率(mm/a)** *

分带	南缘断裂带				北缘断裂带			
分段	西　段		东　段		西　段		东　段	
活动方式	水平	垂直	水平	垂直	水平	垂直	水平	垂直
全新世	5.23	0.53	4.29	0.18	2.29	0.17	1.67	0.27
晚更新世	3.64	0.43	2.72	0.21	1.41	0.16	1.44	0.10
中更新世	5.01	0.29	5.01	0.30	2.34	0.19	3.13	0.21
早更新世	6.40	0.56	6.10	0.56	5.8	0.45	5.0	0.45
上新世	5.8		5.8		5.8		5.0	

* 数据引自国家地震局《阿尔金活动断裂带》课题组：阿尔金活动断裂带，1992

阿尔金断裂带的活动幅度和速率，不仅是限定青藏高原北部构造形变的重要依据，而且还是大陆动力学研究的重要基础之一，它能更好地认识和理解欧亚大陆变形过程的大陆岩石圈流变学特征。在过去，对阿尔金断裂带的研究主要采用地质学方面的手段，如卫星相片解析、地质调查和野外踏勘等，由此得到的位错量和滑动速率相互之间相差甚大。近年来，有不少学者采用 GPS 和 InSAR 等现代大地测量技术来研究阿尔金断裂，发现其现今滑动速率为 8~10 mm/a，仅为大多数地质结果的 1/2~1/3。

阿尔金断裂带地震历史短暂，尤其是断裂带西段，20世纪20年代才有记录。近百年来，断裂带两侧100 km范围内发生的4级以上地震109次，其中6级以上地震11次。阿尔金断裂带地震多属浅源地震，位于中地壳20~30 km的深度，个别较浅，可达上地壳。断裂带西段的震源深度较大，东段深度有变浅的迹象。阿尔金断裂带古地震活动强烈，这些古地震主要沿阿尔金主破裂面产生形变带。现今的强震多发生在旁侧构造或新活动面上，如上述几次6级地震几乎都发生在旁侧构造上。这意味着，阿尔金断裂带主断面的现今粘-滑活动不是很强烈，而现代活动强烈地段是位于新断面或旁侧构造上。

第四纪来，由于青藏亚板块受到南北两侧双向挤压，青藏高原快速抬升。青藏亚板块往北运动受到新疆亚板块阻挡，并借助其间的阿尔金活动断裂带左旋走滑运动，促使青藏亚板块整体向东滑移，造成中国西部大范围的运动和变形，并使得青藏亚板块北缘到东缘的大区域的主压应力呈发散状态。透过青藏亚板块的向北挤压力，借助阿尔金断裂带的左旋走滑运动，相当大的一部分压力被转变为向NE向的水平力，导致通过阿尔金断裂带往北传递到塔里木块体和天山块体的向北挤压力大幅减少。由于印度洋板块往北的推挤在青藏高原内部已被大量吸收，经过阿尔金活动断裂带运动后，真正通过阿尔金断裂带的作用力已经很少了，因此阿尔金断裂带是青藏高原的北部屏障。

3.3.4 鲜水河活动断裂带

鲜水河活动断裂带(Xianshuihe Fault)地处青藏高原东缘，为中国西南山区一条现今活动强烈的大型走滑活动断裂带，具有规模大、活动性强、地震频度高等特点。这里所说的鲜水河断裂带是指狭义上的鲜水河断裂带，即指北起甘孜东谷附近，大体呈NW-SE向展布，经炉霍、道孚、康定延伸到泸定的摩西以北的部分，全长约350 km。其西北端与NNW向甘孜-玉树断裂左阶斜列，东南端与南北向安宁河断裂相接，与安宁河断裂南侧的则木河断裂、小江断裂共同构成川滇块体的东部边界(图3.9)。断裂总体走向NW40°~50°，倾向NE向，局部倾向WS向，倾角大致在55°~80°之间。

鲜水河断裂带主要由5条分支断裂组成，自西南向东北分别是鲜水河断裂、雅拉河断裂、色拉哈断裂、折多塘断裂和磨西断裂，从这些分支断裂组合结构上的差异，可大致以惠远寺为界，分为西北和南东两段(图3.10)。西北端以鲜水河断裂为主体，较少伴有次级分支或交叉的活动断层，在走向上朝南东逐渐向南偏转。南东段由4条分支断裂组成，其中惠远寺到康定段总体显示了由3条分支断层组成的宽达25~30km的断裂带，所夹持的大炮山和折多山两个断块，均属于第四纪隆起的山地。鲜水河断裂带的西北段较单一、南东段较复杂的总体几何结构特点，与世界上一些大型的走滑活动断裂带的几何结构非常相似。鲜水河断裂带西北段形成于印支早期，定型于印支晚期，并受燕山造山运动的影响。断裂带早期曾作右旋运动。大致在老第三纪末期，由于印度板块与欧亚板块的相互碰撞，在喜马拉雅弧东侧产生了强大的NE-NEE向构造应力，使鲜水河断裂带发生挤压左旋错动，因此，喜马拉雅造山运动可能是鲜水河断裂带发生左旋走滑运动的开始。新第三纪末期至第四纪早期青藏高原开始抬升，这时构造应力场方向基本继承了喜马拉雅造山运动第一幕的构造方向，仍然是NE-NEE向，因而使得鲜水河断裂带继续进行左旋错动。而位于鲜水河断裂带拉分盆地中的形成于中更新世的沉积物则表明该断裂带的强烈左旋运动可

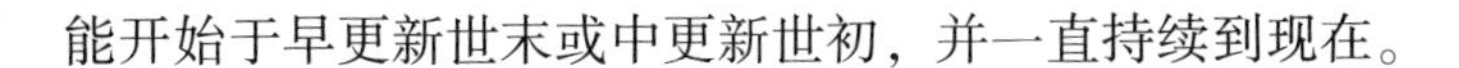

能开始于早更新世末或中更新世初，并一直持续到现在。

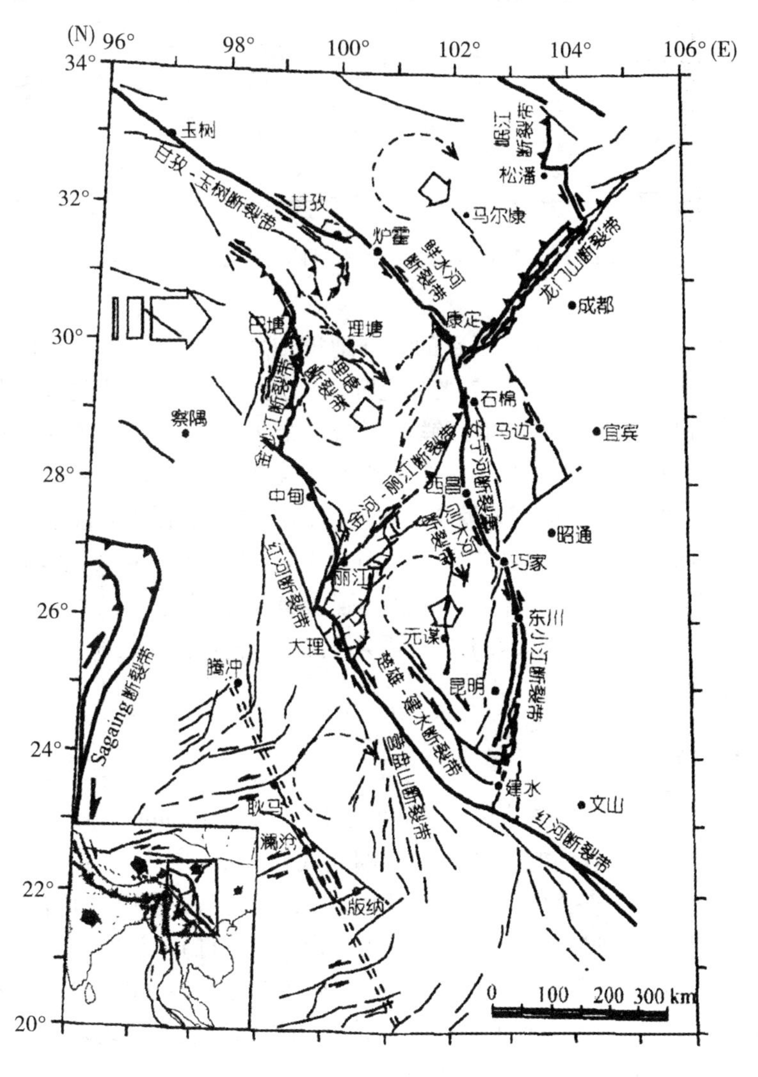

图 3.9 川滇地区活动断裂分布(修改自徐锡伟等，2003)

鲜水河断裂带在全新世有着强烈的左旋走滑运动，沿断裂带水系、冲沟、洪积扇、河流阶地、冰碛垄岗、山脊及倒石堆等常被左旋错断，并且沿断裂带发育断塞塘、拉分盆地、构造石林等多种典型地貌。依据地质学方法推算给出的鲜水河断裂带北西段滑动速率明显高于南东段活动速率，北西段活动速率为 10~20 mm/a，南东段活动速率小于 10 mm/a，一般为 5 mm/a 左右。这可能与断裂带的展布特征有关，北西段断裂较为单一，而南东段由多条次级断裂分担了活动速率。近年来利用现代大地测量手段给出的鲜水河断裂带现今平均走滑速率约为 10 mm/a 左右，垂向形变在 2 mm/a 之内。这些滑动速率与按地震矩给出的滑动速率(9 mm/a)基本一致，表明可以把有史以来的地震活动水平看作全新世以来的代表性地震活动水平。

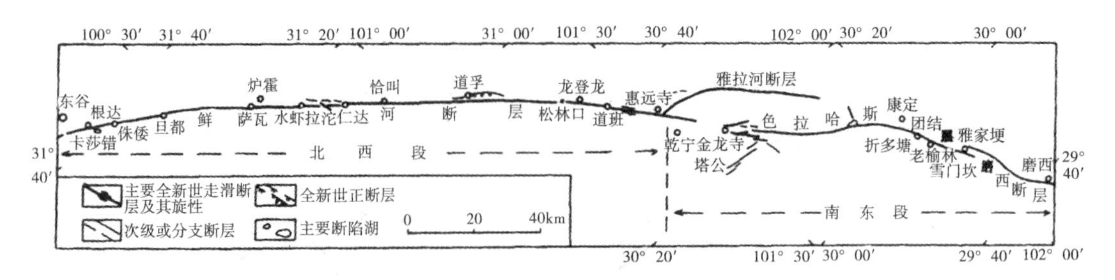

图 3.10　鲜水河活动断裂带(引自四川省地震局, 1989)

鲜水河断裂带是当今世界上最活跃的大陆地震带之一。该带自公元 1700 年有历史记载以来共发生 7 级以上地震 8 次，7 级以上强震在同一个地段的重复周期最短为 50 年，最长为 169 年。近代自 1893 年以来，鲜水河断裂带进入了地震活跃期，共发生了 7 次 *M*6.7 级以上地震，包括 1893 年乾宁 7.3 级地震，1904 年道孚 7.0 级地震，1923 年炉霍-道孚 7.3 级地震，1955 年康定-折多塘 7.5 级地震，1967 年侏倭 6.8 级地震，1973 年炉霍 7.6 级地震以及 1981 年道孚 6.9 级地震等。但自 1981 年道孚 6.9 级地震后，该断裂带再无 *M*6.7 级以上地震发生。由于鲜水河断裂带强震具有很强的原地复发性，因此在 2010 年玉树 *Mw*6.9 级地震及八美镇 *M*4.5 级地震发生后，是否意味着鲜水河断裂带的地震活动将进入一个新的活跃期?

3.3.5　郯庐活动断裂带

郯城-庐江活动断裂带(通常简称为郯庐断裂带，Tan-Lu Fault)是纵贯中国东部大陆边缘最重要的一条断裂带，它南起长江北岸的湖北武穴(原名广济)，沿 NE-NNE 方向，经安徽的宿松、潜山、庐江、嘉山，江苏的泗洪、宿迁，山东的郯城、沂水，过渤海湾，穿越东北三省，于黑龙江的逊克一带进入俄罗斯境内(图 3.11)。该断裂带全长近5 000km，在中国境内长达2 400km，宽 20~200km，总体走向 NE 向 10°~20°，现今的水平滑动速率约为 2.3 mm/a。郯庐断裂带跨越了具有不同演化历史的东北黑吉地块、华北地块、华南地块及大别-苏鲁造山带，它的形成演化对中国东部中生代以来的沉积岩相古地理、岩浆活动、变质作用和金属矿产及石油天然气等的形成和分布都具有明显的控制作用。

按照断裂带活动性程度，郯庐断裂带可以分为 3 段：北段自沈阳至山东北部海岸；中段，又叫沂沭断裂带，限于山东境内，大致构成胶东半岛和鲁西山地的分界线；南段，郯庐断裂带的命名地段，大致由郯城往南，经合肥、庐江至大别山东麓。郯庐断裂带形成于华北地块与华南地块拼合的晚期即印支末期，它经历了超韧性、韧性、韧脆性及脆性不同层次，不同阶段的变形。由于造山作用隆起和剥蚀，使这些不同层次的构造变形带在郯庐带及相邻地区出露，并呈现规律性的分布，沿大别山、张八岭、苏北、鲁南、胶东半岛为韧性、超韧性变形出露区，沿大别山南缘的武汉、鄂州、黄梅、安庆、庐江、全椒一线及其以南为扬子地块该层的韧脆性及脆性变形(褶皱变形)。

在漫长的地质演化过程中，郯庐断裂带经过长期、多次和性质多变的活动，在我国东

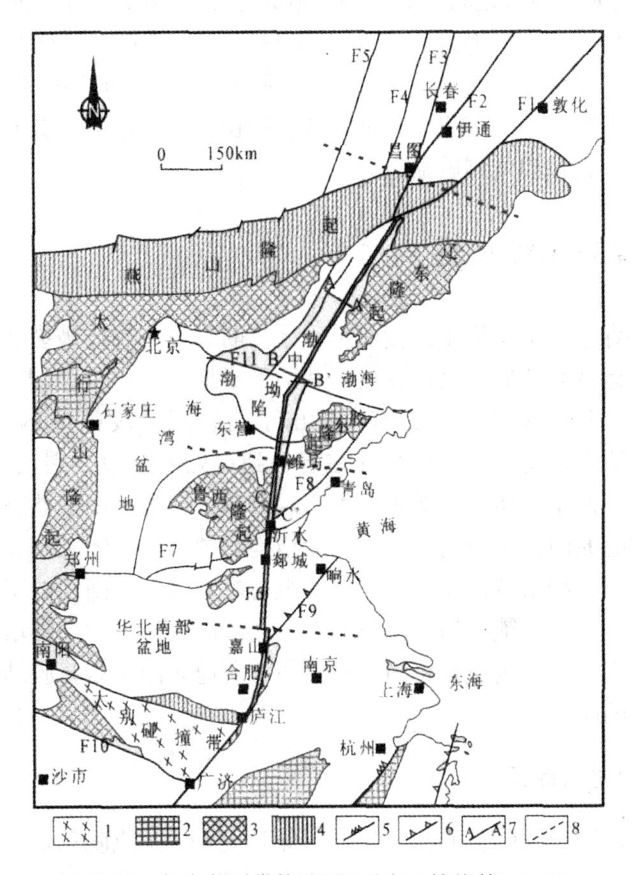

图 3.11　郯庐断裂带构造图(引自万桂梅等，2009)

部的构造活动中扮演着十分重要的角色。到中生代至新生代的早第三纪，东亚大陆受库拉板块向 NNW 向俯冲消亡，太平洋板块以 NNW 向朝欧亚板块俯冲，以及欧亚大陆向 SE 仰冲的联合作用，郯庐断裂带不同阶段先后发生了强烈断陷作用。在新构造时期，作为对东西两大构造力系起聚合和屏蔽作用的郯庐断裂带，其活动形状也发生很大变化，由早期的断陷作用为主转变为挤压右旋扭转为主。郯庐断裂带的现代运动基本上继承了晚第三纪末期以来的活动特征，而由于中国东西构造力系的复杂作用和华北地区 NW-NWW 向新构造活动的加剧和发展，使得郯庐断裂带活动的分段性更为复杂和突出。

郯庐断裂带在第四纪以来活断层最为发育，历史上曾发生过多次中强以上地震，如公元前 70 年安丘 7 级地震、1548 年和 1597 年渤海 7 级地震、1668 年郯城 $8^{1/2}$级地震、1888 年渤海 $7^{1/2}$级地震、1969 年渤海 7.4 级地震、1975 年海城 7.3 级地震等。其中 1668 年郯城地震是中国东部一次最强烈的地震。此外，需要特别指出的是，到目前为止，郯庐断裂带 7 级以上地震均发生在北纬 34°以北，在其以南只发生了 $6^{1/4}$级以下的中等强度地震和震群，反映郯庐断裂带各段的构造结构物性条件的差异性。

近 10 年来的 GPS 监测结果(刘晓霞等，2012)表明，郯庐断裂带的潍坊-郯城段主要以右旋走滑变形为主，郯城-庐江段则为左旋走滑，两段垂直断层方向的变形特征为“张压交替”。苏鲁交界的郯城附近是右旋走滑与左旋走滑的转换带。环渤海区虽然在不同时间段上的变形特征不同，特别是郯庐带附近，各期的运动特征差异较大，但基本上反映燕山-渤海地震带是运动特征差异的分界线，并且不同时间上郯庐断裂带各站点的一致性运动比较明显，意味着郯庐断裂带应力积累较弱，但由于郯庐断裂带具有发生强震的构造背景，因此，对该地区的长期监测就显得尤为必要。

3.4　活动断裂的闭锁特性

由于断裂在孕育过程中积累了大量能量，一旦断裂发生整体破裂和滑移，被积累的能量就会因为断裂的运动和变形而迅速释放，从而形成地震。但是，研究发现地震并非在整个断层的所有位置上同时发生。因此有人提出了断裂闭锁段(the locked section)的概念(Byerlee, 1970)，认为在断层内部往往存在着一到多处闭锁段，它(们)在断层开始作整体变形和运移时，只发生剪切应变而不发生宏观滑移，即处于闭锁状态。

按照闭锁形成的原因，断裂闭锁可以分为结构闭锁、应力闭锁和介质闭锁 3 种不同类型。结构闭锁相当于一组断裂错动时受到另一组与之近垂直的断层的阻挡，从而在断裂交汇区附件产生闭锁；应力闭锁相当于断裂中部分地区由于压应力局部增大，提高了断层摩擦强度而形成的闭锁；介质闭锁则相当于断裂中分布地区由于岩浆胶结或在两组断裂交汇区岩石胶结而出现的闭锁。

3.4.1　活动断裂的闭锁特征

活动断裂，又称活动断层，或活断层，是第四纪以来(或晚第四纪以来)活动、至今仍在活动的断裂，是距今 10 万年以来(或 3 万年以来)有充分位移证据证明曾经活动过，或现今正在活动，并在未来一定时期内仍有可能活动的断裂。活动断裂常会引发地震，直接破坏修建在断层上及其附近的建筑物，给人民生命财产造成严重的危害。由于活动断裂研究不仅与地震危险区划、地震预报及工程地基稳定性研究有联系，而且也是研究构造演化活动规律及岩石圈动力学特征的重要基础，得到了许多研究者的关注。关于活动断裂闭锁的构造标志有很多，其中主要包括有断裂几何障碍和断裂成熟度。

断裂几何障碍是指断块运动方向或断裂产状的变化而造成的断裂闭锁状态，它是阻碍断裂活动的主要因素之一，也被认为是潜在强震的主要标志。目前已经发现断块运动具有 5 种基本形式：断块升降，上翘下陷，俯冲仰冲，平滑移动和断层旋转等。而断裂几何障碍程度 (G) 可用断块运动方向与断面法线夹角 α 的大小来衡量：$G = \cos\alpha$。α 不同，断裂的滑动类型不同，其几何障碍程度通常也不一样。根据 α 角的大小和区域构造特征，活动断裂可以定性分为张性断裂、张剪性断裂、剪性断裂、压剪性断裂和压性断裂等 5 类(表 3.5)。

断裂成熟度是指断裂位移历史的量度，野外观测和实验研究均表明断裂位移历史与断裂破碎带的宽度呈正比，而与破碎带中的岩石颗粒粒度呈反比。因此，可以使用断裂破碎带的宽度 (T) 来近似描述断裂的结构成熟度。如果把破碎岩块粒度小于 1m 作为标准，则断裂破碎带宽带在野外地质填图中就能够直接测量。通过航、卫片判读及区域构造历史的分析，也能间接判断出断裂的演化阶段及其相应的破碎带宽度值。以断裂破碎带宽度为指标，断裂可以定性地分为不同的成熟期，如幼年期、少年期、青年期、壮年期和老年期等（表 3.6）。

表 3.5 **断裂滑动类型的划分**

断裂类型	α	构造形式	构造环境	地震活动
张性	180° ±	锯齿状或不规则的高角度张裂断层或铲形正断层	大洋中脊或大陆裂谷区，走滑断裂带的尾端拉张区	中小地震的群发活动，有地震断层出现
张剪性	135° ±	阶梯状断层构成盆岭式构造	走滑断裂带的尾端拉张区或斜列式走滑断裂的拉张区	地震活动频繁，地震断层发育
剪性	90° ±	断面平直光滑的雁列式或连续的走滑断层系	转换断层区或板内旋转构造活动区	地震强度大，频度高，地震断层规模大
压剪性	45° ±	断面平直的雁列式或连续型走滑断层系	构造转换带或构造旋转区，走滑断裂带尾端或斜列的收缩区	地震强度大，地震断层发育
压性	0° ±	舒缓波状的逆断层构成透镜体构造	地壳收缩区包括板块边界俯冲带，碰撞带及板内块体前缘的收缩带	地震强度大，地震断层不很发育

引自赵翔，1989

表 3.6 **断裂成熟期的划分**

成熟期	破碎带宽度	几何结构	地震活动	地震断层
幼年期	<1m	小断层离散分布规模小	低强度的震群活动	不发育
少年期	1～10m 断层地貌发育	零散的不连续结构，高角度雁列式断裂和阶梯状断裂出现	双主震型或多主震型的群发活动	偶尔发育小规模断层
青年期	10～100m 航片上线性标志清晰	雁列式断裂或阶梯状断组成的不连续几何结构	地震强度大，频度高	发育
壮年期	10～1 000m 卫片上线性标志清晰	连续性好的主干断裂发育	强震活动频繁，以主余震型为主	十分发育
老年期	>1 000m	连续性好的平行断裂系	地震活动强度大	大规模地震发育断层

引自赵翔，1989

活动断裂的几何结构特征及其闭锁特征是断裂长期演化的结果，它们不但包含大量有关断裂演化历史的信息，而且对断裂的继续错动也将产生显著的影响。事实上，在断裂几何障碍程度较高、而断裂成熟度很低的活动断裂带上，地震断层通常也不发育。与此相反，在断裂几何障碍程度较低、而断裂成熟度很高的活动断裂带上，地震断层的错动常常屡见不鲜。

3.4.2　活动断裂的闭锁度

断裂闭锁度 (I) 是衡量断裂闭锁程度的指标，它与断裂的位移历史、活动性质、几何形状及破碎程度等构造因素有关，是特定构造环境下相对稳定的断裂特性参数。因此，断裂闭锁度可以用有关断裂闭锁的构造标志来进行描述。

断裂闭锁结构主要表现在断裂几何障碍和断面粗糙结构两方面。其中，断裂几何障碍主要取决于断裂几何展布方式及其与区域块体运动方向之间的关系，如几何障碍程度较高的特殊结构包括断裂的端点、拐弯点、分叉点、交汇点和错列点等。在这些构造部分，断块运动方向与断裂法线间的夹角 α 的余弦值也相比较大。因此，断裂几何障碍可以用 $\cos\alpha$ 来定量描述。

断面粗糙结构主要表现为断面上的凹凸体和障碍体的不均匀分布(见 § 3.5)。但这种断面的光滑程度与断裂的位移历史有关，可以用断裂成熟度来进行描述。反映断裂成熟度的标志有断裂总体位移量或断裂破碎带宽度 (T)、 破碎颗粒平均粒度等。因为断裂发育越成熟，断裂总位移量必然越大，破碎带宽度越宽，而破碎颗粒的粒度越小，自然断裂滑动面也越趋于光滑。由于破碎断裂带宽度 T 是目前最容易直接测量的构造参数之一，因此, T 通常作为断面粗糙度的量度。

基于断裂几何障碍程度及断裂成熟度，赵翔(1989)给出了断裂闭锁度的表达形式：

$$I = f(T,\ \cos\alpha,\ \varepsilon) \tag{3.2}$$

其中, ε 为除 T 和 α 以外的随机因素，并假定其服从正态分布。

许多强震在地表都会形成地震断层，这些地震断层的形成为断裂闭锁作用的量化提供了可能。对于每一次前震事件都能确定出一个断层损耗率 (K)， 其表达式为：

$$K = M - \log LD \tag{3.3}$$

式中, M 为地震的震级; LD 为地震断层错距，为地震断层长度 (L) 和地震断层最大位错量 (D) 的乘积。如果把 L 大于 1km、D 大于 1cm 作为地震断层的出现标志，则 K 反映了能够出现地震断层的最小震级，或者说 K 是零级地震所对应的地震断层错距的量度。

然而, K 的大小又直接与断裂几何障碍程度及断面粗糙结构等构造因素有关，并可用 $\cos\alpha$ 和 $\log T$ 的线性函数来描述。因此，这种由 $\cos\alpha$ 和 $\log T$ 所构成的线性函数直接反映了对地震断层发育程度的贡献量大小，从而可以作为断裂闭锁度的度量指标，则式(3.2)可以改写为：

$$I = c_1\cos\alpha - c_2\log T + c \tag{3.3}$$

根据对断层错距和断层损耗率的回归分析，发现 c_1/c_2 保持在 1 附近，即 $\cos\alpha$ 和 $\log T$ 对地震断层的发育具有相近的贡献量。最终给出的断裂闭锁度计算公式为 $I = \cos\alpha - \log T + 5$。

由于断裂几何障碍程度和断裂结构程度分别反映了断面上的正应力水平和断裂摩擦系数的大小。因此，断裂闭锁度实质上也部分的包含了断裂强度的信息。由于断裂面的几何特性不同，其强度也不相同。有些断裂面光滑平直、产状稳定，断面两侧岩块间的咬合力较小，摩擦阻力必然也小。所以，抗剪强度一般偏低。与此相反，有些断裂面呈舒缓波状，产状极不稳定，其抗剪强度必然偏高。还有些陡峭的断面，呈参差不齐的锯齿状、断面粗糙不平，其咬合力较大，摩擦阻力也大，抗剪强度自然很高。

3.5 凹凸体与障碍体

近年来，在地震波观测中发现很多新的现象和证据，如地震图中一系列大振幅脉冲之间常被一些周期较长的小振幅辐射隔开；在地震加速度图上存在复杂的高频成分；有些地震断层地面的痕迹并不连续，而是成段离散的；地面运动振幅随方向不同而变化特殊，以及地下破裂起始和终止等复杂过程等。所有这些均表明断层带的力学性质并不均匀，并且断层与断裂作用的不均匀性表现在所有尺度上，动力学断裂作用在所有尺度上也不均匀。

在研究破裂在不均匀介质中的运动过程时，人们提出了许多不同的模型，其中主要的模型有两种，即凹凸体(Asperities)模型和障碍体(Barriers)模型，并且两者之间是相辅相成和互为补充。在图3.12中，Aki(1984)用障碍体和凹凸体模型来模拟余震和前震。凹凸体的破碎过程可看成一平滑过程，而障碍体的存在可看成断层的打磨过程。即震前过程是受凹凸体控制，而地震过程则被障碍体所支配。

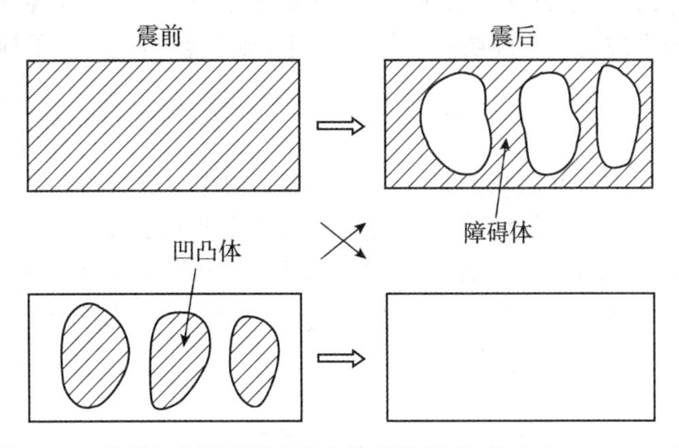

图3.12 前震和余震的凹凸体和障碍体模型(修改自Aki，1984)

3.5.1 凹凸体模型

凹凸体可简单定义为断层破裂面上暂时被卡住、阻碍断层错动的主要区域。在地震学中经常采用凹凸体的概念来解释地震活动的不均匀性，如Kanamori(1981)应用凹凸体二维模型系统地解释了大地震前震源区及临近观测到的背景地震活动、前兆地震群、地震平静和前震等前兆地震活动性图像，以及前震-主震-余震序列的活动。

图3.13是凹凸体二维模型，其中3.13(a)矩形框表示一个未来大地震的整个或部分破裂面，称为单元断层面。该单元断面上划分为两类地区：强度高的凹凸体区域和其周围

强度低的区域。无论是强固区还是其周围地区，都可以分割为一系列小断层块，它们的强度分布都是均匀的。为简单起见，分别用均值为 $\overline{S_a}$ 和 $\bar{S}$，标准偏差为 Σ_a 和 Σ 的高斯分布区描述强度的变化。这样，单元断面上的小断块的总体强度分布为双峰型分布($\overline{S_a} > \bar{S}$)。

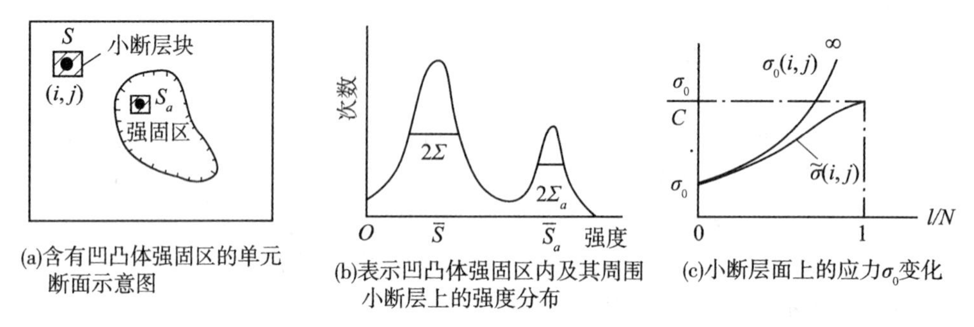

(a)含有凹凸体强固区的单元断面示意图　(b)表示凹凸体强固区内及其周围小断层上的强度分布　(c)小断层面上的应力 σ_0 变化

图 3.13　前兆地震活动性图像的凹凸体模型(修改自 Kanamori，1981)

令加载应力 σ_0 随时间呈线性变化：

$$\sigma_0 = \sigma_{00} + at \tag{3.4}$$

其中，t 为时间；σ_{00} 和 a 为常数。令当在位置 (i, j) 的应力超过那里的小断层块强度时，该小断层块发生破裂，那里的应力降到零。同时假定小断层块一旦破裂就不发生愈合，加载应力 σ_0 便由其他未破裂的小断层块均匀地承担。则某点 (i, j) 上的应力为：

$$\sigma(i, j) = \frac{\sigma_0}{1 - l/N} \tag{3.5}$$

其中，N 为单元断层面内小断层块的总数；l 为破裂了的小断层块的数目。当 l 趋近 N 时，σ 趋于无穷大，这在物理上是不合理的。但是实际上的单元断层面不是孤立绝缘的系统，则该单元断层面中绝大部分的小断层块已破裂，加载应力有可能由其他单元断层面承担，不会导致被研究单元断层面上小断层块上的应力趋于无穷大。基于这样的考虑，引入一个常数，则 (i, j) 位置上小断层块上修正的应力：

$$\tilde{\sigma}(i, j) = \frac{\sigma(i, j)}{1 + C\left(\dfrac{l/N}{1 - l/N}\right)} = \frac{\sigma_0}{1 + (C - 1)l/N} \tag{3.6}$$

该式能满足在 l 趋近 N 时，格点 (i, j) 上的应力保持有限值的物理要求。

按照上述地震活动性的凹凸体模型，单元断层面上的破裂过程见图 3.14，图中，$\tilde{\sigma}$ 为小断层块上的应力。当加载构造应力比较低时，某些位置上承受的应力 $\tilde{\sigma}(i, j)$ 达到强度较小的小断层上的破裂应力($\leqslant \bar{S}$)，会发生破裂，构成为数不多的背景地震活动(图 3.14 第 1 阶段)。

当加载构造应力逐渐增加，某些位置上的 $\tilde{\sigma}$ 接近 $\bar{S}$，便有大量小断层块发生破裂，过程加速发展，产生前兆震群的地震活动(图 3.14 第 2 阶段)。在这个阶段中，凹凸体强固区外围的大多数小断层块都已破裂。

如加载构造应力继续增加，只有极少的小断层块发生破裂，出现地震活动的平静阶段(图3.14第3阶段)。此时，凹凸体强固区周围地区基本处如解耦状态，区域加载构造应力的增加，都由强固区去承担，即它处于应力集中的状态。

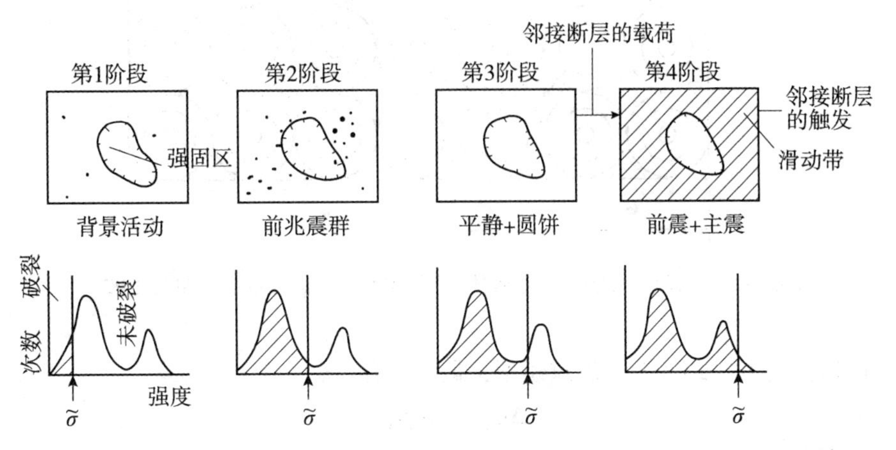

图3.14 由凹凸体模型预测的地震活动性序列图像变化过程(修改自 Kanamori，1981)

最后，当凹凸体强固区上所承受的应力$\widetilde{\sigma}$接近$\bar{S}$时，它以一种前震-主震-余震式的加速破裂序列出现，直至整个强固区破裂(图3.14第4阶段)。并且，它可能以足够的应力突然降落，影响和触发临近单元断层的活动，成为复杂的多发式大地震活动。当整个地震活动序列完成之后，应力加载开始新一轮构成，引起新的地震周期。

3.5.2 障碍体模型

一般情况下，在地震前，震源区是受均匀应力作用的；震时，岩层断裂并出现局部的滑动，但仍有未滑动即未受破坏的高应力强度区；震后该区域上的应力强度大于周围断层面上的应力强度，这种块体即称为障碍体。障碍体的形成过程也是应力不均匀化的过程。当裂隙的破裂传播遇到障碍体时，障碍体可能被破坏，也可能在裂隙通过后而未破坏，或当时虽未破坏，随着周围的动应力即构造应力与障碍体强度之比值的增加，最终发生破坏。当裂隙通过时是否发生破坏，取决于障碍体区域的大小及其自身的抗应力强度。如果障碍体的区域相对于裂隙而很大，则当裂隙传播遇到障碍体时，裂隙就停止传播；如果障碍体的区域与瞬时破裂的尺度相当或更小，而构造应力又大于障碍体的强度，则障碍体发生破坏；反之，构造应力不太大，则破裂可以越过障碍体传播，而留下未破坏的障碍体。

对图3.15中所示的不均匀介质理想障碍体模型，断层长度为L，宽度为W，每个裂隙的半径为ρ_0。则单位宽度裂隙数为$N_w=\dfrac{W}{2\rho_0}$，单位长度裂隙数为$N_L=\dfrac{L}{2\rho_0}$，总裂隙数为$N=N_w\cdot N_L=\dfrac{WL}{4\rho_0^2}$。

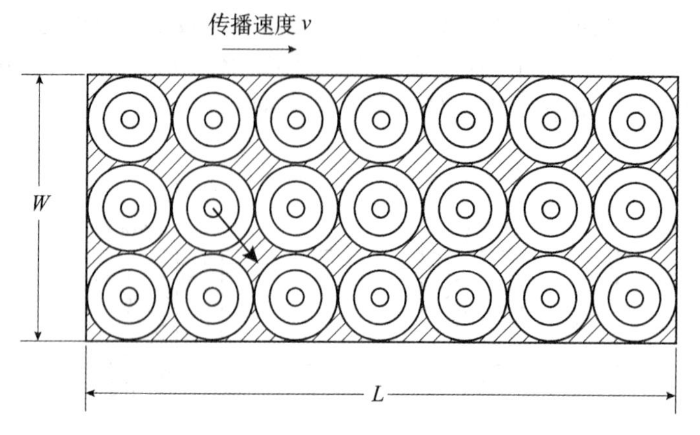

图3.15　不均匀介质的理想障碍体模型(引自 Papageorgiou 和 Aki, 1983)

对于均匀剪应力($\Delta\sigma$)下的裂隙模型，最大滑移 $\Delta u_{\max}$ 为：

$$\Delta u_{\max} = K\rho_0 \tag{3.7}$$

其中，$K=\left(\frac{24}{7\pi}\right)\cdot\left(\frac{\Delta\sigma}{\mu}\right)$，这里 μ 为剪切模量。

而每个裂隙的平均滑移 $\overline{\Delta u}$ 为：

$$\overline{\Delta u} = \frac{2}{3}\Delta u_{max} \tag{3.8}$$

由于每个裂隙释放的地震矩为 $M_{o_i} = \mu\,\overline{\Delta u_i}(\pi\rho_0^2)$，则整个断层释放的总地震矩为 $M_0 = \sum_{i=1}^{N} M_{o_i} = \frac{WL}{4\rho_0^2}\cdot\mu\,\overline{\Delta u_i}(\pi\rho_0^2) = \frac{\overline{\Delta u_i}}{\frac{4}{\pi}}\mu WL$。因此障碍体模型的断层面平均滑移 $\overline{\Delta u'} = \frac{M_0}{\frac{4}{\pi}\mu S}$，这里 $S=WL$ 为断层面的表面积。

而如果假设应力是均匀分布在整个断层面，由此形成的平均滑移为 $\overline{\Delta u}$，相应的地震矩为 $M_0=\mu\,\overline{\Delta u}S$，则有 $\overline{\Delta u'} = \frac{4}{\pi}\overline{\Delta u}$。这两个平均滑移之间有一定百分比($4/\pi$)的差别，这个差别正是由于断层中存在的障碍体所造成的。并且可以看到，如果地震释放了相同的能量，则存在障碍体的断层就会形成更大的滑移。

◎ 参考文献：

[1]中国地震局监测预报司. 地震地质学. 北京：地震出版社，2007

[2]金旭，傅维州. 固体地球物理学基础. 长春：吉林大学出版社，2003

[3]柳成志，冀国盛，许延浪. 地球科学概论(第二版). 北京：石油工业出版社，2010

[4]胡绍祥，李守春. 矿山地质学. 徐州：中国矿业大学出版社，2003
[5]巫建华，刘帅. 大陆构造学概论与中国大地构造学纲要. 北京：地质出版社，2008
[6]陈国能，张珂. 大地构造学原理简明教程. 广州：中山大学出版社，1994
[7]金性春. 板块构造学基础. 上海：上海科学技术出版社，1984
[8]傅容珊，黄建华. 地球动力学. 北京：高等教育出版社，2001
[9]DeMets C, Gordon R G, Argus D F. Geologically current plate motions. Geophys. J. Int., 2010, 181(1): 1-80
[10]DeMets C, Gordon RG, Argus D F, et al. Current plate motions. Geophys. J. Int. 1990, 101: 425-478
[11] Ward S N. Pacific-North America Plate motions: New results from very long baseline interferometry. J. Geophys. Res., 1990 95(B13): 21965-21981
[12]Bird P. An updated digital model of plate boundaries. Geochem. Geophys. Geosyst., 2003, 4, 1027, doi: 10.1029/2001GC000252
[13]Argus D F, Gordon R G, DeMets C. Geologically current motion of 56 plates relative to the no-net-rotation reference frame. Geochem. Geophys. Geosyst., 2011, 12 (11), doi: 10.1029/2011gc003751
[14]火恩杰，王炜，林命週，等. 土耳其地震概观. 北京：中国科学技术出版社，2004
[15]刘光勋，肖振敏. 鲜水河断裂与北安纳托利亚断裂的对比研究. 鲜水河断裂带地震学术讨论会文集，1986：53-63
[16]Akyüz H S, Hartleb R, Barka A, et al. Surface rupture and slip distribution of the 12 November 1999 Düzce earthquake (M7.1), North Anatolian Fault, Bolu, Turkey. Bull. Seism. Soc. Am., 2002, 92(1): 61-66
[17]中国地震学会地震地质专业委员会. 中国活动断裂. 北京：地震出版社，1982
[18]李鹏. 宽幅InSAR观测阿尔金断裂带西段震间应变累积的研究[D]. 武汉大学，2013
[19]国家地震局《阿尔金活动断裂带》课题组. 阿尔金活动断裂带. 北京：地震出版社，1992
[20]徐锡伟，闻学泽，郑荣章，等. 川滇地区活动块体最新构造变动样式及其动力来源. 中国科学D辑，2003，33(增刊)：151-162
[21]四川省地震局. 鲜水河活动断裂带. 成都：四川科学技术出版社，1989
[22]彭华，马秀敏，李金锁，等，南水北调西线一期工程地壳稳定性研究. 北京：地震出版社，2009
[23]王小凤，李中坚，陈柏林，等. 郯庐断裂带. 北京：地质出版社，2000
[24]万桂梅，汤良杰，金文正，余一欣. 郯庐断裂带研究进展及存在问题探讨. 地质论评，2009，55(2)：251-259
[25]刘晓霞，江在森，武艳强. 利用GPS资料研究郯庐带现今运动及变形状态. 地震，2012，32(4)：1-10
[26]Byerlee J. The mechanics of stick-slip. Tectonophysics, 1970, 9: 475-486
[27]赵翔. 活动断裂的闭锁度[D]. 国家地震局地质研究所，1989

[28] Aki K. Asperities, barriers, characteristic earthquakes and strong motion prediction. J. Geophys. Res., 1984, 89(B7): 5867-5872

[29] Kanamori H. The nature of seismicity patterns before large earthquakes. In: D. Simpson and P. Richards (Editors), Earthquake Prediction-An International Review. AGU, Washington D. C., 1981

[30] Papageorgiou A S, Aki K. A specific barrier model for the quantitative description of inhomogeneous faulting and the prediction of strong ground motion; I. description of the model. Bull. Seism. Soc. Am., 1983, 73(3): 693-722

第4章　线性反演方法

地球物理大地测量线性反演研究领域中的重要课题之一就是研究地表位移与地震断层错动间的线性响应问题，该问题一般而言可分为地震波信号的动态线性反演和地震0断层的分布滑动线性反演。具体言之，前者主要采用地震波场数据，用以求解地震断层短时段内的动态破裂过程，而后者主要采用全球卫星导航系统（Global Navigation Satellite System，GNSS）或合成孔径雷达干涉测量(Interferometric Synthetic Aperture Radar，InSAR）地壳形变资料，用以求解发震断层参数。线性反演方法在求解地震断层的运动模式、活动断层的滑动习性、地壳应力场变化、地震定位、地震层析成像、地震应力转移乃至地震空区段的定位等研究方面也同样具有至关重要的地位。本章以线性反演的一般数学模型为主线，分别介绍常用的线性反演方法，包括长度法、广义逆矩阵法、线性迭代法、基函数展开法、B-G线性反演方法和${}_jR_i$方法。

4.1　线性反演的一般描述

线性反演顾名思义即求解线性的观测方程组。线性的观测方程组从空间变换的观点看就是解空间到数据空间的映射关系是线性的。线性反演的数学模型包括函数模型和随机模型。函数模型即为观测方程，其刻画了观测量与待估参数间的线性映射关系。随机模型即为观测量的方差-协方差阵。完成地球物理线性反演需经过以下三个步骤：(1)建立线性的函数模型(对于不太复杂的非线性函数模型可采用泰勒展开法取至一阶项进行线性化)和随机模型；(2)选择合适的反演方法求解待估参数及其精度评定；(3)对解进行评价和分析。由于步骤(1)和步骤(3)涉及具体的地球物理反演问题，为研究地球物理反演的一般共性问题，本章侧重于步骤(2)，即介绍地球物理反演中的线性方程组的解法。

线性反演的数学模型一般可以表述如下：

$$\begin{cases}\boldsymbol{Gm}=\boldsymbol{d}\\ \boldsymbol{\lambda}^2\boldsymbol{Lm}=0\\ \boldsymbol{D}_d=\sigma_0^2\boldsymbol{Q}\end{cases} \tag{4.1}$$

式中，$\underset{N\times M}{\boldsymbol{G}}$为格林函数矩阵(格林函数为发震断层单位位错对观测点的形变贡献量)；$\underset{M\times 1}{\boldsymbol{m}}$为待估参数列向量(如各断层片的走滑分量、倾滑分量和张裂分量)；$\underset{N\times 1}{\boldsymbol{d}}$为观测值列向量(如GNSS位移场、GNSS速度场或InSAR视向变化)；$\underset{1\times 1}{\boldsymbol{\lambda}}$为参数列向量的平滑因子；$\underset{M\times M}{\boldsymbol{L}}$为参数向量的平滑约束矩阵(如Laplace二阶差分平滑算子)；$\underset{N\times N}{\boldsymbol{D}_d}$为观测列向量的方差-协方差矩阵；$\underset{1\times 1}{\sigma_0^2}$为单位权中误差以及$\underset{N\times N}{\boldsymbol{Q}}$为观测列向量的协因数矩阵。

对地球物理大地测量领域里的地震断层分布滑动反演而言，线性反演的首要工作是建立线性的函数模型(即线性观测方程组)。构建线性观测方程组 $\boldsymbol{Gm}=\boldsymbol{d}$ 是由位错理论所提供的，如 Okada (1992) 的均匀弹性半空间位错理论、Wang 等 (2003) 的分层弹性及黏弹性半空间位错理论、Pollitz (1996) 和 Sun 等 (2006) 的球形分层弹性位错理论(位错理论的具体内容请参见第2章)。这些位错理论的核心思想是建立断层位错与地壳形变的线性响应关系。通过这些位错理论及给定的地球介质模型(如均匀弹性模型、分层弹性模型，如 crust 2.0 模型和 PREM 模型 (Preliminary Reference Earth Model, Dziewonski & Anderson, 1981)、分层弹性-黏弹性模型、地球各向异性模型等)，就可以建立起地震断层的单位位错分量对地表形变的贡献量所构成的矩阵，这个矩阵就是格林函数矩阵 G。下节就断层面的矩形网格剖分方法和格林函数矩阵的构建两个方面，具体介绍如何构建格林函数矩阵 G，进而构建起观测方程。

4.2　线性反演模型的建立

4.2.1　矩形断层面剖分和格林函数矩阵构建

格林函数矩阵构建的基本思路是：首先建立断层面剖分网格中心点在给定坐标系下的三维坐标，从而建立断层面的矩形网格剖分中心点的坐标集，然后给每个断层网格(或称为子断层片(subfault patch))施加单位位错 (unitary dislocation)，再由第2章所介绍的位错理论计算该单位位错位错引起的地表观测点的形变量，最后构建格林函数矩阵 G。由此可知，断层面矩形网格剖分是构建格林函数矩阵的前提。而在对断层面进行矩形网格剖分之前，应首先明确与表征地震断层面空间方位有关的三种坐标系统：局部笛卡尔直角坐标系 $o-xyz$、断层坐标系 $\hat{o}-\hat{x}\hat{y}\hat{z}$ 和断层面坐标系 $o_1-\xi\eta n$(图 4.1、图 4.2)。这三个坐标系统的定义如下：

局部笛卡尔直角坐标系 $o-xyz$ 的定义为：x、y、z 三轴向分别指北、指东和垂直向上，对应的基向量分别为 e_1、e_2、e_3；断层坐标系 $\hat{o}-\hat{x}\hat{y}\hat{z}$ 的定义为：$\hat{x}$、$\hat{y}$、$\hat{z}$ 三轴向分别指向断层走向、垂直于断层走向和垂直向上且三轴符合右手法则，对应的基向量分别为 $\hat{e}_1$、$\hat{e}_2$、$\hat{e}_3$，其坐标原点 $\hat{o}$ 在 $o-xyz$ 坐标系中的坐标为 $(x_0, y_0, 0)$ 且该坐标原点 $\hat{o}$ 在地震断层面上的投影为点 $\hat{o}'$，点 $\hat{o}$ 和点 $\hat{o}'$ 的垂向距离为 d；断层面坐标系 $o_1-\xi\eta n$ 的定义为：ξ、η、n 三轴向分别指向断层走向、断层逆倾向和断层面法向，对应的基向量分别为 e_ξ、e_η、e_n，其坐标原点 o_1 位于断层面左下角。投影点 $\hat{o}'$ 在断层面坐标系 $o_1-\xi\eta n$ 中的坐标为 $(\xi_0, \eta_0, 0)$。下面分析这三个坐标系的基向量的关系。

首先，局部笛卡尔直角坐标系 $o-xyz$ 的基向量 $\{e_1, e_2, e_3\}$ 和断层坐标系 $\hat{o}-\hat{x}\hat{y}\hat{z}$ 的基向量 $\{\hat{e}_1, \hat{e}_2, \hat{e}_3\}$ 间的关系为：

$$(\hat{e}_1 \quad \hat{e}_2 \quad \hat{e}_3)=(e_1 \quad e_2 \quad e_3)\begin{pmatrix}\cos\phi & \sin\phi & 0\\ \sin\phi & -\cos\phi & 0\\ 0 & 0 & 1\end{pmatrix} \tag{4.2}$$

式中，ϕ 为断层走向。

其次，断层坐标系 $\hat{o}-\hat{x}\hat{y}\hat{z}$ 的基向量$\{\hat{e}_1, \hat{e}_2, \hat{e}_3\}$ 和断层面坐标系 $o_1-\xi\eta n$ 的基向量$\{e_\xi, e_\eta, e_n\}$ 间的关系为：

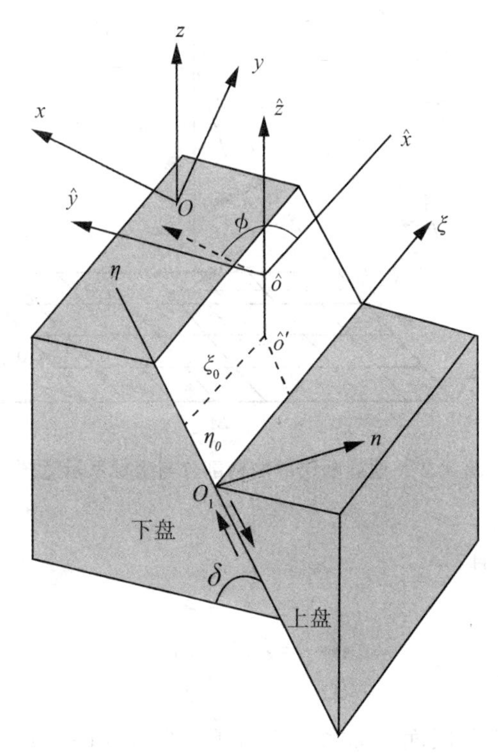

图 4.1 与断层有关的三种坐标系示意图

$$(e_\xi \quad e_\eta \quad e_n) = (\hat{e}_1 \quad \hat{e}_2 \quad \hat{e}_3)\begin{pmatrix} 1 & 0 & 0 \\ 0 & \cos\delta & -\sin\delta \\ 0 & \sin\delta & \cos\delta \end{pmatrix} \tag{4.3}$$

式中，δ 为断层倾角。

令 $R_\phi = \begin{pmatrix} \cos\phi & \sin\phi & 0 \\ \sin\phi & -\cos\phi & 0 \\ 0 & 0 & 1 \end{pmatrix}$，$R_\delta = \begin{pmatrix} 1 & 0 & 0 \\ 0 & \cos\delta & -\sin\delta \\ 0 & \sin\delta & \cos\delta \end{pmatrix}$， 则由式(4.2)和式(4.3)，有：

$$(e_\xi \quad e_\eta \quad e_n) = (e_1 \quad e_2 \quad e_3)R_\phi R_\delta \tag{4.4}$$

现有任意自由矢量 $\vec{F}$，其在局部笛卡尔直角坐标系 $o\text{-}xyz$ 和断层面坐标系 $o_1\text{-}\xi\eta n$ 可以表示为：

$$(e_\xi \quad e_\eta \quad e_n)\begin{pmatrix} \Delta x_\xi \\ \Delta y_\eta \\ \Delta z_n \end{pmatrix} = \vec{F} = (e_1 \quad e_2 \quad e_3)\begin{pmatrix} \Delta x \\ \Delta y \\ \Delta z \end{pmatrix} \tag{4.5}$$

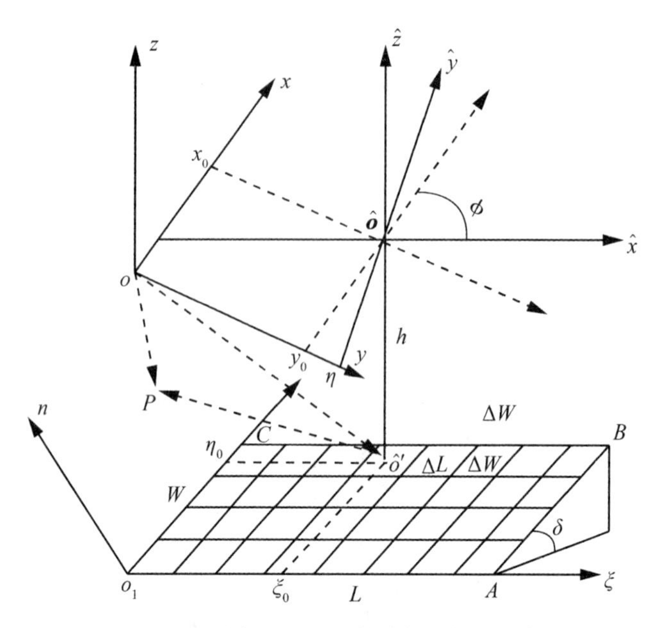

图 4.2 地震断层面网格剖分与坐标系示意图

由式(4.4)和式(4.5)，有：

$$\begin{pmatrix}\Delta x\\ \Delta y\\ \Delta z\end{pmatrix} = \boldsymbol{R}_{\phi}\boldsymbol{R}_{\delta}\begin{pmatrix}\Delta x_{\xi}\\ \Delta y_{\eta}\\ \Delta z_{n}\end{pmatrix} \tag{4.6}$$

现有任意一点P位于断层面坐标系o_1-$\xi\eta n$下的坐标为(ξ, η, n)，其对应位于局部笛卡尔直角坐标系o-xyz下的坐标为(x, y, z)。由$\overrightarrow{oP} = \overrightarrow{o\hat{o}'} + \overrightarrow{\hat{o}'P}$(见图4.2)有：

$$\begin{pmatrix}x\\ y\\ z\end{pmatrix} = R_{\phi}R_{\delta}\begin{pmatrix}\xi - \xi_0\\ \eta - \eta_0\\ n\end{pmatrix} + \begin{pmatrix}x_0\\ y_0\\ -d\end{pmatrix} \tag{4.7}$$

式(4.7)即为将断层面坐标系o_1-$\xi\eta n$下的坐标(ξ, η, n)转换至局部笛卡尔直角坐标系o-xyz下的坐标(x, y, z)的坐标转换公式。

下面具体分析地震断层面的矩形网格剖分。

令地震断层可以沿断层走向划分为K列和沿断层逆倾向划分为J行的断层片(图4.2)，则在断层面坐标系o_1-$\xi\eta n$下第j行第k列的断层片的中心坐标$(\xi_k, \eta_j, 0)$为(如图4.2中一个长为ΔL、宽为ΔW的断层片上的实心点所示)：

$$\left\{(\xi_k, \eta_j, 0)\ \middle|\ \xi_k = (k - \frac{1}{2})\Delta L,\ \eta_j = (j - \frac{1}{2})\Delta W\right\} \tag{4.8}$$

式中，$\Delta L = \dfrac{L}{N_K}$；$\Delta W = \dfrac{W}{N_J}$；$k = 1, 2, \cdots, K$；$j = 1, 2, \cdots, J$；$L$为断层的长度；$W$为断层的宽度；$N_K$为断层长度的等分数；$N_J$为断层宽度的等分数。

依坐标转换公式(4.7)，我们有：

$$\begin{pmatrix} x \\ y \\ z \end{pmatrix} = \boldsymbol{R}_{\phi} \boldsymbol{R}_{\delta} \begin{pmatrix} \xi_k - \xi_0 \\ \eta_j - \eta_0 \\ 0 \end{pmatrix} + \begin{pmatrix} x_0 \\ y_0 \\ -d \end{pmatrix} \tag{4.9}$$

式(4.9)即为位于断层面坐标系下的、沿断层走向和倾向剖分断层面后的各断层片(小矩形)中心在局部笛卡尔直角坐标系下的坐标。

最后，我们构建观测方程 $\boldsymbol{Gm}=\boldsymbol{d}$ 的格林函数矩阵。一般而言，位错理论刻画如下关系：

$$f(X)\left[s_{\text{strike}} \begin{pmatrix} 1 \\ 0 \\ 0 \end{pmatrix} + s_{\text{dip}} \begin{pmatrix} 0 \\ 1 \\ 0 \end{pmatrix} + s_{\text{tensile}} \begin{pmatrix} 0 \\ 0 \\ 1 \end{pmatrix} \right] = \begin{pmatrix} u_x(x, y, z) \\ u_y(x, y, z) \\ u_z(x, y, z) \end{pmatrix} \tag{4.10}$$

式中，$f(X)=f(x, y, z, \xi, \eta, x_0, y_0, d, L, W, \phi, \delta, \rho, \lambda, \mu, \eta)$ 为地壳形变量对地震断层位错的响应函数，其与地壳形变观测量在局部笛卡尔直角坐标系里的坐标(x, y, z)；断层面的第 j 行第 k 列断层片的中心坐标$(\xi_k, \eta_j, 0)$；断层参考点在局部笛卡尔直角坐标系 $o\text{-}xyz$ 中的坐标$(x_0, y_0, -d)$(d 为断层参考点离地表深度)；L 为断层长度；W 为断层宽度；ϕ 为断层走向和 δ 为断层倾角和地球介质参数(分别为地球密度 ρ、拉梅常数 λ、μ 和黏滞性系数 η)有关。s_{strike}、s_{dip}、s_{tensile} 分别为断层面的第 j 行第 k 列断层片上沿断层走向、断层逆倾向和断层法向三个方向的位错分量：走滑分量 s_{strike}(strike slip)、倾滑分量 s_{dip}(dip slip)和张裂分量 s_{tensile}(tensile slip)；走滑分量以沿断层走向为正、倾滑分量以沿断层逆冲方向为正和张裂分量以断层法向方向为正。$(u_x, u_y, u_z)^{\mathrm{T}}$ 为位错矢量 $(s_{\text{strike}}, s_{\text{dip}}, s_{\text{tensile}})^{\mathrm{T}}$ 在笛卡尔直角坐标系中的坐标点处产生的形变量。

式(4.10)可以简化表述为：

$$\begin{cases} (\boldsymbol{G}^s \quad \boldsymbol{G}^d \quad \boldsymbol{G}^t) \begin{pmatrix} s_{\text{strike}} \\ s_{\text{dip}} \\ s_{\text{tensile}} \end{pmatrix} = \begin{pmatrix} u_x \\ u_y \\ u_z \end{pmatrix} \\ \boldsymbol{G}^s = f(X) \begin{pmatrix} 1 \\ 0 \\ 0 \end{pmatrix}, \quad \boldsymbol{G}^d = f(X) \begin{pmatrix} 0 \\ 1 \\ 0 \end{pmatrix}, \quad \boldsymbol{G}^t = f(X) \begin{pmatrix} 0 \\ 0 \\ 1 \end{pmatrix} \end{cases} \tag{4.11}$$

其中，$X=(x, y, z, \xi, \eta, x_0, y_0, d, L, W, \phi, \delta, \rho, \lambda, \mu, \eta)$。

式(4.11)即为对单个断层片施加单位走滑位错$(1 \quad 0 \quad 0)^{\mathrm{T}}$、单位倾滑位错$(0 \quad 1 \quad 0)^{\mathrm{T}}$和单位张裂位错$(0 \quad 0 \quad 1)^{\mathrm{T}}$后所得到的单台站或单观测点处的格林函数响应矩阵$(\boldsymbol{G}^s \quad \boldsymbol{G}^d \quad \boldsymbol{G}^t)$。$(u_x \quad u_y \quad u_z)^{\mathrm{T}}$为局部笛卡尔坐标系(图4.2)中点$(x \quad y \quad z)^{\mathrm{T}}$处的三维位移矢量，其中 u_x，u_y，u_z 为北向、东向和垂向位移分量。

至此，我们建立了单个断层片上的单位位错在单个观测点处所产生的格林函数响应矩阵$(\boldsymbol{G}^s \quad \boldsymbol{G}^d \quad \boldsymbol{G}^t)$。下面分析有 N 个观测点和 M 个地震断层片(图4.2中的断层片有 $M=J\times K$ 个)的格林函数响应矩阵。以式(4.11)为依据分 GNSS 观测量和 InSAR 观测量分别介绍观测方程 $\boldsymbol{Gm}=\boldsymbol{d}$(式(4.1))的格林函数矩阵的构建过程。

首先分析基于 GNSS 观测量的格林函数矩阵构建过程。由式(4.11)可知，M 个地震断层片的位错对任一个观测点 i 处形变量的贡献总和可表述为：

$$\begin{pmatrix} u_x \\ u_y \\ u_z \end{pmatrix}_{\text{all}}^{i} = \sum_{l=1}^{M} \begin{pmatrix} u_x \\ u_y \\ u_z \end{pmatrix}_{l}^{i} = \sum_{l=1}^{M} (\boldsymbol{G}^s \quad \boldsymbol{G}^d \quad \boldsymbol{G}^t)_l^i \begin{pmatrix} s_{\text{strike}} \\ s_{\text{dip}} \\ s_{\text{tensile}} \end{pmatrix}_l = \sum_{l=1}^{M} \boldsymbol{G}_{il}^s s_{\text{strike}}^l + \boldsymbol{G}_{il}^d s_{\text{dip}}^l + \boldsymbol{G}_{il}^t s_{\text{tensile}}^l \tag{4.12}$$

其中，$\boldsymbol{G}_{il}^s$、$\boldsymbol{G}_{il}^d$、$\boldsymbol{G}_{il}^t$ 分别为第 l 个断层片的单位走滑分量、单位倾滑分量和单位张裂分量对第 i 个观测点的位移贡献格林函数矩阵，它们由式(4.11)计算得到，s_{strike}^l、s_{dip}^l 和 s_{tensile}^l 分别为第 l 个断层片上的走滑分量、倾滑分量和张裂分量。

式(4.12)可以重新表述为：

$$\begin{pmatrix} u_x \\ u_y \\ u_z \end{pmatrix}_{\text{all}}^{i} = (G_{i1}^s \quad G_{i2}^s \quad \cdots \quad G_{iM}^s \quad G_{i1}^d \quad G_{i2}^d \quad \cdots \quad G_{iM}^d \quad G_{i1}^t \quad G_{i2}^t \quad \cdots \quad G_{iM}^t) \begin{pmatrix} s_{\text{strike}}^1 \\ s_{\text{strike}}^2 \\ \vdots \\ s_{\text{strike}}^M \\ s_{\text{dip}}^1 \\ s_{\text{dip}}^2 \\ \vdots \\ s_{\text{dip}}^M \\ s_{\text{tensile}}^1 \\ s_{\text{tensile}}^2 \\ \vdots \\ s_{\text{tensile}}^M \end{pmatrix} \tag{4.13}$$

M 个地震断层片对 N 个观测点的位移贡献可表述为：

$$\begin{pmatrix} u_1 \\ u_2 \\ \vdots \\ u_N \end{pmatrix} = \begin{pmatrix} G_{11}^s & G_{12}^s & \cdots & G_{1M}^s & G_{11}^d & G_{12}^d & \cdots & G_{1M}^d & G_{11}^t & G_{12}^t & \cdots & G_{1M}^t \\ G_{21}^s & G_{22}^s & & G_{2M}^s & G_{21}^d & G_{22}^d & & G_{2M}^d & G_{21}^t & G_{22}^t & & G_{2M}^t \\ \vdots & & & & & & & & & & & \vdots \\ G_{N1}^s & G_{N2}^s & \cdots & G_{NM}^s & G_{N1}^d & G_{N2}^d & \cdots & G_{NM}^d & G_{N1}^t & G_{N2}^t & \cdots & G_{NM}^t \end{pmatrix} \begin{pmatrix} s_{\text{strike}}^1 \\ s_{\text{strike}}^2 \\ \vdots \\ s_{\text{strike}}^M \\ s_{\text{dip}}^1 \\ s_{\text{dip}}^2 \\ \vdots \\ s_{\text{dip}}^M \\ s_{\text{tensile}}^1 \\ s_{\text{tensile}}^2 \\ \vdots \\ s_{\text{tensile}}^M \end{pmatrix} \tag{4.14}$$

其中 $\boldsymbol{u}_i = \begin{pmatrix} u_x \\ u_y \\ u_z \end{pmatrix}_{\text{all}}^{i}$ $(i=1, 2, \cdots, N)$ 为第 i 个观测点的位移。比较式(4.1)和式(4.14)，有：

$$\begin{cases} \boldsymbol{G} = \begin{pmatrix} G_{11}^{s} & G_{12}^{s} & \cdots & G_{1M}^{s} & G_{11}^{d} & G_{12}^{d} & \cdots & G_{1M}^{d} & G_{11}^{t} & G_{12}^{t} & \cdots & G_{1M}^{t} \\ G_{21}^{s} & G_{22}^{s} & \cdots & G_{2M}^{s} & G_{21}^{d} & G_{22}^{d} & \cdots & G_{2M}^{d} & G_{21}^{t} & G_{22}^{t} & \cdots & G_{2M}^{t} \\ \vdots & & & & & & & & & & & \vdots \\ G_{N1}^{s} & G_{N2}^{s} & \cdots & G_{NM}^{s} & G_{N1}^{d} & G_{N2}^{d} & \cdots & G_{NM}^{d} & G_{N1}^{t} & G_{N2}^{t} & \cdots & G_{NM}^{t} \end{pmatrix} \\ \boldsymbol{m} = \left(s_{\text{strike}}^{1} \quad s_{\text{strike}}^{2} \quad \cdots \quad s_{\text{strike}}^{M} \quad s_{\text{dip}}^{1} \quad s_{\text{dip}}^{2} \quad \cdots \quad s_{\text{dip}}^{M} \quad s_{\text{tensile}}^{1} \quad s_{\text{tensile}}^{2} \quad \cdots \quad s_{\text{tensile}}^{M}\right)^{\mathrm{T}} \\ \boldsymbol{d} = (u_1 \quad u_2 \quad \cdots \quad u_N)^{\mathrm{T}} \end{cases} \tag{4.15}$$

其中 $\boldsymbol{G}$ 即为对 GNSS 观测量而言的总体格林函数矩阵。

下面介绍基于 InSAR 视向变化观测量的格林函数矩阵构建过程。

InSAR 观测的是从地面点到 SAR 卫星的斜向距离变化(图 4.3)，亦即视向变化 (line of sight, LOS)，因此需要将由位错理论计算得到的地面点处的三维位移量投影到视向方向，从而得到视向方向的理论位移变化，最后通过线性反演获得理论视线向位移和 SAR 卫星所观测到的视线向位移的最佳拟合，获得地震断层的同震、震间或震后分布滑动，进一步结合库仑应力模型(见第 9 章) 可以构建时变库仑应力场 (time-dependent Coulomb stress field)，研究地震断层的应力积累与释放模式乃至地震的孕育发生机理。下面首要的工作是建立局部笛卡尔直角坐标系(定义前已述及见图 4.2) 下的视向方向。

图 4.3 为升轨 SAR 卫星的视向 $\overrightarrow{OA}$ 在局部笛卡尔直角坐标系中的方向示意图。视向方向与局部笛卡尔直角坐标系的 z 轴方向的夹角 θ 为雷达波信号的入射角，卫星轨道飞行方向 $\overrightarrow{OB}$ 与局部笛卡尔直角坐标系的 x 轴(北向) 的夹角为 α(以由 x 轴顺时针旋转至卫星轨道飞行方向为正)，其为卫星飞行迹线的方位角。由图 4.3 可知，升轨 SAR 卫星的视向 $\overrightarrow{OA}$ 为(降轨视向方向与升轨视向方向计算公式一样)：

$$\overrightarrow{OA} = (e_1 \quad e_2 \quad e_3)\begin{pmatrix} \sin\theta\sin\alpha \\ -\sin\theta\cos\alpha \\ \cos\theta \end{pmatrix} \tag{4.16}$$

式中，θ 为雷达波信号入射角；α 为卫星轨道迹线的方位角。

故卫星视向方向的形变量 $\boldsymbol{d}$ 为：

$$\boldsymbol{d} = \overrightarrow{OA} \cdot \begin{pmatrix} u_x \\ u_y \\ u_z \end{pmatrix} = \begin{pmatrix} \sin\alpha\sin\theta \\ -\cos\alpha\sin\theta \\ \cos\theta \end{pmatrix}^{\mathrm{T}} \begin{pmatrix} u_x \\ u_y \\ u_z \end{pmatrix} \tag{4.17}$$

再结合由单个断层片单点三维位移式(4.11) 有：

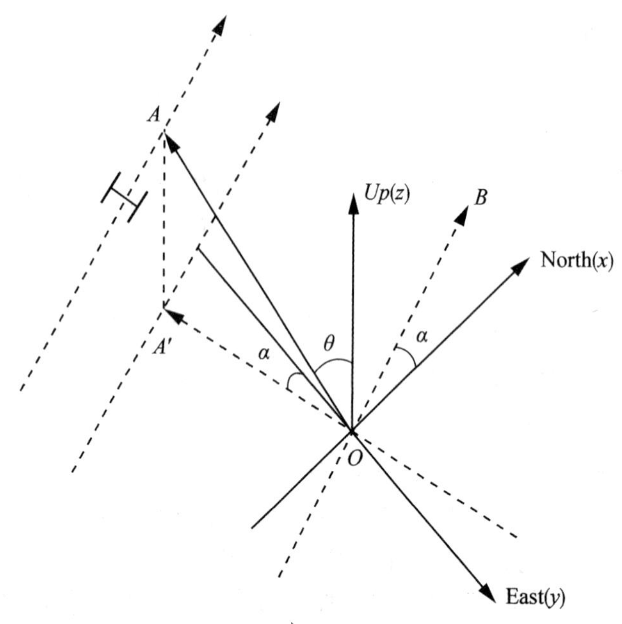

图 4.3 升轨 SAR 卫星的视向$\overrightarrow{OA}$在局部笛卡尔直角坐标系中的示意图

$$\boldsymbol{d}=\begin{pmatrix}\sin\alpha\sin\theta\\-\cos\alpha\sin\theta\\\cos\theta\end{pmatrix}^{\mathrm{T}}\begin{pmatrix}\boldsymbol{G}^{s} & \boldsymbol{G}^{d} & \boldsymbol{G}^{t}\end{pmatrix}\begin{pmatrix}s_{\text{strike}}\\s_{\text{dip}}\\s_{\text{tensile}}\end{pmatrix}\tag{4.18}$$

式(4.18)可重新表述为:

$$\begin{cases}\boldsymbol{d}=\begin{pmatrix}\tilde{\boldsymbol{G}}^{s} & \tilde{\boldsymbol{G}}^{d} & \tilde{\boldsymbol{G}}^{t}\end{pmatrix}\begin{pmatrix}s_{\text{strike}}\\s_{\text{dip}}\\s_{\text{tensile}}\end{pmatrix}\\ \tilde{\boldsymbol{G}}^{s}=\begin{pmatrix}\sin\alpha\sin\theta\\-\cos\alpha\sin\theta\\\cos\theta\end{pmatrix}^{\mathrm{T}}\boldsymbol{G}^{s},\ \tilde{\boldsymbol{G}}^{d}=\begin{pmatrix}\sin\alpha\sin\theta\\-\cos\alpha\sin\theta\\\cos\theta\end{pmatrix}^{\mathrm{T}}\boldsymbol{G}^{d},\ \tilde{\boldsymbol{G}}^{t}=\begin{pmatrix}\sin\alpha\sin\theta\\-\cos\alpha\sin\theta\\\cos\theta\end{pmatrix}^{\mathrm{T}}\boldsymbol{G}^{t}\end{cases}\tag{4.19}$$

对比式(4.11)和式(4.19),从形式上$\boldsymbol{G}^{s}$对应$\tilde{\boldsymbol{G}}^{s}$,$\boldsymbol{G}^{d}$对应$\tilde{\boldsymbol{G}}^{d}$,$\boldsymbol{G}^{t}$对应$\tilde{\boldsymbol{G}}^{t}$,$\begin{pmatrix}u_x\\u_y\\u_z\end{pmatrix}$对应$\boldsymbol{d}$,$\begin{pmatrix}s_{\text{strike}}\\s_{\text{dip}}\\s_{\text{tensile}}\end{pmatrix}$两者是一样的。因此,可以将 GPS 观测量所对应的总的格林函数矩阵式(4.15)中对应项加以替换,即为 InSAR 观测量所对应的总体格林函数矩阵,具体为:

$$\begin{cases} \boldsymbol{G} = \begin{pmatrix} \tilde{G}_{11}^{s} & \tilde{G}_{12}^{s} & \cdots & \tilde{G}_{1M}^{s} & \tilde{G}_{11}^{d} & \tilde{G}_{12}^{d} & \cdots & \tilde{G}_{1M}^{d} & \tilde{G}_{11}^{t} & \tilde{G}_{12}^{t} & \cdots & \tilde{G}_{1M}^{t} \\ \tilde{G}_{21}^{s} & \tilde{G}_{22}^{s} & & \tilde{G}_{2M}^{s} & \tilde{G}_{21}^{d} & \tilde{G}_{22}^{d} & & \tilde{G}_{2M}^{d} & \tilde{G}_{21}^{t} & \tilde{G}_{22}^{t} & & \tilde{G}_{2M}^{t} \\ \vdots & & & & & & & & & & & \vdots \\ \tilde{G}_{N1}^{s} & \tilde{G}_{N2}^{s} & \cdots & \tilde{G}_{NM}^{s} & \tilde{G}_{N1}^{d} & \tilde{G}_{N2}^{d} & \cdots & \tilde{G}_{NM}^{d} & \tilde{G}_{N1}^{t} & \tilde{G}_{N2}^{t} & \cdots & \tilde{G}_{NM}^{t} \end{pmatrix} \\ \boldsymbol{m} = \left(s_{\text{strike}}^{1} \quad s_{\text{strike}}^{2} \quad \cdots \quad s_{\text{strike}}^{M} \quad s_{\text{dip}}^{1} \quad s_{\text{dip}}^{2} \quad \cdots \quad s_{\text{dip}}^{M} \quad s_{\text{tensile}}^{1} \quad s_{\text{tensile}}^{2} \quad \cdots \quad s_{\text{tensile}}^{M}\right)^{\mathrm{T}} \\ \boldsymbol{d} = (d_1 \quad d_2 \quad \cdots \quad d_N)^{\mathrm{T}} \end{cases} \tag{4.20}$$

至此，建立了地球物理大地测量领域有关地震断层分布滑动量反演的格林函数矩阵(分为GNSS观测量和InSAR观测量两种情形)的线性观测方程(式(4.1)、式(4.15)和式(4.20))。

在建立格林函数矩阵过程中，尚有一个问题需特别提及：常用的弹性半空间位错理论(如Okada，1992)给出了断层坐标系下的位移和地震断层位错的线性响应关系，但我们所观测到的数据(如GNSS或InSAR数据)通常位于局部笛卡尔直角坐标系(注：测站经纬度坐标常采用高斯投影或通用横轴墨卡托投影(UTM)投影转换为平面坐标)。因此需要将断层位错所激发的位移由断层坐标 $\hat{o}-\hat{x}\hat{y}\hat{z}$ 系转换至局部笛卡尔直角坐标 $o-xyz$(见图4.2)。式(4.10)直接给出了断层坐标系中地震断层位错与笛卡尔直角坐标系下的三维位移矢量间的数学关系，而没有具体论及这个数学关系的建立过程，现表述如下：

首先，将如图4.2中的每个断层片网格中心$\{(\xi_k, \eta_j) \mid k=1, 2, \cdots, K, j=1, 2, \cdots, J\}$由式(4.9)转换至局部笛卡尔直角坐标系中$\{(x_0, y_0, z_0)_{kj} \mid k=1, 2, \cdots, K, j=1, 2, \cdots, J\}$，该网格中心在地表的投影点将作为每个断层片的地震断层坐标系的参考原点$\{(x_0, y_0, 0)_{kj} \mid k=1, 2, \cdots, K, j=1, 2, \cdots, J\}$。其次，将局部笛卡尔直角坐标系中的观测点坐标$(x, y, z)^{\mathrm{T}}$转换至断层坐标系(图4.2)，其转换公式可由式(4.2)实现，具体如下：

令现有任意自由矢量 $\vec{\boldsymbol{F}}$ 在局部笛卡尔直角坐标系和断层坐标系中的表达形式为：

$\vec{\boldsymbol{F}} = (e_1 \quad e_2 \quad e_3)\begin{pmatrix}\Delta x \\ \Delta y \\ \Delta z\end{pmatrix}$，$\vec{\boldsymbol{F}} = (\hat{e}_1 \quad \hat{e}_2 \quad \hat{e}_3)\begin{pmatrix}\Delta \hat{x} \\ \Delta \hat{y} \\ \Delta \hat{z}\end{pmatrix}$。顾及 $\boldsymbol{R}_\phi = \boldsymbol{R}_\phi^{-1}$ 并结合式(4.2)有：

$$\begin{pmatrix}\Delta \hat{x} \\ \Delta \hat{y} \\ \Delta \hat{z}\end{pmatrix} = \boldsymbol{R}_\phi \begin{pmatrix}\Delta x \\ \Delta y \\ \Delta z\end{pmatrix} \tag{4.21}$$

故观测点$(x, y, z)^{\mathrm{T}}$位于地震断层坐标系下的坐标为：

$$\begin{pmatrix}\hat{x} \\ \hat{y} \\ \hat{z}\end{pmatrix} = \boldsymbol{R}_\phi \begin{pmatrix} x - x_0{}^{kj} \\ y - y_0{}^{kj} \\ z \end{pmatrix} \tag{4.22}$$

其中，$(x_0^{kj},\ y_0^{kj},\ 0) = (x_0,\ y_0,\ 0)_{kj}$。

随后可以利用位错理论(式(4.10))计算在该断层坐标系中观测点处(此时观测点的坐标已由式(4.22)转换至断层坐标系中)的三维位移矢量 $\hat{u}(x,\ y,\ z)$，公式如下：

$$f(X)\left[s_{\text{strike}}\begin{pmatrix}1\\0\\0\end{pmatrix}+s_{\text{dip}}\begin{pmatrix}0\\1\\0\end{pmatrix}+s_{\text{tensile}}\begin{pmatrix}0\\0\\1\end{pmatrix}\right]=\begin{pmatrix}\hat{u}_{\hat{x}}(\hat{x},\ \hat{y},\ \hat{z})\\\hat{u}_{\hat{y}}(\hat{x},\ \hat{y},\ \hat{z})\\\hat{u}_{\hat{z}}(\hat{x},\ \hat{y},\ \hat{z})\end{pmatrix} \tag{4.23}$$

最后由式(4.21)将断层坐标系中的三维位移矢量转换至局部笛卡尔直角坐标系中：

$$\begin{pmatrix}u_x(x,\ y,\ z)\\u_z(x,\ y,\ z)\\u_z(x,\ y,\ z)\end{pmatrix}=\boldsymbol{R}_{\phi}\begin{pmatrix}\hat{u}_{\hat{x}}(\hat{x},\ \hat{y},\ \hat{z})\\\hat{u}_{\hat{y}}(\hat{x},\ \hat{y},\ \hat{z})\\\hat{u}_{\hat{z}}(\hat{x},\ \hat{y},\ \hat{z})\end{pmatrix} \tag{4.24}$$

这样就建立了地震断层的位错$(s_{\text{strike}},\ s_{\text{dip}},\ s_{\text{tensile}})^{\mathrm{T}}$与局部笛卡尔直角坐标系中的位移响应间的转换关系。

至此，我们详细介绍了地震断层的总体格林函数矩阵的构建过程，亦即建立了所要讨论的、有关地震断层分布滑动线性反演问题的观测方程 $\boldsymbol{Gm}=\boldsymbol{d}$(式(4.1))。分布滑动为图 4.2 断层面上每个网格的走滑位错、倾滑位错和张裂位错量，亦即为待求解的参数向量 $\boldsymbol{m}$。为了使得求解的分布滑动避免过于振荡或者说为了减弱分布滑动在断层面上的跳跃性，需要对分布滑动 $\boldsymbol{m}$ 进行平滑处理，常用 Laplace 二阶差分算子∇^2 对分布滑动予以平滑，使得$\nabla^2\boldsymbol{m}=0$。这也是本章线性反演的函数模型的附加条件 $\boldsymbol{\lambda}^2\boldsymbol{Lm}=0$(见式(4.1))。下面介绍利用 Laplace 二阶差分算子∇^2 对分布滑动 $\boldsymbol{m}$ 进行平滑处理所需的平滑矩阵 $\boldsymbol{L}$ 的构建过程。

4.2.2　分布滑动平滑矩阵

在介绍利用 Laplace 二阶差分算子∇^2 构建断层分布滑动平滑矩阵前，首先感性认识一下有关断层分布滑动平滑程度的示例，然后介绍四邻近点等角等距矩形断层片平滑矩阵的构建方法，最后介绍基于由 Huiskamp (1991) 提出的采用多邻近点非等角非等距平滑算子的平滑矩阵构建方法。

图 4.4 中 L 为断层长度，W 为断层宽度，λ 为断层滑动分布平滑因子。该图显示了地震断层的平滑程度随平滑因子 λ 的变化(平滑因子 λ 见式(4.1))对反演的地震断层同震分布滑动结果的影响：子图(a)显示了采用较小的平滑因子使得地震断层的分布滑动欠平滑，子图(c)显示了采用了较大的平滑因子使得地震断层的分布滑动过度平滑，而子图(b)则采用了顾及了观测数据拟合程度和地震断层的平滑程度的折中的较适合的平滑因子，所得到的地震断层分布滑动。从图 4.4 可知，地震断层的平滑程度有赖于选择合理的平滑因子，而讨论这一折中问题的前提是分布滑动平滑矩阵已经构建起来。所以，下面具体分析分布滑动平滑矩阵的构建过程。首先从较简单的四邻近点等角等距平滑矩阵的构建方法谈起。

图 4.5 为断层面上的四邻近点 Laplace 算子示意图。x 轴为沿着断层的走向，y 轴为沿

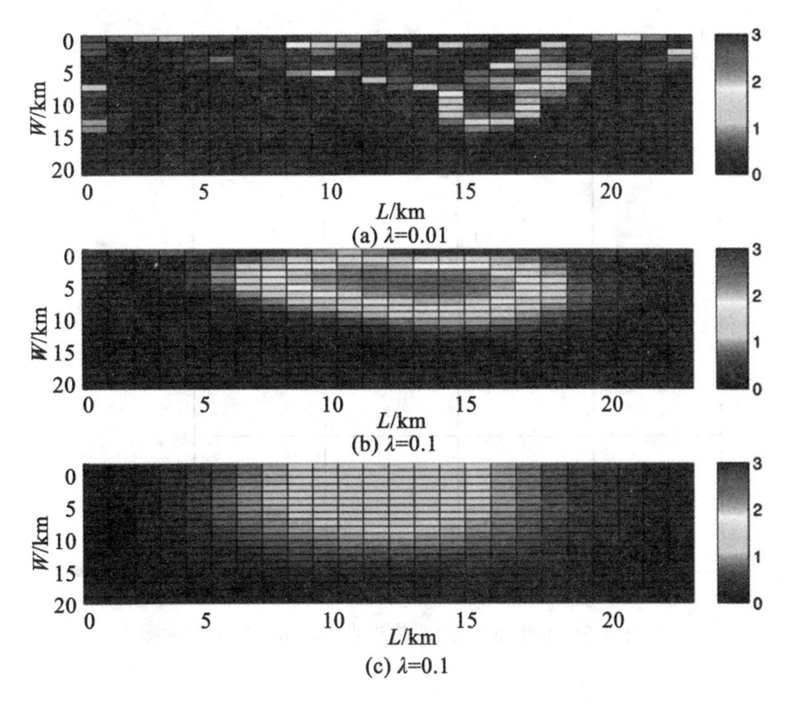

图 4.4 具有不同平滑程度的地震同震分布滑动反演结果示意图

着断层的逆倾向(注意与前面的局部笛卡尔直角坐标系 o-xyz 相区别)。令该断层面沿着断层走向和断层逆倾向被剖分为K行J列的矩形断层片(见图 4.2),断层片沿走向长度Δx,沿断层逆倾向的宽度为Δy。令第k行j列的断层片中心点坐标为(x, y),周围四邻近点为$(x-\Delta x, y)$、$(x+\Delta x, y)$、$(x, y-\Delta y)$、$(x, y+\Delta y)$,这些对应点处的断层片走滑分量(或倾滑分量、或张裂分量)为$f(x, y)$、$f(x-\Delta x, y)$、$f(x+\Delta x, y)$、$f(x, y-\Delta y)$、$f(x, y+\Delta y)$。依泰勒展开公式有:

$$\begin{cases} f(x+\Delta x,y)=f(x,y)+\dfrac{\partial f(x,y)}{\partial x}\Delta x+\dfrac{1}{2}\dfrac{\partial^2 f(x,y)}{\partial x^2}(\Delta x)^2+o((\Delta x)^2) \\ f(x-\Delta x,y)=f(x,y)-\dfrac{\partial f(x,y)}{\partial x}\Delta x+\dfrac{1}{2}\dfrac{\partial^2 f(x,y)}{\partial x^2}(\Delta x)^2+o((\Delta x)^2) \\ f(x,y+\Delta y)=f(x,y)+\dfrac{\partial f(x,y)}{\partial y}\Delta y+\dfrac{1}{2}\dfrac{\partial^2 f(x,y)}{\partial y^2}(\Delta y)^2+o((\Delta y)^2) \\ f(x,y-\Delta y)=f(x,y)-\dfrac{\partial f(x,y)}{\partial y}\Delta y+\dfrac{1}{2}\dfrac{\partial^2 f(x,y)}{\partial y^2}(\Delta y)^2+o((\Delta y)^2) \end{cases} \tag{4.25}$$

忽略上面各式高阶无穷小项并相加后有:

$$\frac{\partial^2 f(x,y)}{\partial x^2}+\frac{\partial^2 f(x,y)}{\partial y^2}=\frac{f(x+\Delta x,y)+f(x-\Delta x,y)-2f(x,y)}{(\Delta x)^2}+\frac{f(x,y+\Delta y)+f(x,y-\Delta y)-2f(x,y)}{(\Delta y)^2} \tag{4.26}$$

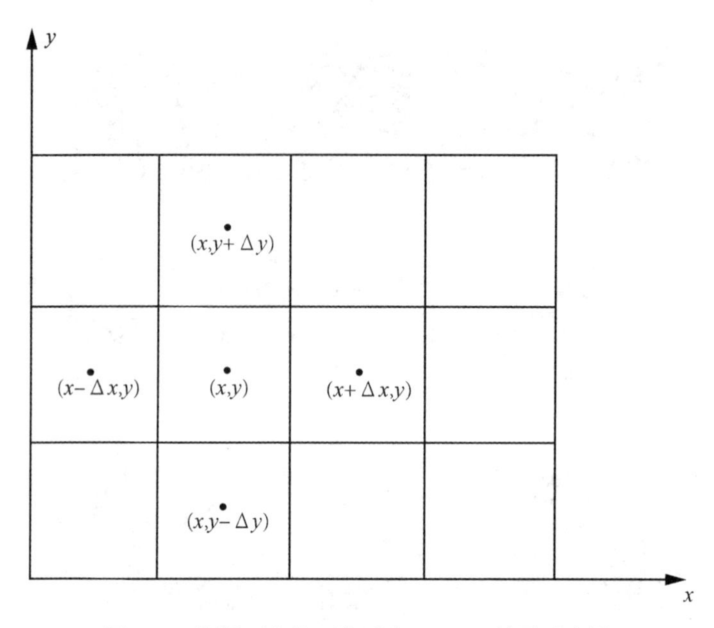

图 4.5　断层面上的四临近点 Laplace 算子示意图

亦即，

$$\nabla^2 f_{kj} = \frac{1}{\Delta_1^2}(f_{(k+1)j} - f_{kj}) + \frac{1}{\Delta_1^2}(f_{(k-1)j} - f_{kj}) + \frac{1}{\Delta_2^2}(f_{k(j+1)} - f_{kj}) + \frac{1}{\Delta_2^2}(f_{k(j-1)} - f_{kj}) \tag{4.27}$$

式中，$\Delta_1 = \Delta x$；$\Delta_2 = \Delta y$；$f_{kj} = f(x,y)$；$f_{(k+1)j} = f(x+\Delta x, y)$；$f_{(k-1)j} = f(x-\Delta x, y)$；$f_{k(j+1)} = f(x, y+\Delta y)$；$f_{k(j-1)} = f(x, y-\Delta y)$。

式(4.27)更简洁的形式为：

$$\nabla^2 f_{kj} = \sum_{n=1}^{4} w_n (f_n - f_{kj}) \tag{4.28}$$

式中，$(w_1, w_2, w_3, w_4)^{\mathrm{T}} = \left(\frac{1}{\Delta_2^2}, \frac{1}{\Delta_1^2}, \frac{1}{\Delta_2^2}, \frac{1}{\Delta_1^2}\right)^{\mathrm{T}}$；$(f_1, f_2, f_3, f_4)^{\mathrm{T}} = (f_{k(j-1)}, f_{(k+1)j}, f_{k(j+1)}, f_{(k-1)j})^{\mathrm{T}}$。

式(4.28)即为断层面上第 k 行第 j 列子断层片的断层走滑分量(或倾滑分量、或张裂分量)的平滑公式，当 $\Delta_1 = \Delta_2 = \Delta$ 即为四邻近等距等角 Laplace 平滑公式，其为：

$$\nabla^2 f_{kj} = \frac{1}{\Delta^2}\left(\sum_{n=1}^{4} f_n - 4 f_{kj}\right) = \frac{4}{\Delta^2}(\bar{f}_n - f_{kj}) = \frac{4}{\Delta^2}\overline{(f_n - f_{kj})} \tag{4.29}$$

式中，$\bar{f}_n = \frac{1}{N}\sum_{i=1}^{N} f_n \big|_{N=4}$；$\overline{f_n - f_{kj}} = \frac{1}{N}\sum_{i=1}^{N}(f_n - f_{kj}) \big|_{N=4}$。

对于总共有 K 行第 J 列的所有矩形断层片，第 k 行第 j 列的子断层片的序号为 $(k-1)J + j$，其中 $k = 1,2,\cdots,K$，$j = 1,2,\cdots,J$。所有这些断层片的序号构成的指标集为 $\Lambda = \{1,2,3,\cdots,k \times J\}$。令序号为 $i \in \Lambda$ 的断层片的四个最邻近点的序号分别为 $\{l,m,n,p\} \subset \Lambda$，对应的距离为 $\{d_{il}, d_{im}, d_{in}, d_{ip}\}$，则分布滑动平滑矩阵 $\boldsymbol{L}$ 的第 i 行为：

$$L_i = (0,0,\cdots,0,L_{ii},0,0,\cdots 0,L_{il},0,0,\cdots 0,L_{im},0,0,\cdots 0,L_{in},0,0,\cdots 0,L_{ip},0,0,\cdots,0) \tag{4.30}$$

式中，$L_{ii}=-\sum_{n=1}^{4}w_n$；$L_{il}=w_1=\frac{1}{(d_{il})^2}$；$L_{im}=w_2=\frac{1}{(d_{im})^2}$；$L_{in}=w_3=\frac{1}{(d_{in})^2}$；$L_{ip}=w_4=\frac{1}{(d_{ip})^2}$，$\{L_{iq}=0\mid q=1,2,\cdots,k\times J;q\neq i,l,m,n,p\}$。

对于第1行、第K行、第1列和第J列的边界子断层片，每个子断层片的四邻近点只有两个，对这类边界子断层片而言，分布滑动平滑矩阵中对应该类断层片序号的行有两种处理方法：一是不进行平滑处理，这样对应该类断层片序号的行的所有元素都被置为零；二是仅采用两个邻近点进行平滑(注此类情形不是Laplace平滑)。

以上分析了四邻近点等角等距矩形断层片的Laplace平滑矩阵的构建过程，其有一个问题就是边界子断层片的平滑不是Laplace平滑，另外，对于基于三角单元的断层面自动网格剖分情形而言，被平滑的子断层片中心与所有周围邻近子断层片中心的距离将是不相等的，并且它们中心连线所构成的夹角也是不相等的，因此，四邻近点等角等距Laplace平滑矩阵构建方法不能完全满足各类网格剖分(矩形单元或三角单元)的分布滑动反演的需求。下面介绍Huiskamp (1991)的多邻近点非等角非等距(被平滑点到周围邻近点的距离不相等，被平滑点与周围邻近点的连线所构成的所有夹角也不相等)平滑矩阵的构建方法。

先来考察多邻近点等角等距Laplace平滑算子的形式。令邻近点p_i位于以点p_0为中心的圆周上(图4.6)，且点p_0和点p_i的坐标分别为(x_0, y_0)、(x, y)。以点p_0为中心时点p_i的坐标为$(r\cos\theta, r\sin\theta)$。我们以点$p_0$为中心对点$p_i$进行泰勒展开有：

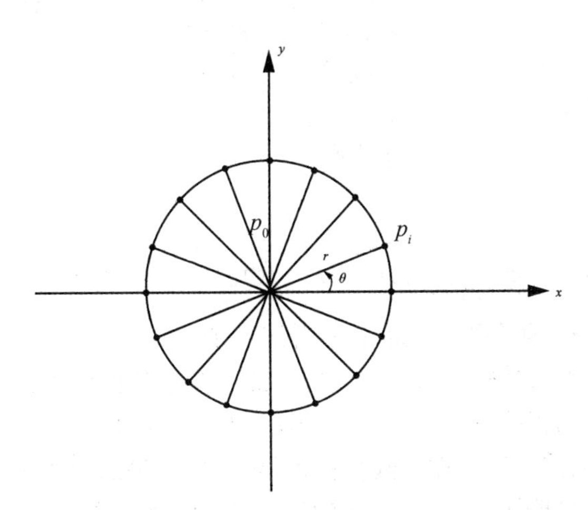

图4.6 邻近点位于圆周的Laplace平滑算子示意图

$$\begin{aligned}f(x,y)=&f(x_0,y_0)+\left.\frac{\partial f}{\partial x}\right|_{p_0}(x-x_0)+\left.\frac{\partial f}{\partial y}\right|_{p_0}(y-y_0)+\frac{1}{2}\left.\frac{\partial^2 f}{\partial x^2}\right|_{p_0}(x-x_0)^2\\&+\frac{1}{2}\left.\frac{\partial^2 f}{\partial y^2}\right|_{p_0}(y-y_0)^2+\frac{1}{2}\left.\frac{\partial^2 f}{\partial x\partial y}\right|_{p_0}(x-x_0)(y-y_0)\\&+o((x-x_0)^2)+o((y-y_0)^2)\end{aligned}\tag{4.31}$$

略去上式的高阶无穷小量，并顾及点p_i的极坐标形式有：

$$f(r,\theta)=f(x_0,y_0)+\left.\frac{\partial f}{\partial x}\right|_{p0} r\cos\theta+\left.\frac{\partial f}{\partial y}\right|_{p0} r\sin\theta+\frac{1}{2}\left.\frac{\partial^2 f}{\partial x^2}\right|_{p0} r^2\cos^2\theta+\frac{1}{2}\left.\frac{\partial^2 f}{\partial y^2}\right|_{p0} r^2\sin^2\theta$$
$$+\frac{1}{2}\left.\frac{\partial^2 f}{\partial x\partial y}\right|_{p0} r^2\sin\theta\cos\theta \tag{4.32}$$

由式(4.29)可知，求解 Laplace 算子的关键是求解$(\overline{f_n-f_{kj}})$这样的一个均值。式(4.29)是一种离散的情形，现在我们来考虑对应的连续的情形。以$p_0(x_0, y_0)$为中心，沿r为半径的圆周对$f(r, \theta)-f(x_0, y_0)$进行积分的平均值为：$\frac{1}{2\pi}\int_0^{2\pi}[f(r, \theta)-f(x_0, y_0)]\mathrm{d}\theta$。

结合式(4.32)有：

$$\begin{aligned}\frac{1}{2\pi}\int_0^{2\pi}[f(r,\theta)-f(x_0,y_0)]\mathrm{d}\theta &=\frac{1}{2\pi}\int_0^{2\pi}\left[\left.\frac{\partial f}{\partial x}\right|_{p0} r\cos\theta+\left.\frac{\partial f}{\partial y}\right|_{p0} r\sin\theta+\frac{1}{2}\left.\frac{\partial^2 f}{\partial x^2}\right|_{p0} r^2\cos^2\theta\right.\\ &\quad\left.+\frac{1}{2}\left.\frac{\partial^2 f}{\partial y^2}\right|_{p0} r^2\sin^2\theta+\frac{1}{2}\left.\frac{\partial^2 f}{\partial x\partial y}\right|_{p0} r^2\sin\theta\cos\theta\right]\mathrm{d}\theta\\ &=\frac{1}{2\pi}\frac{r^2}{2}\int_0^{2\pi}\left[\left.\frac{\partial^2 f}{\partial x^2}\right|_{p0}\cos^2\theta+\left.\frac{\partial^2 f}{\partial y^2}\right|_{p0}\sin^2\theta\right]\mathrm{d}\theta\\ &=\frac{r^2}{4}\left(\left.\frac{\partial^2 f}{\partial x^2}\right|_{p0}+\left.\frac{\partial^2 f}{\partial y^2}\right|_{p0}\right)\\ &=\frac{r^2}{4}\nabla^2 f\end{aligned} \tag{4.33}$$

故有：

$$\nabla^2 f=\frac{4}{r^2}\frac{1}{2\pi}\int_0^{2\pi}[f(r,\theta)-f(x_0,y_0)]\mathrm{d}\theta=\frac{4}{r^2}\overline{f-f_0} \tag{4.34}$$

此即为连续型多邻近点等角等距 Laplace 平滑算子。

我们以式(4.34)为基础再来考察多邻近点非等角非等距 Laplace 平滑算子，其基本思想是：以被平滑点到周围相继的两个邻近点距离作一线性插值，内插出相等的距离r，并将这两个相继的邻近点处的函数值也作一线性插值，内插出相等的距离r处的函数值$f(r)$，从而构造出满足式(4.34)等距的基本条件，将非等距的情形转化为等距的情形，进而采用式(4.34)求解非等角非等距 Laplace 平滑算子。

如图4.7设有N个以被平滑点p_0为中心的最邻近点$\{p_i \mid i=1,2,\cdots,N\}$，对应的长度为$\{r_i \mid i=1,2,\cdots,N\}$，各向量$\{\overrightarrow{p_0p_i} \mid i=1,2,\cdots,N\}$且$\overrightarrow{p_0p_i}=r_i\hat{r}_i$，其中$\hat{r}_i$为向量$\overrightarrow{p_0p_i}$的单位向量。$\{\theta_i \mid i=1,2,\cdots,N\}$为对应向量$\overrightarrow{p_0p_i}$自$x$轴正向逆时针转过的角度。点$p_0$至与周围相继相邻点$p_i$、$p_{i+1}$有关的、内插点$p_{i,i+1}$处的距离为$\tilde{r}$，$\overrightarrow{p_0p_{i,i+1}}=\tilde{r}\hat{\tilde{r}}$，$\hat{\tilde{r}}$为向量$\overrightarrow{p_0p_{i,i+1}}$的单位向量，$\alpha$为向量$\overrightarrow{p_0p_{i,i+1}}$自$x$轴正向逆时针转过的角度。

令$\tilde{r}\hat{\tilde{r}}=ar_i\hat{r}_i+br_{i+1}\hat{r}_{i+1}$，亦即$\tilde{r}\hat{\tilde{r}}=[r_i\hat{r}_i+b(r_{i+1}\hat{r}_{i+1}-r_i\hat{r}_i)]+[(a+b-1)r_i\hat{r}_i]$，第一

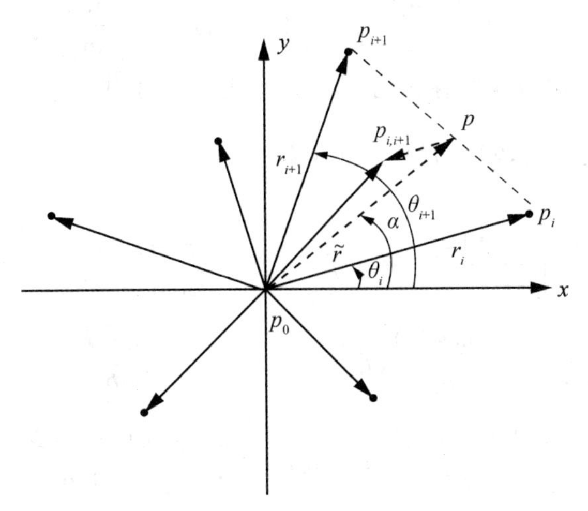

图 4.7 非等角等距邻近点的 Laplace 平滑算子示意图

个中括号对应向量$\overrightarrow{p_0p}$,第二个中括号对应向量$\overrightarrow{pp_{i,i+1}}$(见图 4.7),其中 a 和 b 为线性插值非负系数。函数值的线性插值结果为:$f(\tilde{r})=f_0+a(f_i-f_0)+b(f_{i+1}-f_0)$。假定 $\tilde{r}$ 恒定(对应式(4.34) 等距圆周情形),我们现在来确定系数 a 和 b。

结合图 4.7 可知:

$$\begin{cases} \hat{\tilde{r}} = \dfrac{ar_i\hat{r}_i + br_{i+1}\hat{r}_{i+1}}{} \\ \cos\beta = \hat{r}_i \cdot \hat{\tilde{r}} \\ \cos\Phi_i = \hat{r}_i \cdot \hat{r}_{i+1} \\ \cos(\Phi_i - \beta) = \hat{r}_{i+1} \cdot \hat{\tilde{r}} \end{cases} \tag{4.35}$$

式中,$\beta = \alpha - \theta_i$;$\Phi_i = \theta_{i+1} - \theta_i$;$\hat{r}_i \cdot \hat{\tilde{r}}$ 和 $\hat{r}_{i+1} \cdot \hat{\tilde{r}}$ 均表示两个单位向量的点乘。

由式(4.35) 有:

$$\begin{pmatrix} r_i\cos\Phi_i & r_{i+1} \\ r_i & r_{i+1}\cos\Phi_i \end{pmatrix}\begin{pmatrix} a \\ b \end{pmatrix} = \begin{pmatrix} \tilde{r}\cos(\Phi_i - \beta) \\ \tilde{r}\cos\beta \end{pmatrix} \tag{4.36}$$

故有 a 和 b 为:

$$\begin{pmatrix} a \\ b \end{pmatrix} = \begin{pmatrix} \dfrac{\tilde{r}\sin(\Phi_i - \beta)}{r_i\sin\Phi_i} \\ \dfrac{\tilde{r}\sin\beta}{r_{i+1}\sin\Phi_i} \end{pmatrix} \tag{4.37}$$

将式(4.37) 代入$f(\tilde{r})=f_0+a(f_i-f_0)+b(f_{i+1}-f_0)$,有:

$$f(\tilde{r},\beta)=f_0+\frac{\tilde{r}\sin(\Phi_i-\beta)}{r_i\sin\Phi_i}(f_i-f_0)+\frac{\tilde{r}\sin\beta}{r_{i+1}\sin\Phi_i}(f_{i+1}-f_0) \tag{4.38}$$

至此,非等距情形已转化为等距情形,于是可以将式(4.38)代入(4.34)可得:

$$\begin{aligned}
\nabla^2 f &= \frac{4}{\tilde{r}^2}\frac{1}{2\pi}\int_0^{2\pi}[f(\tilde{r},\theta)-f(x_0,y_0)]\mathrm{d}\theta \\
&= \frac{4}{\tilde{r}^2}\frac{1}{2\pi}\sum_{i=1}^{N}\int_0^{\Phi_i}\left[\frac{\tilde{r}\sin(\Phi_i-\beta)}{r_i\sin\Phi_i}(f_i-f_0)+\frac{\tilde{r}\sin\beta}{r_{i+1}\sin\Phi_i}(f_{i+1}-f_0)\right]\mathrm{d}\beta \\
&= \frac{4}{\tilde{r}^2}\frac{1}{2\pi}\sum_{i=1}^{N}\left[\frac{\tilde{r}}{r_i}\frac{(1-\cos\Phi_i)}{\sin\Phi_i}(f_i-f_0)+\frac{\tilde{r}}{r_{i+1}}\frac{(1-\cos\Phi_i)}{\sin\Phi_i}(f_{i+1}-f_0)\right] \\
&= \frac{4}{\tilde{r}^2}\frac{1}{2\pi}\left[\sum_{i=1}^{N}\frac{\tilde{r}}{r_i}\frac{(1-\cos\Phi_i)}{\sin\Phi_i}(f_i-f_0)+\sum_{i=1}^{N}\frac{\tilde{r}}{r_{i+1}}\frac{(1-\cos\Phi_i)}{\sin\Phi_i}(f_{i+1}-f_0)\right] \\
&= \frac{4}{\tilde{r}^2}\frac{1}{2\pi}\left[\sum_{i=1}^{N}\frac{\tilde{r}}{r_i}\frac{(1-\cos\Phi_i)}{\sin\Phi_i}(f_i-f_0)+\sum_{i=2}^{N+1}\frac{\tilde{r}}{r_i}\frac{(1-\cos\Phi_{i-1})}{\sin\Phi_{i-1}}(f_i-f_0)\right] \\
&= \frac{4}{\tilde{r}^2}\frac{1}{2\pi}\left[\sum_{i=1}^{N}\frac{\tilde{r}}{r_i}\frac{(1-\cos\Phi_i)}{\sin\Phi_i}(f_i-f_0)+\sum_{i=2}^{N}\frac{\tilde{r}}{r_i}\frac{(1-\cos\Phi_{i-1})}{\sin\Phi_{i-1}}(f_i-f_0)\right. \\
&\quad \left.+\frac{\tilde{r}}{r_{N+1}}\frac{(1-\cos\Phi_N)}{\sin\Phi_N}(f_{N+1}-f_0)\right]
\end{aligned} \tag{4.39}$$

分别用 r_1 和 f_1 替换上式中的 r_{N+1}、f_{N+1},定义 $\{\Phi_1=\Phi_1^+,\Phi_2=\Phi_2^+,\cdots,\Phi_N=\Phi_N^+\}$,并注意到 $\Phi_N=\theta_{N+1}-\theta_N=\theta_1-\theta_N$,并定义 $\{\Phi_N=\Phi_1^-,\Phi_1=\Phi_2^-,\cdots,\Phi_{N-1}=\Phi_N^-\}$

有:

$$\nabla^2 f=\frac{4}{\tilde{r}^2}\frac{1}{2\pi}\sum_{i=1}^{N}\frac{\tilde{r}}{r_i}\left[\frac{(1-\cos\Phi_i^+)}{\sin\Phi_i^+}+\frac{(1-\cos\Phi_i^-)}{\sin\Phi_i^-}\right](f_i-f_0) \tag{4.40}$$

此式即为非等角非等距 N 邻近点 Laplace 平滑算子。该式里还有一个问题尚未解决:如何确定上述等效定长半径 $\tilde{r}$? 由于式(4.40)为非等角非等距 N 邻近点 Laplace 平滑算子,那么等角等距 N 邻近点 Laplace 平滑算子就是它的特例,于是对于此种特例情形有:

$$\nabla^2 f=\frac{4}{r^2}\frac{1}{2\pi}\frac{r}{\tilde{r}}N\left[\frac{(1-\cos\Phi)}{\sin\Phi}+\frac{(1-\cos\Phi)}{\sin\Phi}\right]\frac{1}{N}\sum_{i=1}^{N}(f_i-f_0) \tag{4.41}$$

式中,

$$r=\bar{r}=\frac{1}{N}\sum_{i=1}^{N}r_i;N\left[\frac{(1-\cos\Phi)}{\sin\Phi}+\frac{(1-\cos\Phi)}{\sin\Phi}\right]=\sum_{i=1}^{N}\left[\frac{(1-\cos\Phi_i^+)}{\sin\Phi_i^+}+\frac{(1-\cos\Phi_i^-)}{\sin\Phi_i^-}\right]。$$

若令 $\sum_{i=1}^{N}\left[\frac{(1-\cos\Phi_i^+)}{\sin\Phi_i^+}+\frac{(1-\cos\Phi_i^-)}{\sin\Phi_i^-}\right]=\Phi_{\text{tot}}$,则式(4.41)可简单表述为:

$$\nabla^2 f=\frac{4}{r^2}\frac{1}{2\pi}\frac{\bar{r}}{\tilde{r}}\Phi_{\text{tot}}\frac{1}{N}\sum_{i=1}^{N}(f_i-f_0) \tag{4.42}$$

由于等角等距 N 邻近点 Laplace 平滑算子又可以由式(4.34)导出,亦即:

$$\nabla^2 f = \frac{4}{r^2}\overline{f - f_0} = \frac{4}{r^2}\frac{1}{N}\sum_{i=1}^{N}(f_i - f_0) \tag{4.43}$$

对比式(4.42)和式(4.43),有:

$$\frac{1}{2\pi}\frac{\bar{r}}{\tilde{r}}\Phi_{\text{tot}} = 1 \tag{4.44}$$

故有 $\tilde{r} = \frac{\bar{r}}{2\pi}\Phi_{\text{tot}}$。换言之,当取 $\tilde{r} = \frac{\bar{r}}{2\pi}\Phi_{\text{tot}}$ 时,则式(4.40)退化为式(4.41)。将 $\tilde{r} = \frac{\bar{r}}{2\pi}\Phi_{\text{tot}}$ 代入式(4.40)有:

$$\nabla^2 f = \sum_{i=1}^{N}\frac{4}{\bar{r}}\frac{1}{\Phi_{\text{tot}}}\frac{1}{r_i}\left[\frac{(1-\cos\Phi_i^+)}{\sin\Phi_i^+} + \frac{(1-\cos\Phi_i^-)}{\sin\Phi_i^-}\right](f_i - f_0) \tag{4.45}$$

式中,$\bar{r} = \frac{1}{N}\sum_{i=1}^{N} r_i$;$\Phi_{\text{tot}} = \sum_{i=1}^{N}\left[\frac{(1-\cos\Phi_i^+)}{\sin\Phi_i^+} + \frac{(1-\cos\Phi_i^-)}{\sin\Phi_i^-}\right]$。

式(4.45)即为非等角非等距 N 邻近点 Laplace 平滑算子具体形式。

式(4.45)更简洁的形式为:

$$\nabla^2 f = \sum_{i=1}^{N} w_i (f_i - f_0) \tag{4.46}$$

其中 $w_i = \frac{4}{\bar{r}}\frac{1}{\Phi_{\text{tot}}}\frac{1}{r_i}\left[\frac{(1-\cos\Phi_i^+)}{\sin\Phi_i^+} + \frac{(1-\cos\Phi_i^-)}{\sin\Phi_i^-}\right]$。

至此,我们具体给出了 Huiskamp (1991)的多邻近点非等角非等距 Laplace 平滑算子 $\nabla^2 f$ 的推导方法,随后的工作即为基于此平滑算子构建 Laplace 平滑矩阵。对比式(4.28)和式(4.46),两者形式上是一样的,只不过式(4.28)采用了四邻近点,而式(4.46)采用了 N 邻近点,因此,我们可以直接采用基于式(4.46)的 Laplace 平滑矩阵构建平滑矩阵。

4.3 长度法

长度法即以给定范数形式(通常为二范数)构造线性反演的目标函数,然后在目标函数取最值的前提下求解参数向量的过程。根据独立线性方程组的个数与待求解的参数个数的比较,可以将所求解的线性方程组分为欠定方程组、超定方程组和混定方程组。令线性方程组的一般形式为 $\underset{N\times M}{\boldsymbol{G}}\ \underset{M\times 1}{\boldsymbol{m}} = \underset{N\times 1}{\boldsymbol{d}}$,下面分别讨论它们的解。

4.3.1 纯欠定方程组的求解

当 $\text{rank}(\boldsymbol{G}) = r = N < M$,方程组 $\underset{N\times M}{\boldsymbol{G}}\ \underset{M\times 1}{\boldsymbol{m}} = \underset{N\times 1}{\boldsymbol{d}}$ 是纯欠定方程组。此时方程组系数矩阵的秩等于增广矩阵的秩且其秩小于待求参数的个数,因此该方程组有无穷多解。为了求该类方程组的解需要对待求参数进行约束。估计准则之一即为求解这些无穷多解里范数最小的一个 $\|\boldsymbol{m}\|^2 = \min$。因此,纯欠定方程组的目标函数可以表述为:

$$\varphi(\boldsymbol{m}) = \|\boldsymbol{m}\|^2 + \boldsymbol{\kappa}^{\mathrm{T}}(\boldsymbol{Gm} - \boldsymbol{d}) \tag{4.47}$$

其中 $\boldsymbol{\kappa}$ 为拉格朗日乘子。该目标函数的极值条件为：

$$\begin{cases} \dfrac{\partial\varphi(\boldsymbol{m})}{\partial\boldsymbol{m}} = 0 \\ \dfrac{\partial\varphi(\boldsymbol{m})}{\partial\boldsymbol{\kappa}} = 0 \end{cases} \tag{4.48}$$

亦即：

$$\begin{cases} \dfrac{\partial\varphi(\boldsymbol{m})}{\partial\boldsymbol{m}} = \dfrac{\partial}{\partial\boldsymbol{m}}[\boldsymbol{m}^{\mathrm{T}}\boldsymbol{m} + \boldsymbol{\kappa}^{\mathrm{T}}(\boldsymbol{Gm} - \boldsymbol{d})] = 2\boldsymbol{m} + \boldsymbol{G}^{\mathrm{T}}\boldsymbol{\kappa} = 0 \\ \dfrac{\partial\varphi(\boldsymbol{m})}{\partial\boldsymbol{\kappa}} = \boldsymbol{Gm} - \boldsymbol{d} = 0 \end{cases} \tag{4.49}$$

注：上式用到了向量导数公式：$\dfrac{\partial(\boldsymbol{x}^{\mathrm{T}}\boldsymbol{Ax})}{\partial\boldsymbol{x}} = (\boldsymbol{A}^{\mathrm{T}} + \boldsymbol{A})\boldsymbol{x}$，$\dfrac{\partial\boldsymbol{x}^{\mathrm{T}}\boldsymbol{B}}{\partial\boldsymbol{x}} = \boldsymbol{B}$，其中 $\boldsymbol{A}$ 为 n 阶方阵，$\boldsymbol{B}$ 为 $n \times m$ 矩阵，$\boldsymbol{x}$ 为 $n \times 1$ 列向量。故有：

$$\begin{cases} 2\boldsymbol{Gm} + \boldsymbol{GG}^{\mathrm{T}}\boldsymbol{\kappa} = 0 \\ \boldsymbol{Gm} - \boldsymbol{d} = 0 \end{cases} \tag{4.50}$$

由于 $\mathrm{rank}(\boldsymbol{G}) = \mathrm{rank}(\boldsymbol{G}^{\mathrm{T}}) = \mathrm{rank}(\boldsymbol{G}^{\mathrm{T}}G) = \mathrm{rank}(\boldsymbol{GG}^{\mathrm{T}})$ 的性质，又已知 $\mathrm{rank}(\boldsymbol{G}) = N$，即有 $\mathrm{rank}(\boldsymbol{GG}^{\mathrm{T}}) = N$，故 $\boldsymbol{GG}^{\mathrm{T}}$ 的逆矩阵存在，因而 $\boldsymbol{\kappa} = -2(\boldsymbol{GG}^{\mathrm{T}})^{-1}\boldsymbol{d}$。将其代入式(4.49)第一式有：

$$\boldsymbol{m} = \boldsymbol{G}^{\mathrm{T}}(\boldsymbol{GG}^{\mathrm{T}})^{-1}\boldsymbol{d} \tag{4.51}$$

式(4.51)即为纯欠定线性方程组 $\underset{N\times M}{\boldsymbol{G}}\underset{M\times 1}{\boldsymbol{m}} = \underset{N\times 1}{\boldsymbol{d}}$ 的最小长度解。

4.3.2　超定方程组的求解

当 $\mathrm{rank}(\boldsymbol{G}) = r = M < N$，方程组 $\underset{N\times M}{\boldsymbol{G}}\underset{M\times 1}{\boldsymbol{m}} = \underset{N\times 1}{\boldsymbol{d}}$ 是超定方程组。此时方程组系数矩阵的秩不大于增广矩阵的秩且其秩等于待求参数的个数，因此，该方程组可能有唯一解（当 $\mathrm{rank}(\boldsymbol{G}) = r = M = \mathrm{rank}(\boldsymbol{G} \vdots \boldsymbol{d}) < N$），也可能无解（当 $\mathrm{rank}(\boldsymbol{G}) = r = M < \mathrm{rank}(\boldsymbol{G} \vdots \boldsymbol{d}) \leqslant N$）。为了求得该类方程组的解需要在一定的估计准则下对该方程组进行平差处理。估计准则之一为数据的估计误差最小，亦即 $\|\boldsymbol{Gm} - \boldsymbol{d}\|^2 = \min$。因此，超定方程组的目标函数可以表述为：

$$\varphi(\boldsymbol{m}) = \|\boldsymbol{Gm} - \boldsymbol{d}\|^2 \tag{4.52}$$

该目标函数的极值条件为：$\dfrac{\partial\varphi(\boldsymbol{m})}{\partial\boldsymbol{m}} = 0$，亦即 $\boldsymbol{G}^{\mathrm{T}}\boldsymbol{Gm} - \boldsymbol{G}^{\mathrm{T}}\boldsymbol{d} = 0$。

由于 $\mathrm{rank}(\boldsymbol{G}) = \mathrm{rank}(\boldsymbol{G}^{\mathrm{T}}) = \mathrm{rank}(\boldsymbol{G}^{\mathrm{T}}\boldsymbol{G}) = \mathrm{rank}(\boldsymbol{GG}^{\mathrm{T}})$，又已知 $\mathrm{rank}(\boldsymbol{G}) = \boldsymbol{M}$，即有 $\mathrm{rank}(\boldsymbol{G}^{\mathrm{T}}\boldsymbol{G}) = \boldsymbol{M}$，故 $\boldsymbol{G}^{\mathrm{T}}\boldsymbol{G}$ 的逆矩阵存在，因而有：

$$\boldsymbol{m} = (\boldsymbol{G}^{\mathrm{T}}\boldsymbol{G})^{-1}\boldsymbol{G}^{\mathrm{T}}\boldsymbol{d} \tag{4.53}$$

式(4.53)即为超定线性方程组 $\underset{N\times M}{\boldsymbol{G}}\underset{M\times 1}{\boldsymbol{m}} = \underset{N\times 1}{\boldsymbol{d}}$ 的最小二乘解。

4.3.3　混定方程组的求解

如 $\mathrm{rank}(\boldsymbol{G}) = r < \min\{M, N\}$，则方程组 $\underset{N\times M}{\boldsymbol{G}}\underset{M\times 1}{\boldsymbol{m}} = \underset{N\times 1}{\boldsymbol{d}}$ 是混定方程组。此时方程组有可能

有无穷多解(当 $\text{rank}(\boldsymbol{G}) = r = \text{rank}(\boldsymbol{G} \vdots \boldsymbol{d}) < \min\{M,N\}$),也有可能无解(当 $\text{rank}(G) = r) < \text{rank}(\boldsymbol{G} \vdots \boldsymbol{d}) < \min\{M,N\}$。为了求得该类方程组的解需要同时兼顾数据估计误差和参数向量的长度,所采用的估计准则之一即为求解 $\|\boldsymbol{Gm}-\boldsymbol{d}\|^2+\varepsilon\|\boldsymbol{m}\|^2=\min$ 条件下方程组的解。因此,混定方程组的目标函数可以表述为:

$$\varphi(\boldsymbol{m}) = \|\boldsymbol{Gm}-\boldsymbol{d}\|^2+\varepsilon\|\boldsymbol{m}\|^2 \tag{4.54}$$

上式第一项为要求数据估计误差最小,同时第二项为待估参数向量的长度也要最小,ε 为阻尼因子且 $\varepsilon \geqslant 0$,它起到调节目标函数中数据估计误差和待估参数向量长度的权比(当 ε 极大时可以视作求解最小长度解,而当 $\varepsilon=0$,可以视作求解最小二乘解)。该目标函数的极值条件为:$\dfrac{\partial\varphi(\boldsymbol{m})}{\partial\boldsymbol{m}}=0$,亦即:

$$\frac{\partial\varphi(\boldsymbol{m})}{\partial\boldsymbol{m}} = \frac{\partial}{\partial\boldsymbol{m}}[(\boldsymbol{Gm}-\boldsymbol{d})^{\mathrm{T}}(\boldsymbol{Gm}-\boldsymbol{d})+\varepsilon\boldsymbol{m}^{\mathrm{T}}\boldsymbol{m}] = 2\boldsymbol{G}^{\mathrm{T}}\boldsymbol{Gm}-2\boldsymbol{G}^{\mathrm{T}}\boldsymbol{d}+2\varepsilon\boldsymbol{m}=0 \tag{4.55}$$

若通过调节阻尼因子 ε 来保证 $\boldsymbol{G}^{\mathrm{T}}\boldsymbol{G}+\varepsilon\boldsymbol{I}$ 可逆,则有:

$$\boldsymbol{m} = (\boldsymbol{G}^{\mathrm{T}}\boldsymbol{G}+\varepsilon\boldsymbol{I})^{-1}\boldsymbol{G}^{\mathrm{T}}\boldsymbol{d} \tag{4.56}$$

式(4.56)即为混定线性方程组 $\underset{N\times M}{\boldsymbol{G}}\underset{M\times 1}{\boldsymbol{m}} = \underset{N\times 1}{\boldsymbol{d}}$ 的阻尼最小二乘解。

4.3.4 模型分辨率矩阵和数据分辨率矩阵

前面三小节分别讨论了三种情形(纯欠定方程组、超定方程组和混定方程组)下线性方程组的解。它们的共同特征是首先明确估计的准则,然后构造目标函数来求解对应方程组的解,并且对比式(4.51)、式(4.53)和式(4.56),这些解的一般形式为:

$$\boldsymbol{m}_{\text{est}} = \boldsymbol{G}^{-g}\boldsymbol{d}_{\text{obs}} \tag{4.57}$$

对纯欠定方程组,$\boldsymbol{G}^{-g}=\boldsymbol{G}^{\mathrm{T}}(\boldsymbol{GG}^{\mathrm{T}})^{-1}$;对超定方程组,$\boldsymbol{G}^{-g}=(\boldsymbol{G}^{\mathrm{T}}\boldsymbol{G})^{-1}\boldsymbol{G}^{\mathrm{T}}$;对混定方程组,$\boldsymbol{G}^{-g}=(\boldsymbol{G}^{\mathrm{T}}\boldsymbol{G}+\varepsilon\boldsymbol{I})^{-1}\boldsymbol{G}^{\mathrm{T}}$。

现在有一个问题是:估计出如式(4.57)的参数向量 $\boldsymbol{m}_{\text{est}}$ 多大程度上和真实的参数向量接近?由此延伸的一个问题是基于估计出的参数向量 $\boldsymbol{m}_{\text{est}}$ 所推求出的理论观测值向量 $\boldsymbol{d}_{\text{est}}$ 多大程度上和实际观测值向量 $\boldsymbol{d}_{\text{obs}}$ 接近?这两个问题就是本节要讨论的、有关模型分辨率矩阵和数据分辨率矩阵的问题。下面具体给出这两个矩阵的形式。

已知观测方程为 $\boldsymbol{Gm}_{\text{true}}=\boldsymbol{d}_{\text{obs}}$,将其代入式(4.57)有:

$$\boldsymbol{m}_{\text{est}} = \boldsymbol{G}^{-g}\boldsymbol{Gm}_{\text{true}} \tag{4.58}$$

由此可知,如 $\boldsymbol{G}^{-g}\boldsymbol{G}=\boldsymbol{I}$ 时有 $\boldsymbol{m}_{\text{est}}=\boldsymbol{m}_{\text{true}}$,此时估计出的参数向量完全和真实的参数向量相等。所以,我们把 $\boldsymbol{G}^{-g}\boldsymbol{G}$ 记作 $\boldsymbol{R}$(即 $\boldsymbol{R}=\boldsymbol{G}^{-g}\boldsymbol{G}$)并称其为模型分辨率矩阵。

另外,估计的观测值向量 $\boldsymbol{d}_{\text{est}}$ 为:$\boldsymbol{d}_{\text{est}}=\boldsymbol{Gm}_{\text{est}}$,将式(4.57)代入则有:

$$\boldsymbol{d}_{\text{est}} = \boldsymbol{GG}^{-g}\boldsymbol{d}_{\text{obs}} \tag{4.59}$$

由此可知,如 $\boldsymbol{GG}^{-g}=\boldsymbol{I}$ 时有 $\boldsymbol{d}_{\text{est}}=\boldsymbol{d}_{\text{obs}}$,此时估计出的观测值向量完全和实际的观测值向量相等。所以,我们把 $\boldsymbol{GG}^{-g}$ 记作 $\boldsymbol{N}$(即 $\boldsymbol{N}=\boldsymbol{GG}^{-g}$)并称其为数据分辨率矩阵。

为更好理解这两个重要矩阵,首先通过示例感性认识这两个矩阵的图像,然后具体讨论线性方程组的模型分辨率矩阵和数据分辨率矩阵。

图 4.8 为模型分辨率矩阵的图像，每一个行列交叉点为模型分辨率矩阵的一个元素。该图显示出模型分辨率矩阵的对角线位置数据元素占优，表明模型分辨率矩阵 $\boldsymbol{R}$ 可以较好地分辨出模型参数。事实上，当模型分辨率矩阵 $\boldsymbol{R}$ 为单位矩阵时，真实的参数向量分量与其对应的估计出的参数向量分量是相等的，也就是模型参数得到完全分辨。换而言之，如果模型参数分辨率矩阵 $\boldsymbol{R}$ 的对角线元愈大，而对应行的非对角线元越小，那么分辨模型参数的能力就越强。此外，若不仅模型参数分辨率矩阵的对角线元愈大，而且仅对应行的对角线位置附近的元素越小，且这些非对角线位置的非零元素个数越少，那么估计的模型参数也得以被更好地局部化平均(因为一般 $\boldsymbol{R}$ 不是单位矩阵，出现这种局部化平均的参数估计结果也是可以接受的。)

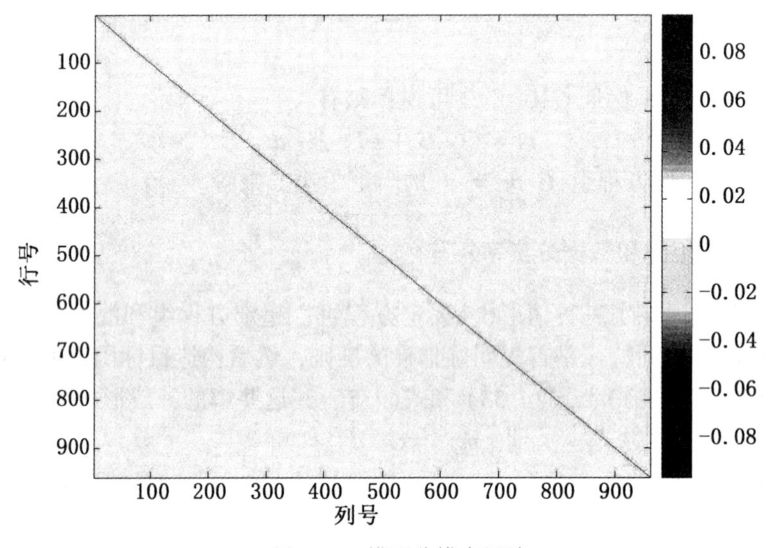

图 4.8　模型分辨率矩阵

图 4.9 为数据分辨率矩阵图像，每一个行列交叉点为数据分辨率矩阵的一个元素。如同对模型分辨率矩阵的讨论，只有当数据分辨率矩阵为单位矩阵时理论计算的观测数据向量和实际观测数据向量相等；如果对应行的数据愈向对角线元集中且对角线元占优，那么数据得以被更好地局部化平均，从而数据得以更好地分辨或者说恢复。但是，图 4.9 显示数据分辨率有一部分成块状，这说明只有部分数据得以被很好地分辨。此外，模型分辨率很好时，数据的分辨率却不高，换言之，模型分辨率和数据分辨率不可兼得。

在直观地认识了模型分辨率矩阵和数据分辨率矩阵的图像后，现在定量地讨论模型分辨率矩阵和数据分辨率矩阵的性态。

我们先来分析模型分辨率矩阵 $\boldsymbol{R}$。由式(4.57) 和式(4.58) 可知，对于纯欠定方程组、超定方程组和混定方程组，其模型分辨率矩阵分别为:

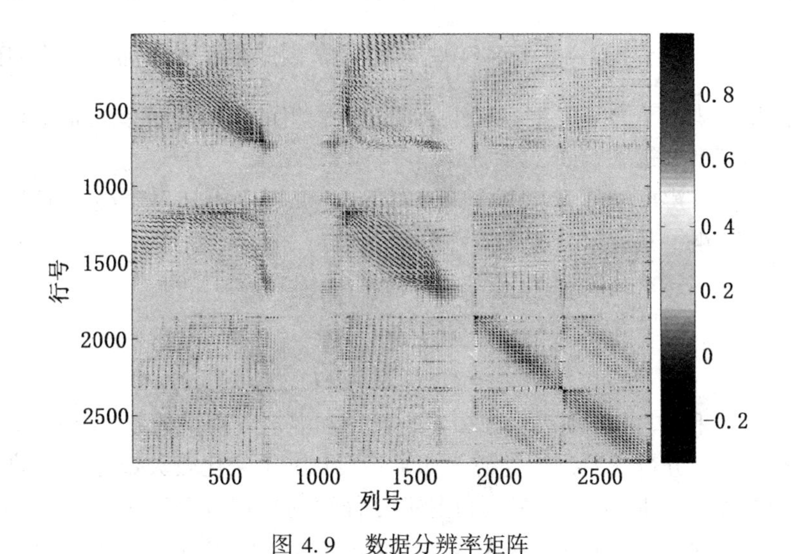

图 4.9 数据分辨率矩阵

$$\begin{cases} \boldsymbol{R}_{\text{under}} = \boldsymbol{G}^{\mathrm{T}}(\boldsymbol{G}\boldsymbol{G}^{\mathrm{T}})^{-1}\boldsymbol{G} \\ \boldsymbol{R}_{\text{over}} = \boldsymbol{I} \\ \boldsymbol{R}_{\text{hybrid}} = (\boldsymbol{G}^{\mathrm{T}}\boldsymbol{G} + \varepsilon\boldsymbol{I})^{-1}\boldsymbol{G}^{\mathrm{T}}\boldsymbol{G} \end{cases} \tag{4.60}$$

其中，$\boldsymbol{R}_{\text{under}}$、$\boldsymbol{R}_{\text{over}}$ 和 $\boldsymbol{R}_{\text{hybrid}}$ 分别表示纯欠定、超定和混定方程组的模型分辨率矩阵。

采用 Frobenius 范数刻画模型分辨率与单位矩阵的接近程度。模型分辨率的 Frobenius 范数为：$\|\boldsymbol{R}-\boldsymbol{I}\|_F^2 = \mathrm{tr}[(\boldsymbol{R}-\boldsymbol{I})^{\mathrm{T}}(\boldsymbol{R}-\boldsymbol{I})]$，其中 tr 为矩阵的迹(亦即矩阵对角线元素之和)。若 Frobenius 范数越小，则表明模型分辨率越高。由于式(4.60)是分别针对系数矩阵 $\underset{N\times M}{\boldsymbol{G}}$ 为行满秩(对应欠定方程组的模型分辨率)、列满秩(对应超定方程组的模型分辨率)和既非行满秩也非列满秩(对应混定方程组的模型分辨率)的情形，因此，如果一般意义上来比较欠定方程组的模型分辨率 $\boldsymbol{R}_{\text{under}}$、超定方程组的模型分辨率 $\boldsymbol{R}_{\text{over}}$ 和混定方程组的模型分辨率 $\boldsymbol{R}_{\text{hybrid}}$，就涉及求解 $\boldsymbol{G}\boldsymbol{G}^{\mathrm{T}}$ 和 $\boldsymbol{G}^{\mathrm{T}}\boldsymbol{G}$ 的广义逆矩阵的问题。若 $\boldsymbol{G}\boldsymbol{G}^{\mathrm{T}}$ 和 $\boldsymbol{G}^{\mathrm{T}}\boldsymbol{G}$(见式(4.60))的广义逆采用减逆求法，则欠定方程组、超定方程组和混定方程组的模型分辨率的 Frobenius 范数分别为：$\|\boldsymbol{R}_{\text{under}}-\boldsymbol{I}\|_F^2 = M-r$、$\|\boldsymbol{R}_{\text{over}}-\boldsymbol{I}\|_F^2 = M-r+\mathrm{tr}(\boldsymbol{A}_{21}\boldsymbol{D}_r\boldsymbol{A}_{12}\boldsymbol{C})$、$\|\boldsymbol{R}_{\text{hybrid}}-\boldsymbol{I}\|_F^2 = \sum_{i=1}^{r}\left(\dfrac{\lambda_i}{\lambda_i+\varepsilon}-1\right)^2 + M - r$，其中 M 为系数矩阵 $\underset{N\times M}{\boldsymbol{G}}$ 的列数，r 为矩阵 $\underset{N\times M}{\boldsymbol{G}}$ 的秩($r=\mathrm{rank}(\boldsymbol{G})$)，$\underset{r\times(M-r)}{\boldsymbol{A}_{12}}$、$\underset{(M-r)\times r}{\boldsymbol{A}_{21}}$、$\underset{(M-r)\times(M-r)}{\boldsymbol{C}}$ 为任意矩阵(它们是任意矩阵的原因在于减逆的不唯一性)，λ_i 为矩阵 $\underset{N\times M}{\boldsymbol{G}}$ 的非零奇异值，$\boldsymbol{D}_r$ 为矩阵 $\underset{N\times M}{\boldsymbol{G}}$ 的非零奇异值构成的对角矩阵，ε 为阻尼因子且 $\varepsilon \geqslant 0$。因此，在采用减逆求法的前提下，仅有 $\|\boldsymbol{R}_{\text{hybrid}}-\boldsymbol{I}\|_F^2 \geqslant \|\boldsymbol{R}_{\text{under}}-\boldsymbol{I}\|_F^2$ 恒成立，亦即混定方程组的模型分辨率不高于欠定方程组的模型分辨率，而超定方程组的模型分辨率则可能高于前两者的模型分辨率，也可能居中，亦可能最小。若 $\boldsymbol{G}\boldsymbol{G}^{\mathrm{T}}$ 和 $\boldsymbol{G}^{\mathrm{T}}\boldsymbol{G}$ 的广义逆采用加逆求法(加逆是唯一的)，则欠定方程组、超定方程组和混

定方程组的模型分辨率的 Frobenius 范数分别为：$\| \boldsymbol{R}_{\text{under}} - \boldsymbol{I} \|_F^2 = M - r$、$\| \boldsymbol{R}_{\text{over}} - \boldsymbol{I} \|_F^2 = M - r$、$\| \boldsymbol{R}_{\text{hybrid}} - \boldsymbol{I} \|_F^2 = \sum_{i=1}^{r} \left(\frac{\lambda_i}{\lambda_i + \varepsilon} - 1 \right)^2 + M - r$。因此，在采用加逆求法的前提下，混定方程组的模型分辨率不高于欠定方程组和超定方程组的模型分辨率，而此时欠定方程组和超定方程组的模型分辨率相同。

再来分析数据分辨率矩阵 $\boldsymbol{N}$。由式(4.57) 和式(4.59) 可知对于纯欠定方程组、超定方程组和混定方程组，其数据分辨率矩阵分别为：

$$\begin{cases} \boldsymbol{N}_{\text{under}} = \boldsymbol{I} \\ \boldsymbol{N}_{\text{over}} = \boldsymbol{G}(\boldsymbol{G}^{\mathrm{T}}\boldsymbol{G})^{-1}\boldsymbol{G}^{\mathrm{T}} \\ \boldsymbol{N}_{\text{hyber}} = \boldsymbol{G}(\boldsymbol{G}^{\mathrm{T}}\boldsymbol{G} + \varepsilon\boldsymbol{I})^{-1}\boldsymbol{G}^{\mathrm{T}} \end{cases} \tag{4.61}$$

其中，$\boldsymbol{N}_{\text{under}}$、$\boldsymbol{N}_{\text{over}}$ 和 $\boldsymbol{N}_{\text{hybrid}}$ 分别表示纯欠定、超定和混定方程组的数据分辨率矩阵。

同前面有关模型分辨率的讨论类似，如果一般意义上来比较欠定方程组的数据分辨率 $\boldsymbol{N}_{\text{under}}$、超定方程组的数据分辨率 $\boldsymbol{N}_{\text{over}}$ 和混定方程组的数据分辨率 $\boldsymbol{N}_{\text{hybrid}}$，同样涉及求解 $\boldsymbol{G}\boldsymbol{G}^{\mathrm{T}}$ 和 $\boldsymbol{G}^{\mathrm{T}}\boldsymbol{G}$ 的广义逆矩阵的问题(注意 $\boldsymbol{N}_{\text{under}} = \boldsymbol{I} = (\boldsymbol{G}\boldsymbol{G}^{\mathrm{T}})(\boldsymbol{G}\boldsymbol{G}^{\mathrm{T}})^{-1}$ 是基于 $\boldsymbol{G}\boldsymbol{G}^{\mathrm{T}}$ 是可逆矩阵的前提下的)。若 $\boldsymbol{G}\boldsymbol{G}^{\mathrm{T}}$ 和 $\boldsymbol{G}^{\mathrm{T}}\boldsymbol{G}$(见式(4.61)) 的广义逆采用减逆求法，则欠定方程组、超定方程组和混定方程组的数据分辨率的 Frobenius 范数分别为：$\| \boldsymbol{N}_{\text{under}} - \boldsymbol{I} \|_F^2 = N - r + \mathrm{tr}(B_{21} D_r B_{12} H)$、$\| \boldsymbol{N}_{\text{over}} - \boldsymbol{I} \|_F^2 = N - r$、$\| \boldsymbol{N}_{\text{hybrid}} - \boldsymbol{I} \|_F^2 = \sum_{i=1}^{r} \left(\frac{\lambda_i}{\lambda_i + \varepsilon} - 1 \right)^2 + N - r$，其中，$N$ 为系数矩阵 $\underset{N \times M}{\boldsymbol{G}}$ 的行数，r 为矩阵 $\underset{N \times M}{\boldsymbol{G}}$ 的秩($r = \mathrm{rank}(\boldsymbol{G})$)，$\underset{r \times (N-r)}{\boldsymbol{B}_{12}}$、$\underset{(N-r) \times r}{\boldsymbol{B}_{21}}$、$\underset{(N-r) \times (N-r)}{\boldsymbol{H}}$ 为任意矩阵(它们是任意矩阵的原因在于减逆的不唯一性)，λ_i 为矩阵 $\underset{N \times M}{\boldsymbol{G}}$ 的非零奇异值，$\boldsymbol{D}_r$ 为矩阵 $\underset{N \times M}{\boldsymbol{G}}$ 的非零奇异值构成的对角矩阵，ε 为阻尼因子且 $\varepsilon \geqslant 0$。因此，在采用减逆求法的前提下，一般意义而言，仅有 $\| \boldsymbol{N}_{\text{hybrid}} - \boldsymbol{I} \|_F^2 \geqslant \| \boldsymbol{N}_{\text{over}} - \boldsymbol{I} \|_F^2$ 恒成立，亦即混定方程组的数据分辨率不高于超定方程组的数据分辨率，而欠定方程组的模型分辨率则可能高于前两者的模型分辨率，也可能居中，亦可能最小。若 $\boldsymbol{G}\boldsymbol{G}^{\mathrm{T}}$ 和 $\boldsymbol{G}^{\mathrm{T}}\boldsymbol{G}$ 的广义逆采用加逆求法(加逆是唯一的)，则欠定方程组、超定方程组和混定方程组的模型分辨率的 Frobenius 范数分别为：$\| \boldsymbol{N}_{\text{under}} - \boldsymbol{I} \|_F^2 = N - r$、$\| \boldsymbol{N}_{\text{over}} - \boldsymbol{I} \|_F^2 = N - r$、$\| \boldsymbol{N}_{\text{hybrid}} - \boldsymbol{I} \|_F^2 = \sum_{i=1}^{r} \left(\frac{\lambda_i}{\lambda_i + \varepsilon} - 1 \right)^2 + N - r$。因此，在采用加逆求法的前提下，混定方程组的数据分辨率不高于欠定方程组和超定方程组的数据分辨率，而此时欠定方程组和超定方程组的数据分辨率相同。

4.3.5　长度法求解线性方程组的讨论

首先，4.3.1 ~ 4.3.3 节采用长度法求解线性方程组时，是以式(4.1) 的第一个函数模型 $\boldsymbol{Gm} = \boldsymbol{d}$ 为基本形式来进行讨论的。对于顾及 Laplace 平滑矩阵约束条件的地震断层分布滑动的具体的线性反演问题而言，只需将式(4.1) 的前面两个函数模型 $\boldsymbol{Gm} = \boldsymbol{d}$ 和 $\lambda^2 \boldsymbol{Lm} = 0$ 组合为 $\boldsymbol{G}'\boldsymbol{m} = \boldsymbol{d}'$，其中 $\boldsymbol{G}' = \begin{pmatrix} \boldsymbol{G} \\ \lambda^2 \boldsymbol{L} \end{pmatrix}$，$\boldsymbol{d}' = \begin{pmatrix} \boldsymbol{d} \\ 0 \end{pmatrix}$，使得 $\boldsymbol{G}'\boldsymbol{m} = \boldsymbol{d}'$ 即为 $\boldsymbol{Gm} = \boldsymbol{d}$ 的函数模型

形式，经过这样简单的数学处理后，同样可以应用长度法对地震断层分布滑动 $\boldsymbol{m}$ 进行线性反演。注意此时的观测向量的方差－协方差阵为：$\boldsymbol{D}_{d'}=\mathrm{diag}(\boldsymbol{D}_d, \sigma_0^2\boldsymbol{I})$。

其次，长度法没有考虑加权最小二乘的情形，亦即形如：

$$\varphi(\boldsymbol{m}) = \|\boldsymbol{D}_d^{-\frac{1}{2}}(\boldsymbol{Gm}-\boldsymbol{d})\|^2 = (\boldsymbol{Gm}-\boldsymbol{d})^{\mathrm{T}}\boldsymbol{D}_d^{-1}(\boldsymbol{Gm}-\boldsymbol{d}) \tag{4.62}$$

对于此种加权最小二乘情形，也可以对方程组进行数学处理使得变换后的等价方程组的观测向量的方差－协方差阵为单位矩阵，这样也就回到了前面最小二乘解的目标函数形式：$\varphi(\boldsymbol{m}) = \|(\boldsymbol{Gm}-\boldsymbol{d})\|^2 = (\boldsymbol{Gm}-\boldsymbol{d})^{\mathrm{T}}(\boldsymbol{Gm}-\boldsymbol{d})$。这种数学处理方法就是在方程组 $\boldsymbol{Gm}=\boldsymbol{d}$ 两边同乘以观测向量的方差－协方差阵 $\boldsymbol{D}_d$ 的 Cholesky 分解因子，其为：

$$(\boldsymbol{R}^{\mathrm{T}})^{-1}\boldsymbol{Gm} = (\boldsymbol{R}^{\mathrm{T}})^{-1}\boldsymbol{d} \tag{4.63}$$

其中，$\boldsymbol{R}$ 满足 $\boldsymbol{D}_d=\boldsymbol{R}^{\mathrm{T}}R$，$\boldsymbol{D}_d=\boldsymbol{R}^{\mathrm{T}}\boldsymbol{R}$ 为观测向量的方差－协方差阵 $\boldsymbol{D}_d$ 的 Cholesky 分解。

令 $\tilde{\boldsymbol{G}}=(\boldsymbol{R}^{\mathrm{T}})^{-1}\boldsymbol{G}$，$\tilde{\boldsymbol{d}}=(\boldsymbol{R}^{\mathrm{T}})^{-1}\boldsymbol{d}$，则有 $\tilde{\boldsymbol{G}}\boldsymbol{m}=\tilde{\boldsymbol{d}}$。对于新的观测方程组 $\tilde{\boldsymbol{G}}\boldsymbol{m}=\tilde{\boldsymbol{d}}$，其观测向量 $\tilde{\boldsymbol{d}}$ 的方差－协方差阵 $\boldsymbol{D}_{\tilde{d}}$ 为：$\boldsymbol{D}_{\tilde{d}}=(\boldsymbol{R}^{\mathrm{T}})^{-1}\boldsymbol{D}_d\boldsymbol{R}^{-1}=(\boldsymbol{R}^{\mathrm{T}})^{-1}\boldsymbol{R}^{\mathrm{T}}\boldsymbol{R}\boldsymbol{R}^{-1}=\boldsymbol{I}$。这样变换后的新观测方程组 $\tilde{\boldsymbol{G}}\boldsymbol{m}=\tilde{\boldsymbol{d}}$ 及其随机模型 $\boldsymbol{D}_{\tilde{d}}=\boldsymbol{I}$ 的最小二乘解的目标函数形式为：

$$\varphi(\boldsymbol{m}) = \|\tilde{\boldsymbol{G}}\boldsymbol{m}-\tilde{\boldsymbol{d}}\|^2 = (\tilde{\boldsymbol{G}}\boldsymbol{m}-\tilde{\boldsymbol{d}})^{\mathrm{T}}(\tilde{\boldsymbol{G}}\boldsymbol{m}-\tilde{\boldsymbol{d}}) \tag{4.64}$$

这就是前面长度法中所讨论的最小二乘解的目标函数形式。因此，通过这种数学处理后，加权的最小二乘问题可以转化为不加权的最小二乘问题(即权阵为单位阵的等价方程组的最小二乘问题)，因而也可以利用前面讨论的长度法求解变形后的方程组的解。

最后，分析如上 Cholesky 分解因子对线性方程组 $\boldsymbol{Gm}=\boldsymbol{d}$ 进行变换的最小二乘解的变形协调问题。变换前基于目标函数式(4.62)的线性方程组 $\boldsymbol{Gm}=\boldsymbol{d}$ 的加权最小二乘解为 $\boldsymbol{m}=(\boldsymbol{G}^{\mathrm{T}}D_d^{-1}\boldsymbol{G})^{-1}\boldsymbol{G}^{\mathrm{T}}D_d^{-1}\boldsymbol{d}$，而变换后基于目标函数(4.64)的线 $\tilde{\boldsymbol{G}}\boldsymbol{m}=\tilde{\boldsymbol{d}}$ 的最小二乘解为：$\tilde{\boldsymbol{m}}=(\tilde{\boldsymbol{G}}^{\mathrm{T}}\tilde{\boldsymbol{G}})^{-1}\tilde{\boldsymbol{G}}^{\mathrm{T}}\tilde{\boldsymbol{d}}=\{[(\boldsymbol{R}^{\mathrm{T}})^{-1}\boldsymbol{G}]^{\mathrm{T}}(\boldsymbol{R}^{\mathrm{T}})^{-1}\boldsymbol{G}\}^{-1}[(\boldsymbol{R}^{\mathrm{T}})^{-1}\boldsymbol{G}]^{\mathrm{T}}(\boldsymbol{R}^{\mathrm{T}})^{-1}\boldsymbol{d}$，简单运算后即为 $\tilde{\boldsymbol{m}}=(\boldsymbol{G}^{\mathrm{T}}\boldsymbol{D}_d^{-1}\boldsymbol{G})^{-1}\boldsymbol{G}^{\mathrm{T}}\boldsymbol{D}_d^{-1}\boldsymbol{d}=\boldsymbol{m}$，因此，采用如上方法对线性方程组进行变换，所求得的新方程组的解和原方程组的解是相同的，也就可以说采用这种变换方法的最小二乘解的变形协调是和谐的。

4.4 广义逆矩阵方法

广义逆矩阵方法是求解线性方程组常用的非迭代方法(迭代方法有如高斯－赛德尔迭代法、超松弛迭代法、牛顿法、拟牛顿法、最速下降法、共轭梯度法等)，其基本思想是直接求解与系数矩阵有关的矩阵的逆。由于现实中大量观测方程的系数矩阵通常不是方阵，而且系数矩阵不是行满秩或列满秩，因而与系数矩阵有关的矩阵通常是不可逆的。因此，需要推广常见的非奇异方阵的求逆至奇异非方阵情形。这类求解奇异非方阵的求逆方法统称为广义逆矩阵方法。

广义逆的基本概念最早由 Fredholm 于 1903 年在研究积分算子的伪逆问题时提出，后来 Hilbert 给出了微分算子的广义逆。1920 年 Moore 充分利用正交投影变换的特性(幂等对称变换) 定义了广义逆，1950 年 Penrose 从满足矩阵乘积和转置两种运算的角度给出了广义逆矩阵的四条形式化的表达式，从而给出了广义逆矩阵的另外一种定义形式(刘丁酉，2005)。这两种广义逆矩阵的定义是等价的。下面从便于形式化理解(可以从非奇异方阵的逆矩阵的性质类比而来) 的角度，给出Penrose的广义逆矩阵定义，然后在4.4.1介绍减逆、加逆、极小范数逆、最小二乘广义逆、相容方程组的极小范数解、不相容方程组的最小二乘解、不相容方程组的极小最小二乘解以及约束广义逆解，然后在 4.4.2 介绍奇异值分解及其自然广义加逆，在 4.4.3 介绍奇异值分解的自然广义逆的几何意义，最后介绍分辨率与协方差的折中。

4.4.1　一般广义逆

Penrose 广义逆的定义为：若现有任一矩阵 $\underset{N\times M}{\boldsymbol{G}}$，存在矩阵$\underset{M\times N}{\boldsymbol{G}^{-g}}$ 满足：

(1)$\boldsymbol{G}\boldsymbol{G}^{-g}\boldsymbol{G}=\boldsymbol{G}$；(2)$\boldsymbol{G}^{-g}\boldsymbol{G}\boldsymbol{G}^{-g}=\boldsymbol{G}^{-g}$；(3) $(\boldsymbol{G}\boldsymbol{G}^{-g})^{\mathrm{T}}=\boldsymbol{G}\boldsymbol{G}^{-g}$；(4) $(\boldsymbol{G}^{-g}\boldsymbol{G})^{\mathrm{T}}=\boldsymbol{G}^{-g}\boldsymbol{G}$

则称 $\boldsymbol{G}^{-g}$ 为 $\boldsymbol{G}$ 的广义逆矩阵(加逆)。如果矩阵 $\boldsymbol{G}$ 是非奇异方阵，则其逆矩阵为 $\boldsymbol{G}^{-1}$，将 $\boldsymbol{G}^{-1}$ 代入上面各式后可知四个等式都是成立的。如果把 Penrose 广义逆的定义条件放宽一些，即上面等式(1)、(2)、(3)、(4) 的某一个或者几个等式成立，则称 $\boldsymbol{G}^{-g}$ 为矩阵 $\boldsymbol{G}$ 的一般广义逆。如果 $\boldsymbol{G}^{-g}$ 满足等式(1)，则称其为减逆，记作 $\boldsymbol{G}^{-}$，其全体集合记为 $\boldsymbol{G}^{(1)}$；如果 $\boldsymbol{G}^{-g}$ 满足等式(1)、(4)，则称其为极小范数逆，记作 $\boldsymbol{G}_m^{-}$，其全体集合为记为 $\boldsymbol{G}^{(1,4)}$；如果 $\boldsymbol{G}^{-g}$ 满足等式(1)、(3)，则称其为最小二乘逆，记作 $\boldsymbol{G}_L^{-}$，其全体集合记为 $\boldsymbol{G}^{(1,3)}$；如果 $\boldsymbol{G}^{-g}$ 满足所有四个等式，则称其为加逆，记作 $\boldsymbol{G}^{+}$，其全体集合记为 $\boldsymbol{G}^{(1,2,3,4)}$。这些广义逆的形式为：

$$\begin{cases}\boldsymbol{G}^{-}=\boldsymbol{Q}\begin{pmatrix}\boldsymbol{I}_r & \boldsymbol{S}_{12}\\ \boldsymbol{S}_{21} & \boldsymbol{S}_{22}\end{pmatrix}\boldsymbol{P}\\ \boldsymbol{G}_L^{-}=(\boldsymbol{G}^{\mathrm{T}}\boldsymbol{G})^{-}\boldsymbol{G}^{\mathrm{T}}\\ \boldsymbol{G}_m^{-}=\boldsymbol{G}^{\mathrm{T}}(\boldsymbol{G}\boldsymbol{G}^{\mathrm{T}})^{-}\\ \boldsymbol{G}^{+}=\boldsymbol{G}^{\mathrm{T}}(\boldsymbol{G}^{\mathrm{T}}\boldsymbol{G}\boldsymbol{G}^{\mathrm{T}})^{-}\boldsymbol{G}^{\mathrm{T}}=\boldsymbol{V}\begin{pmatrix}\boldsymbol{D}_r^{-1} & 0\\ 0 & 0\end{pmatrix}\boldsymbol{U}^{\mathrm{T}}\end{cases}\tag{4.65}$$

式中，$r=\mathrm{rank}(\boldsymbol{G})$，$\underset{N\times M}{\boldsymbol{G}}=\underset{N\times N}{\boldsymbol{P}^{-1}}\begin{pmatrix}\underset{r\times r}{\boldsymbol{I}_r} & \underset{r\times(M-r)}{0}\\ \underset{(N-r)\times r}{0} & \underset{(N-r)\times(M-r)}{0}\end{pmatrix}\underset{M\times M}{\boldsymbol{Q}^{-1}}$；$\underset{r\times(N-r)}{\boldsymbol{S}_{12}}$、$\underset{(M-r)\times r}{\boldsymbol{S}_{21}}$ 和 $\underset{(M-r)\times(N-r)}{\boldsymbol{S}_{22}}$ 均为任意矩阵；$\underset{N\times N}{\boldsymbol{U}}$、$\underset{M\times M}{\boldsymbol{V}}$ 为正交矩阵；$\underset{N\times M}{\boldsymbol{\Sigma}}$ 为对角阵 $\underset{N\times M}{\boldsymbol{\Sigma}}$ 且 $\boldsymbol{\Sigma}=\begin{pmatrix}\underset{r\times r}{\boldsymbol{D}_r} & 0\\ 0 & 0\end{pmatrix}$；$\boldsymbol{G}=\boldsymbol{U}\boldsymbol{\Sigma}\boldsymbol{V}^{\mathrm{T}}$ 为 $\boldsymbol{G}$ 的奇异值分解。

$$\begin{cases} G^{(1)} = G^{-} + B(I_N - GG^{-}) + (I_M - G^{-}G)C \\ G^{(1,3)} = G_L^{-} + (I_M - G_L^{-}G)C \\ G^{(1,4)} = G_m^{-} + B(I_N - GG_m^{-}) \\ G^{(1,2,3,4)} = G^{+} \end{cases} \tag{4.66}$$

式中，$\underset{M\times N}{B}$ 和 $\underset{M\times N}{C}$ 为任意矩阵。

由式(4.66)可知，矩阵 G 的减逆、最小二乘逆、极小范数逆都不是唯一的，而其加逆却是唯一的。下面我们给出形如 $\underset{N\times M}{G}\underset{M\times 1}{m} = \underset{N\times 1}{d}$ 的相容方程组的极小范数解、不相容方程组的最小二乘解、不相容方程组的极小最小二乘解以及约束广义逆解的具体形式。

1. 相容方程组的极小范数解

相容方程组的通解为：$m = G^{-}d + (I_M - G^{-}G)Y$，其中 $Y \in R^M$。显然其解有无穷多个。因此进一步限定解的形式，取解的范数最小即有极小范数解，其为 $m = G_m^{-}d = G^{\mathrm{T}}(GG^{\mathrm{T}})^{-}d$。当 $\mathrm{rank}(G) = r = N < M$，其为：$m = G^{\mathrm{T}}(GG^{\mathrm{T}})^{-1}d$，此即式(4.51)为纯欠定方程组的最小长度解。尽管极小范数逆不是唯一的，但相容方程组的极范数解是唯一的。证明如下：

证明　假设满足相容性方程组 $\underset{N\times M}{G}\underset{M\times 1}{m} = \underset{N\times 1}{d}$ 的极小范数解有两个，分别为 $G_m^{-}d$ 和 $\tilde{G}_m^{-}d$。亦即 $G_m^{-}d = \tilde{G}_m^{-}d$。由于 $G_m^{-} \in G^{(1,4)}$，$\tilde{G}_m^{-} \in G^{(1,4)}$，故有 $\begin{cases} GG_m^{-}G = G \\ (G_m^{-}G)^{T} = G_m^{-}G \end{cases}$，$\begin{cases} G\tilde{G}_m^{-}G = G \\ (\tilde{G}_m^{-}G)^{\mathrm{T}} = \tilde{G}_m^{-}G \end{cases}$。由此，$\begin{cases} G^{\mathrm{T}} = (GG_m^{-}G)^{\mathrm{T}} = (G_m^{-}G)^{\mathrm{T}}G^{\mathrm{T}} = G_m^{-}GG^{\mathrm{T}} \\ G^{\mathrm{T}} = (G\tilde{G}_m^{-}G)^{\mathrm{T}} = (\tilde{G}_m^{-}G)^{\mathrm{T}}G^{\mathrm{T}} = \tilde{G}_m^{-}GG^{\mathrm{T}} \end{cases}$，亦即 $G_m^{-}GG^{\mathrm{T}} = \tilde{G}_m^{-}GG^{\mathrm{T}}$。该式可以进一步表述为：$(G_m^{-} - \tilde{G}_m^{-})GG^{\mathrm{T}} = 0$。故有 $(G_m^{-} - \tilde{G}_m^{-})GG^{\mathrm{T}}(G_m^{-} - \tilde{G}_m^{-})^{\mathrm{T}} = 0$。因所有矩阵为实矩阵，故有 $(G_m^{-} - \tilde{G}_m^{-})G = 0$，此即 $G_m^{-}G = \tilde{G}_m^{-}G$。故而对任意的 $X \in R^M$，有 $G_m^{-}GX = \tilde{G}_m^{-}GX$。不妨令 $GX = d$，故而 $G_m^{-}d = \tilde{G}_m^{-}d$。故极小范数解是唯一的。

证毕。

2. 不相容方程组的最小二乘解和不相容方程组的极小最小二乘解

不相容方程组的最小二乘通解为：$m = G^{(1,3)}d + (I - G^{(1,3)}G)C$，其中 $C \in R^M$。其唯一的极小最小二乘解为：$m = G^{+}d = (G^{\mathrm{T}}G)^{+}G^{\mathrm{T}}d$。当 $\mathrm{rank}(G) = r = M < N$，其为 $m = G^{+}d = (G^{\mathrm{T}}G)^{-1}G^{\mathrm{T}}d$。另一方面，由 $G_L^{-} = (G^{\mathrm{T}}G)^{-}G^{\mathrm{T}}$ 和 $\mathrm{rank}(G) = r = M < N$ 可得，$G_L^{-} = (G^{\mathrm{T}}G)^{-}G^{\mathrm{T}} = (G^{\mathrm{T}}G)^{-1}G^{\mathrm{T}}$，又因为 $G^{(1,3)} = G_L^{-} + (I_M - G_L^{-}G)C$，故有 $G^{(1,3)} = G_L^{-} + (I_M - G_L^{-}G)C = G_L^{-} = (G^{\mathrm{T}}G)^{-1}G^{\mathrm{T}}$，因此，$m = G^{(1,3)}d + (I - G^{(1,3)}G)C$ 的具体形式即为 $m = (G^{\mathrm{T}}G)^{-1}G^{\mathrm{T}}d$，而4.3节介绍长度法时的最小二乘解为 $m = (G^{\mathrm{T}}G)^{-1}G^{\mathrm{T}}d$(式(4.53))。因此，4.3节介绍长度法时的最小二乘解也是唯一的。

3. 约束广义逆解

约束广义逆解是求解的线性方程组是不相容的，而作为约束条件的线性方程组是相容的情形下方程组的解，使得该解是不相容方程组的最小二乘解，同时该解满足相容的线性方程组约束条件。即若令$\underset{S\times M}{\boldsymbol{G}_1}\underset{M\times 1}{\boldsymbol{m}}=\underset{S\times 1}{\boldsymbol{d}_1}$是不相容的方程组，而$\underset{(N-S)\times M}{\boldsymbol{G}_2}\underset{M\times 1}{\boldsymbol{m}}=\underset{(N-S)\times 1}{\boldsymbol{d}_2}$是相容的方程组，则要求解这样的解$\boldsymbol{m}$使得$\|\boldsymbol{G}_1\hat{\boldsymbol{m}}-\boldsymbol{d}_1\|^2=\min\limits_{\boldsymbol{G}_2\boldsymbol{m}=\boldsymbol{d}_2}\|\boldsymbol{G}_1\boldsymbol{m}-\boldsymbol{d}_1\|^2$。

相容方程组的通解为：$\boldsymbol{m}=\boldsymbol{G}_2^-\boldsymbol{d}_2+(\boldsymbol{I}-\boldsymbol{G}_2^-\boldsymbol{G}_2)\boldsymbol{Y}$，其中$\boldsymbol{Y}\in\boldsymbol{R}^M$，将其代入上面的目标函数有：$\min\limits_{\boldsymbol{G}_2\boldsymbol{m}=\boldsymbol{d}_2}\|\boldsymbol{G}_1\boldsymbol{m}-\boldsymbol{d}_1\|^2=\min\limits_{Y}\|\boldsymbol{G}_1\boldsymbol{K}\boldsymbol{Y}-(\boldsymbol{d}_1-\boldsymbol{G}_1\boldsymbol{G}_2^-\boldsymbol{d}_2)\|^2$，其中$\boldsymbol{K}=\boldsymbol{I}-\boldsymbol{G}_2^-\boldsymbol{G}_2$。于是，问题转化为求解新的线性方程组$\boldsymbol{G}_1\boldsymbol{K}\boldsymbol{Y}=(\boldsymbol{d}_1-\boldsymbol{G}_1\boldsymbol{G}_2^-\boldsymbol{d}_2)$的最小二乘解，故原方程组的解为：

$$\begin{cases}\hat{\boldsymbol{m}}=\boldsymbol{G}_2^-\boldsymbol{d}_2+\boldsymbol{K}\boldsymbol{Y}\\ \boldsymbol{Y}=(\boldsymbol{G}_1\boldsymbol{K})_L^-(\boldsymbol{d}_1-\boldsymbol{G}_1\boldsymbol{G}_2^-\boldsymbol{d}_2)\\ \boldsymbol{K}=(\boldsymbol{I}-\boldsymbol{G}_2^-\boldsymbol{G}_2)\end{cases}\tag{4.67}$$

4.4.2 奇异值分解与自然广义逆

奇异值分解作为一种将一个矩阵分解为几种特定矩阵的乘积形式的矩阵分解方法，它在线性方程组求解中起到了降维的作用，而且有利于从线性子空间变换的角度去认识参数向量空间和观测值向量空间之间的映射关系。下面先给出奇异值分解的基本方法，然后用该方法去求解线性方程组(4.1)。

令$\{v_i|v_i\in\boldsymbol{R}^M,\ i=1,2,\cdots,M\}$为$\boldsymbol{R}^M$向量空间的基底，$\{u_i|u_i\in\boldsymbol{R}^N,\ i=1,2,\cdots,N\}$为$\boldsymbol{R}^N$向量空间的基底。矩阵$\boldsymbol{G}\in\boldsymbol{R}^{N\times M}$为从$\boldsymbol{R}^M$向量空间到$\boldsymbol{R}^N$向量空间的线性算子，简言之，矩阵$\boldsymbol{G}$作用于$\boldsymbol{R}^M$向量空间的基底$\{v_i|v_i\in\boldsymbol{R}^M,\ i=1,2,\cdots,M\}$后的结果是得到一个新的属于$\boldsymbol{R}^N$向量空间的基底，此基底为$\{u_i|u_i\in\boldsymbol{R}^N,\ i=1,2,\cdots,N\}$，其可表述为$\boldsymbol{G}v_i=\sigma_iu_i$，其中$\sigma_i$为$\boldsymbol{G}v_i$在由新基底所张成的空间中的坐标轴向$u_i$方向的坐标分量，或者说是原基底分量$v_i$经矩阵$\boldsymbol{G}$作用后得到的在$\boldsymbol{R}^N$向量空间中的向量，在对应新基底分量$u_i$方向的长度变化因子。由此，可以说当某个长度变化因子$\sigma_i=0$时，原基底分量v_i经$\boldsymbol{G}$作用后得到的在$\boldsymbol{R}^N$向量空间中与新基底分量u_i平行的向量，其长度为零，换言之，一个向量在$\boldsymbol{R}^M$向量空间需由M个基底分量$\{v_i|v_i\in R^M,\ i=1,2,\cdots,M\}$线性表出，当经矩阵$\boldsymbol{G}$作用后，在$\boldsymbol{R}^N$向量空间中就有可能用少于$\min\{M,N\}$个基底分量$\{u_i|u_i\in R^N,\ i=1,2,\cdots,N\}$线性表出。更直观地说，一个向量在$\boldsymbol{R}^M$向量空间中需要分解到$M$个坐标轴向，而当该向量经矩阵$\boldsymbol{G}$作用后得到的新向量在$\boldsymbol{R}^N$向量空间中有可能需要分解到少于$\min\{M,N\}$个坐标轴向，这样也就达到了对在$\boldsymbol{R}^M$向量空间的原向量进行降维的目的。

$\boldsymbol{G}v_i=\sigma_iu_i$可以进一步表述为：

$$\boldsymbol{G}(v_1,v_2,\cdots)=(u_1,u_2,\cdots)\mathrm{diag}(\sigma_1,\sigma_2,\cdots)\tag{4.68}$$

上式更简洁的形式为：

$$\boldsymbol{GV}=\boldsymbol{U\Sigma}\tag{4.69}$$

式中，$V=(v_1,\ v_2,\ \cdots,\ v_M)$；$U=(u_1,\ u_2,\ \cdots,\ u_N)$；$\boldsymbol{\Sigma}=\begin{pmatrix}\sigma_1 & 0 & 0 & \cdots & 0\\ 0 & \sigma_2 & 0 & \cdots & 0\\ 0 & 0 & \ddots & \cdots & 0\\ \vdots & \vdots & 0 & \ddots & 0\\ 0 & 0 & 0 & \cdots & 0\end{pmatrix}$，且 U、V 为正交矩阵，$\boldsymbol{\Sigma}$ 为 $N\times M$ 对角矩阵。

故矩阵 G 的奇异值分解形式为：

$$G=U\boldsymbol{\Sigma}V^{\mathrm{T}} \tag{4.70}$$

现在具体分析正交矩阵 U、V 和对角矩阵 $\boldsymbol{\Sigma}$ 的求解方法。

首先，$G^{\mathrm{T}}G$ 为：$G^{\mathrm{T}}G=(U\boldsymbol{\Sigma}V^{\mathrm{T}})^{\mathrm{T}}U\boldsymbol{\Sigma}V^{\mathrm{T}}=V\boldsymbol{\Sigma}^{\mathrm{T}}U^{\mathrm{T}}U\boldsymbol{\Sigma}V^{\mathrm{T}}=V\boldsymbol{\Sigma}^{\mathrm{T}}\boldsymbol{\Sigma}V^{\mathrm{T}}$

其中，$\underset{N\times M}{\boldsymbol{\Sigma}}=\begin{pmatrix}\underset{r\times r}{D_r} & \vdots & \underset{r\times(M-r)}{0}\\ \cdots & \vdots & \cdots\\ \underset{(N-r)\times r}{0} & \vdots & \underset{(N-r)\times(M-r)}{0}\end{pmatrix}$，$\underset{r\times r}{D_r}=\mathrm{diag}(\sigma_1,\ \sigma_2,\ \cdots,\ \sigma_r)\mid_{\sigma_1\geqslant\sigma_2\geqslant\cdots\geqslant\sigma_r>0}$。故有：

$$\text{式中，}D_r^2\text{ 为}\begin{cases}V^{\mathrm{T}}G^{\mathrm{T}}GV=\begin{pmatrix}\underset{r\times r}{D_r^2} & \vdots & \underset{r\times(M-r)}{0}\\ \cdots & \vdots & \cdots\\ \underset{(M-r)\times r}{0} & \vdots & \underset{(M-r)\times(M-r)}{0}\end{pmatrix}\\ D_r^2=\begin{pmatrix}\sigma_1^2 & 0 & 0 & \cdots & 0\\ 0 & \sigma_2^2 & \vdots & \cdots & 0\\ 0 & 0 & \sigma_3^2 & \cdots & \vdots\\ \vdots & \vdots & \vdots & \ddots & 0\\ 0 & 0 & 0 & \cdots & \sigma_r^2\end{pmatrix}\end{cases} \tag{4.71}$$

又由 $G^{\mathrm{T}}G$ 这一对称矩阵可以被对角化可知：

$$P^{\mathrm{T}}G^{\mathrm{T}}GP=\mathrm{diag}(\lambda_1,\ \lambda_2,\ \lambda_3,\ \cdots,\ \lambda_r,\ 0,\ \cdots,\ 0) \tag{4.72}$$

其中$\{\lambda_i\mid i=1,\ 2,\ \cdots,\ r\}$为 $G^{\mathrm{T}}G$ 的 r 个非零的正特征值(注：因 $G^{\mathrm{T}}G$ 为半正定矩阵，故特征值必不小于零。令有任意非零向量 x 为 $G^{\mathrm{T}}G$ 的特征向量且其对应的特征值为 λ，则有 $G^{\mathrm{T}}Gx=\lambda x$，两边同乘以非零向量 x^{T} 得 $0\leqslant x^{\mathrm{T}}G^{\mathrm{T}}Gx=\lambda x^{\mathrm{T}}x$，又 $x^{\mathrm{T}}x>0$，故恒有 $\lambda\geqslant 0$。)，P 为由每个特征值所对应的正交的特征向量构成的正交矩阵。

由上面可知正交矩阵 V 为矩阵 $G^{\mathrm{T}}G$ 的相互正交的特征向量所组成，且 $\sigma_i=\sqrt{\lambda_i}$。

同理为了得到正交矩阵 U 的具体形式，对矩阵 G 作类似的操作。亦即：

$$GG^{\mathrm{T}}=U\boldsymbol{\Sigma}V^{\mathrm{T}}(U\boldsymbol{\Sigma}V^{\mathrm{T}})^{\mathrm{T}}=U\boldsymbol{\Sigma}V^{\mathrm{T}}V\boldsymbol{\Sigma}^{\mathrm{T}}U^{\mathrm{T}}=U\boldsymbol{\Sigma}\boldsymbol{\Sigma}^{\mathrm{T}}U^{\mathrm{T}}$$

同理可得：

式中，$\boldsymbol{D}_r^2$ 为
$$\begin{cases} \boldsymbol{U}^{\mathrm{T}}\boldsymbol{G}\boldsymbol{G}^{\mathrm{T}}\boldsymbol{U} = \boldsymbol{\Sigma}\boldsymbol{\Sigma}^{\mathrm{T}} = \begin{pmatrix} \underset{r\times r}{\boldsymbol{D}_r^2} & \vdots & \underset{r\times(N-r)}{0} \\ \cdots & \vdots & \cdots \\ \underset{(N-r)\times r}{0} & \vdots & \underset{(N-r)\times(N-r)}{0} \end{pmatrix} \\ \boldsymbol{D}_r^2 = \begin{pmatrix} \sigma_1^2 & 0 & 0 & \cdots & 0 \\ 0 & \sigma_2^2 & \vdots & \cdots & 0 \\ 0 & 0 & \sigma_3^2 & \cdots & \vdots \\ \vdots & \vdots & \vdots & \ddots & 0 \\ 0 & 0 & 0 & \cdots & \sigma_r^2 \end{pmatrix} \end{cases} \tag{4.73}$$

又由 $\boldsymbol{G}\boldsymbol{G}^{\mathrm{T}}$ 这一对称矩阵可以被对角化可知：

$$\boldsymbol{Q}^{\mathrm{T}}\boldsymbol{G}\boldsymbol{G}^{\mathrm{T}}\boldsymbol{Q} = \mathrm{diag}(\lambda'_1,\ \lambda'_2,\ \lambda'_3,\ \cdots,\ \lambda'_r,\ 0,\ \cdots,\ 0) \tag{4.74}$$

其中$\{\lambda'_i \mid i = 1,\ 2,\ \cdots,\ r\}$为 $\boldsymbol{G}\boldsymbol{G}^{\mathrm{T}}$ 的 r 个正特征值(注：因 $\boldsymbol{G}\boldsymbol{G}^{\mathrm{T}}$ 为半正定矩阵，故特征值必不小于零。令有任意非零向量 $\boldsymbol{x}$ 为 $\boldsymbol{G}\boldsymbol{G}^{\mathrm{T}}$ 的特征向量且其对应的特征值为 $\boldsymbol{\lambda}$，则有 $\boldsymbol{G}\boldsymbol{G}^{\mathrm{T}}x = \boldsymbol{\lambda x}$，两边同乘以非零向量 $\boldsymbol{x}^{\mathrm{T}}$ 得 $0 \leqslant \boldsymbol{x}^{\mathrm{T}}\boldsymbol{G}\boldsymbol{G}^{\mathrm{T}}\boldsymbol{x} = \lambda \boldsymbol{x}^{\mathrm{T}}\boldsymbol{x}$，又 $\boldsymbol{x}^{\mathrm{T}}\boldsymbol{x} > 0$，故恒有 $\lambda \geqslant 0$。)，$\boldsymbol{Q}$ 为由每个特征值所对应的正交的特征向量构成的正交矩阵。

由上面可知正交矩阵 $\boldsymbol{U}$ 为矩阵 $\boldsymbol{G}\boldsymbol{G}^{\mathrm{T}}$ 的相互正交的特征向量所组成，且 $\sigma_i = \sqrt{\lambda'_i}$(注意 $\boldsymbol{G}^{\mathrm{T}}\boldsymbol{G}$ 和 $\boldsymbol{G}\boldsymbol{G}^{\mathrm{T}}$ 的特征值是相同的)。

以上分析了两个正交矩阵 $\boldsymbol{U}$、$\boldsymbol{V}$ 以及奇异值 σ_i 的具体求解方法。现在进一步分析奇异值分解的更简洁形式(或者称为部分奇异值分解)。

将正交矩阵 $\boldsymbol{U}$、$\boldsymbol{V}$ 进行分块为 $\boldsymbol{U} = (\boldsymbol{U}_r \vdots \boldsymbol{U}_2)$，$\boldsymbol{V} = (\boldsymbol{V}_r \vdots \boldsymbol{V}_2)$，其中，$\boldsymbol{U}_r$ 由矩阵 $\boldsymbol{G}\boldsymbol{G}^{\mathrm{T}}$ 的 r 个正特征值所对应的 r 个正交特征向量所组成，$\boldsymbol{U}_2$ 由其余的 $N - r$ 个零特征值所对应的 $N - r$ 个正交特征向量所组成；$\boldsymbol{V}_r$ 由矩阵 $\boldsymbol{G}^{\mathrm{T}}\boldsymbol{G}$ 的 r 个正特征值所对应的 r 个正交特征向量所组成，$\boldsymbol{V}_2$ 由其余的 $M - r$ 个零特征值所对应的 $M - r$ 个正交特征向量所组成。于是矩阵 $\boldsymbol{G}$ 的奇异值分解具体为：

$$\boldsymbol{G} = \boldsymbol{U}\boldsymbol{\Sigma}\boldsymbol{V}^{\mathrm{T}} = (\underset{N\times r}{\boldsymbol{U}_r} \vdots \underset{N\times(N-r)}{\boldsymbol{U}_2}) \begin{pmatrix} \underset{r\times r}{\boldsymbol{D}_r} & \vdots & \underset{r\times(M-r)}{0} \\ \cdots & \vdots & \cdots \\ \underset{(N-r)\times r}{0} & \vdots & \underset{(N-r)\times(M-r)}{0} \end{pmatrix} (\underset{M\times r}{\boldsymbol{V}_r} \vdots \underset{M\times(M-r)}{\boldsymbol{V}_2})^{\mathrm{T}} = \underset{N\times r}{\boldsymbol{U}_r}\underset{r\times r}{\boldsymbol{D}_r}\underset{M\times r}{\boldsymbol{V}_r}^{\mathrm{T}} \tag{4.75}$$

由上面的推导可知求解矩阵 $\boldsymbol{G}$ 的奇异值分解可以分为以下两步：第一步将矩阵 $\boldsymbol{G}\boldsymbol{G}^{\mathrm{T}}$ 对角化，求取其特征值和特征向量，得到正交矩阵 U 和对角矩阵 $\boldsymbol{D}_r$；第二步将矩阵 $\boldsymbol{G}^{\mathrm{T}}\boldsymbol{G}$ 对角化，求取其特征值和特征向量，得到正交矩阵 $\boldsymbol{V}$。下面通过一个例子说明完成这两步后还要恰当组合正交矩阵 $\boldsymbol{U}$ 和正交矩阵 $\boldsymbol{V}$ 才能有 $\boldsymbol{G} = \boldsymbol{U}\boldsymbol{\Sigma}\boldsymbol{V}^{\mathrm{T}}$，亦即才能得到矩阵 $\boldsymbol{G}$ 的奇异值分解。

例 4.1　求解 $\boldsymbol{G} = \begin{pmatrix} 4 & 4 \\ -3 & 3 \end{pmatrix}$ 的奇异值分解。

首先，将 GG^T 对角化为 $U^TGG^TU=\Lambda_1$。

$$U^1=\begin{pmatrix}1&0\\0&1\end{pmatrix},\ U^2=\begin{pmatrix}1&0\\0&-1\end{pmatrix},\ U^3=\begin{pmatrix}-1&0\\0&1\end{pmatrix},\ U^4=\begin{pmatrix}-1&0\\0&-1\end{pmatrix},\ \Lambda_1=\begin{pmatrix}32&0\\0&18\end{pmatrix}。$$

其次，将 G^TG 对角化为 $V^TG^TGV=\Lambda_2$。

$$V^1=\begin{pmatrix}\frac{1}{\sqrt{2}}&\frac{1}{\sqrt{2}}\\\frac{1}{\sqrt{2}}&-\frac{1}{\sqrt{2}}\end{pmatrix},\ V^2=\begin{pmatrix}\frac{1}{\sqrt{2}}&-\frac{1}{\sqrt{2}}\\\frac{1}{\sqrt{2}}&\frac{1}{\sqrt{2}}\end{pmatrix},\ V^3=\begin{pmatrix}-\frac{1}{\sqrt{2}}&\frac{1}{\sqrt{2}}\\-\frac{1}{\sqrt{2}}&-\frac{1}{\sqrt{2}}\end{pmatrix},\ V^4=\begin{pmatrix}-\frac{1}{\sqrt{2}}&-\frac{1}{\sqrt{2}}\\-\frac{1}{\sqrt{2}}&\frac{1}{\sqrt{2}}\end{pmatrix},$$

$$\Lambda_2=\begin{pmatrix}32&0\\0&18\end{pmatrix}。$$

正交矩阵 U 和正交矩阵 V 各有4种，故两者的组合有16种情形，但只有4种组合满足 $G=U\Sigma V^T\left(\Sigma=\begin{pmatrix}\sqrt{32}&0\\0&\sqrt{18}\end{pmatrix}\right)$。它们是：$\{(U,V)\,|\,G=U\Sigma V^T,\ (U,V)=(U^1,V^2),(U^2,V^1),(U^3,V^4),(U^4,V^3)\}$，而其他剩余12种组合的正交矩阵 U 和正交矩阵 V 并不满足 $G=U\Sigma V^T$。

综上所述，有关矩阵 G 的奇异值分解我们可以得出如下结论：

(1) G 矩阵的奇异值分解形式为 $G=U\Sigma V^T$。

(2) G 矩阵的奇异值分解的正交矩阵 U 由矩阵 GG^T 的所有正交的特征向量组成，而正交矩阵 V 则由矩阵 G^TG 的所有正交的特征向量组成，对角阵 Σ 的左上角为一子对角阵，其由 GG^T 的非零特征值的算术平方根所组成(或者由 G^TG 的非零特征值的算术平方根所组成，因为 GG^T 和 G^TG 的非零特征值个数和大小相等)。

(3) GG^T 的各自特征值所对应特征向量所组成的正交矩阵 U 不是唯一的，G^TG 的各自特征值所对应特征向量所组成的正交矩阵 V 也不是唯一的，因此并非一切正交矩阵 U 和正交矩阵 V 的组合都恒有 $G=U\Sigma V^T$。换言之，若有 G 矩阵的奇异值分解形式 $G=U\Sigma V^T$，则该正交矩阵 U 一定是 GG^T 的特征值所对应特征向量所组成的，反之，若有正交矩阵 U 是 GG^T 的特征值所对应特征向量所组成的，并不一定有 $G=U\Sigma V^T$，它的成立还取决于选择恰当的正交矩阵 V。

(4) $V=V_r\oplus V_2$(V 空间可分解为 V_r 子空间和 V_2 子空间的正交直和)，$U=U_r\oplus U_2$(U 空间可分解为 U_r 子空间和 U_2 子空间的正交直和)。G 矩阵将 V 空间 $V\in R^M$ 变换到 U 空间 $U\in R^N$ 的子空间 U_r(即 $GV_2=0$ 且 $GV_r=U_rD_r$)，且 G 矩阵将 V 空间的子空间 V_2 变换到零维子空间(即 $GV_2=0$)(如图4.10)。

如上论述了奇异值分解的推导过程及其重要性质后，现在分析基于奇异值分解的线性方程组(式(4.1))的求解方法。首先我们采用式(4.63)对 $Gm=d$ 作一线性变换成为 $\tilde{G}m=\tilde{d}$，此时新的观测向量 $\tilde{d}$ 的方差－协方差阵为单位矩阵。结合式(4.1)的第二式 $\lambda^2Lm=0$，可以将线性方程组表述为：$\bar{G}m=\bar{d}$，其中 $\bar{G}=\begin{pmatrix}\tilde{G}\\\lambda^2L\end{pmatrix}$，$\bar{d}=\begin{pmatrix}\tilde{d}\\0\end{pmatrix}$。其广义加逆

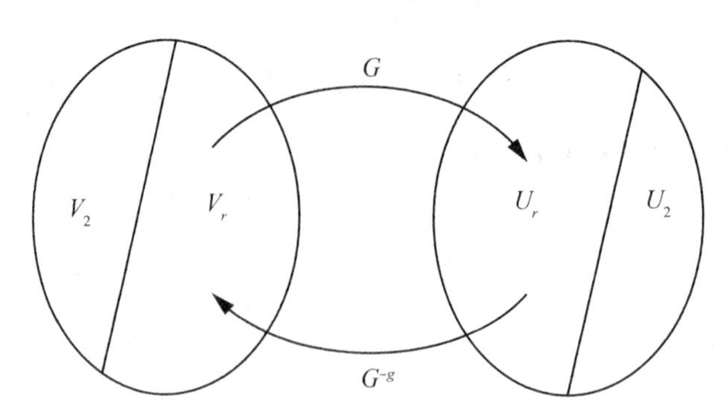

图 4.10　奇异值分解 $G = U\Sigma V^{\mathrm{T}}$ 的线性空间变换示意图

解为：$\boldsymbol{m} = \bar{\boldsymbol{G}}^{+}\bar{\boldsymbol{d}}$。对 $\bar{\boldsymbol{G}}$ 作奇异值分解 $\bar{\boldsymbol{G}} = \boldsymbol{U\Sigma V}^{\mathrm{T}}$ 代入 $\boldsymbol{m} = \bar{\boldsymbol{G}}^{+}\bar{\boldsymbol{d}}$ 有：$\boldsymbol{m} = \boldsymbol{V\Sigma}^{+}\boldsymbol{U}^{\mathrm{T}}\bar{\boldsymbol{d}}$。亦即：$\boldsymbol{m} = \boldsymbol{V}_r\boldsymbol{D}_r^{-1}\boldsymbol{U}_r^{\mathrm{T}}\bar{\boldsymbol{d}}$，此即为式(4.1)的奇异值分解加逆解。现在我们来讨论非零奇异值的个数和模型参数方差、模型分辨率以及数据分辨率的关系。为了明确这一问题，首先推导奇异值分解下的模型参数方差、模型分辨率和数据分辨率。

模型参数方差：

$$\mathrm{cov}(\boldsymbol{m}) = \bar{\boldsymbol{G}}^{+}\,\mathrm{cov}(\bar{\boldsymbol{d}})\,(\bar{\boldsymbol{G}}^{+})^{\mathrm{T}} = \bar{\boldsymbol{G}}^{+}\,(\bar{\boldsymbol{G}}^{+})^{\mathrm{T}} = \boldsymbol{V}_r\boldsymbol{D}_r^{-2}\boldsymbol{V}_r^{\mathrm{T}} = \sum_{i=1}^{r}\frac{1}{\sigma_i^2}\boldsymbol{V}_i\boldsymbol{V}_i^{\mathrm{T}} \tag{4.76}$$

取 $\mathrm{tr}(\mathrm{cov}(\boldsymbol{m}))$ 作为模型参数方差的衡量指标。该迹越小，表明估计参数的精度越高。

模型分辨率矩阵：

$$\boldsymbol{R} = \bar{\boldsymbol{G}}^{+}\boldsymbol{G} = \boldsymbol{V}_r\boldsymbol{V}_r^{\mathrm{T}} \tag{4.77}$$

取 $\|\boldsymbol{R} - \boldsymbol{I}\|_2$(Frobenius 范数)作为模型分辨率的衡量指标。该二范数越接近于零，表明模型分辨率矩阵越接近单位矩阵，从而模型参数分辨的越好。

数据分辨率矩阵：

$$\boldsymbol{N} = \boldsymbol{G}\bar{\boldsymbol{G}}^{+} = \boldsymbol{U}_r\boldsymbol{U}_r^{\mathrm{T}} \tag{4.78}$$

取 $\|\boldsymbol{N} - \boldsymbol{I}\|_2$(Frobenius 范数)作为数据分辨率的衡量指标。该二范数越接近于零，表明数据分辨率矩阵越接近单位矩阵，从而数据分辨得越好。

由式(4.76)可知非零奇异值越小，模型参数方差越大。自然地，希望去掉这类小的非零奇异值来减小模型参数的方差。由式(4.77)和式(4.78)可知模型分辨率和数据分辨率同所选择的的非零奇异值的个数有关。

图 4.11 为非零奇异值的个数(横轴)和模型参数方差的迹、模型分辨率及数据分辨率间的关系。非零奇异值的个数序号为按奇异值从大到小排列的序号。图 4.11 表明，虽然截断较小的非零奇异值可以极大地改善模型参数的方差，但同时使得模型的数据分辨率和模型分辨率降低。换言之，改善模型参数的方差，意味着要牺牲模型的分辨率和数据分辨率，模型参数的方差和模型分辨率及数据分辨率之间有要折中(trade-off)。

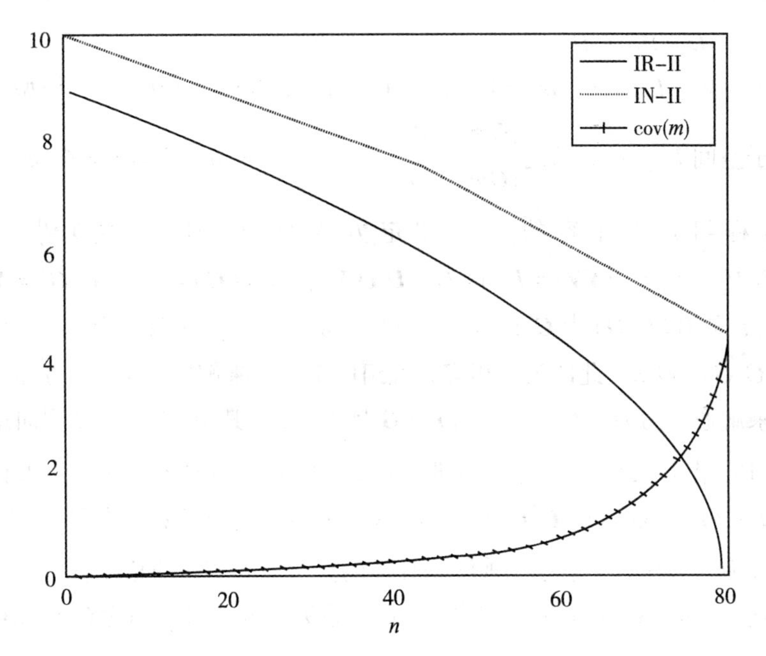

图 4.11　非零奇异值个数与模型参数方差、模型分辨率及数据分辨率的关系

4.4.3　奇异值分解自然广义逆的几何意义

图 4.10 从几何的角度展示了奇异值分解 $\boldsymbol{G}=\boldsymbol{U\Sigma V}^{\mathrm{T}}$ 的线性空间变换特征。下面我们将以同样的角度去考察线性方程组 $\boldsymbol{Gm}=\boldsymbol{d}$ 的求解问题。$\boldsymbol{G}=\boldsymbol{U\Sigma V}^{\mathrm{T}}$ 的简单变形为：

$\boldsymbol{U}=(\boldsymbol{U}_r \vdots \boldsymbol{U}_2)$，$\underset{N\times M}{\boldsymbol{\Sigma}}=\begin{pmatrix}\boldsymbol{D}_r & 0\\ 0 & 0\end{pmatrix}$，矩阵 $\boldsymbol{U}$、$\boldsymbol{V}$ 为正交矩阵，$\boldsymbol{\Sigma}$ 为对角矩阵，$r=\mathrm{rank}(\boldsymbol{G})$。

$\underset{N\times M}{\boldsymbol{G}}\underset{M\times M}{\boldsymbol{V}}=\underset{N\times N}{\boldsymbol{U}}\underset{N\times M}{\boldsymbol{\Sigma}}$ 和 $\underset{N\times M}{\boldsymbol{G}}\underset{M\times r}{\boldsymbol{V}_r}=\underset{N\times r}{\boldsymbol{U}_r}\underset{r\times r}{\boldsymbol{D}_r}$ 表明由正交矩阵 $\boldsymbol{V}$ 的所有列向量所张成的 M 维线性空间，经矩阵 $\boldsymbol{G}$ 作用后其值域 $R(\boldsymbol{G})$ 为由正交矩阵 $\boldsymbol{U}$ 的前 r 个列向量所张成的 r 维线性子空间。$\boldsymbol{GV}_2=0$ 表明由正交矩阵 $\boldsymbol{V}$ 的后 M-r 个列向量所张成的 M-r 维线性子空间，经矩阵 $\boldsymbol{G}$ 作用后变为零维线性子空间。

因待求解的模型参数向量 $\boldsymbol{m}$ 为 $\boldsymbol{V}$ 空间的一个元素，可以由此 M 维线性空间 $\boldsymbol{V}$ 的正交基向量线性表出，故而把 $\boldsymbol{V}$ 空间称为模型空间。同理，由于观测数据 $\boldsymbol{d}$ 为 $\boldsymbol{U}$ 空间的一个元素，可以用此 N 维线性空间 $\boldsymbol{U}$ 的正交基向量线性表出，故而把 $\boldsymbol{U}$ 空间称为数据空间。记 $\boldsymbol{m}=\boldsymbol{m}_r+\boldsymbol{m}_0$，$\boldsymbol{d}=\boldsymbol{d}_r+\boldsymbol{d}_0$，$\boldsymbol{U}=\boldsymbol{U}_r\oplus\boldsymbol{U}_2$，$\boldsymbol{V}=\boldsymbol{V}_r\oplus\boldsymbol{V}_2$，$\boldsymbol{m}_r\in\boldsymbol{V}_r$，$\boldsymbol{m}_0\in\boldsymbol{V}_2$，$\boldsymbol{d}_r\in\boldsymbol{U}_r$，$\boldsymbol{d}_0\in\boldsymbol{U}_2$；$\boldsymbol{O}=\{0\}$ 为零维子空间。下面我们分四种情况来讨论线性方程组 $\boldsymbol{Gm}=\boldsymbol{d}$ 的解。

(1) 若 $\boldsymbol{V}_2=\boldsymbol{O}$，$\boldsymbol{U}_2=\boldsymbol{O}$。

此时有 $\boldsymbol{V}=\boldsymbol{V}_r$，$\boldsymbol{U}=\boldsymbol{U}_r$，$\boldsymbol{m}_0=0$，$\boldsymbol{d}_0=0$，$\mathrm{rank}(\boldsymbol{G})=r=M=N$。此时方程组为相容方程组，且模型空间完全被变换到数据空间。矩阵 $\boldsymbol{G}$ 为满秩方阵，其可逆，方程组有唯一解，

其解为 $\boldsymbol{m}=\boldsymbol{G}^{-1}\boldsymbol{d}$。

(2) 若 $\boldsymbol{V}_2=\boldsymbol{O}$，$\boldsymbol{U}_2\neq\boldsymbol{O}$。

此时有 $\boldsymbol{V}=\boldsymbol{V}_r$，$U\neq\boldsymbol{U}_r$，$\boldsymbol{m}_0=0$，$\boldsymbol{d}_0\in\boldsymbol{U}_2$，$\operatorname{rank}(\boldsymbol{G})=r=M<N$。模型空间被变换到数据空间的子空间 $\boldsymbol{U}_r$，从而满足$\begin{cases}\boldsymbol{Gm}_r=\boldsymbol{d}_r\\ \boldsymbol{Gm}_0=0\end{cases}$，又由于 $\boldsymbol{d}_0\neq 0$，故 $\boldsymbol{Gm}=\boldsymbol{G}(\boldsymbol{m}_r+\boldsymbol{m}_0)=\boldsymbol{d}_r\neq\boldsymbol{d}$，此时方程组是不相容的，为超定方程组。$\boldsymbol{G}^{-g}\boldsymbol{G}=(\boldsymbol{U}_r\boldsymbol{D}_r\boldsymbol{V}_r^{\mathrm{T}})^{-g}(\boldsymbol{U}_r\boldsymbol{D}_r\boldsymbol{V}_r^{\mathrm{T}})=\boldsymbol{V}_r\boldsymbol{D}_r^{-1}\boldsymbol{U}_r^{\mathrm{T}}\boldsymbol{U}_r\boldsymbol{D}_r\boldsymbol{V}_r^{\mathrm{T}}=\boldsymbol{V}_r\boldsymbol{V}_r^{\mathrm{T}}=\boldsymbol{V}\boldsymbol{V}^{\mathrm{T}}=\boldsymbol{I}$。因 $\boldsymbol{G}=\boldsymbol{U}_r\boldsymbol{D}_r\boldsymbol{V}_r^{\mathrm{T}}$，$\operatorname{rank}(\boldsymbol{G})=\operatorname{rank}(\boldsymbol{G}^{\mathrm{T}}\boldsymbol{G})=\boldsymbol{M}$，故 $\boldsymbol{G}^{\mathrm{T}}\boldsymbol{G}=\boldsymbol{V}_r\boldsymbol{D}_r^{2}\boldsymbol{V}_r^{\mathrm{T}}$ 可逆，故有$(\boldsymbol{G}^{\mathrm{T}}\boldsymbol{G})^{-1}(\boldsymbol{G}^{\mathrm{T}}\boldsymbol{G})=\boldsymbol{I}$。因此可以令 $\boldsymbol{G}^{-g}=(\boldsymbol{G}^{\mathrm{T}}\boldsymbol{G})^{-1}\boldsymbol{G}^{\mathrm{T}}$。方程组的解为：$\boldsymbol{m}=\boldsymbol{G}^{-g}\boldsymbol{d}=(\boldsymbol{G}^{\mathrm{T}}\boldsymbol{G})^{-1}\boldsymbol{G}^{\mathrm{T}}\boldsymbol{d}$。此即为不相容方程组的最小二乘解。由4.4.1可知，不相容方程组的最小二乘解通式为 $\boldsymbol{m}=\boldsymbol{G}^{(1,3)}\boldsymbol{d}+(\boldsymbol{I}-\boldsymbol{G}^{(1,3)}\boldsymbol{G})\boldsymbol{C}$，其中 $\underset{N\times1}{\boldsymbol{C}}$ 为任意列向量。也就是说不相容方程组的最小二乘解一般是不唯一的。将 $\boldsymbol{G}^{-g}=(\boldsymbol{G}^{\mathrm{T}}\boldsymbol{G})^{-1}\boldsymbol{G}^{\mathrm{T}}$ 代入该式有：$\boldsymbol{m}=(\boldsymbol{G}^{\mathrm{T}}\boldsymbol{G})^{-1}\boldsymbol{G}^{\mathrm{T}}\boldsymbol{d}+(\boldsymbol{I}-(\boldsymbol{G}^{\mathrm{T}}\boldsymbol{G})^{-1}\boldsymbol{G}^{\mathrm{T}}\boldsymbol{G})\boldsymbol{C}=(\boldsymbol{G}^{\mathrm{T}}\boldsymbol{G})^{-1}\boldsymbol{G}^{\mathrm{T}}\boldsymbol{d}$，其与任意列向量 $\underset{N\times1}{\boldsymbol{C}}$ 的项无关。因此，当矩阵$\boldsymbol{G}$为列满秩时，最小二乘解是唯一的。从空间变换的角度看，该不相容方程组的解可以表述为：$\boldsymbol{m}=\boldsymbol{G}^{-g}\boldsymbol{d}+k\boldsymbol{\beta}$，其中$k$为任意系数，$\underset{M\times1}{\boldsymbol{\beta}}\in\boldsymbol{V}_2$(因为$\boldsymbol{Gm}=\boldsymbol{GG}^{-g}\boldsymbol{d}+\boldsymbol{G}k\boldsymbol{\beta}=\boldsymbol{GG}^{-g}\boldsymbol{d}=\boldsymbol{d}$)，换言之，当$\boldsymbol{V}_2$为零维子空间时，即 $\underset{M\times1}{\boldsymbol{\beta}}=0$，所有解来自$\boldsymbol{V}_r$子空间(此时为$\boldsymbol{V}$空间)，$\boldsymbol{m}=\boldsymbol{G}^{-g}\boldsymbol{d}=(\boldsymbol{G}^{\mathrm{T}}\boldsymbol{G})^{-1}\boldsymbol{G}^{\mathrm{T}}\boldsymbol{d}$。

(3) 若 $\boldsymbol{V}_2\neq\boldsymbol{O}$，$\boldsymbol{U}_2=\boldsymbol{O}$。

此时有 $\boldsymbol{V}\neq\boldsymbol{V}_r$，$\boldsymbol{U}=\boldsymbol{U}_r$，$\boldsymbol{m}_0\neq0$，$\boldsymbol{d}_0=0$，$\operatorname{rank}(\boldsymbol{G})=r=N<M$。此时方程组为纯欠定方程组，且模型空间完全被变换到数据空间。矩阵$\boldsymbol{G}$为行满秩阵，方程组是相容的，有无穷多解，实际求解方程组$\boldsymbol{Gm}_r=\boldsymbol{d}_r=\boldsymbol{d}$其解为$\boldsymbol{m}_r=\boldsymbol{G}^{-g}\boldsymbol{d}$。$\boldsymbol{GG}^{-g}=(\boldsymbol{U}_r\boldsymbol{D}_r\boldsymbol{V}_r^{\mathrm{T}})(\boldsymbol{U}_r\boldsymbol{D}_r\boldsymbol{V}_r^{\mathrm{T}})^{-g}=\boldsymbol{U}_r\boldsymbol{D}_r\boldsymbol{V}_r^{\mathrm{T}}\boldsymbol{V}_r\boldsymbol{D}_r^{-1}\boldsymbol{U}_r^{\mathrm{T}}=\boldsymbol{U}_r\boldsymbol{U}_r^{\mathrm{T}}=\boldsymbol{U}\boldsymbol{U}^{\mathrm{T}}=\boldsymbol{I}$。因 $\boldsymbol{G}=\boldsymbol{U}_r\boldsymbol{D}_r\boldsymbol{V}_r^{\mathrm{T}}$，$\operatorname{rank}(\boldsymbol{G})=\operatorname{rank}(\boldsymbol{G}^{\mathrm{T}}\boldsymbol{G})=\boldsymbol{N}$，故 $\boldsymbol{GG}^{\mathrm{T}}=\boldsymbol{U}_r\boldsymbol{D}_r^{2}\boldsymbol{U}_r^{\mathrm{T}}$ 可逆，故有$(\boldsymbol{GG}^{\mathrm{T}})(\boldsymbol{GG}^{\mathrm{T}})^{-1}=\boldsymbol{I}$。因此可以令 $\boldsymbol{G}^{-g}=\boldsymbol{G}^{\mathrm{T}}(\boldsymbol{GG}^{\mathrm{T}})^{-1}$。方程组的解为：$\boldsymbol{m}=\boldsymbol{G}^{-g}\boldsymbol{d}=\boldsymbol{G}^{\mathrm{T}}(\boldsymbol{GG}^{\mathrm{T}})^{-1}\boldsymbol{d}$。此即为最小长度解式(4.51)，和极小范数解且极小范数解是唯一的(见4.4.1中有关相容方程组的极小范数解的讨论)。

(4) 若 $\boldsymbol{V}_2\neq\boldsymbol{O}$，$\boldsymbol{U}_2\neq\boldsymbol{O}$。

此时有 $\boldsymbol{V}\neq\boldsymbol{V}_r$，$\boldsymbol{U}\neq\boldsymbol{U}_r$，$\boldsymbol{m}_0\neq0$，$\boldsymbol{d}_0\neq0$，$\operatorname{rank}(\boldsymbol{G})=r<\min\{N,M\}$。此时方程组为混定方程组，模型空间被变换到数据空间的子空间。矩阵$\boldsymbol{G}$既非行满秩阵也非列满秩阵。线性方程组可以作如下分解：

$$\left.\begin{aligned}&\boldsymbol{Gm}=\boldsymbol{d}\Rightarrow\boldsymbol{G}(\boldsymbol{m}_r+\boldsymbol{m}_0)=\boldsymbol{d}_r+\boldsymbol{d}_0\\&\boldsymbol{Gm}_0=0\\&\boldsymbol{Gm}_r=\boldsymbol{d}_r\end{aligned}\right\}\Rightarrow\boldsymbol{d}_0=0 \tag{4.79}$$

而实际上$\boldsymbol{d}_0\neq0$。因此$\boldsymbol{Gm}=\boldsymbol{d}$是矛盾方程组。$\|\boldsymbol{d}-\boldsymbol{Gm}\|=\|\boldsymbol{d}_0+\boldsymbol{d}_r-\boldsymbol{Gm}_r\|=\|\boldsymbol{d}_0\|$。将数据空间$U$作直和分解$U=U_r\oplus U_2$(如图4.12所示)。因此，$\|\boldsymbol{d}-\boldsymbol{Gm}\|=\|\boldsymbol{d}_0\|=\min$实际为观测向量$\boldsymbol{d}$到$\boldsymbol{U}_r$子空间的垂向距离，此即最小二乘解的准则。依此准则可得方程

组的最小二乘解。由于 $\boldsymbol{m}_0 \neq 0$ 且 $\boldsymbol{G}\boldsymbol{m}_0 = 0$，表明虽然在最小二乘准则下求解了线性方程组的解 $\boldsymbol{m} = \boldsymbol{m}_r$，但解不唯一，因为 $\boldsymbol{m} = \boldsymbol{m}_r + \boldsymbol{m}_0$ 也为方程组的最小二乘解。故在最小二乘准则下求解的解 $\boldsymbol{m}$ 不唯一，需要进一步约束解，可以取最小二乘解中范数最小 $\|\boldsymbol{m}\| = \min$ 的解，此即极小最小二乘解，它是唯一的，亦即加逆解或自然广义逆解。

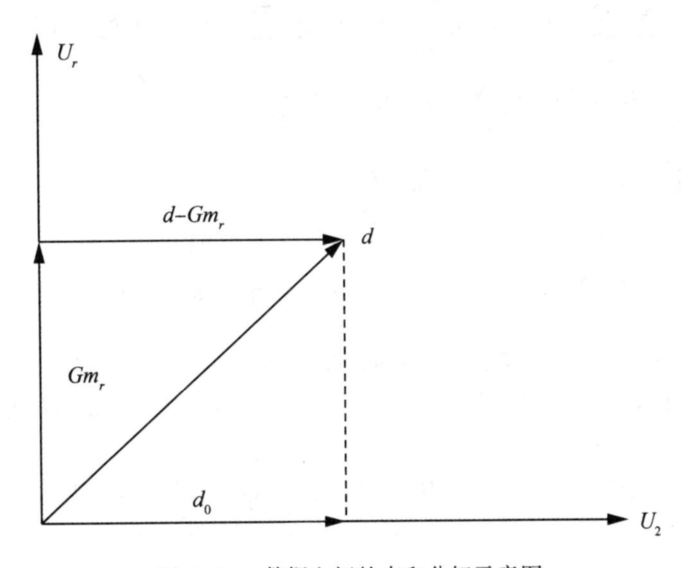

图 4.12　数据空间的直和分解示意图

4.4.4　分辨率和协方差的折中

如 4.4.2 节所述，模型分辨率、数据分辨率和模型方差不能同时达到最优，讨论中与式(4.58)和式(4.59)有关的模型分辨率和数据分辨率时分别采用了 $\|\boldsymbol{R}-\boldsymbol{I}\|_2$ 和 $\|\boldsymbol{N}-\boldsymbol{I}\|_2$(其中 $\boldsymbol{R}=\boldsymbol{G}^{-g}\boldsymbol{G}$，$\boldsymbol{N}=\boldsymbol{G}\boldsymbol{G}^{-g}$)，实际上它们即为 D 展布函数(Dirichlet spread function)。下面分别以这两个展布函数作为估计准则来分析线性方程组的具体解法。

先来考察超定线性方程组的问题。取数据分辨率的展布函数的极小准则来求解方程组的解：$\|\boldsymbol{N}-\boldsymbol{I}\|_2^2 = \min$。亦即目标函数为：

$$\Phi(\boldsymbol{N}) = \text{spread}(\boldsymbol{N}) = \|\boldsymbol{N}-\boldsymbol{I}\|_2^2 \tag{4.80}$$

式(4.80)的具体形式为：

$$\begin{aligned}
\Phi(N) &= \sum_{i=1}^{N}\sum_{j=1}^{N}(N_{ij}-I_{ij})^2 = \sum_{i=1}^{N}\sum_{j=1}^{N}(N_{ij}^2 - 2N_{ij}I_{ij} + I_{ij}^2) \\
&= \sum_{i=1}^{N}\sum_{j=1}^{N}N_{ij}^2 - 2\sum_{i=1}^{N}\sum_{j=1}^{N}N_{ij}I_{ij} + \sum_{i=1}^{N}\sum_{j}^{N}I_{ij}^2 \\
&= \sum_{i=1}^{N}\sum_{j=1}^{N}\sum_{k=1}^{M}G_{ik}G_{kj}^{-g}\sum_{s=1}^{M}G_{is}G_{sj}^{-g} - 2\sum_{i=1}^{N}\sum_{j=1}^{N}\sum_{t=1}^{M}G_{it}G_{tj}^{-g}I_{ij} + \sum_{i=1}^{N}\sum_{j}^{N}I_{ij}^2 \\
&= \sum_{i=1}^{N}\sum_{j=1}^{N}\sum_{k=1}^{M}\sum_{s=1}^{M}G_{ik}G_{kj}^{-g}G_{is}G_{sj}^{-g} - 2\sum_{i=1}^{N}\sum_{j=1}^{N}\sum_{t=1}^{M}G_{it}G_{tj}^{-g}I_{ij} + \sum_{i=1}^{N}\sum_{j}^{N}I_{ij}^2
\end{aligned} \tag{4.81}$$

上式的极值条件为：$\frac{\partial \Phi(\boldsymbol{N})}{\partial \boldsymbol{G}_{pq}^{-g}}=0|_{p=1,2,\cdots,M;q=1,2,\cdots,N}$。故有：

$$
\begin{aligned}
\frac{\partial \Phi(\boldsymbol{N})}{\partial \boldsymbol{G}_{pq}^{-g}} &= \sum_{i=1}^{N}\sum_{j=1}^{N}\sum_{k=1}^{M}\sum_{s=1}^{M}(G_{ik}G_{is}\delta_{kp}\delta_{jq}G_{sj}^{-g}+G_{ik}G_{is}G_{kj}^{-g}\delta_{sp}\delta_{jq})-2\sum_{i=1}^{N}\sum_{j=1}^{N}\sum_{t=1}^{M}G_{it}\delta_{tp}\delta_{jq}I_{ij} \\
&= \sum_{i=1}^{N}\sum_{j=1}^{N}\sum_{k=1}^{M}\sum_{s=1}^{M}G_{ik}G_{is}\delta_{kp}\delta_{jq}G_{sj}^{-g}+\sum_{i=1}^{N}\sum_{j=1}^{N}\sum_{k=1}^{M}\sum_{s=1}^{M}G_{ik}G_{is}G_{kj}^{-g}\delta_{sp}\delta_{jq}-2\sum_{i=1}^{N}\sum_{j=1}^{N}\sum_{t=1}^{M}G_{it}\delta_{tp}\delta_{jq}I_{ij} \\
&= \sum_{i=1}^{N}\sum_{s=1}^{M}G_{ip}G_{is}G_{sq}^{-g}+\sum_{i=1}^{N}\sum_{k=1}^{M}G_{ik}G_{ip}G_{kq}^{-g}-2\sum_{i=1}^{N}G_{ip}I_{iq} \\
&= 2\sum_{i=1}^{N}\sum_{k=1}^{M}G_{ik}G_{ip}G_{kq}^{-g}-2\sum_{i=1}^{N}G_{ip}I_{iq}=0
\end{aligned}
\tag{4.82}
$$

亦即：

$$
\frac{\partial \Phi(\boldsymbol{N})}{\partial \boldsymbol{G}^{-g}}=2\boldsymbol{G}^{\mathrm{T}}\boldsymbol{G}G^{-g}-2\boldsymbol{G}^{\mathrm{T}}\boldsymbol{I}=2(\boldsymbol{G}^{\mathrm{T}}\boldsymbol{G}\boldsymbol{G}^{-g}-\boldsymbol{G}^{\mathrm{T}}\boldsymbol{I})=0 \tag{4.83}
$$

故而有：$\boldsymbol{G}^{\mathrm{T}}\boldsymbol{G}\boldsymbol{G}^{-g}=\boldsymbol{G}^{\mathrm{T}}$。对于超定方程组 $\mathrm{rank}(\boldsymbol{G}^{\mathrm{T}}\boldsymbol{G})=\mathrm{rank}(\boldsymbol{G})=r=M<N$，故 $\boldsymbol{G}^{\mathrm{T}}\boldsymbol{G}$ 为可逆方阵，因而 $\boldsymbol{G}^{-g}=(\boldsymbol{G}^{\mathrm{T}}\boldsymbol{G})^{-1}\boldsymbol{G}^{\mathrm{T}}$，此即为最小二乘逆，线性方程组的解为最小二乘解且为：$\boldsymbol{m}=(\boldsymbol{G}^{\mathrm{T}}\boldsymbol{G})^{-1}\boldsymbol{G}^{\mathrm{T}}\boldsymbol{d}$。

其次，考察纯欠定线性方程组的问题。对于纯欠定方程组，取模型分辨率的展布函数的极小作为准则来求解方程组的解：$\|\boldsymbol{R}-\boldsymbol{I}\|_2^2=\min$。亦即目标函数为：

$$
\Phi(\boldsymbol{R})=\mathrm{spread}(\boldsymbol{R})=\|\boldsymbol{R}-\boldsymbol{I}\|_2^2 \tag{4.84}
$$

式(4.84)的具体形式为：

$$
\begin{aligned}
\Phi(\boldsymbol{R}) &= \sum_{i=1}^{N}\sum_{j=1}^{N}(R_{ij}-I_{ij})^2=\sum_{i=1}^{N}\sum_{j=1}^{N}(R_{ij}^2-2R_{ij}I_{ij}+I_{ij}^2) \\
&= \sum_{i=1}^{N}\sum_{j=1}^{N}R_{ij}^2-2\sum_{i=1}^{N}\sum_{j=1}^{N}R_{ij}I_{ij}+\sum_{i=1}^{N}\sum_{j}^{N}I_{ij}^2 \\
&= \sum_{i=1}^{N}\sum_{j=1}^{N}\sum_{k=1}^{M}G_{ik}^{-g}G_{kj}\sum_{s=1}^{M}G_{is}^{-g}G_{sj}-2\sum_{i=1}^{N}\sum_{j=1}^{N}\sum_{t=1}^{M}G_{it}^{-g}G_{tj}I_{ij}+\sum_{i=1}^{N}\sum_{j}^{N}I_{ij}^2 \\
&= \sum_{i=1}^{N}\sum_{j=1}^{N}\sum_{k=1}^{M}\sum_{s=1}^{M}G_{ik}^{-g}G_{kj}G_{is}^{-g}G_{sj}-2\sum_{i=1}^{N}\sum_{j=1}^{N}\sum_{t=1}^{M}G_{it}^{-g}G_{tj}I_{ij}+\sum_{i=1}^{N}\sum_{j}^{N}I_{ij}^2
\end{aligned}
\tag{4.85}
$$

上式的极值条件为：$\frac{\partial \Phi(\boldsymbol{R})}{\partial \boldsymbol{G}_{pq}^{-g}}=0|_{p=1,2,\cdots,M;q=1,2,\cdots,N}$。故有：

$$
\begin{aligned}
\frac{\partial \Phi(\boldsymbol{R})}{\partial \boldsymbol{G}_{pq}^{-g}} &= \sum_{i=1}^{N}\sum_{j=1}^{N}\sum_{k=1}^{M}\sum_{s=1}^{M}(G_{kj}G_{sj}\delta_{ip}\delta_{kq}G_{is}^{-g}+G_{kj}G_{sj}G_{ik}^{-g}\delta_{ip}\delta_{sq})-2\sum_{i=1}^{N}\sum_{j=1}^{N}\sum_{t=1}^{M}G_{tj}\delta_{ip}\delta_{tq}I_{ij} \\
&= \sum_{i=1}^{N}\sum_{j=1}^{N}\sum_{k=1}^{M}\sum_{s=1}^{M}G_{kj}G_{sj}\delta_{ip}\delta_{kq}G_{is}^{-g}+\sum_{i=1}^{N}\sum_{j=1}^{N}\sum_{k=1}^{M}\sum_{s=1}^{M}G_{kj}G_{sj}G_{ik}^{-g}\delta_{ip}\delta_{sq}-2\sum_{i=1}^{N}\sum_{j=1}^{N}\sum_{t=1}^{M}G_{tj}\delta_{ip}\delta_{tq}I_{ij} \\
&= \sum_{j=1}^{N}\sum_{s=1}^{M}G_{qj}G_{sj}G_{ps}^{-g}+\sum_{j=1}^{N}\sum_{k=1}^{M}G_{kj}G_{qj}G_{pk}^{-g}-2\sum_{j=1}^{N}G_{qj}I_{pj} \\
&= 2\sum_{j=1}^{N}\sum_{k=1}^{M}G_{kj}G_{qj}G_{pk}^{-g}-2\sum_{j=1}^{N}G_{qj}I_{pj}=0
\end{aligned}
\tag{4.86}
$$

亦即：

$$\frac{\partial \Phi(\boldsymbol{R})}{\partial \boldsymbol{G}^{-g}}=2\boldsymbol{G}^{-g}\boldsymbol{G}\boldsymbol{G}^{\mathrm{T}}-2\boldsymbol{G}^{\mathrm{T}}\boldsymbol{I}=2(\boldsymbol{G}^{-g}\boldsymbol{G}\boldsymbol{G}^{\mathrm{T}}-\boldsymbol{G}^{\mathrm{T}}\boldsymbol{I})=0 \tag{4.87}$$

故而有：$\boldsymbol{G}^{-g}\boldsymbol{G}\boldsymbol{G}^{\mathrm{T}}=\boldsymbol{G}^{\mathrm{T}}$。对于纯欠定方程组 $\mathrm{rank}(\boldsymbol{G}\boldsymbol{G}^{\mathrm{T}})=\mathrm{rank}(\boldsymbol{G})=r=N<M$，故 $\boldsymbol{G}\boldsymbol{G}^{\mathrm{T}}$ 为可逆方阵，因而 $\boldsymbol{G}^{-g}=\boldsymbol{G}^{\mathrm{T}}(\boldsymbol{G}\boldsymbol{G}^{\mathrm{T}})^{-1}$，此即为极小范数逆，线性方程组的极小范数解为：$\boldsymbol{m}=\boldsymbol{G}^{\mathrm{T}}(\boldsymbol{G}\boldsymbol{G}^{\mathrm{T}})^{-1}\boldsymbol{d}$。

然后，考察模型参数方差的迹极小准则。线性方程组的解为：$\boldsymbol{m}=\boldsymbol{G}^{-g}\boldsymbol{d}$，则 $\mathrm{cov}\boldsymbol{m}=\boldsymbol{G}^{-g}\boldsymbol{D}_d\boldsymbol{G}^{-g}$。模型方差的迹记为：

$$\mathrm{size}(\mathrm{cov}_u\boldsymbol{m})=\mathrm{tr}(\boldsymbol{G}^{-g}\boldsymbol{D}_d(\boldsymbol{G}^{-g})^{\mathrm{T}})=\sum_{i=1}^{M}\sum_{j=1}^{N}\sum_{k=1}^{N}\boldsymbol{G}_{ij}^{-g}(\boldsymbol{D}_d)_{jk}\boldsymbol{G}_{ik}^{-g} \tag{4.88}$$

令 $\mathrm{size}(\mathrm{cov}_u\boldsymbol{m})=\min$，则有：

$$\frac{\partial \mathrm{size}(\mathrm{cov}_u\boldsymbol{m})}{\partial \boldsymbol{G}_{pq}^{-g}}=\sum_{k=1}^{N}(\boldsymbol{D}_d)_{qk}\boldsymbol{G}_{pk}^{-g}+\sum_{j=1}^{N}\boldsymbol{G}_{pj}^{-g}(\boldsymbol{D}_d)_{jq}=0 \tag{4.89}$$

亦即：

$$\frac{\partial \mathrm{size}(\mathrm{cov}_u\boldsymbol{m})}{\partial \boldsymbol{G}^{-g}}=2\boldsymbol{G}^{-g}\boldsymbol{D}_d=0 \tag{4.90}$$

结合图 4.11 和以上推导式(4.90)可知，当模型参数方差极小时(为零)，模型分辨率和数据分辨率都最低。

最后，考察混定问题，取模型分辨率、数据分辨率和模型方差的加权和为极小准则，亦即：

$$\Phi(\boldsymbol{N},\boldsymbol{R},\mathrm{size}(\mathrm{cov}_u\boldsymbol{m}))=\alpha_1\mathrm{spread}(\boldsymbol{R})+\alpha_2\mathrm{spread}(\boldsymbol{N})+\alpha_3\mathrm{size}(\mathrm{cov}_u\boldsymbol{m}) \tag{4.91}$$

取上式极小则有：

$$\begin{aligned}\frac{\partial \Phi}{\partial \boldsymbol{G}^{-g}}&=\alpha_1\frac{\partial \mathrm{spread}(\boldsymbol{R})}{\partial G^{-g}}+\alpha_2\frac{\partial \mathrm{spread}(\boldsymbol{N})}{\partial G^{-g}}+\alpha_3\frac{\partial \mathrm{size}(\mathrm{cov}_u\boldsymbol{m})}{\partial G^{-g}}\\&=\alpha_1 2(\boldsymbol{G}^{-g}\boldsymbol{G}\boldsymbol{G}^{\mathrm{T}}-\boldsymbol{G}^{\mathrm{T}}\boldsymbol{I})+\alpha_2 2(\boldsymbol{G}^{\mathrm{T}}\boldsymbol{G}\boldsymbol{G}^{-g}-\boldsymbol{G}^{\mathrm{T}}\boldsymbol{I})+\alpha_3 2\boldsymbol{G}^{-g}\boldsymbol{D}_d=0\end{aligned} \tag{4.92}$$

亦即：

$$\alpha_1\boldsymbol{G}^{-g}\boldsymbol{G}\boldsymbol{G}^{\mathrm{T}}+\alpha_2\boldsymbol{G}^{\mathrm{T}}\boldsymbol{G}\boldsymbol{G}^{-g}+\alpha_3\boldsymbol{G}^{-g}\boldsymbol{D}_d=(\alpha_1+\alpha_2)\boldsymbol{G}^{\mathrm{T}} \tag{4.93}$$

对上式的讨论如下：

(1) 当 $\alpha_1=1,\alpha_2=0,\alpha_3=0$ 时有：$\boldsymbol{G}^{-g}\boldsymbol{G}\boldsymbol{G}^{\mathrm{T}}=\boldsymbol{G}^{\mathrm{T}}$，此即为欠定方程组的情形。

(2) 当 $\alpha_1=0,\alpha_2=1,\alpha_3=0$ 时有：$\boldsymbol{G}^{\mathrm{T}}\boldsymbol{G}\boldsymbol{G}^{-g}=\boldsymbol{G}^{\mathrm{T}}$，此即为超定方程组的情形。

(3) 当 $\alpha_1=0,\alpha_2=1,\alpha_3=\varepsilon,\boldsymbol{D}_d=\boldsymbol{I}$ 时有：$(\boldsymbol{G}^{\mathrm{T}}\boldsymbol{G}+\varepsilon\boldsymbol{I})\boldsymbol{G}^{-g}=\boldsymbol{G}^{\mathrm{T}}$，此即为混定方程组的情形。

式(4.93)是以模型分辨率和数据分辨率的展布函数以及模型方差的线性组合为估计准则的。而模型分辨率的展布函数为模型分辨率矩阵和单位阵之差的二范数(Frobenius 范数)，数据分辨率的展布函数为数据分辨率矩阵和单位阵之差的二范数(Frobenius 范数)，其分别表达的是模型分辨率与数据分辨率同各自单位矩阵的接近程度。但是这种表达没有顾及分辨率矩阵每行元素离该行对角线位置元素的空间距离变化，换言之，若每行非对角线元

素的大小相同,但是位于不同的列,那么展布函数是一样的。如以模型分辨率矩阵为例,图 4.13 为模型分辨率矩阵 $\boldsymbol{R}$ 的任意第 i 行元素按列分布的示意图。如果采用上述展布函数,那么元素按左边子图(a) 的方式分布和按右边子图(b) 的方式分布得到的展布函数是一样。但是右边子图(b) 的非对角线元素更趋近于对角线的元素 R_{ii},因而模型参数能更好地被局部化平均(最好的局部化平均是当 $R_{ii}=1$,而 $R_{ij}=0|_{i\neq j}$,此时第 i 个模型参数 m_i 等于其真实的模型参数,模型参数得到完全分辨)。因此,需要顾及如图 4.13 所示的每行元素按列分布的空间位置差异,对展布函数加以修正。对比子图(a) 和子图(b) 可知,子图(a) 的展布函数应该大于子图(b) 的展布函数,新的展布函数应该能够反映这一点。下面分别介绍欠定方程组和超定方程组的新的展布函数及其广义逆解。

对于欠定方程组,新的展布函数可以表述为:

$$\text{spread}(\boldsymbol{R})=\sum_{i=1}^{M}\sum_{j=1}^{M}w(i,j)\ (R_{ij}-I_{ij})^2 \tag{4.94}$$

式中,$w(i,j)=(i-j)^2$。

注意到 $w(i,i)=0, I_{ij}=0\ (i\neq j)$,式(4.94) 可进一步表述为:

$$\begin{aligned}\text{spread}(\boldsymbol{R})&=\sum_{i=1}^{M}\Big[\sum_{\substack{j=1\\ j\neq i}}^{M}w(i,j)\ (R_{ij}-I_{ij})^2+w(i,i)\ (R_{ii}-I_{ii})^2\Big]\\&=\sum_{i=1}^{M}\Big[\sum_{\substack{j=1\\ j\neq i}}^{M}w(i,j)R_{ij}^2+w(i,i)R_{ii}^2\Big]\\&=\sum_{i=1}^{M}\sum_{j=1}^{M}w(i,j)R_{ij}^2\end{aligned} \tag{4.95}$$

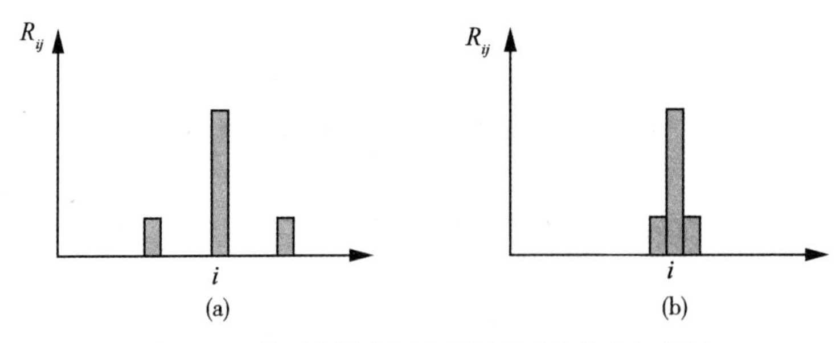

图 4.13　模型分辨率矩阵每行元素的分布示意图

现在用新的展布函数式(4.95) 重新考察图 4.13。由于子图(a) 更离散,因而各元素的权重 $w(i,j)$ 要大于子图(b) 中元素的权重,且左边的三个元素和右边的三个元素依次相等(峰值相同),故子图(a) 的展布函数要大于子图(b) 的展布函数。换言之,新的展布函数确实反映了的每行元素按列分布的空间位置差异。不过,新的展布函数没有反映各对角线上元素的情况,因为各对角线元素的权重 $w(i,i)=0$,因此需要对其加以反映。我们知道当模型分辨率矩阵为单位矩阵时,模型参数得到完全分辨。反之,模型参数只是真实模型参数按分辨率矩阵的每行元素的加权平均。故可采用$\sum_{j=1}^{M} R_{ij}=1$作为约束条件。取$\alpha \mathrm{spread}(\boldsymbol{R})+(1-\alpha)\mathrm{size}(\mathrm{cov}_u\boldsymbol{m})$最小化且约束条件为$\sum_{j=1}^{M} R_{ij}=1$。因spread($\boldsymbol{R}$)以$i$指标求和时,对应的第$i$项为非负数,size($\mathrm{cov}_u\boldsymbol{m}$)以$i$指标求和时,对应的第$i$项也为非负数,故$\alpha \mathrm{spread}(\boldsymbol{R})+(1-\alpha)\mathrm{size}(\mathrm{cov}_u\boldsymbol{m})$的最小化即为以$i$指标求和时,对应的两项$\alpha \mathrm{spread}(\boldsymbol{R})$和$(1-\alpha)\mathrm{size}(\mathrm{cov}_u\boldsymbol{m})$的第$i$项之和都为最小,且第$i$项的约束条件为$\sum_{j=1}^{M} R_{ij}=1$。于是,目标函数可表述为:

$$\Phi(\boldsymbol{R})_i=\alpha \mathrm{spread}(\boldsymbol{R})_i+(1-\alpha)\mathrm{size}(\mathrm{cov}_u\boldsymbol{m})_i+2\lambda\left(\sum_{j=1}^{M} R_{ij}-1\right) \tag{4.96}$$

式中,α为系数且$0\leqslant\alpha\leqslant1$,spread$(\boldsymbol{R})_i$为展布函数求和符号下的第$i$项;size$(\mathrm{cov}_u\boldsymbol{m})_i$为模型方差的第$i$行$i$列元素;$\lambda$为拉格朗日乘子。

由式(4.58)和式(4.95)有:

$$\begin{aligned}\mathrm{spread}(\boldsymbol{R})_i&=\sum_{j=1}^{M} w(i,j)R_{ij}^2=\sum_{j=1}^{M} w(i,j)R_{ij}R_{ij}\\&=\sum_{j=1}^{M} w(i,j)\sum_{k=1}^{N} G_{ik}^{-g}G_{kj}\sum_{l=1}^{N} G_{il}^{-g}G_{lj}=\sum_{j=1}^{M}\sum_{k=1}^{N}\sum_{l=1}^{N} w(i,j)G_{kj}G_{lj}G_{ik}^{-g}G_{il}^{-g}\end{aligned} \tag{4.97}$$

由式(4.88)有:

$$\mathrm{size}(\mathrm{cov}_u\boldsymbol{m})_i=\sum_{j=1}^{N}\sum_{k=1}^{N} G_{ij}^{-g}(D_d)_{jk}G_{ik}^{-g} \tag{4.98}$$

将式(4.97)和式(4.98)代入式(4.96),有:

$$\begin{aligned}\Phi(\boldsymbol{R})_i=&\alpha\sum_{j=1}^{M}\sum_{k=1}^{N}\sum_{l=1}^{N} w(i,j)G_{kj}G_{lj}G_{ik}^{-g}G_{il}^{-g}+(1-\alpha)\sum_{j=1}^{N}\sum_{k=1}^{N} G_{ij}^{-g}(D_d)_{jk}G_{ik}^{-g}+\\&2\lambda\left(\sum_{j=1}^{M}\sum_{m=1}^{N} G_{im}^{-g}G_{mj}-1\right)\end{aligned} \tag{4.99}$$

令$\sum_{j=1}^{M} w(i,j)G_{kj}G_{lj}=(S_{kl})_i$则有:

$$\begin{aligned}\Phi(\boldsymbol{R})_i&=\alpha\sum_{k=1}^{N}\sum_{l=1}^{N}(S_{kl})_iG_{ik}^{-g}G_{il}^{-g}+(1-\alpha)\sum_{j=1}^{N}\sum_{k=1}^{N} G_{ij}^{-g}(D_d)_{jk}G_{ik}^{-g}+2\lambda\left(\sum_{j=1}^{M}\sum_{m=1}^{N} G_{im}^{-g}G_{mj}-1\right)\\&=\alpha\sum_{k=1}^{N}\sum_{l=1}^{N}(S_{kl})_iG_{ik}^{-g}G_{il}^{-g}+(1-\alpha)\sum_{l=1}^{N}\sum_{k=1}^{N} G_{il}^{-g}(D_d)_{lk}G_{ik}^{-g}+2\lambda\left(\sum_{j=1}^{M}\sum_{m=1}^{N} G_{im}^{-g}G_{mj}-1\right)\\&=\sum_{k=1}^{N}\sum_{l=1}^{N}\left[\alpha(S_{kl})_i+(1-\alpha)(D_d)_{lk}\right]G_{ik}^{-g}G_{il}^{-g}+2\lambda\left(\sum_{j=1}^{M}\sum_{m=1}^{N} G_{im}^{-g}G_{mj}-1\right)\end{aligned} \tag{4.100}$$

再令$[\alpha(S_{kl})_i+(1-\alpha)(D_d)_{lk}]=(S'_{kl})_i$,则有:

$$\Phi(\boldsymbol{R})_i=\sum_{k=1}^{N}\sum_{l=1}^{N}(S'_{kl})_iG_{ik}^{-g}G_{il}^{-g}+2\lambda\left(\sum_{j=1}^{M}\sum_{m=1}^{N} G_{im}^{-g}G_{mj}-1\right) \tag{4.101}$$

式(4.101)的极值条件为:

$$\begin{cases}\dfrac{\partial \Phi\ (\boldsymbol{R})_i}{\partial G_{pq}^{-g}}=0\\ \dfrac{\partial \Phi\ (\boldsymbol{R})_i}{\partial \lambda}=0\end{cases}\tag{4.102}$$

于是有：

$$\begin{cases}\dfrac{\partial \Phi\ (\boldsymbol{R})_i}{\partial \boldsymbol{G}_{pq}^{-g}}=\sum_{k=1}^{N}\sum_{l=1}^{N}(S'_{kl})_i(\delta_{ip}\delta_{kq}G_{il}^{-g}+G_{ik}^{-g}\delta_{ip}\delta_{lq})+2\lambda\sum_{j=1}^{M}\sum_{m=1}^{N}\delta_{ip}\delta_{mq}G_{mj}\\ \qquad =\sum_{l=1}^{N}(S'_{ql})_i\delta_{ip}G_{il}^{-g}+\sum_{k=1}^{N}(S'_{kq})_iG_{ik}^{-g}\delta_{ip}+2\lambda\sum_{j=1}^{M}\delta_{ip}G_{qj}\\ \qquad =\sum_{l=1}^{N}(S'_{ql})_i\delta_{ip}G_{il}^{-g}+\sum_{l=1}^{N}(S'_{lq})_iG_{il}^{-g}\delta_{ip}+2\lambda\sum_{j=1}^{M}\delta_{ip}G_{qj}\\ \qquad =2\sum_{l=1}^{N}(S'_{lq})_i\delta_{ip}G_{il}^{-g}+2\lambda\sum_{j=1}^{M}\delta_{ip}G_{qj}=0\\ \dfrac{\partial \Phi\ (\boldsymbol{R})_i}{\partial \lambda}=\sum_{j=1}^{M}\sum_{m=1}^{N}G_{im}^{-g}G_{mj}-1=0\end{cases}\tag{4.103}$$

令 $\sum_{j=1}^{M}G_{mj}=u_m$，则有：

$$\begin{cases}\sum_{l=1}^{N}(S'_{lq})_i\delta_{ip}G_{il}^{-g}+\lambda\delta_{ip}u_q=0\\ \sum_{m=1}^{N}G_{im}^{-g}u_m=1\end{cases}\tag{4.104}$$

亦即：

$$\begin{cases}\sum_{l=1}^{N}(S'_{ql})_iG_{il}^{-g}+\lambda u_q=0\\ \sum_{m=1}^{N}G_{im}^{-g}u_m=1\end{cases}\tag{4.105}$$

式(4.105) 的矩阵形式为：

$$\begin{cases}(\boldsymbol{S}'_{..})_i(\boldsymbol{G}_i^{-g})^{\mathrm{T}}+\lambda\boldsymbol{u}=0\\ \boldsymbol{u}^{\mathrm{T}}(\boldsymbol{G}_i^{-g})^{\mathrm{T}}=1\end{cases}\tag{4.106}$$

式中，$(\underset{N\times N}{\boldsymbol{S}'_{..}})_i=[\alpha\ (S_{..})_i+(1-\alpha)\boldsymbol{D}_d]$，$(\boldsymbol{S}_{..})_i=\boldsymbol{G}\mathrm{diag}(w(1,i),w(2,i),\cdots,w(M,i))\boldsymbol{G}^{\mathrm{T}}$，$w(i,j)=(i-j)^2$；$\boldsymbol{G}^{-g}=((\boldsymbol{G}_1^{-g})^{\mathrm{T}},(\boldsymbol{G}_2^{-g})^{\mathrm{T}},\cdots,(\boldsymbol{G}_M^{-g})^{\mathrm{T}})^{\mathrm{T}}$；$\boldsymbol{u}=\boldsymbol{G}\boldsymbol{K}$；$\underset{M\times 1}{\boldsymbol{K}}=(1,1,\cdots,1)^{\mathrm{T}}$。

亦即：

$$\begin{pmatrix}(\boldsymbol{S}'_{..})_i & \boldsymbol{u}\\ \boldsymbol{u}^{\mathrm{T}} & 0\end{pmatrix}\begin{pmatrix}(\boldsymbol{G}_i^{-g})^{\mathrm{T}}\\ \lambda\end{pmatrix}=\begin{pmatrix}0\\1\end{pmatrix}\tag{4.107}$$

令$\begin{pmatrix} \underset{N\times N}{(\boldsymbol{S}'_{..})_i} & \underset{N\times 1}{\boldsymbol{u}} \\ \underset{1\times N}{\boldsymbol{u}^{\mathrm{T}}} & \underset{1\times 1}{0} \end{pmatrix}\begin{pmatrix} \underset{N\times N}{\boldsymbol{A}} & \underset{N\times 1}{\boldsymbol{b}} \\ \underset{1\times N}{\boldsymbol{b}^{\mathrm{T}}} & \underset{1\times 1}{\boldsymbol{c}} \end{pmatrix} = \begin{pmatrix} \underset{N\times N}{\boldsymbol{I}} & \underset{N\times 1}{0} \\ \underset{1\times N}{0} & \underset{1\times 1}{1} \end{pmatrix}$,则有：

$$\begin{cases} (\boldsymbol{S}'_{..})_i\boldsymbol{A} + \boldsymbol{u}\boldsymbol{b}^{\mathrm{T}} = \boldsymbol{I} \\ (\boldsymbol{S}'_{..})_i\boldsymbol{b} + \boldsymbol{u}\boldsymbol{c} = 0 \\ \boldsymbol{u}^{\mathrm{T}}\boldsymbol{A} = 0 \\ \boldsymbol{u}^{\mathrm{T}}\boldsymbol{b} = 1 \end{cases} \tag{4.108}$$

由式(4.108),有：

$$\left.\begin{matrix} \left.\begin{matrix} (\boldsymbol{S}'_{..})_i\boldsymbol{A} + \boldsymbol{u}\boldsymbol{b}^{\mathrm{T}} = \boldsymbol{I} \Rightarrow \boldsymbol{A} = (\boldsymbol{S}'_{..})_i^{-1}(\boldsymbol{I} - \boldsymbol{u}\boldsymbol{b}^{\mathrm{T}}) \\ \boldsymbol{u}^{\mathrm{T}}\boldsymbol{A} = 0 \end{matrix}\right\} \Rightarrow \begin{cases} \boldsymbol{b} = \dfrac{(\boldsymbol{S}'_{..})_i^{-1}\boldsymbol{u}}{\boldsymbol{u}^{\mathrm{T}}(\boldsymbol{S}'_{..})_i^{-1}\boldsymbol{u}} \\ \boldsymbol{A} = (\boldsymbol{S}'_{..})_i^{-1}(\boldsymbol{I} - \boldsymbol{u}\boldsymbol{b}^{\mathrm{T}}) \end{cases} \\ (\boldsymbol{S}'_{..})_i\boldsymbol{b} + \boldsymbol{u}\boldsymbol{c} = 0 \end{matrix}\right\} \Rightarrow$$

$$\begin{cases} \boldsymbol{A} = (\boldsymbol{S}'_{..})_i^{-1}(\boldsymbol{I} - \boldsymbol{u}\boldsymbol{b}^{\mathrm{T}}) \\ \boldsymbol{b} = \dfrac{(\boldsymbol{S}'_{..})_i^{-1}\boldsymbol{u}}{\boldsymbol{u}^{\mathrm{T}}(\boldsymbol{S}'_{..})_i^{-1}\boldsymbol{u}} \\ \boldsymbol{c} = -\dfrac{1}{\boldsymbol{u}^{\mathrm{T}}(\boldsymbol{S}'_{..})_i^{-1}\boldsymbol{u}} \end{cases} \tag{4.109}$$

因$\boldsymbol{b} = \dfrac{(\boldsymbol{S}'_{..})_i^{-1}\boldsymbol{u}}{\boldsymbol{u}^{\mathrm{T}}(\boldsymbol{S}'_{..})_i^{-1}\boldsymbol{u}}$故$\boldsymbol{u}^{\mathrm{T}}\boldsymbol{b} = 1$成立。故有：

$$\begin{pmatrix} (\boldsymbol{S}'_{..})_i & \boldsymbol{u} \\ \boldsymbol{u}^{\mathrm{T}} & 0 \end{pmatrix}^{-1} = \begin{pmatrix} \boldsymbol{A} & \boldsymbol{b} \\ \boldsymbol{b}^{\mathrm{T}} & \boldsymbol{c} \end{pmatrix} \tag{4.110}$$

因此式(4.107) 的解为：

$$\begin{pmatrix} (\boldsymbol{G}_i^{-g})^{\mathrm{T}} \\ \lambda \end{pmatrix} = \begin{pmatrix} (\boldsymbol{S}'_{..})_i & \boldsymbol{u} \\ \boldsymbol{u}^{\mathrm{T}} & 0 \end{pmatrix}^{-1}\begin{pmatrix} 0 \\ 1 \end{pmatrix} = \begin{pmatrix} \boldsymbol{A} & \boldsymbol{b} \\ \boldsymbol{b}^{\mathrm{T}} & \boldsymbol{c} \end{pmatrix}\begin{pmatrix} 0 \\ 1 \end{pmatrix} = \begin{pmatrix} \boldsymbol{b} \\ \boldsymbol{c} \end{pmatrix} \tag{4.111}$$

故有：

$$\boldsymbol{G}_i^{-g} = \boldsymbol{b} = \frac{\boldsymbol{u}^{\mathrm{T}}(\boldsymbol{S}'_{..})_i^{-1}}{\boldsymbol{u}^{\mathrm{T}}(\boldsymbol{S}'_{..})_i^{-1}\boldsymbol{u}} \tag{4.112}$$

至此，给出了顾及模型分辨率矩阵每行元素相对该行对角线元素的列下标位置离散程度的模型分辨率展布函数，并且在模型分辨率矩阵各行元素之和为 1 作为约束条件下，以该模型分辨率展布函数和模型方差极小，详细推导了线性方程组的广义逆，现总结如下：

$$
\begin{cases}
\quad = \underset{M\times N}{\boldsymbol{G}^{-g}}\ \underset{N\times 1}{\boldsymbol{d}} \\
\underset{M\times M}{\boldsymbol{R}} = \underset{M\times N}{\boldsymbol{G}^{-g}}\ \underset{N\times M}{\boldsymbol{G}} \\
\underset{N\times N}{\boldsymbol{N}} = \underset{N\times M}{\boldsymbol{G}}\ \underset{M\times N}{\boldsymbol{G}^{-g}} \\
\mathrm{spread}(\boldsymbol{R}) = \mathrm{tr}(\underset{M\times M}{\boldsymbol{W}}\ \underset{M\times M}{\bar{\boldsymbol{R}}}) \\
\boldsymbol{W} = (W_{ij}),\ W_{ij} = w(i,j) = (i-j)^2 \\
\bar{\boldsymbol{R}} = (\bar{R}_{ij}),\ \bar{R}_{ij} = R_{ij}^2 \\
\mathrm{size}(\mathrm{cov}_u\boldsymbol{m}) = \mathrm{tr}(\boldsymbol{G}^{-g}\boldsymbol{D}_d(\boldsymbol{G}^{-g})^{\mathrm{T}}) \\
\boldsymbol{G}^{-g} = ((\boldsymbol{G}_1^{-g})^{\mathrm{T}}, (\boldsymbol{G}_2^{-g})^{\mathrm{T}}, \cdots, (\boldsymbol{G}_M^{-g})^{\mathrm{T}})^{\mathrm{T}} \\
\boldsymbol{G}_i^{-g} = \dfrac{\boldsymbol{u}^{\mathrm{T}}\ (\boldsymbol{S}'_{..})_i^{-1}}{\boldsymbol{u}^{\mathrm{T}}\ (\boldsymbol{S}'_{..})_i^{-1}\boldsymbol{u}} \\
\underset{N\times N}{(\boldsymbol{S}'_{..})_i} = [\alpha(\boldsymbol{S}_{..})_i + (1-\alpha)\boldsymbol{D}_d] \\
(\boldsymbol{S}_{..})_i = \boldsymbol{G}\mathrm{diag}(w(1,i), w(2,i), \cdots, w(M,i))\,\boldsymbol{G}^{\mathrm{T}} \\
w(i,j) = (i-j)^2 \\
\boldsymbol{u} = \boldsymbol{G}\boldsymbol{K} \\
\underset{M\times 1}{\boldsymbol{K}} = (1,1,\cdots,1)^{\mathrm{T}}
\end{cases}
\tag{4.113}
$$

对于超定方程组,新的展布函数可以表述为:

$$
\mathrm{spread}(\boldsymbol{N}) = \sum_{i=1}^{N}\sum_{j=1}^{N} w(i,j)\ (N_{ij} - I_{ij})^2 \tag{4.114}
$$

式中,$w(i,j) = (i-j)^2$。

注意到 $w(i,j) = 0, I_{ij} = 0\ (i \neq j)$,式(4.114) 可进一步表述为:

$$
\begin{aligned}
\mathrm{spread}(\boldsymbol{N}) &= \sum_{i=1}^{N}\left[\sum_{\substack{j=1\\j\neq i}}^{N} w(i,j)\ (N_{ij} - I_{ij})^2 + w(i,i)\ (N_{ii} - I_{ii})^2\right] \\
&= \sum_{i=1}^{N}\left[\sum_{\substack{j=1\\j\neq i}}^{N} w(i,j)N_{ij}^2 + w(i,i)N_{ii}^2\right] = \sum_{i=1}^{N}\sum_{j=1}^{N} w(i,j)N_{ij}^2
\end{aligned}
\tag{4.115}
$$

同欠定方程组的情形,新的展布函数也没有反映各对角线上元素的情况,因为各对角线元素的权重 $w(i,i) = 0$,因此需要对其加以反映。我们知道当数据分辨率矩阵为单位矩阵时,观测数据得到完全分辨,反之,理论计算的数据只是观测数据按分辨率矩阵的每行元素的加权平均。故可采用 $\sum_{j=1}^{N} N_{ij} = 1$ 作为约束条件。取 $\alpha\mathrm{spread}(\boldsymbol{N}) + (1-\alpha)\mathrm{size}(\mathrm{cov}_u\boldsymbol{m})$ 最小化且约束条件为 $\sum_{j=1}^{N} N_{ij} = 1$。因 $\mathrm{spread}(\boldsymbol{N})$ 以 j 指标求和时,对应的第 j 项为非负数,$\mathrm{size}(\mathrm{cov}_u\boldsymbol{m})$

以 j 指标求和时,对应的第 j 项也为非负数,$\alpha\text{spread}(\boldsymbol{N})+(1-\alpha)\text{size}(\text{cov}_u\boldsymbol{m})$ 的最小化即为以 j 指标求和时,对应的两项 $\alpha\text{spread}(\boldsymbol{N})$ 和 $(1-\alpha)\text{size}(\text{cov}_u\boldsymbol{m})$ 的第 j 项之和都为最小,且第 j 项的约束条件为 $\sum_{j=1}^{N}N_{ij}=1$。于是,目标函数可表述为:

$$\boldsymbol{\Phi}(\boldsymbol{N})=\alpha\text{spread}(\boldsymbol{N})+(1-\alpha)\text{size}(\text{cov}_u\boldsymbol{m})+\boldsymbol{\lambda}^{\mathrm{T}}(\boldsymbol{N}-\boldsymbol{I})\boldsymbol{K} \tag{4.116}$$

式中,α 为系数且 $0\leqslant\alpha\leqslant1$;$\text{spread}(\boldsymbol{N})$ 为数据分辨率矩阵的展布函数;$\text{size}(\text{cov}_u\boldsymbol{m})_j$ 为模型方差的迹;$\boldsymbol{\lambda}^{\mathrm{T}}=(\lambda_1,\lambda_2,\cdots,\lambda_N)^{\mathrm{T}}$ 为拉格朗日乘子向量;$\boldsymbol{I}$ 为单位矩阵;$\underset{1\times N}{\boldsymbol{K}^{\mathrm{T}}}=(1,1,\cdots,1)$。对应的第 j 项求和为:

$$\Phi(\boldsymbol{N})_j=\alpha\text{spread}(\boldsymbol{N})_j+(1-\alpha)\text{size}(\text{cov}_u\boldsymbol{m})_j+\sum_{i=1}^{N}\lambda_i\left(N_{ij}-\frac{1}{N}\right) \tag{4.117}$$

由式(4.115),有:

$$\begin{aligned}\text{spread}(\boldsymbol{N})_j&=\sum_{i=1}^{N}w(i,j)N_{ij}^2=\sum_{i=1}^{N}w(i,j)N_{ij}N_{ij}\\&=\sum_{i=1}^{N}w(i,j)\sum_{m=1}^{M}G_{im}G_{mj}^{-g}\sum_{n=1}^{M}G_{in}G_{nj}^{-g}\\&=\sum_{i=1}^{N}\sum_{m=1}^{M}\sum_{n=1}^{M}w(i,j)G_{im}G_{in}G_{mj}^{-g}G_{nj}^{-g}\end{aligned} \tag{4.118}$$

由式(4.88),有:

$$\text{size}(\text{cov}_u\boldsymbol{m})_j=\sum_{i=1}^{M}\sum_{k=1}^{N}G_{ij}^{-g}(D_d)_{jk}G_{ik}^{-g} \tag{4.119}$$

将式(4.118)和式(4.119)代入式(4.117),有:

$$\begin{aligned}\boldsymbol{\Phi}(\boldsymbol{N})_j=&\alpha\sum_{i=1}^{N}\sum_{m=1}^{M}\sum_{n=1}^{M}w(i,j)G_{im}G_{in}G_{mj}^{-g}G_{nj}^{-g}+(1-\alpha)\sum_{i=1}^{M}\sum_{k=1}^{N}G_{ij}^{-g}(D_d)_{jk}G_{ik}^{-g}+\\&\left(\sum_{m=1}^{M}\sum_{i=1}^{N}\lambda_iG_{im}K_jG_{mj}^{-g}-\frac{1}{N}\sum_{i=1}^{N}\lambda_i\right)\end{aligned} \tag{4.120}$$

令 $\sum_{i=1}^{N}w(i,j)G_{im}G_{in}=(S_{mn})_j$,则有:

$$\begin{aligned}\boldsymbol{\Phi}(N)_j=&\alpha\sum_{m=1}^{M}\sum_{n=1}^{M}(S_{mn})_jG_{mj}^{-g}G_{nj}^{-g}+(1-\alpha)\sum_{i=1}^{M}\sum_{k=1}^{N}G_{ij}^{-g}(D_d)_{jk}G_{ik}^{-g}+\\&\left(\sum_{m=1}^{M}\sum_{i=1}^{N}\lambda_iG_{im}K_jG_{mj}^{-g}-\frac{1}{N}\sum_{i=1}^{N}\lambda_i\right)\end{aligned} \tag{4.121}$$

式(4.121)的极值条件为:

$$\begin{cases}\dfrac{\partial\boldsymbol{\Phi}(\boldsymbol{N})_j}{\partial\boldsymbol{G}_{pj}^{-g}}=0\\[2ex]\dfrac{\partial\boldsymbol{\Phi}(\boldsymbol{N})_j}{\partial\lambda_p\,\big|_{p=1,2,\cdots,N}}=0\end{cases} \tag{4.122}$$

于是有:

$$
\begin{cases}
\dfrac{\partial \boldsymbol{\Phi}(\boldsymbol{N})_j}{\partial \boldsymbol{G}_{pj}^{-g}} = \alpha \sum_{m=1}^{M}\sum_{n=1}^{M}(S_{mn})_j(\delta_{mp}G_{nj}^{-g} + G_{mj}^{-g}\delta_{np}) + (1-\alpha)\sum_{i=1}^{M}\sum_{k=1}^{N}(D_d)_{jk} \\
\qquad (\delta_{ip}G_{ik}^{-g} + G_{ij}^{-g}\delta_{ip}\delta_{kj}) + \sum_{m=1}^{M}\sum_{i=1}^{N}\lambda_i G_{im}K_j\delta_{mp} \\
\qquad = \alpha \sum_{m=1}^{M}\sum_{n=1}^{M}(S_{mn})_j\delta_{mp}G_{nj}^{-g} + \alpha\sum_{m=1}^{M}\sum_{n=1}^{M}(S_{mn})_j G_{mj}^{-g}\delta_{np} + (1-\alpha)\sum_{i=1}^{M}\sum_{k=1}^{N}(D_d)_{jk} \\
\qquad \delta_{ip}G_{ik}^{-g} + (1-\alpha)\sum_{i=1}^{M}\sum_{k=1}^{N}(D_d)_{jk}G_{ij}^{-g}\delta_{ip}\delta_{kj} + \sum_{i=1}^{N}\lambda_i G_{ip}K_j \\
\qquad = \alpha\sum_{n=1}^{M}(S_{pn})_j G_{nj}^{-g} + \alpha\sum_{m=1}^{M}(S_{mp})_j G_{mj}^{-g} + (1-\alpha)\sum_{k=1}^{N}(D_d)_{jk}G_{pk}^{-g} + (1-\alpha) \\
\qquad (D_d)_{jj}G_{pj}^{-g} + \sum_{i=1}^{N}\lambda_i G_{ip}K_j = 2\alpha\sum_{n=1}^{M}(S_{pn})_j G_{nj}^{-g} + (1-\alpha)\sum_{k=1}^{N}(D'_d)_{jk}G_{pk}^{-g} + \\
\qquad \sum_{i=1}^{N}\lambda_i G_{ip}K_j = 0 \\
\dfrac{\partial \boldsymbol{\Phi}(\boldsymbol{N})_j}{\partial \lambda_q \big|_{q=1,2,\cdots,N}} = \sum_{m=1}^{M}\sum_{i=1}^{N}\delta_{iq}G_{im}K_j G_{mj}^{-g} - \dfrac{1}{N} = 0
\end{cases}
\tag{4.123}
$$

式中，$(\boldsymbol{D}'_d)_{jk} = \begin{cases}(\boldsymbol{D}_d)_{jk} & \text{if } j \neq k \\ 2(\boldsymbol{D}_d)_{jk} & \text{if } j = k\end{cases}$。

式(4.123)的矩阵形式为：

$$
\begin{cases}
2\alpha\big((S_{p1})_j \quad (S_{p2})_j \quad \cdots \quad (S_{pM})_j\big)\begin{pmatrix}G_{1j}^{-g}\\ G_{2j}^{-g}\\ \vdots \\ G_{Mj}^{-g}\end{pmatrix} + (1-\alpha)\big(G_{p1}^{-g} \quad G_{p2}^{-g} \quad \cdots \quad G_{pN}^{-g}\big)\begin{pmatrix}(D'_d)_{j1}\\ (D'_d)_{j2}\\ \vdots \\ (D'_d)_{jN}\end{pmatrix} + \\
\qquad (G_{1p} \quad G_{2p} \quad \cdots \quad G_{Np})\begin{pmatrix}\lambda_1\\ \lambda_2\\ \vdots \\ \lambda_N\end{pmatrix} = 0 \\
\boldsymbol{G}\begin{pmatrix}G_{1j}^{-g}\\ G_{2j}^{-g}\\ \vdots \\ G_{Mj}^{-g}\end{pmatrix}K_j - \dfrac{1}{N}\boldsymbol{K} = 0
\end{cases}
\tag{4.124}
$$

式(4.124)的具体形式为：

$$\begin{cases} 2\alpha\begin{pmatrix} (S_{11})_j & (S_{12})_j & \cdots & (S_{1M})_j \\ (S_{21})_j & (S_{22})_j & & (S_{2M})_j \\ \vdots & & & \vdots \\ (S_{M1})_j & (S_{M2})_j & \cdots & (S_{MM})_j \end{pmatrix}\begin{pmatrix} G_{1j}^{-g} \\ G_{2j}^{-g} \\ \vdots \\ G_{Mj}^{-g} \end{pmatrix} + \\ \qquad (1-\alpha)\begin{pmatrix} G_{11}^{-g} & G_{12}^{-g} & \cdots & G_{1N}^{-g} \\ G_{21}^{-g} & G_{22}^{-g} & \cdots & G_{2N}^{-g} \\ \vdots & \vdots & & \vdots \\ G_{M1}^{-g} & G_{M2}^{-g} & \cdots & G_{MN}^{-g} \end{pmatrix}\begin{pmatrix} (D'_d)_{j1} \\ (D'_d)_{j2} \\ \vdots \\ (D'_d)_{jN} \end{pmatrix} + \\ \qquad \begin{pmatrix} G_{11} & G_{21} & \cdots & G_{N1} \\ G_{12} & G_{22} & \cdots & G_{N2} \\ \vdots & \vdots & & \vdots \\ G_{1M} & G_{2M} & \cdots & G_{NM} \end{pmatrix}\begin{pmatrix} \lambda_1 \\ \lambda_2 \\ \vdots \\ \lambda_N \end{pmatrix} = 0 \\ \boldsymbol{G}\begin{pmatrix} G_{1j}^{-g} \\ G_{2j}^{-g} \\ \vdots \\ G_{Mj}^{-g} \end{pmatrix} K_j - \dfrac{1}{N}\boldsymbol{K} = 0 \end{cases} \tag{4.125}$$

更进一步地,有:

$$\begin{cases} 2\alpha\ (\boldsymbol{S}_{..})_j\begin{pmatrix} G_{1j}^{-g} \\ G_{2j}^{-g} \\ \vdots \\ G_{Mj}^{-g} \end{pmatrix} + (1-\alpha)\boldsymbol{G}^{-g}\begin{pmatrix} (D'_d)_{j1} \\ (D'_d)_{j2} \\ \vdots \\ (D'_d)_{jN} \end{pmatrix} + \boldsymbol{G}^{\mathrm{T}}\begin{pmatrix} \lambda_1 \\ \lambda_2 \\ \vdots \\ \lambda_N \end{pmatrix} = 0 \\ \boldsymbol{G}\boldsymbol{G}^{-g}\boldsymbol{K} = \boldsymbol{K} \end{cases} \tag{4.126}$$

其中,$(\boldsymbol{S}_{..})_j = \begin{pmatrix} (S_{11})_j & (S_{12})_j & \cdots & (S_{1M})_j \\ (S_{21})_j & (S_{22})_j & & (S_{2M})_j \\ \vdots & & & \vdots \\ (S_{M1})_j & (S_{M2})_j & \cdots & (S_{MM})_j \end{pmatrix}$。

令$(\boldsymbol{D}'_d)^{\mathrm{T}} = (D'_1 \quad D'_2 \quad \cdots \quad D'_N)$,$(\boldsymbol{G}^{-g})^{\mathrm{T}} = (G_1^{-g} \quad G_2^{-g} \quad \cdots \quad G_M^{-g}) = \left(\tilde{G}_1^{-g} \quad \tilde{G}_2^{-g} \quad \cdots \quad \tilde{G}_N^{-g}\right)^{\mathrm{T}}$,$\boldsymbol{G}_i = (G_{i1} \quad G_{i2} \quad \cdots \quad G_{iM})^{\mathrm{T}}$,$\boldsymbol{G} = (G_1 \quad G_2 \quad \cdots \quad G_N)^{\mathrm{T}}$,则有:

$$
\begin{cases}
2\alpha\,(\boldsymbol{S}_{..})_j\,\tilde{\boldsymbol{G}}_j^{-g}+(1-\alpha)\begin{pmatrix}(\boldsymbol{G}_1^{-g})^{\mathrm{T}}\\(\boldsymbol{G}_2^{-g})^{\mathrm{T}}\\\vdots\\(\boldsymbol{G}_M^{-g})^{\mathrm{T}}\end{pmatrix}\boldsymbol{D}'_j+\boldsymbol{G}^{\mathrm{T}}\lambda=0\\
\boldsymbol{G}\begin{pmatrix}(\boldsymbol{G}_1^{-g})^{\mathrm{T}}\\(\boldsymbol{G}_2^{-g})^{\mathrm{T}}\\\vdots\\(\boldsymbol{G}_M^{-g})^{\mathrm{T}}\end{pmatrix}\boldsymbol{K}=\boldsymbol{K}
\end{cases}
\tag{4.127}
$$

故有：

$$
\begin{cases}
2\alpha\begin{pmatrix}(\boldsymbol{S}_{..})_1&&&\\&(\boldsymbol{S}_{..})_2&&\\&&\ddots&\\&&&(\boldsymbol{S}_{..})_N\end{pmatrix}\begin{pmatrix}\tilde{\boldsymbol{G}}_1^{-g}\\\tilde{\boldsymbol{G}}_2^{-g}\\\vdots\\\tilde{\boldsymbol{G}}_N^{-g}\end{pmatrix}+(1-\alpha)\begin{pmatrix}(\boldsymbol{D}'_1)^{\mathrm{T}}&&&\\&(\boldsymbol{D}'_1)^{\mathrm{T}}&&\\&&\ddots&\\&&&(\boldsymbol{D}'_1)^{\mathrm{T}}\\(\boldsymbol{D}'_2)^{\mathrm{T}}&&&\\&(\boldsymbol{D}'_2)^{\mathrm{T}}&&\\&&\ddots&\\&&&(\boldsymbol{D}'_2)^{\mathrm{T}}\\\vdots&\vdots&\vdots&\vdots\\(\boldsymbol{D}'_N)^{\mathrm{T}}&&&\\&(\boldsymbol{D}'_N)^{\mathrm{T}}&&\\&&\ddots&\\&&&(\boldsymbol{D}'_N)^{\mathrm{T}}\end{pmatrix}\\
\quad\begin{pmatrix}G_1^{-g}\\G_2^{-g}\\\vdots\\G_M^{-g}\end{pmatrix}+\begin{pmatrix}\boldsymbol{G}^{\mathrm{T}}\\\boldsymbol{G}^{\mathrm{T}}\\\vdots\\\boldsymbol{G}^{\mathrm{T}}\end{pmatrix}\lambda=0\\
\boldsymbol{G}\begin{pmatrix}\boldsymbol{K}^{\mathrm{T}}&&&\\&\boldsymbol{K}^{\mathrm{T}}&&\\&&\ddots&\\&&&\boldsymbol{K}^{\mathrm{T}}\end{pmatrix}\begin{pmatrix}\boldsymbol{G}_1^{-g}\\\boldsymbol{G}_2^{-g}\\\vdots\\\boldsymbol{G}_M^{-g}\end{pmatrix}=\boldsymbol{K}
\end{cases}
\tag{4.128}
$$

令 $\boldsymbol{I}$ 为单位矩阵且 $\boldsymbol{I}=(I_1\quad I_2\quad\cdots\quad I_N)$，由 $(\boldsymbol{G}^{-g})^{\mathrm{T}}=(\boldsymbol{G}_1^{-g}\quad\boldsymbol{G}_2^{-g}\quad\cdots\quad\boldsymbol{G}_M^{-g})=(\tilde{\boldsymbol{G}}_1^{-g}\quad\tilde{\boldsymbol{G}}_2^{-g}\quad\cdots\quad\tilde{\boldsymbol{G}}_N^{-g})^{\mathrm{T}}$，可得：

$$\begin{pmatrix} \tilde{\boldsymbol{G}}_1^{-g} \\ \tilde{\boldsymbol{G}}_2^{-g} \\ \vdots \\ \tilde{\boldsymbol{G}}_N^{-g} \end{pmatrix} = \begin{pmatrix} \boldsymbol{I}_1^{\mathrm{T}} & & & \\ & \boldsymbol{I}_1^{\mathrm{T}} & & \\ & & \ddots & \\ & & & \boldsymbol{I}_1^{\mathrm{T}} \\ \boldsymbol{I}_2^{\mathrm{T}} & & & \\ & \boldsymbol{I}_2^{\mathrm{T}} & & \\ & & \ddots & \\ & & & \boldsymbol{I}_2^{\mathrm{T}} \\ \vdots & \vdots & \vdots & \vdots \\ \boldsymbol{I}_N^{\mathrm{T}} & & & \\ & \boldsymbol{I}_N^{\mathrm{T}} & & \\ & & \ddots & \\ & & & \boldsymbol{I}_N^{\mathrm{T}} \end{pmatrix} \begin{pmatrix} \boldsymbol{G}_1^{-g} \\ \boldsymbol{G}_2^{-g} \\ \vdots \\ \boldsymbol{G}_N^{-g} \end{pmatrix} \tag{4.129}$$

由式(4.128)和式(4.129),有:

$$\begin{pmatrix} 2\alpha \boldsymbol{A}\boldsymbol{E} + (1-\alpha)\boldsymbol{B} & \boldsymbol{C} \\ \boldsymbol{D} & 0 \end{pmatrix} \begin{pmatrix} \boldsymbol{G}_1^{-g} \\ \boldsymbol{G}_2^{-g} \\ \vdots \\ \boldsymbol{G}_M^{-g} \\ \boldsymbol{\lambda} \end{pmatrix} = \begin{pmatrix} 0 \\ \boldsymbol{K} \end{pmatrix} \tag{4.130}$$

式中,

$$\underset{MN\times MN}{\boldsymbol{A}} = \begin{pmatrix} \underset{M\times M}{(\boldsymbol{S}_{..})}_1 & & & \\ & \underset{M\times M}{(\boldsymbol{S}_{..})}_2 & & \\ & & \ddots & \\ & & & \underset{M\times M}{(\boldsymbol{S}_{..})}_N \end{pmatrix};\ \underset{MN\times MN}{\boldsymbol{B}} = \begin{pmatrix} \underset{1\times N}{(\boldsymbol{D}'_1)^{\mathrm{T}}} & & & \\ & (\boldsymbol{D}'_1)^{\mathrm{T}} & & \\ & & \ddots & \\ & & & (\boldsymbol{D}'_1)^{\mathrm{T}} \\ \underset{1\times N}{(\boldsymbol{D}'_2)^{\mathrm{T}}} & & & \\ & (\boldsymbol{D}'_2)^{\mathrm{T}} & & \\ & & \ddots & \\ & & & (\boldsymbol{D}'_2)^{\mathrm{T}} \\ \vdots & \vdots & \vdots & \vdots \\ \underset{1\times N}{(\boldsymbol{D}'_N)^{\mathrm{T}}} & & & \\ & (\boldsymbol{D}'_N)^{\mathrm{T}} & & \\ & & \ddots & \\ & & & (\boldsymbol{D}'_N)^{\mathrm{T}} \end{pmatrix};$$

$$\underset{MN\times N}{\boldsymbol{C}}=\begin{pmatrix}\boldsymbol{G}^{\mathrm{T}}\\\boldsymbol{G}^{\mathrm{T}}\\\vdots\\\boldsymbol{G}^{\mathrm{T}}\end{pmatrix};\ \underset{N\times MN}{\boldsymbol{D}}=\underset{N\times M}{\boldsymbol{G}}\begin{pmatrix}\underset{1\times N}{\boldsymbol{K}^{\mathrm{T}}}&&&\\&\boldsymbol{K}^{\mathrm{T}}&&\\&&\ddots&\\&&&\boldsymbol{K}^{\mathrm{T}}\end{pmatrix};\ \underset{MN\times MN}{\boldsymbol{E}}=\begin{pmatrix}\underset{1\times N}{\boldsymbol{I}_1^{\mathrm{T}}}&&&\\&\boldsymbol{I}_1^{\mathrm{T}}&&\\&&\ddots&\\&&&\boldsymbol{I}_1^{\mathrm{T}}\\\underset{1\times N}{\boldsymbol{I}_2^{\mathrm{T}}}&&&\\&\boldsymbol{I}_2^{\mathrm{T}}&&\\&&\ddots&\\&&&\boldsymbol{I}_2^{\mathrm{T}}\\\vdots&\vdots&\vdots&\vdots\\\underset{1\times N}{\boldsymbol{I}_N^{\mathrm{T}}}&&&\\&\boldsymbol{I}_N^{\mathrm{T}}&&\\&&\ddots&\\&&&\boldsymbol{I}_N^{\mathrm{T}}\end{pmatrix};$$

$$(\boldsymbol{S}_{..})_j=\boldsymbol{G}^{\mathrm{T}}\boldsymbol{\Lambda}_j\boldsymbol{G},\boldsymbol{\Lambda}_j=\begin{pmatrix}w(1,j)&&&\\&w(2,j)&&\\&&\ddots&\\&&&w(N,j)\end{pmatrix}_{|j=1,2,\cdots,N}\text{。}$$

故,广义逆分块矩阵为:

$$\begin{pmatrix}\boldsymbol{G}_1^{-g}\\\boldsymbol{G}_2^{-g}\\\vdots\\\boldsymbol{G}_M^{-g}\end{pmatrix}=\begin{pmatrix}\underset{MN\times MN}{\boldsymbol{I}}&\underset{MN\times N}{0}\end{pmatrix}\begin{pmatrix}2\alpha\boldsymbol{AE}+(1-\alpha)\boldsymbol{B}&\boldsymbol{C}\\\boldsymbol{D}&0\end{pmatrix}^{-1}\begin{pmatrix}0\\\boldsymbol{K}\end{pmatrix}\tag{4.131}$$

广义逆矩阵为:

$$\boldsymbol{G}^{-g}=\begin{pmatrix}G_1^{-g}&G_2^{-g}&\cdots&G_M^{-g}\end{pmatrix}^{\mathrm{T}}\tag{4.132}$$

至此，给出了顾及数据分辨率矩阵每行元素相对该行对角线元素的列下标位置离散程度的数据分辨率展布函数，并且在数据分辨率矩阵各行元素之和为一约束条件下，以该数据分辨率展布函数和模型方差极小，详细推导了线性方程组的广义逆解，其为：

$$\begin{cases}\underset{M\times 1}{\boldsymbol{m}}=\underset{M\times N}{\boldsymbol{G}^{-g}}\underset{N\times 1}{\boldsymbol{d}}\\\underset{M\times M}{\boldsymbol{R}}=\underset{M\times N}{\boldsymbol{G}^{-g}}\underset{N\times M}{\boldsymbol{G}}\\\underset{N\times N}{\boldsymbol{N}}=\underset{N\times M}{\boldsymbol{G}}\underset{M\times N}{\boldsymbol{G}^{-g}}\\\mathrm{spread}(\boldsymbol{N})=\mathrm{tr}(\underset{N\times N}{\boldsymbol{W}}\underset{N\times N}{\bar{\boldsymbol{N}}})\\\boldsymbol{W}=(W_{ij}),\quad W_{ij}=w(i,j)=(i-j)^2\\\bar{\boldsymbol{N}}=(\bar{\boldsymbol{N}}_{ij}),\quad\bar{\boldsymbol{N}}_{ij}=N_{ij}^2\\\mathrm{size}(\mathrm{cov}_u\boldsymbol{m})=\mathrm{tr}(\boldsymbol{G}^{-g}\boldsymbol{D}_d(\boldsymbol{G}^{-g})^{\mathrm{T}})\\\boldsymbol{G}^{-g}=(G_1^{-g},G_2^{-g},\cdots,G_M^{-g})^{\mathrm{T}}\end{cases}\tag{4.133}$$

综上所述，我们详细推导了顾及模型分辨率和数据分辨率矩阵每行元素相对该行对角线元素的列下标位置离散程度的展布函数，以及模型方差最优度目标函数下的线性方程组的广义逆解形式。模型分辨率的展布函数针对欠定方程组的情形；而数据分辨率的展布函数针对超定方程组的情形。下面将分别给出这两类情形下的分辨率展布函数和模型方差间的关系图，以及模型分辨率矩阵和数据分辨率矩阵随其在最优度目标函数中的权重系数的变化图像。

图 4.14 和图 4.15 分别为模型分辨率展布函数和数据分辨率展布函数和模型方差间的关系图。它们均显示出模型方差随各自分辨率展布函数的增大而减小，这说明减小模型的方差就意味着牺牲模型分辨率和数据分辨率。换言之，模型方差和分辨率之间需有折中。

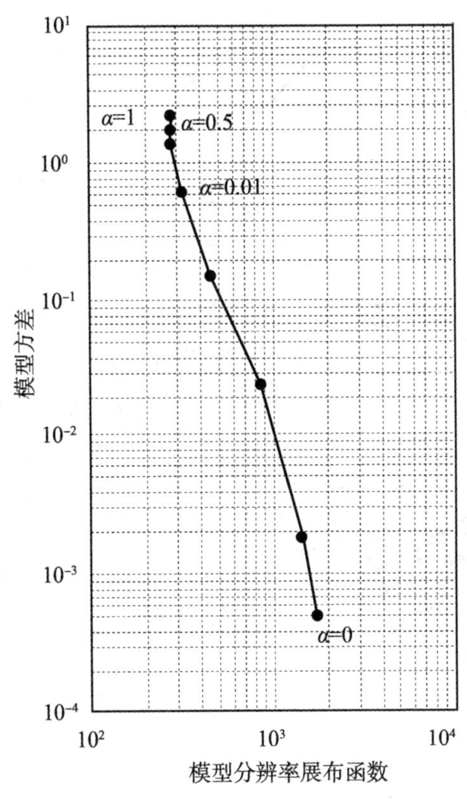

图 4.14 模型分辨率展布函数与模型方差间的折中关系

图 4.16 和图 4.17 为模型分辨率矩阵和数据分辨率矩阵随权重系数 α 变化(该参数见式(4.96) 和式(4.113) 以及式(4.117) 和式(4.133)) 的图像。它们均表明减小各自分辨率展布函数相对各自模型方差的权重，就意味着模型参数的方差减小的同时模型分辨率和数据分辨率同时降低。例如，当 $\alpha = 1$ 时，模型分辨率和数据分辨率都较好，而当 $\alpha = 0$ 时，模型分辨率和数据分辨率完全呈现出其矩阵不是对角线元素占优，亦即模型分辨率和数据分辨率都极大地降低了。这些都从直观上反映了模型方差和分辨率的确需要有折中，或者说，既要保证模型方差小，又要保证模型分辨率高且数据恢复得好一般是不可能的。

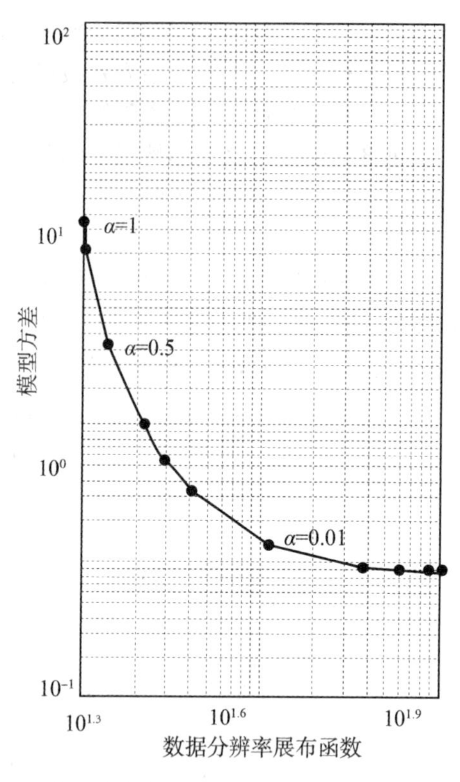

图 4.15　数据分辨率展布函数与模型方差间的折中关系

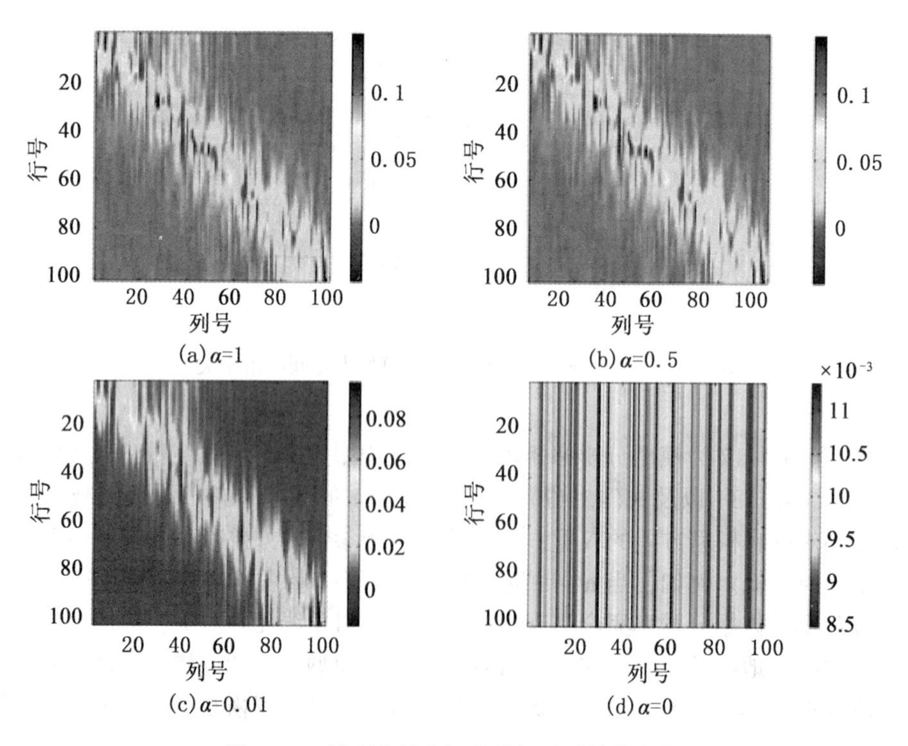

图 4.16　模型分辨率矩阵随权重系数的变化

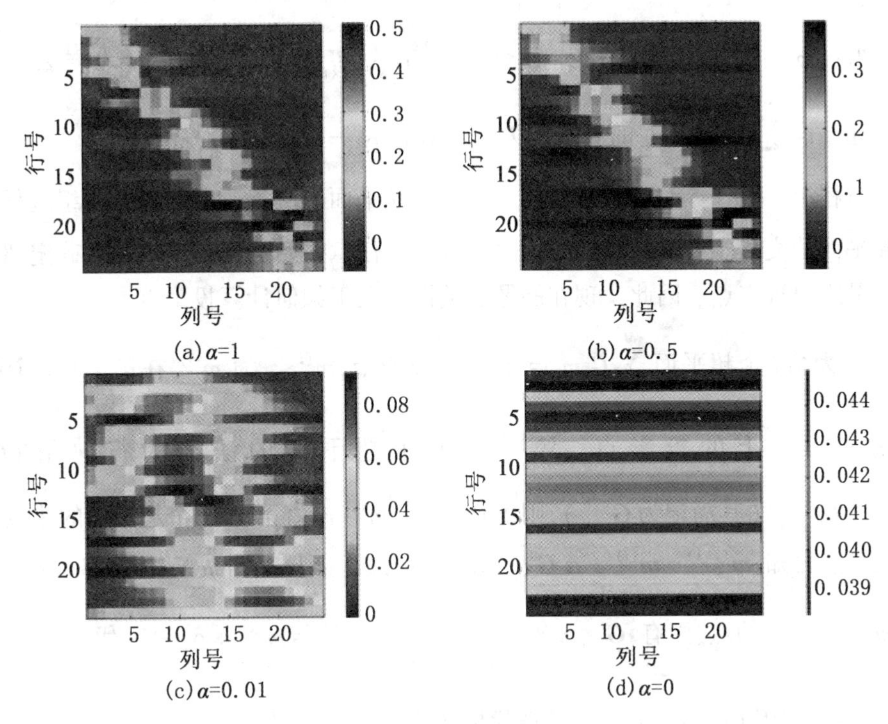

图 4.17　数据分辨率矩阵随权重系数的变化

4.5　线性迭代方法

线性迭代方法有别于奇异值分解、正交三角分解、广义逆矩阵和正则化方法等方法，它是采用逐次迭代产生一簇点列去逼近原方程组的解，特别适合超大规模方程组的求解。本节将介绍五种线性迭代方法：Kaczmarz 方法、牛顿法、拟牛顿法、最速下降法和共轭梯度法。

4.5.1　Kaczmarz 方法

Kaczmarz 迭代方法由波兰数学家 Stefan Kaczmarz(1895—1939) 提出，其基本思想是将线性方程组的每一个方程看作参数向量空间中的一个超平面，从任意初始点开始将点依次投影至各超平面直至找到这些超平面的公共交点，亦即原线性方程组的解。该方法在影像投影重构领域有着广泛应用，在地震走时反演中也有着实际应用。为了清晰地揭示该方法的基本思想，让我们先从空间解析几何中的一个简单问题谈起。这个问题就是：如何求解三维空间中过已知点(x_0, y_0, z_0)且法线为$\vec{n}=(n_1, n_2, n_3)$的平面方程。由平面的法线与该平面中任意直线垂直可知，若令该平面中的任意一点为(x, y, z)，则该点和已知点构成的向量与法线的点乘为零，亦即：$(x-x_0, y-y_0, z-z_0)\cdot(n_1, n_2, n_3)=0$，展开即为：$n_1x+n_2y+n_3z=n_1x_0+n_2y_0+n_3z_0$，此即为三维空间中过已知点$(x_0,\ y_0,\ z_0)$且法线为$\vec{n}=(n_1,\ n_2,\ n_3)$的超平面。类比线性方程组$\underset{N\times M}{\boldsymbol{G}}\underset{M\times 1}{\boldsymbol{m}}=\underset{N\times 1}{\boldsymbol{d}}$中的每一个方程$\sum_{j=1}^{M}G_{ij}m_j=d_i$可知，该超平面$\sum_{j=1}^{M}G_{ij}m_j=d_i$的法线即为矩阵$\boldsymbol{G}$的每一行向量：$(G_{i1}\quad G_{i2}\quad \cdots\quad G_{iM})$。由此，线性方程组$\underset{N\times M}{\boldsymbol{G}}\underset{M\times 1}{\boldsymbol{m}}=\underset{N\times 1}{\boldsymbol{d}}$可以看做$N$个这样的超平面的交集，求解该方程组过程即为寻找这些超平面的交点。寻找交点的迭代过程为：从任意初始迭代点出发依次确定超平面的投影点，最终逼近交点。因此，现在问题的关键点在于如何计算投影点。

令$m^{(i)}$为第i个超平面$\sum_{j=1}^{M}G_{ij}m_j=d_i$上的投影点，$m^{(i+1)}$为$m^{(i)}$在第$i+1$个超平面$\sum_{j=1}^{M}G_{i+1j}m_j=d_{i+1}$上的投影点，第$i+1$个超平面的法线为行向量$(G_{i+1,1}\quad G_{i+1,2}\quad \cdots\quad G_{i+1,M})$（其简记为$\boldsymbol{G}_{i+1,}$），则由$m^{(i+1)}$为$m^{(i)}$沿着第$i+1$个超平面的法线在该平面上的投影点可知：$\boldsymbol{m}^{(i+1)}=\boldsymbol{m}^{(i)}+\alpha_i\boldsymbol{G}_{i+1,}^{\mathrm{T}}$（由向量合成得到）。因$m^{(i+1)}$为第$i+1$个超平面$\sum_{j=1}^{M}G_{i+1j}m_j=d_{i+1}$上的点，则有：$\boldsymbol{G}_{i+1,}\boldsymbol{m}^{(j+1)}=\boldsymbol{d}_{i+1}$。将$m^{(i+1)}=m^{(i)}+\alpha_i\boldsymbol{G}_{i+1,}^{\mathrm{T}}$代入之则有：$\alpha_i=\dfrac{\boldsymbol{d}_{i+1}-\boldsymbol{G}_{i+1,}\boldsymbol{m}^{(i)}}{\boldsymbol{G}_{i+1,}\boldsymbol{G}_{i+1,}^{\mathrm{T}}}$。因此，Kaczmarz 法的迭代格式为：

$$m^{(i+1)}=m^{(i)}+\alpha_i\boldsymbol{G}_{i+1,}^{\mathrm{T}} \tag{4.134}$$

式中，$\alpha_i=\dfrac{\boldsymbol{d}_{i+1}-\boldsymbol{G}_{i+1,}\boldsymbol{m}^{(i)}}{\boldsymbol{G}_{i+1,}\boldsymbol{G}_{i+1,}^{\mathrm{T}}}$。

迭代循环从第一个方程组$\sum_{j=1}^{M}G_{1j}m_j=d_1$开始，一直到最后一个方程$\sum_{j=1}^{M}G_{Nj}m_j=d_N$。若迭代结果精度不够，可以重置迭代初值为最后一次迭代值，重新进行迭代循环直至迭代结果满足精度要求。图 4.18 即为采用 Kaczmarz 迭代法求解方程组$\begin{cases}y=1\\x=y\end{cases}$的迭代解过程，迭代初始值选择为$(-1.6,\ -1.1)$。从迭代初始点开始将该点投影到直线$y=1$，然后将该直线上的投影点投影到直线$x=y$，如此这般，最终逼近该方程组的解$(1,1)$。

由图 4.18 可知，若两直线平行，则投影点在两直线间来回振荡，不会得到最终逼近点。同样地，若方程组$\underset{N\times M}{\boldsymbol{G}}\underset{M\times 1}{\boldsymbol{m}}=\underset{N\times 1}{\boldsymbol{d}}$中的矩阵$\boldsymbol{G}$的任意两行成比例，亦即相邻超平面平行，则投影点同样会在两超平面来回振荡，不会进入到下一个超平面的投影点搜索。为改善原有迭代算法，可以对矩阵$\boldsymbol{G}$的行进行编号，使得近似成比例的行向量不处于相邻位置，也可以在每步迭代中随机选择需要投影的超平面，此即为随机化 Kaczmarz 算法（Randomized Kaczmarz algorithm），该算法具有指数收敛速度。该类 Kaczmarz 迭代算法的改进算法可以参阅相关文献（如 Thomas & Roman, 2009），在此不再赘述。

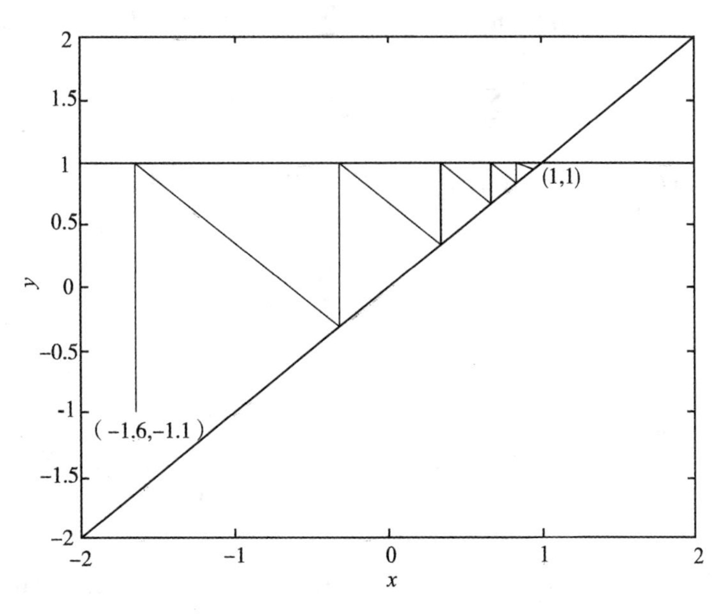

图 4.18　Kaczmarz 迭代法的迭代解过程

4.5.2　牛顿法和拟牛顿法

牛顿法和拟牛顿法是利用目标函数的梯度和梯度导数的一种迭代方法，两者区别仅在于梯度导数（Hessian 矩阵）的计算方法不同。当目标函数是二次型时，迭代一步终止。由于这两类方法涉及向量导数和矩阵导数，因此，首先推导向量导数和矩阵导数公式，然后给出基于 Hessian 矩阵的迭代模型，最后给出离散方程组的线性迭代解。

1. 向量及矩阵导数

令 $\boldsymbol{S}=\boldsymbol{u}(m)^{\mathrm{T}}\boldsymbol{W}\boldsymbol{V}(\boldsymbol{m})$，其中，$\boldsymbol{u}(\underset{N\times 1}{\boldsymbol{m}})$、$\boldsymbol{V}(\underset{N\times K}{\boldsymbol{m}})$，均为列向量 $\underset{M\times 1}{\boldsymbol{m}}$ 的函数，$\underset{N\times N}{\boldsymbol{W}}$ 为常矩阵。我们来推导 $\underset{1\times K}{\boldsymbol{S}}$ 对列向量 $\underset{M\times 1}{\boldsymbol{m}}$ 的偏导数$\dfrac{\partial \boldsymbol{S}}{\partial \boldsymbol{m}}$。

$$\frac{\partial \boldsymbol{S}}{\partial \boldsymbol{m}}=\begin{pmatrix}\dfrac{\partial S_1}{\partial m_1} & \dfrac{\partial S_2}{\partial m_1} & \cdots & \dfrac{\partial S_K}{\partial m_1}\\ \dfrac{\partial S_1}{\partial m_2} & \dfrac{\partial S_2}{\partial m_2} & & \dfrac{\partial S_K}{\partial m_2}\\ \vdots & & & \vdots\\ \dfrac{\partial S_1}{\partial m_M} & \dfrac{\partial S_2}{\partial m_M} & \cdots & \dfrac{\partial S_K}{\partial m_M}\end{pmatrix} \tag{4.135}$$

首先考察其分量形式：$\dfrac{\partial S_i}{\partial m_j}$。为简便计，令形如$\dfrac{\partial S_i}{\partial m_j}$ 的偏导数简记为：$\dfrac{\partial S_i}{\partial m_j}=S_{i,j}$（注意与矩阵元

素相区别）。由 $\boldsymbol{S}=\boldsymbol{u}(\boldsymbol{m})^{\mathrm{T}}\boldsymbol{W}\boldsymbol{V}(\boldsymbol{m})$ 可知，$S_i=\sum_{k=1}^{N}\sum_{m=1}^{N}u_kW_{km}V_{mi}$，故 $\frac{\partial S_i}{\partial m_j}$ 为：

$$S_{i,j}=\sum_{k=1}^{N}\sum_{m=1}^{N}(u_{k,j}W_{km}V_{mi}+u_kW_{km}V_{mi,j}) \tag{4.136}$$

令 $\boldsymbol{u}_{k,j}=\hat{\boldsymbol{G}}_{kj}$，$\underset{N\times M}{\hat{\boldsymbol{G}}}=\begin{pmatrix}\hat{G}_1 & \hat{G}_2 & \cdots & \hat{G}_M\end{pmatrix}$，$\underset{N\times 1}{\hat{\boldsymbol{G}}_i}=\begin{pmatrix}\hat{G}_{1i} & \hat{G}_{2i} & \cdots & \hat{G}_{Ni}\end{pmatrix}^{\mathrm{T}}$，$\underset{N\times K}{\boldsymbol{V}}=(V_1 \quad V_2 \quad \cdots \quad V_K)$，$\underset{N\times 1}{\boldsymbol{V}_i}=(V_{1i} \quad V_{2i} \quad \cdots \quad V_{Ni})^{\mathrm{T}}$，则有：

$$\boldsymbol{S}_{i,j}=\hat{\boldsymbol{G}}_j^{\mathrm{T}}\boldsymbol{W}\boldsymbol{V}_i+u^{\mathrm{T}}\boldsymbol{W}\boldsymbol{V}_{i,j} \tag{4.137}$$

故 $\frac{\partial \boldsymbol{S}}{\partial \boldsymbol{m}}$ 为：

$$\frac{\partial \boldsymbol{S}}{\partial \boldsymbol{m}}=\begin{pmatrix}\hat{\boldsymbol{G}}_1^{\mathrm{T}}\\ \hat{\boldsymbol{G}}_2^{\mathrm{T}}\\ \vdots\\ \hat{\boldsymbol{G}}_M^{\mathrm{T}}\end{pmatrix}\boldsymbol{W}(V_1 \quad V_2 \quad \cdots \quad V_K)+\begin{pmatrix}\boldsymbol{u}^{\mathrm{T}}\boldsymbol{W}V_{1,1} & \boldsymbol{u}^{\mathrm{T}}\boldsymbol{W}V_{2,1} & \cdots & \boldsymbol{u}^{\mathrm{T}}\boldsymbol{W}V_{K,1}\\ \boldsymbol{u}^{\mathrm{T}}\boldsymbol{W}V_{1,2} & \boldsymbol{u}^{\mathrm{T}}\boldsymbol{W}V_{2,2} & & \boldsymbol{u}^{\mathrm{T}}\boldsymbol{W}V_{K,2}\\ \vdots & & & \vdots\\ \boldsymbol{u}^{\mathrm{T}}\boldsymbol{W}V_{1,M} & \boldsymbol{u}^{\mathrm{T}}\boldsymbol{W}V_{2,M} & \cdots & \boldsymbol{u}^{\mathrm{T}}\boldsymbol{W}V_{K,M}\end{pmatrix} \tag{4.138}$$

亦即：

$$\begin{cases}\frac{\partial \boldsymbol{S}}{\partial \boldsymbol{m}}=\hat{\boldsymbol{G}}^{\mathrm{T}}\boldsymbol{W}\boldsymbol{V}+\boldsymbol{u}^{\mathrm{T}}\boldsymbol{W}\otimes\frac{\partial \boldsymbol{V}}{\partial \boldsymbol{m}}\\ \boldsymbol{S}=\boldsymbol{u}^{\mathrm{T}}\boldsymbol{W}\boldsymbol{V}\\ \hat{\boldsymbol{G}}=\begin{pmatrix}u_{1,1} & u_{1,2} & \cdots & u_{1,M}\\ u_{2,1} & u_{2,2} & & u_{2,M}\\ \vdots & & & \vdots\\ u_{N,1} & u_{N,2} & \cdots & u_{N,M}\end{pmatrix}\\ \frac{\partial \boldsymbol{V}}{\partial \boldsymbol{m}}=\begin{pmatrix}V_{1,1} & V_{2,1} & \cdots & V_{K,1}\\ V_{1,2} & V_{2,2} & & V_{K,2}\\ \vdots & & & \vdots\\ V_{1,M} & V_{2,M} & \cdots & V_{K,M}\end{pmatrix}\\ \boldsymbol{u}^{\mathrm{T}}\boldsymbol{W}\otimes\frac{\partial \boldsymbol{V}}{\partial \boldsymbol{m}}=\begin{pmatrix}\boldsymbol{u}^{\mathrm{T}}\boldsymbol{W}V_{1,1} & \boldsymbol{u}^{\mathrm{T}}\boldsymbol{W}V_{2,1} & \cdots & \boldsymbol{u}^{\mathrm{T}}\boldsymbol{W}V_{K,1}\\ \boldsymbol{u}^{\mathrm{T}}\boldsymbol{W}V_{1,2} & \boldsymbol{u}^{\mathrm{T}}\boldsymbol{W}V_{2,2} & \cdots & \boldsymbol{u}^{\mathrm{T}}\boldsymbol{W}V_{K,2}\\ \vdots & & & \vdots\\ \boldsymbol{u}^{\mathrm{T}}\boldsymbol{W}V_{1,M} & \boldsymbol{u}^{\mathrm{T}}\boldsymbol{W}V_{2,M} & \cdots & \boldsymbol{u}^{\mathrm{T}}\boldsymbol{W}V_{K,M}\end{pmatrix}\end{cases} \tag{4.139}$$

考虑一种特殊情形：$\boldsymbol{S}=\boldsymbol{u}^{\mathrm{T}}\boldsymbol{W}\boldsymbol{u}$，则有：

$$\frac{\partial \boldsymbol{S}}{\partial \boldsymbol{m}}=\hat{\boldsymbol{G}}^{\mathrm{T}}\boldsymbol{W}\boldsymbol{u}+\boldsymbol{u}^{\mathrm{T}}\boldsymbol{W}\otimes\frac{\partial \boldsymbol{u}}{\partial \boldsymbol{m}} \tag{4.140}$$

$\boldsymbol{u}^{\mathrm{T}}\boldsymbol{W}\otimes\frac{\partial \boldsymbol{u}}{\partial \boldsymbol{m}}$ 为：

$$\boldsymbol{u}^{\mathrm{T}}\boldsymbol{W}\otimes\frac{\partial\boldsymbol{u}}{\partial\boldsymbol{m}}=\begin{pmatrix}\boldsymbol{u}^{\mathrm{T}}\boldsymbol{W}\boldsymbol{u}_{,1}\\\boldsymbol{u}^{\mathrm{T}}\boldsymbol{W}\boldsymbol{u}_{,2}\\\vdots\\\boldsymbol{u}^{\mathrm{T}}\boldsymbol{W}\boldsymbol{u}_{,M}\end{pmatrix}=\begin{pmatrix}(\boldsymbol{u}_{,1})^{\mathrm{T}}\\(\boldsymbol{u}_{,2})^{\mathrm{T}}\\\vdots\\(\boldsymbol{u}_{,M})^{\mathrm{T}}\end{pmatrix}\boldsymbol{W}^{\mathrm{T}}\boldsymbol{u}=\hat{\boldsymbol{G}}^{\mathrm{T}}\boldsymbol{W}^{\mathrm{T}}\boldsymbol{u} \tag{4.141}$$

式中 $\boldsymbol{u}_{i,j}=(u_{1,j}\quad u_{2,j}\quad\cdots\quad u_{N,j})^{\mathrm{T}}=\hat{\boldsymbol{G}}_j$。

故 $\dfrac{\partial\boldsymbol{S}}{\partial\boldsymbol{m}}$ 为：

$$\begin{cases}\dfrac{\partial\boldsymbol{S}}{\partial\boldsymbol{m}}=\hat{\boldsymbol{G}}^{\mathrm{T}}(\boldsymbol{W}+\boldsymbol{W}^{\mathrm{T}})\boldsymbol{u}\\\boldsymbol{S}=\boldsymbol{u}^{\mathrm{T}}\boldsymbol{W}\boldsymbol{u}\end{cases} \tag{4.142}$$

2. 基于Hessian矩阵的迭代模型

令目标函数为：$F(\boldsymbol{m})$，$\underset{M\times1}{\boldsymbol{m}}$ 为待估参数列向量，$\boldsymbol{m}=m_0+\delta\boldsymbol{m}$，$m_0$ 为初值，$\delta\boldsymbol{m}$ 为增量。对目标函数进行泰勒展开至二阶项有：

$$F(m_0+\delta\boldsymbol{m})=F(m_0)+\left(\frac{\partial\boldsymbol{F}}{\partial\boldsymbol{m}}\bigg|_{m=m_0}\right)^{\mathrm{T}}\delta\boldsymbol{m}+\frac{1}{2}(\delta\boldsymbol{m})^{\mathrm{T}}\left(\frac{\partial^2\boldsymbol{F}}{\partial\boldsymbol{m}^2}\bigg|_{m=m_0}\right)\delta\boldsymbol{m} \tag{4.143}$$

式中，$F(\boldsymbol{m})$ 为标量函数，$\underset{M\times1}{\dfrac{\partial\boldsymbol{F}}{\partial\boldsymbol{m}}}=\begin{pmatrix}\dfrac{\partial\boldsymbol{F}}{\partial m_1} & \dfrac{\partial\boldsymbol{F}}{\partial m_2} & \cdots & \dfrac{\partial\boldsymbol{F}}{\partial m_M}\end{pmatrix}^{\mathrm{T}}$，$\underset{M\times M}{\dfrac{\partial^2\boldsymbol{F}}{\partial\boldsymbol{m}^2}}=\begin{pmatrix}\dfrac{\partial^2\boldsymbol{F}}{\partial m_i\partial m_j}\end{pmatrix}$。

令 $\boldsymbol{\gamma}(m_0)=\dfrac{\partial\boldsymbol{F}}{\partial\boldsymbol{m}}\bigg|_{m=m_0}$，$\boldsymbol{H}(m_0)=\dfrac{\partial^2\boldsymbol{F}}{\partial\boldsymbol{m}^2}\bigg|_{m=m_0}$，$\boldsymbol{H}(m_0)$ 为Hessian矩阵，并对式(4.143)两边求关于 $\delta\boldsymbol{m}$ 的偏导数，则有：

$$\boldsymbol{\gamma}(m_0+\delta\boldsymbol{m})=\boldsymbol{\gamma}(m_0)+\boldsymbol{H}(m_0)\delta\boldsymbol{m} \tag{4.144}$$

令 $\boldsymbol{m}=m_0+\delta\boldsymbol{m}$ 为极值点，则对应有 $\boldsymbol{\gamma}(m_0+\delta\boldsymbol{m})=0$，于是，有：

$$\delta\boldsymbol{m}=-\boldsymbol{H}(m_0)^{-1}\boldsymbol{\gamma}(m_0) \tag{4.145}$$

故有：$\boldsymbol{m}=m_0-\boldsymbol{H}(m_0)^{-1}\boldsymbol{\gamma}(m_0)$。

基于Hessian矩阵的迭代模型为：

$$\boldsymbol{m}^{(n+1)}=\boldsymbol{m}^{(n)}-\boldsymbol{H}(\boldsymbol{m}^{(n)})^{-1}\boldsymbol{\gamma}(\boldsymbol{m}^{(n)})\big|_{n=1,2,3,\cdots} \tag{4.146}$$

由式(4.146)可知，采用基于Hessian矩阵的迭代模型进行反演求解的关键在于确定 $\boldsymbol{\gamma}$ 矩阵和Hessian矩阵 $\boldsymbol{H}$。下面介绍在离散方程组的线性迭代解中这两种矩阵的具体形式。

3. 离散方程组的线性迭代解

令观测方程为：$\underset{N\times1}{\boldsymbol{d}}=g(\underset{N\times1}{\boldsymbol{m}})$，估计准则为：

$$F(m)=\frac{1}{2}(\boldsymbol{d}-g(\boldsymbol{m}))^{\mathrm{T}}\boldsymbol{C}_D^{-1}(\boldsymbol{d}-g(\boldsymbol{m}))+\frac{1}{2}(\boldsymbol{m}-\boldsymbol{m}_{\mathrm{prior}})^{\mathrm{T}}\boldsymbol{C}_M^{-1}(\boldsymbol{m}-\boldsymbol{m}_{\mathrm{prior}})=\min \tag{4.147}$$

式中，$\boldsymbol{C}_D$ 为观测数据的方差－协方差阵；$\boldsymbol{C}_M$ 为待估参数列向量 $\underset{M\times1}{\boldsymbol{m}}$ 的先验方差－协方差阵；$\boldsymbol{m}_{\mathrm{prior}}$ 为待估参数列向量 $\underset{M\times1}{\boldsymbol{m}}$ 的先验值。

$$\frac{\partial F(\boldsymbol{m})}{\partial \boldsymbol{m}}=\frac{\partial}{\partial \boldsymbol{m}}\left[\frac{1}{2}(\boldsymbol{d}-g(\boldsymbol{m}))^{\mathrm{T}}\boldsymbol{C}_D^{-1}(\boldsymbol{d}-g(\boldsymbol{m}))\right]+\frac{\partial}{\partial \boldsymbol{m}}\left[\frac{1}{2}(\boldsymbol{m}-\boldsymbol{m}_{\text{prior}})^{\mathrm{T}}\boldsymbol{C}_M^{-1}(\boldsymbol{m}-\boldsymbol{m}_{\text{prior}})\right] \tag{4.148}$$

由式(4.142) 可知：

$$\begin{cases}\dfrac{\partial}{\partial \boldsymbol{m}}\left[\dfrac{1}{2}(\boldsymbol{d}-g(\boldsymbol{m}))^{\mathrm{T}}\boldsymbol{C}_D^{-1}(\boldsymbol{d}-g(\boldsymbol{m}))\right]=-\hat{\boldsymbol{G}}^{\mathrm{T}}\boldsymbol{C}_D^{-1}(\boldsymbol{d}-g(\boldsymbol{m}))\\ \dfrac{\partial}{\partial \boldsymbol{m}}\left[\dfrac{1}{2}(\boldsymbol{m}-\boldsymbol{m}_{\text{prior}})^{\mathrm{T}}\boldsymbol{C}_M^{-1}(\boldsymbol{m}-\boldsymbol{m}_{\text{prior}})\right]=\boldsymbol{C}_M^{-1}(\boldsymbol{m}-\boldsymbol{m}_{\text{prior}})\end{cases} \tag{4.149}$$

式中，$\hat{\boldsymbol{G}}=\begin{pmatrix}g_{1,1} & g_{1,2} & \cdots & g_{1,M}\\ g_{2,1} & g_{2,2} & & g_{2,M}\\ \vdots & & & \vdots\\ g_{N,1} & g_{N,2} & \cdots & g_{N,M}\end{pmatrix}$；$g_{i,j}=\dfrac{\partial g_i}{\partial m_j}$。

将式(4.149) 代入式(4.148)，并注意到$\dfrac{\partial \boldsymbol{F}}{\partial \boldsymbol{m}}=\boldsymbol{\gamma}(\boldsymbol{m})$，则有：

$$\boldsymbol{\gamma}(\boldsymbol{m})=-\hat{\boldsymbol{G}}^{\mathrm{T}}\boldsymbol{C}_D^{-1}(\boldsymbol{d}-g(\boldsymbol{m}))+\boldsymbol{C}_M^{-1}(\boldsymbol{m}-\boldsymbol{m}_{\text{prior}}) \tag{4.150}$$

又由 $\boldsymbol{H}(\boldsymbol{m})=\dfrac{\partial^2 \boldsymbol{F}}{\partial \boldsymbol{m}^2}=\dfrac{\partial \boldsymbol{\gamma}(\boldsymbol{m})^{\mathrm{T}}}{\partial \boldsymbol{m}}$ 可得：

$$\boldsymbol{H}(\boldsymbol{m})=-\frac{\partial}{\partial \boldsymbol{m}}[(\boldsymbol{d}-g(\boldsymbol{m}))^{\mathrm{T}}\boldsymbol{C}_D^{-1}\hat{\boldsymbol{G}}]+\boldsymbol{C}_M^{-1} \tag{4.151}$$

由式(4.139) 可知：

$$\frac{\partial}{\partial \boldsymbol{m}}[(\boldsymbol{d}-g(\boldsymbol{m}))^{\mathrm{T}}\boldsymbol{C}_D^{-1}\hat{\boldsymbol{G}}]=-\hat{\boldsymbol{G}}^{\mathrm{T}}\boldsymbol{C}_D^{-1}\hat{\boldsymbol{G}}+(\boldsymbol{d}-g(\boldsymbol{m}))^{\mathrm{T}}\boldsymbol{C}_D^{-1}\otimes\frac{\partial \hat{\boldsymbol{G}}}{\partial \boldsymbol{m}} \tag{4.152}$$

将式(4.152) 代入式(4.151) 有：

$$\boldsymbol{H}(\boldsymbol{m})=\hat{\boldsymbol{G}}^{\mathrm{T}}\boldsymbol{C}_D^{-1}\hat{\boldsymbol{G}}+\boldsymbol{C}_M^{-1}-(\boldsymbol{d}-g(\boldsymbol{m}))^{\mathrm{T}}\boldsymbol{C}_D^{-1}\otimes\frac{\partial \hat{\boldsymbol{G}}}{\partial \boldsymbol{m}} \tag{4.153}$$

将式(4.150) 和式(4.153) 代入式(4.146)，并略去含二阶偏导项$(\boldsymbol{d}-g(\boldsymbol{m}))^{\mathrm{T}}\boldsymbol{C}_D^{-1}\otimes\dfrac{\partial \hat{\boldsymbol{G}}}{\partial \boldsymbol{m}}$后有：

$$\boldsymbol{m}^{(n+1)}=\boldsymbol{m}^{(n)}-(\hat{\boldsymbol{G}}^{\mathrm{T}}\boldsymbol{C}_D^{-1}\hat{\boldsymbol{G}}+\boldsymbol{C}_M^{-1})^{-1}[\hat{\boldsymbol{G}}^{\mathrm{T}}\boldsymbol{C}_D^{-1}(g(\boldsymbol{m}^{(n)})-\boldsymbol{d})+\boldsymbol{C}_M^{-1}(\boldsymbol{m}^{(n)}-\boldsymbol{m}_{\text{prior}})] \tag{4.154}$$

式(4.154) 即为基于 Hessian 矩阵的离散方程组的迭代格式，此式即为拟牛顿法，若不略去二阶偏导项则为牛顿法。

若观测方程 $\underset{N\times 1}{\boldsymbol{d}}=g(\underset{N\times 1}{\boldsymbol{m}})$ 为线性的观测方程形式：$\underset{N\times 1}{\boldsymbol{d}}=\underset{N\times M}{\boldsymbol{G}}\underset{M\times 1}{\boldsymbol{m}}$，则：

$$g_{i,j}=\frac{\partial}{\partial m_j}\left(\sum_{k=1}^{M}G_{ik}m_k\right)=\sum_{k=1}^{M}G_{ik}\frac{\partial}{\partial m_j}m_k=\sum_{k=1}^{M}G_{ik}\delta_{kj}=G_{ij} \tag{4.155}$$

故有：

$$\hat{\boldsymbol{G}}=\begin{pmatrix} g_{1,1} & g_{1,2} & \cdots & g_{1,M} \\ g_{2,1} & g_{2,2} & & g_{2,M} \\ \vdots & & & \vdots \\ g_{N,1} & g_{N,2} & \cdots & g_{N,M} \end{pmatrix}=\boldsymbol{G} \tag{4.156}$$

由式(4.154)可知其迭代解为：

$$\boldsymbol{m}^{(n+1)}=\boldsymbol{m}^{(n)}-(\boldsymbol{G}^{\mathrm{T}}\boldsymbol{C}_D^{-1}\boldsymbol{G}+\boldsymbol{C}_M^{-1})^{-1}[\boldsymbol{G}^{\mathrm{T}}\boldsymbol{C}_D^{-1}(\boldsymbol{G}\boldsymbol{m}^{(n)}-\boldsymbol{d})+\boldsymbol{C}_M^{-1}(\boldsymbol{m}^{(n)}-\boldsymbol{m}_{\text{prior}})] \tag{4.157}$$

若在估计准则式(4.147)中不考虑参数的先验信息，亦即去掉该估计准则式(4.147)中的第二项$\frac{1}{2}(\boldsymbol{m}-\boldsymbol{m}_{\text{prior}})^{\mathrm{T}}\boldsymbol{C}_M^{-1}(\boldsymbol{m}-\boldsymbol{m}_{\text{prior}})$则对应的迭代解为：

$$\boldsymbol{m}^{(n+1)}=(\boldsymbol{G}^{\mathrm{T}}\boldsymbol{C}_D^{-1}\boldsymbol{G})^{-1}\boldsymbol{G}^{\mathrm{T}}\boldsymbol{C}_D^{-1}\boldsymbol{d} \tag{4.158}$$

式(4.158)即为线性方程组$\underset{N\times 1}{\boldsymbol{d}}=\underset{N\times M}{\boldsymbol{G}}\underset{M\times 1}{\boldsymbol{m}}$的最小二乘解。因此，当不顾及模型参数的先验信息时，线性方程组的迭代解即为其最小二乘解，且只需进行一次迭代，迭代解与初值选择无关。但当顾及模型参数的先验信息时，线性方程组的迭代解不为观测值拟合最小准则下的最小二乘解，需经过若干次迭代计算得到线性方程组的迭代解。

下面推导与矩阵$\boldsymbol{G}^{\mathrm{T}}\boldsymbol{C}_D^{-1}\boldsymbol{G}+\boldsymbol{C}_M^{-1}$有关的两个恒等式：

$$\begin{cases}(\boldsymbol{G}^{\mathrm{T}}\boldsymbol{C}_D^{-1}\boldsymbol{G}+\boldsymbol{C}_M^{-1})^{-1}\boldsymbol{C}_M^{-1}=\boldsymbol{I}-(\boldsymbol{G}^{\mathrm{T}}\boldsymbol{C}_D^{-1}\boldsymbol{G}+\boldsymbol{C}_M^{-1})^{-1}\boldsymbol{G}^{\mathrm{T}}\boldsymbol{C}_D^{-1}\boldsymbol{G} \\ (\boldsymbol{G}^{\mathrm{T}}\boldsymbol{C}_D^{-1}\boldsymbol{G}+\boldsymbol{C}_M^{-1})^{-1}\boldsymbol{G}^{\mathrm{T}}\boldsymbol{C}_D^{-1}=\boldsymbol{C}_M\boldsymbol{G}^{\mathrm{T}}(\boldsymbol{G}\boldsymbol{C}_M\boldsymbol{G}^{\mathrm{T}}+\boldsymbol{C}_D)^{-1}\end{cases} \tag{4.159}$$

已知$(\boldsymbol{G}^{\mathrm{T}}\boldsymbol{C}_D^{-1}\boldsymbol{G}+\boldsymbol{C}_M^{-1})^{-1}(\boldsymbol{G}^{\mathrm{T}}\boldsymbol{C}_D^{-1}\boldsymbol{G}+\boldsymbol{C}_M^{-1})=\boldsymbol{I}$，将左边展开并移项有：

$$(\boldsymbol{G}^{\mathrm{T}}\boldsymbol{C}_D^{-1}\boldsymbol{G}+\boldsymbol{C}_M^{-1})^{-1}\boldsymbol{C}_M^{-1}=\boldsymbol{I}-(\boldsymbol{G}^{\mathrm{T}}\boldsymbol{C}_D^{-1}\boldsymbol{G}+\boldsymbol{C}_M^{-1})^{-1}\boldsymbol{G}^{\mathrm{T}}\boldsymbol{C}_D^{-1}\boldsymbol{G} \tag{4.160}$$

已知$(\boldsymbol{G}^{\mathrm{T}}\boldsymbol{C}_D^{-1}\boldsymbol{G}+\boldsymbol{C}_M^{-1})\boldsymbol{C}_M\boldsymbol{G}^{\mathrm{T}}=\boldsymbol{G}^{\mathrm{T}}\boldsymbol{C}_D^{-1}\boldsymbol{G}\boldsymbol{C}_M\boldsymbol{G}^{\mathrm{T}}+\boldsymbol{G}^{\mathrm{T}}$，对等式右端变形如下：

$$(\boldsymbol{G}^{\mathrm{T}}\boldsymbol{C}_D^{-1}\boldsymbol{G}+\boldsymbol{C}_M^{-1})\boldsymbol{C}_M\boldsymbol{G}^{\mathrm{T}}=\boldsymbol{G}^{\mathrm{T}}\boldsymbol{C}_D^{-1}\boldsymbol{G}\boldsymbol{C}_M\boldsymbol{G}^{\mathrm{T}}+\boldsymbol{G}^{\mathrm{T}}=\boldsymbol{G}^{\mathrm{T}}\boldsymbol{C}_D^{-1}(\boldsymbol{G}\boldsymbol{C}_M\boldsymbol{G}^{\mathrm{T}}+\boldsymbol{C}_D) \tag{4.161}$$

将式(4.161)最左端和最右端取各自逆矩阵，有：

$$(\boldsymbol{G}^{\mathrm{T}}\boldsymbol{C}_D^{-1}\boldsymbol{G}+\boldsymbol{C}_M^{-1})^{-1}\boldsymbol{G}^{\mathrm{T}}\boldsymbol{C}_D^{-1}=\boldsymbol{C}_M\boldsymbol{G}^{\mathrm{T}}(\boldsymbol{G}\boldsymbol{C}_M\boldsymbol{G}^{\mathrm{T}}+\boldsymbol{C}_D)^{-1} \tag{4.162}$$

最后，分析基于准则式(4.147)的最小二乘估计。在此准则下，目标函数的极值条件为：$\frac{\partial F(\boldsymbol{m})}{\partial \boldsymbol{m}}$，亦即式(4.150)中的$\gamma(\boldsymbol{m})=0$，并注意到观测方程$\underset{N\times 1}{\boldsymbol{d}}=g(\underset{N\times 1}{\boldsymbol{m}})$为线性的观测方程形式：$\underset{N\times 1}{\boldsymbol{d}}=\underset{N\times M}{\boldsymbol{G}}\underset{M\times 1}{\boldsymbol{m}}$，且$\hat{\boldsymbol{G}}=\boldsymbol{G}$，故由式(4.150)可得：

$$\boldsymbol{m}_{\text{post}}=(\boldsymbol{G}^{\mathrm{T}}\boldsymbol{C}_D^{-1}\boldsymbol{G}+\boldsymbol{C}_M^{-1})^{-1}(\boldsymbol{G}^{\mathrm{T}}\boldsymbol{C}_D^{-1}\boldsymbol{d}+\boldsymbol{C}_M^{-1}\boldsymbol{m}_{\text{prior}}) \tag{4.163}$$

又由式(4.159)可知：

$$\begin{aligned} m_{\text{post}} &= (\boldsymbol{G}^{\mathrm{T}}\boldsymbol{C}_D^{-1}\boldsymbol{G}+\boldsymbol{C}_M^{-1})^{-1}(\boldsymbol{G}^{\mathrm{T}}\boldsymbol{C}_D^{-1}\boldsymbol{d}+\boldsymbol{C}_M^{-1}\boldsymbol{m}_{\text{prior}}) \\ &= (\boldsymbol{G}^{\mathrm{T}}\boldsymbol{C}_D^{-1}\boldsymbol{G}+\boldsymbol{C}_M^{-1})^{-1}\boldsymbol{G}^{\mathrm{T}}\boldsymbol{C}_D^{-1}\boldsymbol{d}+(\boldsymbol{C}^{\mathrm{T}}\boldsymbol{C}_D^{-1}\boldsymbol{G}+\boldsymbol{C}_M^{-1})^{-1}\boldsymbol{C}_M^{-1}\boldsymbol{m}_{\text{prior}} \\ &= (\boldsymbol{G}^{\mathrm{T}}\boldsymbol{C}_D^{-1}\boldsymbol{G}+\boldsymbol{C}_M^{-1})^{-1}\boldsymbol{G}^{\mathrm{T}}\boldsymbol{C}_D^{-1}\boldsymbol{d}+[\boldsymbol{I}-(\boldsymbol{G}^{\mathrm{T}}\boldsymbol{C}_D^{-1}\boldsymbol{G}+\boldsymbol{C}_M^{-1})^{-1}\boldsymbol{G}^{\mathrm{T}}\boldsymbol{C}_D^{-1}\boldsymbol{G}]\boldsymbol{m}_{\text{prior}} \\ &= (\boldsymbol{G}^{\mathrm{T}}\boldsymbol{C}_D^{-1}\boldsymbol{G}+\boldsymbol{C}_M^{-1})^{-1}\boldsymbol{G}^{\mathrm{T}}\boldsymbol{C}_D^{-1}(\boldsymbol{d}-\boldsymbol{G}\boldsymbol{m}_{\text{prior}})+\boldsymbol{m}_{\text{prior}} \\ &= \boldsymbol{C}_M\boldsymbol{G}^{\mathrm{T}}(\boldsymbol{G}\boldsymbol{C}_M\boldsymbol{G}^{\mathrm{T}}+\boldsymbol{C}_D)^{-1}(\boldsymbol{d}-\boldsymbol{G}\boldsymbol{m}_{\text{prior}})+\boldsymbol{m}_{\text{prior}} \end{aligned} \tag{4.164}$$

估计参数的验后方差$D(\boldsymbol{m}_{\text{post}})$为：

$$D(\boldsymbol{m}_{\text{post}}) = (\boldsymbol{G}^{\text{T}}\boldsymbol{C}_D^{-1}\boldsymbol{G} + \boldsymbol{C}_M^{-1})^{-1}(\boldsymbol{G}^{\text{T}}\boldsymbol{C}_D^{-1}\boldsymbol{C}_D\boldsymbol{C}_D^{-1}\boldsymbol{G} + \boldsymbol{C}_M^{-1}\boldsymbol{C}_M\boldsymbol{C}_M^{-1})(\boldsymbol{G}^{\text{T}}\boldsymbol{C}_D^{-1}\boldsymbol{G} + \boldsymbol{C}_M^{-1})^{-1}$$
$$= (\boldsymbol{G}^{\text{T}}\boldsymbol{C}_D^{-1}\boldsymbol{G} + \boldsymbol{C}_M^{-1})^{-1} \tag{4.165}$$

4.5.3　最速下降法

最速下降法(the method of steepest descent) 和下节将要介绍的共轭梯度法(conjugate gradient method) 都属于方向搜索算法,其基本思想是从上步迭代点沿下降方向搜索下步迭代点。最速下降法沿着梯度下降方向搜索,而共轭梯度法沿着共轭下降方向搜索。本节将介绍最速下降法。让我们首先从最基本的梯度下降方向谈起。

令 $f(x)$ 为以向量 x 为变量的标量函数,其在任意一点 $x + \varepsilon l$ 处的泰勒展开可表示为:

$$f(x + \varepsilon l) = f(x) + [\nabla f(x)]^{\text{T}}(\varepsilon l) + \frac{1}{2}(\varepsilon l)^{\text{T}}\frac{\partial^2 f(x)}{\partial x^2}(\varepsilon l) \tag{4.166}$$

式中,ε 为一参量,l 为单位方向。

则有:

$$\lim_{\varepsilon\to 0}\frac{f(x + \varepsilon l) - f(x)}{\varepsilon} = [\nabla f(x)]^{\text{T}} l \tag{4.167}$$

故在点 x 处沿着单位方向 l 的方向导数 $\dfrac{\partial f}{\partial l}$ 为:

$$\frac{\partial f}{\partial l} = \lim_{\varepsilon\to 0}\frac{f(x + \varepsilon l) - f(x)}{\varepsilon} = [\nabla f(x)]^{\text{T}} l \tag{4.168}$$

由式(4.168) 可知,当$[\nabla f(x)]^{\text{T}} l < 0$时,$\dfrac{\partial f}{\partial l} < 0$,此时在点 x 沿单位方向 l 所在的直线上的局部邻域 $U(x,\delta)$ 内有$\dfrac{f(x + \varepsilon l) - f(x)}{\varepsilon} < 0$,从而当 $\varepsilon > 0$ 时,$f(x + \varepsilon l) < f(x)$,当 $\varepsilon < 0$ 时,$f(x + \varepsilon l) > f(x)$,亦即在 $U(x,\delta)$ 邻域(在过点 x 沿单位方向 l 所在的直线上的局部邻域) 内 $f(x)$ 是减函数。因此,为了找到目标函数 $f(x)$ 的最小值,选择的搜索方向应为满足$[\nabla f(x)]^{\text{T}} l < 0$的下降方向$l$。最速下降方向即为使得$[\nabla f(x)]^{\text{T}} l$达到最小的单位方向$l$(最小负斜率方向),也即是目标函数 $f(x)$ 下降最快的方向。已知$[\nabla f(x)]^{\text{T}} l = \|\nabla f(x)\|\cos\theta$($l$为单位方向,其长度 $\|l\| = 1$,$\|\nabla f(x)\|$ 为梯度$\nabla f(x)$ 的长度,θ 为梯度向量$\nabla f(x)$ 与单位方向 l 的夹角)。因此,要使$[\nabla f(x)]^{\text{T}} l$ 达到最小,则 $\theta = \pi$,亦即单位方向 l 为梯度$\nabla f(x)$ 的反方向:$l = -\dfrac{\nabla f(x)}{\|\nabla f(x)\|}$,此即为最速下降方向。

最速构造目标函数$f(\boldsymbol{m})$ 使得当目标函数$f(\boldsymbol{m})$ 取最小时对应 $\boldsymbol{Gm} = \boldsymbol{d}$。这样的目标函数$f(\boldsymbol{m})$ 就是:

$$f(\boldsymbol{m}) = \frac{1}{2}\boldsymbol{m}^{\text{T}}\boldsymbol{Gm} - \boldsymbol{d}^{\text{T}}\boldsymbol{m} + c \tag{4.169}$$

式中,$\boldsymbol{G}$ 为对称正定矩阵,c 为一常数。注意构造这样的目标函数$f(\boldsymbol{m})$ 是为了推导最速下降法的迭代格式,不会具体涉及目标函数$f(\boldsymbol{m})$ 的计算问题。下面简要证明式(4.169) 取得最小值与 $\boldsymbol{Gm} = \boldsymbol{d}$ 是等价的。式(4.169) 可以表示为:

$$
\begin{aligned}
f(\boldsymbol{m}) &= \frac{1}{2}\boldsymbol{m}^{\mathrm{T}}\boldsymbol{G}\boldsymbol{m} - \boldsymbol{d}^{\mathrm{T}}\boldsymbol{m} + c = \frac{1}{2}(\boldsymbol{m}^{\mathrm{T}}\boldsymbol{G}\boldsymbol{m} - \boldsymbol{d}^{\mathrm{T}}\boldsymbol{m}) - \frac{1}{2}\boldsymbol{d}^{\mathrm{T}}\boldsymbol{m} + c \\
&= \frac{1}{2}\boldsymbol{m}^{\mathrm{T}}(\boldsymbol{G}\boldsymbol{m} - \boldsymbol{d}) - \frac{1}{2}\boldsymbol{d}^{\mathrm{T}}\boldsymbol{m} + c \\
&= \frac{1}{2}\boldsymbol{m}^{\mathrm{T}}\boldsymbol{G}(\boldsymbol{m} - \boldsymbol{G}^{-1}\boldsymbol{d}) - \frac{1}{2}\boldsymbol{d}^{\mathrm{T}}\boldsymbol{m} + c \\
&= \frac{1}{2}(\boldsymbol{m} - \boldsymbol{G}^{-1}\boldsymbol{d} + \boldsymbol{G}^{-1}\boldsymbol{d})^{\mathrm{T}}\boldsymbol{G}(\boldsymbol{m} - \boldsymbol{G}^{-1}\boldsymbol{d}) - \frac{1}{2}\boldsymbol{d}^{\mathrm{T}}\boldsymbol{m} + c \\
&= \frac{1}{2}(\boldsymbol{m} - \boldsymbol{G}^{-1}\boldsymbol{d})^{\mathrm{T}}\boldsymbol{G}(\boldsymbol{m} - \boldsymbol{G}^{-1}\boldsymbol{d}) - \frac{1}{2}\boldsymbol{d}^{\mathrm{T}}\boldsymbol{G}^{-1}\boldsymbol{d} + c
\end{aligned} \tag{4.170}
$$

由于 $\boldsymbol{G}$ 为对称正定矩阵,故式(4.170)中,$(\boldsymbol{m} - \boldsymbol{G}^{-1}\boldsymbol{d})^{\mathrm{T}}\boldsymbol{G}(\boldsymbol{m} - \boldsymbol{G}^{-1}\boldsymbol{d}) \geqslant 0$,等号当且仅当 $\boldsymbol{m} - \boldsymbol{G}^{-1}\boldsymbol{d} = 0$ 时成立。故目标函数 $f(\boldsymbol{m})$ 取最小值等价于 $\boldsymbol{m} - \boldsymbol{G}^{-1}\boldsymbol{d} = 0$,亦即 $\boldsymbol{G}\boldsymbol{m} = \boldsymbol{d}$(因为 $\boldsymbol{G}$ 为对称正定矩阵,故其可逆)。这样就可以把线性方程组 $\boldsymbol{G}\boldsymbol{m} = \boldsymbol{d}$ 的求解问题转化为求取目标函数 $f(\boldsymbol{m})$ 的最小值问题。

有了以上两个方面的认识后,线性方程组 $\boldsymbol{G}\boldsymbol{m} = \boldsymbol{d}$ 的求解过程归结为:从初值 $\boldsymbol{m}^{(0)}$ 出发,沿着目标函数 $f(\boldsymbol{m})$ 的最速下降方向 $l = -\dfrac{\nabla f(x)}{\|\nabla f(x)\|}$ 迭代搜索 $f(\boldsymbol{m})$ 的最小值。下面我们具体推导最速下降法的迭代格式。

令第 i 步的迭代解为 $\boldsymbol{m}^{(i)}$,第 $i+1$ 步的迭代解为 $\boldsymbol{m}^{(i+1)}$,迭代关系为:$\boldsymbol{m}^{(i+1)} = \boldsymbol{m}^{(i)} - \alpha_i \nabla f(\boldsymbol{m}^{(i)})$。选择这样的系数 α_i 使得 $f(\boldsymbol{m}^{(i+1)})$ 最小。因 $\nabla f(\boldsymbol{m}^{(i)}) = \boldsymbol{G}\boldsymbol{m}^{(i)} - \boldsymbol{d}$,若令 $\boldsymbol{r}_i = \boldsymbol{d} - \boldsymbol{G}\boldsymbol{m}^{(i)}$,则 $\nabla f(\boldsymbol{m}^{(i)}) = -\boldsymbol{r}_i$。故有:$\boldsymbol{m}^{(i+1)} = \boldsymbol{m}^{(i)} + \alpha_i\boldsymbol{r}_i$。$f(\boldsymbol{m}^{(i+1)})$ 为:

$$
\begin{aligned}
f(\boldsymbol{m}^{(i+1)}) &= f(\boldsymbol{m}^{(i)} + \alpha_i\boldsymbol{r}_i) = \frac{1}{2}(\boldsymbol{m}^{(i)} + \alpha_i\boldsymbol{r}_i)^{\mathrm{T}}\boldsymbol{G}(\boldsymbol{m}^{(i)} + \alpha_i\boldsymbol{r}_i) - \boldsymbol{b}^{\mathrm{T}}(\boldsymbol{m}^{(i)} + \alpha_i\boldsymbol{r}_i) + c \\
&= \frac{1}{2}\boldsymbol{m}^{(i)\mathrm{T}}\boldsymbol{G}\boldsymbol{m}^{(i)} + \alpha_i\boldsymbol{r}_i^{\mathrm{T}}\boldsymbol{G}\boldsymbol{m}^{(i)} + \frac{1}{2}\alpha_i^2\boldsymbol{r}_i^{\mathrm{T}}\boldsymbol{G}r_i - \boldsymbol{b}^{\mathrm{T}}\boldsymbol{m}^{(i)} - \alpha_i\boldsymbol{b}^{\mathrm{T}}\boldsymbol{r}_i + c
\end{aligned} \tag{4.171}
$$

$f(\boldsymbol{m}^{(i+1)})$ 取得极值的极值条件为 $\dfrac{\partial f(\boldsymbol{m}^{(i+1)})}{\partial \alpha_i} = 0$,亦即:

$$
\boldsymbol{r}_i^{\mathrm{T}}(\boldsymbol{G}m^{(i)} - \boldsymbol{b}) + \alpha_i\boldsymbol{r}_i^{\mathrm{T}}\boldsymbol{G}r_i = 0 \tag{4.172}
$$

故系数 α_i 为:$\alpha_i = \dfrac{\boldsymbol{r}_i^{\mathrm{T}}\boldsymbol{r}_i}{\boldsymbol{r}_i^{\mathrm{T}}\boldsymbol{G}\boldsymbol{r}_i}$。故最速下降法的迭代格式为:$\boldsymbol{m}^{(i+1)} = \boldsymbol{m}^{(i)} + \alpha_i\boldsymbol{r}_i$,$\alpha_i = \dfrac{\boldsymbol{r}_i^{\mathrm{T}}\boldsymbol{r}_i}{\boldsymbol{r}_i^{\mathrm{T}}\boldsymbol{G}\boldsymbol{r}_i}$,$\boldsymbol{r}_i = \boldsymbol{d} - \boldsymbol{G}\boldsymbol{m}^{(i)}$。基于此迭代格式,可以从任意初值 $\boldsymbol{m}^{(0)}$ 出发,经逐次迭代直到迭代结果满足给定精度为止。

下面进一步分析最速下降法的迭代方向 $\boldsymbol{r}_i$ 的性质和最速下降法的迭代收敛速度。首先分析最速下降法的迭代方向 $\boldsymbol{r}_i$ 的性质。

由迭代格式可知:$\boldsymbol{r}_{i+1} = \boldsymbol{d} - \boldsymbol{G}\boldsymbol{m}^{(i+1)}$,$\boldsymbol{m}^{(i+1)} = \boldsymbol{m}^{(i)} + \alpha_i\boldsymbol{r}_i$,$\alpha_i = \dfrac{\boldsymbol{r}_i^{\mathrm{T}}\boldsymbol{r}_i}{\boldsymbol{r}_i^{\mathrm{T}}\boldsymbol{G}\boldsymbol{r}_i}$,故有:

$$
\boldsymbol{r}_{i+1}^{\mathrm{T}}\boldsymbol{r}_i = (\boldsymbol{d} - \boldsymbol{G}\boldsymbol{m}^{(i+1)})^{\mathrm{T}}\boldsymbol{r}_i = [\boldsymbol{d} - \boldsymbol{G}(\boldsymbol{m}^{(i)} + \alpha_i\boldsymbol{r}_i)]^{\mathrm{T}}\boldsymbol{r}_i = (\boldsymbol{r}_i - \alpha_i\boldsymbol{G}\boldsymbol{r}_i)^{\mathrm{T}}r_i
$$

$$= \boldsymbol{r}_i^{\mathrm{T}}\boldsymbol{r}_i - \alpha_i \boldsymbol{r}_i^{\mathrm{T}}\boldsymbol{G}\boldsymbol{r}_i = \boldsymbol{r}_i^{\mathrm{T}}\boldsymbol{r}_i - \left(\frac{\boldsymbol{r}_i^{\mathrm{T}}\boldsymbol{r}_i}{\boldsymbol{r}_i^{\mathrm{T}}\boldsymbol{G}\boldsymbol{r}_i}\right)\boldsymbol{r}_i^{\mathrm{T}}\boldsymbol{G}\boldsymbol{r}_i = 0 \tag{4.173}$$

由式(4.173)可知最速下降法的相邻迭代搜索方向互相垂直。图 4.19 中的子图(a)为用最速下降法求解方程组$\begin{pmatrix} 2 & -1 \\ -1 & 2 \end{pmatrix}\begin{pmatrix} x_1 \\ x_2 \end{pmatrix} = \begin{pmatrix} 1 \\ 2 \end{pmatrix}$的迭代搜索过程。由该子图($a$)可以看到最速下降法的相邻迭代搜索方向确实互相垂直。从该子图还可以看到,随着迭代点越来越接近收敛点,迭代搜索方向的锯齿形形态越来越明显,换言之,在逼近收敛点的过程中,迭代搜索方向的行进速度明显降低,因而最速下降法对收敛点进行逼近的收敛速度越来越慢。下面具体推导最速下降法的收敛速度估计公式。

令方程$\boldsymbol{Gm} = \boldsymbol{d}$的解为$\boldsymbol{m}^*$,第$i$步迭代值为$\boldsymbol{m}^{(i)}$,参数估计误差为$\boldsymbol{e}_i = \boldsymbol{m}^{(i)} - \boldsymbol{m}^*$,迭代残差向量为$\boldsymbol{r}_i = \boldsymbol{d} - \boldsymbol{G}\boldsymbol{m}^{(i)}$,第$i+1$步迭代值为$\boldsymbol{m}^{(i+1)}$,参数估计误差为$\boldsymbol{e}_{i+1} = \boldsymbol{m}^{(i+1)} - \boldsymbol{m}^*$。$\boldsymbol{r}_i = \boldsymbol{d} - \boldsymbol{G}(\boldsymbol{m}^{(i)} - \boldsymbol{m}^* + \boldsymbol{m}^*) = -\boldsymbol{G}(\boldsymbol{m}^{(i)} - \boldsymbol{m}^*) = -\boldsymbol{G}\boldsymbol{e}_i$。由$\boldsymbol{e}_{i+1} = \boldsymbol{m}^{(i+1)} - \boldsymbol{m}^*$,$\boldsymbol{m}^{(i+1)} = \boldsymbol{m}^{(i)} + \alpha_i \boldsymbol{r}_i$可得:

$$\boldsymbol{e}_{i+1} = \boldsymbol{m}^{(i+1)} - \boldsymbol{m}^* = \boldsymbol{m}^{(i)} + \alpha_i \boldsymbol{r}_i - \boldsymbol{m}^* = \boldsymbol{e}_i + \alpha_i \boldsymbol{r}_i, \alpha_i = \frac{\boldsymbol{r}_i^{\mathrm{T}}\boldsymbol{r}_i}{\boldsymbol{r}_i^{\mathrm{T}}\boldsymbol{G}\boldsymbol{r}_i}$$
。由此,$\boldsymbol{e}_{i+1}^{\mathrm{T}}\boldsymbol{G}\boldsymbol{e}_{i+1}$为:

$$\begin{aligned} \boldsymbol{e}_{i+1}^{\mathrm{T}}\boldsymbol{G}\boldsymbol{e}_{i+1} &= (\boldsymbol{e}_i + \alpha_i \boldsymbol{r}_i)^{\mathrm{T}}\boldsymbol{G}(\boldsymbol{e}_i + \alpha_i \boldsymbol{r}_i) = (\boldsymbol{e}_i^{\mathrm{T}}\boldsymbol{G} + \alpha_i \boldsymbol{r}_i^{\mathrm{T}}\boldsymbol{G})(\boldsymbol{e}_i + \alpha_i \boldsymbol{r}_i) \\ &= \boldsymbol{e}_i^{\mathrm{T}}\boldsymbol{G}\boldsymbol{e}_i + 2\alpha_i \boldsymbol{r}_i^{\mathrm{T}}\boldsymbol{G}\boldsymbol{e}_i + \alpha_i^2 \boldsymbol{r}_i^{\mathrm{T}}\boldsymbol{G}\boldsymbol{r}_i = \boldsymbol{e}_i^{\mathrm{T}}\boldsymbol{G}\boldsymbol{e}_i + 2\left(\frac{\boldsymbol{r}_i^{\mathrm{T}}\boldsymbol{r}_i}{\boldsymbol{r}_i^{\mathrm{T}}\boldsymbol{G}\boldsymbol{r}_i}\right)\boldsymbol{r}_i^{\mathrm{T}}(-\boldsymbol{r}_i) + \left(\frac{\boldsymbol{r}_i^{\mathrm{T}}\boldsymbol{r}_i}{\boldsymbol{r}_i^{\mathrm{T}}\boldsymbol{G}\boldsymbol{r}_i}\right)^2 \boldsymbol{r}_i^{\mathrm{T}}\boldsymbol{G}\boldsymbol{r}_i \\ &= \boldsymbol{e}_i^{\mathrm{T}}\boldsymbol{G}\boldsymbol{e}_i - \frac{(\boldsymbol{r}_i^{\mathrm{T}}\boldsymbol{r}_i)^2}{\boldsymbol{r}_i^{\mathrm{T}}\boldsymbol{G}\boldsymbol{r}_i} \end{aligned} \tag{4.174}$$

由$\boldsymbol{r}_i = -\boldsymbol{G}\boldsymbol{e}_i$可知,$\boldsymbol{r}_i^{\mathrm{T}}\boldsymbol{G}^{-1}\boldsymbol{r}_i = (-\boldsymbol{G}\boldsymbol{e}_i)^{\mathrm{T}}\boldsymbol{G}^{-1}(-\boldsymbol{G}\boldsymbol{e}_i) = \boldsymbol{e}_i^{\mathrm{T}}\boldsymbol{G}\boldsymbol{e}_i$,将其代入式(4.174)有:

$$\boldsymbol{e}_{i+1}^{\mathrm{T}}\boldsymbol{G}\boldsymbol{e}_{i+1} = \boldsymbol{e}_i^{\mathrm{T}}\boldsymbol{G}\boldsymbol{e}_i - \frac{(\boldsymbol{r}_i^{\mathrm{T}}\boldsymbol{r}_i)^2}{\boldsymbol{r}_i^{\mathrm{T}}\boldsymbol{G}\boldsymbol{r}_i}\frac{\boldsymbol{e}_i^{\mathrm{T}}\boldsymbol{G}\boldsymbol{e}_i}{\boldsymbol{r}_i^{\mathrm{T}}\boldsymbol{G}^{-1}r_i} = \left[1 - \frac{(\boldsymbol{r}_i^{\mathrm{T}}\boldsymbol{r}_i)^2}{(\boldsymbol{r}_i^{\mathrm{T}}\boldsymbol{G}\boldsymbol{r}_i)(\boldsymbol{r}_i^{\mathrm{T}}\boldsymbol{G}^{-1}\boldsymbol{r}_i)}\right]\boldsymbol{e}_i^{\mathrm{T}}\boldsymbol{G}\boldsymbol{e}_i \tag{4.175}$$

为了估计式(4.175)前面中括弧中的项,需要运用 Kantorovich 不等式(Kantorovich, 1948),其为:

$$\frac{(\boldsymbol{x}^{\mathrm{T}}\boldsymbol{A}\boldsymbol{x})(\boldsymbol{x}^{\mathrm{T}}\boldsymbol{A}^{-1}\boldsymbol{x})}{(\boldsymbol{x}^{\mathrm{T}}\boldsymbol{x})^2} \leqslant \frac{(\lambda_1 + \lambda_n)^2}{4\lambda_1\lambda_n} \tag{4.176}$$

式中,$\boldsymbol{x}$为n维列向量;$\boldsymbol{A}$为$n \times n$对称正定矩阵;$0 < \lambda_1 \leqslant \lambda_2 \leqslant \cdots \leqslant \lambda_n$为矩阵$\boldsymbol{A}$的特征值。

为深刻理解 Kantorovich 不等式,我们介绍 Anderson (1971) 对 Kantorovich 不等式的概率证明方法。首先,需要将不等式(4.176)的左端进行变形。因$\boldsymbol{A}$为$n \times n$对称正定矩阵,故其可以被对角化。令$\boldsymbol{A} = \boldsymbol{P}\boldsymbol{\Lambda}\boldsymbol{P}^{\mathrm{T}}$,其中$\boldsymbol{P}$为正交矩阵,其列向量为矩阵$\boldsymbol{A}$的特征向量,$\boldsymbol{\Lambda}$为对角阵,对角主元为矩阵$\boldsymbol{A}$的特征值,则有:

$$\frac{(\boldsymbol{x}^{\mathrm{T}}\boldsymbol{A}\boldsymbol{x})(\boldsymbol{x}^{\mathrm{T}}\boldsymbol{A}^{-1}\boldsymbol{x})}{(\boldsymbol{x}^{\mathrm{T}}\boldsymbol{x})^2} = \frac{(\boldsymbol{x}^{\mathrm{T}}\boldsymbol{P}\boldsymbol{\Lambda}\boldsymbol{P}^{\mathrm{T}}\boldsymbol{x})(\boldsymbol{x}^{\mathrm{T}}\boldsymbol{P}\boldsymbol{\Lambda}^{-1}\boldsymbol{P}^{\mathrm{T}}\boldsymbol{x})}{(\boldsymbol{x}^{\mathrm{T}}\boldsymbol{x})^2} \tag{4.177}$$

令$y = \dfrac{\boldsymbol{P}^{\mathrm{T}}x}{\|\boldsymbol{P}^{\mathrm{T}}\boldsymbol{x}\|}$,则式(4.177)为:

$$\frac{(\boldsymbol{x}^{\mathrm{T}}\boldsymbol{A}\boldsymbol{x})(\boldsymbol{x}^{\mathrm{T}}\boldsymbol{A}^{-1}\boldsymbol{x})}{(\boldsymbol{x}^{\mathrm{T}}\boldsymbol{x})^2}=\frac{(\boldsymbol{y}^{\mathrm{T}}\boldsymbol{\Lambda}\boldsymbol{y})(\boldsymbol{y}^{\mathrm{T}}\boldsymbol{\Lambda}^{-1}\boldsymbol{y})}{(\boldsymbol{y}^{\mathrm{T}}\boldsymbol{y})^2}=\sum_{i=1}^{n}\lambda_i y_i^2\sum_{i=1}^{n}\frac{1}{\lambda_i}y_i^2 \tag{4.178}$$

式中，$0<\lambda_1\leqslant\lambda_2\leqslant\cdots\leqslant\lambda_n$ 为矩阵$\boldsymbol{A}$的特征值(因$\boldsymbol{A}$为$n\times n$对称正定矩阵,故其特征值均为正)，$\boldsymbol{y}^{\mathrm{T}}\boldsymbol{y}=\|\boldsymbol{y}\|^2=\left\|\frac{\boldsymbol{P}^{\mathrm{T}}\boldsymbol{x}}{\|\boldsymbol{P}^{\mathrm{T}}\boldsymbol{x}\|}\right\|^2=1$。因$\boldsymbol{y}^{\mathrm{T}}\boldsymbol{y}=\sum_{i=1}^{n}y_i^2=1$，$y_i^2\geqslant 0$，故可以将$p_i=y_i^2$看作离散随机变量$T$和$\frac{1}{T}$的概率。因此$\sum_{i=1}^{n}\lambda_i y_i^2$为随机变量$T$的数学期望$E(T)$，$\sum_{i=1}^{n}\frac{1}{\lambda_i}y_i^2$为随机变量$\frac{1}{T}$的数学期望$E\left(\frac{1}{T}\right)$于是式(4.178)的最右端为：$\sum_{i=1}^{n}\lambda_i y_i^2\sum_{i=1}^{n}\frac{1}{\lambda_i}y_i^2=E(T)E\left(\frac{1}{T}\right)$。

随机变量T满足$0<\lambda_1\leqslant T\leqslant\lambda_n$，故有：

$$\begin{aligned}0\leqslant(\lambda_n-T)(T-\lambda_1)&=[(\lambda_n+\lambda_1-T)-\lambda_1](T-\lambda_1)\\&=(\lambda_n+\lambda_1-T)T-\lambda_1 T-[(\lambda_n+\lambda_1-T)-\lambda_1]\lambda_1\\&=(\lambda_n+\lambda_1-T)T-\lambda_1\lambda_n\end{aligned} \tag{4.179}$$

由式(4.179)可知：$\frac{1}{T}\leqslant\frac{\lambda_n+\lambda_1-T}{\lambda_1\lambda_n}$。故$\sum_{i=1}^{n}\lambda_i y_i^2\sum_{i=1}^{n}\frac{1}{\lambda_i}y_i^2$为：

$$\begin{aligned}\sum_{i=1}^{n}\lambda_i y_i^2\sum_{i=1}^{n}\frac{1}{\lambda_i}y_i^2&=E(T)E\left(\frac{1}{T}\right)\leqslant E(T)E\left(\frac{\lambda_n+\lambda_1-T}{\lambda_1\lambda_n}\right)=E(T)\frac{\lambda_n+\lambda_1-E(T)}{\lambda_1\lambda_n}\\&\leqslant\frac{1}{\lambda_1\lambda_n}\left[\frac{E(T)+\lambda_n+\lambda_1-E(T)}{2}\right]^2=\frac{(\lambda_n+\lambda_1)^2}{4\lambda_1\lambda_n}\end{aligned} \tag{4.180}$$

将式(4.180)代入式(4.178)，即有：$\frac{(\boldsymbol{x}^{\mathrm{T}}\boldsymbol{A}\boldsymbol{x})(\boldsymbol{x}^{\mathrm{T}}\boldsymbol{A}^{-1}\boldsymbol{x})}{(\boldsymbol{x}^{\mathrm{T}}\boldsymbol{x})^2}\leqslant\frac{(\lambda_n+\lambda_1)^2}{4\lambda_1\lambda_n}$，此即为Kantorovich不等式(4.176)。

理解了Kantorovich不等式(4.176)后，下面我们对最速下降法的迭代收敛速度进行估计。运用Kantorovich不等式(4.176)，式(4.175)可估计为：

$$\begin{aligned}\boldsymbol{e}_{i+1}^{\mathrm{T}}\boldsymbol{G}\boldsymbol{e}_{i+1}&=\left[1-\frac{(\boldsymbol{r}_i^{\mathrm{T}}\boldsymbol{r}_i)^2}{(\boldsymbol{r}_i^{\mathrm{T}}\boldsymbol{G}\boldsymbol{r}_i)(\boldsymbol{r}_i^{\mathrm{T}}\boldsymbol{G}^{-1}\boldsymbol{r}_i)}\right]\boldsymbol{e}_i^{\mathrm{T}}\boldsymbol{G}\boldsymbol{e}_i=\left[1-\frac{1}{\frac{(\boldsymbol{r}_i^{\mathrm{T}}\boldsymbol{G}\boldsymbol{r}_i)(\boldsymbol{r}_i^{\mathrm{T}}\boldsymbol{G}^{-1}\boldsymbol{r}_i)}{(\boldsymbol{r}_i^{\mathrm{T}}\boldsymbol{r}_i)^2}}\right]\boldsymbol{e}_i^{\mathrm{T}}\boldsymbol{G}\boldsymbol{e}_i\\&\leqslant\left[1-\frac{1}{\frac{(\lambda_1+\lambda_n)^2}{4\lambda_1\lambda_n}}\right]e_i^{\mathrm{T}}Ge_i=\left(\frac{\lambda_1-\lambda_n}{\lambda_1+\lambda_n}\right)^2 2e_i^{\mathrm{T}}Ge_i\end{aligned} \tag{4.181}$$

若令$\|\boldsymbol{e}_{i+1}\|_G^2=\boldsymbol{e}_{i+1}^{\mathrm{T}}\boldsymbol{G}\boldsymbol{e}_{i+1}$，$\|\boldsymbol{e}_i\|_G^2=\boldsymbol{e}_i^{\mathrm{T}}\boldsymbol{G}\boldsymbol{e}_i$，则最速下降法的迭代收敛速度估计公式(4.181)可简化为：

$$\|\boldsymbol{e}_{i+1}\|_G\leqslant\frac{\lambda_n-\lambda_1}{\lambda_n+\lambda_1}\|\boldsymbol{e}_i\|_G \tag{4.182}$$

由该迭代收敛速度估计公式可知：(1)若对称正定矩阵$\boldsymbol{G}$的最大最小特征值λ_n和λ_1相等，则最速下降法的迭代一步收敛，因为此时$\|\boldsymbol{e}_1\|_G\leqslant\frac{\lambda_n-\lambda_1}{\lambda_n+\lambda_1}\|\boldsymbol{e}_0\|_G=0$，故有$\boldsymbol{e}_1^{\mathrm{T}}\boldsymbol{G}\boldsymbol{e}_1=$

$\| \boldsymbol{e}_1 \|_G^2 = 0$,又 $\boldsymbol{G}$ 为对称正定矩阵,$\boldsymbol{e}_1^{\mathrm{T}}\boldsymbol{G}\boldsymbol{e}_1 \geqslant 0$ 且等号当且仅当 $\boldsymbol{e}_1 = 0$,同时 $\boldsymbol{e}_1 = \boldsymbol{m}^{(1)} - \boldsymbol{m}^*$,故一步迭代即可得到 $\boldsymbol{Gm} = \boldsymbol{d}$ 的解 $\boldsymbol{m}^*$。(2) 若对称正定矩阵 $\boldsymbol{G}$ 的最大最小特征值 λ_n 和 λ_1 不相等,经第 i 步迭代后 $\| \boldsymbol{e}_i \|_G \leqslant \left(\dfrac{\lambda_n - \lambda_1}{\lambda_n + \lambda_1}\right)^i \| \boldsymbol{e}_0 \|_G$ 且 $\lim\limits_{i\to\infty}\left(\dfrac{\lambda_n - \lambda_1}{\lambda_n + \lambda_1}\right)^i = 0$,其为理论估计迭代收敛速度的上界,实际迭代收敛速度比理论估计迭代收敛速度要快,故只需当迭代次数足够大以至 $\| \boldsymbol{e}_i \|_G \leqslant \varepsilon$ 满足迭代值的精度要求即可停止迭代。(3) 由对称正定矩阵 $\boldsymbol{G}$ 的条件数为 $\kappa(\boldsymbol{G}) = \dfrac{\lambda_n}{\lambda_1}$ 可知,迭代收敛速度估计式(4.182) 可以表述为:$\| \boldsymbol{e}_{i+1} \|_G \leqslant \dfrac{\kappa - 1}{\kappa + 1} \| \boldsymbol{e}_i \|_G$,由于$\dfrac{\kappa - 1}{\kappa + 1}$为增函数,故矩阵 $\boldsymbol{G}$ 的条件数 κ 越接近于 1,迭代收敛速度越快。

图 4.19 中子图(c) 为采用最速下降法对方程组$\begin{pmatrix} 2 & -1 \\ -1 & 2 \end{pmatrix}\begin{pmatrix} x_1 \\ x_2 \end{pmatrix} = \begin{pmatrix} 1 \\ 2 \end{pmatrix}$进行迭代搜索的迭代收敛速度和其迭代收敛速度理论估计上界。约经过 12 次迭代即可达到要求。子图(d) 的迭代收敛速度要快很多,两次迭代即可收敛,所采用的迭代方法即为下面我们将要介绍的为共轭梯度法。

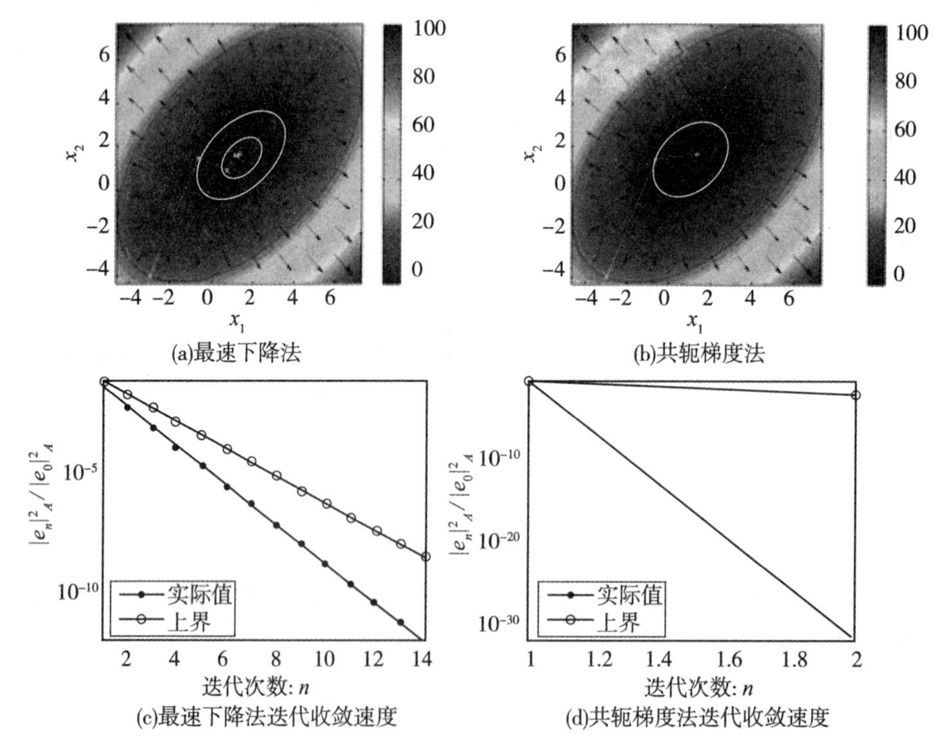

图 4.19　最速下降法和共轭梯度法迭代结果和迭代收敛速度

4.5.4 共轭梯度法

共轭梯度法由 Hestenes 和 Stiefel (1952) 共同提出,其有别于最速下降方法不再是沿着梯度下降方向进行迭代搜索,而是沿着共轭下降方向进行迭代搜索。理论证明共轭梯度法的迭代收敛速度比最速下降法的迭代收敛速度要快,它能很好地避免在采用最速下降法的搜索过程中出现的锯齿形形态。本节将采用有别于原始文献中对共轭梯度法的阐述方式,而采用遵循共轭梯度法的自然发现逻辑为主线,自然演进并逐步展开共轭梯度法的构建过程,阐述共轭梯度法的基本思想,然后介绍利用 Chebyshev 多项式的性质推导共轭梯度法的迭代收敛速度估计公式,从理论上说明共轭梯度法的迭代收敛速度,最后简要说明采用改善矩阵条件数的预条件共轭梯度算法可加快收敛速度。下面首先从目标函数的最小值与方程组的求解等价关系谈起。

上一节介绍最速下降法的过程中,已经简要证明了求目标函数$f(\boldsymbol{m})=\frac{1}{2}\boldsymbol{m}^{\mathrm{T}}\boldsymbol{G}\boldsymbol{m}-\boldsymbol{d}^{\mathrm{T}}\boldsymbol{m}+c$ 的最小值与求解方程 $\boldsymbol{G}\boldsymbol{m}=\boldsymbol{d}$ 是等价的(见式(4.170)),其中 $\boldsymbol{G}$ 为对称正定矩阵。以此作为共轭梯度法推导的基本出发点。令线性无关的向量组 $p_0,p_1,\cdots,p_{n-1}$ 组成参数向量空间,则参数向量 $\boldsymbol{m}$ 可以由该极大无关组线性表出,亦即:$\boldsymbol{m}=\sum_{i=0}^{n-1}\alpha_i\boldsymbol{p}_i$,将其代入目标函数 $f(\boldsymbol{m})$ 有:

$$
\begin{aligned}
f(\boldsymbol{m}) &= \frac{1}{2}\Big(\sum_{i=0}^{n-1}\alpha_i\boldsymbol{p}_i\Big)^{\mathrm{T}}\boldsymbol{G}\Big(\sum_{j=0}^{n-1}\alpha_j\boldsymbol{p}_j\Big)-\boldsymbol{d}^{\mathrm{T}}\Big(\sum_{i=0}^{n-1}\alpha_i\boldsymbol{p}_i\Big)+c \\
&= \frac{1}{2}\sum_{i=0}^{n-1}\sum_{j=0}^{n-1}\alpha_i\alpha_j\boldsymbol{p}_i^{\mathrm{T}}\boldsymbol{G}\boldsymbol{p}_j-\sum_{i=0}^{n-1}\alpha_i\boldsymbol{d}^{\mathrm{T}}\boldsymbol{p}_i+c
\end{aligned}
\tag{4.183}
$$

若令 $\boldsymbol{p}_i^{\mathrm{T}}\boldsymbol{G}\boldsymbol{p}_j=\delta_{ij}\boldsymbol{p}_i^{\mathrm{T}}\boldsymbol{G}\boldsymbol{p}_i$,则式(4.183)为:

$$
f(\boldsymbol{m})=\frac{1}{2}\sum_{i=0}^{n-1}\alpha_i^2\boldsymbol{p}_i^{\mathrm{T}}\boldsymbol{G}\boldsymbol{p}_i-\sum_{i=0}^{n-1}\alpha_i\boldsymbol{d}^{\mathrm{T}}\boldsymbol{p}_i+c \tag{4.184}
$$

目标函数 $f(\boldsymbol{m})$ 取极值的极值条件为:$\frac{\partial f(\boldsymbol{m})}{\partial\alpha_i}=0$,亦即:

$$
\frac{\partial f(\boldsymbol{m})}{\partial\alpha_i}=\alpha_i\boldsymbol{p}_i^{\mathrm{T}}\boldsymbol{G}\boldsymbol{p}_i-\boldsymbol{d}^{\mathrm{T}}\boldsymbol{p}_i=0 \tag{4.185}
$$

故有:$\alpha_i=\frac{\boldsymbol{d}^{\mathrm{T}}\boldsymbol{p}_i}{\boldsymbol{p}_i^{\mathrm{T}}\boldsymbol{G}\boldsymbol{p}_i}\ (i=0,1,2,\cdots,n-1)$。参数向量 $\boldsymbol{m}$ 为:$\boldsymbol{m}=\sum_{i=0}^{n-1}\alpha_i\boldsymbol{p}_i$,写成迭代形式即为:

$$
\begin{cases}
\boldsymbol{m}^{(1)}=\boldsymbol{m}^{(0)}+\alpha_0p_0\\
\boldsymbol{m}^{(2)}=\boldsymbol{m}^{(1)}+\alpha_1p_1\\
\vdots\\
\boldsymbol{m}^{(n)}=\boldsymbol{m}^{(n-1)}+\alpha_{n-1}p_{n-1}\\
\alpha_i=\dfrac{\boldsymbol{d}^{\mathrm{T}}\boldsymbol{p}_i}{\boldsymbol{p}_i^{\mathrm{T}}\boldsymbol{G}\boldsymbol{p}_i}\ (i=0,1,2,\cdots,n-1)
\end{cases}
\tag{4.186}
$$

其中,$\boldsymbol{m}^{(0)}=0,\boldsymbol{m}^{(n)}=\boldsymbol{m}$。一般迭代初值$\boldsymbol{m}^{(0)}$不等于零,由$\boldsymbol{Gm}=\boldsymbol{d}$和$\boldsymbol{Gm}^{(0)}=\boldsymbol{d}_0$可得$\boldsymbol{G}(\boldsymbol{m}-\boldsymbol{m}^{(0)})=\boldsymbol{d}-\boldsymbol{d}_0$,亦即$\boldsymbol{G}\tilde{\boldsymbol{m}}=\tilde{\boldsymbol{d}}$,其中$\tilde{\boldsymbol{m}}=\boldsymbol{m}-\boldsymbol{m}^{(0)}$,$\tilde{\boldsymbol{d}}=\boldsymbol{d}-\boldsymbol{d}_0$,因此,可以对方程组$\boldsymbol{G}\tilde{\boldsymbol{m}}=\tilde{\boldsymbol{d}}$可以采用式(4.183)至式(4.186)的推导,此时只需将式(4.183)至式(4.186)中的$\boldsymbol{m}$替换成$\tilde{\boldsymbol{m}}$,$\boldsymbol{d}$替换为$\tilde{\boldsymbol{d}}$,则有:$\tilde{\boldsymbol{m}}=\sum_{i=0}^{n-1}\alpha_i\boldsymbol{p}_i,\alpha_i=\dfrac{\tilde{\boldsymbol{d}}^{\mathrm{T}}\boldsymbol{p}_i}{\boldsymbol{p}_i^{\mathrm{T}}\boldsymbol{G}\boldsymbol{p}_i}\ (i=0,1,2,\cdots,n-1)$,则其迭代形式为:

$$\begin{cases}\boldsymbol{m}^{(1)}=\boldsymbol{m}^{(0)}+\alpha_0 p_0\\ \boldsymbol{m}^{(2)}=\boldsymbol{m}^{(1)}+\alpha_1 p_1\\ \vdots\\ \boldsymbol{m}^{(n)}=\boldsymbol{m}^{(n-1)}+\alpha_{n-1}p_{n-1}\\ \\ \alpha_i=\dfrac{(d-d_0)^{\mathrm{T}}\boldsymbol{p}_i}{\boldsymbol{p}_i^{\mathrm{T}}\boldsymbol{G}\boldsymbol{p}_i}\ (i=0,1,2,\cdots,n-1)\end{cases}\tag{4.187}$$

令$\boldsymbol{r}_i=\boldsymbol{d}-\boldsymbol{Gm}^{(i)}$,则式(4.187)中的$\alpha_i$为:$\alpha_i=\dfrac{(\boldsymbol{d}-\boldsymbol{d}_0)^{\mathrm{T}}\boldsymbol{p}_i}{\boldsymbol{p}_i^{\mathrm{T}}\boldsymbol{G}\boldsymbol{p}_i}=\dfrac{(\boldsymbol{d}-\boldsymbol{Gm}^{(0)})^{\mathrm{T}}\boldsymbol{p}_i}{\boldsymbol{p}_i^{\mathrm{T}}\boldsymbol{G}\boldsymbol{p}_i}=\dfrac{\boldsymbol{r}_0^{\mathrm{T}}\boldsymbol{p}_i}{\boldsymbol{p}_i^{\mathrm{T}}\boldsymbol{G}\boldsymbol{p}_i}$。

由$\boldsymbol{r}_i=\boldsymbol{d}-\boldsymbol{Gm}^{(i)},\boldsymbol{m}^{(i+1)}=\boldsymbol{m}^{(i)}+\alpha_i\boldsymbol{p}_i$可得:

$$r_{i+1}=\boldsymbol{d}-\boldsymbol{Gm}^{(i+1)}=\boldsymbol{d}-\boldsymbol{G}(\boldsymbol{m}^{(i)}+\alpha_i\boldsymbol{p}_i)=\boldsymbol{d}-\boldsymbol{Gm}^{(i)}-\alpha_i\boldsymbol{G}\boldsymbol{p}_i=r_i-\alpha_i\boldsymbol{G}\boldsymbol{p}_i\tag{4.188}$$

由式(4.188)可知:$\boldsymbol{r}_i=r_0-\sum_{j=0}^{i-1}\alpha_j\boldsymbol{G}\boldsymbol{p}_j$,则:

$$\begin{aligned}\boldsymbol{p}_k^{\mathrm{T}}\boldsymbol{r}_i&=\boldsymbol{p}_k^{\mathrm{T}}\boldsymbol{r}_0-\sum_{j=0}^{i-1}\alpha_j\boldsymbol{p}_k^{\mathrm{T}}\boldsymbol{G}\boldsymbol{p}_j=\boldsymbol{p}_k^{\mathrm{T}}\boldsymbol{r}_0-\sum_{j=0}^{i-1}\alpha_j(\delta_{kj}\boldsymbol{p}_k^{\mathrm{T}}\boldsymbol{G}\boldsymbol{p}_k)\\&=\boldsymbol{p}_k^{\mathrm{T}}\boldsymbol{r}_0-\alpha_k\boldsymbol{p}_k^{\mathrm{T}}\boldsymbol{G}\boldsymbol{p}_k=\boldsymbol{p}_k^{\mathrm{T}}\boldsymbol{r}_0-\left(\frac{\boldsymbol{p}_k^{\mathrm{T}}r_0}{\boldsymbol{p}_k^{\mathrm{T}}\boldsymbol{G}\boldsymbol{p}_k}\right)(\boldsymbol{p}_k^{\mathrm{T}}\boldsymbol{G}\boldsymbol{p}_k)\\&=0\ (k=0,1,2,\cdots,i-1)\end{aligned}\tag{4.189}$$

其中推导公式(4.189)中用到$\alpha_i=\dfrac{\boldsymbol{r}_0{}^{\mathrm{T}}\boldsymbol{p}_i}{\boldsymbol{p}_i^{\mathrm{T}}\boldsymbol{G}\boldsymbol{p}_i}$和$\boldsymbol{p}_i^{\mathrm{T}}\boldsymbol{G}\boldsymbol{p}_j=\delta_{ij}\boldsymbol{p}_i^{\mathrm{T}}\boldsymbol{G}\boldsymbol{p}_i$。

由式(4.189)中的推导方式可得:$\boldsymbol{p}_i^{\mathrm{T}}\boldsymbol{r}_i=\boldsymbol{p}_i^{\mathrm{T}}\boldsymbol{r}_0-\sum_{j=0}^{i-1}\alpha_j\boldsymbol{p}_i^{\mathrm{T}}\boldsymbol{G}\boldsymbol{p}_j=\boldsymbol{p}_i^{\mathrm{T}}\boldsymbol{r}_0$(其中用到$\boldsymbol{p}_i^{\mathrm{T}}\boldsymbol{G}\boldsymbol{p}_j=\delta_{ij}\boldsymbol{p}_i^{\mathrm{T}}\boldsymbol{G}\boldsymbol{p}_i$)。可以选择恰当的极大无关组$p_0$、$p_1$、$\cdots$、$p_{n-1}$使得$\boldsymbol{p}_i^{\mathrm{T}}\boldsymbol{r}_i=\boldsymbol{p}_i^{\mathrm{T}}\boldsymbol{r}_0\neq 0$。由上面的分析和式(4.189)可知:

$$\begin{cases}\boldsymbol{p}_j^{\mathrm{T}}\boldsymbol{r}_i=0\ (j=0,1,2,\cdots,i-1)\\ \boldsymbol{p}_i^{\mathrm{T}}\boldsymbol{r}_i=\boldsymbol{p}_i^{\mathrm{T}}\boldsymbol{r}_0\neq 0\end{cases}\tag{4.190}$$

由式(4.190)可知:

$$\begin{pmatrix} \boldsymbol{p}_0^{\mathrm{T}} \\ \boldsymbol{p}_1^{\mathrm{T}} \\ \vdots \\ \boldsymbol{p}_{n-1}^{\mathrm{T}} \end{pmatrix} (r_0 \quad r_1 \quad \cdots \quad r_{n-1}) = \begin{pmatrix} \boldsymbol{p}_0^{\mathrm{T}}\boldsymbol{r}_0 & 0 & \cdots & 0 \\ \boldsymbol{p}_1^{\mathrm{T}}\boldsymbol{r}_0 & \boldsymbol{p}_1^{\mathrm{T}}\boldsymbol{r}_1 & \cdots & 0 \\ \vdots & \vdots & \ddots & \\ \boldsymbol{p}_{n-1}^{\mathrm{T}}\boldsymbol{r}_0 & \boldsymbol{p}_{n-1}^{\mathrm{T}}\boldsymbol{r}_1 & \cdots & \boldsymbol{p}_{n-1}^{\mathrm{T}}\boldsymbol{r}_{n-1} \end{pmatrix} \tag{4.191}$$

式(4.191)右端为下三角矩阵，其对应的行列式的值为$\prod_{i=0}^{n-1}\boldsymbol{p}_i^{\mathrm{T}}\boldsymbol{r}_i$，由式(4.190)可知$\prod_{i=0}^{n-1}\boldsymbol{p}_i^{\mathrm{T}}\boldsymbol{r}_i \neq 0$。又$p_0$、$p_1$、…、$p_{n-1}$是线性无关的，因而由这些向量构成的矩阵$(p_0 \quad p_1 \quad \cdots \quad p_{n-1})^{\mathrm{T}}$对应的行列式不为零，因此矩阵$(r_0 \quad r_1 \quad \cdots \quad r_{n-1})$所对的行列式不为零，故而$r_0, r_1, \cdots, r_{n-1}$线性无关。我们在这里证明$r_0$、$r_1$、…、$r_{n-1}$线性无关的目的在于构造线性无关的向量组$p_1$、…、$p_{n-1}$所要满足的关系$\boldsymbol{p}_i^{\mathrm{T}}\boldsymbol{G}\boldsymbol{p}_j = \delta_{ij}\boldsymbol{p}_i^{\mathrm{T}}\boldsymbol{G}\boldsymbol{p}_i$。构造方法就是克莱姆-施密特正交化方法(Gramm-Schmidt Orthogonalization)。亦即：

$$\begin{cases} \boldsymbol{p}_0 = \boldsymbol{r}_0 \\ \boldsymbol{p}_1 = \boldsymbol{r}_1 - \dfrac{\boldsymbol{p}_0^{\mathrm{T}}\boldsymbol{G}\boldsymbol{r}_1}{\boldsymbol{p}_0^{\mathrm{T}}\boldsymbol{G}\boldsymbol{p}_0}\boldsymbol{p}_0 \\ \boldsymbol{p}_2 = \boldsymbol{r}_2 - \dfrac{\boldsymbol{p}_0^{\mathrm{T}}\boldsymbol{G}\boldsymbol{r}_2}{\boldsymbol{p}_0^{\mathrm{T}}\boldsymbol{G}\boldsymbol{p}_0}\boldsymbol{p}_0 - \dfrac{\boldsymbol{p}_1^{\mathrm{T}}\boldsymbol{G}\boldsymbol{r}_2}{\boldsymbol{p}_1^{\mathrm{T}}\boldsymbol{G}\boldsymbol{p}_1}\boldsymbol{p}_1 \\ \vdots \\ \boldsymbol{p}_{n-1} = \boldsymbol{r}_{n-1} - \sum\limits_{j=0}^{n-2}\dfrac{\boldsymbol{p}_j^{\mathrm{T}}\boldsymbol{G}\boldsymbol{r}_{n-1}}{\boldsymbol{p}_j^{\mathrm{T}}\boldsymbol{G}\boldsymbol{p}_j}\boldsymbol{p}_j \end{cases} \tag{4.192}$$

由式(4.192)可知：

$$\boldsymbol{p}_i = \boldsymbol{r}_i - \sum_{j=0}^{i-1}\frac{\boldsymbol{p}_j^{\mathrm{T}}\boldsymbol{G}\boldsymbol{r}_i}{\boldsymbol{p}_j^{\mathrm{T}}\boldsymbol{G}\boldsymbol{p}_j}\boldsymbol{p}_j \tag{4.193}$$

故有：

$$\begin{aligned} \boldsymbol{r}_k^{\mathrm{T}}\boldsymbol{r}_i &= \boldsymbol{r}_k^{\mathrm{T}}\left(\boldsymbol{p}_i + \sum_{j=0}^{i-1}\frac{\boldsymbol{p}_j^{\mathrm{T}}\boldsymbol{G}\boldsymbol{r}_i}{\boldsymbol{p}_j^{\mathrm{T}}\boldsymbol{G}\boldsymbol{p}_j}\boldsymbol{p}_j\right) = \boldsymbol{r}_k^{\mathrm{T}}\boldsymbol{p}_i + \sum_{j=0}^{i-1}\frac{\boldsymbol{p}_j^{\mathrm{T}}\boldsymbol{G}\boldsymbol{r}_i}{\boldsymbol{p}_j^{\mathrm{T}}\boldsymbol{G}\boldsymbol{p}_j}\boldsymbol{r}_k^{\mathrm{T}}\boldsymbol{p}_j \\ &= \begin{cases} \boldsymbol{r}_i^{\mathrm{T}}\boldsymbol{p}_i (k = i) \\ 0 \ (k > i) \end{cases} \end{aligned} \tag{4.194}$$

其中推导式(4.194)中用到关系式(4.190)。

故由式(4.190)和式(4.194)可知：

$$\alpha_i = \frac{\boldsymbol{r}_0^{\mathrm{T}}\boldsymbol{p}_i}{\boldsymbol{p}_i^{\mathrm{T}}\boldsymbol{G}\boldsymbol{p}_i} = \frac{\boldsymbol{r}_i^{\mathrm{T}}\boldsymbol{p}_i}{\boldsymbol{p}_i^{\mathrm{T}}\boldsymbol{G}\boldsymbol{p}_i} = \frac{\boldsymbol{r}_i^{\mathrm{T}}\boldsymbol{r}_i}{\boldsymbol{p}_i^{\mathrm{T}}\boldsymbol{G}\boldsymbol{p}_i} \tag{4.195}$$

由式(4.188)、式(4.194)和式(4.195)可知：

$$p_i = \boldsymbol{r}_i - \sum_{j=0}^{i-1}\frac{\boldsymbol{p}_j^{\mathrm{T}}\boldsymbol{G}\boldsymbol{r}_i}{\boldsymbol{p}_j^{\mathrm{T}}\boldsymbol{G}\boldsymbol{p}_j}\boldsymbol{p}_j = \boldsymbol{r}_i - \sum_{j=0}^{i-1}\frac{\boldsymbol{r}_i^{\mathrm{T}}(\boldsymbol{G}\boldsymbol{p}_j)}{\boldsymbol{p}_j^{\mathrm{T}}\boldsymbol{G}\boldsymbol{p}_j}\boldsymbol{p}_j = \boldsymbol{r}_i - \sum_{j=0}^{i-1}\frac{\boldsymbol{r}_i^{\mathrm{T}}\left(\dfrac{\boldsymbol{r}_j - \boldsymbol{r}_{j+1}}{\alpha_j}\right)}{\boldsymbol{p}_j^{\mathrm{T}}\boldsymbol{G}\boldsymbol{p}_j}\boldsymbol{p}_j$$

$$= \boldsymbol{r}_i - \sum_{j=0}^{i-1} \frac{\frac{1}{\alpha_j}(\boldsymbol{r}_i^{\mathrm{T}}\boldsymbol{r}_j - \boldsymbol{r}_i^{\mathrm{T}}\boldsymbol{r}_{j+1})}{\boldsymbol{p}_j^{\mathrm{T}}\boldsymbol{G}\boldsymbol{p}_j}\boldsymbol{p}_j = \boldsymbol{r}_i + \sum_{j=0}^{i-1} \frac{1}{\alpha_j} \frac{\boldsymbol{r}_i^{\mathrm{T}}\boldsymbol{r}_{j+1}}{\boldsymbol{p}_j^{\mathrm{T}}\boldsymbol{G}\boldsymbol{p}_j}\boldsymbol{p}_j$$

$$= \boldsymbol{r}_i + \frac{1}{\alpha_{i-1}} \frac{\boldsymbol{r}_i^{\mathrm{T}}\boldsymbol{r}_i}{\boldsymbol{p}_{i-1}^{\mathrm{T}}\boldsymbol{G}\boldsymbol{p}_{i-1}}\boldsymbol{p}_{i-1} = \boldsymbol{r}_i + \frac{\boldsymbol{r}_i^{\mathrm{T}}\boldsymbol{r}_i}{\boldsymbol{r}_{i-1}^{\mathrm{T}}\boldsymbol{r}_{i-1}}\boldsymbol{p}_{i-1} \tag{4.196}$$

由式(4.187)、式(4.188)、式(4.195)、式(4.196)可得共轭梯度法的迭代格式为：

$$\begin{cases} \boldsymbol{r}_0 = \boldsymbol{d} - \boldsymbol{G}\boldsymbol{m}^{(0)} \\ \boldsymbol{p}_0 = \boldsymbol{r}_0 \\ \alpha_i = \dfrac{\boldsymbol{r}_i^{\mathrm{T}}\boldsymbol{r}_i}{\boldsymbol{p}_i^{\mathrm{T}}\boldsymbol{G}\boldsymbol{p}_i} \\ \boldsymbol{m}^{(i+1)} = \boldsymbol{m}^{(i)} + \alpha_i\boldsymbol{p}_i \\ \boldsymbol{r}_{i+1} = \boldsymbol{r}_i - \alpha_i\boldsymbol{G}\boldsymbol{p}_i \\ \beta_i = \dfrac{\boldsymbol{r}_{i+1}^{\mathrm{T}}\boldsymbol{r}_{i+1}}{\boldsymbol{r}_i^{\mathrm{T}}\boldsymbol{r}_i} \\ \boldsymbol{p}_{i+1} = \boldsymbol{r}_{i+1} + \beta_i\boldsymbol{p}_i \end{cases} \tag{4.197}$$

至此，我们给出了共轭梯度法的整个推导过程，下面我们将对该推导过程作出评述。

首先，在推导共轭梯度法的过程中，我们首先假定了 $\boldsymbol{p}_i^{\mathrm{T}}\boldsymbol{G}\boldsymbol{p}_j = \delta_{ij}\boldsymbol{p}_i^{\mathrm{T}}\boldsymbol{G}\boldsymbol{p}_i$，亦即 $\boldsymbol{p}_i^{\mathrm{T}}\boldsymbol{G}\boldsymbol{p}_j = 0\ (i \neq j)$。现在可以给这个关系定一个具体名称，即为关于矩阵 $\boldsymbol{G}$ 的共轭方向。这个共轭关系是对向量正交概念的一个推广，因为当矩阵 $\boldsymbol{G}$ 为单位矩阵时，共轭关系 $\boldsymbol{p}_i^{\mathrm{T}}\boldsymbol{G}\boldsymbol{p}_j = 0\ (i \neq j)$ 将退化为 $\boldsymbol{p}_i^{\mathrm{T}}\boldsymbol{p}_j = 0\ (i \neq j)$ 的两个向量的正交关系。此即为共轭梯度法这一名称中共轭一词的由来。由最速下降法中的讨论可知梯度下降方向即为残差向量 $\boldsymbol{r}_i$，由迭代格式(4.197)可知，共轭下降方向 $\boldsymbol{p}_i$ 由梯度下降方向 $\boldsymbol{r}_i$ 所生成。此即为共轭梯度法这一名称中梯度一词的由来。其次，有关 $\boldsymbol{p}_i^{\mathrm{T}}\boldsymbol{A}\boldsymbol{p}_j = \delta_{ij}\boldsymbol{p}_i^{\mathrm{T}}\boldsymbol{A}\boldsymbol{p}_i$ 关系成立的假定最终通过克莱姆-施密特正交化过程加以实现(式(4.192))，将共轭向量 $\boldsymbol{p}_i$ 具体化为梯度下降方向 $\boldsymbol{r}_i$ 的线性组合。最后，克莱姆-施密特正交化后的共轭向量 $\boldsymbol{p}_i$ 因关系式(4.190)和式(4.194)的存在而极大地得以简化，从而有 $\boldsymbol{p}_{i+1} = \boldsymbol{r}_{i+1} + \dfrac{\boldsymbol{r}_{i+1}^{\mathrm{T}}\boldsymbol{r}_{i+1}}{\boldsymbol{r}_i^{\mathrm{T}}\boldsymbol{r}_i}\boldsymbol{p}_i$ 的简洁递推关系成立。

下面具体讨论共轭梯度法的迭代收敛速度问题。令第 i 次迭代误差 $\boldsymbol{e}_i$ 为：$\boldsymbol{e}_i = \boldsymbol{m}^{(i)} - \boldsymbol{m}^*$，其中 $\boldsymbol{m}^{(i)}$ 为第 i 次迭代值，$\boldsymbol{m}^*$ 为方程 $\boldsymbol{G}\boldsymbol{m} = \boldsymbol{d}$ 的解。由迭代格式(4.197)可知：$\boldsymbol{e}_{i+1} = \boldsymbol{m}^{(i+1)} - \boldsymbol{m}^* = \boldsymbol{m}^{(i)} + \alpha_i\boldsymbol{p}_i - \boldsymbol{m}^* = \boldsymbol{e}_i + \alpha_i\boldsymbol{p}_i$，故 $\boldsymbol{e}_i = \boldsymbol{e}_0 + \sum_{j=0}^{i-1}\alpha_j\boldsymbol{p}_j$。同样，由迭代格式(4.197)可知：

$$\begin{cases} p_0 = p_0 \\ p_1 = r_1 + \beta_0 p_0 = r_0 - \alpha_0 G p_0 + \beta_0 p_0 = (1 + \beta_0)p_0 - \alpha_0 \boldsymbol{G} p_0 \\ p_2 = r_2 + \beta_1 p_1 = (1 + \beta_1 + \beta_1\beta_0)p_0 - (\alpha_0 + \alpha_1 + \alpha_0\beta_1 + \alpha_1\beta_0)\boldsymbol{G}p_0 + \alpha_0\alpha_1\boldsymbol{G}^2 p_0 \end{cases} \tag{4.198}$$

由式(4.198)归纳之:$\boldsymbol{p}_i = \sum_{j=0}^{i}\gamma_{ij}\boldsymbol{G}^j\boldsymbol{p}_0$,其中 γ_{ij} 为系数。用数学归纳法来证明 $\boldsymbol{p}_i = \sum_{j=0}^{i}\gamma_{ij}\boldsymbol{G}^j\boldsymbol{p}_0$。由式(4.198)当 $i \leqslant 1$ 时成立。假设 $i \leqslant k$ 时成立,即 $p_k = \sum_{j=0}^{k}\gamma_{kj}\boldsymbol{G}^j p_0$,则当 $i \leqslant k + 1$ 时,由迭代格式(4.197)有:

$$p_{k+1} = r_{k+1} + \beta_k p_k = r_k - \alpha_k \boldsymbol{G}p_k + \beta_k p_k = r_0 - \sum_{j=0}^{k-1}\alpha_j \boldsymbol{G}p_j + (\beta_k \boldsymbol{I} - \alpha_k \boldsymbol{G})p_k$$

$$= p_0 - \sum_{j=0}^{k-1}\alpha_j \boldsymbol{G}\sum_{m=0}^{j}\gamma_{jm}\boldsymbol{G}^m p_0 + (\beta_k \boldsymbol{I} - \alpha_k \boldsymbol{G})\sum_{j=0}^{k}\gamma_{kj}\boldsymbol{G}^j p_0 = \sum_{j=0}^{k+1}\gamma_{(k+1)j}\boldsymbol{G}^j p_0 \quad (4.199)$$

故对 $i \leqslant k+1$,$p_{k+1} = \sum_{j=0}^{k+1}\gamma_{(k+1)j}\boldsymbol{G}^j p_0$ 也成立。故有 $p_i = \sum_{j=0}^{i}\gamma_{ij}\boldsymbol{G}^j p_0$ 成立,将其代入 $\boldsymbol{e}_i = e_0 + \sum_{j=0}^{i-1}\alpha_j \boldsymbol{p}_j$ 并注意到 $p_0 = r_0 = \boldsymbol{d} - \boldsymbol{Gm}^{(0)} = d - \boldsymbol{G}(\boldsymbol{m}^{(0)} - \boldsymbol{m}^* + \boldsymbol{m}^*) = -\boldsymbol{G}e_0$(其中 $\boldsymbol{Gm}^* = \boldsymbol{d}$),故有:

$$\boldsymbol{e}_i = e_0 + \sum_{j=0}^{i-1}\alpha_j p_j = e_0 + \sum_{j=0}^{i-1}\alpha_j \sum_{k=0}^{j}\gamma_{jk}\boldsymbol{G}^k p_0 = e_0 + \sum_{j=0}^{i-1}\alpha_j \sum_{k=0}^{j}\gamma_{jk}\boldsymbol{G}^k(-\boldsymbol{G}e_0)$$

$$= (\boldsymbol{I} + \upsilon_1 \boldsymbol{G} + \upsilon_2 \boldsymbol{G}^2 + \cdots + \upsilon_i \boldsymbol{G}^i)e_0 \quad (4.200)$$

其中,$\upsilon_1,\upsilon_2,\cdots,\upsilon_n$ 为与 α_i 和 β_i 有关的系数。

由迭代格式(4.197)可知线性无关的向量组 $\{r_0,r_1,\cdots,r_{n-1}\}$ 和 $\{p_0,p_1,\cdots,p_{n-1}\}$ 可以互相线性表出,因而向量空间 span$\{r_0,r_1,\cdots,r_{n-1}\}$ 和 span$\{p_0,p_1,\cdots,p_{n-1}\}$ 是线性同构的(线性同构直观地讲就是两个空间本质上是相同的)。由式(4.199)可知向量组 $\{p_0,p_1,\cdots,p_{n-1}\}$ 和 $\{p_0,Gp_0,\cdots,G^{n-1}p_0\}$ 也可以互相线性表出,因而向量空间 span$\{p_0,p_1,\cdots,p_{n-1}\}$ 和 span$\{p_0,\boldsymbol{G}p_0,\cdots,\boldsymbol{G}^{n-1}p_0\}$ 也是线性同构的。因此,向量空间 span$\{r_0,r_1,\cdots,r_{n-1}\}$、span$\{p_0,p_1,\cdots,p_{n-1}\}$ 和 span$\{p_0,\boldsymbol{G}p_0,\cdots,\boldsymbol{G}^{n-1}p_0\}$ 互相线性同构。故可令 $W_i = $ span$\{r_0,r_1,\cdots,r_{i-1}\} = $ span$\{p_0,p_1,\cdots,p_{i-1}\} = $ span$\{p_0,\boldsymbol{G}p_0,\cdots,\boldsymbol{G}^{i-1}p_0\}$(因为线性同构空间的对应子空间也是线性同构的)。由式(4.194)可知,$\boldsymbol{r}_j^{\mathrm{T}}\boldsymbol{r}_i = 0\ (j=0,1,2,\cdots,i-1)$,则有 $\boldsymbol{r}_i \perp W_i$,因而对任意的 $\boldsymbol{x} \in W_i$,都有 $\boldsymbol{r}_i^{\mathrm{T}}\boldsymbol{x} = 0$。注意到 $\boldsymbol{r}_i = \boldsymbol{b} - \boldsymbol{Gm}^{(i)} = \boldsymbol{b} - \boldsymbol{G}(\boldsymbol{m}^{(i)} - \boldsymbol{m}^* + \boldsymbol{m}^*) = -\boldsymbol{G}(\boldsymbol{m}^{(i)} - \boldsymbol{m}^*) = -\boldsymbol{Ge}_i$(其中 $\boldsymbol{Gm}^* = \boldsymbol{d}$),故 $\boldsymbol{r}_i^{\mathrm{T}}\boldsymbol{x} = (-\boldsymbol{Ge}_i)^{\mathrm{T}}\boldsymbol{x} = -\boldsymbol{e}_i^{\mathrm{T}}\boldsymbol{Gx} = 0\ (\forall\ x \in W_i)$。$\boldsymbol{e}_i = \boldsymbol{m}^{(i)} - \boldsymbol{m}^* = e_0 - (\boldsymbol{m}^{(0)} - \boldsymbol{m}^{(i)})$(其中 $e_0 = \boldsymbol{m}^{(0)} - \boldsymbol{m}^*$)。由式(4.197)可知:$\boldsymbol{m}^{(0)} - \boldsymbol{m}^{(i)} = -\sum_{j=0}^{i-1}\alpha_j \boldsymbol{p}_j$。若令 $\omega_i = \boldsymbol{m}^{(0)} - \boldsymbol{m}^{(i)}$,则有 $\omega_i \in W_i$。因此,$\boldsymbol{e}_i^{\mathrm{T}}\boldsymbol{Gx} = (e_0 - \omega_i)^{\mathrm{T}}\boldsymbol{Gx} = 0\ (\omega_i \in W_i,\ \forall \boldsymbol{x} \in W_i)$。故 $\omega_i \in W_i$ 为 e_0 在 W_i 线性空间中的 $\boldsymbol{G}$ 正交投影,因而 $\| e_0 - \omega_i \|_{G} = \inf_{\omega \in W_i} \| e_0 - \omega \|_{G}$。由 $\omega \in W_i$ 可知 $\omega = \sum_{j=0}^{i-1}\nu_j \boldsymbol{G}^j p_0$,又注意到 $\boldsymbol{r}_i = -\boldsymbol{Ge}_i$ 且 $p_0 = r_0$,故有 $\omega = \sum_{j=0}^{i-1}\nu_j \boldsymbol{G}^j p_0 = -\sum_{j=0}^{i-1}\nu_j G^{j+1}e_0$,因而 $e_0 - \omega = (\boldsymbol{I} - \sum_{j=0}^{i-1}\nu_j \boldsymbol{G}^{j+1})e_0$。令 $\boldsymbol{I} - \sum_{j=0}^{i-1}\nu_j \boldsymbol{G}^{j+1} = P_i(\boldsymbol{G})$ 且 $P_i(\boldsymbol{G}) = (\boldsymbol{I} + \nu_1 \boldsymbol{G} + \nu_2 \boldsymbol{G}^2 + \cdots + \nu_i \boldsymbol{G}^i)$,则对应的特征多项式为 $P_i(\lambda) = (1 + \nu_1\lambda + \nu_2\lambda^2 + \cdots + \nu_i\lambda^i)$。故有:

$$\| e_0 - \omega_i \|_{G} = \inf_{\omega \in W_i} \| e_0 - \omega \|_{G} = \inf_{P_i \in \Gamma_i} \| P_i(\boldsymbol{G})e_0 \|_{G} \quad (4.201)$$

其中 $\Gamma_i = \{1 + a_0\lambda + a_1\lambda^2 + \cdots + a_i\lambda^i \mid a_i \in R, i \in N\}$。

注意到$\omega_i = \boldsymbol{m}^{(0)} - \boldsymbol{m}^{(i)}$，$e_0 = \boldsymbol{m}^{(0)} - \boldsymbol{m}^*$，$\boldsymbol{e}_i = \boldsymbol{m}^{(i)} - \boldsymbol{m}^*$，故$e_0 - \omega_i = \boldsymbol{e}_i$。又$\| e_0 - \omega_i \|_G = \inf\limits_{P_i \in \Gamma_i} \| P_i(\boldsymbol{G}) e_0 \|_G$，因此有：

$$\| e_i \|_G = \inf_{P_i \in \Gamma_i} \| P_i(\boldsymbol{G}) e_0 \|_G \tag{4.202}$$

因矩阵$\boldsymbol{G}$为对称矩阵，故其可以被对角化：$\boldsymbol{G} = \boldsymbol{V\Lambda V}^{\mathrm{T}}$，其中$\boldsymbol{V}$为正交矩阵，其各列向量$\xi_i$为矩阵$\boldsymbol{G}$的特征向量，与之对应的各特征值为$\lambda_i$，这些特征值构成对角矩阵$\boldsymbol{\Lambda}$。令$e_0 = \sum\limits_{i=1}^{n} k_i \xi_i$，则有：

$$\begin{aligned} \boldsymbol{e}_0^{\mathrm{T}} \boldsymbol{G} \boldsymbol{e}_0 &= \left(\sum_{i=1}^{n} k_i \xi_i\right)^{\mathrm{T}} \boldsymbol{G} \left(\sum_{j=1}^{n} k_j \xi_j\right) = \sum_{i=1}^{n} k_i \xi_i^{\mathrm{T}} \sum_{j=1}^{n} k_j \lambda_j \xi_j \\ &= \sum_{i=1}^{n} \sum_{j=1}^{n} k_i k_j \lambda_j \xi_i^{\mathrm{T}} \xi_j = \sum_{i=1}^{n} \sum_{j=1}^{n} k_i k_j \lambda_j \delta_{ij} = \sum_{i=1}^{n} k_i^2 \lambda_i \end{aligned} \tag{4.203}$$

$$\begin{aligned} \| P_i(\boldsymbol{G}) e_0 \|_G^2 &= (P_i(\boldsymbol{G}) e_0)^{\mathrm{T}} \boldsymbol{G} (P_i(\boldsymbol{G}) e_0) = \left(P_i(G) \sum_{l=1}^{n} k_l \xi_l\right)^{\mathrm{T}} G \left(P_i(\boldsymbol{G}) \sum_{m=1}^{n} k_m \xi_m\right) \\ &= \left(\sum_{l=1}^{n} k_l P_i(\lambda_l) \xi_l\right)^{\mathrm{T}} \boldsymbol{G} \left(\sum_{m=1}^{n} k_m P_i(\lambda_m) \xi_m\right) \\ &= \sum_{l=1}^{n} k_l P_i(\lambda_l) \xi_l^{\mathrm{T}} \sum_{j=1}^{n} k_m P_i(\lambda_m) \lambda_m \xi_m \\ &= \sum_{l=1}^{n} \sum_{m=1}^{n} k_l k_m P_i(\lambda_l) P_i(\lambda_m) \lambda_m \xi_l^{\mathrm{T}} \xi_m = \sum_{l=1}^{n} \sum_{m=1}^{n} k_l k_m P_i(\lambda_l) P_i(\lambda_m) \lambda_m \delta_{lm} \\ &= \sum_{l=1}^{n} k_l^2 [P_i(\lambda_l)]^2 \lambda_l \leqslant \max_{\lambda \in [\lambda_1, \lambda_n]} [P_i(\lambda)]^2 \sum_{l=1}^{n} k_l^2 \lambda_l \\ &= \max_{\lambda \in [\lambda_1, \lambda_n]} [P_i(\lambda)]^2 \boldsymbol{e}_0^{\mathrm{T}} \boldsymbol{G} \boldsymbol{e}_0 = \max_{\lambda \in [\lambda_1, \lambda_n]} [P_i(\lambda)]^2 \| \boldsymbol{e}_0 \|_G^2 \end{aligned} \tag{4.204}$$

由式(4.202)和式(4.204)可得：

$$\| \boldsymbol{e}_i \|_G = \inf_{P_i \in \Gamma_i} \| P_i(\boldsymbol{G}) e_0 \|_G \leqslant \inf_{P_i \in \Gamma_i} \max_{\lambda \in [\lambda_1, \lambda_n]} | P_i(\lambda) | \| \boldsymbol{e}_0 \|_G \tag{4.205}$$

至此，推导了共轭梯度法的迭代收敛速度估计公式(4.205)。下面采用有关 Chebyshev 多项式的定理来估计$\inf\limits_{P_i \in \Gamma_i} \max\limits_{\lambda \in [\lambda_1, \lambda_n]} | P_i(\lambda) |$。介绍该定理之前，先简单了解 Chebyshev 多项式及其性质。

Chebyshev 多项式为 Chebyshev 微分方程$(1 - x^2) \dfrac{\mathrm{d}^2 y}{\mathrm{d}x^2} - x \dfrac{\mathrm{d}y}{\mathrm{d}x} + n^2 y = 0$的解，其为：

$$T_n(x) = \begin{cases} \cos(n\arccos x) & (|x| \leqslant 1) \\ \cosh(n\operatorname{arccosh} x) & (x \geqslant 1) \\ (-1)^n \cos(n\arccos x) & (x \leqslant -1) \end{cases} \tag{4.206}$$

也为：

$$T_n(x) = \frac{1}{2}\left[(x - \sqrt{x^2 - 1})^n + (x + \sqrt{x^2 - 1})^n\right] \quad (x \in R) \tag{4.207}$$

当$|x| \leqslant 1$有$T_n(x) = \cos(n\arccos x)$，由此有：$\arccos x \in [0, \pi]$，$n\arccos x \in [0, n\pi]$。令$n\arccos x = m\pi$ $(m = 0, 1, 2, \cdots, n)$，则有$T_n(x) = \cos(n\arccos x) = \cos(m\pi) = (-1)^m$，此时$x =$

$\cos\left(\dfrac{m\pi}{n}\right)$ $(m=0,1,2,\cdots,n)$。由 $T_n(x)=\cos(n\arccos x)$ 同样可知：$T_0(x)=1$、$T_1(x)=x$。

若令 $\theta=\arccos x$，则有：

$$T_{n+1}(x)+T_{n-1}(x)=\cos((n+1)\theta)+\cos((n-1)\theta)=2\cos n\theta\cos\theta=2xT_n(x) \tag{4.208}$$

即有递推关系：$T_{n+1}(x)=2xT_n(x)-T_{n-1}(x)$。

因此当 $|x|\leqslant 1$，$T_n(x)$ 为 n 次多项式，且该多项式有 n 个零点，分别位于区间 $\left[\cos\left(\dfrac{m\pi}{n}\right),\cos\left(\dfrac{(m+1)\pi}{n}\right)\right]$ $(m=0,1,2,\cdots,n-1)$（因为在区间端点 $T_n(x)$ 交替取值1和 -1）。

令对称正定矩阵 $\boldsymbol{G}$ 的最大最小特征值为：$\lambda_{\max}$、$\lambda_{\min}$。为了将 $\xi\in[\lambda_{\min},\lambda_{\max}]$ 映射到区间 $[-1,1]$，构造线性函数 $x=\dfrac{2}{\lambda_{\min}-\lambda_{\max}}(\xi-\lambda_{\min})+1=\dfrac{\lambda_{\max}+\lambda_{\min}-2\xi}{\lambda_{\max}-\lambda_{\min}}$。这样当 $x_m=\cos\left(\dfrac{m\pi}{n}\right)$ $(m=0,1,2,\cdots,n)$，对应的 $\xi_m=\dfrac{1}{2}[(\lambda_{\max}+\lambda_{\min})-(\lambda_{\max}-\lambda_{\min})x_m]$。构造函数 $S(\xi)=\left[T_n\left(\dfrac{\lambda_{\max}+\lambda_{\min}}{\lambda_{\max}-\lambda_{\min}}\right)\right]^{-1}T_n\left(\dfrac{\lambda_{\max}+\lambda_{\min}-2\xi}{\lambda_{\max}-\lambda_{\min}}\right)$（注意 $\xi\in R$，当 $\left|\dfrac{\lambda_{\max}+\lambda_{\min}-2\xi}{\lambda_{\max}-\lambda_{\min}}\right|\leqslant 1$，$T_n\left(\dfrac{\lambda_{\max}+\lambda_{\min}-2\xi}{\lambda_{\max}-\lambda_{\min}}\right)$ 可以用 $T_n(x)=\cos(n\arccos x)$ 计算，否则用通用公式 $T_n(x)=\dfrac{1}{2}[(x-\sqrt{x^2-1})^n+(x+\sqrt{x^2-1})^n]$）。由于当 $\xi\in[\lambda_{\min},\lambda_{\max}]$ 时，$\dfrac{\lambda_{\max}+\lambda_{\min}-2\xi}{\lambda_{\max}-\lambda_{\min}}\in[-1,1]$。由于当 $|x|\leqslant 1$ 时，有 $T_n(x)=\cos(n\arccos x)$，故当 $\xi\in[\lambda_{\min},\lambda_{\max}]$ 时，$T_n\left(\dfrac{\lambda_{\max}+\lambda_{\min}-2\xi}{\lambda_{\max}-\lambda_{\min}}\right)\in[-1,1]$，因而 $\max S_n(\xi)=\left[T_n\left(\dfrac{\lambda_{\max}+\lambda_{\min}}{\lambda_{\max}-\lambda_{\min}}\right)\right]^{-1}$。令 $\max S_n(\xi)=S^*$，则 $S(\xi)=S^*T_n(\dfrac{\lambda_{\max}+\lambda_{\min}-2\xi}{\lambda_{\max}-\lambda_{\min}})$。由于当 $|x|\leqslant 1$，$T_n(x)$ 为 n 次多项式，且该多项式有 n 个零点，分别位于区间 $\left[\cos\left(\dfrac{m\pi}{n}\right),\cos\left(\dfrac{(m+1)\pi}{n}\right)\right]$ $(m=0,1,2,\cdots,(n-1))$，而当 $\xi\in[\lambda_{\min},\lambda_{\max}]$，$\dfrac{\lambda_{\max}+\lambda_{\min}-2\xi}{\lambda_{\max}-\lambda_{\min}}\in[-1,1]$，且当 $\xi_m=\dfrac{1}{2}[(\lambda_{\max}+\lambda_{\min})-(\lambda_{\max}-\lambda_{\min})x_m]$ $(m=0,1,2,\cdots,n)$ 时，$x_m=\cos\left(\dfrac{m\pi}{n}\right)$ $(m=0,1,2,\cdots,n)$，故当 $\xi\in[\lambda_{\min},\lambda_{\max}]$，$S(\xi)=S^*T_n(\dfrac{\lambda_{\max}+\lambda_{\min}-2\xi}{\lambda_{\max}-\lambda_{\min}})$ 也为 n 次多项式，该多项式有 n 个零点，分别位于区间 $[\xi_m,\xi_{m+1}]$ $(m=0,1,2,\cdots,(n-1))$，且 $S(0)=S^*T_n(\dfrac{\lambda_{\max}+\lambda_{\min}}{\lambda_{\max}-\lambda_{\min}})=1$。注意到 $\Gamma_n=\{1+a_0\xi+a_1\xi^2+\cdots+a_n\xi^n\mid a_n\in R,n\in N\}$（见式(4.201)），故 $S_n(\xi)\in\Gamma_n$。

现在我们要证明对任意的 $P_n(\xi)\in\Gamma_n$，有 $|P_n(\xi)|\geqslant|S^*|$。

用反证法来证明。若存在这样的 $P_n(\xi)$ 使得 $|P_n(\xi)| < |S^*|$，亦即 $-|S^*| < P_n(\xi) < |S^*|$。因为当 $\xi = \xi_m$ 时，$\dfrac{\lambda_{\max} + \lambda_{\min} - 2\xi}{\lambda_{\max} - \lambda_{\min}} = x_m = \cos\left(\dfrac{m\pi}{n}\right)$，又 $S_n(\xi) = S^* T_n\left(\dfrac{\lambda_{\max} + \lambda_{\min} - 2\xi}{\lambda_{\max} - \lambda_{\min}}\right)$，故当 m 为偶数时 $S_n(\xi_m) = S^*(-1)^m = S^*$，而当 m 为奇数时，$S_n(\xi_m) = S^*(-1)^m = -S^*$。若 $S^* > 0$，则 $-S^* < P_n(\xi) < S^*$。因而 $P_n(\xi_m) < S^* = S_n(\xi_m)$（$m$ 为偶数），$P_n(\xi_m) > -S^* = S_n(\xi_m)$（$m$ 为奇数）。又由于 $m = 0,1,2,\cdots,n$ 且 $P_n(\xi) - S_n(\xi)$ 为 R 上的连续函数，故在每个区间 $[\xi_m, \xi_{m+1}]$ 都至少有一个零点（因为对每个区间端点序号 m 的奇偶性交替一次）。这样的零点至少有 n 个，另外由于 $P_n(0) = 1$、$S_n(0) = 1$，故 $P_n(\xi) - S_n(\xi)$ 还存在一个零点 $\xi = 0$，这样 $P_n(\xi) - S_n(\xi)$ 至少有 $n+1$ 个零点。而 $P_n(\xi)$ 和 $S_n(\xi)$ 均为次数不超过 n 的多项式，故 $P_n(\xi) - S_n(\xi)$ 的次数也最多不超过 n 次。而次数至多为 n 次的多项式至多有 n 个零点，现在 $P_n(\xi) - S_n(\xi)$ 至少有 $n+1$ 个零点，除非 $P_n(\xi) \equiv S_n(\xi)$，这样对任意的 ξ 恒有 $P_n(\xi) - S_n(\xi) = 0$，因而有无穷多零点。但 $P_n(\xi) \equiv S_n(\xi)$ 是不可能的，因为至少在每个区间 $[\xi_m, \xi_{m+1}]$ 的端点 $P_n(\xi_m) \neq S_n(\xi_m)$。故矛盾。若 $S^* < 0$，同理推出矛盾。故 $|P_n(\xi)| < |S^*|$ 对 $S^* > 0$ 和 $S^* < 0$ 两种情形均不成立，所以假设 $|P_n(\xi)| < |S^*|$ 不成立。故对任意的 $P_n(\xi) \in \Gamma_n$，恒有 $|P_n(\xi)| \geqslant |S^*|$，亦即：

$$\inf_{P_n \in \Gamma_n} \max_{\xi \in [\lambda_{\min}, \lambda_{\max}]} |P_n(\xi)| = |S^*| = \left[T_n\left(\frac{\lambda_{\max} + \lambda_{\min}}{\lambda_{\max} - \lambda_{\min}}\right)\right]^{-1} \tag{4.209}$$

又因为 $T_n(x) = \dfrac{1}{2}\left[\left(x - \sqrt{x^2 - 1}\right)^n + \left(x + \sqrt{x^2 - 1}\right)^n\right]$，故有：

$$\begin{aligned}\inf_{P_n \in \Gamma_n} \max_{\xi \in [\lambda_{\min}, \lambda_{\max}]} |P_n(\xi)| &= \frac{2}{\left(\dfrac{\sqrt{\lambda_{\max}} + \sqrt{\lambda_{\min}}}{\sqrt{\lambda_{\max}} - \sqrt{\lambda_{\min}}}\right)^n + \left(\dfrac{\sqrt{\lambda_{\max}} - \sqrt{\lambda_{\min}}}{\sqrt{\lambda_{\max}} + \sqrt{\lambda_{\min}}}\right)^n} \\ &\leqslant \frac{2}{\left(\dfrac{\sqrt{\lambda_{\max}} + \sqrt{\lambda_{\min}}}{\sqrt{\lambda_{\max}} - \sqrt{\lambda_{\min}}}\right)^n} = 2\left(\frac{\sqrt{\lambda_{\max}} - \sqrt{\lambda_{\min}}}{\sqrt{\lambda_{\max}} + \sqrt{\lambda_{\min}}}\right)^n\end{aligned} \tag{4.210}$$

由式（4.205）和式（4.210），并令 $\lambda_{\min} = \lambda_1$ 和 $\lambda_{\max} = \lambda_n$，则共轭梯度法的迭代收敛速度估计公式为：

$$\|\boldsymbol{e}_i\|_G \leqslant \inf_{P_i \in \Gamma_i} \max_{\lambda \in [\lambda_1, \lambda_n]} |P_i(\lambda)| \, \|\boldsymbol{e}_0\|_G = 2\left(\frac{\sqrt{\lambda_n} - \sqrt{\lambda_1}}{\sqrt{\lambda_n} + \sqrt{\lambda_1}}\right)^i \|\boldsymbol{e}_0\|_G \tag{4.211}$$

由式（4.182）可知最速下降法的迭代收敛速度估计公式为：$\|\boldsymbol{e}_i\|_G \leqslant \left(\dfrac{\lambda_n - \lambda_1}{\lambda_n + \lambda_1}\right)^i \|\boldsymbol{e}_0\|_G$。令 $\boldsymbol{G}$ 矩阵的条件数 $\kappa(\boldsymbol{G}) = \dfrac{\lambda_n}{\lambda_1}$，则最速下降法的迭代收敛速度估计公式为：$\dfrac{\|\boldsymbol{e}_i\|_G}{\|\boldsymbol{e}_0\|_G} \leqslant \left(\dfrac{\kappa - 1}{\kappa + 1}\right)^i$。由式（4.211）可知，共轭梯度法的迭代收敛速度估计公式为：$\dfrac{\|\boldsymbol{e}_i\|_G}{\|\boldsymbol{e}_0\|_G}$

$\leqslant 2\left(\dfrac{\sqrt{\kappa}-1}{\sqrt{\kappa}+1}\right)^{i}$。

图 4.20 为最速下降法和共轭梯度法的理论迭代收敛速度对比。最速下降法的理论迭代收敛速度为 $\dfrac{\|\boldsymbol{e}_i\|_G}{\|\boldsymbol{e}_0\|_G}=\left(\dfrac{\kappa-1}{\kappa+1}\right)^{i}$，共轭梯度法的理论迭代收敛速度为 $\dfrac{\|\boldsymbol{e}_i\|_G}{\|\boldsymbol{e}_0\|_G}=2\left(\dfrac{\sqrt{\kappa}-1}{\sqrt{\kappa}+1}\right)^{i}$。当令 $\boldsymbol{G}$ 矩阵的条件数 $\kappa=1$ 时，最速下降法和共轭梯度法的理论迭代收敛速度相同，都是一步收敛（图 4.20 中的子图(a)）。当 $\boldsymbol{G}$ 矩阵的条件数 κ 不断增大时，最速下降法的理论迭代收敛速度要比共轭梯度法的理论迭代收敛速度慢，条件数 κ 越大，这种差异就越明显（图 4.20 中的子图(b－f)）。因此，共轭梯度法的迭代收敛速度比最速下降法的迭代收敛速度快。采用这两种方法求解方程组 $\begin{pmatrix}2 & -1\\ -1 & 2\end{pmatrix}\begin{pmatrix}x_1\\ x_2\end{pmatrix}=\begin{pmatrix}1\\ 2\end{pmatrix}$ 的解，采用最速下降法的迭代次数直至 14 次才达到精度要求，而采用共轭梯度法只需两次迭代即可收敛（图 4.19 中的子图(c)、(d)），迭代过程表明共轭梯度法因采用共轭下降方向而避免了最速下降法迭代过程中出现的锯齿形形态（图 4.19 中的子图(a)、(b)），极大地提高了迭代收敛速度。

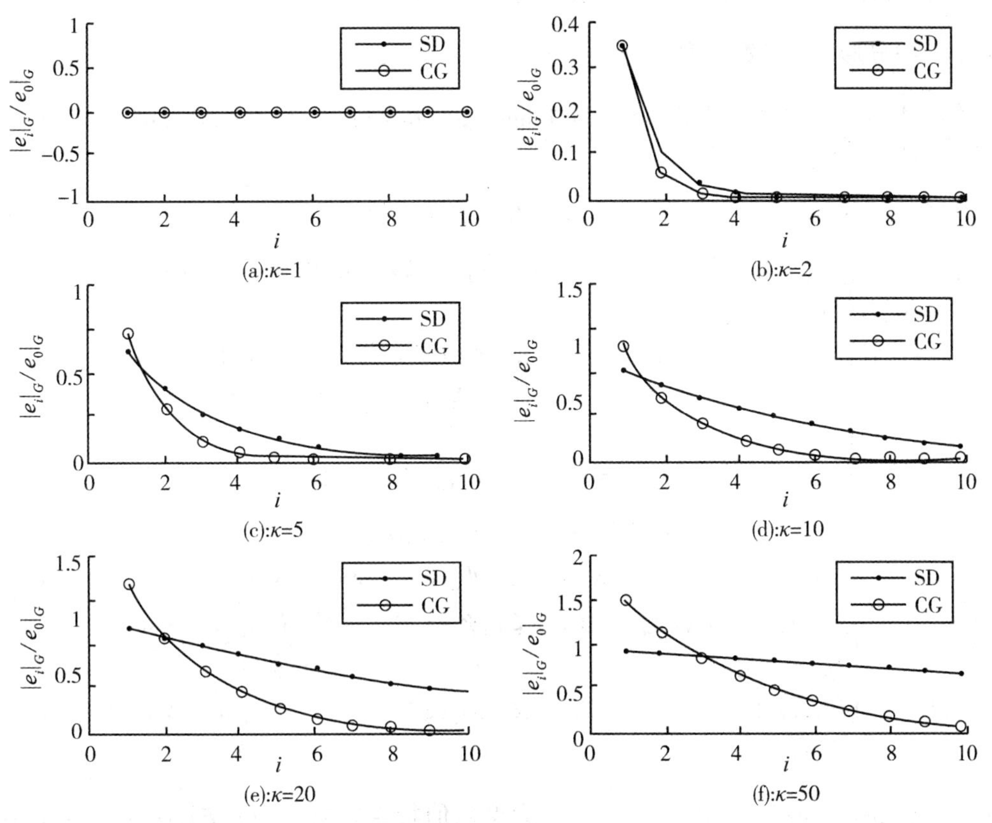

图 4.20 最速下降法(SD) 和共轭梯度法(CG) 理论迭代收敛速度对比

最后,共轭梯度法和最速下降法都要求方程组 $\boldsymbol{Gm} = \boldsymbol{d}$ 中矩阵 $\boldsymbol{G}$ 是对称正定的,而一般方程不是对称正定的,针对此种情况可采用最小二乘准则得到法方程,法方程是对称的且一般是正定的,若法方程不是正定的,可引入正则化参数改善法方程的系数矩阵使之正定,因而一般方程也可采用这两类方法求解。此外,共轭梯度法和最速下降法的迭代收敛速度分析表明,两者的迭代收敛速度与矩阵 $\boldsymbol{G}$ 的条件数有关,条件数越小,迭代收敛速度越快,因而可以通过改善矩阵 $\boldsymbol{G}$ 的条件数来加快迭代收敛过程,方法就是采用预条件共轭梯度方法,具体可参见文献(如 Shewchuk, 1994)。

4.6　基函数展开方法

在地球物理反演问题中,有一类反演问题(如地震层析成像)的函数模型是以积分方程形式给出的,这类反演问题通常采用基函数展开法求解。所谓基函数即为给定线性空间(如希尔伯特空间(Hilbert space))内的一簇函数集合,所谓基函数展开法即为将待求参量表示为该簇基函数的线性组合,然后将积分方程形式的函数模型转化为形如式(4.212)的线性函数模型形式,最后在一定估计准则下求解基函数的展开系数,从而求解待估参量。由于所选择的基函数可以为正交基函数(对应正交基函数展开法)和非正交但线性无关的基函数(对应核函数展开法),本节将对基于这两类基函数的展开法分别加以介绍。

4.6.1　积分形式的函数模型

第一类非齐次范德蒙积分方程(the inhomogeneous Fredholm equation of the first kind)形式的函数模型为:

$$g(t) = \int_a^b K(t,\xi) f(\xi) \mathrm{d}\xi \tag{4.212}$$

式中,$g(t)$ 为已知函数(或观测量);$f(\xi)$ 为待求函数(或待估参量);$K(t,\xi)$ 为核函数(kernel function)。

基函数展开方法的核心思想为:将待求函数 $f(\xi)$ 表征为希尔伯特空间内的一簇函数 $\{\psi_1(\xi),\psi_2(\xi),\psi_3(\xi),\cdots\}$ 的线性组合 $f(\xi) = \sum_i k_i \psi_i(\xi)$,从而将方程(4.212)转换为:

$$g(t) = \sum_i k_i \int_a^b K(t,\xi) \psi_i(\xi) \mathrm{d}\xi \tag{4.213}$$

若令变量 $t = t_1, t_2, \cdots, t_N$,且函数簇为 $\{\psi_1(\xi),\psi_2(\xi),\psi_3(\xi),\cdots,\psi_M(\xi)\}$,则式(4.213)为:

$$\begin{pmatrix} g(t_1) \\ g(t_2) \\ \vdots \\ g(t_N) \end{pmatrix} = \begin{pmatrix} \langle K(t_1,\xi),\psi_1(\xi)\rangle & \langle K(t_1,\xi),\psi_2(\xi)\rangle & \cdots & \langle K(t_1,\xi),\psi_M(\xi)\rangle \\ \langle K(t_2,\xi),\psi_1(\xi)\rangle & \langle K(t_2,\xi),\psi_2(\xi)\rangle & & \langle K(t_2,\xi),\psi_M(\xi)\rangle \\ \vdots & & & \vdots \\ \langle K(t_N,\xi),\psi_1(\xi)\rangle & \langle K(t_N,\xi),\psi_2(\xi)\rangle & \cdots & \langle K(t_N,\xi),\psi_M(\xi)\rangle \end{pmatrix} \begin{pmatrix} k_1 \\ k_2 \\ \vdots \\ k_M \end{pmatrix} \tag{4.214}$$

式中,$\langle K(t_i,\xi),\psi_j(\xi)\rangle \Big|_{i=1,2,\cdots,N;j=1,2,\cdots,M}$ 为希尔伯特空间内;$\langle K(t_i,\xi),\psi_j(\xi)\rangle = \int_a^b K(t_i,\xi),\psi_j(\xi)\mathrm{d}\xi$。由此,积分方程(4.212)的求解就转化为代数方程(4.214)的求解。

4.6.2 正交基函数展开法

正交基函数展开法即为所选择的希尔伯特空间内的基函数簇$\{\psi_1(\xi),\psi_2(\xi),\cdots,\psi_M(\xi)\}$是互相正交的,亦即:$\langle\psi_i(\xi),\psi_j(\xi)\rangle=\delta_{ij}$,且$\delta_{ij}=\begin{cases}1,\ (i=j)\\0,\ (i\neq j)\end{cases}$,$f(\xi)=\sum\limits_{i=1}^{M}k_i\psi_i(\xi)$。

将方程(4.214)简记为:

$$\begin{cases}\boldsymbol{d}=\boldsymbol{G}\boldsymbol{k}\\ \boldsymbol{d}=(g(t_1))\quad g(t_2)\quad\cdots\quad g(t_N))^{\mathrm{T}}\\ G_{ij}\Big|_{i=1,2,\cdots,N;j=1,2,\cdots M}=\langle K(t_i,\xi),\psi_j(\xi)\rangle\\ \boldsymbol{k}=(k_1\quad k_2\quad\cdots\quad k_N)^{\mathrm{T}}\end{cases}\tag{4.215}$$

约束条件为:$\|f(\xi)\|^2=\min$。$\|f(\xi)\|^2$为待估函数$f(\xi)$的模的平方,其为$\|f(\xi)\|^2=\langle f(\xi),f(\xi)\rangle$。$\|f(\xi)\|^2$的具体形式为:

$$\begin{aligned}\|f(\xi)\|^2&=\langle f(\xi),f(\xi)\rangle=\langle\sum_{i=1}^{M}k_i\psi_i(\xi),\sum_{j=1}^{M}k_j\psi_j(\xi)\rangle\\&=\sum_{i=1}^{M}\sum_{j=1}^{M}k_ik_j\langle\psi_i(\xi),\psi_j(\xi)\rangle=\boldsymbol{k}^{\mathrm{T}}\boldsymbol{HK}\end{aligned}\tag{4.216}$$

其中,$H_{ij}=\langle\psi_i(\xi),\psi_j(\xi)\rangle$,$H_{ij}$为矩阵$\boldsymbol{H}$的诸元素。

由式(4.215)和式(4.216),反演问题(4.212)归结为求解如下问题:

$$\begin{cases}\boldsymbol{d}=\boldsymbol{G}\boldsymbol{k}\\ \boldsymbol{k}^{\mathrm{T}}\boldsymbol{H}\boldsymbol{k}=\min\end{cases}\tag{4.217}$$

目标函数为:$F(k)=\boldsymbol{k}^{\mathrm{T}}\boldsymbol{H}\boldsymbol{k}+2\lambda^{\mathrm{T}}(\boldsymbol{d}-\boldsymbol{G}\boldsymbol{k})$,其极值条件为:

$$\begin{cases}\dfrac{\partial F(k)}{\partial k}=2\boldsymbol{H}\boldsymbol{k}-2\boldsymbol{G}^{\mathrm{T}}\boldsymbol{\lambda}=0\\ \dfrac{\partial F(k)}{\partial\boldsymbol{\lambda}}=\boldsymbol{d}-\boldsymbol{G}\boldsymbol{k}=0\end{cases}\tag{4.218}$$

亦即:

$$\begin{pmatrix}\boldsymbol{H}&-\boldsymbol{G}^{\mathrm{T}}\\ \boldsymbol{G}&0\end{pmatrix}\begin{pmatrix}\boldsymbol{k}\\ \boldsymbol{\lambda}\end{pmatrix}=\begin{pmatrix}0\\ \boldsymbol{d}\end{pmatrix}\tag{4.219}$$

由基函数的正交性:$\langle\psi_i(\xi),\psi_j(\xi)\rangle=\delta_{ij}$可知$H_{ij}=\langle\psi_i(\xi),\psi_j(\xi)\rangle=\delta_{ij}$,亦即有:

$$\begin{pmatrix}\boldsymbol{I}&-\boldsymbol{G}^{\mathrm{T}}\\ \boldsymbol{G}&0\end{pmatrix}\begin{pmatrix}\boldsymbol{k}\\ \boldsymbol{\lambda}\end{pmatrix}=\begin{pmatrix}0\\ \boldsymbol{d}\end{pmatrix}\tag{4.220}$$

求解式(4.220)后将系数向量$\boldsymbol{k}$代入$f(\xi)=\sum\limits_{i=1}^{M}k_i\psi_i(\xi)$即有待估函数$f(\xi)$。

4.6.3 核函数展开法

核函数展开法以核函数作为基函数,这些核函数是线性无关的。式(4.212)给出的核函数$K(t,\xi)$可以具有不同的形式$\{K_1(t,\xi),K_2(t,\xi),\cdots,K_N(t,\xi)\}$,与之对应的$g(t)$则分别为$\{g_1(t),g_2(t),\cdots,g_N(t)\}$。令核函数簇$\{K_1(t,\xi),K_2(t,\xi),\cdots,K_N(t,\xi)\}$线性无关。积分方程(4.212)用内积可表示为：

$$g_i(t)=\langle K_i(t,\xi),f(\xi)\rangle\bigg|_{i=1,2,\cdots,N} \tag{4.221}$$

由于$\{K_1(t,\xi),K_2(t,\xi),\cdots,K_N(t,\xi)\}$线性无关，故可采用克莱姆-施密特正交化方法(Gramm-Schmidt orthogonalization)得到正交的基函数簇$\{\varphi_1(t,\xi),\varphi_2(t,\xi),\cdots,\varphi_N(t,\xi)\}$，使得$\langle\varphi_i,\varphi_j\rangle=\delta_{ij}$。正交化过程如下：

首先，构造一簇正交基函数$\{\phi_1(t,\xi),\phi_2(t,\xi),\cdots,\phi_N(t,\xi)\}$满足$\langle\phi_i,\phi_j\rangle=0\Big|_{i\neq j}$，步骤如下：

第一步：令$\phi_1=K_1$，然后令$\phi_2=K_2+c_{21}\phi_1$，由于$\langle\phi_1,\phi_2\rangle=0$，故系数$c_{21}=-\dfrac{\langle\phi_1,K_2\rangle}{\langle\phi_1,\phi_1\rangle}$，亦即$\phi_2=K_2-\dfrac{\langle\phi_1,K_2\rangle}{\langle\phi_1,\phi_1\rangle}\phi_1$。

第二步：令$\phi_3=K_3+c_{31}\phi_1+c_{32}\phi_2$，同样由于$\langle\phi_1,\phi_3\rangle=0$，$\langle\phi_2,\phi_3\rangle=0$，故系数$c_{31}=-\dfrac{\langle\phi_1,K_3\rangle}{\langle\phi_1,\phi_1\rangle}$，$c_{32}=-\dfrac{\langle\phi_2,K_3\rangle}{\langle\phi_2,\phi_2\rangle}$，亦即$\phi_3=K_3-\dfrac{\langle\phi_1,K_3\rangle}{\langle\phi_1,\phi_1\rangle}\phi_1-\dfrac{\langle\phi_2,K_3\rangle}{\langle\phi_2,\phi_2\rangle}\phi_2$。

依次类推，可得$\phi_n=K_n-\sum\limits_{i=1}^{n-1}\dfrac{\langle\phi_1,K_n\rangle}{\langle\phi_1,\phi_1\rangle}\phi_1\quad(n=1,2,\cdots,N)$。

其次，将正交基函数簇$\{\phi_1(t,\xi),\phi_2(t,\xi),\cdots,\phi_N(t,\xi)\}$归一化：$\varphi_i=\dfrac{\phi_i}{\sqrt{\langle\phi_i,\phi_i\rangle}}\ (i=1,2,\cdots,N)$。用矩阵表示即为：

$$\begin{gathered}(\varphi_1\quad\varphi_2\quad\cdots\quad\varphi_N)=(K_1\quad K_2\quad\cdots\quad K_N)\\ \begin{pmatrix}\dfrac{1}{\sqrt{\langle\phi_i,\phi_i\rangle}} & -\dfrac{\langle\phi_1,K_2\rangle}{\langle\phi_1,\phi_1\rangle\sqrt{\langle\phi_2,\phi_2\rangle}} & \cdots & \vdots\\ 0 & \dfrac{1}{\sqrt{\langle\phi_2,\phi_2\rangle}} & \cdots & \vdots\\ \vdots & \vdots & \ddots & \vdots\\ 0 & 0 & & \dfrac{1}{\sqrt{\langle\phi_N,\phi_N\rangle}}\end{pmatrix}\end{gathered} \tag{4.222}$$

亦即$(\varphi_1\quad\varphi_2\quad\cdots\quad\varphi_N)=(K_1\quad K_2\quad\cdots\quad K_N)\boldsymbol{H}$，$\boldsymbol{H}$为上三角可逆矩阵。分量形式的基变换形式为：$\varphi_i=\sum\limits_{j=1}^{N}\alpha_{ji}K_j(i=1,2,\cdots,N)$，$\alpha_{ij}$为矩阵$\boldsymbol{H}$的各元素，且$\langle\varphi_i,\varphi_j\rangle=\delta_{ij}$。

至此，通过施密特正交化方法从线性无关的核函数$\{K_1(t,\xi),K_2(t,\xi),\cdots,K_N(t,\xi)\}$，构造了归一化的正交基函数簇$\{\varphi_1(t,\xi),\varphi_2(t,\xi),\cdots,\varphi_N(t,\xi)\}$。得到正交基函数簇后即可采用正交基函数展开方法求解待估函数$f(\xi)$。下面对其具体进行阐述并分析相关函数的性质。

在希尔伯特空间中,若将正交归一化的基函数簇$\{\varphi_1(t,\xi),\varphi_2(t,\xi),\cdots,\varphi_N(t,\xi)\}$扩充为正交归一化的基函数簇$\{\varphi_1,\varphi_2,\cdots,\varphi_N,\varphi_{N+1},\varphi_{N+2},\cdots\}$,则式(4.221)中的待估函数$f(\xi)$可以表示为扩充后的正交基函数簇的线性组合,亦即:$f(\xi)=\sum_{i=1}^{+\infty}\beta_i\varphi_i$,其可分解为两部分:

$$f(\xi)=\sum_{i=1}^{N}\beta_i\varphi_i+\sum_{i=N+1}^{+\infty}\beta_i\varphi_i \tag{4.223}$$

则$\gamma_j=\langle f(\xi),\varphi_j\rangle\Big|_{j=1,2,\cdots,N}$为:

$$\begin{aligned}\gamma_j&=\langle f(\xi),\varphi_j\rangle\Big|_{j=1,2,\cdots,N}=\langle\sum_{i=1}^{N}\beta_i\varphi_i+\sum_{i=N+1}^{+\infty}\beta_i\varphi_i,\varphi_j\rangle=\langle\sum_{i=1}^{N}\beta_i\varphi_i,\varphi_j\rangle+\langle\sum_{i=N+1}^{+\infty}\beta_i\varphi_i,\varphi_j\rangle\\&=\sum_{i=1}^{N}\beta_i\langle\varphi_i,\varphi_j\rangle+\sum_{i=N+1}^{+\infty}\beta_i\langle\varphi_i,\varphi_j\rangle=\sum_{i=1}^{N}\beta_i\delta_{ij}+\sum_{i=N+1}^{+\infty}\beta_i\delta_{ij}=\beta_j+0=\beta_j\end{aligned} \tag{4.224}$$

又因为$\varphi_i=\sum_{j=1}^{N}\alpha_{ji}K_j(i=1,2,\cdots,N)$和式(4.223),故有:

$$\gamma_j=\langle f(\xi),\varphi_j\rangle\Big|_{j=1,2,\cdots,N}=\langle f(\xi),\sum_{s=1}^{N}\alpha_{sj}K_s\rangle=\sum_{s=1}^{N}\alpha_{sj}\langle f(\xi),K_s\rangle=\sum_{s=1}^{N}\alpha_{sj}g_s(t) \tag{4.225}$$

由式(4.223)、式(4.224)和式(4.225)有:

$$\begin{cases}f(\xi)=\sum_{i=1}^{N}\gamma_i\varphi_i+\sum_{i=N+1}^{+\infty}\beta_i\varphi_i\\ \gamma_i\Big|_{i=1,2,\cdots,N}=\sum_{j=1}^{N}\alpha_{ji}g_j(t)\end{cases} \tag{4.226}$$

将式(4.226)代入式(4.221)的右端有:

$$\langle K_i(t,\xi),f(\xi)\rangle\Big|_{i=1,2,\cdots,N}=\langle K_i,\sum_{j=1}^{N}\gamma_j\varphi_j+\sum_{j=N+1}^{+\infty}\beta_j\varphi_j\rangle=\langle K_i,\sum_{j=1}^{N}\gamma_j\varphi_j\rangle+\langle K_i,\sum_{j=N+1}^{+\infty}\beta_j\varphi_j\rangle \tag{4.227}$$

由式(4.222)有:

$$(K_1\quad K_2\quad\cdots\quad K_N)=(\varphi_1\quad\varphi_2\quad\cdots\quad\varphi_N)\boldsymbol{H}^{-1} \tag{4.228}$$

故核函数簇$\{K_1\quad K_2\quad\cdots\quad K_N\}$可以由正交归一化的基函数簇$\{\varphi_1\quad\varphi_2\quad\cdots\quad\varphi_N\}$线性表出,同时对扩充的正交归一化及函数簇$\{\varphi_1\quad\varphi_2\quad\cdots,\varphi_N,\varphi_{N+1},\varphi_{N+2},\cdots\}$恒有$\langle\varphi_j,\varphi_i\rangle\big|_{i=1,2,\cdots,N;j=N+1,N+2,\cdots}=0$,故$\langle K_i,\sum_{j=N+1}^{+\infty}\beta_j\varphi_j\rangle\Big|_{i=1,2,\cdots,N}=0$。再令$\boldsymbol{H}^{-1}=\boldsymbol{C}$,则由式(4.228)有:$K_j=\sum_{i=1}^{N}\varphi_iC_{ij}$。故式(4.227)为:

$$\begin{aligned}\langle K_i(t,\xi),f(\xi)\rangle|_{i=1,2,\cdots,N} &= \langle K_i,\sum_{j=1}^{N}\gamma_j\varphi_j\rangle + \langle K_i,\sum_{j=N+1}^{+\infty}\beta_j\varphi_j\rangle = \langle K_i,\sum_{j=1}^{N}\gamma_j\varphi_j\rangle + 0\\
&= \langle\sum_{k=1}^{N}\varphi_k C_{ki},\sum_{j=1}^{N}\gamma_j\varphi_j\rangle = \sum_{k=1}^{N}\sum_{j=1}^{N}C_{ki}\gamma_j\langle\varphi_k,\varphi_j\rangle = \sum_{k=1}^{N}\sum_{j=1}^{N}C_{ki}\gamma_j\delta_{kj}\\
&= \sum_{k=1}^{N}C_{ki}\gamma_k = \sum_{k=1}^{N}C_{ki}\sum_{j=1}^{N}\alpha_{jk}g_j(t) = \sum_{k=1}^{N}C_{ki}\sum_{j=1}^{N}\alpha_{jk}g_j(t)\\
&= \sum_{j=1}^{N}\left(\sum_{k=1}^{N}\alpha_{jk}C_{ki}\right)g_j(t) = \sum_{j=1}^{N}\delta_{ji}g_j(t) = g_i(t)\end{aligned} \tag{4.229}$$

式(4.229)最后一行等式中用到了等式$\sum_{k=1}^{N}\alpha_{jk}C_{ki}=\delta_{ji}$，该等式成立是因为$\alpha_{jk}$为矩阵$\boldsymbol{H}$的诸元素，$C_{ki}$为矩阵$\boldsymbol{C}$的诸元素，且$\boldsymbol{HC}=\boldsymbol{I}$为单位矩阵，故而$\sum_{k=1}^{N}\alpha_{jk}C_{ki}=\delta_{ji}$。

由式(4.221)、式(4.226)和式(4.229)可知，待估函数$f(\xi)=\sum_{i=1}^{N}\gamma_i\varphi_i+\sum_{i=N+1}^{+\infty}\beta_i\varphi_i$为非齐次方程式(4.212)的通解：该解由该非齐次方程的特解$\sum_{i=1}^{N}\gamma_i\varphi_i$和与之对应的齐次方程的通解所组成。又该待估函数的长度的平方为：$\|f(\xi)\|^2=\|\sum_{i=1}^{N}\gamma_i\varphi_i+\sum_{i=N+1}^{+\infty}\beta_i\varphi_i\|^2=\|\sum_{i=1}^{N}\gamma_i\varphi_i\|^2+\|\sum_{i=N+1}^{+\infty}\beta_i\varphi_i\|^2$。因此，方程(4.212)的最小长度解为：$f^*(\xi)=\sum_{i=1}^{N}\gamma_i\varphi_i$。

由式(4.222)和式(4.225)可知：

$$\begin{cases}\gamma_i|_{i=1,2,\cdots,N}=\sum_{i=1}^{N}\alpha_{ji}g_j(t)\\ \varphi_i=\sum_{j=1}^{N}\alpha_{ji}K_j\quad(i=1,2,\cdots,N)\end{cases} \tag{4.230}$$

故最小长度解$f^*(\xi)$为：

$$f^*(\xi)=\sum_{i=1}^{N}\gamma_i\varphi_i=\sum_{i=1}^{N}\sum_{j=1}^{N}\alpha_{ji}g_j(t)\sum_{k=1}^{N}\alpha_{ki}K_k=\sum_{k=1}^{N}\sum_{i=1}^{N}\sum_{j=1}^{N}K_k\alpha_{ki}\alpha_{ji}g_j(t) \tag{4.231}$$

写为矩阵的形式即为：

$$f^*(\xi)==(K_1\quad K_2\quad\cdots\quad K_N)\boldsymbol{HH}^{\mathrm{T}}\begin{pmatrix}g_1(t)\\ g_2(t)\\ \vdots\\ g_N(t)\end{pmatrix} \tag{4.232}$$

式中，矩阵$\boldsymbol{H}$为式(4.222)右端的基变换过渡矩阵。

至此，推导了满足积分方程(4.212)的最小长度解$f^*(\xi)$。该最小长度解的简洁形式为：$f^*(\xi)\sum_{i=1}^{N}\gamma_i\varphi_i$，该解由正交归一化基函数簇$\{\varphi_1\quad\varphi_2\quad\cdots\quad\varphi_N\}$及其对应的坐标

$\{\gamma_1 \quad \gamma_2 \quad \cdots \quad \gamma_N\}$ 所确定。因此,求解积分方程(4.212)的最小长度解 $f^*(\xi)$,其实质为构造正交归一化基函数簇 $\{\varphi_1 \quad \varphi_2 \quad \cdots \quad \varphi_N\}$ 并确定该基函数簇所张成的子空间的各坐标轴的坐标 $\{\gamma_1 \quad \gamma_2 \quad \cdots \quad \gamma_N\}$。

下面基于式(4.232)具体分析矩阵 $\boldsymbol{H}$ 及最小长度解 $f^*(\xi)$ 的相关性质。

首先,由式(4.222)可知基变换的过渡矩阵 $\boldsymbol{H}$ 是可逆的上三角矩阵。由此可知 $\boldsymbol{HH}^{\mathrm{T}}$ 为对称正定矩阵(注:因为对任意的 $\boldsymbol{x} \neq 0$,恒有 $\boldsymbol{H}^{\mathrm{T}}\boldsymbol{x} \neq 0$ 成立。如若不然,令 $\boldsymbol{H}^{\mathrm{T}}\boldsymbol{x} = 0$,则因矩阵 $\boldsymbol{H}$ 可逆可知 $\boldsymbol{x} = (\boldsymbol{H}^{\mathrm{T}})^{-1}0 = 0$,但这与 $\boldsymbol{x} \neq 0$ 矛盾,故假设不成立,因而 $\boldsymbol{H}^{\mathrm{T}}\boldsymbol{x} \neq 0$。进一步地,由 $\boldsymbol{H}^{\mathrm{T}}\boldsymbol{x} \neq 0$ 可知,$(\boldsymbol{H}^{\mathrm{T}} - \boldsymbol{x})^{\mathrm{T}}\boldsymbol{H}^{\mathrm{T}}\boldsymbol{x} > 0$,亦即 $\boldsymbol{x}^{\mathrm{T}}\boldsymbol{HH}^{\mathrm{T}}\boldsymbol{x} > 0$ 对任意的 $\boldsymbol{x} \neq 0$ 成立,因而 $\boldsymbol{HH}^{\mathrm{T}}$ 为正定矩阵。又 $\boldsymbol{HH}^{\mathrm{T}}$ 为对称矩阵。故 $\boldsymbol{HH}^{\mathrm{T}}$ 为对称正定矩阵)。由 $\boldsymbol{HH}^{\mathrm{T}}$ 为对称正定矩阵可知,若令 $\boldsymbol{HH}^{\mathrm{T}} = \boldsymbol{G}^{-1}$,则矩阵 $\boldsymbol{G}$ 也为对称正定矩阵,因而矩阵 $\boldsymbol{G}$ 可以被对角化,且其特征值均大于零即 $\lambda_i |_{i=1,2,\cdots,N} > 0$。令 $\lambda_1 > \lambda_2 > \cdots > \lambda_N$,即有:

$$\boldsymbol{G} = \boldsymbol{P\Lambda P}^{\mathrm{T}} = \boldsymbol{P}\begin{pmatrix} \lambda_1 & & & \\ & \lambda_2 & & \\ & & \ddots & \\ & & & \lambda_N \end{pmatrix}\boldsymbol{P}^{\mathrm{T}} \tag{4.233}$$

其中,$\boldsymbol{p}$ 为正交矩阵,其列向量为对称正定矩阵 $\boldsymbol{G}$ 的特征向量,即 $P = (p_1 \quad p_2 \quad \cdots \quad p_N)$,与之对应的特征值为 $\lambda_i |_{i=1,2,\cdots,N} > 0$。式(4.233)可以进一步表示为:

$$\boldsymbol{G}^{-1} = \boldsymbol{P}\begin{pmatrix} \frac{1}{\sqrt{\lambda_1}} & & & \\ & \frac{1}{\sqrt{\lambda_2}} & & \\ & & \ddots & \\ & & & \frac{1}{\sqrt{\lambda_N}} \end{pmatrix}\begin{pmatrix} \frac{1}{\sqrt{\lambda_1}} & & & \\ & \frac{1}{\sqrt{\lambda_2}} & & \\ & & \ddots & \\ & & & \frac{1}{\sqrt{\lambda_N}} \end{pmatrix}\boldsymbol{P}^{\mathrm{T}} \tag{4.234}$$

(注:从式(4.234)和 $\boldsymbol{HH}^{\mathrm{T}} = \boldsymbol{G}^{-1}$ 只能推得 $\boldsymbol{H} = \boldsymbol{SU}$,其中矩阵 $\boldsymbol{S} = \boldsymbol{P\Lambda}^{-\frac{1}{2}}$,矩阵 $\boldsymbol{U}$ 满足 $\boldsymbol{UU}^{\mathrm{T}} = \boldsymbol{I}$,而不能推得 $\boldsymbol{H} = \boldsymbol{S}$。)

因 $\boldsymbol{HH}^{\mathrm{T}} = \boldsymbol{G}^{-1}$,故式(4.212)中的最小长度解 $f^*(\xi)$ 为:

$$f^*(\xi) = (K_1 \quad K_2 \quad \cdots \quad K_N)\boldsymbol{P}\begin{pmatrix} \frac{1}{\sqrt{\lambda_1}} & & & \\ & \frac{1}{\sqrt{\lambda_2}} & & \\ & & \ddots & \\ & & & \frac{1}{\sqrt{\lambda_N}} \end{pmatrix}\boldsymbol{P}^{\mathrm{T}}\begin{pmatrix} g_1(t) \\ g_2(t) \\ \vdots \\ g_N(t) \end{pmatrix} \tag{4.235}$$

若令矩阵 $\boldsymbol{\Gamma}$ 和 $\boldsymbol{\Psi}$ 分别为：

$$\begin{cases}\boldsymbol{\Gamma}=\begin{pmatrix}\frac{1}{\sqrt{\lambda_1}} & & & \\ & \frac{1}{\sqrt{\lambda_2}} & & \\ & & \ddots & \\ & & & \frac{1}{\sqrt{\lambda_N}}\end{pmatrix}\boldsymbol{P}^{\mathrm{T}}\begin{pmatrix}g_1\\ g_2\\ \vdots\\ g_N\end{pmatrix}\\ \boldsymbol{\Psi}=\begin{pmatrix}\frac{1}{\sqrt{\lambda_1}} & & & \\ & \frac{1}{\sqrt{\lambda_2}} & & \\ & & \ddots & \\ & & & \frac{1}{\sqrt{\lambda_N}}\end{pmatrix}\boldsymbol{P}^{\mathrm{T}}\begin{pmatrix}K_1\\ K_2\\ \vdots\\ K_N\end{pmatrix}\end{cases} \tag{4.236}$$

则式(4.235) 为：

$$\begin{cases}f^*(\xi)=\boldsymbol{\Gamma}^{\mathrm{T}}\boldsymbol{\psi}=\sum_{i=1}^{N}\Gamma_i\Psi_i\\ \Gamma_i=\sum_{j=1}^{N}\frac{1}{\sqrt{\lambda_1}}p_{ji}g_j\\ \Psi_i=\sum_{j=1}^{N}\frac{1}{\sqrt{\lambda_1}}p_{ji}K_j\end{cases} \tag{4.237}$$

由式(4.237) 可知待估函数 $f(\xi)$ 的最小长度解 $f^*(\xi)$ 与基函数分量 $\boldsymbol{\Psi}_i$ 以及与之对应的坐标分量 Γ_i 有关。基函数分量 Ψ_i 与仅核函数 K_j 有关，这是由于特征值 $\boldsymbol{\lambda}_i$、特征向量分量 p_{ji} 和矩阵 $\boldsymbol{H}$ 有关(见式(4.234))，而矩阵 $\boldsymbol{H}$ 仅与核函数 K_j 有关(见式(4.222))，因此，特征值 $\boldsymbol{\lambda}_i$ 和特征向量分量 p_{ji} 仅与核函数 K_j 有关。坐标分量 $\boldsymbol{\Gamma}_i$ 不仅与核函数 K_j 有关，而且也与观测值函数 g_j 有关。当模型结构一经确定，核函数就已确定，因而基函数分量 $\boldsymbol{\Psi}_i$ 就已确定，但与核函数 K_j 和观测值函数 g_j 有关的坐标分量 Γ_i 此时却仅与观测值函数 g_j 有关。当特征值 λ_i 过小时，会放大观测值函数 g_j 的观测误差。此时可以通过截断含有较小的特征值的坐标分量，来获得足够的待估函数 $f(\xi)$ 的最小长度解 $f^*(\xi)$ 的解的精度。坐标分量 Γ_i 的精度估计可以由式(4.237) 和误差传播定律所确定，具体如下：

$$
\boldsymbol{D}_{\Gamma}=\begin{pmatrix}\frac{1}{\sqrt{\lambda_1}} & & & \\ & \frac{1}{\sqrt{\lambda_2}} & & \\ & & \ddots & \\ & & & \frac{1}{\sqrt{\lambda_N}}\end{pmatrix}\boldsymbol{P}^{\mathrm{T}}\boldsymbol{C}_d\boldsymbol{P}\begin{pmatrix}\frac{1}{\sqrt{\lambda_1}} & & & \\ & \frac{1}{\sqrt{\lambda_2}} & & \\ & & \ddots & \\ & & & \frac{1}{\sqrt{\lambda_N}}\end{pmatrix} \tag{4.238}
$$

式中，$\boldsymbol{C}_d$ 为观测值函数$\begin{pmatrix}g_1(t)\\ g_2(t)\\ \vdots \\ g_N(t)\end{pmatrix}$的方差 - 协方差阵。若令 $\boldsymbol{C}_d=\boldsymbol{I}$，顾及 $\boldsymbol{P}$ 为正交矩阵，则有：

$$
\boldsymbol{D}_{\Gamma}=\begin{pmatrix}\frac{1}{\sqrt{\lambda_1}} & & & \\ & \frac{1}{\sqrt{\lambda_2}} & & \\ & & \ddots & \\ & & & \frac{1}{\sqrt{\lambda_N}}\end{pmatrix} \tag{4.239}
$$

故坐标分量 $\boldsymbol{\Gamma}_i$ 的精度为：$\sigma_{\Gamma_i}=\left.\frac{1}{\sqrt{\lambda_i}}\right|_{i=1,\ 2,\ \cdots,\ N}$。

式(4.238) 的简洁形式(4.239) 的获得是基于前提条件 $\boldsymbol{C}_d=\boldsymbol{I}$，亦即认为观测值函数的方差 - 协方差为单位矩阵。由于上述所有的推导过程是从方程式(4.212) 出发的，且认为观测值函数的方差 - 协方差阵为单位矩阵，因此，只需通过一定的变换方法使得方程式(4.212) 中的观测值函数的方差 - 协方差阵为单位矩阵的条件得以满足，并且变换后方程式(4.212) 从形式上不变，就可以采用基于方程式(4.212) 所推导的待估函数估计公式(4.220) 或式(4.232) 求解待估函数$f(\xi)$ 的最小长度解$f^*(\xi)$。下面说明通过一定的变换方法使得观测值函数的方差 - 协方差阵为单位矩阵 $\boldsymbol{C}_d=\boldsymbol{I}$ 的前提条件总是可以满足的且方程式(4.212) 形式不变。

令观测值函数的方差 - 协方差阵为 $\boldsymbol{C}_g$，其不一定为单位矩阵。该方差 - 协方差阵 $\boldsymbol{C}_g$ 的 Choleskey 分解为：$\boldsymbol{C}_g=\boldsymbol{R}^{\mathrm{T}}\boldsymbol{R}$。令$(\boldsymbol{R}^{\mathrm{T}})=\boldsymbol{J}$，若观测值函数向量$\{g_i(t)\}$左乘以矩阵$\boldsymbol{J}$，令其分量为 $\tilde{g}_i(t)$，则 $\tilde{g}_i(t)$ 为：

$$\begin{pmatrix} \tilde{g}_1(t) \\ \tilde{g}_2(t) \\ \vdots \\ \tilde{g}_N(t) \end{pmatrix} = (\boldsymbol{R}^{\mathrm{T}})^{-1}\begin{pmatrix} g_1(t) \\ g_2(t) \\ \vdots \\ g_N(t) \end{pmatrix} = \boldsymbol{J}\begin{pmatrix} g_1(t) \\ g_2(t) \\ \vdots \\ g_N(t) \end{pmatrix} = \begin{pmatrix} \sum_{j=1}^{N} J_{1}g_j(t) \\ \sum_{j=1}^{N} J_{2j}g_j(t) \\ \vdots \\ \sum_{j=1}^{N} J_{Nj}g_j(t) \end{pmatrix} \tag{4.240}$$

写为分量形式即为：$\tilde{g}_i(t)\sum_{j=1}^{N} J_{ij}g_j(t)\Big|_{i=1,\ 2,\ \cdots,\ N}$。经式(4.240)变换后的观测值函数$\{\tilde{g}_i(t)\}$的方差-协方差阵为：

$$\mathrm{cov}\begin{pmatrix} \tilde{g}_1(t) \\ \tilde{g}_2(t) \\ \vdots \\ \tilde{g}_N(t) \end{pmatrix} = (\boldsymbol{R}^{\mathrm{T}})^{-1}\mathrm{cov}\begin{pmatrix} g_1(t) \\ g_2(t) \\ \vdots \\ g_N(t) \end{pmatrix}\boldsymbol{R}^{-1} = (\boldsymbol{R}^{\mathrm{T}})^{-1}\boldsymbol{C}_g\boldsymbol{R}^{-1} = (\boldsymbol{R}^{\mathrm{T}})^{-1}\boldsymbol{R}^{\mathrm{T}}\boldsymbol{R}\boldsymbol{R}^{-1} = \boldsymbol{I} \tag{4.241}$$

故变换后的观测值函数$\{\tilde{g}_i(t)\}$的方差-协方差阵即为单位矩阵。

由方程式(4.240)可知：

$$\tilde{g}_i(t) = \sum_{j=1}^{N} J_{ij}g_j(t) = \sum_{j=1}^{N} J_{ij}\langle K_j(t,\ \xi),\ f(\xi)\rangle = \langle \sum_{j=1}^{N} J_{ij}K_j(t,\ \xi),\ f(\xi)\rangle \tag{4.242}$$

若令$\sum_{j=1}^{N} J_{ij}K_j(t,\ \xi) = \tilde{K}_j(t,\ \xi)$，则有：

$$\tilde{g}_i(t) = \langle \tilde{K}_j(t,\ \xi),\ f(\xi)\rangle \tag{4.243}$$

对比式(4.221)和式(4.243)，故变换前后观测方程的形式是不变的。

因此，当原有观测方程式(4.212)的观测值函数向量的方差－协方差阵$\boldsymbol{C}_g$不为单位矩阵时，可以对矩阵$\boldsymbol{C}_g$作 Choleskey 分解$\boldsymbol{C}_g = \boldsymbol{R}^{\mathrm{T}}\boldsymbol{R}$，然后将观测值函数向量$\{g_i(t)\}$左乘以$(\boldsymbol{R}^{\mathrm{T}})^{-1}$作为新的观测值函数向量，将核函数向量$\{K_i(t,\ \xi)\}$也左乘以$(\boldsymbol{R}^{\mathrm{T}})^{-1}$作为新的核函数向量，即有与方程式(4.221)相同的方程式形式，且新的观测值函数向量的方差－协方差阵为单位阵。经过这一变换后，即可采用从方程式(4.212)出发推导出的公式求解待估函数$f(\xi)$的最小长度解$f^*(\xi)$。

最后，分析矩阵$\boldsymbol{G}$的具体形式和函数簇$\{\boldsymbol{\Psi}_i\}$的性质。如前所述，矩阵$\boldsymbol{G}$满足$\boldsymbol{H}\boldsymbol{H}^{\mathrm{T}} = \boldsymbol{G}^{-1}$(见式(4.234))。因此，$\boldsymbol{G} = (\boldsymbol{H}\boldsymbol{H}^{\mathrm{T}})^{-1}$。若令$\boldsymbol{H}^{-1} = \boldsymbol{C}$，则由式(4.222)可知核函数簇$\{K_i(t,\ \xi)\}$和正交基函数簇$\{\varphi_i(t,\ \xi)\}$满足关系：$K_i(t,\ \xi) = \sum_{j=1}^{N}\varphi_j(t,\ \xi)C_{ji}$。故有：

$$\langle K_i(t,\ \xi),\ K_j(t,\ \xi)\rangle = \langle \sum_{l=1}^{N}\varphi_l(t,\ \xi)C_{li},\ \sum_{k=1}^{N}\varphi_k(t,\ \xi)C_{kj}\rangle$$
$$= \sum_{l=1}^{N}\sum_{k=1}^{N}C_{li}C_{kj}\langle\varphi_l(t,\ \xi),\ \varphi_k(t,\ \xi)\rangle = \sum_{l=1}^{N}\sum_{k=1}^{N}C_{li}C_{kj}\delta_{lk}$$
$$= \sum_{l=1}^{N}C_{li}C_{lj} \tag{4.244}$$

亦即：

$$\begin{pmatrix} \langle K_1(t,\ \xi),\ K_1(t,\ \xi)\rangle & \langle K_1(t,\ \xi),\ K_2(t,\ \xi)\rangle & \cdots & \langle K_1(t,\ \xi),\ K_N(t,\ \xi)\rangle \\ \langle K_2(t,\ \xi),\ K_1(t,\ \xi)\rangle & \langle K_2(t,\ \xi),\ K_2(t,\ \xi)\rangle & & \langle K_2(t,\ \xi),\ K_N(t,\ \xi)\rangle \\ \vdots & & & \vdots \\ \langle K_N(t,\ \xi),\ K_1(t,\ \xi)\rangle & \langle K_N(t,\ \xi),\ K_2(t,\ \xi)\rangle & & \langle K_N(t,\ \xi),\ K_N(t,\ \xi)\rangle \end{pmatrix} = \boldsymbol{C}^{\mathrm{T}}\boldsymbol{C} \tag{4.245}$$

又因为 $\boldsymbol{H}^{-1} = \boldsymbol{C}$，$\boldsymbol{H}\boldsymbol{H}^{\mathrm{T}} = \boldsymbol{G}^{-1}$，故 $\boldsymbol{C}^{\mathrm{T}}\boldsymbol{C} = \boldsymbol{G}$ 有：

$$\boldsymbol{G} = \begin{pmatrix} \langle K_1(t,\ \xi),\ K_1(t,\ \xi)\rangle & \langle K_1(t,\ \xi),\ K_2(t,\ \xi)\rangle & \cdots & \langle K_1(t,\ \xi),\ K_N(t,\ \xi)\rangle \\ \langle K_2(t,\ \xi),\ K_1(t,\ \xi)\rangle & \langle K_2(t,\ \xi),\ K_2(t,\ \xi)\rangle & & \langle K_2(t,\ \xi),\ K_N(t,\ \xi)\rangle \\ \vdots & & & \vdots \\ \langle K_N(t,\ \xi),\ K_1(t,\ \xi)\rangle & \langle K_N(t,\ \xi),\ K_2(t,\ \xi)\rangle & & \langle K_N(t,\ \xi),\ K_N(t,\ \xi)\rangle \end{pmatrix} \tag{4.246}$$

另外，可以证明式(4.237)中的 $\{\boldsymbol{\Psi}_i\}$ 是单位正交基函数簇。下面证明此点。由式(4.237)可知 $\langle\boldsymbol{\Psi}_i,\ \boldsymbol{\Psi}_j\rangle$ 为：

$$\langle\boldsymbol{\Psi}_i,\ \boldsymbol{\Psi}_j\rangle = \langle\sum_{l=1}^{N}\frac{1}{\sqrt{\lambda_i}}p_{li}K_l,\ \sum_{k=1}^{N}\frac{1}{\sqrt{\lambda_j}}p_{kj}K_k\rangle = \sum_{l=1}^{N}\sum_{k=1}^{N}\frac{1}{\sqrt{\lambda_i}}\frac{1}{\sqrt{\lambda_j}}p_{li}p_{kj}\langle K_l,\ K_k\rangle \tag{4.247}$$

又由式(4.234)和式(4.246)有：

$$\langle\boldsymbol{\Psi}_i,\ \boldsymbol{\Psi}_j\rangle = \sum_{l=1}^{N}\sum_{k=1}^{N}\frac{1}{\sqrt{\lambda_i}}\frac{1}{\sqrt{\lambda_j}}p_{li}p_{kj}G_{lk} = \boldsymbol{p}_i^{\mathrm{T}}\boldsymbol{G}\boldsymbol{p}_j\frac{1}{\sqrt{\lambda_i}}\frac{1}{\sqrt{\lambda_j}}$$
$$= \boldsymbol{p}_i^{\mathrm{T}}(\sum_{m=1}^{N}\lambda_m\boldsymbol{p}_m\boldsymbol{p}_m^{\mathrm{T}})\boldsymbol{p}_j\frac{1}{\sqrt{\lambda_i}}\frac{1}{\sqrt{\lambda_j}} = \sum_{m=1}^{N}\lambda_m\frac{1}{\sqrt{\lambda_i}}\frac{1}{\sqrt{\lambda_j}}\delta_{im}\delta_{mj} = \delta_{ij} \tag{4.248}$$

其中，p_j 为正交矩阵 $\boldsymbol{P}$ 的列向量，$\boldsymbol{P} = (p_1\ \ p_2\ \ \cdots\ \ p_N)$，用到了关系式 $\boldsymbol{G} = \boldsymbol{P}\boldsymbol{\Lambda}\boldsymbol{P}^{\mathrm{T}}$，$\boldsymbol{\Lambda} = \mathrm{diag}(\lambda_1,\ \lambda_2,\ \cdots,\ \lambda_N)$。故 $\{\boldsymbol{\Psi}_i\}$ 为正交的基函数簇。

至此，分析了基变换矩阵 $\boldsymbol{H}$ 的性质和具体形式，以及最小长度解 $f^*(\xi)$ 的具体形式，下面对此作一总结如下：

(1) 基变换矩阵 $\boldsymbol{H}$ 由线性无关的核函数经施密特正交化过程得到(式(4.222))，从而可以求得 $\boldsymbol{H}\boldsymbol{H}^{\mathrm{T}}$，$\boldsymbol{H}\boldsymbol{H}^{\mathrm{T}}$ 也可以由 $\boldsymbol{H}\boldsymbol{H}^{\mathrm{T}} = \boldsymbol{G}^{-1}$ 得到。

(2) 方程式(4.221) 的最小长度解$f^*(\xi)$ 为：

$$\begin{cases} f^*(\xi) == (K_1 \quad K_2 \quad \cdots \quad K_N)\boldsymbol{H}\boldsymbol{H}^{\mathrm{T}}\begin{pmatrix} g_1(t) \\ g_2(t) \\ \vdots \\ g_N(t) \end{pmatrix} \\ f^*(\xi) == (K_1 \quad K_2 \quad \cdots \quad K_N)\boldsymbol{G}^{-1}\begin{pmatrix} g_1(t) \\ g_2(t) \\ \vdots \\ g_N(t) \end{pmatrix} \\ \mathrm{cov}(f^*(\xi)) = (K_1 \quad K_2 \quad \cdots \quad K_N)\boldsymbol{H}\boldsymbol{H}^{\mathrm{T}}\boldsymbol{H}\boldsymbol{H}^{\mathrm{T}}\begin{pmatrix} K_1 \\ K_2 \\ \vdots \\ K_N \end{pmatrix} \end{cases} \tag{4.249}$$

式中，矩阵$\boldsymbol{H}$由式(4.222) 确定，矩阵$\boldsymbol{G}$由式(4.246) 确定，$\{K_i\}$ 和$\{g_i\}$ 分别为核函数簇和观测值函数向量(式(4.214))。值得注意的是：$\{K_i\}$ 和$\{g_i\}$ 都是经过变换后使得$\{g_i\}$的方差-协方差为单位矩阵的新的核函数簇和观测值函数向量。

与式(4.249) 对应的分量形式为：

$$\begin{cases} \begin{cases} f^*(\xi) = \sum_{i=1}^{N} \gamma_i \varphi_i \\ \gamma_i \mid_{i=1,\ 2,\ \cdots,\ N} = \sum_{j=1}^{N} \alpha_{ji} g_j(t) \\ \varphi_i = \sum_{j=1}^{N} \alpha_{ji} K_j (i = 1,\ 2,\ \cdots,\ N) \end{cases} \\ \begin{cases} f^*(\xi) = \sum_{i=1}^{N} \Gamma_i \Psi_i \\ \Gamma_i = \sum_{j=1}^{N} \frac{1}{\sqrt{\lambda_i}} p_{ji} g_j \\ \Psi_i = \sum_{j=1}^{N} \frac{1}{\sqrt{\lambda_i}} p_{ji} K_j \\ \sigma_{\Gamma_i} = \frac{1}{\sqrt{\lambda_i}} \Big|_{i=1,\ 2,\ \cdots,\ N} \end{cases} \end{cases} \tag{4.250}$$

式中，α_{ji} 为矩阵$\boldsymbol{H}$各元素，矩阵$\boldsymbol{H}$由式(4.222) 确定，矩阵$\boldsymbol{G}$由式(4.246) 确定；$\{p_{ji}\}$ 为正交矩阵$\boldsymbol{P}$各元素，$\{\lambda_i\}$ 为矩阵$\boldsymbol{G}$的特征值，$\boldsymbol{G} = \boldsymbol{P\Lambda P}^{\mathrm{T}}$，$\boldsymbol{\Lambda} = \mathrm{diag}(\lambda_1,\ \lambda_2,\ \cdots,\ \lambda_N)$；$\{K_i\}$ 和$\{g_i\}$ 分别为核函数簇和观测值函数向量(见式(4.214))；σ_{Γ_i} 为系数Γ_i 的中误差。

4.6.4 基函数展开法算例

例 4.2 两个数据密度问题。

设$\rho(r)$为球对称地球的密度函数，仅与地球径向r有关，地球半径为R_e，M_e、I_e分别为地球质量和转动惯量，且满足如下关系：

$$\begin{cases} M_e = \int_0^{R_e} 4\pi r^2 \rho(r)\mathrm{d}r \\ I_e = \int_0^{R_e} \frac{8}{3}\pi r^4 \rho(r)\mathrm{d}r \end{cases} \tag{4.251}$$

令地球半径R_e为$6.3078\times 10_6\mathrm{m}$，$M_e$为$5.973\pm 0.0005\times 10^{24}\mathrm{kg}$，$I_e$为$8.02\pm 0.005\times 10^{37}\mathrm{kg}\cdot\mathrm{m}^2$，求地球密度函数$\rho(r)$，并计算$r=1000\mathrm{km}$地核、$r=5000\mathrm{km}$的下地幔和$r=6307.8\mathrm{km}$地表处的密度。

首先我们对相关数据进行量纲处理：令$\hat{r}=\frac{r}{R_e}$，$d_1=M_e\times 10^{-24}$，$d_2=I_e\times 10^{-37}$，$\hat{\rho}(r)=\rho(r)\times 10^{-3}$，则$d_1=5.973$，$\sigma_{d_1}=0.0005$，$d_2=8.02$，$\sigma_{d_2}=0.005$，且观测方程(4.251)变换为：

$$\begin{cases} d_1 = A_1\int_0^1 4\pi \hat{r}^2 \hat{\rho}(\hat{r})\mathrm{d}\hat{r} \\ d_2 = A_2\int_0^1 \frac{8}{3}\pi \hat{r}^4 \hat{\rho}(\hat{r})\mathrm{d}\hat{r} \end{cases} \tag{4.252}$$

其中，$A_1=R_e^3\times 10^{-2}$；$A_2=R_e^5\times 10^{-34}$。

其次，令观测值向量为$\boldsymbol{d}=\begin{pmatrix} d_1 \\ d_2 \end{pmatrix}$，核函数向量为$\boldsymbol{K}=\begin{pmatrix} K_1 \\ K_2 \end{pmatrix}$，$K_1=4\pi A_1\hat{r}^2$，$K_2=\frac{8}{3}\pi A_2\hat{r}^4$，则其方差-协方差$\boldsymbol{D}_d$为：$\boldsymbol{D}_d=\begin{pmatrix} \sigma_{d_1}^2 & 0 \\ 0 & \sigma_{d_2}^2 \end{pmatrix}$。对观测方程(4.252)进行变换，使得新的观测向量的方差-协方差为单位阵，以使其权阵为单位阵，简化计算。观测值方差-协方差阵$\boldsymbol{D}_d$的 Choleskey 分解为：$\boldsymbol{D}_d=\boldsymbol{R}^{\mathrm{T}}-\boldsymbol{R}$，其中$\boldsymbol{R}=\begin{pmatrix} \sigma_{d_1} & 0 \\ 0 & \sigma_{d_2} \end{pmatrix}$。新的观测值向量为$\tilde{\boldsymbol{d}}=(\boldsymbol{R}^{\mathrm{T}})^{-1}\boldsymbol{d}$，$\tilde{\boldsymbol{K}}=(\boldsymbol{R}^{\mathrm{T}})^{-1}\boldsymbol{K}$，从而新的观测方程为：

$$\begin{cases} \tilde{d}_1 = \tilde{A}_1\int_0^1 4\pi \hat{r}^2 \hat{\rho}(\hat{r})\mathrm{d}\hat{r} \\ \tilde{d}_2 = \tilde{A}_2\int_0^1 \frac{8}{3}\pi \hat{r}^4 \hat{\rho}(\hat{r})\mathrm{d}\hat{r} \end{cases} \tag{4.253}$$

其中，$\tilde{d}_1=\frac{d_1}{\sigma_{d_1}}$；$\tilde{d}_2=\frac{d_2}{\sigma_{d_2}}$；$\tilde{A}_1=\frac{A_1}{\sigma_{d_1}}$；$\tilde{A}_2=\frac{A_2}{\sigma_{d_2}}$；$\tilde{K}_1=4\pi\tilde{A}_1\hat{r}^2$；$\tilde{K}_2=\frac{8}{3}\pi\tilde{A}_2\hat{r}^4$。

最后，我们采用以下两种思路进行求解：其一为基于核函数构造正交基函数，从而得到基变换矩阵$\boldsymbol{H}$，然后采用式(4.249)的第一式计算$\hat{\rho}(\hat{r})$；其二是直接计算矩阵$\boldsymbol{G}$，然后采用式(4.249)的第二式计算。我们先来按思路一求解$\hat{\rho}(\hat{r})$。

由式(4.222)可知，基变换矩阵$\boldsymbol{H}$为：

$$
\boldsymbol{H}=\begin{pmatrix} \dfrac{1}{\sqrt{\langle \tilde{K}_1,\ \tilde{K}_1\rangle}} & -\dfrac{\langle \tilde{K}_1,\ \tilde{K}_2\rangle}{\sqrt{\langle \tilde{K}_1,\ \tilde{K}_1\rangle}\sqrt{\langle \tilde{K}_1,\ \tilde{K}_1\rangle\langle \tilde{K}_2,\ \tilde{K}_2\rangle-(\langle \tilde{K}_1,\ \tilde{K}_2\rangle)^2}} \\ 0 & \dfrac{\sqrt{\langle \tilde{K}_1,\ \tilde{K}_1\rangle}}{\sqrt{\langle \tilde{K}_1,\ \tilde{K}_1\rangle\langle \tilde{K}_2,\ \tilde{K}_2\rangle-(\langle \tilde{K}_1,\ \tilde{K}_2\rangle)^2}} \end{pmatrix} \tag{4.254}
$$

由式(4.249) 第一式有：

$$
\hat{\rho}(\hat{r})=(\tilde{K}_1\quad \tilde{K}_2)\boldsymbol{H}\boldsymbol{H}^{\mathrm{T}}\begin{pmatrix}\tilde{d}_1\\ \tilde{d}_2\end{pmatrix} \tag{4.255}
$$

将相关数据代入式(4.255) 即有：: $\hat{\rho}(\hat{r})=40.756\ 756\hat{r}^2-44.191\ 822\hat{r}^4$。故 $r=1\ 000\text{km}$ 内核、$r=5\ 000\text{km}$ 的下地幔和 $r=6\ 307.8\text{km}$ 地表处的密度分别为：$\hat{\rho}_{\text{icore}}=0.977\ 354\pm 0.001\ 089\text{g/cm}^3$、$\hat{\rho}_{\text{lmantle}}=8.337\ 866\pm 0.003\ 985\text{g/cm}^3$、$\hat{\rho}_{\text{surface}}=-3.435\ 066\pm 0.018\ 115\text{g/cm}^3$。各处密度估值的中误差由式(4.249) 的第三式计算得到。

由式(4.250) 的第一子式可知，式(4.255) 若用正交基函数 $\{\varphi_i\}$ 及其坐标分量 $\{\gamma_i\}$ 形式表示就为：

$$
\begin{cases}
\hat{\rho}(\hat{r})=\sum\limits_{i=1}^{2}\gamma_i\varphi_i \\
(\varphi_1\quad \varphi_2)=(\tilde{K}_1\quad \tilde{K}_2)\boldsymbol{H} \\
(\gamma_1\quad \gamma_2)=(\tilde{d}_1\quad \tilde{d}_2)\boldsymbol{H} \\
\operatorname{cov}\left\langle\begin{pmatrix}\gamma_1\\ \gamma_2\end{pmatrix}\right\rangle=\boldsymbol{H}^{\mathrm{T}}\boldsymbol{H} \\
\sigma^2_{\hat{\rho}(\hat{r})}=(\tilde{K}_1\quad \tilde{K}_2)\boldsymbol{H}\boldsymbol{H}^{\mathrm{T}}\boldsymbol{H}\boldsymbol{H}^{\mathrm{T}}\begin{pmatrix}\tilde{K}_1\\ \tilde{K}_2\end{pmatrix}
\end{cases} \tag{4.256}
$$

代入相关数据后有：

$$
\begin{cases}
\hat{\rho}(\hat{r})=\sum\limits_{i=1}^{2}\gamma_i\phi_i \\
(\phi_1\quad \phi_2)=(\sqrt{5}\hat{r}^2\quad -7.5\hat{r}^2+10.5\hat{r}^4) \\
(\gamma_1\quad \gamma_2)=(4.110\ 416\quad -4.208\ 745) \\
\operatorname{cov}\left\langle\begin{pmatrix}\gamma_1\\ \gamma_2\end{pmatrix}\right\rangle=\begin{pmatrix}1.183\ 931\times 10^{-7} & -3.971\ 026\times 10^{-7}\\ -3.971\ 026\times 10^{-7} & 3.698\ 867\times 10^{-5}\end{pmatrix} \\
\sigma^2_{\hat{\rho}(\hat{r})}=0.002\ 095\hat{r}^4-0.005\ 844\hat{r}^6+0.004\ 078\hat{r}^8
\end{cases} \tag{4.257}
$$

其次，我们再按思路二求解 $\hat{\rho}(\hat{r})$。

由式(4.246)可知，矩阵 $\boldsymbol{G}$ 为：

$$\boldsymbol{G}=\begin{pmatrix}\langle\tilde{K}_1,\ \tilde{K}_1\rangle & \langle\tilde{K}_1,\ \tilde{K}_2\rangle\\ \langle\tilde{K}_2,\ \tilde{K}_1\rangle & \langle\tilde{K}_2,\ \tilde{K}_2\rangle\end{pmatrix}\tag{4.258}$$

由式(4.249)第二式可知，$\hat{\rho}(\hat{r})$ 为：

$$\hat{\rho}(\hat{r})=(\tilde{K}_1\quad\tilde{K}_2)\boldsymbol{G}^{-1}\begin{pmatrix}\tilde{d}_1\\ \tilde{d}_2\end{pmatrix}\tag{4.259}$$

代入相关数据后可以得到与第一种思路求解一样的结果，这是因为 $\boldsymbol{G}^{-1}=\boldsymbol{H}\boldsymbol{H}^{\mathrm{T}}$，故而式(4.255)和式(4.259)是一样的。

由式(4.250)的第二子式可知，式(4.259)若用正交基函数 $\{\boldsymbol{\Psi}_i\}$ 及其坐标分量 $\{\boldsymbol{\Gamma}_i\}$ 形式表示就为：

$$\begin{cases}\hat{\rho}(\hat{r})=\sum\limits_{i=1}^{2}\boldsymbol{\Gamma}_i\boldsymbol{\Psi}_i\\ (\boldsymbol{\Psi}_1\quad\boldsymbol{\Psi}_2)=(\tilde{K}_1\quad\tilde{K}_2)\boldsymbol{P}\boldsymbol{\Lambda}^{-1/2}\\ (\boldsymbol{\Gamma}_1\quad\boldsymbol{\Gamma}_2)=(\tilde{d}_1\quad\tilde{d}_2)\boldsymbol{P}\boldsymbol{\Lambda}^{-1/2}\\ \mathrm{cov}\left\langle\begin{pmatrix}\boldsymbol{\Gamma}_1\\ \boldsymbol{\Gamma}_2\end{pmatrix}\right\rangle=\boldsymbol{\Lambda}^{-1}\\ \sigma^2_{\hat{\rho}(\hat{r})}=(\tilde{K}_1\quad\tilde{K}_2)\boldsymbol{G}^{-2}\begin{pmatrix}\tilde{K}_1\\ \tilde{K}_2\end{pmatrix}\end{cases}\tag{4.260}$$

代入相关数据后有：

$$\begin{cases}\hat{\rho}(\hat{r})=\sum\limits_{i=1}^{2}\boldsymbol{\Gamma}_i\boldsymbol{\Psi}_i\\ (\boldsymbol{\Psi}_1\quad\boldsymbol{\Psi}_2)=(-2.155\,175\hat{r}^2-0.113\,068\hat{r}^4\quad 7.523\,644\hat{r}^2-10.499\,391\hat{r}^4)\\ (\boldsymbol{\Gamma}_1\quad\boldsymbol{\Gamma}_2)=(-4.064\,856\quad 4.252\,763)\\ \mathrm{cov}\left\langle\begin{pmatrix}\boldsymbol{\Gamma}_1\\ \boldsymbol{\Gamma}_2\end{pmatrix}\right\rangle=\begin{pmatrix}1.141\,167\times10^{-7} & 0\\ 0 & 3.699\,294\times10^{-5}\end{pmatrix}\\ \sigma^2_{\hat{\rho}(\hat{r})}=0.002\,095\hat{r}^4-0.005\,844\hat{r}^6+0.004\,078\hat{r}^8\end{cases}\tag{4.261}$$

至此，求解出了两个数据密度问题的最小长度解 $\hat{\rho}(\hat{r})$。下面对该解进行简要评述。

(1) 由式(4.255)和式(4.259)可知，采用如上两种思路求解的 $\hat{\rho}(\hat{r})$ 是相同的。

(2) 由式(4.257)和式(4.261)可知，采用如上两种思路求解的 $\hat{\rho}(\hat{r})$ 的基函数展开分量形式(由坐标分量和对应基函数的乘积组成)也是相同的，不过若选择的正交基函数形式不同，会使得与基函数对应的坐标分量不同。图 4.21 给出了基于式(4.257)的基函数展开密度模型，该基函数展开采用了正交变换生成正交基函数。

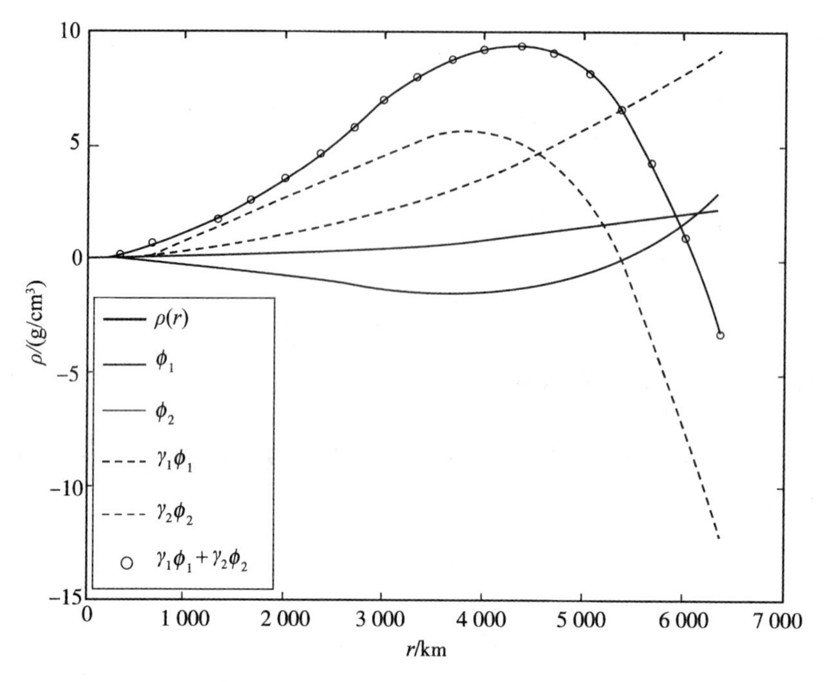

图 4. 21　基于正交变换的正交基函数展开地球密度模型

图 4. 22 给出了基于式(4. 261) 的基函数展开密度模型，该基函数展开采用了对角化方法生成的正交基函数。对比这两个图可知，尽管采用的正交基函数形式不同，坐标分量

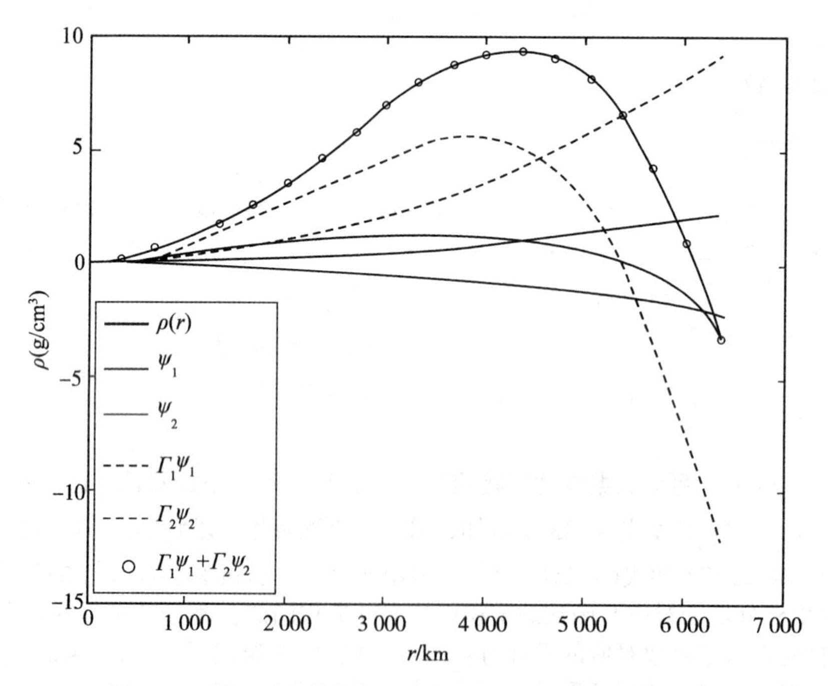

图 4. 22　基于对角化方法的正交基函数展开地球密度模型

不同，但基函数的线性组合形式相同，均为地球密度模型 $\hat{\rho}(\hat{r})$。这清楚地表明，尽管基函数及其坐标分量不同，但基函数和其坐标分量的点积不变，亦即地球密度模型在各正交基函数所张成的线性空间中保持实体不变性。

(3) 该地球密度模型在地心处的密度为零，在地表处的密度为负值，内核密度大约只有下地幔密度的十分之一，而实际地震学测定的内核密度是下地幔密度的两倍多，这些都表明该地球密度模型不是一个可选的地球密度模型。因此，需要采用其他方法进一步求解，方法就是下节将要介绍的 B-G 理论。

4.7 B-G 线性反演

在 4.4 节中介绍了模型分辨率和数据分辨的展布函数，并分别以这两类展布函数与模型方差的优度度量为准则详细推导了线性方程组的解，指出分辨率和模型方差不能同时最优，估计解时需要在它们之间取折中。这是针对观测方程是离散的情形。而本节将介绍以积分方程表达的连续的观测方程的求解问题，在地球物理反演领域这类问题的求解方法统称为 B-G 线性反演理论。B-G 线性反演理论为美国地球物理学家 G. Backus 和应用数学家 F. Gilbert 在 20 世纪 60 年代末和 70 年代初期在地球物理反演理论方面的开创性工作的总称。这些开创性的工作可以概括为：(1) 地球模型和地球物理数据可以用希尔伯特空间的系列基函数表达；(2) 从模型空间到数据空间的映射为有限个泛函，反问题的求解可以归结为泛函方程组的求解，由于零空间的存在和数据的有限性使得反问题的解非唯一，唯一的解其实是解的某种平均化；(3) 反问题的解不是纯粹对观测数据的最佳拟合，而是要在模型分辨率及数据分辨率与模型方差间取得某种程度的折中。下面我们分别介绍 B-G 线性反演理论的一些基本概念、B-G 脉冲评价准则、B-G 展布准则、B-G 折中准则。

4.7.1 模型空间和数据空间

Backus 和 Gilbert 将用以刻画整个地球的某方面的性质特征的所有观测值的集合称为总体地球资料(gross earth data)。整个地球的性质特征有：地球的质量、惯性矩、勒夫数、地球的振荡频率、品质因子、地球外部重力场模型的球谐系数、地震波走时等。这些特征对于非旋转球对称地球而言实际上都与地球径向有关，用于表征诸如此类的性质特征的函数自然也是径向的函数，这些函数被称为位置函数。n 个有序位置函数的集合为 n 维矢量函数 $m(r)$ 称之为 n 维地球模型。一切可能的地球模型组成一个无穷维线性空间 M，被称为模型空间。该模型空间如被赋予内积并定义了由内积所诱导的范数，而且加以完备化则即为希尔伯特空间 H_m，因而地球模型可以视作是该希尔伯特空间的元。对于具体的地球物理问题，观测方程为：

$$\begin{cases} g_i(m) = d_i \\ g_i(m) = \int_{r_0}^{r_1} K_i(r)m(r)\,\mathrm{d}r \end{cases} \tag{4.262}$$

其中，g_i 为定义在模型空间上的泛函；$K_i(r)$ 为核函数。由连续模型 m 得到观测数据可以有无穷多个，无穷维准确数据集 d 称为理想数据，无穷维理想数据构成数据空间，该数据空间如被赋予内积并定义了由内积所诱导的范数，而且加以完备化，也为希尔伯特空间 H_d。

4.7.2　连续介质模型的反演理论

积分方程(4.262)有无穷多解，因此，有必要增加约束条件使得解唯一，这个约束条件即为待求解的某些形式的范数最小。这些形式的范数最小包括解本身的范数最小(这对应最小长度解)、解的一阶导数的范数最小(这对应最平缓解)和解的二阶导数的范数最小(这对应最光滑解)。由于附有这些约束条件的积分方程(4.262)的目标函数为对应各解的形式(解本身、解的一阶导数、解的二阶导数)的泛函形式(即目标函数是待求解函数的函数)，因此，本节我们首先简要介绍这类泛函形式的极值条件—变分法的欧拉方程式，然后介绍积分方程(4.262)的最小长度解、最平缓解和最光滑解，最后我们以 §4.6.4 所讨论的两个数据的密度问题为例，采用本节所介绍的方法对其加以求解。

1. 变分法的欧拉方程式

在介绍变分法的欧拉方程式之前我们先给出变分法的欧拉方程式的预备定理。该预备定理的表述如下：

若定义在闭区间$[a, b]$上的连续函数$f(x)$及该区间上的满足端点为零的任意函数$\eta(x)$($\eta(a)=\eta(b)=0$)恒有$\int_a^b f(x)\eta(x)\mathrm{d}x=0$成立，则$f(x)=0$。简要证明如下：

构造函数$h(x)=f(x)(x-a)(b-x)$，则$h(x)$是区间$[a, b]$上的任意连续函数之一，且满足$h(a)=h(b)=0$。又因为$\int_a^b f(x)\eta(x)\mathrm{d}x=0$对任意的满足$\eta(a)=\eta(b)=0$的函数$\eta(x)$成立，故而有$\int_a^b f(x)h(x)\mathrm{d}x=0$，亦即$\int_a^b f^2(x)(x-a)(b-x)\mathrm{d}x=0$成立。而被积函数$f^2(x)(x-a)(b-x)$中的$(x-a)(b-x)>0$对所有的$x\in(a, b)\subset[a, b]$成立，故要使得$\int_a^b f^2(x)(x-a)(b-x)\mathrm{d}x=0$成立，必有对所有的$x\in(a, b)\subset[a, b]$恒有$f(x)=0$成立。又因为$f(x)$为$[a, b]$上的连续函数，故对任意的$\varepsilon>0$，有$\lim\limits_{\varepsilon\to0^+}f(a+\varepsilon)=f(a)$。由于对$x\in(a, b)\subset[a, b]$恒有$f(x)=0$，且$a+\varepsilon\in(a, b)\subset[a, b]$，故有$f(a+\varepsilon)=0$，从而$\lim\limits_{\varepsilon\to0^+}f(a+\varepsilon)=0$。故$f(a)=0$。同理，$f(b)=0$。因此，对所有的$x\in[a, b]$，必有$f(x)=0$。得证。

下面介绍变分法的欧拉方程式。考察如下泛函的极值问题：

定义闭区间$[a, b]$上的可导函数$y=y(x)$，其导函数为$y'=\dfrac{\mathrm{d}y(x)}{\mathrm{d}x}$且导函数连续。求$\int_a^b F(x, y, y')\mathrm{d}x$取得极值时极值条件。

令有闭区间$[a, b]$上的函数$y_0=y_0(x)$使得$\int_a^b F(x, y, y')\mathrm{d}x$取得极值，亦即有$\int_a^b F(x, y_0, y_0')\mathrm{d}x$取得极值。对函数$y_0=y_0(x)$作一微扰，定义新函数$y=y_0+\varepsilon\eta$，其中$\varepsilon$

为一常数，$\eta=\eta(x)$ 为闭区间 $[a, b]$ 上的导函数连续的任意函数且 $\eta(a)=\eta(b)$，$I_\varepsilon = \int_a^b F(x, y, y')\mathrm{d}x = \int_a^b F(x, y_0+\varepsilon\eta, y_0'+\varepsilon\eta')\mathrm{d}x$。定义新函数 $y=y_0+\varepsilon\eta$ 后，原有表述：闭区间 $[a, b]$ 上的函数 $y_0=y_0(x)$ 使得 $\int_a^b F(x, y_0, y_0')\mathrm{d}x$ 取得极值，此时等价为表述：闭区间 $[a, b]$ 上 I_ε 在 $\varepsilon=0$ 时取得极值 $\int_a^b F(x, y_0, y_0')\mathrm{d}x$，这样就将 $\int_a^b F(x, y, y')\mathrm{d}x$ 的极值问题转化为 I_ε 关于参数 ε 的极值问题(此即为变分法的核心思想)。I_ε 在 $\varepsilon=0$ 时取得极值的必要条件是：$\dfrac{\mathrm{d}I_\varepsilon}{\mathrm{d}\varepsilon}=0$。故有：

$$\begin{aligned}\frac{\mathrm{d}I_\varepsilon}{\mathrm{d}\varepsilon} &= \frac{\mathrm{d}}{\mathrm{d}\varepsilon}\int_a^b F(x, y_0+\varepsilon\eta, y_0'+\varepsilon\eta')\mathrm{d}x = \int_a^b\left(\frac{\partial F}{\partial y}\eta+\frac{\partial F}{\partial y'}\eta'\right)\mathrm{d}x \\ &= \int_a^b \frac{\partial F}{\partial y}\eta\mathrm{d}x + \frac{\partial F}{\partial y'}\eta\Big|_a^b - \int_a^b \frac{\mathrm{d}}{\mathrm{d}x}\left(\frac{\partial F}{\partial y'}\right)\eta\mathrm{d}x = \int_a^b\left[\frac{\partial F}{\partial y}-\frac{\mathrm{d}}{\mathrm{d}x}\left(\frac{\partial F}{\partial y'}\right)\right]\eta\mathrm{d}x = 0 \end{aligned} \tag{4.263}$$

亦即，对任意函数 $\eta=\eta(x)$ 且 $\eta(a)=\eta(b)$，有 $\int_a^b\left[\frac{\partial F}{\partial y}-\frac{\mathrm{d}}{\mathrm{d}x}\left(\frac{\partial F}{\partial y'}\right)\right]\eta\mathrm{d}x=0$。由前面变分法的欧拉方程式的预备定理可知：

$$\frac{\partial F}{\partial y}-\frac{\mathrm{d}}{\mathrm{d}x}\left(\frac{\partial F}{\partial y'}\right)=0 \tag{4.264}$$

式(4.264)即为泛函 $\int_a^b F(x, y, y')\mathrm{d}x$ 取极值的极值必要条件。下面基于欧拉方程式(4.264)求解连续介质模型的解。

2. 连续介质模型反演的最小长度解

连续介质模型此处指观测方程式：$d_i = \int_{r_0}^{ri} K_i(r)m(r)\mathrm{d}r\,\big|_{i=1, 2, \cdots, N}$，其中 d_i 为观测量，$K_i(r)$ 为核函数，$m(r)$ 为待估函数，r_0 和 r_1 为积分下限和积分上限。连续介质模型反演的最小长度解即求解该观测方程式在约束条件 $\| m(r) \|^2 = \langle W(r)m(r), W(r)m(r)\rangle = \int_{r_0}^{r_1}[W(r)m(r)]^2\mathrm{d}r=\min$ 下的解，其中 $W(r)$ 为 $m(r)$ 的权函数。目标函数 S 为：$S=\int_{r_0}^{r_1}[W(r)m(r)]^2\mathrm{d}r + \sum_{i=1}^{N}2\lambda_i\left(d_i - \int_{r_0}^{r_1}K_i(r)m(r)\mathrm{d}r\right)$。故泛函 F 为：

$$F=[W(r)m(r)]^2-\sum_{i=1}^{N}2\lambda_i K_i(r)m(r) \tag{4.265}$$

由欧拉方程式(4.264)可知，目标函数取极值的条件是：$\dfrac{\partial F}{\partial m}=0$(因此时泛函 F 中不含有 $m(r)$ 的导数项)。亦即：

$$2W^2(r)m(r)-\sum_{i=1}^{N}2\lambda_i K_i(r)=0 \tag{4.266}$$

写成矩阵形式为：

$$m(r) = \frac{1}{W^2(r)} \boldsymbol{K}^{\mathrm{T}} \boldsymbol{\lambda} \tag{4.267}$$

式中，$\boldsymbol{K} = (K_1(r) \quad K_2(r) \quad \cdots \quad K_N(r))^{\mathrm{T}}$；$\boldsymbol{\lambda} = (\lambda_1 \quad \lambda_2 \quad \cdots \quad \lambda_N)^{\mathrm{T}}$。将式(4.267)代入观测方程 $d_i = \int_{r_0}^{r_1} K_i(r) m(r) \mathrm{d}r \Big|_{i=1,\ 2,\ \cdots,\ N}$ 中为：

$$d_i = \sum_{j=1}^{N} \lambda_j \int_{r_0}^{r_1} \frac{1}{W^2(r)} K_i(r) K_j(r) \mathrm{d}r \tag{4.268}$$

令 $G_{ij} = \left\langle \frac{K_i}{W(r)},\ \frac{K_j}{W(r)} \right\rangle = \int_{r_0}^{r_1} \frac{1}{W^2(r)} K_i(r) K_j(r) \mathrm{d}r$，$G_{ij}$ 为矩阵 $\boldsymbol{G}$ 的各元素，$\boldsymbol{d} = (d_1 \quad d_2 \quad \cdots \quad d_N)^{\mathrm{T}}$，则式(4.268)为：

$$\boldsymbol{d} = \boldsymbol{G}\boldsymbol{\lambda} \tag{4.269}$$

由式(4.267)和式(4.269)可知：

$$m(r) = \frac{1}{W^2(r)} \boldsymbol{K}^{\mathrm{T}} \boldsymbol{G}^{-1} \boldsymbol{d} \tag{4.270}$$

式(4.270)即为连续介质模型的最小长度解。该解假定核函数簇线性无关，因而矩阵 $\boldsymbol{G}$ 可逆；若核函数簇线性相关，则仍可以前面介绍的采用阻尼最小二乘或广义逆的方法求解。此外，此处的观测方程 $d_i = \int_{r_0}^{r_1} K_i(r) m(r) \mathrm{d}r \Big|_{i=1,\ 2,\ \cdots,\ N}$ 为经过基于观测值的方差-协方差阵作 Cholesky 分解矩阵的矩阵变换后的观测方程(下文中的最平缓解和最光滑解也认为经过了同样的处理)，具体的变换方法在 §4.6.3 中已经介绍过了，在此不再赘述。

最后，若令待求函数 $m(r)$ 的权函数 $W(r) = 1$，比较式(4.270)和 §4.6.3 中的式(4.249)的第二子式可知，两者相同。式(4.249)的第二子式为通过基函数展开的方法得到的最小长度解，而式(4.270)为通过构造目标函数的泛函形式，并利用变分法的欧拉方程式得到的，两种方法得到的解是相同的。基函数的展开方法虽稍显复杂，但更直观地展示了最小长度解的几何意义：无穷维希尔伯特空间可分解为由观测方程的核函数簇所导出的基函数簇张成的子空间 V_1 和该子空间的正交补空间 V_2。V_2 也称为零空间。最小长度解即为子空间 V_1 的基函数的线性组合。而基于欧拉方程式的方法更显简洁，但不够直观。

3. 连续介质模型反演的最平缓解

连续介质模型反演的最平缓解所对应的观测方程方程及其约束条件为：

$$\begin{cases} d_i = \int_{r_0}^{r_1} K_i(r) m(r) \mathrm{d}r \Big|_{i=1,\ 2,\ \cdots,\ N} \\ \| m'(r) \|^2 = \langle W(r) m'(r),\ W(r) m'(r) \rangle = \int_{r_0}^{r_1} [W(r) m'(r)]^2 \mathrm{d}r = \min \end{cases} \tag{4.271}$$

式中，$m'(r)$ 为待估函数 $m(r)$ 的一阶导数 $\frac{\mathrm{d}m(r)}{\mathrm{d}r}$；$W(r)$ 为其权函数。同最小长度解类似，可以构造目标函数 S 和泛函 F，然后利用泛函极值条件欧拉方程式得到关于 $m(r)$ 的微分方程，解此微分方程得到含有待定系数的解 $m(r)$，最后将此解代入观测方程从而求得解的待定系数，但该方法稍显复杂。我们希望直接将最平缓解问题转化为形式上与最小长度解问题一样，然后直接利用最小长度解的结果进行求解。由于观测方程中不含有 $m(r)$ 的一阶导数，可以采用分部积分法将其变换为含有 $m(r)$ 的一阶导数，其观测方程为：

$$\begin{aligned} d_i &= \int_{r_0}^{r_1} K_i(r) m(r) \mathrm{d}r = \int_{r_0}^{r_1} m(r) \mathrm{d}\left(\int_{r_0}^{r} K_i(\xi)\mathrm{d}\xi\right) \\ &= m(r)\left(\int_{r_0}^{r} K_i(\xi)\mathrm{d}\xi\right)\Big|_{r_0}^{r_1} - \int_{r_0}^{r_1} m'(r)\left(\int_{r_0}^{r} K_i(\xi)\mathrm{d}\xi\right)\mathrm{d}r \\ &= m(r_1)\int_{r_0}^{r_1} K_i(\xi)\mathrm{d}\xi - \int_{r_0}^{r_1} m'(r)\left(\int_{r_0}^{r} K_i(\xi)\mathrm{d}\xi\right)\mathrm{d}r \end{aligned} \tag{4.272}$$

令$\int_{r_0}^{r} K_i(\xi)\mathrm{d}\xi = H_i(r)$，$\bar{d}_i = m(r_1)\int_{r_0}^{r_1} K_i(\xi)\mathrm{d}\xi - d_i$，则式(4.272)为：

$$\bar{d}_i = \int_{r_0}^{r_1} m'(r) H_i(r)\mathrm{d}r \tag{4.273}$$

约束条件为：$\| W(r)m'(r) \|^2 = \int_{r_0}^{r_1} [W(r)m'(r)]^2 \mathrm{d}r = \min$。故 $m'(r)$ 的最小长度解为：

$$m'(r) = \frac{1}{W^2(r)} \boldsymbol{H}^{\mathrm{T}} \boldsymbol{G}^{-1} \bar{\boldsymbol{d}} \tag{4.274}$$

式中，$H_i = \int_{r_0}^{r} K_i(\xi)\mathrm{d}\xi$；$\boldsymbol{H} = (H_1 \quad H_2 \quad \cdots \quad H_N)^{\mathrm{T}}$；$G_{ij} = \int_{r_0}^{r_1} \frac{1}{W^2(r)} H_i(r) H_j(r)\mathrm{d}r$，$G_{ij}$ 为矩阵 $\boldsymbol{G}$ 的各元素；$\bar{d}_i = m(r_1)H_i(r_1) - \boldsymbol{d}_i$，$\bar{\boldsymbol{d}} = (\bar{d}_1 \quad \bar{d}_2 \quad \cdots \quad \bar{d}_N)^{\mathrm{T}}$。

$m(r)$ 的最平缓解为：

$$m(r) = m(r_1) + \int_{r_1}^{r} m'(\xi)\mathrm{d}\xi \tag{4.275}$$

由式(4.275)可知，求解最平缓解需已知先验信息 $m(r_1)$。

4. 连续介质模型反演的最光滑解

连续介质模型反演的最光滑解所对应的观测方程方程及其约束条件为：

$$\begin{cases} d_i = \int_{r_0}^{r_1} K_i(r) m(r)\mathrm{d}r \,\big|_{i=1,2,\cdots,N} \\ \| m''(r) \|^2 = \langle W(r)m''(r),\ W(r)m''(r) \rangle = \int_{r_0}^{r_1} [W(r)m''(r)]^2 \mathrm{d}r = \min \end{cases} \tag{4.276}$$

式中，$m''(r)$ 为待估函数 $m(r)$ 的二阶导数$\frac{d^2 m(r)}{dr^2}$；$W(r)$ 为其权函数。同连续介质模型反演的最平缓解，这里同样对观测方程采用分部积分法，将其变换为与最小长度解的观测方程形式。基于式(4.273)有：

$$\bar{d}_i = \int_{r_0}^{r_1} m'(r) H_i(r)\mathrm{d}r = m'(r_1) L_i(r_1) - \int_{r_0}^{r_1} m''(r) L_i(r)\mathrm{d}r \tag{4.277}$$

式中，$L_i(r) = \int_{r_0}^{r} H_i(\xi)\mathrm{d}\xi$。

令 $\bar{\bar{d}}_i = m'(r_1)L_i(r_1) - \bar{d}_i$，则有：

$$\bar{\bar{d}}_i = \int_{r_0}^{r_1} m''(r) L_i(r) \mathrm{d}r \tag{4.278}$$

约束条件为：$\| m''(r) \|^2 = \int_{r_0}^{r_1} [W(r) m''(r)]^2 = \min$。故 $m''(r)$ 的最小长度解为：

$$m''(r) = \frac{1}{W^2(r)} \boldsymbol{L}^{\mathrm{T}} \boldsymbol{G}^{-1} \bar{\bar{\boldsymbol{d}}} \tag{4.279}$$

其中，$L_i(r) = \int_{r_0}^{r} H_i(\xi) \mathrm{d}\xi$，$\boldsymbol{L} = (L_1 \quad L_2 \quad \cdots \quad L_N)^{\mathrm{T}}$；$G_{ij} = \int_{r_0}^{r_1} \frac{1}{W^2(r)} L_i(r) L_j(r) \mathrm{d}r$，$G_{ij}$ 为矩阵 $\boldsymbol{G}$ 的各元素；$\bar{\bar{d}}_i = m'(r_1) L_i(r_1) - \bar{d}_i$，$\bar{\bar{\boldsymbol{d}}} = (\bar{\bar{d}}_1 \quad \bar{\bar{d}}_2 \quad \cdots \quad \bar{\bar{d}}_N)^{\mathrm{T}}$。
故 $m(r)$ 的最光滑解为：

$$\begin{cases} m'(r) = m'(r_1) + \int_{r_1}^{r} m''(\xi) \mathrm{d}\xi \\ m(r) = m(r_1) + \int_{r_1}^{r} m'(\xi) \mathrm{d}\xi \end{cases} \tag{4.280}$$

由式(4.280)可知，求解 $m(r)$ 的最光滑解需已知先验信息 $m(r_1)$ 和 $m'(r_1)$。

5. 两个数据的密度问题反演算例

§4.6.4 已给出了两个数据的密度反演问题的最小长度解，其解不符合实际(如在地表的密度为负数)。下面采用本节介绍的方法求解两个数据的密度反演问题的最小长度解、最平缓解和最光滑解。直接采用 §4.6.4 给出的变换后的观测方程(4.253)，先给出求解一般步骤及密度，然后以表格和图的形式给出具体结果。

首先，求解最小长度解。第一步计算 $\boldsymbol{G}$ 矩阵，$G_{ij} = \int_0^1 \tilde{K}_i \tilde{K}_j \mathrm{d}r$，其中 $\tilde{K}_1 = 4\pi \tilde{A}_1 \hat{r}^2$，$\tilde{K}_2 = \frac{8}{3}\pi \tilde{A}_2 \hat{r}^4$(见式(4.253))。第二步由式(4.270)计算最小长度解 $\hat{\rho}(\hat{r}) = \tilde{\boldsymbol{K}}^{\mathrm{T}} \boldsymbol{G}^{-1} \tilde{\boldsymbol{d}}$。最后计算最小长度解的方差(注意 $\mathrm{cov}(\tilde{\boldsymbol{d}}) = \boldsymbol{I}$ 为单位矩阵)。代入相关数据后有：$\hat{\rho}(\hat{r}) = 40.756\,756\hat{r}^2 - 44.191\,822\hat{r}^4$，$\sigma^2_{\hat{\rho}(\hat{r})} = 0.002\,095\hat{r}^4 - 0.005\,844\hat{r}^6 + 0.004\,078\hat{r}^8$。

其次，求解最平缓解。第一步计算 $H_i = \int_0^r \tilde{K}_i(\xi) \mathrm{d}\xi$。第二步计算 $\boldsymbol{G}$ 矩阵，$G_{ij} = \int_0^1 H_i H_j \mathrm{d}r$。第三步计算 $\bar{d}_i = \hat{\rho}(1) H_i(1) - \tilde{d}_i$(地表密度 $\hat{\rho}(1) = 2.8\mathrm{g/cm^3}$)。第四步由式(4.274)和式(4.275)计算最平缓解 $\hat{\rho}(\hat{r})$：$\frac{\mathrm{d}\hat{\rho}(\hat{r})}{\mathrm{d}\hat{r}} = \boldsymbol{H}^{\mathrm{T}} \boldsymbol{G}^{-1} \bar{\boldsymbol{d}}$，$\hat{\rho}(\hat{r}) = \hat{\rho}(1) + \int_1^{\hat{r}} \frac{\mathrm{d}\hat{\rho}(\xi)}{\mathrm{d}\xi} \mathrm{d}\xi$。

最后，计算最平缓解的方差 $\sigma^2_{\hat{\rho}(\hat{r})} = \int_1^{\hat{r}} \boldsymbol{H}^{\mathrm{T}} \mathrm{d}\xi \boldsymbol{G}^{-1} \boldsymbol{G}^{-1} \int_1^{\hat{r}} \boldsymbol{H} \mathrm{d}\xi$。代入相关数据后有：

$$\begin{cases} \hat{\rho}(\hat{r}) = 9.719\,310 - 19.930\,806\hat{r}^4 + 13.011\,497\hat{r}^6 \\ \sigma^2_{\hat{\rho}(\hat{r})} = 0.000\,319 - 0.004\,433r^4 + 0.003\,795r^6 \\ \qquad + 0.015\,436r^8 - 0.026\,438r^{10} + 0.011\,322r^{12} \end{cases} \tag{4.281}$$

最后，求解最光滑解。第一步计算 $H_i = \int_0^r \tilde{K}_i(\xi) \mathrm{d}\xi$。第二步计算 $\bar{d}_i = \hat{\rho}(1) H_i(1) -$

$\tilde{d}_i$(地表密度 $\hat{\rho}(1)=2.8\mathrm{g/cm^3}$)。第三步计算 $L_i(r)=\int_0^r H_i(\xi)\mathrm{d}\xi$。第四步计算 $G_{ij}=\int_0^1 L_i(r)L_j(r)\mathrm{d}r$。第五步计算 $\bar{\bar{d}}_i=\hat{\rho}'(1)L_i(1)-\bar{d}_i(\hat{\rho}'(1)$ 可以采用最平缓解中的结果 $\frac{\mathrm{d}\hat{\rho}(\hat{r})}{\mathrm{d}\hat{r}}=\boldsymbol{H}^{\mathrm{T}}\boldsymbol{G}^{-1}\bar{\boldsymbol{d}}\Big|_{\hat{r}=1}$)。第六步由式(4.279)和式(4.280)计算最光滑解 $\hat{\rho}(\hat{r})$：$\frac{\mathrm{d}^2\hat{\rho}(\hat{r})}{\mathrm{d}\hat{r}^2}=\boldsymbol{L}^{\mathrm{T}}\boldsymbol{G}^{-1}\bar{\bar{\boldsymbol{d}}}$，$\frac{\mathrm{d}\hat{\rho}(\hat{r})}{\mathrm{d}\hat{r}}=\frac{\mathrm{d}\hat{\rho}(\hat{r})}{\mathrm{d}\hat{r}}\Big|_{\hat{r}=1}+\int_1^{\hat{r}}\frac{\mathrm{d}^2\hat{\rho}(\xi)}{\mathrm{d}\xi^2}\mathrm{d}\xi$，$\hat{\rho}(\hat{r})=\hat{\rho}(1)+\int_1^{\hat{r}}\frac{\mathrm{d}\hat{\rho}(\xi)}{\mathrm{d}\xi}\mathrm{d}\xi$。最后，计算最光滑解的方差 $\sigma^2_{\hat{\rho}(\hat{r})}=\int_1^{\hat{r}}\int_1^r\boldsymbol{L}^{\mathrm{T}}\mathrm{d}\xi\mathrm{d}r\boldsymbol{G}^{-1}\boldsymbol{G}^{-1}\int_1^{\hat{r}}\int_1^r\boldsymbol{L}\mathrm{d}\xi\mathrm{d}r$。代入相关数据后有：

$$\begin{cases}\hat{\rho}(\hat{r})=12.092\,025-6.941\,886\hat{r}-12.044\,374\hat{r}^6+9.694\,236\hat{r}^8\\ \sigma^2_{\hat{\rho}(\hat{r})}=0.005\,903-0.021\,556\hat{r}+0.019\,681\hat{r}^2+0.028\,220\hat{r}^6-0.051\,544\hat{r}^7\\ \qquad-0.018\,471\hat{r}^8+0.033\,738\hat{r}^9+0.033\,762\hat{r}^{12}-0.044\,200\hat{r}^{14}+0.014\,466\hat{r}^{16}\end{cases}\tag{4.282}$$

表 4.1 给出了 $r=1\,000$ km 内核、$r=5\,000$ km 的下地幔和 $r=6\,307.8$km 地表处的密度 $\hat{\rho}_{\mathrm{icore}}$、$\hat{\rho}_{\mathrm{lmantle}}$ 和 $\hat{\rho}_{\mathrm{surface}}$ 的最小长度解、最平缓解和最光滑解。地震学测定的 $\hat{\rho}_{\mathrm{icore}}$ 和 $\hat{\rho}_{\mathrm{lmantle}}$ 的密度分别为：$\hat{\rho}_{\mathrm{icore}}=13\mathrm{g/cm^3}$、$\hat{\rho}_{\mathrm{lmantle}}=5\mathrm{g/cm^3}$，地表岩石平均密度为 $\hat{\rho}_{\mathrm{surface}}=2.8\mathrm{g/cm^3}$。从表 4.1 可知：此处两个数据的密度问题的最小长度解因和实际不符而不是一个可接受的解，最平缓解引入密度函数的一阶导数的范数最小和地表密度 $\hat{\rho}_{\mathrm{surface}}=2.8\mathrm{g/cm^3}$ 的先验信息，显著提高了解的合理性，最光滑解引入密度函数的二阶导数的范数最小、地表密度函数的一阶导数(由最平缓解的密度函数推出) $\frac{\mathrm{d}\hat{\rho}}{\mathrm{d}\hat{r}}\Big|_{\mathrm{surface}}=-1.65\mathrm{g/cm^3}$(注意 $\hat{r}$ 是无量纲的)和地表密度 $\hat{\rho}_{\mathrm{surface}}=2.8\mathrm{g/cm^3}$ 的先验信息，更显著提高了解的合理性。图 4.23 给出了两个数据密度问题的密度函数最光滑解(曲线 a)、最平缓解(曲线 b)、最小长度解(曲线 c)和实际的参考地球密度模型(PREM 密度模型(Dziewonski & Anderson, 1981))(虚线)。由图可知，最光滑解和最平缓解和实际的参考地球密度模型比较接近，而最小长度解却与之严重不相符，因此，最光滑解和最平缓解可以作为两个数据的密度反演问题的可接受解模型。

表 4.1　**两个数据的密度问题最小长度解、最平缓解和最光滑解**　(单位：$\mathrm{g/cm^3}$)

密度	最小长度解	最平缓解	最光滑解
$\hat{\rho}_{\mathrm{icore}}$	0.977 354 ±0.001 089	9.707 406 ±0.017 779	11.002 207 ±0.054 818
$\hat{\rho}_{\mathrm{lmantle}}$	8.337 866 ±0.003 985	5.198 213 ±0.004 463	5.224 539 ±0.007 668
$\hat{\rho}_{\mathrm{surface}}$	-3.435 066 ±0.018 115	2.800 000 ±0.000 000	2.800 000 ±0.000 000

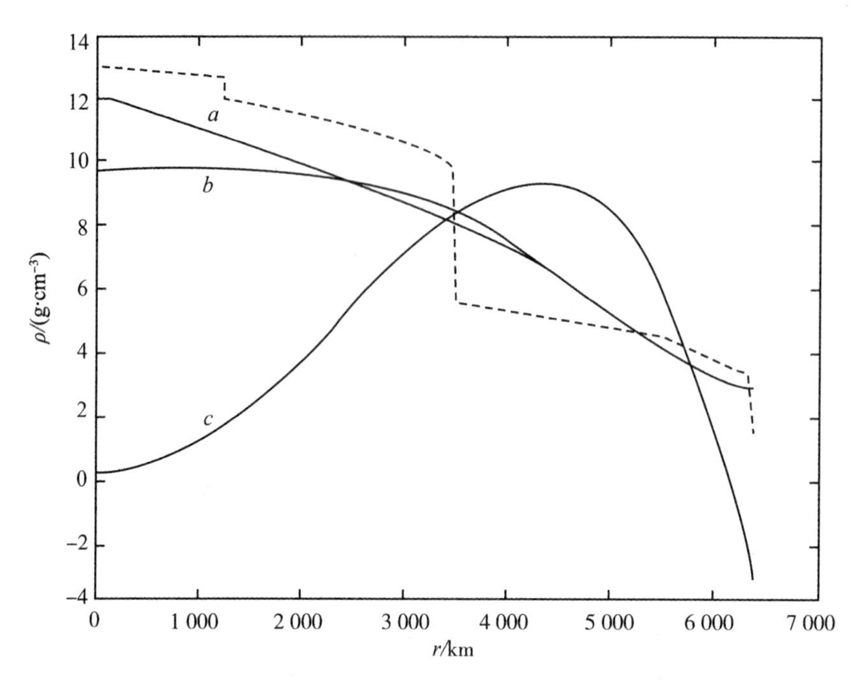

图 4.23　两个数据密度问题的密度函数最光滑解(曲线 a)、最平缓解(曲线 b)、最小长度解(曲线 c) 和实际的参考地球密度模型(PREM 密度模型, Dziewonski & Anderson, 1981)(虚线)

4.7.3　B-G 脉冲评价准则

B-G 脉冲评价准则问题即为给定估计准则条件下的连续积分方程(4.262) 的解的估计问题。该评价准则从模型参数分辨率的角度而非从模型参数的曲线形态角度(如模型参数解的长度最小、模型参数解的光滑程度) 来约束连续积分方程(4.262) 的解。如同§4.3.4 所介绍的、当模型分辨率矩阵为单位矩阵时模型参数得到完全分辨，当连续积分方程的模型分辨率函数为脉冲函数时，模型参数也同样得以完全分辨。基于此思想，该评价准则可以分为三种：第一类 Dirichlet 准则、第二类 Dirichlet 准则和 B-G 展布准则。下面首先介绍平均核函数的概念，然后分别给出基于这三种准则的连续积分方程(4.262) 的解。

由 §4.8.2 中可知，连续积分方程(4.262) 的解可表述为 $\hat{m}(\xi_0)=\sum_{i=1}^{N}c_i(\xi_0)d_i$。又观测方程为 $d_i=\langle K_i(\xi), m(\xi)\rangle=\int_{r_0}^{r_1}K_i(\xi)m(\xi)\mathrm{d}\xi$，故解可表述为：

$$\hat{m}(\xi_0)=\left\langle \sum_{i=1}^{N}c_i(\xi_0)K_i(\xi), m(\xi)\right\rangle \tag{4.283}$$

令 $\sum_{i=1}^{N}c_i(\xi_0)K_i(\xi)=A(\xi, \xi_0)$，则式(4.283) 为：

$$\hat{m}(\xi_0) = \int_{r_0}^{r_1} A(\xi, \xi_0) m(\xi) \mathrm{d}\xi \tag{4.284}$$

若 $A(\xi, \xi_0) = \delta(\xi - \xi_0)$，则 $\hat{m}(\xi_0) = \int_{r_0}^{r_1} \delta(\xi - \xi_0) m(\xi) \mathrm{d}\xi = m(\xi_0)$，亦即待估的参数 $\hat{m}(\xi_0)$ 即为真实的参数 $m(\xi_0)$。函数 $A(\xi, \xi_0)$ 即为模型参数的平均核函数。由于该函数 $A(\xi, \xi_0)$ 通常并不是 δ 函数 $\delta(\xi - \xi_0)$，因此 $\hat{m}(\xi_0)$ 与 $m(\xi_0)$ 并不严格相等，而是由式(4.284) 所确定的关于 $m(\xi)$ 的加权平均。平均核函数只能无限逼近 δ 函数，因而模型参数是局部化平均的。

1. 第一类 Dirichlet 准则

第一 Dirichlet 准则是说平均核函数和 δ 函数的差的二范数最小，亦即：

$$F = \int_{r_0}^{r_1} [A(\xi, \xi_0) - \delta(\xi - \xi_0)]^2 \mathrm{d}\xi = \min \tag{4.285}$$

将 $A(\xi, \xi_0) = \sum_{j=1}^{N} c_j(\xi_0) K_j(\xi)$ 代入上式有：

$$F = \int_{r_0}^{r_1} [\sum_{j=1}^{N} c_j(\xi_0) K_j(\xi) - \delta(\xi - \xi_0)]^2 \mathrm{d}\xi = \min \tag{4.286}$$

极值条件为：$\frac{\partial F}{\partial c_i} = 0$，亦即：

$$\frac{\partial F}{\partial c_i} = \int_{r_0}^{r_1} 2[\sum_{j=1}^{N} c_j(\xi_0) K_j(\xi) - \delta(\xi - \xi_0)] K_i(\xi) \mathrm{d}\xi = 0 \tag{4.287}$$

化简后为：

$$\sum_{j=1}^{N} c_j(\xi_0) \int_{r_0}^{r_1} K_j(\xi) K_i(\xi) \mathrm{d}\xi = K_i(\xi_0) \tag{4.288}$$

令 $\int_{r_0}^{r_1} K_j(\xi) K_i(\xi) \mathrm{d}\xi = G_{ij}$，则有：

$$\boldsymbol{G}\boldsymbol{c} = \boldsymbol{K}_0 \tag{4.289}$$

式中，矩阵 $\boldsymbol{G}$ 的各元素为 G_{ij}；$\boldsymbol{c} = (c_1(\xi_0) \quad c_2(\xi_0) \quad \cdots \quad c_N(\xi_0))^{\mathrm{T}}$；$\boldsymbol{K}_0 = (K_1(\xi_0) \quad K_2(\xi_0) \quad \cdots \quad K_N(\xi_0))^{\mathrm{T}}$。当核函数簇 $\{K_i(\xi)\}$ 线性无关时，矩阵 $\boldsymbol{G}$ 可逆，由式(4.289) 可得：$\boldsymbol{c} = \boldsymbol{G}^{-1}\boldsymbol{K}_0$，将其分别代入 $\hat{m}(\xi_0) = \sum_{i=1}^{N} c_i(\xi_0) d_i$，$A(\xi, \xi_0) = \sum_{j=1}^{N} c_j(\xi_0) K_j(\xi)$，可得估计参数 $\hat{m}(\xi_0)$ 和平均核函数 $A(\xi, \xi_0)$：

$$\begin{cases} \hat{m}(\xi_0) = \boldsymbol{K}_0^{\mathrm{T}} \boldsymbol{G}^{-1} \boldsymbol{d} \\ A(\xi, \xi_0) = \boldsymbol{K}_0^{\mathrm{T}} \boldsymbol{G}^{-1} \boldsymbol{K} \end{cases} \tag{4.290}$$

式中，$\boldsymbol{d} = (d_1 \quad d_2 \quad \cdots \quad d_N)^{\mathrm{T}}$；$\boldsymbol{K} = (K_1(\xi) \quad K_2(\xi) \quad \cdots \quad K_N(\xi))^{\mathrm{T}}$。式(4.290) 即为第一类 Dirichlet 准则下积分方程式(4.262) 的解及其对应的平均核函数。将式(4.290) 中的待估参数 $\hat{m}(\xi_0) = \boldsymbol{K}_0^T \boldsymbol{G}^{-1} \boldsymbol{d}$ 与最小长度解公式(4.270) 对比可知，两者相同。亦即，第一类 Dirichlet 准则和最小长度准则下积分方程式(4.262) 的解相同。

若在第一类 Dirichlet 准则的基础上增加平均核函数 $A(\xi, \xi_0)$ 满足归一化条件：

$$\int_{r_0}^{r_1} A(\xi,\ \xi_0)\,\mathrm{d}\xi = 1 \tag{4.291}$$

则目标函数为：

$$F = \int_{r_0}^{r_1} [A(\xi,\ \xi_0) - \delta(\xi - \xi_0)]^2 \mathrm{d}\xi + 2\lambda \int_{r_0}^{r_1} A(\xi,\ \xi_0)\,\mathrm{d}\xi - 1) = \min \tag{4.292}$$

将 $A(\xi,\ \xi_0) = \sum_{j=1}^{N} c_j(\xi_0) K_j(\xi)$ 代入式(4.292) 并同样取极值条件，同理可得：

$$\begin{pmatrix} \boldsymbol{G} & \boldsymbol{q} \\ \boldsymbol{q}^{\mathrm{T}} & 0 \end{pmatrix} \begin{pmatrix} c \\ \lambda \end{pmatrix} = \begin{pmatrix} \boldsymbol{K}_0 \\ 1 \end{pmatrix} \tag{4.293}$$

式中，G、K_0 与式(4.289) 中的相同；$\boldsymbol{q} = (q_1 \quad q_2 \quad \cdots \quad q_N)^{\mathrm{T}}$，$q_i = \int_{r_0}^{r_1} K_i(\xi)\,\mathrm{d}\xi$。基于式(4.293) 即可求解系数矩阵阵 $\boldsymbol{c}$，将其分别代入 $\hat{m}(\xi_0) = \sum_{i=1}^{N} c_i(\xi_0) d_i$，$A(\xi,\ \xi_0) = \sum_{j=1}^{N} c_j(\xi_0) K_j(\xi)$，可得估计参数 $\hat{m}(\xi_0)$ 和平均核函数 $A(\xi,\ \xi_0)$，即可求得平均核函数满足归一化条件和第一类 Dirichlet 准则的解 $\hat{m}(\xi_0)$ 和平均核函数 $A(\xi,\ \xi_0)$。

2. 第二类 Dirichlet 准则

第二类 Dirichlet 准则是说平均核函数的积分与脉冲函数的积分之差的二范数最小：

$$F = \int_{r_0}^{r_1} \left[\int_{\xi_0}^{\xi} A(\zeta,\ \xi_0)\,\mathrm{d}\zeta - H(\xi - \xi_0)\right]^2 \mathrm{d}\xi = \min \tag{4.294}$$

其中，$H(\xi - \xi_0)$ 为 Heaviside 函数。

阶跃函数 $H(\xi - \xi_0)$ 与脉冲函数 $\delta(\xi - \xi_0)$ 的关系为：

$$H(\xi - \xi_0) = \int_{\xi_0}^{\xi} \delta(\zeta - \xi_0)\,\mathrm{d}\zeta \tag{4.295}$$

将 $A(\xi,\ \xi_0) = \sum_{i=1}^{N} c_i(\xi_0) K_i(\xi)$ 代入 $\int_{\xi_0}^{\xi} \delta(\zeta - \xi_0)\,\mathrm{d}\zeta$ 中有：

$$\int_{\xi_0}^{\xi} A(\zeta - \xi_0)\,\mathrm{d}\zeta = \sum_{i=1}^{N} c_i(\xi_0) L_i(\xi,\ \xi_0) \tag{4.296}$$

式中，$L_i(\xi,\ \xi_0) = \int_{\xi_0}^{\xi} K_i(\zeta)\,\mathrm{d}\zeta$。

将式(4.296) 代入式(4.294)，并取极值条件：$\frac{\partial F}{\partial c_i} = 0$，则有：

$$\frac{\partial F}{\partial c_i} = \int_{r_0}^{r_1} 2\left[\sum_{j=1}^{N} c_j(\xi_0) L_j(\xi,\ \xi_0) - H(\xi - \xi_0)\right] L_i(\xi,\ \xi_0)\,\mathrm{d}\xi = 0 \tag{4.297}$$

化简后有：

$$\sum_{j=1}^{N} c_j(\xi_0) \int_{r_0}^{r_1} L_i(\xi,\ \xi_0) L_j(\xi,\ \xi_0)\,\mathrm{d}\xi = \int_{\xi_0}^{r_1} L_i(\xi,\ \xi_0)\,\mathrm{d}\xi \tag{4.298}$$

令 $\int_{\xi_0}^{r_1} L_i(\xi,\ \xi_0) L_j(\xi,\ \xi_0)\,\mathrm{d}\xi = L_{ij}$，$\int_{\xi_0}^{r_1} L_i(\xi,\ \xi_0)\,\mathrm{d}\xi = p_i$，则有：

$$\boldsymbol{Lc} = \boldsymbol{p} \tag{4.299}$$

式中，矩阵 $\boldsymbol{L}$ 的各元素为 L_{ij}；$\boldsymbol{c}=(c_1(\xi_0)\quad c_2(\xi_0)\quad\cdots\quad c_N(\xi_0))^{\mathrm{T}}$；$\boldsymbol{p}=(p_1\quad p_2\quad\cdots\quad p_N)^{\mathrm{T}}$。

当核函数簇 $\{K_i(\xi)\}$ 线性无关时，矩阵 $\boldsymbol{L}$ 可逆，则 $\boldsymbol{c}=\boldsymbol{L}^{-1}\boldsymbol{p}$，将其代入 $\hat{m}(\xi_0)=\sum_{i=1}^{N}c_i(\xi_0)d_i$，$A(\xi,\xi_0)=\sum_{j=1}^{N}c_j(\xi_0)k_j(\xi)$，则有：

$$\begin{cases}\hat{m}(\xi_0)=\boldsymbol{p}^{\mathrm{T}}\boldsymbol{L}^{-1}\boldsymbol{d}\\A(\xi,\xi_0)=\boldsymbol{p}^{\mathrm{T}}\boldsymbol{L}^{-1}\boldsymbol{K}\end{cases}\tag{4.300}$$

此即为第二类 Dirichlet 准则下积分方程(4.262)的解及其对应的平均核函数。

3. B-G 展布准则

B-G 展布准则是说平均核函数的一阶中心矩的二范数最小：

$$F=\int_{r_0}^{r_1}[A(\xi,\xi_0)(\xi-\xi_0)]^2\mathrm{d}\xi=\min\tag{4.301}$$

且平均核函数满足归一化条件：$\int_{r_0}^{r_1}A(\xi,\xi_0)\mathrm{d}\xi=1$。无条件极值的目标函数为：

$$F=\int_{r_0}^{r_1}[A(\xi,\xi_0)(\xi-\xi_0)]^2\mathrm{d}\xi+2\lambda\left(\int_{r_0}^{r_1}A(\xi,\xi_0)\mathrm{d}\xi-1\right)\tag{4.302}$$

极值条件为：$\dfrac{\partial F}{\partial c_i}=0$，亦即：

$$\begin{cases}\dfrac{\partial F}{\partial c_i}=\displaystyle\int_{r_0}^{r_1}2A(\xi,\xi_0)(\xi-\xi_0)^2\frac{\partial A(\xi,\xi_0)}{\partial c_i}\mathrm{d}\xi+2\lambda\int_{r_0}^{r_1}\frac{\partial A(\xi,\xi_0)}{\partial c_i}\mathrm{d}\xi=0\\\dfrac{\partial F}{\partial\lambda}=2\left(\displaystyle\int_{r_0}^{r_1}A(\xi,\xi_0)\mathrm{d}\xi-1\right)=0\end{cases}\tag{4.303}$$

由 $A(\xi,\xi_0)=\sum_{j=1}^{N}c_j(\xi_0)k_j(\xi)$，可知$\dfrac{\partial A(\xi,\xi_0)}{\partial c_i}K_i(\xi)$，将其代入式(4.303)后有：

$$\begin{cases}\displaystyle\sum_{j=1}^{N}c_j(\xi_0)\int_{r_0}^{r_1}K_i(\xi)K_j(\xi)(\xi-\xi_0)^2\mathrm{d}\xi+\lambda\int_{r_0}^{r_1}K_i(\xi)\mathrm{d}\xi=0\\\displaystyle\sum_{j=1}^{N}c_j(\xi_0)\int_{r_0}^{r_1}K_j(\xi)\mathrm{d}\xi-1=0\end{cases}\tag{4.304}$$

令$\int_{r_0}^{r_1}K_i(\xi)K_j(\xi)(\xi-\xi_0)^2\mathrm{d}\xi=H_{ij}$，$\int_{r_0}^{r_1}K_i(\xi)\mathrm{d}\xi=q_i$，则有：

$$\begin{pmatrix}\boldsymbol{H}&\boldsymbol{q}\\\boldsymbol{q}^{\mathrm{T}}&0\end{pmatrix}\begin{pmatrix}\boldsymbol{c}\\\boldsymbol{\lambda}\end{pmatrix}=\begin{pmatrix}0\\1\end{pmatrix}\tag{4.305}$$

式中，矩阵 $\boldsymbol{H}$ 的各元素为 H_{ij}；$\boldsymbol{q}=(q_1\quad q_2\quad\cdots\quad q_N)^{\mathrm{T}}$；$\boldsymbol{c}=(c_1(\xi_0)\quad c_2(\xi_0)\quad\cdots\quad c_N(\xi_0))^{\mathrm{T}}$。

基于式(4.305)即可求得系数列向量 c，将其代入 $\hat{m}(\xi_0)=\sum_{i=1}^{N}c_i(\xi_0)d_i$、$A(\xi,\xi_0)=\sum_{j=1}^{N}c_j(\xi_0)K_j(\xi)$ 即可求得 B-G 展布准则下的估计参数 $\hat{m}(\xi_0)$ 和平均核函数 $A(\xi,\xi_0)$。

4.7.4　B-G 折中准则

§4.7.3 给出了基于三类估计准则的连续积分方程的解的推导过程，这三类估计准则的出发点均为模型参数分辨率，换言之，这三类估计准则的目的均为使得模型参数具有最高的分辨率。同样也可以从模型估计参数的方差最小的角度来推导连续积分方程的解，与之对应的估计准则即为模型参数方差最小准则。从前面 §4.4.4 内容可知，模型参数的分辨率和模型参数的方差不可能同时最小，二者必有折中，这是针对离散的观测方程而言的。对于此处连续积分形式的观测方程而言，同样地有模型参数的分辨率和模型参数的方差的折中问题。下面首先推导基于模型参数方差最小准则下的连续积分形式的观测方程的解，然后推导同时基于模型参数分辨率与模型参数方差之和最小的估计准则下的连续积分方程形式的观测方程的解，后一准则即为 B-G 折中准则。

由前面可知，模型估计参数 $\hat{m}(\xi_0)$ 与其平均核函数 $A(\xi,\ \xi_0)$ 分别为：$\hat{m}(\xi_0)=\sum_{i=1}^{N}c_i(\xi_0)d_i$、$A(\xi,\ \xi_0)=\sum_{j=1}^{N}c_j(\xi_0)K_j(\xi)$，则模型估计参数 $\hat{m}(\xi_0)$ 的方差为：

$$\mathrm{cov}(\hat{m}(\xi_0))=\boldsymbol{c}^{\mathrm{T}}-\mathrm{cov}(d)\boldsymbol{c} \tag{4.306}$$

式中，$\boldsymbol{c}=(c_1(\xi_0)\quad c_2(\xi_0)\quad\cdots\quad c_N(\xi_0))^{\mathrm{T}}$；$\mathrm{cov}(d)$ 为观测值向量 $\boldsymbol{d}=(d_1\quad d_2\quad\cdots\quad d_N)^{\mathrm{T}}$ 的方差-协方差阵。注意到 $\boldsymbol{d}=(d_1\quad d_2\quad\cdots\quad d_N)^{\mathrm{T}}$ 为经过 Cholesky 分解变换(变换方法见 §4.3.4 或 §4.7.4) 后的新的观测向量，此观测向量的方差-协方差阵 $\mathrm{cov}(d)=\boldsymbol{I}$，故模型估计参数 $\hat{m}(\xi_0)$ 的方差 $\mathrm{cov}(\hat{m}(\xi_0))=\boldsymbol{c}^{\mathrm{T}}\boldsymbol{c}$。若要求平均核函数 $A(\xi,\ \xi_0)$ 满足归一化条件：

$\int_{r_0}^{r_1}A(\xi,\ \xi_0)\mathrm{d}\xi=1$，则有：

$$\boldsymbol{q}^{\mathrm{T}}\boldsymbol{c}=1 \tag{4.307}$$

其中，$\boldsymbol{c}=(c_1(\xi_0)\quad c_2(\xi_0)\quad\cdots\quad c_N(\xi_0))^{\mathrm{T}}$；$\boldsymbol{q}=(q_1\quad q_2\quad\cdots\quad q_N)^{\mathrm{T}}$，$q_i=\int_{r_0}^{r_1}K_i(\xi)\mathrm{d}\xi$。

模型参数的最小方差估计准则为：

$$\boldsymbol{F}=\boldsymbol{c}^{\mathrm{T}}\boldsymbol{c}+2\lambda(\boldsymbol{q}^{\mathrm{T}}\boldsymbol{c}-1)=\min \tag{4.308}$$

极值条件为：$\dfrac{\partial F}{\partial c}=0$，$\dfrac{\partial F}{\partial\lambda}=0$，亦即：

$$\begin{cases}\dfrac{\partial\boldsymbol{F}}{\partial\boldsymbol{c}}=2\boldsymbol{c}+2\boldsymbol{\lambda}\boldsymbol{q}=0\\[2mm]\dfrac{\partial\boldsymbol{F}}{\partial\boldsymbol{\lambda}}=\boldsymbol{q}^{\mathrm{T}}\boldsymbol{c}-1=0\end{cases} \tag{4.309}$$

故有：$\boldsymbol{c}=\dfrac{\boldsymbol{q}}{\boldsymbol{q}^{\mathrm{T}}\boldsymbol{q}}$，将其代入 $\hat{m}(\xi_0)=\sum_{i=1}^{N}c_i(\xi_0)d_i$ 和 $A(\xi,\ \xi_0)=\sum_{j=1}^{N}c_j(\xi_0)K_j(\xi)$ 即有模型参数最小方差准则下的连续积分方程的解及其平均核函数：

$$\begin{cases}\hat{m}(\xi_0)=\dfrac{\boldsymbol{q}^{\mathrm{T}}\boldsymbol{d}}{\boldsymbol{q}^{\mathrm{T}}\boldsymbol{q}}\\[2mm]A(\xi,\ \xi_0)=\dfrac{\boldsymbol{q}^{\mathrm{T}}\boldsymbol{K}}{\boldsymbol{q}^{\mathrm{T}}\boldsymbol{q}}\end{cases} \tag{4.310}$$

式中，$\boldsymbol{d}=(d_1\quad d_2\quad\cdots\quad d_N)^{\mathrm{T}}$；$\boldsymbol{K}=(K_1(\xi)\quad K_2(\xi)\quad\cdots\quad K_N(\xi))^{\mathrm{T}}$。

至此，推导了模型参数最小方差准则下的连续积分方程的解。前面基于 B-G 展布准则式(4.301) 推导了连续积分方程的解。结合这两类准则的新的估计准则即为 B-G 折中准则：

$$F = S(A,\ \xi_0)\cos\theta + \mathrm{cov}(m)\sin\theta + 2\lambda(\boldsymbol{q}^{\mathrm{T}}\boldsymbol{c} - 1) = \min \tag{4.311}$$

其中，$S(A,\ \xi_0)$ 为模型分辨率函数；$\mathrm{cov}(m)$ 为模型方差，$\mathrm{cov}(m) = \boldsymbol{c}^{\mathrm{T}}\boldsymbol{c}$；$\theta \in \left[0,\ \frac{\pi}{2}\right]$。

$$\begin{aligned} S(A,\ \xi_0) &= \int_{r_0}^{r_1}[A(\xi,\ \xi_0)(\xi - \xi_0)]^2\mathrm{d}\xi = \int_{r_0}^{r_1}\left[\sum_{j=1}^{N} c_j(\xi_0)K_j(\xi)(\xi - \xi_0)\right]^2\mathrm{d}\xi \\ &= \int_{r_0}^{r_1}\sum_{j=1}^{N} c_j(\xi_0)K_j(\xi)\sum_{i=1}^{N} c_i(\xi_0)K_i(\xi)(\xi - \xi_0)^2\mathrm{d}\xi \\ &= \sum_{j=1}^{N}\sum_{i=1}^{N} c_i(\xi_0)c_j(\xi_0)\int_{r_0}^{r_1}K_j(\xi)K_i(\xi)(\xi - \xi_0)^2\mathrm{d}\xi = \boldsymbol{c}^{\mathrm{T}}\boldsymbol{H}\boldsymbol{c} \end{aligned} \tag{4.312}$$

式中，$\boldsymbol{c} = (c_1(\xi_0)\quad c_2(\xi_0)\quad \cdots\quad c_N(\xi_0))^{\mathrm{T}}$；矩阵 $\boldsymbol{H}$ 的各元素 $H_{ij} = \int_{r_0}^{r_1}K_j(\xi)K_i(\xi)(\xi - \xi_0)^2\mathrm{d}\xi$。

于是，B-G 折中准则为：

$$\boldsymbol{F} = \boldsymbol{c}^{\mathrm{T}}\boldsymbol{H}\boldsymbol{c}\cos\theta + \boldsymbol{c}^{\mathrm{T}}c\sin\theta + 2\boldsymbol{\lambda}(\boldsymbol{q}^{\mathrm{T}}\boldsymbol{c} - 1) = \min \tag{4.313}$$

当 $\theta = 0$ 时，该准则即为B-G展布准则式(4.302)，由此得到的解即为该展布准则下的最小模型分辨率解；当 $\theta = \frac{\pi}{2}$ 时，该准则即为模型参数方差最小准则式(4.308)，由此得到的解即为模型参数方差最小准则下的解。随着 θ 从 0 增大到 $\frac{\pi}{2}$，模型参数的方差应不断减小，而模型的分辨率应不断降低。下面我们基于 B-G 折中准则式(4.313) 求解连续积分方程的解。

极值条件为：$\frac{\partial F}{\partial c} = 0$，$\frac{\partial F}{\partial \lambda} = 0$，，亦即：

$$\begin{pmatrix} \boldsymbol{H}\cos\theta + \boldsymbol{I}\sin\theta & q \\ \boldsymbol{q}^{\mathrm{T}} & 0 \end{pmatrix}\begin{pmatrix} \boldsymbol{c} \\ \boldsymbol{\lambda} \end{pmatrix} = \begin{pmatrix} 0 \\ 1 \end{pmatrix} \tag{4.314}$$

求得系数列向量 c 即可代入 $\hat{m}(\xi_0) = \sum_{i=1}^{N} c_i(\xi_0)d_i$ 和 $A(\xi,\ \xi_0) = \sum_{j=1}^{N} c_j(\xi_0)K_j(\xi)$，从而求得折中准则下的待估参数 $\hat{m}(\xi_0)$ 和平均核函数 $A(\xi,\ \xi_0)$，也可将列向量 $\boldsymbol{c}$ 代入 $S(A,\ \xi_0) = \boldsymbol{c}^{\mathrm{T}}\boldsymbol{H}\boldsymbol{c}$ 和 $\mathrm{cov}(m) = \boldsymbol{c}^{\mathrm{T}}\boldsymbol{c}$，分别得到模型参数分辨率函数 $S(A,\ \xi_0)$ 和模型参数方差 $\mathrm{cov}(m)$。图 4.24 给出了模型分辨率函数 $S(A,\ \xi_0)$ 与模型参数方差 $\mathrm{cov}(m)$ 的折中曲线，所采用的核函数分别为 $K_1(\xi) = 5\xi^2$，$K_2(\xi) = 10\xi^4$，积分区间[0, 1]。该图直观地显示了模型分辨率函数 $S(A,\ \xi_0)$ 与模型参数方差 $\mathrm{cov}(m)$ 的折中：随着 θ 从 0 增大到 $\frac{\pi}{2}$，模型分辨率函数的值也随之增大，而模型参数方差随之减小，换言之，模型分辨率随之降低，而模型参数的估计精度随之提高。另外，随着 ξ_0 的增大，折中曲线越接近原点，这就意味着较大的 ξ_0 处的模型参数，当损失较小的模型参数分辨率就能极大地提高模型参数的估计精度。总而言之，在实际反演问题中，模型参数的分辨率与模型参数的精度两者不能同时最小，需要对两者取一折中。

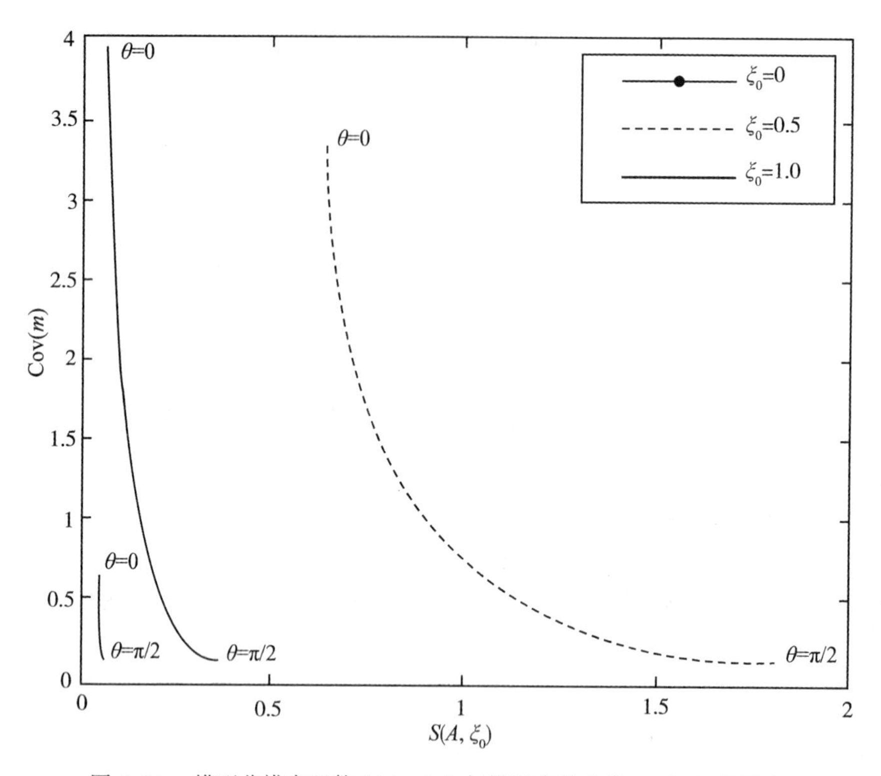

图 4.24 模型分辨率函数 $S(A, \xi_0)$ 与模型参数方差 cov(m) 的折中

4.7.5 基于 B-G 评价准则的算例

这里仍然以 4.6.4 的两个数据的密度问题为例，分别采用第一类 Dirichlet 准则、归一化的第一类 Dirichlet 准则、第二类 Dirichlet 准则和 B-G 展布准则，求解两个数据的密度问题的解。这些准则下的解分别对应式(4.290)、式(4.293)、式(4.300) 和式(4.305)。

图 4.25 给出了基于以上四种准则的三种平均核函数曲线：内核 r_c、下地幔 r_m 和地表 r_s 处的平均核函数 $A(r, r_c)$、$A(r, r_m)$、$A(r, r_s)$。由图中可知，四种准则下的平均核函数均不是 δ 脉冲函数，因此，估计所得的密度 $\hat{\rho}(\hat{r})$ 仅仅是局部平均的结果。

图 4.26 给出了基于以上四种准则的密度模型解及标准的 PREM 密度模型(图中虚线)。由图4.26可知，基于第一类Dirichlet准则(非归一化)的密度模型解(图中曲线a)与标准的 PREM 密度模型差异最大，而基于归一化的第一类 Dirichlet 准则(图中曲线 b)、第二类 Dirichlet 准则(图中曲线 c) 和 B-G 展布准则(图中曲线 d) 和标准的 PREM 密度模型的差异虽然有所改善，但差异依然比较明显。

表 4.2 定量给出了基于如上四种准则得到了在内核 r_c、下地幔 r_m 和地表 r_s 处的密度解 $\hat{\rho}_{\text{icore}}$、$\hat{\rho}_{\text{lmantle}}$、$\hat{\rho}_{\text{surface}}$。对比表4.1和表4.2可知，基于第一类Dirichlet准则(非归一化) 的密度模型解与基于密度模型的长度最小准则的密度模型解是相同的。此外，由于表 4.1 的密

度模型解如最平缓解和最光滑解利用了密度先验信息，因而反演得到的密度模型解更接近实际的密度值，而表 4.2 的密度模型解没有利用密度的先验信息，因而除了基于 B-G 展布准则的下地幔处的密度值 5.780 960 ±0.000 989 g/cm^3 与实际密度值接近以外，反演得到的密度模型解并不都和实际的密度值接近。

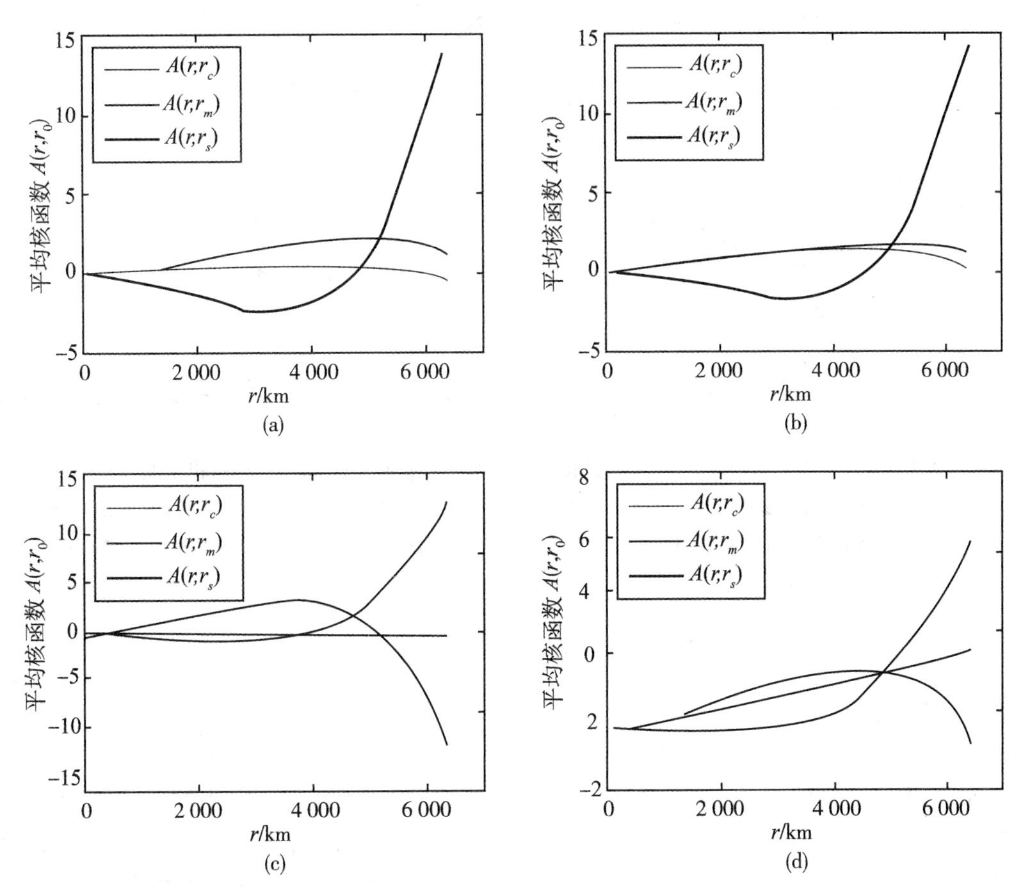

图 4.25　两个数据的密度问题的平均核函数。对应的准则为：第一类 Dirichlet 准则(a)、归一化的第一类 Dirichlet 准则(b)、第二类 Dirichlet 准则(c) 和 B-G 展布准则(d)

表 4.2　**基于 B-G 脉冲评价准则的两个数据的密度问题的解**　(单位：g/cm^3)

	$\hat{\rho}_{\mathrm{icore}}$	$\hat{\rho}_{\mathrm{lmantle}}$	$\hat{\rho}_{\mathrm{surface}}$
准则一	0.977 354 ±0.001 089	8.337 866 ±0.003 985	−3.435 066 ±0.018 115
准则二	6.865 776 ±0.004 180	6.473 808 ±0.003 006	0.103 235 ±0.016 277
准则三	8.175 067 ±0.017 757	4.072 572 ±0.012072	−0.000 000 ±0.000 000
准则四	7.199 183 ±0.005 182	5.780 960 ±0.000 989	4.060 040 ±0.004 344

说明：准则一为第一类 Dirichlet 准则，准则二为归一化的第一类 Dirichlet 准则，准则三为第二类 Dirichlet 准则，准则四为 B-G 展布准则。

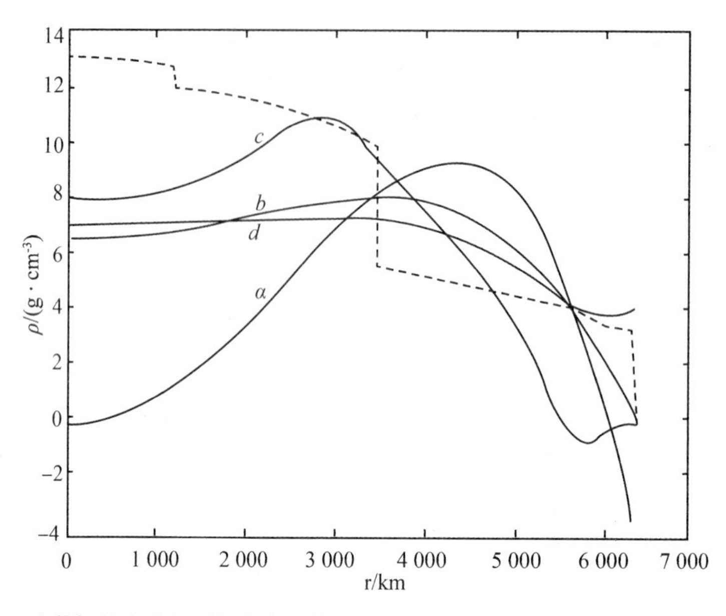

图 4.26　两个数据的密度问题的密度函数解。对应的准则为：第一类 Dirichlet 准则(曲线 α)、归一化的第一类 Dirichlet 准则(曲线 b)、第二类 Dirichlet 准则(曲线 c) 和 B-G 展布准则(曲线 d)。实际的参考地球密度模型(PREM 密度模型，Dziewonski & Anderson，1981)(虚线)

4.8　$_jR_i$ 方法

$_jR_i$ 方法简言之即为最小二乘意义下求得真值拟合最佳且多次观测值样本扰动误差拟合最小的正则化参数确定方法，该方法由 Barnhart 和 Lohman (2010) 提出。真值拟合误差被称为正则化误差(regularization error)，而多次观测样本间的误差之差被称为扰动误差(perturbation error)，这两类误差之和被称为总体误差(total error)。$_jR_i$ 方法就是在总体误差最小的准则下求解正则化参数，进而求解方程组的解。此处多次观测样本是指根据观测值的误差分布由计算机生成的符合该分布的观测样本或者是虚拟样本观测样本，而观测值可以看做是符合该误差分布的一次现实观测实现(其中的一个观测样本)。

$_jR_i$ 方法的要旨就是通过某次现实的观测值反演得到的参数向量应符合其他所有的多次观测样本，换言之，依某次现实观测量反演的参数向量求得的理论观测量要和其他任意观测样本的观测量的差异最小。直观地讲，就是由一次观测反演得到的模型参数要能反映所有其他任意观测样本的共同特征，虽然现实中只作了一次观测，但并不妨碍我们依据该观测量的误差分布虚拟出多类观测样本。图 4.27 给出了这三类误差随正则化参数 λ 的变化。该图表明：当正则化参数增大时，正则化误差也增大，亦即真值拟合不好；当正则化参数减小时，扰动误差增大。因此，需选择合适的正则化参数使得正则化误差和扰动误差尽可能地小。该例子表明当正则化误差 $\lambda = 1.13$ 时总体误差最小。$_jR_i$ 方法的具体步骤为：首先给定正则化参数求解式(4.1)最小二乘意义下的广义逆解；其次计算其数据分辨率矩阵；然后计算真值拟合误差和多次观测值样本拟合误差之和；最后确定最小拟合误差和的正则化参数。下面具体阐述这一方法。

现有一次观测数据 d_i 可分解为真值 d_0 和误差 n_i，亦即 $d_i = d_0 + n_i$ 且 $n_i \sim N(0, \sum)$。先不考虑数据的误差，求解方程组 $\begin{cases} \boldsymbol{G}m_0 = d_0 \\ \lambda \boldsymbol{L}m_0 = 0 \end{cases}$ 的最小二乘解 $m_0^* = G^{-g}d_0 m_0^* = G^{-g}d_0 = (\boldsymbol{G}^{\mathrm{T}}\boldsymbol{G} + \lambda^2\boldsymbol{L}^{\mathrm{T}}L)^{-1}\boldsymbol{G}d_0$。那么理论观测值为：$d_0^* = Gm_0^* = \boldsymbol{G}\boldsymbol{G}^{-g}d_0 = Nd_0$。真值拟合误差为：${}_0r_0 = d_0 - d_0^*$，此误差即为正则化误差(因为它仅与正则化参数 λ 有关)。同理，可以求得含有误差的一次观测数据 d_i 的最小二乘解为 $m_i^* = G^{-g}d_i$。将 $d_i = d_0 + n_i$ 代入该解则有：$m_i^* = G^{-g}d_i = G^{-g}(d_0 + n_i) = G^{-g}d_0 + G^{-g}n_i = m_0^* + G^{-g}n_i$。理论观测值为：$d_i^* = Gm_i^* = GG^{-g}d_i = Nd_i = N(d_0 + n_i) = d_0^* + n_i^*$。

设另外任有一观测量 d_j(来自于观测数据 d_i 独立同分布样本的虚拟观测量或者通过计算机随机模拟的生成观测量)，总体误差定义为：${}_jr_i = d_j - d_i^*$，其中 $d_j = d_0 + n_j$，$d_i^* = d_0^* + n_i^*$。故有：${}_jr_i = (d_0 + n_j) - (d_0^* + n_i^*) = (d_0 - d_0^*) + (n_j - n_i^*) = {}_0r_0 + (n_j - n_i^*)$。再令 ${}_jr_i^n = n_j - n_i^*$，定义其为扰动误差。于是有：${}_jr_i = {}_0r_0 + {}_jr_i^n$，亦即总体误差为正则化误差与扰动误差之和。寻找最佳的正则化参数 λ 就是在随正则化参数变化的所有最小二乘解中找到满足总体误差最小的那个正则化参数，也即同时找到了最佳的线性方程组的解。总体误差的度量函数具体形式为：

$$ {}_jR_i = \frac{1}{K}\| {}_jr_i \|^2 = \frac{1}{K}({}_0r_0 + {}_jr_i^n)^{\mathrm{T}}({}_0r_0 + {}_jr_i^n) \tag{4.315} $$

其中，K 为 ${}_jr_i$ 列向量的分量个数；${}_jr_i \in R^K$。

由于 ${}_0r_0 = d_0 - d_0^*$，$d_0^* = Nd_0$，${}_jr_i^n = n_j - n_i^*$，$n_i^* = Nn_i$，故有：

$$ \begin{cases} {}_0r_0 = (\boldsymbol{I} - \boldsymbol{N})\begin{pmatrix} d_0 \\ d_0 \end{pmatrix} \\ {}_jr_i^n = (\boldsymbol{I} - \boldsymbol{N})\begin{pmatrix} n_j \\ n_i \end{pmatrix} \end{cases} \tag{4.316} $$

将式(4.316)代入式(4.315)有：

$$ \begin{aligned} {}_jR_i &= \frac{1}{K}\left[\begin{pmatrix} d_0 \\ d_0 \end{pmatrix} + \begin{pmatrix} n_j \\ n_i \end{pmatrix}\right]^{\mathrm{T}} \boldsymbol{M}^{\mathrm{T}}\boldsymbol{M}\left[\begin{pmatrix} d_0 \\ d_0 \end{pmatrix} + \begin{pmatrix} n_j \\ n_i \end{pmatrix}\right] \\ &= \frac{1}{K}\left[\begin{pmatrix} d_0 \\ d_0 \end{pmatrix}^{\mathrm{T}}\boldsymbol{M}^{\mathrm{T}}\boldsymbol{M}\begin{pmatrix} d_0 \\ d_0 \end{pmatrix} + \begin{pmatrix} n_j \\ n_i \end{pmatrix}^{\mathrm{T}}\boldsymbol{M}^{\mathrm{T}}\boldsymbol{M}\begin{pmatrix} d_0 \\ d_0 \end{pmatrix} + \begin{pmatrix} d_0 \\ d_0 \end{pmatrix}^{\mathrm{T}}\boldsymbol{M}^{\mathrm{T}}\boldsymbol{M}\begin{pmatrix} n_j \\ n_i \end{pmatrix} + \begin{pmatrix} n_j \\ n_i \end{pmatrix}^{\mathrm{T}}\boldsymbol{M}^{\mathrm{T}}\boldsymbol{M}\begin{pmatrix} n_j \\ n_i \end{pmatrix}\right] \end{aligned} \tag{4.317} $$

其中，$\boldsymbol{M} = (\boldsymbol{I} - \boldsymbol{N})$。

由于误差 n_i，n_j 独立同分布且 $E(n_i) = E(n_j) = 0$，$D(n_i) = D(n_j) = \boldsymbol{\Sigma}$，$\mathrm{cov}(n_i, n_j) = 0$，故有：

$$ E({}_jR_i) = \frac{1}{K}\begin{pmatrix} d_0 \\ d_0 \end{pmatrix}^{\mathrm{T}}\boldsymbol{M}^{\mathrm{T}}\boldsymbol{M}\begin{pmatrix} d_0 \\ d_0 \end{pmatrix} + \frac{1}{K}E\left(\begin{pmatrix} n_j \\ n_i \end{pmatrix}^{\mathrm{T}}\boldsymbol{M}^{\mathrm{T}}\boldsymbol{M}\begin{pmatrix} n_j \\ n_i \end{pmatrix}\right) \tag{4.318} $$

由式(4.316)有：${}_0R_0 = \frac{1}{K}({}_0r_0)^{\mathrm{T}}({}_0r_0)$，此即为正则化误差的度量函数，${}_jR_i^n = \frac{1}{K}({}_jr_i^n)^{\mathrm{T}}({}_jr_i^n)$，此即为扰动误差的度量函数。故式(4.318)可表述为：

$$E({}_jR_i) = {}_0R_0 + E({}_jR_i^n) \tag{4.319}$$

令 $\boldsymbol{M}\begin{pmatrix} n_j \\ n_i \end{pmatrix} = \boldsymbol{Y}$，则式(4.319)为：

$$E({}_jR_i) = {}_0R_0 + \frac{1}{K}E(\boldsymbol{Y}^{\mathrm{T}}\boldsymbol{Y}) \tag{4.320}$$

又随机变量 $\boldsymbol{Y}$ 的期望和方差为：$E(Y) = 0$，$D(Y) = E(\boldsymbol{Y}\boldsymbol{Y}^{\mathrm{T}}) = \boldsymbol{M}\begin{pmatrix} \Sigma & 0 \\ 0 & \Sigma \end{pmatrix}\boldsymbol{M}^{\mathrm{T}}$，故有：

$$E({}_jR_i) = {}_0R_0 + \frac{1}{K}\mathrm{tr}(\boldsymbol{M}\boldsymbol{C}_1\boldsymbol{M}^{\mathrm{T}}) \tag{4.321}$$

其中，$\boldsymbol{C}_1 = \begin{pmatrix} \boldsymbol{\Sigma} & 0 \\ 0 & \boldsymbol{\Sigma} \end{pmatrix}$。

由式(4.321)有：

$$E({}_iR_i) = {}_0R_0 + \frac{1}{K}\mathrm{tr}(\boldsymbol{M}\boldsymbol{C}_2\boldsymbol{M}^{\mathrm{T}}) \tag{4.322}$$

其中，$\boldsymbol{C}_2 = \begin{pmatrix} \boldsymbol{\Sigma} & \boldsymbol{\Sigma} \\ \boldsymbol{\Sigma} & \boldsymbol{\Sigma} \end{pmatrix}$。

又 $E({}_iR_i) = \frac{1}{K}E[(d_i - d_i^*)^{\mathrm{T}}(d_i - d_i^*)]$，亦即：

$$E({}_iR_i) = \frac{1}{K}E[(\boldsymbol{M}\boldsymbol{d}_i)^{\mathrm{T}}(\boldsymbol{M}\boldsymbol{d}_i)] = \frac{1}{K}E(\boldsymbol{d}_i^{\mathrm{T}}\boldsymbol{M}^{\mathrm{T}}\boldsymbol{M}\boldsymbol{d}_i) \tag{4.323}$$

由式(4.321)、式(4.322)、式(4.323)有：

$$\begin{aligned} E({}_jR_i) &= E({}_iR_i) + \frac{1}{K}\mathrm{tr}(\boldsymbol{M}\boldsymbol{C}_1\boldsymbol{M}^{\mathrm{T}}) - \frac{1}{K}\mathrm{tr}(\boldsymbol{M}\boldsymbol{C}_2\boldsymbol{M}^{\mathrm{T}}) \\ &= \frac{1}{K}E(\boldsymbol{d}_i^{\mathrm{T}}\boldsymbol{M}^{\mathrm{T}}\boldsymbol{M}\boldsymbol{d}_i) + \frac{1}{K}\mathrm{tr}(\boldsymbol{M}(\boldsymbol{C}_1 - \boldsymbol{C}_2)\boldsymbol{M}^{\mathrm{T}}) \\ &= \frac{1}{K}E(\boldsymbol{d}_i^{\mathrm{T}}\boldsymbol{M}^{\mathrm{T}}\boldsymbol{M}\boldsymbol{d}_i) + \frac{1}{K}\mathrm{tr}(\boldsymbol{N}\boldsymbol{\Sigma} + \boldsymbol{\Sigma}\boldsymbol{N}^{\mathrm{T}}) \\ &= \frac{1}{K}E(\boldsymbol{d}_i^{\mathrm{T}}\boldsymbol{M}^{\mathrm{T}}\boldsymbol{M}\boldsymbol{d}_i) + \frac{1}{K}\mathrm{tr}(2\boldsymbol{N}\boldsymbol{\Sigma}) \end{aligned} \tag{4.324}$$

故总体误差的度量函数为：

$${}_jR_i^a = {}_iR_i + \frac{1}{K}\mathrm{tr}(2\boldsymbol{N}\boldsymbol{\Sigma}) \tag{4.325}$$

其中，${}_iR_i = \frac{1}{K}\boldsymbol{d}_i^{\mathrm{T}}\boldsymbol{M}^{\mathrm{T}}\boldsymbol{M}\boldsymbol{d}_i = \frac{1}{K}\|\boldsymbol{d}_i - \boldsymbol{d}_i^*\|^2$ 为一次实际观测量的拟合误差的平均值。

由式(4.325)可知：总体误差${}_jR_i^a$仅取决于一次实际观测的所有信息：观测向量$\boldsymbol{d}_i$、数据分辨率$\boldsymbol{N}$和观测数据的方差-协方差阵$\boldsymbol{\Sigma}$。它的含义是：通过一次实际观测量$\boldsymbol{d}_i$估计出模型参数后得到与本次实际观测量$\boldsymbol{d}_i$相对应的理论观测量$\boldsymbol{d}_i^*$，这个理论观测量要和所有的其他与实际观测量$\boldsymbol{d}_i$独立同分布的观测量$\boldsymbol{d}_j$实现最佳拟合，换言之，由本次实际观测估计出的模型参数既要能解释本次的观测数据，而且要能解释其他与之独立同分布的观测数据(这个观测数据是虚拟的，实际上并没有用到)。通常我们都是在实现观测数据最佳拟合的准则下基于本次观测量进行参数估计，也就是说只是通过观测样本中的一个抽样实现了参数估计，但是并没有顾及这个估计的参数是否适用于观测样本中的其他抽样。而采用${}_jR_i$方法则顾及了这一点(见式(4.325)中的扰动误差项)。另一方面，尽管我们并不知道观测真值，但采用该方法(准确地说是采用总体误差的度量函数${}_jR_i$最小准则)可以尽可能地拟合观测真值，同时压制观测误差传递到被估计的参数中。

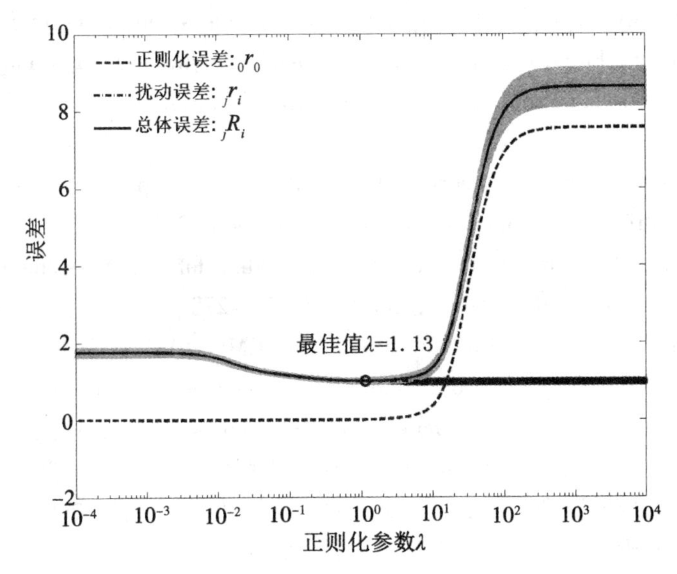

图4.27 方法中的正则化误差、扰动误差及总体误差随正则化参数的变化

◎ 参考文献：

[1] Anderson T W. The statistical analysis of time series, reprint edition. New York: Wiley, 1994

[2] Aster R C, Borchers B, Thurber C H. Parameter Estimation and Inverse Problems(Second Edition). NY: Academic Press, 2012

[3] Barnhart W D, Lohman B. Automated fault model discretization for inversions for coseismic slip distributions. J. Geophys. Res., 2010, 115, B10419, doi: 10.1029/2010JB007545

[4] Dziewonski A M, Anderson D L. Preliminary reference Earth model. Phys. Earth Plan. Int., 1981, 25: 297-356

[5] Kantorovich L V. Functional analysis and applied mathematics [Russian]. Uspekhi Mat.

Nauk 1948, 3: 89-185

[6]Hestenes M R, Stiefel E. Methods of conjugate gradients for solving linear systems. J. Res. Natl. Bur. Stand., 1952, 49(6): 409-436

[7]Huiskamp G. Difference formulas for the surface Laplacian on a triangulated surface. J. Comput. Phys., 1991, 95: 477-496

[8]Menke W. Geophysical data analysis: Discrete inverse theory, third edition: MATLAB edition, NY: Academic Press, 2012

[9]Okada Y. Internal deformation due to shear and tensile faults in a half-space. Bull. Seismol. Soc. Am., 1992, 82(2): 1018-1040

[10]Pollitz F F. Coseismic deformation from earthquake faulting on a layered spherical earth. Geophys. J. Int., 1996, 125(1): 1-14

[11]Shewchuk J R. An introduction to the conjugate gradient method without the agonizing pain, 1994 (http://www.cs.cmu.edu/~quake-papers/painless-conjugate-gradient.pdf)

[12]Sun, W, Okubo S. Fu G. Green's function of co-seismic strain changes and investigation of effects of earth's curvature and radial heterogeneity. Geophys. J. Int., 2006, 167: 1 273-1 291

[13]Tarantola A. Inverse problem theory and methods for model parameter estimation. SIAM: Society for Industrial and Applied Mathematics, Sweden, 2005

[14]Thomas S, Roman V. A randomized Kaczmarz algorithm for linear systems with exponential convergence. J. Fourier Anal. Appl., 2009, 15: 262-278

[15]Wang R, Lorenzo-Martin F, Roth F. PSGRN/PSCMP—A new code for calculating co-andpost-seismic deformation, geoid and gravity changes based on the viscoelastic-gravitational dislocation theory. Computers and Geosciences, 2006, 32: 527-541

[16]傅淑芳，朱仁益．地球物理反演问题．北京：北京大学出版社，1998

[17]王家映．地球物理反演理论(第 2 版)．北京：高等教育出版社，2002

[18]刘丁酉．矩阵分析．武汉：武汉大学出版社，2005

[19]朱良保．地球物理反演讲义．http://wenku.baidu.com/view/30608b21dd36a32d737581e5.html，2010

第 5 章　非线性反演方法

5.1　非线性反演的一般描述

众所周知，地球物理反问题有线性和非线性之分，前者指观测数据和地球物理模型之间存在线性关系，而后者是非线性关系。在前面的章节中，我们已经系统地论述了在反问题中广泛应用的线性反演方法。这是一种理论完整、效果明显、应用广泛的反演方法。然而，绝大多数地球物理反问题都是非线性的，对于这类问题的求解通常可以分为两大类：一类是线性化方法，即将非线性问题线性化，构成一种迭代的模式，用逐次逼近的方法求解。这类反演方法具有计算速度快，计算效率高，所需内存少等优点。但其致命的不足是反演结果强烈地依赖于初始模型的选取，不能保证迭代过程收敛于一个理想的模型。即使收敛，其最终模型可能与实际模型之间存在较大的误差，与观测数据的拟合情况也比较差。另一类是不涉及非线性问题线性化，通过各种途径直接解非线性问题，实现从数据空间到模型空间的映射。但不管是哪一类反演问题，归根结底，反演过程都是一个对目标函数(或概率、概率密度)的最优化过程，只是实现最优的途径和方法不同罢了。本章主要介绍目前在大地测量地球物理反演中无需将非线性问题进行线性化处理的非线性反演方法，即非线性问题的第二类求解方法。

5.2　模拟退火法(Simulated Annealing， SA)

“模拟退火”一词来源于 Metropolis 等于 1953 年所发表的文章，该文提出了固体退火过程中物质内部状态变化的 Metropolis 算法及重要性采样准则(Important Sample Criterion)(Metropolis， et al.， 1953)。1982 年，Kirkpatrick 等把这一算法成功地应用到优化问题，在优化问题与退火过程之间找到了对应关系。在这一类比关系中，极小化问题的目标函数对应于物质内部状态的能量 E。1983 年，Kirkpatrick 等以同名文章发表于 *Science* 220 期(Kirkpatrick， et al.， 1983)，展现了模拟退火法在最优化问题上的诱人应用前景。

5.2.1　退火算法的核心思想

模拟退火是以热力学与统计物理为基础的一类非线性全局最优化方法。其核心思想是根据优化问题的求解与物体退火过程的相似性，采用 MetroPolis 算法和温度更新函数，适当控制温度的下降过程实现退火，从而达到求解全局最优问题的目的。

退火即晶体生长的过程。在对固体物质进行退火处理时，通常先将它加温熔化，使其固体规则性被彻底破坏，其中的粒子可自由运动。然后随着温度的逐渐下降，粒子运动渐趋有序，粒子也逐渐形成了低能态的晶格，当温度降至结晶温度后，粒子运动变为围绕晶体格点的微小振动，液体凝成固体的晶态。若在凝结点附近的温度下降速率足够慢，则固体物质一定会形成最低能量的基态。这一过程是缓慢进行的。如果冷却太快，会产生非晶体状的亚稳态玻璃体。

Kirpatrick 等(1983) 研究证实，冷却后物质变成晶体时的状态，恰好是系统处于整体能量极小的状态；而亚玻璃体的状态，正是系统处于能量局部极小的状态。因此，Kirpatrick 等把物理系统的能量作为最优化问题的目标函数，其能量达到最小，系统处于最优状态。在整个最优化过程中，温度是一个至关重要的参数。基于这种类比，Rothman(1985，1986) 将退火原理引入地球物理资料的反演，并称之为模拟退火法。

5.2.2　模拟退火算法基本原理

假设某种物质在固态下有 N 种基本的内部结构状态。根据统计物理学理论，在温度 T 热平衡状态下，物质内部处于不同结构状态的概率是服从 Boltzmann-Gibbs 分布的(Tsallis，1988)。即

$$\rho(r_i) = \frac{\exp\left(-\dfrac{E(r_i)}{kT}\right)}{\sum_{j=1}^{M}\exp\left(-\dfrac{E(r_j)}{k_b T}\right)} \tag{5.1}$$

式中，$E(r_i)$ 为第 i 个分子的能量函数；r_i 为第 i 个分子所处的状态；k_b 为玻尔兹曼常数；T 为温度；而 $\rho(r_i)$ 为第 i 个分子的概率密度。

为方便起见，令玻尔兹曼常数 $k_b = 1$。若 $E(r_i)$ 代表目标函数，温度升高，能量增大；温度降低，能量减小。可见，温度 T 和目标函数(或能量) 相应。

在温度足够高时，物质内部处于不同状态的概率几乎是相同的；随着温度的下降，物质内部处于高能状态的概率也下降。当温度下降到足够低时，物质内部可能仅处于一种基底状态 —— 最低内能状态。物质内部能否在低温下处于基底状态，不仅与温度有关，而且与降温过程密切相关。如果外界温度下降非常缓慢，物体的所有分子都同时按同一温度下降，处于同一个温度，物体就会变成晶体；反之，如果温度下降太快，物体每个分子的温度不能同时均匀下降，则会出现亚玻璃体。按反演中的术语，就是目标函数陷入了局部最小。

5.2.3　模拟退火算法的步骤

模拟退火有两种算法，一种是 MetroPolis 两步法(简称 MSA)，即随机产生扰动和判断是否接受扰动；另外一种叫做热浴法(Heatbath)(简称 HBSA)，或称为一步法，即把扰动和判断两步合并变为直接计算概率密度函数。Rothmann(1986) 已经证明这两种方法在原理上是一致的，两种方法的区别在于模型空间的搜索方法和模型参数的修改方法不同。MSA 算法可在全空间自动搜索，模型修改量是随机的；而 HBSA 算法则是把模型参数限制

在一定的范围内，模型修改量是一固定值。研究表明，HBSA的计算速度比MSA快，特别是在已知某些模型参数的情况下，由于模型空间的缩小，计算速度就进一步加快了。

在MSA算法中，按以下步骤进行反演，即：

1) 给定模型每一参数 $m_i(i=1,2,\cdots,N)$ 变化范围，在这个范围内随机选择一个初始模型 $m_i^{(0)}$，并计算相应的目标函数值 $E(m_i^{(0)})$，即：

$$E(m_i^{(0)})=\sum_{i=1}^{M}(d_i-f(m_i^{(0)}))^2 \tag{5.2}$$

2) 对当前模型 $m_i^{(0)}$ 进行扰动产生一个新模型 m_i，计算相应的目标函数 $E(m_i)$，得到

$$\Delta E=E(m_i)-E(m_i^{(0)}) \tag{5.3}$$

3) 若 $\Delta E\leqslant 0$，表明模型修改方向使目标函数减小，修改可以接受；若 $\Delta E>0$，则按式(5.2.4)来计算 $\rho(\Delta E)$，若 $0<\rho(\Delta E)<R$，说明修改仍可以接受，否则不做修改。R 是在0和1之间的一个随机数。

$$\rho(\Delta E)=\exp\left(-\frac{\Delta E}{k_b T}\right) \tag{5.4}$$

当模型被接受时，置 $m_i^{(0)}=m_i$，$E(m_i^{(0)})=E(m_i)$。

4) 在温度 T 下，重复一定次数的扰动和接受过程，即重复步骤2)、步骤3)；

5) 缓慢降低温度 T；

6) 重复步骤2) ~ 步骤5)，直至收敛条件满足为止。

从式(5.4)可以看出，温度 T 只是一个控制参数，玻尔兹曼常数 k_b 只起一个尺度因子的作用，实际应用时取1。显然，T 较小时，对 ΔE 起着一种放大作用，使低温时不易接受模型修改。这相当于物体在低温时分子被束缚在平衡位置附近。

以上的算法实际上分两步交替进行计算：1) 随机扰动产生新模型并计算目标函数(或称能量)的变化；2) 决定新模型是否被接受。由于算法是在高温条件开始进行的，因此，使 E 增大的模型可能被接受，因而能舍去局部极小值。通过缓慢地降低温度，算法能收敛全局最优点。

HBSA算法是在模型空间内对模型参数进行修改，要求每一个修改的模型参数均以式(5.1)的概率分布进行选取。随着温度 T 的逐渐降低，重复修改和接受过程，最终得到最优模型参数，具体的计算过程如下：

1) 从可能值中随机产生一个初始模型 $m_i^{(0)}$，其参数分别为 $m_1^{(0)}$，$m_2^{(0)}$，…，$m_N^{(0)}$。给定初始温度 $T=T_0$；

2) 在保持 $m_2^{(0)}$，…，$m_N^{(0)}$ 固定的情况下，使 $m_1^{(0)}$ 从 $m_1^{(0)min}$ ~ $m_1^{(0)max}$ 取出所有可能的取值，按式(5.1)计算概率，并选择概率最大的 $m_1^{(0)}$ 为其新值，即为 m_1^1；

3) 固定 m_1^1，$m_3^{(0)}$，…，$m_N^{(0)}$，计算 $m_2^{(0)}$ 的概率分布，并按 m_1^1 的方法选择 $m_2^{(0)}$ 的新值，选择概率最大者，并记为 m_2^1；

4) 依此类推，直到完成 $m_N^{(0)}$ 的选择，即完成一次迭代。在每一次迭代过程中保持温度 T 不变；

5) 按温度更新函数更新温度 T；

6) 重复2) ~ 步骤4)，直到收敛条件满足为止。

5.2.4　模拟退火算法中有关参数的选择

1) 初始温度 T_0 的选取：

初始温度 T_0 应选得足够高，使得状态空间中的每一状态都以几乎相同的概率出现。要求 T_0 足够高的目的是为了防止 SA 算法落入局部最优解的陷阱中。如果 T_0 选得太小，则 SA 算法所对应的解一旦落入局部最优值陷阱中就很难再跳出来，从而无法在可接受的时间内得到全局最优(或近似最优)解。在很多实际问题中，通常根据一些统计量来选取 T_0，其选取的标准是，使得 SA 算法在初始阶段能以足够大的概率接受成本值高的状态。在正式运行 SA 算法前，先通过实验获取产生的总状态数与成功转移的状态数之比，然后通过不断调整 T_0 而使此比值接近于 1，从而得到 SA 算法所需的初始温度 T_0(Aarts and Laarhoken，1985； Huang et al.， 1986)。

2) 冷却调度

冷却调度(Cooling schedule) 指的是温度 T_k 的下降速率。常见的冷却调度有下面几种：设 $T(k)$ 为第 k 次迭代时的温度。

对数下降(Rothman，1985)：$T(k) = \dfrac{\alpha}{\log(k + k_0)}$

快速降温(Rothman，1985)：$T(k) = \dfrac{\beta}{(1 + k)}$

直线下降(Kirkpatrick，1983)：$T(k) = \left(1 - \dfrac{K}{k}\right) t_0$

指数退温(Kirkpatrick，1983；Rothman，1985)：$T_k = \alpha T_{k-1}$

四种冷却调度的温度下降速度是不一样的，指数退温是最常用的一种模式，其优点是形式简单，T_k 下降较快，其中 α 在 0.80 ~ 0.99；其缺点是 α 的选取依不同的问题而异，没有一个比较统一的选择方法。不同的问题要求的 α 值可能相差很大。而且 α 值一旦取定，在算法执行时就不能再改变。

5.3　遗传算法(Genetic Algorithm， GA)

遗传算法的基本思想是基于 Darwin 进化论和 Mendel 的遗传学说，是一种在模型空间进行启发式搜索的非线性反演方法。早在 20 世纪 50 年代，一些生物学家就着手于计算机模拟生物的遗传系统。1967 年，美国 Michigan 大学 Holland 教授在研究适应系统时，进一步涉及进化演算的思考，并于 1968 年提出模式理论。1975 年，Holland 教授的专著《自然界和人工系统的适应性》(Adaptation in Nature and Artificial Systems) 的问世，标志着遗传算法的诞生。Goldberg 博士的专著 *Genetic Algorithms in Search， Optimization and Machine Learning* 是 GA 发展中的又一个里程碑(Goldberg， 1989)。

5.3.1　遗传算法的原理

遗传算法模拟生物进化过程。首先通过随机生成一个初始模型群(相当于生物种群)

作为初始模型集，然后将这些模型群体的模型参数编码成二进制码作为这些成员的染色体，其次采用遗传操作(主要包括选择、交换和变异)对染色体进行操作，对初始模型群体进行“繁殖”，这样就生成了新一代模型。重复上述过程，直至模型群体最终演化到全局最优解(赵改善，1992)。

图5.1表示的是遗传算法的基本处理流程框图。由该图可见，遗传算法包括五个基本要素，即：1)模型编码；2)初始模型群体的产生；3)适应度函数(目标函数)的设计；4)遗传操作设计(选择、交换、变异)；5)控制参数设定(主要是指群体大小和使用遗传操作的概率及终止准则)。这五个基本要素构成了遗传算法反演时的基本步骤，同时也决定了遗传算法的全局搜索能力。其中“选择”、“交换”和“变异”操作构成了遗传算法的核心部分。

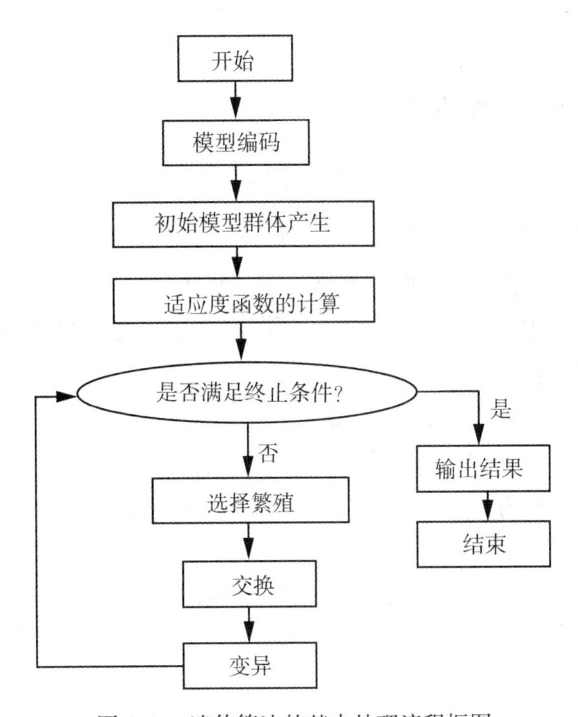

图5.1　遗传算法的基本处理流程框图

1. 模型编码

由于遗传算法不直接处理各种问题的模型参数，而是对模型参数的二进制(或十进制)码进行操作，因此必须把待反演的模型的每一个参数的十进制表达式，变成二进制编码(类似于染色体)，即用一个无符号的二进制编码表示模型参数，该二进制编码的长度(位数)决定于相应参数的范围和所要求的分辨率。每一个(或几个)模型参数对应一条染色体。染色体上的每一个代码代表一个“基因”，可取0或1。方法的实施中可用两种方式作参数编码，一种是对每个模型参数单独进行编码(Stoffa and Sen，1991)；另一种是将一个模型的各参数编码后连在一起组成一个二进制数(串)(Berg，1990)，这样，一个模型即对应参数空间中的一个点，而参数空间中的一个点被投影成一个多位二进制变量(染色体)。现以二进制代码为例，介绍如何实现模型编码。

设模型向量 $\boldsymbol{m}$ 具有 N 个未知参数，即：

$$\boldsymbol{m}^{\mathrm{T}} = [m_1, m_2, \cdots, m_N]$$

为了对每一个模型参数 $m_i(i = 1, 2, \cdots, N)$ 实现二进制编码，首先，假设根据先验信息，已知第 i 个模型参数的变化范围。设其上下界分别为 $m_i^{\min}$ 及 $m_i^{\max}$，即：

$$m_i^{\min} \leqslant m_i \leqslant m_i^{\max}, \quad i = 1, 2, \cdots, N \tag{5.5}$$

其次，用分辨率 Δm_i 将它们离散化，使：

$$\Delta m_i = (m_i^{\max} - m_i^{\min}) / L \tag{5.6}$$

其中，L 表示模型参数变化范围离散化时的等分区间数，于是，所有允许的模型 m_i 都被限制在以下模型集中，

$$m_i = m_i^{\min} + j\Delta m_i, \quad i = 1, 2, \cdots, N;\ j = 1, 2, \cdots, L_i \tag{5.7}$$

这样，最终可选择的模型共有 k 个，

$$k = \prod_{i=1}^{N} L_i \tag{5.8}$$

其中，N 为模型参数 m_i 的个数。由此可见，k 决定于模型参数分辨率 Δm_i 及其变化范围 $(m_i^{\min}, m_i^{\max})$，在大多数情况下它们只能靠先验信息来选择。

假设地球为有三个水平层的层状模型，用深度和层速度这两组参数表示。如某个模型的参数值在十进制中为：

$h_1 = 6$，$h_2 = 18$，$h_3 = 28$，单位为 10m

$v_1 = 16$，$v_2 = 24$，$v_3 = 30$，单位为 100m/s

按正常的二进制编码方式，它们可分别用以下字符串表示(见表 5.1)。

表 5.1　**模型参数的二进制编码**

参数＼层	第一层	第二层	第三层
h	0 0　1 1 0	1 0　0 1 0	1 1　1 0 0
v	1 0　0 0 0	1 1　0 0 0	1 1　1 1 0

为了减少字节，这种编码方法改变了惯用的单位制，只按精度要求(深度以 10m 为单位，波速以 100m/s 为单位) 来规定参数的码位，同时也意味着模型空间离散化间隔 Δm_i 都规格化为一个单位(即 10m 或 100m/s)。

当然，除此编码外，还可以写出多种新的编码字符串。例如，三参数值的对应字节顺序重排，可以组成以下新的二进制码串(表 5.2)。

表 5.2 二进制编码的重排

参数 \ 层	第一层	第二层	第三层	第四层	第五层
h	0 0 1	0 0 1	1 0 1	1 1 0	0 0 0
v	1 1 1	0 1 1	0 0 1	0 0 1	0 0 0

显然，模型参数的二进制编码，是一种数字上的抽象，通过编码把具体的非线性优化问题和生物演化过程联系起来。

如上所述，每一个二进制码串(可以是一个参数，也可以是多个参数元组合)相应于一条染色体。每一条染色体上的每一个二进制码相当于一个基因密码。通过基因的选择、交换、变异把地球物理反演与生物遗传联系起来，构成了所谓的遗传算法。

2. 初始模型群体的产生

生物进化需要一定数量的种群，对应地，遗传算法开始时需要一定数量的初始模型，这些初始模型称为初始模型群。初始模型群体是随机产生的，以保证基因的多样性，并尽量均匀分布在整个模型空间中。为保证算法收敛，有必要在初始模型群中包含足够的遗传物质，使其可以得到参数空间的任意点。为此，Berg(1990)提出在初始模型群中增加各位都为“0”和各位都为“1”的成员。

具体来讲，若模型参数离散化后，第 i 个模型参数就有 L_i 个子体，如图 5.2 所示。

$$
\begin{array}{lllllllr}
m_{i1} & = & 0 & 0 & 0 & 0 & 0 & m_{i1} = m_i^{\min} \\
m_{i2} & = & 0 & 0 & 0 & 0 & 1 & m_{i1} + \Delta m_{i1} \\
m_{i3} & = & 0 & 0 & 0 & 1 & 0 & m_{i1} + 2\Delta m_{i1} \\
\vdots & & \vdots & & & & & \vdots \\
m_{iL_i} & = & 1 & 1 & 1 & 1 & 1 & m_{iL_i} = m_i^{\max}
\end{array}
$$

图 5.2 m_i 的编码示意图

如果每一个二进制码都选 0，则 m_i 对应于 $m_i^{\min}$；若都选 1，则 m_i 对应于 $m_i^{\max}$。这里 $i=1, 2, \cdots, N$。对每一个模型参数均作如上操作，然后从中选择初始模型。

初始模型群体产生以后，就进入以基因选择、交换和变异为步骤的反演迭代过程。

3. 选择

选择所要繁殖的模型是生成新一代模型过程中的第一步，这种选择是以模型目标函数值的评价为根据的，挑选成对的模型用交换和变异过程作繁殖。选择时，模型集中的每个成员都有合理的繁殖机会，但是较好的成员机会更大一些。较好的成员是指目标函数，即理论值与观测值相差较小的成员，或者选择概率较大的成员。比如，我们选择了 Q 个初始模型，并计算它们的目标函数：

$$\Phi(m_k), \ k=1, 2, \cdots, Q$$

记第 k 个字符串的选择概率为 $p_r(m_k)$，其计算方法有：

(1) $p_r(m_k)$ 为 $\Phi(m_k)$ 的线性函数

$$p_r(m_k) = a - b\Phi(m_k) \tag{5.9}$$

其中：

$$b = Q^{-1}\left(\Phi_{\max} - \Phi_{\text{avg}}\right)^{-1};\ a \geqslant b\Phi_{\max} \tag{5.10}$$

式中，$\Phi_{\max}$ 和 Φ_{avg} 分别为 Q 个初始模型目标函数之极大值和平均值。

(2) $p_r(m_k)$ 为 $\Phi(m_k)$ 的指数函数

$$p_r(m_k) = A\exp\left[-B\Phi(m_k)\right] \tag{5.11}$$

其中：$B = \Phi_0^{-1}$，Φ_0 为 Φ 值之标准差；$A = \left(\sum e^{(-B\Phi_j)}\right)^{-1}$。

将 Q 个模型编好码并计算出目标函数 $\Phi(m_k)$ 之后，就可以根据式(5.9)或式(5.11)计算它们的概率，以决定哪些父代模型能够继续繁殖。

4. 交换

交换是把两个父代个体的部分结构加以替换重组而生成新个体的操作。在自然界生物进化过程中起核心作用的是生物遗传基因的重组。同样，遗传算法中起核心作用的是遗传操作的交换算子。通过交换，遗传算法的搜索能力得以飞跃提高。

将 Q 个字符串(即初始模型)随机的配对，组成 $Q/2$ 对"父母"。对配对后的模型(父代模型)各编码参数设定一个位交换概率 P_x。若作位交换，则随机选择编码参数的位交换位置，然后将两个编码参数中选定位置右边的各位相交换，得到两个新参数(子代模型)，见图5.3。图中交换点在第3位和第4位之间，图中用"*"表示。交换前，父代为0010000和1011111；经交换后子代为0010111和1011000。一般说来，交换点所处的位数适度，两代模型差别就越大；位数越低或过高，两代模型差别就越小(当两个父代模型的最低位均是0或1时，交换的结果没有变化；或者只改变一点，仅差 Δm_{ij})。在Berg(1990)的算法中，如果有一个父代成员的拟合程度比两个子代成员都好，则后代中保留父代成员；如果有一个子代成员的拟合程度比两个父代成员都好，则在后代中保留两个子代成员，这样可以不丢失遗传物质。

当将各参数码连在一起形成一长二进制数串时，交换只要选一个位置，这种交换成为"单点交换"；当分别对各参数码选交换位置作位交换时，就称为"多点交换"。

5. 变异

在遗传工程中，变异是物种进化的必然规律和要求。如果没有变异，子代模型不可能得到父代群体中不存在的基因。因而也就不可能出现强有力的甚至超出父代的进化。简单的变异方法是将某一子代染色体(参数)二进制的某一位(例如图5.4中"*"对应的一位)的0变成1，1变成0。

变异必须有，但是发生变异的模型参数不能多。在非线性反演中，变异是对模型空间进行更彻底搜索的重要手段。设变异概率为 P_m，选 $P_m \leqslant 1/l$，l 为字符串长度或二进制总位数。

在遗传算法中，选择、交换和变异三个步骤各具其特殊功能。选择决定哪些父代模型能繁殖，其依据是目标函数的拟合度；交换决定了模型中包含的基因遗传或重组；变异可以产生父代不具备的基因，形成父代没有的特征，使反演迭代更优化，其依据是变异概率 P_m。实际上 $P_m=0$，即无变异的遗传是没有生命力的，其结果将使反演陷入局部极小；而 P_m 过大的遗传，就类似于蒙特卡洛法完全随机的搜索。

```
        0 0 1 0 0 0 0
父代          *
        1 0 1 1 1 1 1

        0 0 1 0 1 1 1
子代
        1 0 1 1 0 0 0
```

图 5.3 单点交换示意图

```
变异前  0 0 1 1 0 1 0
            *
变异后  0 0 0 1 0 1 0
```

图 5.4 变异示意图

5.4 人工神经网络法(Artificial Neural Network， ANN)

人的大脑是由大量神经元按一定的结构连接而成的并行处理系统。而人工神经网络(ANN)技术是20世纪80年代兴起的一门非线性智能优化与识别技术，是对人脑的某种模拟、抽象和简化，具有高度的非线性映射能力、自组织和自适应能力、记忆联想能力等，能够进行复杂的逻辑操作和非线性映射。随着神经网络理论研究的发展，它正在模式识别、判断决策、组合优化等诸多领域得到广泛应用，并都取得了常规方法难以获得的良好效果。近年来，人工神经网络在地球物理学中的应用日趋广泛。本节将主要介绍人工神经网络三个基本组成要素：神经元，网络结构和学习算法。

5.4.1 神经元

神经元是神经网络的基本元件，也是神经网络的一个节点。它既是信息的存储器，也是信息的处理器。它对外界信息实行加工、处理、联想记忆、分类识别和存储。存储和处理方式不同，模型就不同。这里，我们将讨论几个简单的、比较成熟的人工神经元模型。

1. M - P 神经元模型

神经元最简单、最具代表性的模型是1943年由 McCulloch 及 Pitts 提出的形式神经元模型，即M-P模型。它通常是一个多输入、单输出的非线性单元，其结构如图5.5所示。图中，$\boldsymbol{X}=(x_1, x_2, \cdots, x_m)$ 为输入信号向量，$\boldsymbol{W}=(w_{i1}, w_{i2}, \cdots, w_{in})$ 为第 i 个神经元与前层第 j 个神经元的连接权向量，$j=1, 2, \cdots, n$。若令 θ_i 为神经元 i 的阈值，Y_i 为神经元的输出，则在该神经元上输入与输出之间的关系可表示为：

$$Y_i = f\left(\sum_{j=1}^{n} W_{ij}X_j - \theta_i\right) = f(u_i) \tag{5.12}$$

式中，f 一般取形态为S形的函数，有人称 f 为神经元的激活函数(Raiche， 1991)，S形函数的形式为：

$$f(u) = \frac{1}{1+\mathrm{e}^{\left(-\frac{u}{\beta}\right)}} \tag{5.13}$$

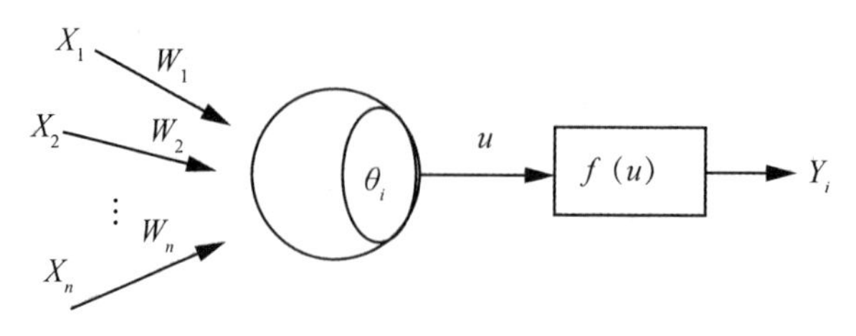

图 5.5　M-P 神经元模型

其中，β 为表示神经元活化特性或激活特性的参数，通常取 $\beta=1$。为提高学习效率，每个神经元的阈值 θ_i 也可以通过学习来改变(Lippmann， 1987)。$f(u)$ 在很大的正宗量达到极大值 1，表示相应神经元是非常活跃的，在很大的负宗量 $f(u)$ 达到极小值 0，表示相应神经元是抑制的。

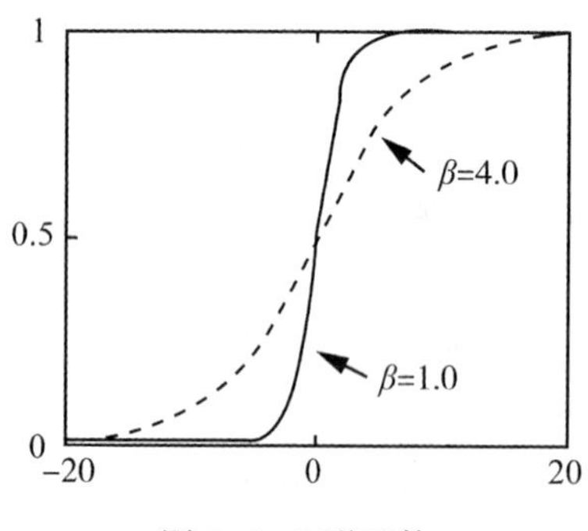

图 5.6　S 形函数

可见 M-P 模型的特点是：

1）多输入，单输出；

2）阈值作用；

3）输入与输出均为两态(抑制、兴奋)；

4）每个输入通过权值来表征它对神经元的耦合程度(若无耦合可取 $w_j=0$)。

2. 连续神经元模型

为反映神经元状态参数连续变化的情况，常用一阶非线性微分方程来模拟生物神经元膜电位随时间变化的规律，即：

$$\begin{cases}\tau\dfrac{\mathrm{d}u(t)}{\mathrm{d}t}=-u(t)+\sum\limits_{j=1}^{n}W_{ij}X_j-\theta \\ y(t)=f(u(t))\end{cases} \tag{5.14}$$

其中，τ 为时间常数；θ 为静止膜电位；$f(u)$ 为输入输出函数。它有四种可能形式，如图 5.7 所示，即：

1）阶跃函数：$f(u)=\begin{cases}1, & u\geqslant 0\\ 0, & u<0\end{cases}$

2) 分段性函数：$f(u)=\begin{cases}1, & u \geqslant u_0 \\ au+b, & u_1 \leqslant u < u_0, \\ 0 & u < u_1\end{cases}$

3) S 函数：$f(u)=\dfrac{1}{1+e^{(-u+c)}}$

4) 恒等函数：$f(u)=u$

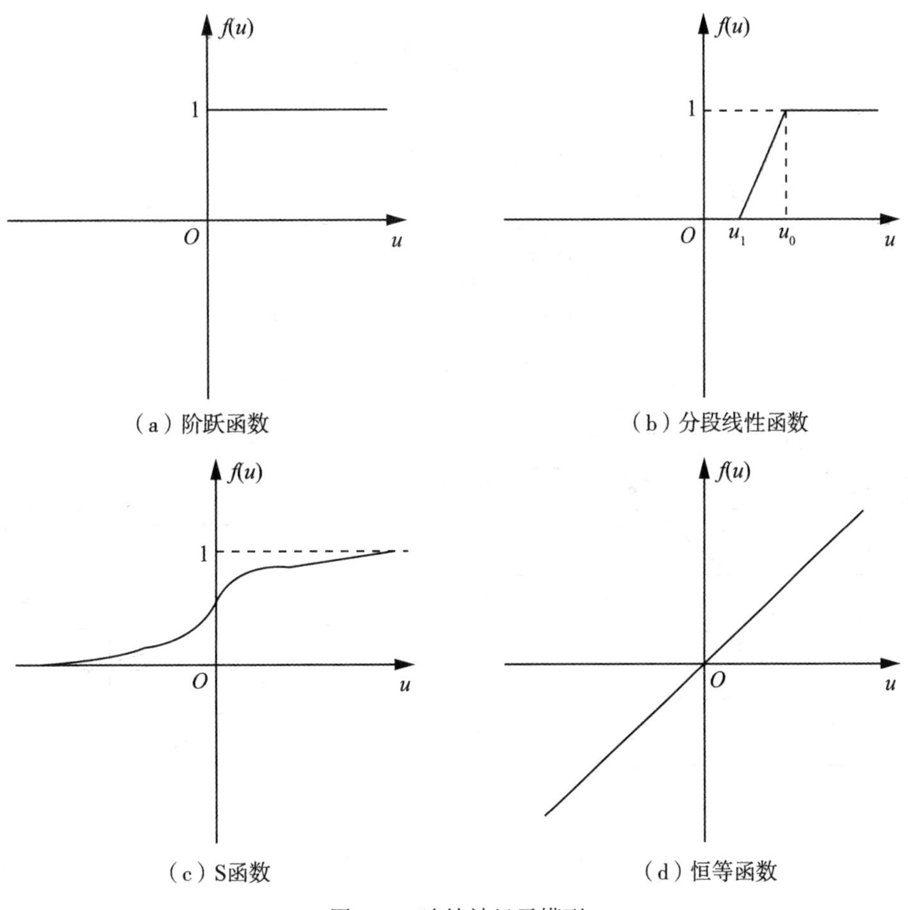

图 5.7　连续神经元模型

5.4.2　人工神经网络的基本结构

网络结构是多个神经元按一定的规则，通过权重连接在一起的拓扑结构。不同的连接方式，构成了不同的网络结构模型。将目前已有的神经网络按其网络结构进行分类，可分为前馈型和反馈型网络。

1. 前馈型网络

这类网络的信号由输入层到输出层单向传输，是信息单向传递的分层结构网络，各神经元仅与其前一层的神经元相连，仅接受前一级输入，并输出到下一级，无反馈。输入、输出节点称为可见层，其他中间层称为隐层。图5.8表示的是一个接受 n 个输入的 m 个神经元构成的基本前馈性网络结构(a)及其方块图(b)。

从图中可以看到，前馈型网络是通过一个强非线性映射(非线性矩阵算子)，实现输入空间 X 到输出空间 Y 的非线性变换。这种非线性关系可表示为：

$$Y = F(\boldsymbol{W}X) \tag{5.15}$$

其中，$\boldsymbol{W}$ 是权矩阵或连接矩阵：

$$\boldsymbol{W} = \begin{bmatrix} w_{11} & w_{12} & \cdots & w_{1n} \\ w_{21} & w_{22} & & w_{2n} \\ \vdots & & & \vdots \\ w_{m1} & w_{m2} & \cdots & w_{mn} \end{bmatrix} \tag{5.16}$$

F 为非线性矩阵算子，且有：

$$F(\ ) = \begin{bmatrix} f(\cdot) & 0 & \cdots & 0 \\ 0 & f(\cdot) & & 0 \\ \vdots & & & \vdots \\ 0 & 0 & \cdots & f(\cdot) \end{bmatrix} \tag{5.17}$$

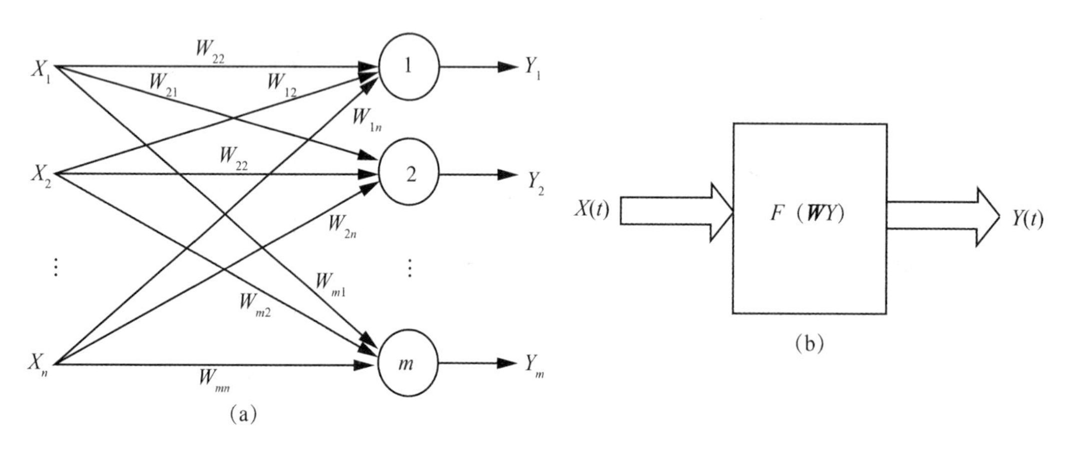

图5.8 基本前馈性网络

2. 反馈型网络

反馈型网络是任何神经元之间均可互相连接的网络。网络的输出层存在一个反馈回路到输入层作为输入层的一个输入。图5.9所示的即是反馈型网络的基本结构，图中所有节点都是计算单元，同时既可接受输入，又可向外界输出。若总节点数为 n，那么每一个节点有 $(n-1)$ 输入和一个输出。反馈型网络是通过闭合反馈环来控制输出 Y 的，即如果当前输出 $Y(t)$ 控制下一个时刻的输出 $Y(t+\Delta)$，则在 t 和 $t+\Delta$ 之间经过时间 Δ 通过反馈环中延迟元件引入到网络中。

反馈型网络的输出与输入的非线性映射关系为：

$$Y(t+\Delta) = F(\boldsymbol{W}Y(t)) \tag{5.18}$$

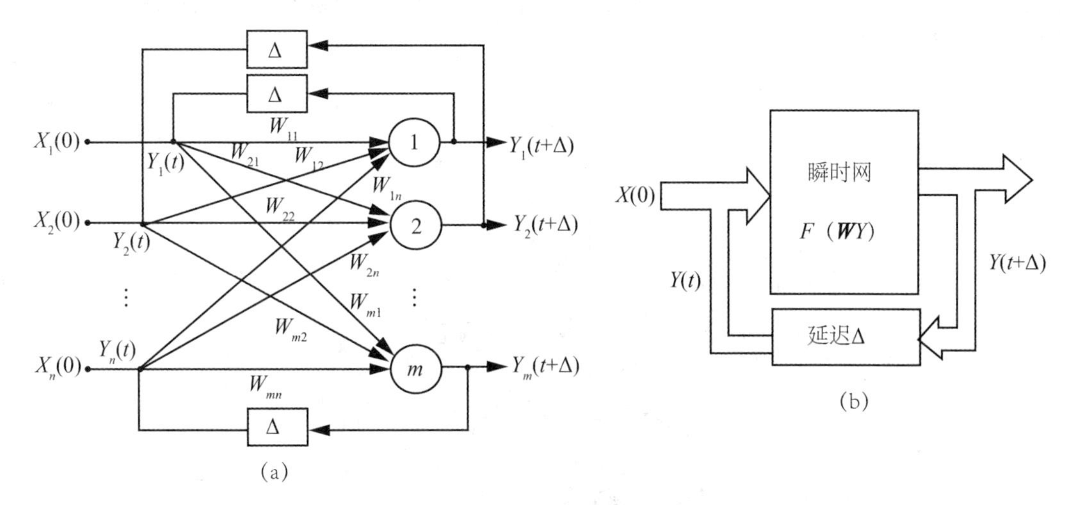

图 5.9 基本反馈性网络

其中各变量的意义同式(5.16)、式(5.17)。

5.4.3 人工神经网络的学习算法

给网络的输入层提供一组输入信息，使其通过网络而在输出层的神经元上产生逼近期望输出的过程称为网络的学习，或称对网络的训练，而实现这一过程的步骤和方法称为学习算法。不同的网络结构，有不同的学习算法，解决同一个问题也可以用不同的学习算法。前馈型神经网络中应用最广泛的 Back Propagation（简称 BP）网络，反馈型网络最著名的代表是 Hopfield 网络。下面将分别予以介绍。

1. BP 网络

最基本的 BP 网络是三层前馈网络，即输入层 L_A，隐含层 L_B 和输出层 L_C 之间前向连接。通常 BP 网络可以有多个隐含层，可以跨层连接，可以有单元自身的反馈连接，也可以有层内单元横向连接。

如图 5.10 所示，设(A_k, C_k) 是第 k 个模式对($k=1, 2, \cdots, m$)。其中，$A_k=(a_1^k, a_2^k, \cdots, a_n^k)$，$C_k=(c_1^k, c_2^k, \cdots, c_q^k)$，$L_A$ 中有 n 个分量；而 L_B 中有 p 个分量；L_C 层中与有 q 个分量。

BP 算法中目标函数定义为所有输入模式对上输出单元之期望输出与实际输出之误差的平方和。即：

$$E=\frac{1}{2}\sum_{k=1}^{q}(c_k-y_k)^2 \tag{5.19}$$

式中，E 为均方差，是网络的能量函数；c_k 为第 k 个实际输出；y_k 为第 k 个期望输出。

BP 算法的主要思想是把学习过程分为两个阶段：第一阶段(正向传播过程)，对于给定的网络输入，通过现有连接权沿其正向传播，获得各个元素的实际输出。如实际输出和理论输出一致，则学习终止，否则进入第二阶段；第二阶段(反向过程)，将输出层各单元的误差，逐层向输入层方向逆向传播，并调整各中间层的连接权，直至输出层的输出误差达到最小为止。

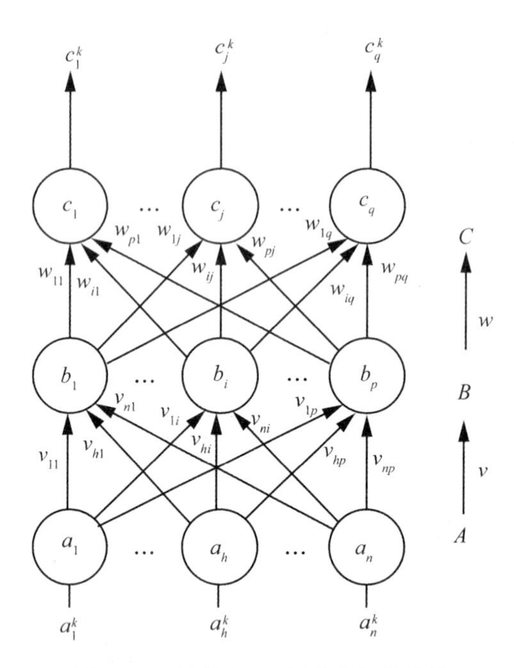

图 5.10　最基本 BP 网络的拓扑结构

BP 学习算法的具体过程如下：

1）假设从 L_A 层单元到 L_B 层单元的连接权为 v_{hi}；从 L_B 层单元到 L_C 层单元的连接权为 w_{ij}；L_B 层的阈值 θ_i；L_C 层的阈值 γ_j。这些赋值均在区间[－1，＋1]随机取值。

2）对每一个模式，对 $k=1, 2, \cdots, m$ 作如下调整：

首先正向传播，获得各个层的实际输出，并计算在 L_C 层实际输出与期望输出的误差 d_j，$j=1, 2, \cdots, q$。

①将 L_A 层单元的激活值通过连接权 v_{hi} 送到 L_B 层单元，以产生 L_B 层单元新的激活值：

$$b_i = f\left(\sum_{h=1}^{n} v_{hi}a_h + \theta_i\right), \quad i=1, 2, \cdots, p \tag{5.20}$$

这里激活函数 f 为 S 形函数 $f(x)=(1+e^{-x})^{-1}$。

② 计算 L_C 层的激活值：

$$c_j = f\left(\sum_{i=1}^{p} w_{ij}b_i + \gamma_j\right), \quad j=1, 2, \cdots, q \tag{5.21}$$

③ 计算 L_C 层(输出层) 单元的误差：

$$d_j = c_j(1-c_j)(c_j^k - c_j), \quad j=1, 2, \cdots, q \tag{5.22}$$

其中，c_j^k 为 L_C 层单元第 j 个单元的期望输出。

其次，反向传播，调整各层的连接权和阈值。

① 计算 L_B 层单元相对于每个 d_j 的误差：

$$e_i = b_i(1 - b_i)\sum_{j=1}^{q} w_{ij}d_j, \quad i = 1, 2, \cdots, p \tag{5.23}$$

上式相当于将 L_C 层单元的误差逆传播到 L_B 层。

② 调整 L_B 到 L_C 层单元之间的连接权：

$$\Delta w_{ij} = \lambda b_i d_j, \quad i = 1, 2, \cdots, p; \quad j = 1, 2, \cdots, q \tag{5.24}$$

式中，λ 为学习率($0 < \lambda < 1$)。

③ 调整 L_C 层单元的阈值：

$$\Delta\gamma_j = \lambda d_j, \quad j = 1, 2, \cdots, q \tag{5.25}$$

④ 调整 L_A 到 L_B 层单元之间的权系数：

$$\Delta v_{hi} = \mu a_h e_i \tag{5.26}$$

其中，$h = 1, 2, \cdots, n$；$i = 1, 2, \cdots, p$；μ 为学习率($0 < \mu < 1$)。

⑤ 调整 L_B 层单元的阈值：

$$\Delta\theta_i = \mu e_i, \quad i = 1, 2, \cdots, p \tag{5.27}$$

3) 重复步骤 2)，直到完成 $j = 1, 2, \cdots, q$ 和 $k = 1, 2, \cdots, m$。当误差 $d_j(j = 1, 2, \cdots, q)$ 变得足够小或变为 0 为止。

BP 算法存在的问题：

① 从数学的角度，神经网络学习是一个非线性优化问题，这就不可避免地存在局部极小问题；

② 学习算法收敛的速度较慢，尤其是当网络规模达到一定规模之后；

③ 网络训练结束，正常运行时，采用的是单向传播的方式，没有反馈机制可提供在线学习；

④ 训练样本的顺序有可能影响学习速度和精度，新加入的样本会影响到已经学完的样本。

2. Hopfield 网络

Hopfield 在 1982 年发表的论文中宣告了 Hopfield 神经网络的诞生。在 Hopfield 网络中，各个神经元之间是全互联的，即各个神经元之间是相互、双向连接的，所以又称为全互连接网。这种连接方式使得网络中每个神经元的输出均反馈到同一层的其他神经元的输入上。神经元之间的连接权 w_{ij} 满足：

$$w_{ii} = 0, \quad i = 1, 2, \cdots, N \tag{5.28}$$

$$w_{ij} = w_{ji}, \quad i, j = 1, 2, \cdots, N \tag{5.29}$$

其中，N 是神经元的个数。

离散 Hopfield 神经网络(DHNN)是一个离散时间序列系统，网络结构上只有一个神经元层，各个神经元的转移函数都是线性阈值函数。每个神经元均有一个活跃值，或称为状态(取两个可能值之一)。如图 5.11 所示，$v_1, v_2, \cdots, v_N$ 为神经元 i 的输入，它们对第 i 个神经元的影响程度用连接权 $w_{i1}, w_{i2}, \cdots, w_{iN}$ 来表征；θ_i 为神经元的阈值，v_i 为其输出，则有：

$$v_i = \mathrm{sgn}\left(\sum_{\substack{j=1 \\ i\neq j}}^{N} w_{ji}v_j - \theta_i\right) = \mathrm{sgn}(D_i) \tag{5.30}$$

这里，$D_i = \sum\limits_{\substack{j=1 \\ i \neq j}} w_{ji} v_j - \theta_i$。

且有：

$$v_i = \begin{cases} 1, & D_i > 0, \\ 0, & D_i \leqslant 0 \end{cases} \tag{5.31}$$

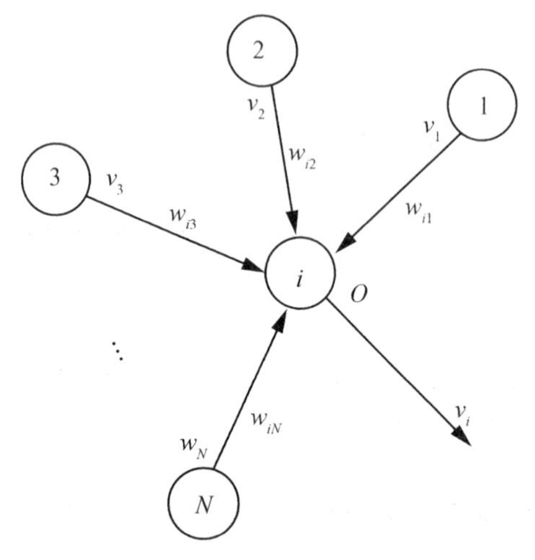

图 5.11　离散型 Hopfield 网络中神经元工作原理

定义 Hopfield 网络的能量函数为：

$$E = -\frac{1}{2} \sum_{i=1}^{N} \sum_{\substack{j=1 \\ j \neq i}} w_{ij} v_i v_j + \sum_{i=1}^{N} \theta_i v_i \tag{5.32}$$

则其变化量为：

$$\Delta E_i = -\frac{\partial E}{\partial v_i} \Delta v_i = \Delta v_i \left(-\sum_{\substack{j=1 \\ j \neq i}}^{N} w_{ij} v_j + \theta_i \right) \tag{5.33}$$

设 $\Delta v_i = v_i(t) - v_i(t-1)$，这里 $v_i(t-1)$ 为前一时刻的输出，$v_i(t)$ 为此时刻的输出。由式(5.30)可以看出，v_i 只能为0或1。若 $\Delta v_i < 0$，就意味着 $v_i(t-1) = 1$，而 $v_i(t) = 0$，由式(5.31)可知，此时 $D_j \leqslant 0$。因此，必然有 $\Delta E_i = \Delta v_i(-D_j) \leqslant 0$；若设 $\Delta v_i > 0$，就意味着 $v_i(t-1) = 0$，而 $v_i(t) = 1$。由式(5.31)可知，此时 $D_j > 0$，根据式(5.33)必然有 $\Delta E_i < 0$。因此，在 Hopfield 网络迭代过程中，总有 $\Delta E_i \leqslant 0$，网络总会收敛到能量极小的状态，即：计算能量总是不断地随第 i 个神经元状态的变化而下降。

5.5　粒子群算法(Particle Swarm Optimization，PSO)

粒子群优化算法(Particle Swarm Optimization，PSO)，又称为微粒群优化算法，是近期发展起来的一种基于群智能的非线性启发式全局最优化新方法，它是由美国社会心理学家 Kennedy 和电气工程师 Eberhart(Kennedy， Eberhart，1995) 在 1995 年首先提出，该算法作为一种演化计算技术，将鸟群运动模型中的栖息地类比于所求问题解空间中最优解的位置，通过个体的信息传递，引导整个群体向最优解的方向移动。与常规的非线性反演方法不同，粒子群反演算法是在模型空间中随机地进行全局搜索，因而不易陷入到局部极小；加之，这种方法有类似于遗传算法和模拟退火一样具有易于施加先验约束条件，适于并行计算等优点。

5.5.1　粒子群优化算法的基本原理

该算法最初受到鸟群觅食行为的启发，利用群体智能建立了一个简化模型，通过群体中粒子间的合作与竞争产生的群体智能实现对问题最优解的搜索。

1. *原始粒子群优化算法*

在PSO算法的简化模型中，群体中的鸟被抽象为没有质量和体积的粒子，每个粒子都是一个潜在解，在搜索空间中具有各自的速度，通过“记忆”自身的运动状态和“分享”其他成员的发现经历来调整自己的飞行方向和速度，追随当前搜索到的最佳位置直到找到全局最优位置。

在N维搜索空间中，初始化M个随机粒子(随机解)组成一个群体，第i个粒子的空间位置为$x_i=(x_{i1}, x_{i2}, \cdots, x_{iN})$，$i=1, 2, \cdots, M$。通过计算其目标函数值衡量该粒子的优劣；在每一次迭代中，粒子通过跟踪两个“极值”来更新自己，其中之一是该粒子目前搜索到的最优位置，称为个体极值点(用pbest表示)；另一个则是代表整个群体目前所找到的最优位置，称为全局极值点(用gbest表示)。第i个粒子具有搜索速度$v_i=(v_{i1}, v_{i2}, \cdots, v_{iN})$，$i=1, 2, \cdots, M$。

第$k+1$次迭代的粒子，其第j维($1\leqslant j\leqslant N$)的搜索速度和位置采用如下方程更新：

$$\begin{cases} v_{ij}^{k+1}=v_{ij}^{k}+c_1r_1(\mathrm{pbest}_{ij}^{k}-x_{ij}^{k})+c_2r_2(\mathrm{gbest}_{ij}^{k}-x_{ij}^{k}) \\ x_{ij}^{k+1}=x_{ij}^{k}+v_{ij}^{k+1} \end{cases} \tag{5.34}$$

式中，c_1、c_2代表粒子飞行的加速度或学习因子，c_1调节当前粒子向个体最优值飞行的速度，c_2调节粒子向全局最优值飞行的速度。这个加速度要取值恰当，太大或太小，都会导致结果的偏差，通常选在0 ~ 2取值，太大的加速度，会导致粒子突然飞过目标区域，太小的加速度则会使粒子难以靠近目的地；r_1、r_2为[0, 1]区间内的随机数；k为迭代次数；$v_{ij}^{k+1}\in[-v_{\max}, v_{\max}]$，$v_{\max}$是最大搜索速度。

式(5.34)是粒子群优化算法最原始的数学表达式，一般将其称为基本粒子群优化算法。搜索时，粒子的位置被最大位置和最小位置限制，如果某粒子在某维的位置超出该维的最大位置或最小位置，则该粒子的位置被限制为该维的最大位置或最小位置。同样，粒子的速度也被最大速度和最小速度所限制，即有(蔡涵鹏等，2008)：

$$\begin{cases} v_{ij}=v_{\max} & \text{if} \quad v_{ij}>v_{\max} \\ v_{ij}=-v_{\max} & \text{if} \quad v_{ij}<-v_{\max} \end{cases} \tag{5.35}$$

2. *标准粒子群优化算法*

(1) 带有惯性权值的粒子群优化算法

为了改善基本粒子群优化算法的收敛性能，Eberhart与Shi首次在SPSO速度更新公式中引入惯性权值(Shi and Eberhart，1998，1999)，即：

$$\begin{cases} v_{ij}^{k+1} = wv_{ij}^{k} + c_1 r_1 (\text{pbest}_{ij}^{k} - x_{ij}^{k}) + c_2 r_2 (\text{gbest}_{ij}^{k} - x_{ij}^{k}) \\ x_{ij}^{k+1} = x_{ij}^{k} + v_{ij}^{k+1} \end{cases} \tag{5.36}$$

式(5.36)通常被称为标准粒子群优化算法，其中，w 代表惯性权值。很明显，基本粒子群优化算法是惯性权值 $w = 1$ 时标准粒子群优化算法的特殊情况。

惯性权值的引入是为了平衡全局与局部搜索能力。由式(5.36)可以看出，惯性权值 w 越大，则粒子的飞行速度越大，粒子将以较大的步长进行全局搜索；w 越小，则粒子的速度步长越小，粒子将趋向于进行精细的局部搜索。

研究表明，动态惯性权值能够获得比固定权值更好的寻优结果。动态惯性权值可以在 PSO 搜索过程中线性变化，也可根据 PSO 性能的某个测度而动态改变，比如模糊规则系统。目前，采用较多的惯性权值是 Shi 建议的线性递减权值策略(Shi & Eberhart，1999)，即

$$w^k = w_{\text{end}} + (w_{ini} - w_{\text{end}})(FR - k)/FR \tag{5.37}$$

其中，w_{ini} 为初始惯性权重；w_{end} 为迭代至最大次数时的惯性权值；FR 为最大迭代次数。典型取值 $w_{\text{ini}} = 0.9$，$w_{\text{end}} = 0.4$。若 $w = 0$，则速度只取决于粒子自身最好位置和群体历史最好位置，速度本身没有记忆性，假设一个粒子正好位于当前全局最好位置，它将保持静止，直到出现新的一个最好的位置来代替这个位置，而其他粒子则飞向它本身最好位置 pbest 和全局最好位置 gbest 的加权中心，在这种条件下，粒子群将收缩到当前的全局最好位置，这更像一个局部算法。若 $w \neq 0$，则粒子有扩展搜索空间的趋势，从而针对不同搜索问题，可调整算法全局和局部搜索能力。

(2) 带有收缩因子的粒子群优化算法

另一种改善基本粒子群优化算法的收敛性能的方法是 Clerc(2002)提出的收缩因子方法，这也是另一个版本的标准粒子群优化算法，可表示为：

$$\begin{cases} v_{ij}^{k+1} = \chi * [v_{ij}^{k} + c_1 r_1 (\text{pbest}_{ij}^{k} - x_{ij}^{k}) + c_2 r_2 (\text{gbest}_{ij}^{k} - x_{ij}^{k})] \\ \chi = \dfrac{2}{\left|2 - \phi - \sqrt{\phi^2 - 4\phi}\right|} \\ \phi = c_1 + c_2,\ \phi > 4 \end{cases} \tag{5.38}$$

在使用 Clerc 的收缩因子方法时，通常取 ϕ 为 4.1，$c_1 = c_2 = 2.05$，此时常数 χ 的值为 0.729，在开始的试验和应用中认为如果采用 Clerc 收敛算法，将不再需要最大搜索速度 $v_{\max}$，但是后来的研究发现限制最大搜索速度可以提高算法的性能。

5.5.2　粒子群优化算法的实现流程

图 5.12 表示的是粒子群优化算法的基本框图，它适合任何改进的粒子群优化算法。

由图 5.12 可以看出，粒子群优化算法的主要计算步骤如下：

1) 初始化参数，设置种群规模 M，惯性权值 w，收缩因子 χ，学习因子 c_1、c_2，最大迭代次数 FR，最大搜索速度 $v_{\max}$；

2) 产生 M 个粒子，在允许的范围内随机设置 x_{ij} 搜索点的位置，初始搜索时，搜索速

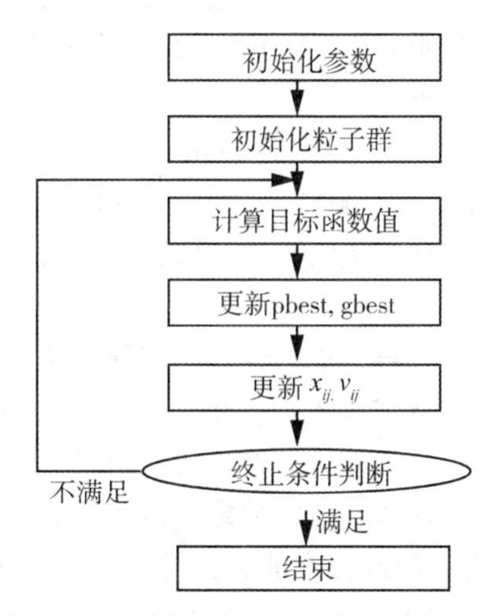

图 5.12 粒子群优化算法基本框图

度 v_{ij} 设为 0。每个粒子 x_{ij} 的 pbest 值设为当前位置，pbest 中的最优值设为 gbest；

3）计算每个粒子的目标函数值，将目标函数值与该粒子目前所获得的最好位置 pbest 的目标函数值比较，取优更新 pbest；将 pbest 中的最优值与群体目前所获得的最好位置 gbest 比较，取优更新 gbest；

4）更新第 i 个粒子的 x_{ij}，为避免模型“飞过”最优解，可通过调整最大搜索速度 v_{max} 控制寻优步长；

5）检验是否符合终止条件(通常是达到最大迭代次数或是满足预先给定的阈值，或者是最优解停滞不再变化)，如果满足上述条件，终止迭代，输出最优解，否则返回步骤 3）进行下一次迭代。

5.5.3 粒子群优化算法的参数选取

算法参数是影响算法性能和效率的关键，如何确定最优参数使算法性能最佳本身就是一个极其复杂的优化问题(王凌，2001)。

粒子群优化算法中需要调整的参数主要包括：种群大小 M、学习因子 c_1 和 c_2、惯性权值 w、收缩因子 χ，最大速度限制 v_{max}，最大迭代次数 FR、计算精度或最优解的最大凝滞步数。其中最大迭代次数 FR、计算精度或最优解的最大凝滞步数通常为算法的终止条件，需根据具体的问题同时兼顾算法的优化质量和搜索效率等多方面性能。

1. 学习因子 c_1 和 c_2 的选取

学习因子 c_1 和 c_2 代表粒子向自身极值 pbest 和全局极值 gbest 推进的随机加速权值。若取值较小，则粒子将在远离目标区域内振荡；反之，若取值较大，则可使粒子迅速向目标区域移动，甚至又离开目标区域。当 $c_1 = c_2 = 0$，则粒子将以当前速度飞行，直到边界。此时，由于粒子只能搜索有限的区域，所以很难找到好解。

当 $c_1 = 0$，在粒子相互作用下，算法有能力达到新的搜索空间，且其收敛速度比标准算法更快，但若碰到复杂问题，则比标准算法更容易陷入局部极值点。

当 $c_2 = 0$，此时粒子个体之间没有相互作用，即一个规模为 M 的群体等价于 M 个单独粒子的运行，因而得到最优解的概率非常小。

在早期的研究中，通常设 $c_1 = c_2 = 2$，后 Clerc 推导出 $c_1 = c_2 = 2.05$，也有研究者认为 c_1 应与 c_2 不等(Carlisle and Dozier， 2001)，并由试验得出 $c_1 = 2.8$，$c_2 = 1.3$。实际上这些研究也仅仅局限于部分问题的应用，无法推广到所有问题域。

2. 惯性权值 w 的选取

惯性权值 w 取值较大时，全局寻优能力强，局部寻优能力弱；反之，则局部寻优能力增强，而全局寻优能力减弱(Shi & Eberhart， 1998)。Shi 等人提出的线性惯性权值可调节粒子群优化算法的全局与局部寻优能力，在迭代开始时，较大的惯性权值可以加强算法的全局搜索能力，即探索较大的区域，较快地定位最优解的大致位置；而在迭代的后期，较小的惯性权值可以加强算法的局部搜索能力，即粒子速度减慢，有利于精细的局部搜索。其缺点是迭代初期局部搜索能力较弱，即使初始粒子已接近于全局最优点，也往往错过，而在迭代后期，则因全局搜索能力变弱，而易陷入局部极值。

朱小六等提出的动态自适应惯性权值改变方法(朱小六等，2007)：先引入两个变量

$$\text{粒子进化度}\ e = \frac{\text{gbest}^k}{\text{gbest}^{k-1}} \tag{5.39}$$

$$\text{粒子聚合度}\ a = \frac{M * \text{gbest}^k}{\sum_{i=1}^{M} \text{pbest}_i^k} \tag{5.40}$$

从前人的研究可知全局最优值是由个体的最优值决定的，且在迭代过程中当前的全局最优值总是优于至少等于前一次迭代的全局最优值，为此引入粒子进化度 e，式(5.39)中 gbest^{k-1}，gbest^k 分别指前一次和当前的全局最优值。该参数考虑到了粒子以前的运行状况，反映了粒子群在速度上进化的程度，如早期 e 值较大，速度进化快，反之亦然。当经过若干次迭代后 e 值保持为 1 时则表明算法停滞或找到了最优值。粒子聚合度是有一个影响算法性能的参数，式(5.40)中 $\sum_{i=1}^{M} \text{pbest}_i^k$ 是指所有粒子的当前时刻目标函数值的总和。过去的研究表明全局最优值总是优于或等于个体的当前的最优值，当所有粒子都达到全局最优值时粒子群就聚合到一个点上，即 $a = 1$，a 越大，说明粒子群中粒子的分布就越分散。所以可以得出惯性权值 w 的大小应该随粒子群的速度进化和粒子的聚合程度的变化而变化，即表示为 w 是 e 和 a 的函数：

$$w = f(e,\ a) \tag{5.41}$$

当 e 较大时进化速度快，算法可以在较大的空间内继续搜索，即粒子在较大范围内寻优。当 e 较小时，可以减少 w 使得粒子在小范围内搜索，从而更快地找到最优值。当 a 较小时即粒子比较分散时，粒子不易陷入局部最优，随着 a 的增大算法容易陷入局部最优值，此时需要增大搜索空间，从而提高粒子群的全局寻优能力。综上所述，w 随着粒子进化度的增大而减小，随着粒子聚合度 a 的增大而增大，所以 w 与 e，a 之间的函数关系可以表示成下式：

$$w = f(e,\ a) = w_0 - 0.5 \cdot e + 0.1 \cdot a \tag{5.42}$$

其中，w_0 为 w 的初始值，一般取 $w_0 = 0.9$，由 e、a 的定义可知 $0 < e \leqslant 1$，$0 < a \leqslant 1$，所以 $w_0 - 0.5 < w < w_0 + 0.1$。该方法提高了粒子群收敛精度，加强了全局搜索能力。

5.6　多尺度反演法(Multi-Scale Inversion)

多尺度反演法是近几年才提出的一个加快收敛速度、增强反演稳定性、克服局部最小值影响、搜索全局极小点的反演策略。多尺度反演时把目标函数分解成不同尺度的分量，根据不同尺度上目标函数的特征逐步搜索全局极小。一般情况下，在大尺度(或低波数)上，目标函数极值点少，分得开，且显示大尺度上的极小。用通常的方法很容易直接搜索出大尺度(总体背景)上的“全局极小点”。在相对较小尺度(稍大波数)上，目标函数极值点较多，如无大尺度搜索结果之指导，直接寻找全局极值点，虽比做尺度分解之前容易，但仍然比较困难。但是，只要我们以大尺度搜索到的背景“全局极小点”为起点，在其附近继续搜索，也较容易搜索到中等尺度上的“全局极小点”。如此，不断缩小尺度，提高分辨率，目标函数的尺度降至原始尺度(即最下尺度)时，对应搜索出的全局极小点，就是真正的总体极小点。这种做法的优点是，在大尺度(或低波数)上，反演稳定，反演结果不受初始模型的影响，在一定程度上，能避免其后的反演受局部极小所困扰，使收敛速度加快。

多尺度反演法可分为多重网格多尺度反演法和小波多尺度反演法两种。这里介绍的是基于小波分析的多尺度反演法。

小波分析是1984年由法国地球物理学家Morlet在分析地震波的局部性质时提出的(Morlet，1982)，因其具有放大、缩小和平移功能，被誉为“数学显微镜”。1987年，Mallat巧妙地将计算机视觉领域内的多尺度分析的思想引入小波分析中小波函数的构造及信号按小波变换的分解与重构，同时研究了小波变换的离散化问题并提出了相应的算法(即所谓的Mallat算法)(Mallat，1989)。目前小波分析以其良好的时间频率局部化特性已经被广泛地应用于众多领域，获得了很好的应用效果。

5.6.1　小波与多尺度分析

为了克服常规傅氏变换不能提取频域的局部特征及窗口傅氏变换不能满足高频和低频信号对窗口大小的不同要求，Goupillaud等(1984)引进了小波的概念。

根据定义，我们称满足条件

$$\int_{-\infty}^{\infty} |\bar{\phi}(\omega)|^2 |\omega|^{-1} d\omega < \infty \tag{5.43}$$

的函数 $\phi(t) \in L^2(R)$ 为小波函数或母小波，其中 $\bar{\phi}(\omega)$ 是 $\phi(t)$ 的傅氏变换。

若将母小波进行伸缩和平移，可得：

$$\phi_{a,\ b}(t) = |a|^{-\frac{1}{2}} \phi\left(\frac{t - b}{a}\right),\quad a,\ b \in R,\ a \neq 0 \tag{5.44}$$

式中，$\phi_{a,b}(t)$ 为由母小波 $\phi\left(\frac{t-b}{a}\right)$ 生成的依赖于参数 a，b 的连续小波；a 称为尺度变量；b 为位置变量。显然，连续小波是通过母小波 $\phi\left(\frac{t-b}{a}\right)$ 的平移和伸缩而得到的。尺度变量 a 的改变，标志着 $\phi_{a,b}(t)$ 相对于母小波 $\phi\left(\frac{t-b}{a}\right)$ 发生了伸缩改变；而位置变量 b 发生变化时，标志着 $\phi_{a,b}(t)$ 相对于母小波 $\phi\left(\frac{t-b}{a}\right)$ 发生了平移。$|a|^{-1/2}$ 是归一化因子，它使所有的小波具有相同的模。因此，所有的连续小波 $\phi_{a,b}(t)$ 都具有相同的能量。

对于任一 $f(t)\in L^2(R)$ 的函数而言，定义：

$$W_f(a,b)=\langle f,\phi_{a,b}\rangle=|a|^{-1/2}\int_{-\infty}^{\infty}f(t)\overline{\phi\left(\frac{t-b}{a}\right)}\mathrm{d}t \tag{5.45}$$

为其小波变换。

其中，$\langle f,\phi_{a,b}\rangle$ 为内积；而 $\overline{\phi\left(\frac{t-b}{a}\right)}$ 与 $\phi\left(\frac{t-b}{a}\right)$ 是共轭。

其逆变换公式为：

$$f(t)=c_\phi^{-1}\int_{-\infty}^{\infty}\int_{-\infty}^{\infty}W_f(a,b)\phi_{a,b}(t)\frac{\mathrm{d}a\mathrm{d}b}{a^2} \tag{5.46}$$

其中：

$$c_\phi=\int_{-\infty}^{\infty}|\phi(\omega)|^2|\omega|^{-1}\mathrm{d}\omega \tag{5.47}$$

在实际问题中，经常使用的是离散小波变换。离散小波变换的定义为：对于连续小波函数 $\phi_{a,b}(t)$，取定 $a_0>1$，$b_0>1$，则

$$\phi_{ji}(t)=a_0^{j/2}\phi(a_0^jt-ib_0),\quad (i,j)\in Z \tag{5.48}$$

为离散小波序列。若令：$a_0=2$，$b_0=1$，$(i,j)\in Z$，则有著名的二进制小波，即：

$$\phi_{ji}(t)=2^{j/2}\phi(2^jt-i),\quad (i,j)\in Z \tag{5.49}$$

二进制小波构成 $L^2(R)$ 的一个规范正交基，称为二进制正交小波基，相应的小波变换为二进制正交小波变换。

利用 ϕ_{ji} 可以将在无穷大处衰减得充分快的任意函数 $f(t)$ 分解为：

$$f(t)=\sum_{j=-\infty}^{+\infty}\sum_{i=-\infty}^{+\infty}\langle f,\phi_{ji}\rangle\phi_{ji}(t)\qquad (i,j)\in Z \tag{5.50}$$

其中，$\langle f,\phi_{ji}\rangle$ 表示函数 f 和 ϕ_{ji} 的内积。

若设：

$$D_{2^j}=\sum_{i=-\infty}^{+\infty}\langle f,\phi_{ji}\rangle\phi_{ji}(t) \tag{5.51}$$

则式(5.50)可写为：

$$f(t)=\sum_{n=-\infty}^{+\infty}D_{2^n}=\underbrace{\sum_{n=-\infty}^{-(j+1)}D_{2^n}}_{\text{大尺度}}+\underbrace{\sum_{n=-j}^{+\infty}D_{2^n}}_{\text{小尺度}} \tag{5.52}$$

上式中，等式右端第一项反映的是尺度大于2^j的信号分量之和，可以看做对应尺度2^j的$f(t)$之平滑部分；而等式右端第二项反映的是小于或等于2^j尺度的信号分量之和，可以看做对应尺度2^j的$f(t)$的细节部分。基于式(5.52)的分析方法称之为多尺度分析法。

如果基于2^j尺度对函数$f(t)$的光滑近似属于空间V_j，$f(t)$的细节部分属于V_j的正交补空间W_j，则有：

$$V_{j-1}=V_j\oplus W_j=V_{j+1}\oplus W_{j+1}\oplus W_j=\cdots,\quad (i,\ j)\in Z \tag{5.53}$$

当$j=1$时，

$$V_0=V_1\oplus W_1=V_2\oplus W_2\oplus W_1=V_3\oplus W_3\oplus W_2\oplus W_1=\cdots \tag{5.54}$$

这种分解可以用图5.13表示。当我们把反问题从V_j空间分解为$V_{j+1}\oplus W_{j+1}$时，由于V_{j+1}空间仅包含V_j空间中的低波数成分。因此，在V_{j+1}空间中求得的解应是V_j空间中反问题在所有模型参数附近局部化的某种平均值解。又由于V_{j+1}在V_j中的正交空间W_{j+1}含有V_j空间中的高波数成分，因此，在V_{j+1}空间中不能得到分辨的小尺度特征，却能通过在V_j空间中的求解得到分辨。这就是多尺度方法逐步提高分辨率的原理。

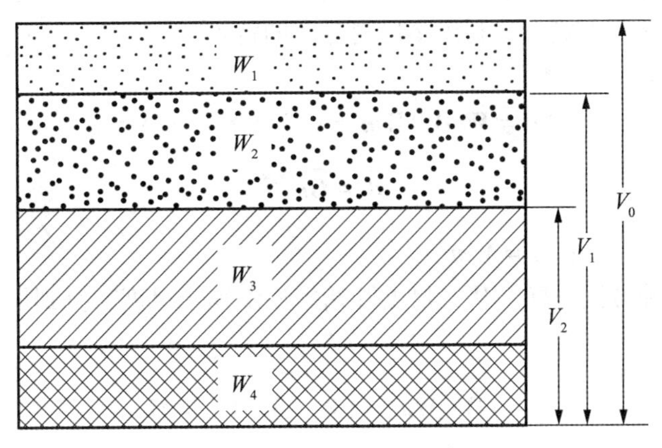

图5.13　多尺度分解示意图

5.6.2　多尺度反演法

多尺度反演算法可以表示为三个基本算子的操作过程：第一个算子将地球物理反演问题从尺度零(小尺度)开始，依次分解为尺度1，2，…大尺度的问题；第二个算子求取各尺度上反问题的解；第三个算子将$j(j\in Z)$尺度上的解嵌入尺度$j-1$，并将其作为$j-1$尺度上反问题寻优的起始点。为方便理解，下面以尺度2为例加以说明。多尺度时，可以类推。

设地球物理反问题可以表示为：

$$\underset{M\times N}{\boldsymbol{G}}\ \underset{N\times 1}{\boldsymbol{m}}=\underset{M\times 1}{\boldsymbol{d}}$$

首先，对反问题进行尺度分解。这里，有三种方法可以用来实现多尺度分解反演。

(1)第一种方法

上式两端同乘以选择的小波(如Harr小波或Daubechies小波)对应的变换矩阵

$\boldsymbol{W}$，得：

$$\boldsymbol{WGm} = \boldsymbol{Wd} \tag{5.55}$$

式中采用点数 $M = 2^j$，对应于尺度 $2^{+j}(j = 1, 2, \cdots, k)$。

将上式重新整理得：

$$\bar{\boldsymbol{G}}\boldsymbol{m} = \bar{\boldsymbol{d}} \tag{5.56}$$

这里，$\bar{\boldsymbol{G}} = \boldsymbol{WG}$；$\bar{\boldsymbol{d}} = \boldsymbol{Wd}$

当 $j = 1$ 时，$M = 2$，反演两个数据的式(5.55)方程可以用前面讲述的各种线性反演方法求解，然后将其结果作为 $j = 2$，即4个数据时反演问题的初始模型，再反演式(5.55)式，依次类推，计算8个数据，16个数据…的反演问题，直至最小的尺度，即最大采样率时的反问题。这时的解，就是问题的最终解。

这种尺度分解算法的优点是只需对等式两端作一次小波变换，计算量小；缺点是尺度分解仅作用于数据 $\boldsymbol{d}$ 和核函数 $\boldsymbol{G}$，对模型 $\boldsymbol{m}$ 无尺度运算概念。如 $M < N$，则分尺度的求解总是欠定问题，而欠定问题的求解总要在一定约束条件下才能完成，这就造成不同尺度解之间继承性不能保证，不能充分利用多尺度分解的特点。

(2) 第二种方法

$$\boldsymbol{Wd} = \boldsymbol{WGW}^{\mathrm{T}}\boldsymbol{Wm} = (\boldsymbol{W}(\boldsymbol{WG})^{\mathrm{T}})^{\mathrm{T}}\boldsymbol{Wm} \tag{5.57}$$

$$\bar{\boldsymbol{d}} = \bar{\boldsymbol{G}}\bar{\boldsymbol{m}} \tag{5.58}$$

其中，$\bar{\boldsymbol{G}} = (\boldsymbol{W}(\boldsymbol{WG})^{\mathrm{T}})^{\mathrm{T}}$；$\bar{\boldsymbol{m}} = \boldsymbol{Wm}$。

反演时与第一种方法一样，从大尺度开始，逐渐缩小尺度，直到最小尺度。

(3) 第三种方法

$$\boldsymbol{d} = \boldsymbol{GW}^{\mathrm{T}}\boldsymbol{Wm} = (\boldsymbol{WG}^{\mathrm{T}})^{\mathrm{T}}\boldsymbol{Wm} = \bar{\boldsymbol{G}}\bar{\boldsymbol{m}} \tag{5.59}$$

其中，$\bar{\boldsymbol{G}} = \boldsymbol{GM}$；$\bar{\boldsymbol{m}} = \boldsymbol{Wm}$。

以上三种方法可视具体情况和要求的不同用于求解不同的地球物理反演问题。

其次，在分解后的每一 2^j 尺度上的反问题，可以采用任何一种合适的反演方法，这取决于怎样才能得到满意的结果。

最后，2^j 尺度上的解，用作下一尺度 2^{j-1} 的初始模型时，需要进行插值，即解的样点要加密一倍。从某种意义上讲，插值方法不同，结果也不一样。一般采用样点复制或线性插值的方法。

5.7　同伦法

同伦(homotopy)是代数拓扑学中的一个基本概念(王则柯等，1990)。同伦理论和算法是建立在微分拓扑学中的Sard定理和正则值逆象定理基础上的一种处理欧氏空间非线性问题的有效方法。其特点是克服了传统迭代法直接求解，局部收敛的弱点，将非线性映射零点求解问题转化为求解同伦微分方程的初值问题，使之对初值的选取无严格限制，能够全局收敛。

最先将同伦方法应用到地球物理中的是 Keller and Perozzi (1983) 利用同伦方法求解地震射线跟踪问题。然后，Vasco(1994) 利用同伦方法求解了地震旅行时层析成像反问题。后来 Vasco(1998)，Bube and Langan(1990) 又进一步发展了该方法并利用该方法解决地震中的正则化反演问题。Everett(1996) 应用同伦方法反演了基于有限差分模型的大地电磁反问题。Jegen 等(2001) 利用同伦法求解了基于正态方程的大地电磁反问题。我国数学家王则柯(1990) 等人撰写了国际上第一本有关同伦方法的专著，Han 等(1995) 将同伦法中的一种单调同伦法用于反演地层电阻率。韩波等(1997) 提出了一种微分连续正则化方法并将该方法应用于一维声波方程系数反演问题的求解。后又推广了该方法，并将其应用于求解二维波动方程反问题。Liu (1995) 也研究了利用同伦方法求解地震勘探波动方程的系数反问题。刘舒考(1998) 等提出了将同伦法与人工神经网络计算方法相结合——同伦神经优化算法，并将该方法用于地震数据的反演。张丽琴等(2004，2005) 针对传统的声波阻抗反演方法的不足，将大范围收敛的同伦反演方法用于地震勘探声波阻抗的反演。本节首先将简要地介绍一下与同伦法有关的几个基本定义和定理，然后着重讨论同伦法的原理、算法实施以及计算过程中的几个关键问题。

5.7.1 基本概念和定理

同伦理论和算法是建立在微分拓扑学中的几个基本概念和定理的基础之上的，本小节先简要地介绍一下若干有关的基本概念和定理(王则柯等，1990)。

同伦：设 $D \subset R^m$，f：$\bar{D} \to R^m$ 和 g：$\bar{D} \to R^m$ 是光滑映射。光滑映射 H：$[0, 1] \times \bar{D} \to R^m$ 称作为将 g 光滑形变到 f 的一个同伦，如果成立 $H(0, \cdot) = g(\cdot)$，$H(1, \cdot) = f(\cdot)$，这里称 $t \in [0, 1]$ 为同伦参数。

特别简单的同伦是线性同伦。

线性同伦：设 X 和 Y 分别是 R^n 的非空子集，f、g：$X \to Y$ 是光滑映射，如果对任意 $(t, x) \in [0, 1] \times X$ 成立

$$H(t, x) = tf(x) + (1 - t)g(x) \in Y$$

则称光滑映射 H：$[0, 1] \times X \to Y$ 是 f 和 g 之间的一个线性同伦。

同伦曲线：考虑一般的同伦方程组 $H(t,x) = 0$，$\dfrac{\partial H}{\partial(t,x)}$ 表示映射 H 关于变量 (t,x) 的 Jacobi 矩阵。$\dfrac{\partial H}{\partial x}$ 表示映射 H 关于变量 x 的 Jacobi 矩阵。令

$$H_t^{-1}(0) = \{x \in \bar{D} \mid H(t,x) = 0\},$$

$$H^{-1}(0) = \{(t,x) \in [0,1] \times \bar{D} \mid H(t,x) = 0\}$$

当 0 是 H 的正则值时，$H^{-1}(0)$ 中的曲线常称为道路或同伦曲线。

逆象定理：设 X 和 Y 分别是 k 维和 l 维的光滑流形，$k > l$，f：$X \to Y$ 是光滑映射，若 $y \in Y$ 是映射 f 的正则值，则 $f^{-1}(y)$ 或者是空集，或者是 X 中的 $k - l$ 维子流形。

Sard 定理：设 X 和 Y 是光滑流形，f：$X \to Y$ 是光滑映射。记 D 是 f 的临界点，则 f 的临

界值集 $f(D) \subset Y$ 在 Y 中的测度(Lebesgue 测度) 为零。

5.7.2　同伦法原理及算法

同伦法的基本思想就是对所考虑的问题引入参数 λ，构造一组同伦函数

$$\boldsymbol{H}(\boldsymbol{p},\ \lambda) = \lambda \boldsymbol{L}(\boldsymbol{p}) + (1 - \lambda)\boldsymbol{G}(\boldsymbol{p}) \tag{5.60}$$

其中，$\boldsymbol{L}(\boldsymbol{p})$ 可看成是地球物理反演中的目标函数，而 $\boldsymbol{G}(\boldsymbol{p})$ 则相当于反演过程中所给的初始模型。当 $\lambda = 0$ 和 $\lambda = 1$ 时，上述函数分别对应 $\boldsymbol{H}(\boldsymbol{p},\ 0) = \boldsymbol{G}(\boldsymbol{p}) = 0$ 和 $\boldsymbol{H}(\boldsymbol{p},\ 1) = \boldsymbol{L}(\boldsymbol{p}) = 0$。当参数 λ 在[0, 1] 变化时，$\boldsymbol{H}(\boldsymbol{p},\ \lambda)$ 构成一组同伦函数，其对应同伦方程 $\boldsymbol{H}(\boldsymbol{p},\ \lambda) = 0$ 的解构成 $\boldsymbol{R}^n$ 内的一条空间曲线，它的一端表示方程 $\boldsymbol{G}(\boldsymbol{p}) = 0$ 的解，另一端表示 $\boldsymbol{L}(\boldsymbol{p}) = 0$ 的解。这样，从初始模型 $\boldsymbol{G}(\boldsymbol{p}) = 0$ 的已知解开始，跟踪同伦函数的零点曲线，就可求得目标函数 $\boldsymbol{L}(\boldsymbol{p}) = 0$ 的解。下面将详细讨论同伦方程(5.7.1) 的两种数值解法。

算法一　预估校正法

为了跟踪从 $\lambda = 0$ 到 $\lambda = 1$ 的同伦路径,可以使用标准的欧拉-牛顿预估-校正法(Garcia and Zangwill, 1981; Watson, 1989; Allgower and Georg, 1990; Choi et al. , 1996)。它从 $(\boldsymbol{p}^0, \lambda^0) \in R^{n+1}$ 开始,计算曲线上一串点 $(\boldsymbol{p}^1, \lambda^1)$, $(\boldsymbol{p}^2, \lambda^2)$,…,使得每一个点 $(\boldsymbol{p}^{i+1}, \lambda^{i+1})$ 是由 $(\boldsymbol{p}^i, \lambda^i)$,通过预测步求得 $(\boldsymbol{p}_E, \lambda_E)$,再由 Newton 迭代实现校正而得到。

欧拉预估步

令 $\boldsymbol{p} = \boldsymbol{p}(s)$, $\lambda = \lambda(s)$,参数 s 是沿同伦路径的弧长。将方程组(5.60) 对弧长 s 求导,得

$$\frac{\partial \boldsymbol{H}}{\partial \boldsymbol{p}}\frac{\partial \boldsymbol{p}}{\partial s} + \frac{\partial \boldsymbol{H}}{\partial \lambda}\frac{\partial \lambda}{\partial s} = 0 \tag{5.61}$$

欧拉预估法定义为沿同伦路径的切线方向增加某步长 t。同伦路径上某点 $[\boldsymbol{p}(s), \lambda(s)]$ 处的切向矢量为:

$$\boldsymbol{v}(s) \equiv \left(\frac{\partial \boldsymbol{p}}{\partial s}, \frac{\partial \lambda}{\partial s}\right)^{\mathrm{T}} \tag{5.62}$$

其中上标 T 表示向量的转置。$\boldsymbol{p}$, λ 与弧长 s 之间的关系为:

$$\boldsymbol{v}^{\mathrm{T}}\boldsymbol{v} = \left(\frac{\partial \boldsymbol{p}^{\mathrm{T}}}{\partial s}\frac{\partial \boldsymbol{p}}{\partial s}\right) + \left(\frac{\partial \lambda}{\partial s}\right)^2 = 1 \tag{5.63}$$

解式(5.61) 和式(5.63) 的联立方程组

$$\begin{pmatrix} \partial \boldsymbol{H}/\partial \boldsymbol{p} & \partial \boldsymbol{H}/\partial \lambda \\ \partial \boldsymbol{p}^{\mathrm{T}}/\partial s & \partial \lambda/\partial s \end{pmatrix} \begin{pmatrix} \partial \boldsymbol{p}/\partial s \\ \partial \lambda/\partial s \end{pmatrix} = \begin{pmatrix} 0 \\ 1 \end{pmatrix} \tag{5.64}$$

即可得同伦路径的单位切向矢量 $\boldsymbol{v}(s)$。

设 $[\boldsymbol{p}^k, \lambda^k]$ 是全局同伦路径上当前点,其相应的弧长为 $s = s^k$。$\boldsymbol{v}^{k-1}$ 为欧拉预估法计算出的前一步的单位切向量,相应的弧长 $s = s^{k-1} < s^k$。当前点 $[\boldsymbol{p}^k, \lambda^k]$ 的切向量 $\boldsymbol{v}^k$ 可以从方程(5.64) 中求出。特别地,方程(5.64) 的系数矩阵的最后一行代表的切向量被前一步计算出的单位切向量替换(Watson, 1989; Choi, 1996),所以,有:

$$\begin{pmatrix} \partial \boldsymbol{H}/\partial \boldsymbol{p} & \partial \boldsymbol{H}/\partial \lambda \\ [\partial \boldsymbol{p}^{\mathrm{T}}/\partial s]^{k-1} & [\partial \lambda/\partial s]^{k-1} \end{pmatrix} \begin{pmatrix} [\partial \boldsymbol{p}/\partial s]^k \\ [\partial \lambda/\partial s]^k \end{pmatrix} = \begin{pmatrix} 0 \\ 1 \end{pmatrix} \tag{5.65}$$

由于用这种方法求得的 $\boldsymbol{v}^k$ 不再是单位矢量,它的长度可按照 $\boldsymbol{v}^k = \boldsymbol{v}^k / \|\boldsymbol{v}^k\|_2$ 进行归一化,其

中$\|\cdot\|_2$为L_2范数。可以使用高斯消元法解方程(5.65)。对于$k=1$的情况,同伦路径初始切向量任意定义为$\boldsymbol{v}^0=(0,1)^{\mathrm{T}}$,因此,预测的欧拉点为

$$(\boldsymbol{p}_E,\lambda_E)=(\boldsymbol{p}^k,\lambda^k)+\boldsymbol{v}^k\boldsymbol{t}^k \tag{5.66}$$

其中,$\boldsymbol{t}^k$为当前的步长。如图5.14所示,欧拉预测点$[\boldsymbol{p}_E,\lambda_E]$并不总是位于同伦路径上,除非路径局部上没有曲度,这是很少的情况。下面描述的牛顿校正步骤将欧拉预测点校正到同伦路径上。

牛顿校正步

牛顿校正算法的目标是将方程(5.66)求出的欧拉预测点校回到全局同伦函数的零点曲线上。也就是说,在路径跟踪的牛顿校正法中,要求得扰动矢量$(\Delta\boldsymbol{p},\Delta\lambda)^{\mathrm{T}}$使得

$$\boldsymbol{H}(\boldsymbol{p}_E+\Delta\boldsymbol{p},\lambda_E+\Delta\lambda)=0 \tag{5.67}$$

将上述表达式用一阶Taylor级数展开

$$\boldsymbol{H}_E+\frac{\partial\boldsymbol{H}_E}{\partial\boldsymbol{p}}\Delta\boldsymbol{p}+\frac{\partial\boldsymbol{H}_E}{\partial\lambda}\Delta\lambda\approx 0 \tag{5.68}$$

其中,$\boldsymbol{H}_E\equiv\boldsymbol{H}(\boldsymbol{p}_E,\lambda_E)$。如图5.14中所示,欧拉预估方向为点$[\boldsymbol{p}^k,\lambda^k]$的切向量$\boldsymbol{v}^k$的一个方向。因此,将欧拉预测点$[\boldsymbol{p}_E,\lambda_E]$校到同伦路径上的高效方法显然是在局部切向量$\boldsymbol{v}$的垂直方向上作一个扰动向量。如果切向量$\boldsymbol{v}$与扰动向量$(\Delta\boldsymbol{p},\Delta\lambda)^{\mathrm{T}}$的点乘为零,则这两向量相互垂直:

$$\frac{\partial\boldsymbol{p}^{\mathrm{T}}}{\partial s}\Delta\boldsymbol{p}+\frac{\partial\lambda}{\partial s}\Delta\lambda=0 \tag{5.69}$$

联立方程式(5.68)、式(5.69),则得到如下的方程组

$$\begin{pmatrix}\partial\boldsymbol{H}_E/\partial\boldsymbol{p} & \partial\boldsymbol{H}_E/\partial\lambda\\ \partial\boldsymbol{p}^{\mathrm{T}}/\partial s & \partial\lambda/\partial s\end{pmatrix}\begin{pmatrix}\Delta\boldsymbol{p}\\ \Delta\lambda\end{pmatrix}\approx\begin{pmatrix}-\boldsymbol{H}_E\\ 0\end{pmatrix} \tag{5.70}$$

解方程(5.70)得扰动矢量的一阶近似$(\Delta\boldsymbol{p}_1,\Delta\lambda_1)^{\mathrm{T}}$。重构后的一阶扰动点$[\boldsymbol{p}_1,\lambda_1]\equiv[\boldsymbol{p}_E+\Delta\boldsymbol{p}_1,\lambda_E+\Delta\lambda_1]$应比原始的欧拉预估点$[\boldsymbol{p}_E,\lambda_E]$更靠近同伦路径。为了提高近似程度,再次求解线性方程(5.70),这次在计算系数矩阵及方程右边矢量时使用更新的同伦函数$\boldsymbol{H}_1\equiv\boldsymbol{H}(\boldsymbol{p}_1,\lambda_1)$。重复进行这个过程,设$[\Delta\boldsymbol{p}_i,\Delta\lambda_i]$是第$i$次用更新的同伦函数$\boldsymbol{H}_i\equiv\boldsymbol{H}(\boldsymbol{p}_{i-1},\lambda_{i-1})$求解方程(5.70)所得的扰动量。如果$i<N_{\max}\approx 50$(牛顿迭代的最大次数)且第$i$次扰动因素满足

$$\Delta\boldsymbol{p}_i^{\mathrm{T}}\Delta\boldsymbol{p}_i+(\Delta\lambda)^2<\mathrm{TOL} \tag{5.71}$$

其中,$\mathrm{TOL}\approx 10^{-8}$,则可以认为牛顿校正法收敛。点$[\boldsymbol{p}^{k+1},\lambda^{k+1}]\equiv[\boldsymbol{p}_{i-1},\lambda_{i-1}]+[\Delta\boldsymbol{p}_i+\Delta\lambda_i]$(在TOL范围内)将位于全局同伦路径上,如图5.14所示。至此,路径跟踪的牛顿校正步骤结束,继续下一个欧拉预估步骤。通过这种方法完成同伦路径从$\lambda=0$到$\lambda=1$的路径跟踪。

算法二　数值延拓法

由于我们的目的是计算目标函数$\boldsymbol{L}(\boldsymbol{p})$的零点,而不是求解$\boldsymbol{H}^{-1}(0)$中的曲线,所以,我们并不需要非常精确地求解同伦方程的零点,即并不需要严格地跟踪同伦零点曲线,只要同伦曲线能把我们带到超平面$\lambda=1$即可。下面讲的算法就是不严格跟踪同伦曲线,而是先通

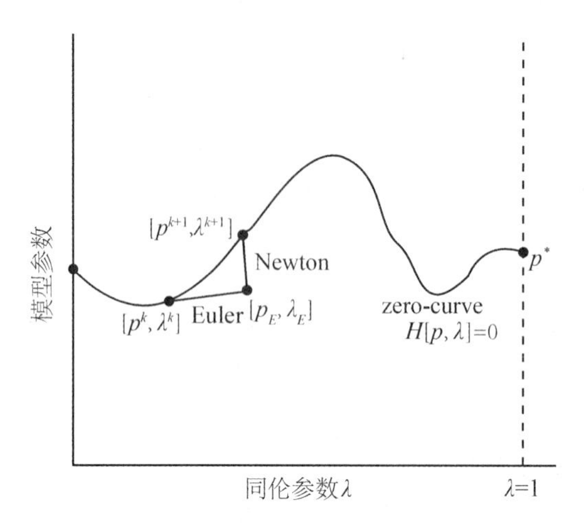

图 5.14　欧拉—牛顿算法跟踪同伦路径示意图

过数值延拓法求得目标函数解的足够好的初始近似,再用 Newton 迭代产生收敛序列。

假定对每个 $\lambda \in [0,1]$,同伦函数式(5.70)有解 $\boldsymbol{p}=\boldsymbol{p}(\lambda)$,点$(\boldsymbol{p}^0,0)$为曲线起点,$\boldsymbol{p}(\lambda)$连续依赖于 λ,求当 $\lambda=1$ 时 $\boldsymbol{p}=\boldsymbol{p}(1)$ 的数值,可以将 $\lambda \in [0,1]$ 分划为:

$$0=\lambda_0<\lambda_1<\cdots<\lambda_N=1 \tag{5.72}$$

用某个迭代法求方程

$$\boldsymbol{H}(\boldsymbol{p},\lambda_i)=0, i=1,2,\cdots,N \tag{5.73}$$

的解$\boldsymbol{p}^i$,由于第 $i-1$ 个方程的解$\boldsymbol{p}^{i-1}$已求得,故可用$\boldsymbol{p}^{i-1}$作为方程(5.73)的初始近似,如果 $\lambda_i-\lambda_{i-1}$ 充分小,可以期望$\boldsymbol{p}^{i-1}$是$\boldsymbol{p}^i$的一个足够好的近似,以至于用局部收敛的迭代法可使它收敛,这就是数值延拓法的基本思想。

若令 $\lambda_k=\dfrac{k}{N}, k=0,1,\cdots,N$,方程(5.73)的解 $\boldsymbol{p}=\boldsymbol{p}(\lambda)$ 在点 λ_k 的数值解$\boldsymbol{p}^k$,若用 q 阶的数值求积公式计算,则可表示为:

$$\boldsymbol{p}^{k+1}=\phi(\boldsymbol{p}^k,\cdots,\boldsymbol{p}^{k-l};h), k=0,1,\cdots,N-1, l<k \tag{5.74}$$

这里 $h=\dfrac{1}{N}$ 为步长,$l=0$ 为单步法,$l>0$ 为多步法。计算由$\boldsymbol{p}^0$开始,用(5.74)由$\boldsymbol{p}^1$逐步计算到$\boldsymbol{p}^N$。由于每步计算均有误差,故$\boldsymbol{p}^N$只是$\boldsymbol{p}(1)$的近似。可以证明只要 N 足够大,由(5.74)数值方法求得的$\boldsymbol{p}^N$与$\boldsymbol{p}(1)$就足够近似,故可以用$\boldsymbol{p}^N$作为目标函数 $\boldsymbol{L}(\boldsymbol{p})$ 的迭代初始近似,用局部收敛的迭代法如 Newton 法就可以使其收敛。

由上可得数值延拓法与局部收敛的迭代法(Newton 法)的组合程序:

$$\begin{cases}\boldsymbol{p}^{k+1}=\phi(\boldsymbol{p}^k,\cdots,\boldsymbol{p}^{k-l};h) & k=0,1,\cdots,N-1;l<k,\\ \boldsymbol{p}^{k+1}=\boldsymbol{p}^k-[L'(\boldsymbol{p}^k)]^{-1}L(\boldsymbol{p}^k) & k=N,N+1,\cdots\end{cases} \tag{5.75}$$

可以证明,数值延拓法的组合程序(5.75)是大范围收敛的。

5.7.3　同伦算法实施过程中的一些问题

一般来说,集合$\boldsymbol{H}^{-1}(0)$可能非常复杂(如图 5.15 所示),事先无法确定其拓扑结构,加上新映射可能在原映射的零点处没有定义,使得计算执行到原映射零点附近时,如不采取措施,同伦算法常常无法执行下去。因此同伦方法的基本思想虽然简单,但要在计算机上实现,解决实际问题,还有待进一步探索。主要体现在如下几个方面:

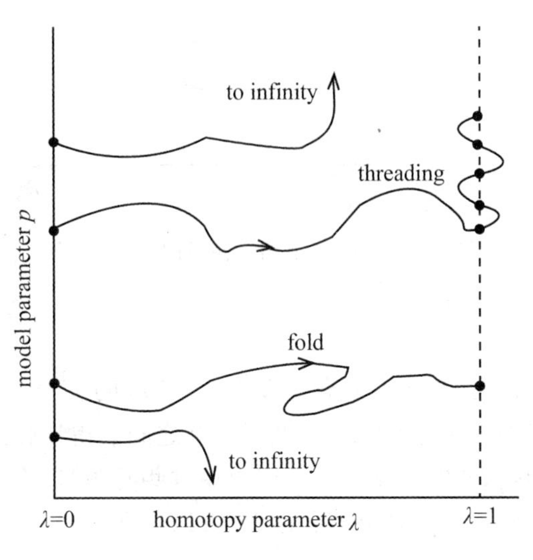

图 5.15 同伦路径示意图

1. 切向矢量方向的选取

曲线上某点处的切向矢量的方向有两个,且它们的方向恰好相反(图 5.16),如果选错了方向,则有可能又回到出发点,导致路径跟踪失败。如何选取正确的切线方向,使得算法顺利执行,而不至于回到出发点。选取的标准非常明确,就是要使此切向量指向曲线弧长增加的方向,即是说,当计算步长充分小时,同伦路径上当前点$(\boldsymbol{p}^k,\boldsymbol{\lambda}^k)$ 的切线方向$\boldsymbol{v}^k$ 与前一点$(\boldsymbol{p}^{k-1},\boldsymbol{\lambda}^{k-1})$ 的切线方向$\boldsymbol{v}^{k-1}$ 之间的夹角小于 90°,如图 5.17 所示。即单位切向矢量必须满足下面的条件(Choi et al. , 1996):

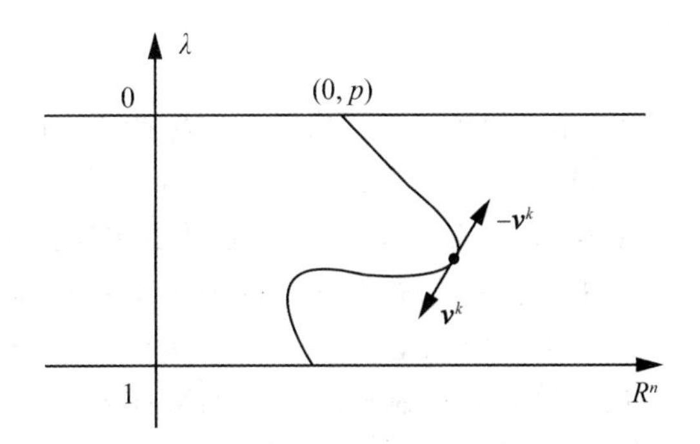

图 5.16 同伦曲线上某点切线方向示意图

$$\boldsymbol{v}^{\mathrm{T}}(\boldsymbol{p}^{k-1},\boldsymbol{\lambda}^{k-1})\,\boldsymbol{v}(\boldsymbol{p}^k,\boldsymbol{\lambda}^k)\ >0 \tag{5.76}$$

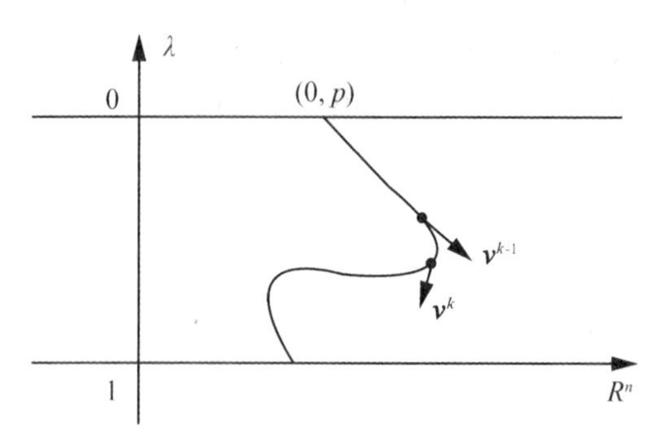

图 5.17　同伦曲线上相邻两点切向矢量

2. 步长的选取问题

跟踪曲线时还可能碰到另外一些问题。例如，若选取的步长太大，在曲线的拐弯处，有可能迷失方向，如图5.18所示；当$H^{-1}(0)$中曲线相互之间靠得比较近时，计算可能从所跟踪的曲线滑向另外一条曲线，如图5.19所示。当出现这些问题时，将会导致计算失败。因此，在路径跟踪算法中，为有效地实现精确路径跟踪，选取合适的步长是很关键的。

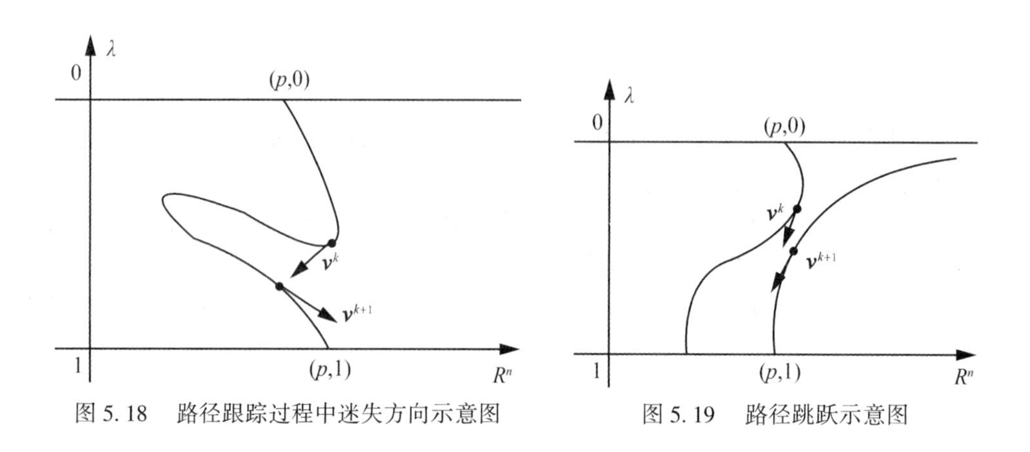

图 5.18　路径跟踪过程中迷失方向示意图　　图 5.19　路径跳跃示意图

合理地步长控制的目标就是确保校正迭代次数基本保持不变（万锡仁，1994）。目前大部分步长控制方法都是按照该标准。这一方法的缺点是当预测点离同伦零点曲线较远时，校正过程中，很难进入收敛范围，此时需要减少步长，通过多次步长减少后，在能够加速前，就已经耗费许多机时。有些路径跟踪系统，如 HOMPACK（Watson et al.，1987），PITCON（Rheinboldt and Burkardt，1983）以及Corvalan 和Saita（Corvalan and Saita，1981）则解析计算步长；有些使用简单的步长控制策略，如 CONSOL（Morgan，1987）使用五次规则，即：当连续五次成功的跟踪路径后增加步长。Allgower and Georg（1980）使用下面的准则来控制步长的选取：

（1）若 $\| \Delta(\boldsymbol{p},\boldsymbol{\lambda})_1^{k+1} \|_2 > a_2 \| \Delta(\boldsymbol{p},\boldsymbol{\lambda})_0^{k+1} \|_2$，则步长减半；

（2）若 $\| \Delta(\boldsymbol{p},\boldsymbol{\lambda})_1^{k+1} \|_2 < a_1 \| \Delta(\boldsymbol{p},\boldsymbol{\lambda})_0^{k+1} \|_2$，则步长加倍；

(3) 否则,步长保持不变。

其中, a_1, a_2 为收缩因子,且 $0 < a_1 < a_2 < 1$。

Corvalan and Saita(1981) 利用 Nowton-Kantorovich 原理,试图每次校正迭代的次数为常数 N。他们认为:为了保证在 N 校正迭代后收敛,预测点的误差必须满足下面的条件:

$$\| (\boldsymbol{p},\boldsymbol{\lambda})^k - (\boldsymbol{p},\boldsymbol{\lambda})_0^k \| = \frac{\boldsymbol{\varepsilon}_{st}^{1/2(N-\theta)}}{\boldsymbol{\lambda}_k^{1-1/2(N-\theta)}}$$

其中,$0 < \theta \leqslant 1$;λ_k 是牛顿校正步误差函数;ε_{st} 为定义的收敛容许量。

从路径跟踪的过程我们可以看出:步长的选取必须反映出同伦零点曲线的局部曲率。如果同伦零点曲线较直(即局部曲率较小),则可以选取相对较大的步长;相反,若同伦零点曲线弯曲较厉害(即局部曲率较大),则应选取相对较小的步长。即根据同伦曲线的光滑性自动地调节计算的步长,使得既能保证算法成功,又能照顾到计算速度。因此,可利用同伦零点曲线的局部曲率来控制步长的选取。

根据曲率的定义:

$$K = \lim_{\Delta s \to 0} \left| \frac{\Delta\alpha}{\Delta s} \right| \tag{5.77}$$

其中,Δs 表示的是曲线上相邻两点间的弧长;$\Delta\alpha$ 为这两点处切向矢量间所夹锐角。

进行路径跟踪时,假定$(\boldsymbol{p}^k,\boldsymbol{\lambda}^k)$ 为同伦零点曲线上的当前点,$(\boldsymbol{p}^{k-1},\boldsymbol{\lambda}^{k-1})$ 为$(\boldsymbol{p}^k,\boldsymbol{\lambda}^k)$ 的前一点,$\boldsymbol{v}^k$ 和$\boldsymbol{v}^{k-1}$ 分别对应这两点的切向矢量,则

$$\cos(\Delta\alpha) = \frac{((\boldsymbol{v}^{k-1})^{\mathrm{T}},\boldsymbol{v}^k)}{\| \boldsymbol{v}^{k-1} \| \cdot \| \boldsymbol{v}^k \|} \tag{5.78}$$

$$\Delta s \approx \| (\boldsymbol{p}^k,\boldsymbol{\lambda}^k) - (\boldsymbol{p}^{k-1},\boldsymbol{\lambda}^{k-1}) \| \tag{5.79}$$

其中,上标 T 表示转置;$\| \cdot \|$ 表示欧几里得范数。

从 $\Delta\alpha$ 和 Δs 的计算式可以看出,在路径跟踪的过程中,就可以很方便地计算出同伦零点曲线的局部曲率,进而根据该曲率值选取一个合适的步长用于下一次预测。

3. 辅助函数的选取问题

一般有两种最为广泛使用的辅助函数:1) 牛顿同伦:$\boldsymbol{G}(\boldsymbol{p}) = \boldsymbol{L}(\boldsymbol{p}) - \boldsymbol{L}(\boldsymbol{p}^0)$;2) 定点同伦:$\boldsymbol{G}(\boldsymbol{p}) = \boldsymbol{p} - \boldsymbol{p}^0$(Wayburn et al., 1987)。

从同伦法的原理来看,对于给定的映射$\boldsymbol{L}(\boldsymbol{p}) = 0$来说,它与辅助映射$\boldsymbol{G}(\boldsymbol{p}) = 0$基本上是没有联系的,如果将目标函数$\boldsymbol{L}$同伦变形到辅助函数$\boldsymbol{G}$,很难保证$\boldsymbol{H}^{-1}(0)$ 中从$(\boldsymbol{p},0)$ 出发的曲线会与 $R^n \times \{1\}$ 相交。因此,对于给定的目标函数,想求得问题的解,构造合适的辅助函数是求解的一个重要步骤。但是可以设想,当把 $\boldsymbol{L}$ 同伦变到一个与 $\boldsymbol{L}$ 比较"接近" 的映射时,同伦算法收敛的机会将大些。按照这一想法,曾有不少理论分析和数值试验得到肯定的结果。有学者通过分析同伦方法的基本思想和同伦微分方程的求解过程,研究了同伦方法中辅助映射的影响,总结出了有关辅助映射构造的一些规律,即辅助映射$\boldsymbol{G}$应尽量与目标函数 $\boldsymbol{L}$ 同类型,即遵循"相似" 原则。该结论具有一般性。

4. 迭代终止标准

假定$(\boldsymbol{p}^k,\boldsymbol{\lambda}^k)$ 为牛顿校正迭代第 k 次后的点,ε 为给定的精度要求,常用的路径跟踪算法中,采用 $\| \boldsymbol{H}(\boldsymbol{p}^k,\boldsymbol{\lambda}^k) \| < \varepsilon$ 作为校正迭代收敛的判别准则。实际上这个判据有时并不令

人满意(王则柯,高堂安,1990),如图5.20所示,尽管 $\|\boldsymbol{H}(\boldsymbol{p}^k,\boldsymbol{\lambda}^k)\|$ 很小,但$(\boldsymbol{p}^k,\boldsymbol{\lambda}^k)$ 可能与真实零点相差较远,导致判断失误。Choi et al. (1996) 提出了另一种迭代终止的判别准则,即

$$\|\boldsymbol{H}((\boldsymbol{p},\boldsymbol{\lambda})_{i+1}^{k+1})\|_2 < \varepsilon_{\mathrm{cor}}\max(\varepsilon_{\mathrm{sin\,g}}|\det\boldsymbol{A}((\boldsymbol{p},\boldsymbol{\lambda})^0)|,|\det\boldsymbol{A}((\boldsymbol{p},\boldsymbol{\lambda})_{i+1}^{k+1})|^{1/n}) \tag{5.80}$$

其中,$\varepsilon_{\mathrm{cor}}$ 和 $\varepsilon_{\mathrm{sin\,g}}$ 为小的正数;$\boldsymbol{A}$ 为方程(5.80)的系数矩阵。实验结果表明:$\varepsilon_{\mathrm{sin\,g}}$ 取 10^{-7},$\varepsilon_{\mathrm{cor}}$ 在校正的开始取10^{-5},当接近同伦曲线,将要收敛的时候,取10^{-7},一般都能取得较好的结果。

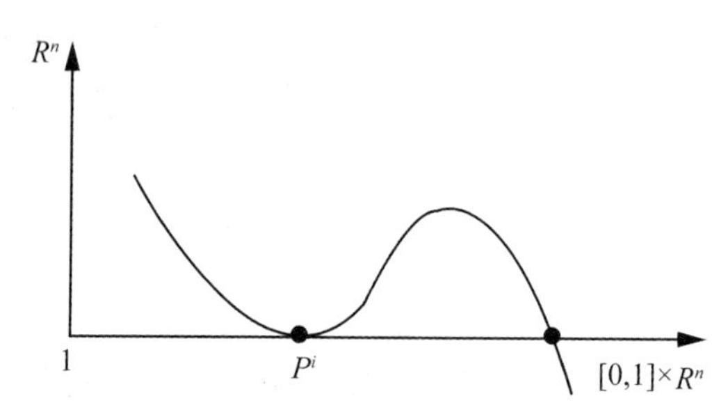

图5.20 同伦映射 $\boldsymbol{H}:[0,1]\times R^n\rightarrow R^n$

设$(\tilde{\boldsymbol{p}},\tilde{\boldsymbol{\lambda}})$是$H$的一个零点,$(\boldsymbol{p},\boldsymbol{\lambda})=(\tilde{\boldsymbol{p}},\tilde{\boldsymbol{\lambda}})+(\Delta\boldsymbol{p},\Delta\boldsymbol{\lambda})$,$\|(\Delta\boldsymbol{p},\Delta\boldsymbol{\lambda})\|<\varepsilon$,其中$\varepsilon$是给定的精度要求,则由映射的中值定理知,有:

$$\|H(\boldsymbol{p},\boldsymbol{\lambda})-\boldsymbol{H}(\tilde{\boldsymbol{p}},\tilde{\boldsymbol{\lambda}})\|\leqslant\max_{0\leqslant\boldsymbol{p}0\leqslant1}\left\|\frac{\partial H}{\partial(\boldsymbol{p},\boldsymbol{\lambda})}((\boldsymbol{p},\boldsymbol{\lambda})+\boldsymbol{p}^0((\boldsymbol{p},\boldsymbol{\lambda})-(\tilde{\boldsymbol{p}},\tilde{\boldsymbol{\lambda}})))\right\|$$

$$\|(\boldsymbol{p},\boldsymbol{\lambda})-(\tilde{\boldsymbol{p}},\tilde{\boldsymbol{\lambda}})\| \tag{5.81}$$

即有

$$\|\boldsymbol{H}(\boldsymbol{p},\boldsymbol{\lambda})\|<\varepsilon\max_{0\leqslant\boldsymbol{p}0\leqslant1}\left\|\frac{\partial\boldsymbol{H}}{\partial(p,\boldsymbol{\lambda})}((\boldsymbol{p},\boldsymbol{\lambda})+\boldsymbol{p}^0((\boldsymbol{p},\boldsymbol{\lambda})-(\tilde{\boldsymbol{p}},\tilde{\boldsymbol{\lambda}})))\right\| \tag{5.82}$$

其中矩阵$\dfrac{\partial\boldsymbol{H}}{\partial(\boldsymbol{p},\boldsymbol{\lambda})}=(\boldsymbol{p}_{ij}^0)_{n\times(n+1)}$ 的模 $\|\cdot\|$ 定义为:

$$\left\|\frac{\partial\boldsymbol{H}}{\partial(p,\boldsymbol{\lambda})}\right\|=\|(p_{ij}^0)\|=\sqrt{\rho((\boldsymbol{P}^0)^{\mathrm{T}}\boldsymbol{P}^0)} \tag{5.83}$$

其中$\rho((\boldsymbol{P}^0)^{\mathrm{T}}\boldsymbol{P}^0)$表示矩阵$(\boldsymbol{P}^0)^{\mathrm{T}}\boldsymbol{P}^0$的谱半径,亦即

$$\rho((\boldsymbol{P}^0)^{\mathrm{T}}\boldsymbol{P}^0)=\max_{1\leqslant i\leqslant n+1}|a_i| \tag{5.84}$$

a_i 为$(\boldsymbol{P}^0)^{\mathrm{T}}\boldsymbol{P}^0$ 的特征值,所以可用

$$\|\boldsymbol{H}(\boldsymbol{p}^k,\boldsymbol{\lambda}^k)\|<\varepsilon\left\|\frac{\partial\boldsymbol{H}}{\partial(\boldsymbol{p},\boldsymbol{\lambda})}(\boldsymbol{p}^k,\boldsymbol{\lambda}^k)\right\| \tag{5.85}$$

作为牛顿迭代法的终止标准(王则柯等,1990)。在牛顿校正的过程中,若满足上面的收敛标准,则认为欧拉预测点被校正到同伦路径上并终止迭代。

5.8 线性和非线性混合方法

前面已经提到，绝大多数反问题都是非线性问题。对于非线性问题的两类求解方法（即线性化方法和直接求解法）各具优缺点。如线性化方法收敛速度快，但易陷入局部极小；而直接求解法具有不易陷入局部极小的优点，但其收敛速度慢。因此，人们很容易想到能否将这两类求解方法相结合，互相取长补短，从而达到计算速度快，又不易陷入局部极小的优点。本节将以 Fukuda 和 Johnson 发表的论文为例（Fukuda and Johnson，2010），介绍一种线性与非线性相结合的混合方法。

5.8.1 线性与非线性混合问题

首先，定义线性与非线性混合问题。设有数据集$\boldsymbol{d}_1$，$\boldsymbol{d}_2$，…，$\boldsymbol{d}_K$，其中$\boldsymbol{d}_k(k=1, 2, \cdots, K)$为$N_k$维矢量，且共有$N$个数据（即$N=\sum_{k=1}^{K}N_k$）。假设$\boldsymbol{d}_k$可以用理论模型的线性和非线性模型参数来描述。具体来说，数据$\boldsymbol{d}_k$与模型参数的关系可用下式来描述：

$$\boldsymbol{d}_k=\boldsymbol{G}_k(\boldsymbol{m})\boldsymbol{s}+\boldsymbol{\varepsilon}_k,\ k=1,\ 2,\ \cdots,\ K \tag{5.86}$$

式中，非线性参数$\boldsymbol{m}$为M_N维矢量；线性参数$\boldsymbol{s}$是M_L维矢量；$\boldsymbol{G}_k(\boldsymbol{m})$为$N_k\times M_L$的矩阵，是非线性参数$\boldsymbol{m}$的函数，且将线性参数$\boldsymbol{s}$与数据$\boldsymbol{d}_k$联系起来；$\boldsymbol{\varepsilon}_k$为$N_k$维误差矢量，并假设其遵循均值为0的高斯分布，其协方差矩阵为$\sigma_k^2\sum_k$，即$\boldsymbol{\varepsilon}_k\sim N\left(0,\ \sigma_k^2\sum_k\right)$。此处的$\sum_k$是数据$\boldsymbol{d}_k$的协方差矩阵，$\sigma_k^2$决定数据集中第$k$个数据$\boldsymbol{d}_k$的相对权值。设$\boldsymbol{d}=[\boldsymbol{d}_1^{\mathrm{T}},\ \boldsymbol{d}_2^{\mathrm{T}},\ \cdots,\ \boldsymbol{d}_K^{\mathrm{T}}]^{\mathrm{T}}$是$N$维矢量，结合方程(5.86)，模型参数$\boldsymbol{m}$和$\boldsymbol{s}$与数据$\boldsymbol{d}$的关系如下所示：

$$\boldsymbol{d}=\boldsymbol{G}(\boldsymbol{m})\boldsymbol{s}+\boldsymbol{\varepsilon} \tag{5.87}$$

其中，$\boldsymbol{G}(\boldsymbol{m})=[\boldsymbol{G}_1(\boldsymbol{m})^{\mathrm{T}},\ \boldsymbol{G}_2(\boldsymbol{m})^{\mathrm{T}},\ \cdots,\ \boldsymbol{G}_K(\boldsymbol{m})^{\mathrm{T}}]^{\mathrm{T}}$为$N\times M_L$矩阵；$\boldsymbol{\varepsilon}=[\boldsymbol{\varepsilon}_1^{\mathrm{T}},\ \boldsymbol{\varepsilon}_2^{\mathrm{T}},\ \cdots,\ \boldsymbol{\varepsilon}_K^{\mathrm{T}}]$为$N$维矢量。假设$\boldsymbol{\varepsilon}_1$，$\boldsymbol{\varepsilon}_2$，…，$\boldsymbol{\varepsilon}_K$彼此互不相关，因此$\boldsymbol{\varepsilon}$服从0均值的高斯分布，协方差矩阵为$\boldsymbol{R}$，$\boldsymbol{\varepsilon}\sim N(0,\ \boldsymbol{R})$，其中$\boldsymbol{R}$为$N\times N$的分块对角矩阵：

$$\boldsymbol{R}=\begin{bmatrix}\sigma_1^2\sum_1 & \boldsymbol{0} & \cdots & 0\\ \boldsymbol{0} & \sigma_2^2\sum_2 & \cdots & 0\\ \vdots & & & \vdots\\ \boldsymbol{0} & \boldsymbol{0} & \cdots & \sigma_K^2\sum_K\end{bmatrix} \tag{5.88}$$

其中，$\boldsymbol{0}$为具有合适维数的零矩阵。

在很多地球物理反问题中，有必要根据先验信息对模型参数进行约束。本文对线性模型参数$\boldsymbol{s}$进行先验约束，使得$\boldsymbol{s}$可以表示为高斯概率分布。因此，我们考虑对$\boldsymbol{s}$采用有限的先验约束，而对非线性模型参数$\boldsymbol{m}$采用任意的先验约束。对线性模型参数，考虑两类先验约束：第一类是具有最小范数约束的线性参数$\boldsymbol{s}$在时间或空间上是光滑的；第二类先验约束是直接定义$\boldsymbol{s}$的先验期望值。当有J个不同的先验约束时，第一类约束条件可表示为：

$$\boldsymbol{D}_j\boldsymbol{s}=\boldsymbol{\delta}_j,\ j=1,\ 2,\ \cdots J \tag{5.89}$$

其中，$\boldsymbol{D}_j$ 为 $M_L\times M_L$ 矩阵；$\boldsymbol{\delta}_j$ 为 M_L 维矢量，它决定了第 j 个约束条件的力度，并且假设其服从 0 均值的高斯分布，协方差矩阵为 $\alpha_j^2\boldsymbol{I}_{M_L}$，即$\delta_j\sim N(0,\ \alpha_j^2\boldsymbol{I}_{M_L})$。其中$\boldsymbol{I}_{M_L}$ 为 $M_L\times M_L$ 单位阵，α_j^2 表示δ_j 量级。当先验约束为空间和时间上的光滑时，则$\boldsymbol{D}_j$ 分别是空间和时间的有限差分矩阵。而对于最小范数约束，$\boldsymbol{D}_j$ 为单位阵，$\boldsymbol{D}_j=\boldsymbol{I}_{M_L}$。当 $j=1,\ 2,\ \cdots,\ J$ 时，结合方程式(5.79)，可得：

$$\boldsymbol{D}\boldsymbol{s}=\boldsymbol{\delta} \tag{5.90}$$

其中，$\boldsymbol{D}=[\boldsymbol{D}_1^{\mathrm{T}},\ \boldsymbol{D}_2^{\mathrm{T}},\ \cdots,\ \boldsymbol{D}_J^{\mathrm{T}}]^{\mathrm{T}}$ 为$(J\times M_L)\times M_L$ 矩阵；$\boldsymbol{\delta}=[\boldsymbol{\delta}_1^{\mathrm{T}},\ \boldsymbol{\delta}_2^{\mathrm{T}},\ \cdots,\ \boldsymbol{\delta}_J^{\mathrm{T}}]^{\mathrm{T}}$ 为 $J\times M_L$ 维矢量。设$\boldsymbol{\delta}_1$，$\boldsymbol{\delta}_2$，…，$\boldsymbol{\delta}_J$ 彼此不互相关，因此，$\boldsymbol{\delta}$ 服从 0 均值的高斯分布，其协方差矩阵为 $\boldsymbol{Q}$，即 $\boldsymbol{\delta}\sim N(0,\ \boldsymbol{Q})$，其中 $\boldsymbol{Q}$ 为$(J\times M_L)\times(J\times M_L)$ 分块矩阵：

$$\boldsymbol{Q}=\begin{bmatrix}\alpha_1^2\boldsymbol{I}_{M_L} & 0 & \cdots & 0\\ 0 & \alpha_2^2 I_{M_L} & \cdots & 0\\ \vdots & \vdots & \ddots & \vdots\\ 0 & 0 & \cdots & \alpha_J^2\boldsymbol{I}_{M_L}\end{bmatrix} \tag{5.91}$$

第二类先验约束是：直接定义 $\boldsymbol{s}$ 的先验期望值。可以将这些先验约束表示为：

$$\boldsymbol{s}=\boldsymbol{p}+\boldsymbol{\delta}_p \tag{5.92}$$

其中，$\boldsymbol{p}$ 为 M_L 维矢量，表示参数 $\boldsymbol{s}$ 的先验期望值；$\boldsymbol{\delta}_p$ 为 M_L 维矢量，遵循均值为 0 的高斯分布，协方差矩阵为 $\alpha^2\boldsymbol{I}_{M_L}$，即$\boldsymbol{\delta}_p\sim N(0,\ \alpha^2\boldsymbol{I}_{M_L})$。

对于第一类先验约束，允许同时使用多种先验约束（如空间和时间上光滑），但不能将第二类约束与第一类约束同时使用，因为没法用高斯概率分布来表达这种先验信息的组合。

尽管对非线性模型参数 $\boldsymbol{m}$ 可以使用任意的先验信息，但典型的约束形式为：

$$m_i^{\min}\leqslant m_i\leqslant m_i^{\max} \tag{5.93}$$

其中，m_i 为 $\boldsymbol{m}$ 的第 i 个分量，$m_i^{\min}$，$m_i^{\max}$ 是给定的 m_i 的最小和最大值。其他有代表性的先验约束还有不等式约束，如：

$$m_i\geqslant m_i^{\min} \tag{5.94}$$

已知观测方程(5.87)，参数 $\boldsymbol{s}$ 的线性先验约束（式 5.90 或式 5.92），参数 $\boldsymbol{m}$ 的一般先验约束，如方程(5.93)，以及对 $\boldsymbol{\varepsilon}$，$\boldsymbol{\delta}$ 和 $\boldsymbol{\delta}p$ 的高斯假设，求 $\boldsymbol{m}$，$\boldsymbol{s}$，$\sigma_k^2(k=1,\ 2,\ \cdots,\ K)$ 和 $\alpha_j^2(j=1,\ 2,\ \cdots,\ J)$。

5.8.2　线性与非线性混合问题的贝叶斯公式

贝叶斯方法的应用前提是未知参数的所有信息都可用概率分布来描述。在贝叶斯框架中，未知参数的先验信息由概率密度函数(PDF) 表示，称之为先验概率密度函数。贝叶斯理论修改先验概率密度函数的依据是观测数据以及由数据与模型参数间的理论关系构建的数据概率模型。修改后的概率密度函数称之为后验概率密度函数，即为反演问题的解。具体地说，对于给定的数据 $\boldsymbol{d}$，贝叶斯定理表明，模型参数 $\boldsymbol{z}$ 的后验概率密度函数由下式给出：

$$p(z|\boldsymbol{d})=\frac{p(\boldsymbol{d}|z)\,p(z)}{p(\boldsymbol{d})} \tag{5.95}$$

其中，$p(\boldsymbol{d}|z)$ 是给定模型参数的数据概率密度函数，它考虑了数据与参数间的理论关系；$p(z)$ 为模型参数的先验概率密度函数；分母为一常数，它将 $p(z|\boldsymbol{d})$ 进行归一化，且与 z 无关。应该注意的是，对于上面描述的线性与非线性混合问题，$\boldsymbol{z}$ 为一矢量，它包含了反演问题中的所有待解的参数，可表示成 $z=[\boldsymbol{m}^{\mathrm{T}}, \boldsymbol{s}^{\mathrm{T}}, \sigma_1^2, \cdots, \sigma_K^2, \alpha_1^2, \cdots, \alpha_J^2]^{\mathrm{T}}$。当数据与模型参数为线性关系，且方程(5.95) 中的 $p(z)$ 和 $p(\boldsymbol{d}|z)$ 为高斯分布时，则后验概率密度函数 $p(z|\boldsymbol{d})$ 也为高斯分布，并且其均值矢量和协方差矩阵具有闭合的解析表达式，可用最小二乘来估计(Tarantola，2005； Aster，2005)。反之，若数据与模型参数为非线性关系或者两个概率密度函数中任何一个为非高斯分布，则后验概率密度函数也为非高斯分布，因而很难用解析表达式来描述后验概率密度函数。而且，对于非高斯的后验概率密度函数，不可能获得描述后验概率密度函数的各个量(如均值、方差和协方差) 的闭合形式的解析表达式。非高斯后验概率密度函数可以通过使用马尔科夫链蒙特卡洛方法(简称 MCMC)(Gilks，1996； Gamerman，1997； MacKay，2003) 进行数值描述。MCMC 方法由概率密度函数产生样本，从而构成后验概率密度函数，且产生的样本可以用来计算表征后验概率密度函数的参数。MCMC 方法现已成为非线性或非高斯模型的贝叶斯推断中的标准技术。该方法已在各个领域广泛应用(Gilks，1996； Mosegaard & Tarantola，1995； Mosegaard，1997； Grandis，1999； Schott，1999； Malinverno， 2002； Khan，2007； Gallagher，2009； Johnson & Segall，2004b； Johnson，2005； Hilley，2005； Johnson，2007； Brooks & Frazer，2005； Brooks，2006； Fukuda & Johnson，2008； Monelli，2008； Fukuda，2009)。

MCMC 方法可能需要对后验概率密度函数 $p(z|\boldsymbol{d})$ 和正演模型进行几十万或几百万次的计算。如果正演模型的评价计算密集，且后验概率密度函数 $p(z|\boldsymbol{d})$ 采样充分，则该方法可能需要很长的计算时间，因此，MCMC 方法不切实际。对于线性与非线性混合问题，我们可以把后验概率密度函数 $p(z|\boldsymbol{d})$ 分成两个概率密度函数，从而提高计算效率。为了简化符号，定义 $\sigma=[\sigma_1^2, \sigma_2^2, \cdots, \sigma_K^2]^{\mathrm{T}}$，$\alpha=[\alpha_1^2, \alpha_2^2, \cdots, \alpha_J^2]^{\mathrm{T}}$。为此 z 可表示成 $z=[\boldsymbol{m}^{\mathrm{T}}, \boldsymbol{s}^{\mathrm{T}}, \sigma^{\mathrm{T}}, \alpha^{\mathrm{T}}]^{\mathrm{T}}$，后验概率密度函数为：$p(z|\boldsymbol{d})=p(\boldsymbol{m}, \boldsymbol{s}, \sigma, \alpha|\boldsymbol{d})$。完整的后验概率密度函数 $p(\boldsymbol{m}, \boldsymbol{s}, \sigma, \alpha|\boldsymbol{d})$ 可以分成两个概率密度函数：

$$p(\boldsymbol{m}, \boldsymbol{s}, \sigma, \alpha|\boldsymbol{d})=p(\boldsymbol{s}|\boldsymbol{d}, \boldsymbol{m}, \sigma, \alpha)\,p(\boldsymbol{m}, \sigma, \alpha|\boldsymbol{d}) \tag{5.96}$$

等式右边的第一项 $p(\boldsymbol{s}|\boldsymbol{d}, \boldsymbol{m}, \sigma, \alpha)$ 表示的是已知非线性参数 $\boldsymbol{m}$，σ 和 α 情况下线性参数的后验概率密度函数。第二项 $p(\boldsymbol{m}, \sigma, \alpha|\boldsymbol{d})$ 是与 s 无关的 $\boldsymbol{m}$，σ 和 α 的后验概率密度函数。分别计算式(5.96) 右边两个后验概率密度函数，从而获得等式左边的联合后验概率密度函数。下面介绍，对于给定的非线性参数，线性参数的后验概率密度函数 $p(\boldsymbol{s}|\boldsymbol{d}, \boldsymbol{m}, \sigma, \alpha)$ 能由最小二乘法求取； 非线性参数的后验概率密度函数 $p(\boldsymbol{m}, \sigma, \alpha|\boldsymbol{d})$ 可由 MCMC 采样获取。

1. 贝叶斯公式

已知非线性参数 $\boldsymbol{m}$，σ 和 α，线性参数 $\boldsymbol{s}$ 的后验概率密度函数可写成：

$$p(s|\boldsymbol{d},\ \boldsymbol{m},\ \sigma,\ \alpha)=\frac{p(\boldsymbol{d}|s,\ \boldsymbol{m},\ \sigma,\ \alpha)\,p(s|\boldsymbol{m},\ \sigma,\ \alpha)}{p(\boldsymbol{d}|\boldsymbol{m},\ \sigma,\ \alpha)} \tag{5.97}$$

其中，$p(\boldsymbol{d}|s,\ \boldsymbol{m},\ \sigma,\ \alpha)$ 为已知所有模型参数情况下的数据概率密度函数；$p(s|\boldsymbol{m},\ \sigma,\ \alpha)$ 为 s 的先验概率密度函数；方程(5.97) 的分母为与 s 无关的归一化常数。

根据贝叶斯定理，非线性参数 $\boldsymbol{m}$，σ 和 α 后验概率密度函数可以表示为：

$$p(\boldsymbol{m},\ \sigma,\ \alpha|\boldsymbol{d})=\frac{p(\boldsymbol{d}|\boldsymbol{m},\ \sigma,\ \alpha)\,p(\boldsymbol{m},\ \sigma,\ \alpha)}{p(\boldsymbol{d})} \tag{5.98}$$

其中，$p(\boldsymbol{d}|\boldsymbol{m},\ \sigma,\ \alpha)$ 为已知非线性参数 $\boldsymbol{m}$，σ 和 α 的数据概率密度函数；$p(\boldsymbol{m},\ \sigma,\ \alpha)$ 为非线性参数的先验概率密度函数；分母与非线性参数无关。因此，非线性参数的后验概率密度函数正比于分子：

$$p(\boldsymbol{m},\ \sigma,\ \alpha|\boldsymbol{d})\propto p(\boldsymbol{d}|\boldsymbol{m},\ \sigma,\ \alpha)\,p(\boldsymbol{m},\ \sigma,\ \alpha) \tag{5.99}$$

式(5.96)、式(5.97) 和式(5.99) 表明：要求所有参数的后验概率密度函数 $p(\boldsymbol{m},\ s,\ \sigma,\ \alpha|\boldsymbol{d})$，　就必须定义四个概率密度函数：$p(\boldsymbol{d}|s,\ \boldsymbol{m},\ \sigma,\ \alpha)$，$p(s|\boldsymbol{m},\ \sigma,\ \alpha)$，$p(\boldsymbol{d}|\boldsymbol{m},\ \sigma,\ \alpha)$ 和 $p(\boldsymbol{m},\ \sigma,\ \alpha)$。

2. 数据的概率模型

已知模型参数的数据概率密度函数可由式(5.87) 所示的数据与模型参数的理论关系及测量误差的概率模型来确定。由于观测方程(5.87) 不依赖于 α，于是下式成立

$$p(\boldsymbol{d}|s,\ \boldsymbol{m},\ \sigma,\ \alpha)=p(\boldsymbol{d}|s,\ \boldsymbol{m},\ \sigma) \tag{5.100}$$

观测方程(5.87) 及高斯误差 $\boldsymbol{\varepsilon}(\boldsymbol{\varepsilon}\sim N(0,\ \boldsymbol{R}))$ 的假设表明：$p(\boldsymbol{d}|s,\ \boldsymbol{m},\ \sigma)$ 服从均值为 $\boldsymbol{G}(\boldsymbol{m})s$，协方差矩阵为 $\boldsymbol{R}$ 的高斯分布。

$$p(\boldsymbol{d}|s,\ \boldsymbol{m},\ \sigma)=(2\pi)^{-N/2}\ |\boldsymbol{R}|^{-1/2}\times\exp\left\{-\frac{1}{2}\,[\boldsymbol{d}-\boldsymbol{G}(\boldsymbol{m})s]^{\mathrm{T}}\boldsymbol{R}^{-1}[\boldsymbol{d}-\boldsymbol{G}(\boldsymbol{m})s]\right\} \tag{5.101}$$

尽管 $p(\boldsymbol{d}|s,\ \boldsymbol{m},\ \sigma)$ 是 $\boldsymbol{d}$ 的概率密度函数，一旦 $\boldsymbol{d}$ 已知，就可以看成是 s，$\boldsymbol{m}$，σ 和 α 的函数。该函数称为似然函数。方程(5.91) 可改写成：

$$p(\boldsymbol{d}|s,\ \boldsymbol{m},\ \sigma)=\prod_{k=1}^{K}\left\{\begin{aligned}&(2\pi\sigma_k^2)^{-N_k/2}\ \left|\sum\nolimits_k\right|^{-1/2}\\&\times\exp\left[-\frac{1}{2\sigma_k^2}\,(\boldsymbol{d}_k-\boldsymbol{G}_k(\boldsymbol{m})s)^{\mathrm{T}}\ \left|\sum\nolimits_k\right|^{-1}(\boldsymbol{d}_k-\boldsymbol{G}_k(\boldsymbol{m})s)\right]\end{aligned}\right\} \tag{5.102}$$

3. 线性参数的先验概率密度函数

给定 $\boldsymbol{m}$，σ 和 α，线性参数 s 的先验概率密度函数 $p(s|\boldsymbol{m},\ \sigma,\ \alpha)$ 可由方程(5.90) 或方程(5.92) 对 s 进行先验约束确定。由于式(5.90) 和方程(5.92) 不依赖于 $\boldsymbol{m}$ 和 σ，则：

$$p(s|\boldsymbol{m},\ \sigma,\ \alpha)=p(s|\alpha) \tag{5.103}$$

下面将给出 $p(s|\alpha)$ 两类先验约束(式(5.90) 和方程(5.92)) 的表达式。

式(5.90) 以及 $\boldsymbol{\delta}\sim N(0,\ \boldsymbol{Q})$ 的高斯假设，表明：已知 α，$\boldsymbol{D}s$ 的概率密度遵循 0 均值，协方差矩阵为 $\boldsymbol{Q}$ 的高斯分布

$$p(\boldsymbol{D}s|\alpha)=(2\pi)^{-JM_L/2}\ |\boldsymbol{Q}|^{-1/2}\exp\left[-\frac{1}{2}\,(\boldsymbol{D}s)^{\mathrm{T}}\boldsymbol{Q}^{-1}(\boldsymbol{D}s)\right] \tag{5.104}$$

重写方程(5.104)，可得：

$$p(\boldsymbol{Ds}|\alpha)=(2\pi)^{-JM_L/2}|\boldsymbol{Q}|^{-1/2}\exp\left[-\frac{1}{2}\boldsymbol{s}^{\mathrm{T}}(\boldsymbol{D}^{\mathrm{T}}\boldsymbol{Q}^{-1}\boldsymbol{D})\boldsymbol{s}\right] \tag{5.105}$$

方程(5.105)正比于具有0均值，协方差矩阵为$(\boldsymbol{D}^{\mathrm{T}}\boldsymbol{Q}^{-1}\boldsymbol{D})^{-1}$的参数$\boldsymbol{s}$的高斯分布

$$p(\boldsymbol{s}|\alpha)=(2\pi)^{-M_L/2}|\boldsymbol{D}^{\mathrm{T}}\boldsymbol{D}|^{1/2}|\boldsymbol{Q}|^{-1/2}\exp\left[-\frac{1}{2}\boldsymbol{s}^{\mathrm{T}}(\boldsymbol{D}^{\mathrm{T}}\boldsymbol{Q}^{-1}\boldsymbol{D})\boldsymbol{s}\right] \tag{5.106}$$

注意到方程(5.106)中的$(2\pi)^{-M_L/2}|\boldsymbol{D}^{\mathrm{T}}\boldsymbol{D}|^{1/2}$不依赖于反问题中的参数，将$\boldsymbol{D}=[\boldsymbol{D}_1^{\mathrm{T}},\boldsymbol{D}_2^{\mathrm{T}},\cdots,\boldsymbol{D}_J^{\mathrm{T}}]^{\mathrm{T}}$和方程(5.81)代入方程(5.106)，可得$p(\boldsymbol{s}|\alpha)$的另一种表达式：

$$p(\boldsymbol{s}|\alpha)=(2\pi)^{-M_L/2}\left|\sum_{j=1}^{J}\frac{1}{\alpha_j^2}\boldsymbol{D}_j^{\mathrm{T}}\boldsymbol{D}_j\right|^{1/2}\times\exp\left[-\frac{1}{2}\boldsymbol{s}^{\mathrm{T}}\left(\sum_{j=1}^{J}\frac{1}{\alpha_j^2}\boldsymbol{D}_j^{\mathrm{T}}\boldsymbol{D}_j\right)\boldsymbol{s}\right] \tag{5.107}$$

方程(5.92)和$\delta_p\sim N(0,\alpha^2\boldsymbol{I}_{M_L})$高斯假设表明：已知$\alpha$，线性参数$\boldsymbol{s}$的概率密度$p(\boldsymbol{s}|\alpha)$服从高斯分布，且均值为$\boldsymbol{p}$，协方差矩阵为$\alpha^2\boldsymbol{I}_{M_L}$，

$$p(\boldsymbol{s}|\alpha)=(2\pi\alpha^2)^{-M_L/2}\exp\left[-\frac{1}{2\alpha^2}(\boldsymbol{s}-\boldsymbol{p})^{\mathrm{T}}(\boldsymbol{s}-\boldsymbol{p})\right] \tag{5.108}$$

下面将根据式(5.106)的先验概率密度函数来推导其后验概率密度函数。

4. 边缘似然函数

当已知$\boldsymbol{d}$，$p(\boldsymbol{d}|\boldsymbol{m},\sigma,\alpha)$可以看成是$\boldsymbol{m}$，$\sigma$和$\alpha$的函数，该函数就成为边缘似然函数。边缘似然函数$p(\boldsymbol{d}|\boldsymbol{m},\sigma,\alpha)$可以写成：

$$\begin{aligned}p(\boldsymbol{d}|\boldsymbol{m},\sigma,\alpha)&=\int_{-\infty}^{\infty}p(\boldsymbol{d},\boldsymbol{s}|\boldsymbol{m},\sigma,\alpha)\,\mathrm{d}\boldsymbol{s}=\int_{-\infty}^{\infty}p(\boldsymbol{d}|\boldsymbol{s},\boldsymbol{m},\sigma,\alpha)p(\boldsymbol{s}|\boldsymbol{m},\sigma,\alpha)\,\mathrm{d}\boldsymbol{s}\\&=\int_{-\infty}^{\infty}p(\boldsymbol{d}|\boldsymbol{s},\boldsymbol{m},\sigma)p(\boldsymbol{s}|\alpha)\,\mathrm{d}\boldsymbol{s}\end{aligned} \tag{5.109}$$

其中，第二行使用了联合概率的定义，利用方程(5.100)和方程(5.103)求取第三行。式(5.109)中的$\int_{-\infty}^{\infty}\cdots\mathrm{d}\boldsymbol{s}$表示$\int_{-\infty}^{\infty}\int_{-\infty}^{\infty}\cdots\int_{-\infty}^{\infty}\cdots\mathrm{d}s_1\mathrm{d}s_2\cdots\mathrm{d}s_{M_L}$，其中$s_i$为$\boldsymbol{s}$的第$i$个分量。将方程(5.101)和方程(5.106)代入方程(5.109)，可得：

$$p(\boldsymbol{d}|\boldsymbol{m},\sigma,\alpha)=(2\pi)^{-(N+M_L)/2}|\boldsymbol{R}|^{-1/2}|\boldsymbol{D}^{\mathrm{T}}\boldsymbol{Q}^{-1}\boldsymbol{D}|^{1/2}\int_{-\infty}^{\infty}\exp\left[-\frac{1}{2}f(\boldsymbol{s})\right]\mathrm{d}\boldsymbol{s} \tag{5.110}$$

其中：

$$f(\boldsymbol{s})=[\boldsymbol{d}-\boldsymbol{G}(\boldsymbol{m})\boldsymbol{s}]^{\mathrm{T}}\boldsymbol{R}^{-1}[\boldsymbol{d}-\boldsymbol{G}(\boldsymbol{m})\boldsymbol{s}]+(\boldsymbol{Ds})^{\mathrm{T}}\boldsymbol{Q}^{-1}(\boldsymbol{Ds}) \tag{5.111}$$

$$=\sum_{k=1}^{K}\frac{1}{\sigma_k^2}[\boldsymbol{d}_k-\boldsymbol{G}_k(\boldsymbol{m})\boldsymbol{s}]^{\mathrm{T}}\sum\nolimits_k^{-1}[\boldsymbol{d}_k-\boldsymbol{G}_k(\boldsymbol{m})\boldsymbol{s}]+\sum_{j=1}^{J}\frac{1}{\alpha_j^2}(\boldsymbol{D}_j\boldsymbol{s})^{\mathrm{T}}(\boldsymbol{D}_j\boldsymbol{s}) \tag{5.112}$$

式(5.110)中的积分项可解析计算求出。

方程(5.111)中的$f(\boldsymbol{s})$可改写为：

$$f(\boldsymbol{s})=(\boldsymbol{y}-\boldsymbol{As})^{\mathrm{T}}(\boldsymbol{y}-\boldsymbol{As}) \tag{5.113}$$

其中，$\boldsymbol{y}$是$(N+M_L)$维向量；$\boldsymbol{A}$为$(N+M_L)\times M_L$的矩阵，分别如下：

$$
y=\begin{bmatrix} R^{-1/2}d \\ 0 \end{bmatrix}=\begin{bmatrix} (\sigma_1^2\sum_1)^{-1/2}d_1 \\ (\sigma_2^2\sum_2)^{-1/2}d_2 \\ \vdots \\ (\sigma_K^2\sum_K)^{-1/2}d_K \\ 0 \\ 0 \\ \vdots \\ 0 \end{bmatrix} \tag{5.114}
$$

$$
A=\begin{bmatrix} R^{-1/2}G(m) \\ Q^{-1/2}D \end{bmatrix}=\begin{bmatrix} (\sigma_1^2\sum_1)^{-1/2}G_1(m) \\ (\sigma_2^2\sum_2)^{-1/2}G_2(m) \\ \vdots \\ (\sigma_K^2\sum_K)^{-1/2}G_K(m) \\ (\alpha_1^2)^{-1/2}D_1 \\ (\alpha_2^2)^{-1/2}D_2 \\ \vdots \\ (\alpha_J^2)^{-1/2}D_J \end{bmatrix} \tag{5.115}
$$

Mitsuhata 等(2001) 将方程(5.113) 改写为:

$$
f(s)=f(s^*)+(s-s^*)^{\mathrm{T}}A^{\mathrm{T}}A(s-s^*) \tag{5.116}
$$

其中，s^* 为 $f(s)$ 的最小二乘解

$$
s=(A^{\mathrm{T}}A)^{-1}A^{\mathrm{T}}y \tag{5.117}
$$

令 I 为式(5.110) 的积分，将方程(5.116) 代入 I，有:

$$
\begin{aligned}
I &\equiv \int_{-\infty}^{\infty}\exp\left[-\frac{1}{2}f(s)\right]\mathrm{d}s \\
&=\exp\left[-\frac{1}{2}f(s^*)\right]\int_{-\infty}^{\infty}\exp\left[-\frac{1}{2}(s-s^*)^{\mathrm{T}}A^{\mathrm{T}}A(s-s^*)\right]\mathrm{d}s
\end{aligned} \tag{5.118}
$$

方程(5.118) 中的积分可解析计算为(如 Mitsuhata，2001):

$$
\int_{-\infty}^{\infty}\exp\left[-\frac{1}{2}(s-s^*)^{\mathrm{T}}A^{\mathrm{T}}A(s-s^*)\right]\mathrm{d}s=(2\pi)^{M_L/2}\left|A^{\mathrm{T}}A\right|^{-1/2} \tag{5.119}
$$

因此，可得:

$$
I=(2\pi)^{M_L/2}\left|A^{\mathrm{T}}A\right|^{-1/2}\exp\left[-\frac{1}{2}f(s^*)\right] \tag{5.120}
$$

将式(5.120) 代入方程(5.110)，可得 $p(d|m,\sigma,\alpha)$

$$
p(d|m,\sigma,\alpha)=(2\pi)^{-N/2}\left|R\right|^{-1/2}\left|D^{\mathrm{T}}Q^{-1}D\right|^{1/2}\left|A^{\mathrm{T}}A\right|^{-1/2}\exp\left[-\frac{1}{2}f(s^*)\right] \tag{5.121}
$$

方程(5.88)、方程(5.91)、方程(5.115)以及$\boldsymbol{D}=[\boldsymbol{D}_1^{\mathrm{T}}, \boldsymbol{D}_2^{\mathrm{T}}, \cdots, \boldsymbol{D}_J^{\mathrm{T}}]^{\mathrm{T}}$代入式(5.121)中，可得：

$$\begin{aligned} p(\boldsymbol{d}|\boldsymbol{m}, \sigma, \alpha) = & (2\pi)^{-N/2}\left[\prod_{k=1}^{K}(\sigma_k^2)^{-N_k/2}\left|\sum\nolimits_k\right|^{-1/2}\right]\left|\sum_{j=1}^{J}\frac{1}{\alpha_j^2}\boldsymbol{D}_j^{\mathrm{T}}\boldsymbol{D}_j\right|^{1/2} \\ & \times\left|\sum_{k=1}^{K}\frac{1}{\sigma_k^2}\boldsymbol{G}_k(\boldsymbol{m})^{\mathrm{T}}\sum\nolimits_k^{-1}\boldsymbol{G}_k(\boldsymbol{m})+\sum_{j=1}^{J}\frac{1}{\alpha_j^2}\boldsymbol{D}_j^{\mathrm{T}}\boldsymbol{D}_j\right|^{-1/2}\exp\left[-\frac{1}{2}f(\boldsymbol{s}^*)\right] \end{aligned} \tag{5.122}$$

5. 非线性参数的先验概率密度函数

非线性参数的先验概率密度函数$p(\boldsymbol{m}, \sigma, \alpha)$由对参数$\boldsymbol{m}$，$\sigma$和$\alpha$的先验约束来确定，如方程(5.93)所示。$p(\boldsymbol{m}, \sigma, \alpha)$可改写为：

$$p(\boldsymbol{m}, \sigma, \alpha)=p(\boldsymbol{m}|\sigma, \alpha)p(\sigma, \alpha) \tag{5.123}$$

由于对$\boldsymbol{m}$的先验约束与σ，α无关，所以有$p(\boldsymbol{m}|\sigma, \alpha)=p(\boldsymbol{m})$。而且，经常没有关于$\sigma$，$\alpha$的先验约束信息。因此必须假设：若$\sigma$和$\alpha$的所有分量为正，则$p(\sigma, \alpha)$为常数，否则为0。因此，当$\sigma$和$\alpha$的所有分量为正时，方程(5.123)可写为：

$$p(\boldsymbol{m}, \sigma, \alpha)\propto p(\boldsymbol{m}) \tag{5.124}$$

否则：

$$p(\boldsymbol{m}, \sigma, \alpha)=0 \tag{5.125}$$

对于方程(5.93)那样的先验约束，$p(\boldsymbol{m})$可表示为：

$$p(\boldsymbol{m})=\prod_{i=1}^{M_N}p(m_i) \tag{5.126}$$

其中：

$$p(m_i)=\begin{cases}\dfrac{1}{m_i^{\max}-m_i^{\min}}, & m_i^{\min}\leqslant m_i\leqslant m_i^{\max} \\ 0, & \text{其他}\end{cases} \tag{5.127}$$

对于方程(5.93)那样的先验约束，只要满足先验约束，也可假设$p(\boldsymbol{m})$为常数或是0。因此，由式(5.126)给出的$p(\boldsymbol{m})$具有：

$$p(m_i)=\begin{cases}\text{常数}, & m_i\geqslant m_i^{\min} \\ 0, & m_i< m_i^{\max}\end{cases} \tag{5.128}$$

有时，我们没有关于$\boldsymbol{m}$的任何先验信息。在这种情况下，可以假设，对于所有可能的$\boldsymbol{m}$，$p(\boldsymbol{m})$都为常数，且(5.126)式给出$p(\boldsymbol{m})$具有：

$$p(m_i)=\text{常数} \tag{5.129}$$

联合这三类先验概率密度函数(方程(5.127)～方程(5.129)，就可得$p(\boldsymbol{m})$。

5.8.3 后验概率密度函数

1. 非线性参数的后验概率密度函数

将方程(5.122)，(5.124)和(5.125)代入方程(5.99)，可得非线性参数$\boldsymbol{m}$，σ和α的后验概率密度函数$p(\boldsymbol{m}, \sigma, \alpha|\boldsymbol{d})$，如下所示；

$$p(\boldsymbol{m},\ \sigma,\ \alpha|\boldsymbol{d}) = c\,(2\pi)^{-N/2}\left[\prod_{k=1}^{K}(\sigma_k^2)^{-N_k/2}\left|\sum\nolimits_k\right|^{-1/2}\right]\left|\sum_{j=1}^{J}\frac{1}{\alpha_j^2}\boldsymbol{D}_j^{\mathrm{T}}\boldsymbol{D}_j\right|^{1/2}\times$$
$$\left|\sum_{k=1}^{K}\frac{1}{\sigma_k^2}\boldsymbol{G}_k(\boldsymbol{m})^{\mathrm{T}}\sum\nolimits_k^{-1}\boldsymbol{G}_k(\boldsymbol{m}) + \sum_{j=1}^{J}\frac{1}{\alpha_j^2}\boldsymbol{D}_j^{\mathrm{T}}\boldsymbol{D}_j\right|^{-1/2}\exp\left[-\frac{1}{2}f(\boldsymbol{s}^*)\right]p(\boldsymbol{m})$$

（5. 130）

当 σ 和 α 的所有分量都为正时，有：

$$p(\boldsymbol{m},\ \sigma,\ \alpha|\boldsymbol{d}) = 0 \tag{5. 131}$$

否则，式(5. 130) 中的 c 为与 $\boldsymbol{s}$，$\boldsymbol{m}$，σ 和 α 无关的常数。

尽管已有 $p(\boldsymbol{m},\ \sigma,\ \alpha|\boldsymbol{d})$ 的表达式，但由于它是非高斯型概率密度函数，因此不可能得到表征概率密度函数的各个量的解析表达式，如：$\boldsymbol{m}$，σ 和 α 的均值，方差和协方差。因此，可用 MCMC 方法，利用概率密度函数产生的样点来构造 $p(\boldsymbol{m},\ \sigma,\ \alpha|\boldsymbol{d})$ 的离散表达式。一旦得到 $p(\boldsymbol{m},\ \sigma,\ \alpha|\boldsymbol{d})$ 的离散表达式，就很容易计算出描述概率密度函数的各个量。后面将会给出该过程的具体算法。若 $(\boldsymbol{m},\ \sigma,\ \alpha)$ 有 N_s 个样点：$\{(\boldsymbol{m}_1,\ \sigma_1,\ \alpha_1),\ (\boldsymbol{m}_2,\ \sigma_2,\ \alpha_2),\ \cdots,\ (\boldsymbol{m}_{N_s},\ \sigma_{N_s},\ \alpha_{N_s})\}$，其中 $\boldsymbol{m}_i$，σ_i 和 α_i 为 $\boldsymbol{m}$，σ 和 α 的第 i 个样点，则，$p(\boldsymbol{m},\ \sigma,\ \alpha|\boldsymbol{d})$ 可由这些样点近似给出：

$$p(\boldsymbol{m},\ \sigma,\ \alpha|\boldsymbol{d}) \cong \frac{1}{N_s}\sum_{i=1}^{N_s}\delta(\boldsymbol{m}-\boldsymbol{m}_i)\,\delta(\sigma-\sigma_i)\,\delta(\alpha-\alpha_i) \tag{5. 132}$$

其中，$\delta(\boldsymbol{m})$ 为 δ 函数。$p(\boldsymbol{m},\ \sigma,\ \alpha|\boldsymbol{d})$ 可以更直观的由 MCMC 方法产生的 N_s 个样点的直方图来表示。

2. 线性参数的后验概率密度函数

将方程(5. 101)、方程(5. 106) 和方程(5. 121) 代入方程(5. 97)，并考虑到方程(5. 100) 和方程(5. 103)，可得线性参数 $\boldsymbol{s}$ 的后验概率密度函数 $p(\boldsymbol{s}|\boldsymbol{d},\ \boldsymbol{m},\ \sigma,\ \alpha)$ 如下：

$$\begin{aligned} p(\boldsymbol{s}|\boldsymbol{d},\ \boldsymbol{m},\ \sigma,\ \alpha) &= (2\pi)^{-M_L/2}\ |\boldsymbol{A}^{\mathrm{T}}\boldsymbol{A}|^{1/2}\exp\left[-\frac{1}{2}(f(\boldsymbol{s})-f(\boldsymbol{s}^*))\right] \\ &= (2\pi)^{-M_L/2}\ |\boldsymbol{A}^{\mathrm{T}}\boldsymbol{A}|^{1/2}\exp\left[-\frac{1}{2}(\boldsymbol{s}-\boldsymbol{s}^*)\boldsymbol{A}^{\mathrm{T}}\boldsymbol{A}(\boldsymbol{s}-\boldsymbol{s}^*)\right] \end{aligned}$$

（5. 133）

其中，在第一个等式中利用方程(5. 111)，第二个方程中利用方程(5. 116)。方程(5. 133) 表明 $p(\boldsymbol{s}|\boldsymbol{d},\ \boldsymbol{m},\ \sigma,\ \alpha)$ 是一个 M_L 维高斯概率密度函数，其均值为 $\boldsymbol{s}^*$，协方差矩阵为 $(\boldsymbol{A}^{\mathrm{T}}\boldsymbol{A})^{-1}$。因此，$p(\boldsymbol{s}|\boldsymbol{d},\ \boldsymbol{m},\ \sigma,\ \alpha)$ 完全可以由均值向量和协方差矩阵确定。均值向量 $\boldsymbol{s}^*$ 由(5. 117) 式给出，也可用最小二乘法求式(5. 112) 中的 $f(\boldsymbol{s})$ 的最小来获取。协方差矩阵 $\sum_s = (\boldsymbol{A}^{\mathrm{T}}\boldsymbol{A})^{-1}$ 由下式给出：

$$\begin{aligned} \sum\nolimits_s &= (\boldsymbol{A}^{\mathrm{T}}\boldsymbol{A})^{-1} = [\boldsymbol{G}(\boldsymbol{m})^{\mathrm{T}}\boldsymbol{R}^{-1}\boldsymbol{G}(\boldsymbol{m}) + \boldsymbol{D}^{\mathrm{T}}\boldsymbol{Q}^{-1}\boldsymbol{D}]^{-1} \\ &= \left[\sum_{k=1}^{K}\frac{1}{\sigma_k^2}\boldsymbol{G}_k(\boldsymbol{m})^{\mathrm{T}}\sum\nolimits_k^{-1}\boldsymbol{G}_k(\boldsymbol{m}) + \sum_{j=1}^{J}\frac{1}{\alpha_j^2}\boldsymbol{D}_j^{\mathrm{T}}\boldsymbol{D}_j\right]^{-1} \end{aligned} \tag{5. 134}$$

3. 边缘后验概率密度函数

将方程(5. 132) ~ 方程(5. 133) 代入方程(5. 96)，可得所有参数的联合后验概率密度

函数 $p(\boldsymbol{m}, \boldsymbol{s}, \sigma, \alpha|\boldsymbol{d})$ 的近似表达式:

$$p(\boldsymbol{m}, \boldsymbol{s}, \sigma, \alpha|\boldsymbol{d}) \cong \frac{1}{N_s}\sum_{i=1}^{N_s}\delta(\boldsymbol{m}-\boldsymbol{m}_i)\delta(\sigma-\sigma_i)\delta(\alpha-\alpha_i)p(\boldsymbol{s}|\boldsymbol{d}, \boldsymbol{m}, \sigma, \alpha) \tag{5.135}$$

$p(\boldsymbol{s}|\boldsymbol{d})$ 可由式(5.135)确定的 $p(\boldsymbol{m}, \boldsymbol{s}, \sigma, \alpha|\boldsymbol{d})$ 给出:

$$p(\boldsymbol{s}|\boldsymbol{d}) = \int_{-\infty}^{\infty}\int_{0}^{\infty}\int_{0}^{\infty}p(\boldsymbol{m}, \boldsymbol{s}, \sigma, \alpha|\boldsymbol{d})\,\mathrm{d}\boldsymbol{m}\mathrm{d}\sigma\mathrm{d}\alpha \cong \frac{1}{N_s}\sum_{i=1}^{N_s}p(\boldsymbol{s}|\boldsymbol{d}, \boldsymbol{m}_i, \sigma_i, \alpha_i) \tag{5.136}$$

由于 $p(\boldsymbol{s}|\boldsymbol{d}, \boldsymbol{m}_i, \sigma_i, \alpha_i)$ 如式(5.133)所示为高斯概率密度函数,式(5.136)表明 $p(\boldsymbol{s}|\boldsymbol{d})$ 是高斯密度分布的求和。参数 $\boldsymbol{m}$ 的边缘后验概率密度函数 $p(\boldsymbol{m}|\boldsymbol{d})$ 可由方程(5.132)确定的 $p(\boldsymbol{m}, \sigma, \alpha|\boldsymbol{d})$ 给出:

$$p(\boldsymbol{m}|\boldsymbol{d}) = \int_{0}^{\infty}\int_{0}^{\infty}p(\boldsymbol{m}, \sigma, \alpha|\boldsymbol{d})\,\mathrm{d}\sigma\mathrm{d}\alpha \cong \frac{1}{N_s}\sum_{i=1}^{N_s}\delta(\boldsymbol{m}-\boldsymbol{m}_i) \tag{5.137}$$

类似地,参数 σ 和 α 的边缘后验概率密度函数可由方程(5.132)得到:

$$p(\sigma|\boldsymbol{d}) \cong \frac{1}{N_s}\sum_{i=1}^{N_s}\delta(\sigma-\sigma_i) \tag{5.138}$$

$$p(\alpha|\boldsymbol{d}) \cong \frac{1}{N_s}\sum_{i=1}^{N_s}\delta(\alpha-\alpha_i) \tag{5.139}$$

4. *参数估计*

利用前面得到的边缘后验概率密度函数,可得到参数的均值表达式及不确定性。$p(\boldsymbol{s}|\boldsymbol{d})$ 的均值向量 $\hat{\boldsymbol{s}}$ 可由方程(5.136)求得:

$$\begin{aligned}\hat{\boldsymbol{s}} &= \int_{-\infty}^{\infty}\boldsymbol{s}\cdot p(\boldsymbol{s}|\boldsymbol{d})\,\mathrm{d}\boldsymbol{s} \cong \frac{1}{N_s}\sum_{i=1}^{N_s}\int_{-\infty}^{\infty}\boldsymbol{s}\cdot p(\boldsymbol{s}|\boldsymbol{d}, \boldsymbol{m}_i, \sigma_i, \alpha_i)\,\mathrm{d}\boldsymbol{s}\\ &= \frac{1}{N_s}\sum_{i=1}^{N_s}\boldsymbol{s}_i^*\end{aligned} \tag{5.140}$$

其中第三个等式使用了方程(5.133)。$\boldsymbol{s}_i^*$ 为 $p(\boldsymbol{s}|\boldsymbol{d}, \boldsymbol{m}_i, \sigma_i, \alpha_i)$ 的均值。

由方程(5.136)确定的 $p(\boldsymbol{s}|\boldsymbol{d})$ 产生的样点来估计 $\boldsymbol{s}$ 的不确定性。从方程(5.136)和方程(5.133)可以看出,$p(\boldsymbol{s}|\boldsymbol{d})$ 是高斯概率密度函数 $p(\boldsymbol{s}|\boldsymbol{d}, \boldsymbol{m}_i, \sigma_i, \alpha_i)$ 的求和。使用高斯随机数生成器很容易地由 $p(\boldsymbol{s}|\boldsymbol{d}, \boldsymbol{m}_i, \sigma_i, \alpha_i)$ 产生 $\boldsymbol{s}$ 的样点。由 $p(\boldsymbol{s}|\boldsymbol{d}, \boldsymbol{m}_i, \sigma_i, \alpha_i)$ $(i=1, 2, \cdots, N_s)$ 产生的 N_p 个样点,且利用所有的样点,可得到 N_pN_s 个样点,这些样点可看做是由 $p(\boldsymbol{s}|\boldsymbol{d}) \cong \frac{1}{N_s}\sum_{i=1}^{N_s}p(\boldsymbol{s}|\boldsymbol{d}, \boldsymbol{m}_i, \sigma_i, \alpha_i)$ 产生的。令 $\{\boldsymbol{s}_1, \boldsymbol{s}_2, \cdots, \boldsymbol{s}_{N_pN_s}\}$ 是由 $p(\boldsymbol{s}|\boldsymbol{d})$ 产生的 $\boldsymbol{s}$ 的样点,$p(\boldsymbol{s}|\boldsymbol{d})$ 的协方差矩阵 $\hat{\boldsymbol{V}}_s$ 可由下式得到:

$$\hat{\boldsymbol{V}}_s = \frac{1}{N_pN_s-1}\sum_{i=1}^{N_pN_s}(\boldsymbol{s}_i-\hat{\boldsymbol{s}})(\boldsymbol{s}_i-\hat{\boldsymbol{s}})^{\mathrm{T}} \tag{5.141}$$

应该注意到,由于 $p(\boldsymbol{s}|\boldsymbol{d})$ 是非高斯概率密度函数(见式(5.136)),导致协方差矩阵 $\hat{\boldsymbol{V}}_s$ 并不能完全表征 $\boldsymbol{s}$ 的不确定性,因此,协方差矩阵不一定是关于 $\hat{\boldsymbol{s}}$ 对称的。参数 $\boldsymbol{s}$ 的第 i

个分量的$a\%$置信区间可通过这种方式获得，即对$\boldsymbol{s}$所有样点的第i个分量按升序排序，然后舍弃排序后样点的$(100-a)/2\%$置信区间顶部和底部。

利用方程(5.137)，可得$p(\boldsymbol{m}|\boldsymbol{d})$的均值向量$\hat{\boldsymbol{m}}$：

$$\hat{\boldsymbol{m}}=\int_{-\infty}^{\infty}\boldsymbol{m}\cdot p(\boldsymbol{m}|\boldsymbol{d})\,\mathrm{d}\boldsymbol{m}\cong\frac{1}{N_s}\sum_{i=1}^{N_s}\boldsymbol{m}_i \tag{5.142}$$

参数$\boldsymbol{m}$的第i个分量的$a\%$置信区间可通过这种方式获得，即对$\{\boldsymbol{m}_1,\boldsymbol{m}_2,\cdots,\boldsymbol{m}_{N_s}\}$的第$i$个分量按升序排序，然后舍弃排序后样点的$(100-a)/2\%$置信区间顶部和底部。类似地可得参数$\sigma$和$\alpha$的均值向量和置信区间。

5.8.4 算法的实施

使用 MCMC 方法中常用的 Metropolis 算法，由方程(5.130)确定的非线性参数联合后验概率密度函数$p(\boldsymbol{m},\sigma,\alpha|\boldsymbol{d})$生成样点。与方程(5.132)一样，后验概率密度函数$p(\boldsymbol{m},\sigma,\alpha|\boldsymbol{d})$近似为样点的集合。对于第$i$个非线性参数样点集$(\boldsymbol{m}_i,\sigma_i,\alpha_i)$，线性参数的后验概率密度函数$p(\boldsymbol{s}|\boldsymbol{d},\boldsymbol{m}_i,\sigma_i,\alpha_i)$为高斯分布，且可用均值向量$\boldsymbol{s}^*$和协方差矩阵$\sum_s$表示。方程(5.117)和方程(5.134)分别为均值向量$\boldsymbol{s}^*$和协方差矩阵$\sum_s$的解析表达式，用最小二乘可估计均值向量$\boldsymbol{s}^*$。类似于方程(5.136)，边缘后验概率密度函数$p(\boldsymbol{s}|\boldsymbol{d})$近似于高斯分布的集合。下面的算法就是联合使用 Metropolis 算法和最小二乘法求取这些分布。

为了简化符号，令$\boldsymbol{x}=[\boldsymbol{m}^{\mathrm{T}},\sigma^{\mathrm{T}},\alpha^{\mathrm{T}}]$表示所有的非线性参数，$p(\boldsymbol{x}|\boldsymbol{d})=p(\boldsymbol{m},\sigma,\alpha|\boldsymbol{d})$为非线性参数的后验概率密度函数。Metropolis 算法使用马尔科夫链随机搜索法，在$\boldsymbol{x}$所处空间内搜索，从而对非线性参数的后验概率密度函数采样，其目的是为了收敛到后验概率密度函数$p(\boldsymbol{x}|\boldsymbol{d})$。该链是样点的集合，这些样点可看做是后验概率密度函数$p(\boldsymbol{x}|\boldsymbol{d})$产生的。

Metropolis 算法通过多次重复下面的步骤从非线性参数的后验概率密度函数$p(\boldsymbol{x}|\boldsymbol{d})$产生样点。令$\boldsymbol{x}^{(i)}$为第$i$次迭代的向量$\boldsymbol{x}$，Metropolis 算法经两步产生下一次迭代$\boldsymbol{x}^{(i+1)}$的向量$\boldsymbol{x}$。第一步是给当前状态$\boldsymbol{x}^{(i)}$一扰动量，利用马尔科夫链随机搜索得到下一状态$\boldsymbol{x}^{(i+1)}$的一个候选状态$\boldsymbol{x}'$，在搜索过程中，$\boldsymbol{x}'$的概率仅与当前的$\boldsymbol{x}^{(i)}$有关。本文对$\boldsymbol{x}^{(i)}$按下式进行扰动后得到$\boldsymbol{x}'$：

$$\boldsymbol{x}'=\boldsymbol{x}^{(i)}+\sum_{j=1}^{M_N+K+J}r_j^{(i)}\Delta x_j e_j \tag{5.143}$$

其中，$r_j^{(i)}$为$[-1,1]$区间的均匀随机数；Δx_j为$\boldsymbol{x}$的第j分量随机搜索步长；e_j为$\boldsymbol{x}$所张开的空间沿第j个坐标轴方向的单位向量。第二步，概率接受$\boldsymbol{x}'$作为下一状态量(即$\boldsymbol{x}^{(i+1)}=\boldsymbol{x}'$)，该概率由$\boldsymbol{x}'$的后验概率密度和当前量的后验概率密度确定，即：

$$P_{\mathrm{accept}}=\min\left[1,\frac{p(\boldsymbol{x}'|\boldsymbol{d})}{p(\boldsymbol{x}^{(i)}|\boldsymbol{d})}\right] \tag{5.144}$$

其中，概率密度的比值$p(\boldsymbol{x}'|\boldsymbol{d})/p(\boldsymbol{x}^{(i)}|\boldsymbol{d})$由式(5.130)求得。若$\boldsymbol{x}'$不能被接受，则保留当前值，即$\boldsymbol{x}^{(i+1)}=\boldsymbol{x}^{(i)}$。应该注意的是，由于$P_{\mathrm{accept}}$依赖于概率密度的比值，而非概率密度

本身，所以要计算 P_{accept}，并不需要计算方程(5.130) 中的常数 c。因此，在没有后验概率密度函数的归一化常数 c 时，仍然可用Metropolis算法。两步法从初始状态 $\boldsymbol{x}^{(0)}$ 开始迭代产生一系列 $\boldsymbol{x}$，即 $\{\boldsymbol{x}^{(0)}, \boldsymbol{x}^{(1)}, \cdots\}$，这可看作是由非线性参数的后验概率密度函数 $p(\boldsymbol{x}|\boldsymbol{d})$ 产生的样点。

设 $\boldsymbol{s}^*_{(i)}$ 和 $\sum_s^{(i)}$ 分别为 $\boldsymbol{s}^*$ 和 $\sum_s$ 在第 i 次迭代式的向量和矩阵，则 $\boldsymbol{s}^*_{(i)}$ 和 $\sum_s^{(i)}$ 可由 $\boldsymbol{x}^{(i)}$，方程(5.117) 和方程(5.134) 用最小二乘法计算得到。

总之，联合使用 Metropolis 算法和最小二乘法获取数列 $\{\boldsymbol{x}^{(0)}, \boldsymbol{x}^{(1)}, \cdots\}$，$\{\boldsymbol{s}^*_{(0)}, \boldsymbol{s}^*_{(1)}, \cdots\}$ 和 $\left\{\sum_s^{(0)}, \sum_s^{(1)}, \cdots\right\}$ 的步骤如下：

(1) 初始化：$i=0$，$\boldsymbol{x}^{(0)}$，用最小二乘(方程(5.117) 和方程(5.134)) 计算 $\boldsymbol{s}^*_{(0)}$ 和 $\sum_s^{(0)}$；

(2) 根据式(5.143)，计算 $\boldsymbol{x}'$；

(3) 若 $\sigma_1^{2'}, \sigma_2^{2'}, \cdots, \sigma_K^{2'}$ 或 $\alpha_1^{2'}, \alpha_2^{2'}, \cdots, \alpha_J^{2'}$ 中至少有一个为负或为零，则保留当前值：$\boldsymbol{x}^{(i+1)}=\boldsymbol{x}^{(i)}$，$\boldsymbol{s}^*_{(i+1)}=\boldsymbol{s}^*_{(i)}$，$\sum_s^{(i+1)}=\sum_s^{(i)}$，并设 $i=i+1$，返回步骤(2)，其中 $\sigma_k^{2'}$ 和 $\alpha_j^{2'}$ 为 $\boldsymbol{x}'$ 的元素，分别对应于 σ_k^2 和 α_j^2；

(4) 利用 $\boldsymbol{x}'$ 和最小二乘法计算 $\boldsymbol{s}^{*'}$(方程(5.117))，其中 $\boldsymbol{s}^{*'}$ 是向量 $\boldsymbol{s}^*$，相当于 $\boldsymbol{x}'$；

(5) 根据方程(5.144)，计算接受概率 P_{accept}；

(6) [0, 1] 区间上产生均匀分布的随机数 u，$U(0, 1)$：$u \sim U(0, 1)$；

(7) 若 $u \leqslant P_{\text{accept}}$，则接受 $\boldsymbol{x}'$ 和 $\boldsymbol{s}^{*'}$：$\boldsymbol{x}^{(i+1)}=\boldsymbol{x}'$，$\boldsymbol{s}^*_{(i+1)}=\boldsymbol{s}^{*'}$，利用式(5.134)，计算 $\sum_s^{(i+1)}$。反之，若 $u > P_{\text{accept}}$，则拒绝接受 $\boldsymbol{x}'$ 和 $\boldsymbol{s}^{*'}$，保留当前值：$\boldsymbol{x}^{(i+1)}=\boldsymbol{x}^{(i)}$，$\boldsymbol{s}^*_{(i+1)}=\boldsymbol{s}^*_{(i)}$，$\sum_s^{(i+1)}=\sum_s^{(i)}$；

(8) 令 $i=i+1$，返回步骤(2)。

Metropolis算法中，初期样点受初始值 $\boldsymbol{x}^{(0)}$ 影响，在这种情况下，这些样点就不能看作是由非线性参数的后验概率密度函数 $p(\boldsymbol{x}|\boldsymbol{d})$ 产生的。这个时间被看成是“沸腾”期，在“沸腾”期随机搜索逐渐靠近后验概率密度值大的区域。因此有必要舍弃早期的样点以便正确的得到由后验概率密度函数产生的样点。而且，由于 $\boldsymbol{x}^{(i+1)}$ 由 $\boldsymbol{x}^{(i)}$ 产生，它们之间存在相关性；因此后验概率密度函数产生的 $\boldsymbol{x}^{(i)}$ 和 $\boldsymbol{x}^{(i+1)}$ 并不是相互独立的样点。为了得到相互独立的样点，这些样点间的间隔就必须足够大。大区间内足够多的迭代次数得到的样点可以看作是非线性参数的后验概率密度函数 $p(\boldsymbol{x}|\boldsymbol{d})$ 产生的。

算法的第(7) 步，舍弃“沸腾”期的 $\boldsymbol{x}^{(i+1)}$，$\boldsymbol{s}^*_{(i+1)}$ 和 $\sum_s^{(i+1)}$，保留预先设定的间隔的 $\boldsymbol{x}^{(i+1)}$，$\boldsymbol{s}^*_{(i+1)}$ 和 $\sum_s^{(i+1)}$，从而最小化连续样点间相关性的影响。保留下来的 $\boldsymbol{x}$ 样点可看成是非线性参数的后验概率密度函数 $p(\boldsymbol{x}|\boldsymbol{d})$ 产生的独立样点，并且用 $(\boldsymbol{m}_i, \sigma_i, \alpha_i)$ 表示被保留的第 i 个样点 x。根据方程(5.137) ~ 方程(5.139)，保留下来的 $\boldsymbol{x}$ 样点可以用来构造非线性参数的边缘后验概率密度函数。相应的，根据方程(5.136)，保留下来的 $\boldsymbol{s}^*$ 和 $\sum_s$ 可以用来构造线性参数的边缘后验概率密度函数。线性和非线性参数的均值与不确定性可

以按前述的方法获得。

方程(5.143)中马尔科夫链随机搜索的步长 Δx_i 决定了 Metropolis 算法的效率。若 Δx_i 太大，概率密度 $p(\boldsymbol{x}'|\boldsymbol{d})$ 可能小，接受概率 P_{accept} 就小。这种情况下，随机搜索在多次迭代后仍处于当前位置，因此后验概率密度函数 $p(\boldsymbol{x}|\boldsymbol{d})$ 的收敛速度很慢。反之，如果 Δx_i 太小，随机搜索需要经过大量的迭代次数才能搜索到全部高概率密度区域，因此后验概率密度函数 $p(\boldsymbol{x}|\boldsymbol{d})$ 的收敛速度很慢。所以，该算法中多次采用变化的 Δx_i，直到 Δx_i 能保证计算效率为止。

◎ 参考文献：

[1] Aarts E H L, Van Laarhoken P J M. Staristical cooling: a general approach to combinatorial optimization problems. Philips J. Res., 1985, 40(4): 193-226

[2] Allgower E L, Georg K. Numerical continuation methods: An introduction. NY: Springer-Verlag, 1990

[3] Allgower E L, Georg K. Simplical and continuation methods for approximating fixed points and solutions to systems of equations. SIAM Rev., 1980, 22: 28-85

[4] Aster R C, Borchers B, Thurber C H. Parameter Estimation and Inverse Problems. Elsevier, Amsterdam, Netherlands, 2005

[5] Berg E. Simple convergent genetic algorithm for inversion of multiparameter data. 60th SEG University of California, 1990

[6] Brooks B A, Frazer L N. Importance reweighting reduces dependence on temperature in Gibbs samplers: an application to the coseismic geodetic inverse problem. Geophys. J. Int., 2005, 161: 12-20

[7] Brooks B A, Foster J H, Bevis M, Frazer L N, Wolfe C J, Behn M. Periodic slow earthquakes on the flank of Kilauea volcano, Hawai'i, Earth planet. Sci. Lett., 2006, 246: 207-216

[8] Bube K P, Langan R T, On a continuation approach to regularization for crosswell tomography. 69th Ann. Internat. Mtg., Soc. Expl. Geophys., Expanded Abstracts, 1990, bf2

[9] Carlisle A, Dozier G., An off- the- shelf PSO. Proceedings of the workshop on particle swarm optimization, Indianapolis, IN, 2001, 1-6

[10] Catthoor F, de Man H, Vandewalle J. SAMURAI: A general and efficient simulated-annealing schedule with fully adaptive annealing parameters. Integration, the VLSI Journal, 1988, 6: 147-178

[11] Choi S H, Harney D A, Book N L, A robust path tracking algorithm for homotopy continuation. Computers and Chem. Eng., 1996, 20, 647-655

[12] Chow S N, Mallet-Paret J, Yorke J A. Finding zeros of maps: homotopy methods that are constructive with probability one. Math. Comp. 1978, 32: 887-899

[13] Clerc M, Kennedy J. The particle swarm—explosion, stability, and convergence in a multidimensional complex space. IEEE Transactions on Evolutionary computation, 2002, 6 (1): 58-73

[14] Corvalan C M, Saita F A, Automatic stepsize control in continuation procedures. Computers Chem. Engng 1981, 15: 729-739

[15] Drexler F J. A homotopy method foor the calculation of all zero-dementional poly nominal ideal, in continuation Methods. New York: Academic, 1987: 69-93

[16] Everett M E. Homotopy, polynomial equations, gross boundary data, and small Helmholtz systems. J. Comput. Phys., 1996, 124: 431-441

[17] Fialko Y. Interseismic strain accumulation and the earthquake potential on the southern San Andreas fault system. Nature, 2006, 441: 968-971

[18] Fukuda J, Johnson K M. A fully Bayesian inversion for spatial distribution of fault slip with objective smoothing. Bull. Seism. Soc. Am., 2008, 98: 1128-1146

[19] Fukuda J, Johnson K M, Larson K M, Miyazaki S. Fault friction parameters inferred from the early stages of afterslip following the 2003 Tokachi-oki earthquake. J. geophys. Res., 2009, 114, B04412

[20] Fukuda J, Johnson K M. Mixed linear-non-linear inversion of crustal deformation data: Bayesian inference of model, weighting and regularization parameters. Geophys. J. Int., 2010, 181: 1441-1458

[21] Gallagher K, Charvin K, Nielsen S, Sambridge M, Stephenson J. Markov chain Monte Carlo (MCMC) sampling methods to determine optimal models, model resolution and model choice for Earth Science problems. Marine Petrol. Geol., 2009, 26: 525-535

[22] Gamerman D. Markov Chain Monte Carlo: Stochastic Simulation for Bayesian Inference, Chapman and Hall/CRC. Boca Raton, Florida, 1997

[23] Garcia C B, Zangwill W I. Pathways to solutions, fixed points, and equilibria. NJ, USA: Prentice-Hall, Inc, 1981

[24] Gilks W R, Richardson S, Spiegelhalter D J. Markov Chain Monte Carlo in Practice, Chapman and Hall/CRC, Boca Raton, Florida, 1996

[25] Goldberg D E. Genetic algorithms in search, optimization, and machine learning. New Jersey: Addison-Wesley, 1989

[26] Grandis H, Menvielle M, Roussignol, M. Bayesian inversion with Markov chains. Part I. The magnetotelluric one-dimensional case. Geophys. J. Int, 1999, 138: 757-768

[27] Han B, Yin H Y, Liu J Q. Regularizing-numerical-continuation method for solving the resistivities of the earth. Mathematics and Computers in Simulation, 1995, 39: 109-114

[28] Han B, Zhang M L, Liu J Q. A Widely Convergent Generalized Pulse-Spectrum Technique for the Coefficient Inverse Problem of Differential Equations. Applied Mathematics and

Computation, 1997, 81: 97-112

[29] Hilley G. E. , Bürgmann R, Zhang P Z, Molnar P. Bayesian inference of plastosphere viscosities near the Kunlun Fault, northern Tibet. Geophys. Res. Lett. , 2005, 32, L01302

[30] Huang M D, Romeo F, Sangiovanni-Vincentelli A. An efficient general cooling schedule for simulated annealing. Proc. IEEE Conf. Computer-Aided Design(ICCAD), 1986: 381-384

[31] Jegen M D, Everett M E, Schultz A. Using homotopy to invert geophysical data. Geophysics, 2001, 66: 1749-1760

[32] Johnson K M, Segall P. Viscoelastic earthquake cycle models with deep stress-driven creep along the San Andreas fault system. J. geophys. Res. , 2004, 109, B10403

[33] Johnson K M, Hilley G E, Büurgmann R. Influence of lithosphere viscosity structure on estimates of fault slip rate in the Mojave region of the San Andreas fault system. J. geophys. Res. , 2007, 112, B07408

[34] Johnson K M, Segall P, Yu S B. A viscoelastic earthquake cycle model for Taiwan. J. geophys. Res. , 2005, 110, B10404

[35] Keller H B, Perozzi D J. Fast Seismic Ray Tracing. SIAM J. Appl. Math, 1983, 43(4): 981-992

[36] Kennedy J, Eberhart R. Particle Swarm Optimization. International Symposium on Neural Networks, Piscataway, NJ, IEEE Service Center, 1995: 1942-1948

[37] Khan A, Connolly J A D, Maclennan J, Mosegaard K. Joint inversion of seismic and gravity data for lunar composition and thermal state. Geophys. J. Int. , 2007, 168: 243-258

[38] Kirkpatrick S, Celatt C D, Vecchi M P. Optimization by simulated annealing. Science, 1983, 220: 671- 681

[39] Lahaye E. Une methode de resolution d'une categorie d'equations transcendantes. C. R. Acad. Sci. Paris, 1934, 198: 1840-1842

[40] Lippmann R P. An introduction to computing with neural nets. IEEE, ASSP mag. , 1987, 4: 4-22

[41] Liu Jiaqi, Qian Jianliang, Han Bo. A method of wide convergence region for solving inverse problems of wave equations. Journal of Harbin Institute of Technology, 1995, E-2(4)

[42] MacKay D J C. Information theory, inference, and learning algorithms. New York: Cambridge University Press, 2003

[43] Malinverno A. Parsimonious Bayesian Markov chain Monte Carlo inversion in a nonlinear geophysical problem. Geophys. J. Int. , 2002, 151: 675-688

[44] Mallat S G. A theory for multiresolution signal decomposition: the wavelet representation. IEEE Trans. Patt, Anal. Machine Intell, 1989, 11(7): 674-694

[45] Metropolis N, Rosen B A, Rosenbluth M, et al. Equation of state calculations by fast computing machines. Chem. phys., 1953, 21: 1087-10921

[46] Mitsuhata Y, Uchida T, Murakami Y, Amano H. The Fourier transform of controlled-source time-domain electromagnetic data by smooth spectrum inversion. Geophys. J. Int., 2001, 144: 123-135

[47] Monelli D, Mai P M, J'onsson S, Giardini D. Bayesian imaging of the 2000 Western Tottori (Japan) earthquake through fitting of strong motion and GPS data. Geophys. J. Int, 2008, 176: 135-150

[48] Morgan A P. Solving polynomial systems using continuation for scientific and engineering problems. NJ: Prentice-Hall, 1987

[49] Morlet J. Wavelet propagation and sampling theory and complex waves. Geophysics, 1982, 47(2): 232-236

[50] Mosegaard K, Tarantola A. Monte Carlo sampling of solutions to inverse problems. J. Geophys. Res., 1995, 100(B7): 12431-1247

[51] Mosegaard K, Singh S, Snyder D, Wagner H. Monte Carlo analysis of seismic reflections fromMoho and theWreflector. J. geophys. Res., 1997, 102(B2): 2969-2981

[52] Offen R, van Ginneken L. Floor-plan design using simulated annealing. Proc. IEEE int Conf, Computer Design, 1984: 96-98

[53] Okada Y. Surface deformation due to shear and tensile faults in a half-space. Bull. Seism. Soc. Am., 1985, 75: 1 135-1 154

[54] Raiche A. Pattern recognition approach to geophysical inversion using neural nets. Geophys. J. Int., 1991, 105: 629-648

[55] Rheinboldt W, Burkardt J. Algorithm 596. A locally parameterized continuation process. ACM Trans. Math. Software, 1983, 9: 236-241

[56] Rolandone F, Dreger D, Murray M, Büurgmann R. Coseismic slip distribution of the 2003 MW 6.6 San Simeon earthquake, California, determined from GPS measurements and seismic waveform data. Geophys. Res. Lett., 2006, 33, L16315

[57] Rothman D H. Automatic estimation of large residual statics correction. Geophysics, 1986, 51: 332-346

[58] Rothman D H. Non-linear inversion, statistical mechanics, and residual statics estimation. Geophysics, 1985, 50: 2784-2796

[59] Sambrige M, Drijkoningen G. Genetic algorithms in sesimic waveform inversion. Geophys. J. Int., 1992, 109: 323-342

[60] Schott J. J, Roussignol M, Menvielle M, Nomenjahanary F R. Bayesian inversion with Markov chains-II. the one-dimensional DC multilayer case. Geophys. J. Int, 1999, 138: 769-783

[61] Sechen C Sangiovanni-Vincentelli A. The timber wolf placement and routing package. Proc 1984, Custom IC Conf., Rochester, 1984

[62] Shi Y, Eberhart R. A modified particle swarm optimizer. Proceedings of IEEE International conference on Evolutionary Computation, Piscataway, NJ, 1998

[63] Shi Y, Eberhart R, Empirical Study of Particle Swarm Optimization. Proceedings of the 1999 Congress on Evolutionary Computation, Piscataway, NJ, IEEE Service Center, 1999

[64] Shi Y, Eberhart R. Parameter selection in particle swarm optimization. Proceedings of the Seventh Annual conference on Evolutionary Programming, Washington DC, 1998

[65] Smith M L, Fischer T L, Scales J A. Inverse modeling and global search methods. 61th SEG, 1991

[66] Stoffa P L, Sen M K. Nonlinear multiparameter optimization using genetic algorithms: inversion pf plane-wave seismogram. Geophysics, 1991, 56(11): 1794-1810

[67] Tarantola A. Inverse problem theory and methods for model parameter estimation, society for industrial and applied mathematics. SIAM, Philadelphia, 2005

[68] Tsallis C. Possible generalization of Boltzmann-Gibbs statistic. J Stat Phys., 1988, 52: 479-487

[69] Vasco D W. Regularization and trade-off associated with nonlinear geophysical inverseproblems: penalty homotopies, Inverse Problem, 1998, 14: 1033-1052

[70] Vasco D W. Singularity and branching: A path-following formalism for geophysical inverse problems. Geophys. J. Internat., 1994, 119: 809-830

[71] Vecchi M P, Kirkpatrick S. Global wiring by simulated annealing. IEEE Trans. CAD, 1983, 2: 215-222

[72] Watson L T, Billups S C, Morgan A P. Algorithm 652: Hompack: A suite of codes for globally convergent homotopy algorithms. ACM Trans. Math. Software, 1987, 13(3): 281-310

[73] Watson L T. Globally convergent homotopy methods: A tutorial. Appl. Math. Comp., 1989, 31: 369-396

[74] Wayburn T L, Seader J D. Homotopy continuation methods for computer-aided process design. Computers & Chemistry Engineering, 1987, 11(1): 7-25

[75] 蔡涵鹏，贺振华，黄德济．基于粒子群优化算法波阻抗反演的研究与应用．石油地球物理勘探，2008，4(5)：535-539

[76] 何樵登，陶春辉．用遗传算法反演裂隙各向异性介质．石油物探，1995，34(1)：46-50

[77] 刘舒考．地震数据的同伦神经优化反演理论与方法研究(博士论文)．北京：中国石油天然气总公司石油勘探开发科学研究院，1998

[78] 万锡仁．计算非线性方程组所有解的同伦连续法．南京化工学院学报，1994，16(3)：88-94

[79] 王家映．地球物理反演理论．北京：高等教育出版社，2002
[80] 王凌．智能优化算法及其应用．北京：清华大学出版社，2001
[81] 王则柯，高堂安．同伦方法引论．重庆：重庆出版社，1990
[82] 杨文采．地球物理反演的遗传算法．石油物探，1995，34(1)：116-122
[83] 张丽琴，王家映，严德天．利用同伦反演方法进行岩性油气藏研究．天然气工业，2005，25(8)：38-40
[84] 张丽琴，王家映，严德天．一维波动方程波阻抗反演的同伦方法．地球物理学报，2004，47(6)：1111-1117
[85] 赵改善．求解非线性最优化问题的遗传算法．地球物理学进展，1992，7(1)：90-96
[86] 朱小六，熊伟丽，徐保国．基于动态惯性因子的 PSO 算法的研究．计算机仿真，2007，24(5)：154-157

第 6 章　地球物理大地测量联合反演模型辨识与确定

6.1　地球物理大地测量联合反演系统辨识和参数辨识

如果把地球物理大地测量反演所讨论的对象作为一个系统，则地球物理大地测量正演问题是指已知描述系统的模型与输入，来求解输出；反演问题则是指通过测量输出，求系统的模型或者模型参数。按照对系统的了解程度，反演问题可以分为系统辨识和参数辨识两类。

系统辨识是指通过测量得到系统的输出和输入数据来确定描述这个系统的数学方程，即模型结构。为了确定这个模型，可以采用各种输入来试探该系统并观测其输出，然后对输入、输出数据进行处理得到模型。系统辨识问题按照对系统先验信息的了解程度可以分为“完全辨识问题”和“不完全辨识问题”两类(吕爱钟等，1998)。

完全辨识问题又叫“黑箱问题”，被辨识系统的基本特性是完全未知的。系统是线性还是非线性、是静态还是动态等基本信息一无所知，要辨识这类问题相当困难。不完全辨识问题又叫“灰箱问题”，在该类问题中，系统的某些基本特性为已知，如是线性系统，不能确定的只是系统的阶次和系数。通常情况下，我们一般讨论“灰箱问题”，即不完全辨识问题，这样系统辨识问题就简化为模型识别(鉴别)和参数辨识问题了。不论是黑箱问题还是灰箱问题，按一定的线索来推断并建立问题的数学模型，统称为模型辨识。

参数辨识就是在模型结构已知的情况下，根据能够测量出来的输入和输出来确定模型中的某些或者全部参数。由于处理含有误差，求出的参数只是真实参数的估计值，故参数辨识实际上就是参数估计。

参数估计和模型辨识是两个既相互区别、又相互联系的过程。其中，模型辨识是指从具有某种属性的模型类属集合中识别出相对最佳的、能最准确地描述系统响应性态的模型；参数估计则是在模型给定后，找出确定模型表达式中参数的方法。一个模型要为人们所认识、接受和应用，必须将其以参数的形式具体表述，因而参数估计是模型辨识的基础，而模型辨识也必然包含着参数估计。

实际上，由于模型的近似性和测量误差的存在，所求得的参数一般不能很好地反映整个系统的特征。因此，如何能够求出反映整个系统的最优参数呢？如何衡量最优？最优准则如何确定？这是参数辨识首先要解决的问题。

一般把最优化准则称为准则函数，记为 Φ。准则函数总体上可分为两大类：一类是以输出信号为基础的准则函数；一类是以测量误差或参数的概率统计性质为基础的准则函数，通常分别称它们为第一类和第二类准则函数。

第一类准则函数，一般表示为系统的实际输出量测值 $y(t)$ 和模型的输出 $\eta(t)$ 的偏差的某个函数，例如，可取

$$\Phi = \sum_{i=1}^{n} [y(t_i) - \eta(t_i)]^2 \tag{6.1}$$

作为准则函数。式中，n 为量测数量；$\eta(t_i)$ 是输入和参数的函数，给定模型结构也就知道了 $\eta(t_i)$ 的函数形式；t 是自变量。对于以时间作为自变量的模型，t_i 表示第 i 时刻，对于以位置作为自变量的模型，t_i 表示第 i 个位置。

$y(t_i)$ 是已知的量测值，当输入为已知时，显然，准则函数 Φ 的大小随着所选模型参数的不同而不同，当 Φ 达到最小值时的参数即为最优参数。

对于这类准则函数，参数辨识实际上可作为一个最优化问题处理，即通过所选的准则函数来寻求使准则函数达到极小的参数值。就此而言，准则函数称为目标函数。根据求解的问题不同，在不同场合下 Φ 往往还有其他的名字，例如误差函数、损失函数、成本函数等。

以测量误差或参数的概率统计性质为基础的第二类准则函数的参数辨识，事先考虑了输出信号测量误差的统计特性，把待求参数作为确定性常数或随机变量。参数的最优化并不是像第一类准则函数直接以输出的偏差最小为衡量准则，而是以参数误差(参数真值与参数估计值的差)最小或以特定输出测量值出现可能性为最大等概率统计特性作为衡量准则。

对于第二类准则函数，参数辨识作为估计问题处理，参数估计的具体实现同样离不开最优化技术。

两类准则函数相比，由于后者利用了一些概率统计知识，所以最大优点是可以计算量测噪声对参数辨识的影响程度，有时所求出的参数估计值具有较好的统计特性。

根据不同的准则函数可以将参数辨识方法分为确定性方法和随机性方法两类(吕爱钟等，1998)。以第一类准则函数为基础的各类参数辨识方法统称为确定性方法，代表方法是最小二乘法，以第二类准则函数为基础的各种参数辨识方法统称为随机性方法，代表方法有最小方差法、极大似然法、贝叶斯法等。

不论是把参数作为确定性的量，还是把参数作为随机变量。两种情形求出的参数估计量都是随机变量。由 n 次量测可求出参数估计值 $\hat{\beta}$，由于量测误差的存在，所求出的估计值不可能是参数真值，如果另取一组 n 个测量值去求参数，由于误差的随机性，则得到的 $\hat{\beta}$ 和上次不同，所以说，尽管参数 $\hat{\beta}$ 本身不是随机变量，但是这样求出的估计量 $\hat{\beta}$ 却总是随机变量。

估计量是随机量，必须从统计的观点来衡量估计量的优劣，无偏性、有效性和一致性是鉴别和比较估计量好坏的重要标准。

6.1.1 无偏性

通常，我们总是希望未知参数 β 与它的估计值 $\hat{\beta}$ 在某种意义上最接近，当然作为某一

次的估计值，它与真值不可能是相同的，然而，如果通过一系列试验求出的不同估计值，我们很自然地要求这些估计值的平均值与未知参数的真值相等，这就是说，要求参数 β 的估计量 $\hat{\beta}$ 的数学期望等于参数的真值 β，即如果关系式

$$E(\hat{\beta})=\beta \tag{6.2}$$

成立，那么称满足这种要求的估计量 $\hat{\beta}$ 为参数 β 的无偏估计量。

估计量的无偏性意味着无论重复多少次测量，要求估计值都能在被估计参数的真值附近摆动，而其平均值就等于参数真值。

6.1.2　有效性

无偏性还不能完全决定估计量的性质，对于一个估计量，还需要进一步考虑到估计值和参数真值的平均偏离的大小，或者说估计值围绕真值摆动幅度的大小问题。方差能够反映估计值的这种离散程度，一个估计量的方差愈小，这个估计量取得接近它的数学期望的值就越频繁，或者说未知参数的估计值处在它的真值附近的概率愈大。

用不同估计方法得到的各种无偏估计中，某估计量的方差达到最小，则称该估计量为参数的有效估计。

在参数 β 的所有无偏估计量中，可能存在一个方差最小的估计量，这个估计量叫做有效估计量。

6.1.3　一致性

一个估计量，不论它是无偏的还是有偏的，也不论它的方差大小如何，人们总是希望当量测次数增加时，对未知参数 β 的估计值 $\hat{\beta}$ 会愈来愈精确，或者说，估计值会越来越靠近参数的真值，因此提出了估计量的一致性要求。按照数学定义，如果随着量测次数 n 的增加，$\hat{\beta}$ 依概率收敛于 β，则称 $\hat{\beta}$ 为 β 的一致估计。

一致性也有这样定义的：估计差 $\hat{\beta}-\beta$ 的协方差矩阵 $\mathrm{cov}[\hat{\beta}-\beta]$ 作为估计值 $\hat{\beta}$ 对真值的平均偏离程度的量度，若 $\hat{\beta}$ 为无偏估计，则 $\mathrm{cov}[\hat{\beta}-\beta]=E[(\hat{\beta}-\beta)(\hat{\beta}-\beta)^{\mathrm{T}}]$。如果满足

$$\lim_{n\to\infty}E[(\hat{\beta}-\beta)(\hat{\beta}-\beta)^{\mathrm{T}}]=0 \tag{6.3}$$

则 $\hat{\beta}$ 就是 β 的一致估计，也有称 $\hat{\beta}$ 是相容估计量。

6.2　地球物理大地测量联合反演函数模型辨识

6.2.1　一般模型辨识的原理

设某个反演问题已给出模型类属集合 M，其中包含有 l 个模型。如将这些模型记为 M_1，M_2，…，M_i，…，$M_l(1\leqslant i\leqslant l)$，则有：

$$M = [M_1 M_2 \cdots M_i \cdots M_l] \tag{6.4}$$

上式未限定各元素是否存在相互包容的关系，M 中的元素——模型 M_i 可由其特征向量 P 表征，即

$$P_i \in M_i (i = 1, 2, \cdots, l) \tag{6.5}$$

$$P_i = [p_1 p_2 \cdots p_j \cdots p_n]^{\mathrm{T}} \quad (1 \leqslant j \leqslant n) \tag{6.6}$$

其中，P_i 称为模型 M_i 的特征参数向量，n 为定量描述该模型时所必需的参数个数。一般说来，各个模型的个数互不相同。

模型识别即是从模型类属集合 M 中选择一个最能反映“真实”系统性态的模型 M_{opt}，即最佳模型。用决策论语言表述，就是解决如下决策命题：

$$M_{opt} = M_k \text{如果} M_k = \min_k \{\mathrm{Odc}_i\} \quad 1 \leqslant k \leqslant l \tag{6.7}$$

其中，Odc 称为决策量(杨林德等，1996)。一般地，它包含有模型特征参数向量 P 和模型与真实系统之间的差异等信息。式(6.7)中用于确定模型 M_K 所需的信息量越少越好。

反演问题的重要特点是解的不适定性，即可能有很多个模型都可用来描述系统的响应，并且都可在一定程度上反映系统的物理机理。但是符合建模原则的最佳模型 M_{opt} 只能有一个，并且应当是唯一的，故决策量的构成应充分反映简单性和综合精度，而拟合度和可辨识性则是模型成立的必要条件。

6.2.2 一般模型辨识过程

广义而论，模型辨识应包括建模过程中对物理性质的鉴别，即依据前期观测研究的成果筛选归纳出研究问题的性态模型类属 M。其过程可用图 6.1 表示，随着观测资料的累积，模型类属可从最初的集合 M_0 逐步演化到尽可能小的集合 M。对于工程地质勘察问题，一般说来，最初的集合 M_0 可描述岩土体各方面的性质，包括均匀或不均匀、连续或非连续、流变或非流变、确定或非确定、各向同性或非各向同性等，而筛选过程则需要通过演绎完成。对于地球物理大地测量反演问题，如地壳应变-应力场模型，最初的集合 M_0 也可描述地壳各方面的性质，包括均匀或不均匀、连续或非连续、流变或非流变、确定或非确定、各向同性或非各向同性等。

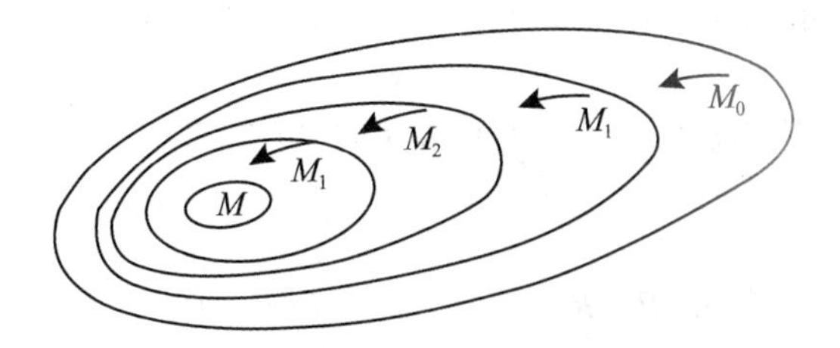

图 6.1 模型类属的搜索(Walters R et al.，2009)

对于工程地质勘察问题，如讨论在均质、各向同性、连续介质假设条件下受应力场作用的确定性模型类属集合 M，显而易见，对这类问题可根据物理力学机理准则对系统建

立仿真数学描述——应力场偏微分方程，并可建立系统观测方程考察在输入扰动信息(开挖施工)后岩土体介质的输出性态响应(位移场变化)，从而归结到模型识别所关心的核心论题——本构关系模型的鉴别(杨林德等，1996)。

而对于地球物理大地测量反演问题，其模型辨识的实质与工程地质勘察问题是一样的。如活动地块的运动与应变模型辨识(许才军和温扬茂，2003；Xu and Wen，2007)可以认为是通过参数辨识解决模型辨识问题，也可以认为还停留在参数辨识阶段。

6.2.3　模型辨识的决策量 Odc(杨林德等，1996)

考虑给定的模型 j，并设参数的最优估值 $\hat{P}$ 与 R (目标函数取极值时的残差向量)之间的联合概率密度函数为 $f(\hat{P}, R)$。由于在计算残差向量 R 时 $\hat{P}$ 已是已知量，故概率密度 $f_p(P)$ 也可视为已知量，以及在求得残差向量 R 后可求得概率密度函数 $f_r=(R\mid \hat{P})$。若 $\hat{P}$ 与 R 相互独立，则有：

$$f(\hat{P}, R)=f_p(\hat{P})f_r(R\mid \hat{P}) \tag{6.8}$$

然而随机量 $\hat{P}$ 不能直接由观测得到，因而通常只能得到 $\hat{P}$ 和 R 的均值和方差等统计特征，即：

$$\begin{cases}E(\hat{P})=P^0\ E[(\hat{P}-P^0)(\hat{P}-P^0)^{\mathrm{T}}]=C_P\\ E(R)=0\ \mathrm{E}[\mathrm{R}(\mathrm{R})^{\mathrm{T}}]=C_R\end{cases} \tag{6.9}$$

式中，P^0 表示参数 P 的真值。符合上述特征的分布有多种。由于随机量 $\hat{P}$ 和 R 的取值范围预先不知道，以下将其取为 $(-\infty, +\infty)$，并根据最大熵准则假定它们服从正态分布，则可得：

$$f_p(\hat{P})=((2\pi)^{m_j}\det C_P)^{1/2}\exp\left[-\frac{1}{2}(\hat{P}-P^0)^{\mathrm{T}}C_P^{-1}(\hat{P}-P^0)\right] \tag{6.10}$$

$$f_p(R\mid \hat{P})=((2\pi)^{n_j}\det C_P)^{1/2}\exp\left[-\frac{1}{2}R^{\mathrm{T}}C_R^{-1}R\right] \tag{6.11}$$

式中，m_j 为确定模型 M_j 所需参数 $\hat{P}_j$ 的维数；n_j 为残差向量 R_j 的维数。

根据库尔贝克(Kullback)提出的信息模型，确定 $\hat{P}$ 和 R 所需的信息量为：

$$H(\hat{P}, R)=-\int_{-\infty}^{+\infty}\int_{-\infty}^{+\infty}f(\hat{P}, R)f(\ln\hat{P}, R)\mathrm{d}\hat{P}\mathrm{d}R \tag{6.12}$$

或

$$H(\hat{P}, R)=H_p(\hat{P})+H_r(R\mid \hat{P}) \tag{6.13}$$

其中

$$\begin{cases}H_p(\hat{P})=-\int_{-\infty}^{+\infty}f_p(\hat{P})\ln f_p(\hat{P})\mathrm{d}\hat{P}\\ H_r(R\mid \hat{P})=-f_r(R\mid \hat{P})\ln f_r(R\mid \hat{P})\mathrm{d}R\end{cases} \tag{6.14}$$

将式(6.10)和式(6.11)分别代入式(6.14)，然后代入式(6.13)，即可得到确定参数 $\hat{P}$ 所需的最大平均信息量，表达式为：

$$H_j(\hat{P}, R)=\frac{1}{2}[(m+n_j)+(m+n_j)\ln 2\pi+\ln\det C_P+\ln\det C_R] \tag{6.15}$$

显而易见，确定一个模型所需的信息量越少越好，因而可将最优决策准则 Odc 写为：

$$\mathrm{Odc}=\min_j[\max H_j(\hat{P}, R)] \quad (j=1, 2, \cdots, l) \tag{6.16}$$

于是，模型辨识可归纳为完成下述判断：

$$\begin{cases} M: \{M_1, M_2, \cdots, M_j, \cdots, M_l\} & (1\leqslant j\leqslant l) \\ M_{\mathrm{opt}}=M_i \text{如果 } \mathrm{Odc}=\min_i[\max H_i] & (1\leqslant i\leqslant l) \end{cases} \tag{6.17}$$

其中，M_{opt} 表示最佳模型。

6.2.4 模型辨识的实用方法

实际工作中，我们通常会遇到这样的情况，对于一个反演问题，有几个给定的模型，需要通过模型辨识选择最优模型，我们可以采用假设检验的方法进行模型的无偏性、有效性等检验，以达到函数模型的辨识、确定最佳模型的目的。

1. 模型的无偏性检验

模型的无偏性可以通过 t 检验进行。

构造统计检验量：$t=\dfrac{\overline{\Delta v}}{\hat{\sigma}_{\Delta v}/\sqrt{n}}$

H0(原假设)：$\overline{\Delta v}=0$

H1(备选假设)：$\overline{\Delta v}\neq 0$

其中，$\overline{\Delta v}$ 为观测值残差的均值；$\sigma^2_{\Delta v}$ 为残差的方差；n 为观测值的个数。

给定置信水平 $\alpha=0.05$，计算 $t_{0.025}(f)$，如果 $|t|<t_{0.025}(f)$，则接受 H0，该模型的估计量是无偏的，否则拒绝原假设，认为模型是有偏的。

2. 模型的有效性检验

对于两个模型，模型 1 和模型 2，如果模型 1 的残差的方差较模型 2 的残差的方差小，则模型 1 较模型 2 有效，利用 F 检验可以进行模型有效性的判别。

设 $\hat{\sigma}_1^2$、$\hat{\sigma}_2^2$ 分别为模型 1、2 的验后单位权方差，

构造统计检验量：$F=\dfrac{\hat{\sigma}_2^2}{\hat{\sigma}_1^2}$

H0(原假设)：$\sigma_2^2=\sigma_1^2$

H1(备选假设)：$\sigma_2^2>\sigma_1^2$

给定置信水平 $\alpha=0.05$，计算 $F_{0.05}(f_2, f_1)$，其中 f_2，f_1 分别代表模型 2 与模型 1 的自由度。如果 $F<F_{0.05}(f_2, f_1)$，则接受 H0，两模型结果则无明显区别，否则，接受备选假设，则第一个模型结果要优于第二个模型的结果，模型 1 比模型 2 更有效。

通常我们选择无偏性、更有效的模型作为我们的最佳模型。

6.3　地球物理大地测量联合反演随机模型确定

6.3.1　一般联合反演问题的随机模型

通常，一般联合反演问题中有多类观测数据。假设第一类观测数据建立的函数模型为：

$$l_1 = G_1(m) + \Delta_1 \tag{6.18}$$

第二类观测数据建立的函数模型为：

$$l_2 = G_2(m) + \Delta_2 \tag{6.19}$$

第 n 类观测数据建立的函数模型为：

$$l_n = G_n(m) + \Delta_n \tag{6.20}$$

则联合该 n 类观测数据建立的函数模型为：

$$\begin{cases} l_1 = G_1(m) + \Delta_1 \\ l_2 = G_2(m) + \Delta_2 \\ \qquad \vdots \\ l_n = G_n(m) + \Delta_n \end{cases} \tag{6.21}$$

式(6.21)可简写为：

$$l = G(m) + \Delta \tag{6.22}$$

其中，l 表示所有的 n 类观测向量；$G(\cdot)$ 表示模型参数空间 m 到观测向量空间 d 的格林函数；Δ 表示对应 n 类观测向量的随机误差。

相应地，联合多类数据反演的随机模型可表示为：

$$\mathrm{Cov} = \begin{bmatrix} \mathrm{Cov}_{1,1} & \mathrm{Cov}_{1,2} & \cdots & \mathrm{Cov}_{1,n} \\ \mathrm{Cov}_{2,1} & \mathrm{Cov}_2 & & \mathrm{Cov}_{2,n} \\ \vdots & & & \vdots \\ \mathrm{Cov}_{n,1} & \mathrm{Cov}_{n,2} & \cdots & \mathrm{Cov}_{n,n} \end{bmatrix} \tag{6.23}$$

其中，$\mathrm{Cov}_{i,j}$ 表示第 i 类、第 j 类数据集间的相关性，若两类数据集不相关，则其值等于0。联合多类数据反演中观测值的最佳权阵可以通过方差-协方差分量估计确定。

6.3.2　附约束条件联合反演的随机模型

实际反演中我们通常需要附加一定的约束条件，如利用 InSAR 观测数据反演确定震源参数，需要附加一定的约束条件以得到具有物理意义的未知参数解（Clark，1996；Wright，2000；温扬茂等，2012）。非线性反演震源断层几何参数时，通常需附加：(1)断层长度、宽度非负；(2)断层顶部埋深、底部埋深均大于0，且底部埋深恒大于顶部埋深；(3)其他先验信息等（刘洋，2012）。

固定震源断层几何为非线性反演结果，线性反演断层面滑动分布。假定将断层面离散

为 N 个断层片，基于位错公式可以计算单位滑动量(包括走向、倾向两个方向)在地表 M 个观测点产生的地表形变，可以组成一个 $M \times 2N$ 大小的系数矩阵(格林函数) G。由于在反演过程中，将断层面离散化为由上到下排列的均匀或非均匀的小断层片，通常需要对断层片上的位错施加一定的光滑约束条件，以避免滑动分布解的振荡(相邻断层片间的滑动量在大小和方向上存在着显著差异)，其常用方法主要包括一阶差分算子、拉普拉斯算子、三次样条算子等(温扬茂，2009)。

本小节中，以断层面滑动分布反演中的拉普拉斯平滑约束为例对附有约束条件的联合反演随机模型进行阐述。采用拉普拉斯平滑约束，其目的是使得相邻断层片间滑动量的梯度最小(Jónsson, et al., 2002; Funning, et al., 2005)。如图 6.2 所示，以断层单元 (i, j) 为例对其进行说明。

其二阶差分算子可表示为

$$\nabla^2 s_{(i,j)} = \frac{s_{(i,j-1)} - 2s_{(i,j)} + s_{(i,j+1)}}{(\Delta x)^2} + \frac{s_{(i-1,j)} - 2s_{(i,j)} + s_{(i+1,j)}}{(\Delta y)^2} \tag{6.24}$$

式中，$s_{(i,j)}$ 表示位于第 i 行、第 j 列的断层片上的滑动大小；Δx 、Δy 分别表示相邻断层片沿走向、倾向的距离。按照式(6.24)分别对所有断层单元计算其相应的二阶差分算子，则其数学表达式可写为

$$0 = \nabla^2 s + \Delta_\nabla \tag{6.25}$$

式中，$\nabla^2 s$ 表示一大小为 $2N \times 2N$ 的矩阵；Δ_∇ 表示一大小为 $2N \times 1$ 的向量，表示某一先验误差，其统计特征为：

$$E(\Delta_\nabla) = 0 \tag{6.26}$$

$$D(\Delta_\nabla) = \sigma_0^2 Q_\nabla = \sigma_0^2 P_\nabla^{-1} \tag{6.27}$$

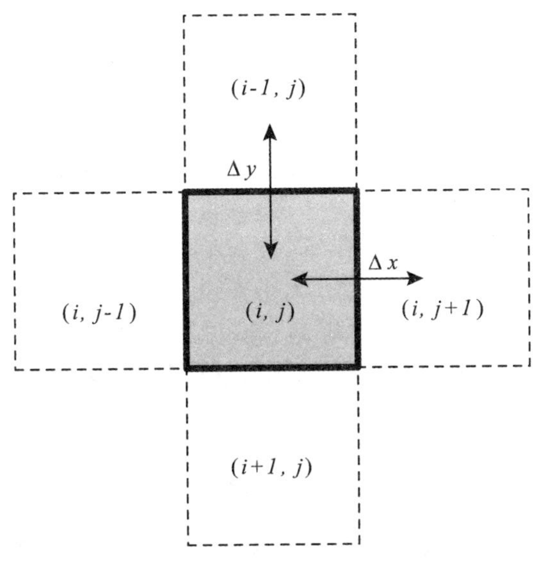

图 6.2　断层面上拉普拉斯算子示意图

将该拉普拉斯平滑约束作为震源滑动分布反演的一个等式约束条件，则可建立附约束条件的联合反演函数模型为

$$\begin{cases} l_1 = G_1(m) + \Delta_1 \\ l_2 = G_2(m) + \Delta_2 \\ \quad\vdots \\ l_n = G_n(m) + \Delta_n \\ 0 = \nabla^2 s + \Delta_\nabla \end{cases} \tag{6.28}$$

相应地，附约束条件的联合反演随机模型可表示为：

$$\text{cov}'' = \begin{bmatrix} \text{cov} & \\ & D(\Delta_\nabla) \end{bmatrix} \tag{6.29}$$

由附约束条件的联合反演数学模型的表达式可以看出，附加的光滑约束条件方程可视为虚拟观测方程，光滑因子等价于其对应的权，可由方差分量估计方法予以确定，具体公式如下：

假定有 n 类观测，则附拉普拉斯平滑约束条件的联合反演函数模型可写为：

$$\begin{cases} l_1 = G_1 s + \Delta_1 \\ l_2 = G_2 s + \Delta_2 \\ \quad\vdots \\ l_n = G_n s + \Delta_n \\ 0 = \nabla^2 s + \Delta_\nabla \end{cases} \tag{6.30}$$

相应地，附约束条件的联合反演随机模型可表示为：

$$\boldsymbol{D} = \begin{bmatrix} D(\text{Obs}) & \\ & D(\Delta_\nabla) \end{bmatrix} \tag{6.31}$$

$$\boldsymbol{P} = \frac{\sigma_0^2}{\boldsymbol{D}} = \boldsymbol{Q}^{-1} \tag{6.32}$$

式中：σ_0^2 为选定的单位权方差因子，上式假定观测值与附加的约束条件不相关。将附加的约束条件视为虚拟观测，则共有 $n+1$ 类观测，即第 $n+1$ 类观测量均等于 0，$l_{n+1} = 0$。

对于该组虚拟观测，其先验观测方差大小未知，故其虚拟观测权也未知。通常情况下，依据观测数据集及滑动分布属性等因素，可事先假定虚拟观测对应的方差大小（σ_{vo}^2），并由此确定相应的权。假定虚拟观测数据集内部元素等精度、不相关，则虚拟观测数据集对应的权可写为：

$$\boldsymbol{P}_{vo} = \frac{\sigma_0^2}{\sigma_{vo}^2}\boldsymbol{I} \tag{6.33}$$

上式中的下标“vo”表示虚拟观测对应的参数。权 $\boldsymbol{P}_{vo}$ 与已有研究中平滑因子的物理意义相一致，均表示光滑约束条件项在震源滑动分布反演中的权重大小。

6.3.3 附约束条件联合反演随机模型确定的方差分量估计法

如果以 $\boldsymbol{V}^{\mathrm{T}}\boldsymbol{PV}=\min$ 为最优化准则，则可以得出相应的法方程为：

$$\boldsymbol{G}^{\mathrm{T}}\boldsymbol{PGs}=\boldsymbol{G}^{\mathrm{T}}\boldsymbol{Pl} \tag{6.34}$$

其展开形式为：

$$(\boldsymbol{G}^{\mathrm{T}}\boldsymbol{P}_o\boldsymbol{G}+(\nabla^2)^{\mathrm{T}}\boldsymbol{P}_{vo}(\nabla^2))\boldsymbol{s}=\boldsymbol{G}^{\mathrm{T}}\boldsymbol{P}_o\boldsymbol{l} \tag{6.35}$$

可求解参数 $\boldsymbol{s}$ 为：

$$\boldsymbol{s}=(\boldsymbol{G}^{\mathrm{T}}\boldsymbol{P}_o\boldsymbol{G}+(\nabla^2)^{\mathrm{T}}\boldsymbol{P}_{vo}(\nabla^2))^{-1}\boldsymbol{G}^{\mathrm{T}}\boldsymbol{P}_o\boldsymbol{l} \tag{6.36}$$

将 $\boldsymbol{G}$、$\boldsymbol{P}_o$、$\boldsymbol{l}$ 按不同种类数据集展开，可得出

$$\begin{aligned}\boldsymbol{s}=&(\boldsymbol{G}_1^{\mathrm{T}}\boldsymbol{P}_{o1}\boldsymbol{G}_1+\boldsymbol{G}_2^{\mathrm{T}}\boldsymbol{P}_{o2}\boldsymbol{G}_2+\cdots+\boldsymbol{G}_n^{\mathrm{T}}\boldsymbol{P}_{on}\boldsymbol{G}_n+(\nabla^2)^{\mathrm{T}}\boldsymbol{P}_{vo}(\nabla^2))^{-1}\\&(\boldsymbol{G}_1^{\mathrm{T}}\boldsymbol{P}_{o1}l_1+\boldsymbol{G}_2^{\mathrm{T}}\boldsymbol{P}_{o2}l_2+\cdots+\boldsymbol{G}_n^{\mathrm{T}}\boldsymbol{P}_{on}\boldsymbol{l}_n)\end{aligned} \tag{6.37}$$

式中假定不同种类数据集间相互独立且不等精度，而同一数据集内的观测数据可以相关。由上式可知，虚拟观测对应的权 $\boldsymbol{P}_{vo}$ 的作用等价于真实观测数据集的权。下面给出方差分量估计法的具体模型和计算公式。

现假设有两类相互独立的观测值 $\boldsymbol{l}_1$、$\boldsymbol{l}_2$，$\boldsymbol{l}_1$ 为 $n_1\times 1$ 观测向量，$\boldsymbol{l}_2$ 为 $n_2\times 1$ 观测向量，它们的权阵分别为 $\boldsymbol{P}_1$、$\boldsymbol{P}_2$，则附约束条件的联合反演函数模型为：

$$\begin{cases}\boldsymbol{l}_1=\boldsymbol{G}_1\boldsymbol{s}+\Delta_1\\\boldsymbol{l}_2=\boldsymbol{G}_2\boldsymbol{s}+\Delta_2\\0=\nabla^2\boldsymbol{s}+\Delta_{vo}\end{cases} \tag{6.38}$$

随机模型为：

$$\boldsymbol{P}=\begin{bmatrix}P_1&0&0\\0&P_2&0\\0&0&P_{vo}\end{bmatrix} \tag{6.39}$$

进一步地，可以将随机模型 $\boldsymbol{P}$ 表示为 P_{ratio}、P_{inside} 的乘积

$$\boldsymbol{P}=P_{\mathrm{ratio}}\cdot P_{\mathrm{inside}} \tag{6.40}$$

式中，P_{ratio} 表示不同数据集间的相对权比；P_{inside} 表示数据集内部观测值的权函数，其展开形式为：

$$\boldsymbol{P}=\begin{bmatrix}P_{\mathrm{ratio},\,1}&0&0\\0&P_{\mathrm{ratio},\,2}&0\\0&0&P_{\mathrm{ratio},\,vo}\end{bmatrix}\begin{bmatrix}P_{\mathrm{inside},\,1}&0&0\\0&P_{\mathrm{inside},\,2}&0\\0&0&P_{\mathrm{inside},\,vo}\end{bmatrix} \tag{6.41}$$

最优化准则可改写为：

$$\boldsymbol{V}^{\mathrm{T}}\boldsymbol{PV}=\boldsymbol{V}^{\mathrm{T}}\boldsymbol{P}_{\mathrm{ratio}}\boldsymbol{P}_{\mathrm{inside}}\boldsymbol{V}=\min \tag{6.42}$$

其展开形式为：

$$\boldsymbol{V}_1^{\mathrm{T}}P_{\mathrm{ratio},\,1}P_{\mathrm{inside},\,1}\boldsymbol{V}_1+\boldsymbol{V}_2^{\mathrm{T}}P_{\mathrm{ratio},\,2}P_{\mathrm{inside},\,2}\boldsymbol{V}_2+\boldsymbol{V}_{vo}^{\mathrm{T}}P_{\mathrm{ratio},\,vo}P_{\mathrm{inside},\,vo}\boldsymbol{V}_{vo}=\min \tag{6.43}$$

方差分量估计过程中，需要调整的是不同数据集间的相对权比，即 $P_{\mathrm{ratio},\,1}$、$P_{\mathrm{ratio},\,2}$ 和 $P_{\mathrm{ratio},\,vo}$，而数据集内部观测值的权函数 $P_{\mathrm{inside},\,1}$、$P_{\mathrm{inside},\,2}$、$P_{\mathrm{inside},\,vo}$ 由先验值确定。

依据上述数学模型和 Helmert 方差分量估计公式（崔希璋等，2005），可以写出观测

值、虚拟观测值的单位权方差(方差因子)估值与残差平方和的关系式:

$$\underset{3\times 3}{\boldsymbol{S}}\ \underset{3\times 1}{\hat{\boldsymbol{\theta}}} = \underset{3\times 1}{\boldsymbol{W}} \tag{6.44}$$

式中

$$\boldsymbol{S} = \begin{bmatrix} n_1 - 2\mathrm{tr}(N^{-1}N_1) + \mathrm{tr}\,(N^{-1}N_1)^2 & \mathrm{tr}(N^{-1}N_1N^{-1}N_2) & \mathrm{tr}(N^{-1}N_1N^{-1}N_3) \\ \mathrm{tr}(N^{-1}N_2N^{-1}N_1) & n_2 - 2\mathrm{tr}(N^{-1}N_2) + \mathrm{tr}\,(N^{-1}N_2)^2 & \mathrm{tr}(N^{-1}N_2N^{-1}N_3) \\ \mathrm{tr}(N^{-1}N_3N^{-1}N_1) & \mathrm{tr}(N^{-1}N_3N^{-1}N_2) & n_3 - 2\mathrm{tr}(N^{-1}N_3) + \mathrm{tr}\,(N^{-1}N_3)^2 \end{bmatrix}$$

$$\hat{\boldsymbol{\theta}} = \begin{bmatrix} \hat{\sigma}_1^2 & \hat{\sigma}_2^2 & \hat{\sigma}_{vo}^2 \end{bmatrix}$$

$$\boldsymbol{W} = \begin{bmatrix} \boldsymbol{V}_1^{\mathrm{T}}\boldsymbol{P}_1\boldsymbol{V}_1 & \boldsymbol{V}_2^{\mathrm{T}}\boldsymbol{P}_2\boldsymbol{V}_2 & \boldsymbol{V}_{vo}^{\mathrm{T}}\boldsymbol{P}_{vo}\boldsymbol{V}_{vo} \end{bmatrix}^{\mathrm{T}}$$

$$N = \boldsymbol{G}_1^{\mathrm{T}}\boldsymbol{P}_1\boldsymbol{G}_1 + \boldsymbol{G}_2^{\mathrm{T}}\boldsymbol{P}_2\boldsymbol{G}_2 + (\nabla^2)^{\mathrm{T}}\boldsymbol{P}_{vo}(\nabla^2) = N_1 + N_2 + N_3 \tag{6.45}$$

其中, $\boldsymbol{S}$ 为对称矩阵, N_1 和 N_2 分别为第一类、第二类观测数据集内观测值个数, N_3 为虚拟观测数据集内观测值个数，即附加光滑约束条件的个数, $\hat{\sigma}_1^2$ 和 $\hat{\sigma}_2^2$ 分别为第一类、第二类观测数据集单位权方差的估值, $\hat{\sigma}_{vo}^2$ 为虚拟观测数据集单位权方差的估值，需迭代求解，直至三者的单位权方差相等或通过检验认为相等为止。其中，第 j 次迭代过程中第 i 个数据集的权为:

$$P_{\mathrm{ratio},\ i}^{j} = \frac{c}{\hat{\sigma}_{i,\ j}^2} P_{\mathrm{ratio},\ i}^{j-1} \quad (i = 1,\ 2,\ 3) \tag{6.46}$$

式中, c 为任一常数，一般选取为第 j 次迭代过程中某一数据集的单位权方差估值，以使得该类数据集对应的权值等于 1。

就 m 类观测数据集而言，附加光滑约束条件后有 $m+1$ 类数据集。方差分量估计过程中，矩阵 $\boldsymbol{S}$ 的维数为 $(m+1)\times(m+1)$，矩阵 $\hat{\boldsymbol{\theta}}$ 的维数为 $(m+1)\times 1$，矩阵 $\boldsymbol{W}$ 的维数为 $(m+1)\times 1$，其表达式分别为:

$$\boldsymbol{S} = \begin{bmatrix} n_1 - 2\mathrm{tr}(N^{-1}N_1) + \mathrm{tr}\,(N^{-1}N_1)^2 & \mathrm{tr}(N^{-1}N_1N^{-1}N_2) & \cdots & \mathrm{tr}(N^{-1}N_1N^{-1}N_{m+1}) \\ \mathrm{tr}(N^{-1}N_2N^{-1}N_1) & n_2 - 2\mathrm{tr}(N^{-1}N_2) + \mathrm{tr}\,(N^{-1}N_2)^2 & & \mathrm{tr}(N^{-1}N_2N^{-1}N_{m+1}) \\ \vdots & & & \vdots \\ \mathrm{tr}(N^{-1}N_{m+1}N^{-1}N_1) & \mathrm{tr}(N^{-1}N_{m+1}N^{-1}N_2) & \cdots & n_{m+1} - 2\mathrm{tr}(N^{-1}N_{m+1}) + \mathrm{tr}\,(N^{-1}N_{m+1})^2 \end{bmatrix} \tag{6.47}$$

$$\hat{\boldsymbol{\theta}} = \begin{bmatrix} \hat{\sigma}_1^2 & \hat{\sigma}_2^2 & \cdots & \hat{\sigma}_m^2 & \hat{\sigma}_{vo}^2 \end{bmatrix} \tag{6.48}$$

$$\boldsymbol{W} = \begin{bmatrix} \boldsymbol{V}_1^{\mathrm{T}}\boldsymbol{P}_1\boldsymbol{V}_1 & \boldsymbol{V}_2^{\mathrm{T}}\boldsymbol{P}_2\boldsymbol{V}_2 & \cdots & \boldsymbol{V}_m^{\mathrm{T}}\boldsymbol{P}_m\boldsymbol{V}_m & \boldsymbol{V}_{vo}^{\mathrm{T}}\boldsymbol{P}_{vo}\boldsymbol{V}_{vo} \end{bmatrix}^{\mathrm{T}} \tag{6.49}$$

$$N = \boldsymbol{G}_1^{\mathrm{T}}\boldsymbol{P}_1\boldsymbol{G}_1 + \boldsymbol{G}_2^{\mathrm{T}}\boldsymbol{P}_2\boldsymbol{G}_2 + \cdots + \boldsymbol{G}_m^{\mathrm{T}}\boldsymbol{P}_m\boldsymbol{G}_m + (\nabla^2)^{\mathrm{T}}\boldsymbol{P}_{vo}(\nabla^2) = N_1 + N_2 + \cdots + N_m + N_{m+1} \tag{6.50}$$

式中, $\boldsymbol{S}$ 为对称矩阵，待估的单位权方差个数为 $m+1$，需迭代求解，直至 $m+1$ 个数据集的单位权方差相等或通过检验认为相等为止。

6.4 地球物理大地测量联合反演的抗差方差分量估计法

基于虚拟观测原理将光滑约束条件方程转化为虚拟观测方程，引入测量数据处理中的方差分量估计理论与方法，用来解决不同种类观测值权比(P_{ratio})确定不准的问题，同时用来确定光滑因子的大小。如果要解决数据集内部观测值权函数(P_{inside})确定不准的问题，其产生的主要原因为数据集内部观测值存在粗差，则需要应用抗差估计方法。本小节给出地球物理大地测量联合反演的抗差方差分量估计方法及其计算步骤。

6.4.1 抗差估计法

含有粗差的观测值，若将其纳入函数模型，即均值漂移模型，则可以理解为与其他同类观测值具有不同期望、相同方差的正态分布子样，即其分布为 $l_i \sim N(E(l_i)+\varepsilon_i,\ \sigma^2)$， ε_i 为相应的粗差，σ^2 为观测数据集的方差；若将其纳入随机模型，即方差膨胀模型，则可以理解为与其他同类观测值具有相同期望、不同方差且是异常大方差的正态分布子样，即其分布为 $l_i \sim N(E(l_i)+\varepsilon_i,\ \sigma^2)$， σ_i^2 远大于 σ^2(刘大杰和陶本藻，2000)。

将粗差纳入函数模型，Baarda(1968)提出的粗差检验理论可以对粗差进行定位及消除和减弱粗差对参数估计的影响。其主要计算步骤为平差中检测并定位粗差、剔除粗差、在正常观测值中进行参数估计，其中，粗差探测和定位需要利用统计假设检验理论和方法(李德仁，1988；欧吉坤，1999)。

将粗差纳入随机模型，Huber(1981)提出的稳健估计理论可以对粗差进行定位及消除或减弱粗差对参数估计的影响。其核心思想是通过变权迭代改变观测数据集中具有正常方差和异常大方差的观测值的权函数，从而达到粗差定位和消除或减弱粗差对参数估计的不良影响。目前，有多种确定权函数的方法，如基于验后方差确定权函数(李德仁，1984)、等价权思想及 IGG 方案权函数(周江文，1989)、相关等价权(周江文等，1997)、基于等价方差-协方差函数的权函数(刘经南等，2000)等。

粗差探测通过定位、剔除粗差观测值的方法来减免粗差对参数估值的影响，抗差估计方法通过调整粗差观测值的权来减免粗差对参数估值的影响，能够在拒绝和接收某一观测值之间起到一种平滑作用，从而可以充分利用观测数据(黄幼才，1990)。我们可以选取抗差估计法来减免地球物理大地测量反演研究中粗差对参数估值的影响。

抗差估计，或稳健估计，指的是在粗差不可避免的情况下，选择适当的估计方法使参数估值尽可能减免粗差的影响，得到正常模式下最佳或接近最佳的估值(周江文，1989)。本小节从 M 估计原理出发(刘大杰和陶本藻，2000)，以选权迭代法为基础，给出对应的抗差估计方法及其计算步骤。

假定函数模型和随机模型(权函数)为：

$$\boldsymbol{l}=\boldsymbol{G}\boldsymbol{s}+\Delta \quad \boldsymbol{P}=\frac{\sigma_0^2}{\boldsymbol{D}(l)}=\boldsymbol{Q}^{-1} \tag{6.51}$$

式中，$\boldsymbol{s}$ 为待求的参数；$\boldsymbol{l}$ 为观测向量；$\boldsymbol{P}$ 、$\boldsymbol{D}(l)$ 和 $\boldsymbol{Q}$ 分别为相应的方差阵、协因数阵和权阵，则极大似然准则为：

$$\sum_{i=1}^{n}\ln f(l_i,\ \hat{s})=\max \quad \text{or} \quad \sum_{i=1}^{n}-\ln f(l_i,\ \hat{s})=\min \tag{6.52}$$

式中，f 为随机观测量 l 的概率密度函数；$\hat{s}$ 仅表示密度函数与参数 $\hat{s}$ 有关。Huber(1981)提出用 $\rho(l_i,\ \hat{s})$ 代替函数 $-\ln f(l_i,\ \hat{s})$，可以得到：

$$\sum_{i=1}^{n}\rho(l_i,\ \hat{s})=\min \quad \text{or} \quad \sum_{i=1}^{n}\frac{\partial\rho(l_i,\ s)}{\partial s}=\sum_{i=1}^{n}\psi(l_i,\ \hat{s})=0 \tag{6.53}$$

由于在参数反演中，观测量的残差为 V，则上式可以改写为：

$$\sum_{i=1}^{n}\rho(V)=\min \quad \text{or} \quad \sum_{i=1}^{n}\frac{\partial\rho(V)}{\partial s}=\sum_{i=1}^{n}\psi(V)=0 \tag{6.54}$$

以上式为估计准则对待求参数进行估计的方法，称为广义极大似然估计，简称为 M 估计。

将误差方程带入上式，可以得到：

$$\sum_{i=1}^{n}\rho'(V_i)\boldsymbol{G}_i=0 \quad \text{or} \quad \sum_{i=1}^{n}\boldsymbol{G}_i^{\mathrm{T}}\frac{\rho'(V_i)}{V_i}V_i=0 \tag{6.55}$$

进一步地，令

$$P_i(V_i)=\frac{\rho'(V_i)}{V_i} \tag{6.56}$$

则可以得到

$$\sum_{i=1}^{n}\boldsymbol{G}_i^{\mathrm{T}}P(V_i)V_i=0 \tag{6.57}$$

将上式改写为矩阵形式为：

$$\boldsymbol{G}^{\mathrm{T}}P(V)\boldsymbol{V}=0 \tag{6.58}$$

将误差方程 $\boldsymbol{V}=\boldsymbol{Gs}-\boldsymbol{l}$ 带入上式，可得到：

$$\boldsymbol{G}^{\mathrm{T}}P(V)\boldsymbol{Gs}-\boldsymbol{G}^{\mathrm{T}}P(V)\boldsymbol{l}=0 \tag{6.59}$$

除权函数 $P(V)$ 为观测值拟合残差的函数外，上式与最小二乘估计中的法方程形式相一致。

则抗差估计法的函数模型和随机模型(权函数)为：

$$\boldsymbol{l}=\boldsymbol{Gs}+\Delta \quad P(V)=\frac{\boldsymbol{D}(V)}{\sigma_0^2}=\boldsymbol{Q}^{-1}(V) \tag{6.60}$$

其估计准则为

$$\boldsymbol{V}^{\mathrm{T}}P(V)\boldsymbol{V}=\min \tag{6.61}$$

由上式可以看出，抗差估计的估计准则与最小二乘估计准则相类似，差别仅在于权函数 $P(V)$ 为观测值拟合残差的函数。这里的 $P(V)$ 等价于6.3.3节中的 P_{inside}。

抗差估计方法中，权函数的选取有多种不同形式，下面以Huber法对应的权函数形式(Huber，1981)为例，对权函数的变化过程予以阐明。Huber权函数形式为：

$$P(V_i)=\begin{cases}1, & |V_i|\leqslant c\\ \dfrac{c}{|V_i|}, & |V_i|>c\end{cases} \tag{6.62}$$

式中，c 为比例系数，通常取 $c = k\sigma$，σ 为数据集的方差；V_i 为第 i 个观测数据的拟合残差。由 Huber 权函数可知，当所有改正数均在 $-c$ 和 c 之间时，Huber 抗差估计等价于经典最小二乘估计。当部分改正数大于 c 时，其对应的权函数与改正数 V_i 成反比，V_i 越大，对应的 $P(V_i)$ 越小，V_i 大于 c 很多时，则对应的权函数趋近于 0，相应地，该观测值对待求参数估计值的影响也趋近于 0。实际研究中，比例系数 c 是不断变化的，$c_{i+1} = k\sigma_i$，即，第 $i+1$ 次迭代过程中的比例系数等于第 i 次迭代过程中数据拟合残差中误差的 k 倍。

下面以震源滑动分布线性反演为例，给出抗差估计方法实施的基本思想：由于数学模型的粗差未知，反演计算通常从最小二乘法开始，根据先验方差计算观测值相应的权函数或者等权处理，在每次反演后，根据各观测值拟合残差大小和其他相关参数计算观测量在下一步迭代计算中的相应权函数。迭代过程中，含粗差的奇异观测值对应的权重逐渐变小，其对参数估值的影响亦逐渐变小。迭代终止时，含粗差的奇异观测值对应的权重趋近于0，相应地，其对参数估值的影响亦趋近于0，从而达到定位粗差和消除或减弱其对参数估值的不良影响。综上所述，图 6.3 给出了相应的计算流程，其具体计算步骤可归纳为：

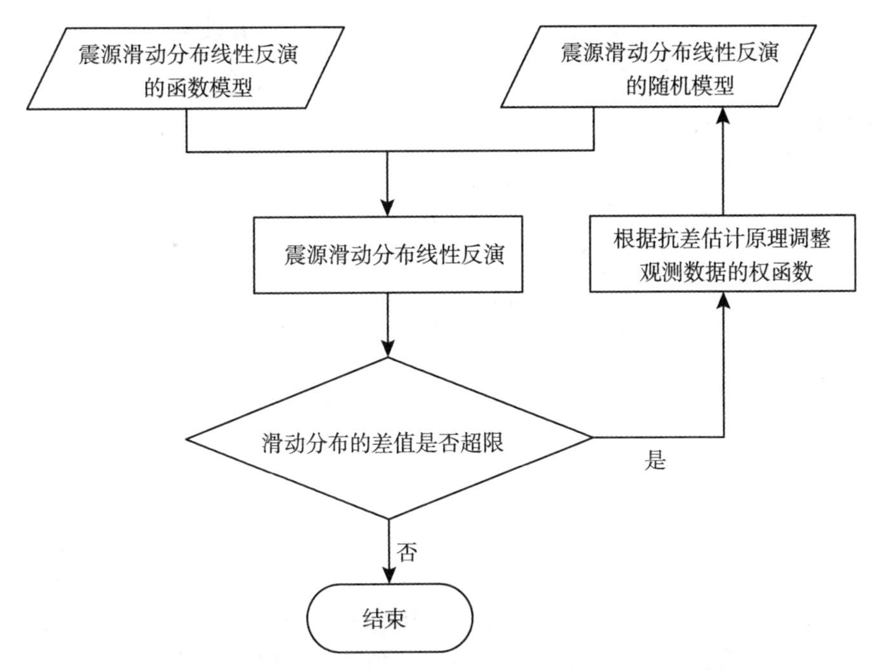

图 6.3 震源滑动分布线性反演的抗差估计法的计算流程

步骤 1)：给定震源断层几何参数，建立相应的函数模型，确定各形变观测数据的权函数(随机模型)。其中，第一次反演中，令各形变观测数据的权函数等于单位阵或者根据先验方差-协方差确定；其后的反演中，各形变观测数据的权函数根据抗差估计原理确定；

步骤 2)：基于给定的函数模型和随机模型进行震源滑动分布反演；

步骤 3)：统计前后两次滑动分布结果的差值，如标准差，并判定其是否符合限差。若超限，则进行步骤 4)；若不超限，则跳至步骤 5)；

步骤 4)：计算形变观测数据的残差，并依据该残差及抗差估计原理调整各观测数据的权函数，转至步骤 2)；

步骤 5)：输出各观测数据的拟合残差、权函数及滑动分布结果，结束。

6.4.2　抗差方差分量估计法

假设有两类相互独立的观测值 $\boldsymbol{l}_1$、$\boldsymbol{l}_2$，$\boldsymbol{l}_1$ 为 $n_1 \times 1$ 观测向量，$\boldsymbol{l}_2$ 为 $n_2 \times 1$ 观测向量，它们的权阵分别为 $\boldsymbol{P}_1$、$\boldsymbol{P}_2$，则附约束条件联合反演的函数模型为：

$$\begin{cases} \boldsymbol{l}_1 = \boldsymbol{G}_1\boldsymbol{s} + \boldsymbol{\Delta}_1 \\ \boldsymbol{l}_2 = \boldsymbol{G}_2\boldsymbol{s} + \boldsymbol{\Delta}_2 \\ 0 = \nabla^2 s + \boldsymbol{\Delta}_{vo} \end{cases} \tag{6.63}$$

随机模型为：

$$\boldsymbol{P} = \begin{bmatrix} \boldsymbol{P}_1 & 0 & 0 \\ 0 & \boldsymbol{P}_2 & 0 \\ 0 & 0 & \boldsymbol{P}_{vo} \end{bmatrix} = \sigma_0^2 \begin{bmatrix} \boldsymbol{D}_1^{-1} & 0 & 0 \\ 0 & \boldsymbol{D}_2^{-1} & 0 \\ 0 & 0 & \boldsymbol{D}_{vo}^{-1} \end{bmatrix} \tag{6.64}$$

最优化准则可写为：

$$\boldsymbol{V}^{\mathrm{T}}\boldsymbol{P}\boldsymbol{V} = \boldsymbol{V}^{\mathrm{T}}\frac{\boldsymbol{\sigma}_0^2}{\boldsymbol{D}}\boldsymbol{V} = \min \tag{6.65}$$

式中，σ_0^2 为单位权方差因子，进一步地，可将上式分解为：

$$\boldsymbol{V}^{\mathrm{T}}\boldsymbol{P}\boldsymbol{V} = \boldsymbol{V}^{\mathrm{T}}\frac{\boldsymbol{\sigma}_0^2}{D}\boldsymbol{V} = \boldsymbol{V}^{T}\frac{\boldsymbol{\sigma}_0^2}{\boldsymbol{\sigma}_i^2}\frac{\boldsymbol{\sigma}_i^2}{\boldsymbol{D}}\boldsymbol{V} = \min \tag{6.66}$$

式中，σ_i^2 为第 i 类观测值对应的方差。定义如下两式：

$$P_{\text{ratio}} = \frac{\boldsymbol{\sigma}_0^2}{\boldsymbol{\sigma}_i^2} \tag{6.67}$$

$$P_{\text{inside}} = \frac{\boldsymbol{\sigma}_i^2}{\boldsymbol{D}} \tag{6.68}$$

由 P_{ratio}、P_{inside} 的定义式可知，P_{ratio} 与相应观测数据集的方差和单位权方差因子相关，而 P_{inside} 与相应观测数据集的方差和数据集内观测值方差-协方差相关。此时，最优化准则可写为：

$$\boldsymbol{V}^{\mathrm{T}}P_{\text{ratio}}P_{\text{inside}}\boldsymbol{V} = \min \tag{6.69}$$

其展开形式为

$$\boldsymbol{V}_1^{\mathrm{T}}P_{\text{ratio},\,1}P_{\text{inside},\,1}\boldsymbol{V}_1 + \boldsymbol{V}_2^{\mathrm{T}}P_{\text{ratio},\,2}P_{\text{inside},\,2}\boldsymbol{V}_2 + \boldsymbol{V}_{vo}^{\mathrm{T}}P_{\text{ratio},\,vo}P_{\text{inside},\,vo}\boldsymbol{V}_{vo} = \min \tag{6.70}$$

在方差分量估计类算法中，仅调整了不同数据集间的相对权比（P_{ratio}），未调整数据集内部观测量的权函数（P_{inside}），而在抗差方差分量估计中，需要同时调整 P_{ratio} 和

P_{inside}。

将上式以单位权方差、数据集方差估值和数据集内观测值方差-协方差估值形式表示，可得

$$\boldsymbol{V}_1^{\mathrm{T}}\frac{\sigma_0^2}{\hat{\sigma}_1^2}\frac{\hat{\sigma}_1^2}{\hat{D}_1}\boldsymbol{V}_1+\boldsymbol{V}_2^{\mathrm{T}}\frac{\sigma_0^2}{\hat{\sigma}_2^2}\frac{\hat{\sigma}_2^2}{\hat{D}_2}\boldsymbol{V}_2+\boldsymbol{V}_{vo}^{\mathrm{T}}\frac{\sigma_0^2}{\hat{\sigma}_{vo}^2}\frac{\hat{\sigma}_{vo}^2}{\hat{D}_{vo}}\boldsymbol{V}_{vo}=\min \tag{6.71}$$

$$\frac{\sigma_0^2}{\hat{\sigma}_1^2}\boldsymbol{V}_1^{\mathrm{T}}\frac{\hat{\sigma}_1^2}{\hat{D}_1}\boldsymbol{V}_1+\frac{\sigma_0^2}{\hat{\sigma}_2^2}\boldsymbol{V}_2^{\mathrm{T}}\frac{\hat{\sigma}_2^2}{\hat{D}_2}\boldsymbol{V}_2+\frac{\sigma_0^2}{\hat{\sigma}_{vo}^2}\boldsymbol{V}_{vo}^{\mathrm{T}}\frac{\hat{\sigma}_{vo}^2}{\hat{D}_{vo}}\boldsymbol{V}_{vo}=\min \tag{6.72}$$

上式中的数据集方差估值、数据集内观测值方差-协方差估值分别基于方差分量估计和抗差估计原理予以估计。

其中，方差分量估计公式中 $\boldsymbol{W}$ 矩阵的表达式为：

$$\boldsymbol{W}=\begin{bmatrix}\boldsymbol{V}_1^{\mathrm{T}}\frac{\sigma_0^2}{\hat{D}_1}\boldsymbol{V}_1 & \boldsymbol{V}_2^{\mathrm{T}}\frac{\sigma_0^2}{\hat{D}_2}\boldsymbol{V}_2 & \boldsymbol{V}_{vo}^{\mathrm{T}}\frac{\sigma_0^2}{\hat{D}_{vo}}\boldsymbol{V}_{vo}\end{bmatrix}^{\mathrm{T}} \tag{6.73}$$

将两类观测值扩展至 m 类观测值，附加光滑约束条件后有 $m+1$ 类数据集，最优化准则可写为：

$$\frac{\sigma_0^2}{\hat{\sigma}_1^2}\boldsymbol{V}_1^{\mathrm{T}}\frac{\hat{\sigma}_1^2}{\hat{D}_1}\boldsymbol{V}_1+\cdots+\frac{\sigma_0^2}{\hat{\sigma}_m^2}\boldsymbol{V}_m^{\mathrm{T}}\frac{\hat{\sigma}_m^2}{\hat{D}_m}\boldsymbol{V}_m+\frac{\sigma_0^2}{\hat{\sigma}_{vo}^2}\boldsymbol{V}_{vo}^{\mathrm{T}}\frac{\hat{\sigma}_{vo}^2}{\hat{D}_{vo}}\boldsymbol{V}_{vo}=\min \tag{6.74}$$

相应地，$\boldsymbol{W}$ 矩阵的维数为 $(m+1)\times 1$，其表达式为：

$$W=\begin{bmatrix}\boldsymbol{V}_1^{\mathrm{T}}\frac{\sigma_0^2}{\hat{D}_1}\boldsymbol{V}_1 & \cdots & \boldsymbol{V}_m^{\mathrm{T}}\frac{\sigma_0^2}{\hat{D}_m}\boldsymbol{V}_m & \boldsymbol{V}_{vo}^{\mathrm{T}}\frac{\sigma_0^2}{\hat{D}_{vo}}\boldsymbol{V}_{vo}\end{bmatrix}^{\mathrm{T}} \tag{6.75}$$

下面仍以震源滑动分布线性反演为例，给出抗差方差分量估计方法实施的计算流程（图 6.4），其具体计算步骤可归纳为：

步骤 1)：给定震源断层几何参数，建立相应的函数模型，确定各形变观测数据集和虚拟观测的随机模型。其中，第一次反演中，令各数据集间的相对权比（P_{ratio}）等于 1 或者根据先验方差确定，数据集内部观测量的权函数（P_{inside}）等于单位阵或者根据先验方差-协方差阵确定；其后的反演中，各数据集之间的相对权比（P_{ratio}）根据方差分量估计原理确定，数据集内部观测量的权函数（P_{inside}）根据抗差估计原理确定；

步骤 2)：基于给定的函数模型和随机模型进行震源滑动分布反演，计算 $\boldsymbol{W}$ 矩阵，即残差二次型 $\boldsymbol{V}_i^{\mathrm{T}}\hat{\boldsymbol{P}}_i\boldsymbol{V}_i$；

步骤 3)：进行方差分量估计，求取每一数据集的单位权方差估值（即，计算 $\hat{\boldsymbol{\theta}}$ 矩阵），判定各数据集的单位权方差是否相等。若不相等，则进行步骤 4)；若相等，则跳至步骤 5)；

步骤 4)：根据方差分量估计原理调整各数据集间的相对权比，根据抗差估计原理确定数据集内部观测量的权函数，转至步骤 2)；

步骤 5)：输出各数据集的拟合残差、数据集间的相对权比大小、数据集内部观测量的权函数及滑动分布结果，结束。

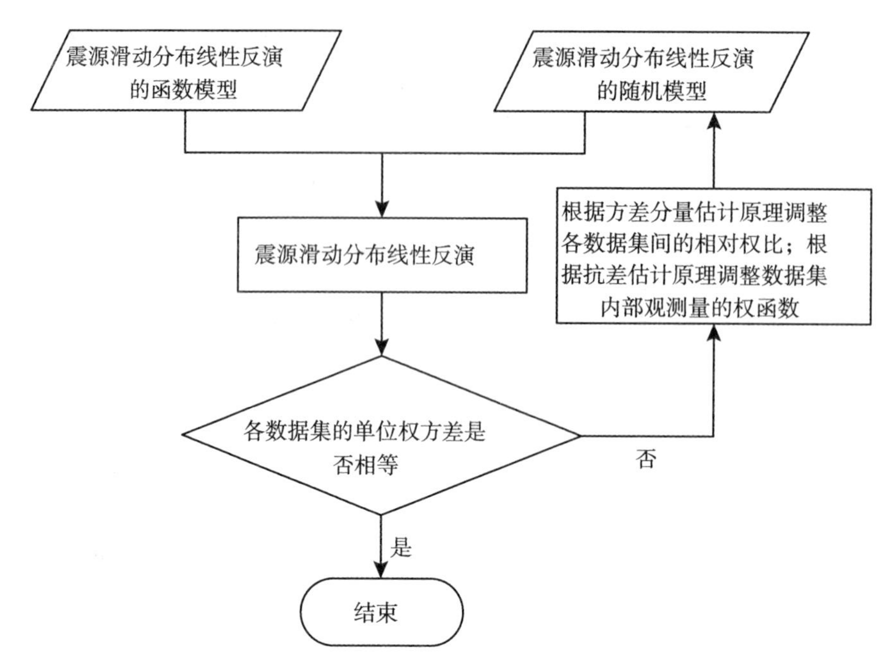

图 6.4　震源滑动分布线性反演的抗差方差分量估计法的计算流程

6.5　兼顾权比确定的多源数据联合反演

目前，越来越多的联合反演采用多源数据，或是地震数据和大地测量数据的联合，或是地震数据和地质数据的联合，或是大地测量、地震和地质数据的联合。

Haines and Holt (1993)提出了利用地震矩张量获得的地壳应变率反演地壳运动速度场方法。目前，该方法已被发展为利用大地测量、活断层运动速率和地震矩张量资料综合反演地壳运动速度场、应变(率)场。该方法的主要思想是利用“双三次样条函数”通过反演方法在一定厚度的板壳上拟合构造应变率分布，从而求出连续的地壳运动速度场。联合反演目标函数可表示为(许才军等，2006)：

$$\min = \sum_{k=1}^{N}(\dot{\varepsilon}_{ij}^{\text{fit}} - \dot{\varepsilon}_{ij}^{\text{obs}})(\boldsymbol{V})_{ij,\,pq}^{-1}(\dot{\varepsilon}_{pq}^{\text{fit}} - \dot{\varepsilon}_{pq}^{\text{obs}}) + \sum_{k=1}^{M}(u_i^{\text{fit}} - u_i^{\text{obs}})\boldsymbol{C}_{ij}^{-1}(u_j^{\text{fit}} - u_j^{\text{obs}}) \quad (6.76)$$

式中，$\dot{\varepsilon}_{ij}^{\text{fit}}$：由双三次贝塞尔样条函数模型求出的平均应变率值；$\dot{\varepsilon}_{ij}^{\text{obs}}$：由地震矩张量求出的平均应变率值；$u_i^{\text{fit}}$：由双三次贝塞尔样条函数模型求出的速度场；$u_j^{\text{obs}}$：大地测量观测资料(GPS)得出的速度场；$(\boldsymbol{V})_{ij,\,pq}^{-1}$：地震矩张量求出的平均应变率值的先验权阵；$\boldsymbol{C}_{ij}^{-1}$：GPS 站速度场的先验权阵。

$(\boldsymbol{V})_{ij,\,pq}^{-1}$ 相当于一个总体上具有各向异性特点的黏性张量，在给定的范围内它相当于区域物质的黏度值，控制各个单元介质的强弱和各向异性特点，通过调整应变率先验权矩阵就可以得到各种边界条件和初始条件下介质的变形反映。$(\boldsymbol{V})_{ij,\,pq}^{-1}$ 元素的具体确定公式为：(Haines et al.，1998)：

$$\mathrm{var}(\dot{\varepsilon}_{ij}) = \left[\sum_{k=1}^{N}\left(\frac{M_{ij}^{k}}{2\mu VT}\right)^{2}\right] + \sigma_0^2\frac{1}{2}(1+\delta_{ij}) \tag{6.77}$$

$$\mathrm{cov}(\dot{\varepsilon}_{ij},\ \dot{\varepsilon}_{lm}) = \left[\sum_{k=1}^{N}\left(\frac{M_{ij}^{k}}{2\mu VT}\right)\left(\frac{M_{lm}^{k}}{2\mu VT}\right)\right] \tag{6.78}$$

其中，μ 为剪切模量；V 和 T 为断裂形变带的体积和时域；$\sigma_0^2\frac{1}{2}(1+\delta_{ij})$ 用来改正地震资料不全造成的影响，而 $\sigma_0^2=\frac{\eta h}{V}=\frac{\eta}{S}$，$\eta$ 表示不完全因子，它是为了弥补地震或者GPS资料的不完整而给的先验值，一般根据断层滑动速率来确定，S 表示网格的面积。GPS站速度场的先验权可以通过GPS观测值的方差和协方差得到。

采用双三次贝塞尔样条函数模型进行拟合(Haines, et al., 1998)，样条函数是一种分段多项式，在各段的多项式间又具有某种连接性质，这样样条函数既保持了多项式的简单性和逼近性，又在各段之间保持了相对独立的局部性质，即样条函数能更好地反映局部性质。

如果采用GPS数据、地震矩张量和第四纪断层滑动速率进行联合反演确定地壳运动速度场、应变(率)场，且在反演中进行权比的确定，则联合反演目标函数可以表示为：

$$(1-\lambda_1-\lambda_2)\sum_{k=1}^{N}(\overline{\dot{\varepsilon}}_{\alpha\beta}^{\mathrm{fit}}-\overline{\dot{\varepsilon}}_{\alpha\beta}^{\mathrm{obs}})\boldsymbol{D}_{\alpha\beta,\ \lambda\mu}^{-1}(\overline{\dot{\varepsilon}}_{\lambda\mu}^{\mathrm{fit}}-\overline{\dot{\varepsilon}}_{\lambda\mu}^{\mathrm{obs}}) + \lambda_1\sum_{points}(v_i^{\mathrm{fit}}-v_i^{\mathrm{obs}})\boldsymbol{D}_{i,\ j}^{-1}(v_j^{\mathrm{fit}}-v_j^{\mathrm{obsv}}) +$$
$$\lambda_2\sum_{k=1}^{M}(\dot{\varepsilon}_{ij}^{\mathrm{fit}}-\dot{\varepsilon}_{ij}^{\mathrm{obs}})D_{ij,\ mn}^{-1}(\dot{\varepsilon}_{mn}^{\mathrm{fit}}-\dot{\varepsilon}_{mn}^{\mathrm{obs}}) = \min \tag{6.79}$$

其中，λ_1、λ_2($\lambda_i\in(0,\ 1)$，$i=1,\ 2$)是待求的不同类型数据的相对权比值，可以作为反演参数与其他参数一起反演而得，也可以采用其他方法确定；$\boldsymbol{D}_{\alpha\beta,\ \lambda\mu}$、$\boldsymbol{D}_{i,\ j}$ 和 $\boldsymbol{D}_{ij,\ mn}$ 分别是由地震中心矩计算的平均应变率、大地测量速度观测值和由第四纪断层滑动率计算的平均应变率的方差-协方差阵；$\alpha\beta$，$\lambda\mu$ 指应变率张量的相应分量的下标；$\overline{\dot{\varepsilon}}_{\alpha\beta}^{obs}$ 是每个单元通过Kostrov公式求出的平均应变率；$\overline{\dot{\varepsilon}}_{\alpha\beta}^{fit}$ 是给定单元通过正演求出的平均应变率，N 是格网单元数；目标函数的第二部分是以GPS作为观测值的表示，其中 v^{obs} 是GPS观测值，v^{fit} 是模型速度场；第三部分是以第四纪活断层滑动速率计算的平均水平应变率；$\dot{\varepsilon}_{ij}^{\mathrm{obs}}$ 为观测值，用模型计算值 $\dot{\varepsilon}_{ij}^{\mathrm{fit}}$ 进行拟合的表示，M 是划分的单元数量。

用第四纪活断层滑动速率计算平均应变率的公式为：

$$\dot{\varepsilon}_{ij} = \frac{1}{2}\sum_{k=1}^{n}\frac{L_k\,\dot{u}_k}{A\sin\delta_k}\boldsymbol{m}_{ij}^{k} \tag{6.80}$$

其中，n 是面积为 A 的单元中断层的数量；L_k 为各个断层的长度；δ_k 为倾角；$\dot{u}_k$ 为滑动速率；$\boldsymbol{m}_{ij}$ 是由断层方位角和单位滑动矢量定义的单位矩张量(Holt, et al., 2000)。

目标函数中加权平方和前面的系数是通过反演得到的，这样避免了人为给定的主观性，其值的大小反映了该类数据对运动的响应程度，即何种数据更好地体现了运动的实质。当然，联合反演中，我们也可以采用方差分量估计方法确定各类观测值的权比例因子，从而确定联合反演中各类观测值的最佳权比，如前面章节所述。

◎ **参考文献：**

[1]崔希璋，於宗俦，陶本藻，刘大杰，于正林，孙海燕，王新洲．广义测量平差．武汉：武汉大学出版社，2005：171
[2]黄幼才．数据探测和抗差估计．北京：测绘出版社，1990：388
[3]李德仁．利用选择权迭代法进行粗差定位．武汉测绘科技大学学报，1984，9(1)：46-68
[4]李德仁．误差处理和可靠性理论．北京：测绘出版社，1988：331
[5]刘大杰，陶本藻．实用测量数据处理方法．北京：测绘出版社，2000
[6]刘经南，姚宜斌，施闯．基于等价方差-协方差阵的稳健最小二乘估计理论研究．测绘科学，2000，25(3)：1-7
[7]刘洋．顾及模型误差的震源参数 InSAR 反演[D]．武汉：武汉大学，2012
[8]吕爱钟，蒋斌松．岩石力学反问题，北京：煤炭工业出版社，1998
[9]欧吉坤．粗差的拟准检定法(QUAD 法)．测绘学报，1999，28(1)：15-20
[10]温扬茂．利用 InSAR 资料研究若干强震的同震和震后形变[D]．武汉：武汉大学，2009
[11]温扬茂，何平，许才军，刘洋．联合 Envisat 和 ALOS 卫星影像确定 L'Aquila 地震震源机制．地球物理学报，2012，55(1)：53-65
[12]许才军，温扬茂．活动地块运动和应变模型辨识．大地测量与地球动力学，2003，23(3)：50-55
[13]杨林德等．岩土工程问题的反演理论与工程实践．北京：科学出版社，1996
[14]周江文．经典误差理论与抗差估计．测绘学报，1989，18(2)：115-120
[15]周江文，黄幼才，杨元喜，欧吉坤．抗差最小二乘法．武汉：华中理工大学出版社，1997
[16]Baarda W. A testing procedure for use in geodetic networks. Rijkscommissie voor Geodesie, Delft, Netherlands, 1968: 97
[17]Caijun X., Yangmao W. Identification and analysis of crustal motion and deformation models in the Sichuan-Yunnan region. Journal of Applied Geodesy, 2007, 1(4): 213-222, doi: 10.1515/JAG.2007.023
[18]Clarke P J. Tectonic motions and earthquake deformation in Greece from GPS measurements. 1996, Doctor of Philosophy thesis, Oxford, UK: University of Oxford. 1996: 301
[19]Funning G J, Parsons B, Wright T J, Jackson J A, Fielding E J. Surface displacements and source parameters of the 2003 Bam (Iran) earthquake from Envisat advanced synthetic aperture radar imagery. Journal of Geophysical Research, 2005, 110(B09): B09406, doi: 10.1029/2004JB003338
[20]Haines A, Holt W. A procedure for obtaining the complete horizontal motions within zones of distributed deformation from the inversion of strain rate data. Journal of Geophysical Research, 1993, 98(B7): 12057-12082, doi: 10.1029/93JB00892

[21] Haines A J, Jackson J A , Holt W E Agnew D C. Representing distributed deformation by continuous velocity fields. Institute of Geological and Nuclear Sciences, Lower Hutt, New Zealand, 1998

[22] Holt W, Chamot-Rooke N, Le Pichon X, Haines A, Shen-Tu B, Ren J. Velocity field in Asia inferred from Quaternary fault slip rates and Global Positioning System observations. Journal of Geophysical Research, 2000, 105 (B8): 19185-19209, doi: 10. 1029/2000JB900045

[23] Huber P J. Robust statistics. New York: Wiley, 1981

[24] Jónsson S, Zebker H, Segall P, Amelung F. Fault slip distribution of the 1999 Mw 7. 1 Hector Mine, California, earthquake, estimated from satellite radar and GPS measurements. Bulletin of the Seismological Society of America, 2002, 92(4): 1377-1389, doi: 10. 1785/0120000922

[25] Wright T J. Crustal deformation in Turkey from Synthetic Aperture Radar Interferometry. Doctor of Philosophy thesis, Oxford, UK: University of Oxford, 2000: 234

第7章　基于位错模式的地球物理大地测量反演方法

7.1　基于位错模式反演的一般描述

第2章已经给出了点源位错模型、矩形位错模型以及三角位错模型的基本公式，基于位错模式反演一般都是应用这几种模型。

地震的发生通常伴随着断层位错的产生，或者说，地震的发生主要是由于介质内应变累积达到极限后介质破裂，应变能突然释放使得断层两侧发生位错。基于位错理论反演来研究地震主要体现在两个方面：一个是所谓“零频”资料的反演问题，即根据静态地表形变场观测结果估计震源参数；另外一个是准静态位错问题，即位错理论在研究无震的断层蠕动问题上的应用(黄立人等，1982)。如果将位错作为地震震源的理想化模式就可以根据位错参数计算出地震所产生的静态形变场，但是在实际研究中常要处理的是反问题：即要从地震时地表静态形变场的观测资料中提取出有关震源的信息。如果把地震过程产生的形变看做是时间的函数，那么静态场反映的永久形变可以看做是其中频率为零的部分。因而静态形变资料的反演问题常称为零频资料的反演，以区别于地震波等动态资料的反演。

火山的形成涉及一系列物理化学过程。地壳上地幔岩石在一定温度压力条件下产生部分熔融并与母岩分离，熔融体通过孔隙或裂隙向上运移，并在一定部位逐渐富集而形成岩浆囊。随着岩浆的不断补给，岩浆囊的岩浆过剩压力逐渐增大。当表壳覆盖层的强度不足以阻止岩浆继续向上运动时，岩浆通过薄弱带向地表上升。在火山喷发前，随着岩浆室压力的增加，在地面会出现变形。一般可以采用 Mogi 模型研究火山地表形变，反演研究岩浆房参数及火山形变机理。也可以采用张开型位错理论对火山活动引起的三维形变场进行数值模拟分析(张永志等，2011)。

本章将讲述基于位错模式反演来研究震源参数、同震滑动分布和震间滑动分布等内容。

7.2　震源参数的反演

7.2.1　震源参数的反演模型

震源参数(focal parameter)是表示地震基本性质的数据，一般分为两大类：一类是几何参数，包括震源深度、发震时刻、地震能量、震中经度和纬度；另一类是描述震源物理过程的，包括地震矩、应力降、视应力和震源尺度等。而震源参数也通常可以用地震断层参数来表达，断层几何参数包括断层位置(经度、纬度)、长度、深度(埋深和底界深度)、走向和倾角等；断层运动参数包括滑移量和滑动角。

反演的目的是寻求最佳震源断层参数以使得理论形变量和实际观测值的最佳拟合。由于地表形变与断层几何参数之间呈非线性的关系，模型参数反演中通常采用单纯型算法、遗传算法等非线性算法来搜索震源断层参数的最优解。具体算法实施中，反演模型所用到的断层参数初始值及范围通常可由其他学科给出的结果来确定。此外，还需要对断层的深度、长度、宽度、滑移量进行约束(给出上下限)以保证这些参数值具有物理意义，例如，断层的长度大于0等。

反演过程中，需要解如下方程：

$$d_{obs} = \boldsymbol{G}m + \varepsilon \tag{7.1}$$

其中，d_{obs} 为同震形变观测值；G 为设计矩阵；m 为包括断层位置、深度、长度、滑动量等的参数集；ε 为观测误差。反演的最终目的是为了使观测数据和模型最佳拟合，从而达到目标函数最小，其目标函数可写为：

$$f = \| d_{Obs} - \boldsymbol{G}m \|_p \tag{7.2}$$

式中，$\| \cdot \|_p$ 表示取 P 范数。当观测数据中存在少量粗差时，P 值可取为1；当观测误差服从于高斯分布时，P 值可取为2；当观测数据中的误差未知但有界时，P 值可取为无穷大。此外，在构建观测方程时，需要考虑观测数据集中可能存在的系统误差。例如，InSAR 干涉图中通常会存在残余的轨道误差，因此，在反演模型中需要加入线性函数项来顾及轨道误差；GPS 形变场中可能会存在一常数偏移量，因此，在反演模型中需要加入待定常数项来顾及该偏移量。

7.2.2 震源参数反演的应用实例

在给出震源参数反演的应用实例之前，首先对地球物理大地测量反演中经常用到的 InSAR 形变数据提取技术、数据特征及降采样处理等做一概括说明。

地震事件发生后，通常可以通过合作或购买方式收集到覆盖相应地震破裂区域的雷达影像，经过筛选对比可以最终选取至少两景影像，然后，采用二通法或三通法可以获取相应地震的同震地表形变场。目前为止，可以采用的 InSAR 数据处理平台主要包括 GAMMA、EARTHVIEW、ROI_ PAC、DORIS 等软件。众多软件中，其处理步骤主要包括影像配准、重采样、影像滤波、相位解缠和地理编码等。

图7.1给出了2008年11月10日大柴旦 Mw 6.3级地震的 InSAR 同震形变场。数据处理中，采用 ESA 提供的 DOR 精密轨道修正轨道误差，利用90 m 分辨率的 SRTM DEM 去除地形影响，采用基于能量谱的局部自适应滤波方法对干涉图进行滤波以降低干涉相位的噪声、提高干涉图质量，采用枝切法解缠以得到差分干涉相位。完成整个干涉处理后，最后经过地理编码获得如图7.1所示的同震形变场(温扬茂等，2012)。

通常情况下，基于 InSAR 技术提取的同震形变场包含有几十万甚至上百万个观测数据，考虑到计算效率和反演的可行性，首先需要对 InSAR 干涉图进行降采样生成一个点数适当的观测数据集。在 InSAR 观测数据采样中，常用的有均匀采样和四叉树采样。均

图 7.1　2008 年青海大柴旦地震 InSAR 同震形变场

匀采样能有效降低部分误差较大观测区域结果对整体结果的影响，但是不能最大限度地保留图像的空间特征。而四叉树采样在高形变梯度区域采样量大，在低形变梯度区域采样量小，能最大限度地保留图像的空间特征和采样密度。

理论上远场区域形变可假定为零或忽略不计，观测数据结果梯度非常小，而近场形变量大，观测数据结果梯度较大。已有研究表明，由于受到轨道、DEM 误差、大气等误差的影响，远场观测的部分区域的噪声会大于信号，产生较大的形变梯度区域，对这些区域采样过密，会影响反演的结果，对远场数据利用均匀采样方法可避免引入过多的噪声数据；而近场区域是主要的形变区域，信号远远大于噪声的量级，利用四叉树算法能最大限度地保留观测数据特征和采样密度。考虑到这两种采样方法的特点，为了实际处理中的合理、有效，通常对远场数据进行均匀采样，对近场数据利用四叉树进行采样，采样后，近场点数密度大，远场点数密度小，采样结果更为合理，并且能有效的代表整个形变场的特征和量值(温扬茂等，2012)。

2008 年 11 月 10 日大柴旦 Mw 6.3 级地震，采用单纯型法反演断层参数的最优解，并基于蒙特卡洛方法计算反演结果的精度。反演得到的震源断层参数见表 7.1，从表中可知，断层走向为 107.19±0.01°，倾向为 56.57±0.02°。该断层没有出露地面，上顶埋深为 11.86±0.01 km，反演结果的精度(表 7.1)表明反演得到的模型参数非常稳定。均匀断层模型反演得到的地震矩为 3.1×10^{18} N m，小于 Harvard 给出的 4.1×10^{18} N m 和 USGS 给出的 4.0×10^{18} N m。

表 7.1　**2008 年青海大柴旦 Mw 6.3 级地震的震源机制解**

模型	经度/(°)	纬度/(°)	上顶埋深/km	长度/km	宽度/km	走向/(°)	倾向/(°)	滑动角/(°)	地震矩/($\times 10^{18}$Nm)
USGS[a]	95.317	37.543	22	–	–	115	72	105	4.0
Harvard[b]	95.75	37.51	27.2	–	–	108	67	106	4.1
InSAR[c]	95.8847 ±0.0001	37.6505 ±0.0001	11.86 ±0.01	15.50 ±0.01	6.70 ±0.02	107.19 ±0.01	56.57 ±0.02	101.89 ±0.0	3.1

注：a，http：//neic.usgs.gov/neis/eq_ depot/2008/eq_ 081110_ zfae/neic_ zfae_ cmt.html；
b，http：//www.globalcmt.org/CMTsearch.html；c，均匀断层模型；

2009 年 4 月 6 日意大利 L'Aquila 地区 Mw 6.3 级地震：采用与 2008 年 11 月 10 日大柴旦 Mw 6.3 级地震震源参数提取相一致的反演方法，反演得到的参数值见表 7.2，表明发震断层是一个以正倾滑为主兼有少量右旋走滑的断层，其走向近似为 NW-SE 方向，倾角为 51.5±0.4°。由表可知，震中位置与 GPS 确定的结果相一致，断层走向同 Walters et al(2009)的结果相一致，但大于其他研究机构的结果，这是由于相比 GPS 观测数据，InSAR 数据在走向角的约束上具有更强的能力。断层的埋深为 2.9 km，意味着造成该破裂的发震断层没有出露于地表。此外，断层平均滑动量为 0.607±0.005 m，滑动量同 Cheloni 等(2010)利用 GPS 数据得到的 0.62 m 相一致，略小于 Walters 等(2009)利用 InSAR 数据确定的 0.66 m；反演得到的滑动角为-106.3±0.5°，与 Walters 等(2009)和 Atzori 等(2009)单独利用 InSAR 反演得到的-105°和-103°相一致，而比 USGS 研究机构根据地震波数据发布的-112°略小。反演给出的地震矩为 2.90×10^{18} N m(Mw 6.24)，与基于 InSAR 数据以及体波资料得到的研究结果相当。

表 7.2　**2009 年意大利 L'Aquila Mw 6.3 级地震的震源机制解**

模型	经度/(°)	纬度/(°)	上顶埋深/km	长度/km	宽度/km	走向/(°)	倾向/(°)	滑动角/(°)	地震矩/($\times 10^{18}$Nm)
InSAR+GPS[u]	13.4808 ±0.0005	42.3615 ±0.0004	2.94 ±0.03	13.36 ±0.07	11.18 ±0.11	143.9 ±0.2	51.5 ±0.4	-106.3 ±0.5	2.90
InSAR[W]	13.449	42.333	3.0	12.2	10.75	144	54	-105	2.80
InSAR[AT]	13.468	42.363	1.9	12.2	26.11	133	47	-103	2.7
Bodywave	13.31	42.33	0	12	11.42	126	52	-104	3.02
gCMT-Q	13.32	42.33	–	–		127	50	-109	3.42
USGS	13.37	42.40	–	–		122	53	-112	3.4
GPS[A]	13.42	42.32	0	13	15.69	140	55.3	-98	3.2
GPS[C]	13.469	42.358	0.6	12.0	17.39	135.8	50.4	-98.5	3.90

注：模型中 InSAR+GPS[u]是均匀断层模型的研究结果，InSAR[W]和 InSAR[AT]分别为 Walters et al(2009)和 Atzori 等(2009)的研究结果，GPS[A]和 GPS[C]分别为 Anzidei 等(2009)和 Cheloni(2010)的研究结果，其他分别为来自 Bodywave、gCMT 和 USGS 的研究结果。

7.3 同震滑动分布反演

7.3.1 震源滑动分布的反演模型

在 6.3.2 小节中，已对震源滑动分布反演的数学模型进行了一定的阐述，并采用方差分量估计原理来确定其中的光滑因子。本小节中，将着重对其中的光滑因子确定方法予以介绍。

在滑动分布模型反演中，需要寻求同时最小化模型拟合残差和模型粗糙度的待求参数集 m，即：

$$\min\left\|\begin{bmatrix} G \\ \lambda\nabla^2 \end{bmatrix} m - \begin{bmatrix} d_{\mathrm{Obs}} \\ 0 \end{bmatrix}\right\| \tag{7.3}$$

其中，∇^2 为二阶拉普拉斯光滑算子；λ 为光滑因子。光滑因子 λ 的确定方法有很多，包括 ∇^2 曲线拐点法（Funning et al.，2005）、${}_jR_i$ 法（Barnhart and Lohman，2010）、交叉检验法等方法（Johnson et al.，2001）。

采用 ∇^2 曲线拐点法确定光滑因子，如前所述，∇^2 为断层面上滑动分布的离散二阶差分操作符，该方法的实质为通过模型粗糙度 $\nabla^2 m$ 和拟合残差的折中（trade off）关系来确定光滑因子的大小，以避免滑动分布解的震荡现象。例如，2008 年 5 月 18 日汶川 Mw 7.9 级地震震源滑动分布反演过程中，模型粗糙度与模型拟合残差的关系如图 7.2 所示，从图中可以看出，∇^2 曲线拐点法选取了折中曲线拐点处的λ作为模型反演的最终值，即λ取 0.35（Xu et al.，2010）。

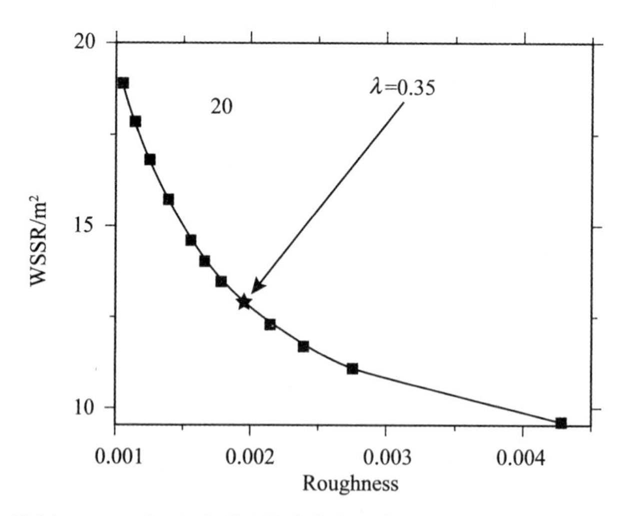

图 7.2　2008 年汶川 Mw 7.9 级地震震源滑动分布反演时光滑因子的取值（∇^2 曲线拐点法）

∇^2 曲线拐点法确定光滑因子时，由图 7.2 可以看出，横、纵坐标分别为模型粗糙度、模型拟合残差。若采用 ${}_jR_i$ 方法来确定光滑因子 λ，则横、纵坐标分别为 ${}_jR_i$ 值、光滑因子

λ。${}_jR_i$ 的计算公式为：

$$ {}_jR_i = \frac{(d_{\mathrm{Obs}} - \boldsymbol{G}m)^2 + \sum_{i=1}^{2n+3} \boldsymbol{G}\boldsymbol{C}_d\boldsymbol{G}^{\mathrm{T}}}{n} \tag{7.4} $$

其中，C_d 为观测值的方差-协方差矩阵。相比其他确定光滑因子的方法，${}_jR_i$ 方法综合考虑了观测数据质量和模型分辨率。例如，2008 年 11 月 10 日大柴旦 Mw 6.3 级地震震源滑动分布反演过程中，${}_jR_i$ 与 λ关系如图 7.3 所示，从图中可以看出，${}_jR_i$ 方法选取了 ${}_jR_i$ 取最小值时的λ作为模型反演的最终值，即λ取 21.5(温扬茂等，2012)。

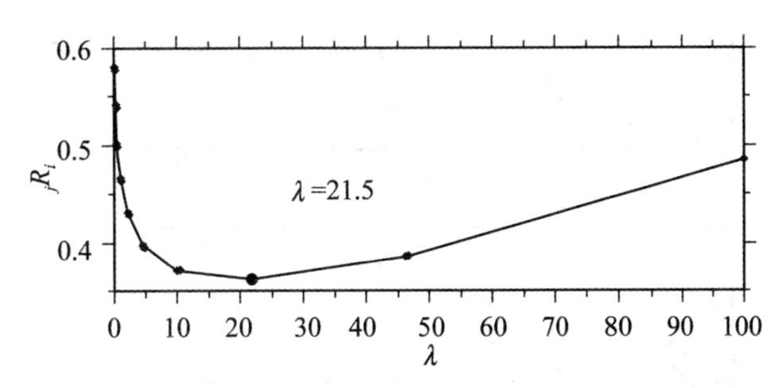

图 7.3　2008 年青海大柴旦地震震源滑动分布反演时光滑因子的取值(${}_jR_i$ 法)

采用交叉检验法确定光滑因子，其做法如下：将观测数据集随机分为 n 组，每组有 n_i 个数据，每次留 1 组数据用作外部检核，其余 $n-1$ 组数据使用最小二乘方法或其他方法反演，如此循环 n 次，每一次循环均计算未参与反演的数据组的拟合度，即外符合精度，其计算公式为：

$$ e_i^2(\lambda) = \frac{(d_i - G_i m(\lambda))^{\mathrm{T}}(d_i - G_i m(\lambda))}{n_i} \tag{7.5} $$

其中，d_i 表示未参与反演的第 i 组数据；$e_i^2(\lambda)$ 表示光滑因子为 λ 时第 i 次循环对应的外符合精度。n 次循环得到的 n 个外符合精度之和称为总的外符合精度，记作

$$ \mathrm{CVSS}(\lambda) = \sum_{i=1}^{n} e_i^2(\lambda) \tag{7.6} $$

CVSS 取最小值时对应的 λ 为最佳光滑因子。需要指出的是，每次循环计算时可以同时计算内符合精度，以供确定最佳光滑因子时作为参考。

7.3.2　震源滑动分布反演的应用实例

2008 年 5 月 12 日，青藏高原东缘龙门山断裂带发生 Mw 7.9 级汶川地震，该地震使得北川-映秀断裂、灌县-江油断裂带发生了同震破裂。综合利用 GPS 同震位移资料、震后野外地质调查结果及 ALOS 卫星的偏移量数据建立较为真实的分段发震断层模型，依据前人对龙门山断裂带区域地壳速度结构的研究成果建立适合于研究汶川地震同震位移场的分层地壳结构模型，采用 ∇^2 曲线拐点法确定光滑因子(图 7.2)，基于约束最小二乘原理，联合 GPS、InSAR 数据反演确定了汶川 Mw 7.9 级地震滑动分布，其中，(1)联合反演时

将赫尔墨特方差分量估计与约束最小二乘方法相结合用于确定 GPS 水平向、GPS 垂直向及 InSAR 视向观测之间的相对权比，其计算过程如图 7.4 所示；(2)就不同的初始权比因子，赫尔墨特方差分量估计后得到的最终权比例因子十分接近(约 0.473/0.279/0.248)，表明该方法在联合反演同震滑动分布时的有效性。

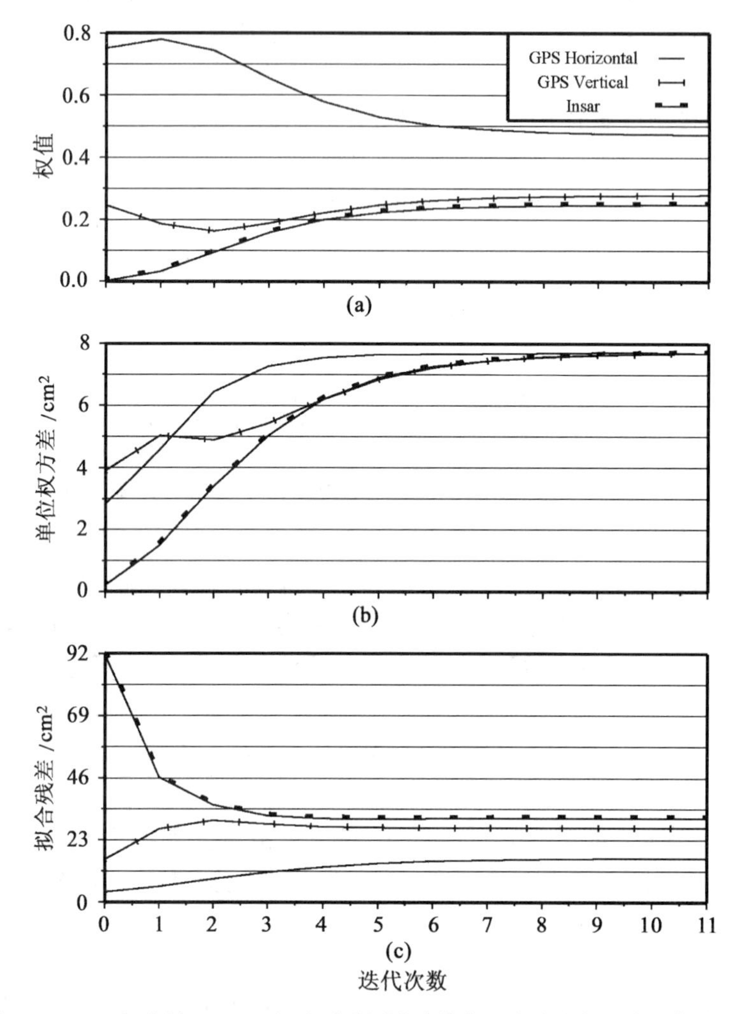

图 7.4　2008 年汶川 Mw 7.9 级地震震源滑动分布反演时的方差分量估计过程

反演的滑动分布结果(图 7.5)表明：汶川地震主破裂带上的滑动分布自南西至北东显著不同，虹口、岳家山、北川及南坝四个地区的滑动量较大，最大值位于虹口镇附近，达 10 m；北川-映秀破裂带以逆冲为主兼有右旋走滑，且其西南端存在明显的深部滑动区；青川断裂带以走滑为主兼有逆冲滑动，平均滑动量达 2 m；灌县断裂带上的汉旺、白鹿附近探测到了一定的同震滑动量；就地表断裂位置而言，破裂带的结合处发生了较小的同震位错，与地震考察结果十分吻合；释放的总地震矩为 8.19×10^{20} N. m (Mw 7.91)，与地震学结果较相一致，其中震源深度(19 km)以上释放的地震矩为 7.78×10^{20} N · m (Mw

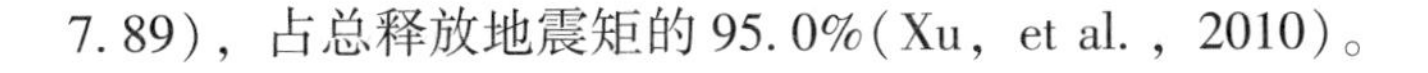

7.89)，占总释放地震矩的 95.0%(Xu, et al., 2010)。

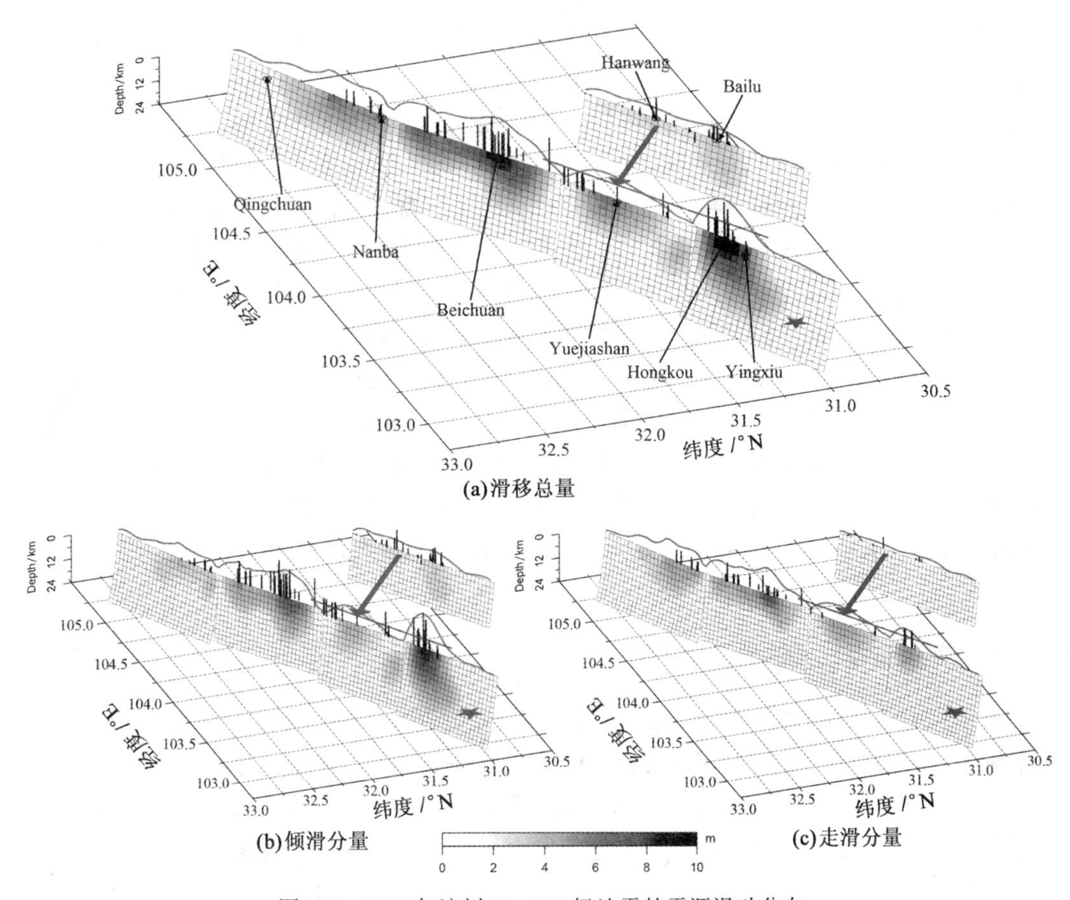

图 7.5　2008 年汶川 Mw 7.9 级地震的震源滑动分布

7.4　震间变形反演

7.4.1　震间位错模式的反演模型

基于弹性回弹理论，Savage and Burford(1973)建立了震间形变的无限长、反正切弹性位错模型，其计算表达式为：

$$v(x)=\frac{V}{\pi}\arctan\left(\frac{x}{D}\right) \tag{7.7}$$

其中，x 表示地表某点离断层迹线的距离；$v(x)$ 表示对应该点的理论运动速率；V 表示断层滑动速率；D 表示断层的闭锁深度。可以看出，地表运动速率与断层滑动速率、闭锁深度呈非线性函数关系，断层滑移速率与闭锁深度之间存在折中(trade off)关系。为此，需要采用非线性计算方法来确定模型的最优解。在实际应用中，需要注意如下两个问题：(1)

观测数据中通常会存在常数偏离、线性趋势面等，需要在上述计算公式中加入相应函数项以顾及相应的影响，从而得到较为合理的模型；(2)根据其他学科的已有研究成果，可以对断层滑移速率、闭锁深度中的某个或全部添加约束，从而可以在一定程度上降低两者之间的折中性。

除 Savage and Burford(1973)给出的公式外，还可以直接应用 Okada(1985，1992)给出的弹性半空间位错计算公式对震间形变模型进行研究，即深断层位错模型。在模型构建中，将断层分为孕震层和蠕滑层，震间过程中，处于上部的孕震层处于闭锁状态，而闭锁深度以下的蠕滑层则处于自由蠕滑状态，由此产生了地表位移。此外，随着观测手段、技术的完善、进步，目前已可以采用类似同震滑动分布反演的计算方法来确定十分精细的震间断层滑移分布，从而可以分段、分区地圈定活动断层的运动属性。

由上可知，采用 Savage and Burford(1973)的无限长、反正切弹性位错模型研究震间位错模式仅适用于走滑或者倾滑断层类型，且只能用来估计断层滑移速率和闭锁深度。若采用深断层位错模型，则可以用来研究包括走滑、倾滑、张裂及其组合形式的断层类型，且可以用来估计滑动角、走向角、倾角等。此外，采用前者进行计算时需要在假设条件下将地表的三方向位移投影至断层走向方向上，而采用后者则直接在 Okada 模型中进行了转换。

7.4.2　震间位错模式反演的应用实例

2010 年 4 月 14 日 Mw 6.9 玉树地震发生在鲜水河断裂带的西分支断裂带——甘孜-玉树断裂带，该断裂带东南起自四川甘孜，向北西经马尼干戈、洛须，穿越金沙江至青海玉树，北西向延伸至青藏高原腹地的玛尔盖查卡湖北缘，甘孜至玉树间长约 270 km。断裂在卫星影像上呈明显的线性特征，断错地貌发育，显示出强烈的左旋走滑运动特征。

2003 年至 2010 年间，ENVISAT 卫星 ASAR 传感器共获取 20 幅覆盖甘孜-玉树断裂带玉树段的 C 波段 SAR 影像(Track 276D)。基于相位闭合技术纠正相位解缠误差、基于整体轨道改正技术纠正残余轨道相位、估计并改正与地形相关的大气相位、基于时空滤波技术进一步估计并改正空间维相对平滑而时间维不相关的大气相位延迟，从而消除大部分的 InSAR 相位测量误差，进而提取出高精度、高空间分辨率的 InSAR 震间形变场并估计断层平均滑动速率。

震间位错模式反演中，采用深断层位错模型，将滑动角以 2°的步长由 −10°变化至 10°，断层倾角以 2°的步长由 74°变化至 90°，闭锁深度由 3 km 变化至 21 km，通过 990 次的 InSAR 时序分析给出滑动速率与滑动角、倾角及闭锁深度的关系图(图 7.6)，基于该关系图可方便快捷地查询不同断层几何学、运动学参数条件下的断层滑动速率大小及其误差范围。关系图表明，滑动速率与闭锁深度、滑动角相关，而与断层倾角不相关。当闭锁深度由 3 km 变化至 21 km，则滑动速率由 2.6 mm/a 变化至 21.1 mm/a。结合玉树-改则活动断裂带玉树段上历史地震的同震破裂属性(破裂深度 15 km，滑动角 0°)及滑动速率与滑动角、倾角及闭锁深度的关系图，得出断层的滑动速率约 6.4 mm/a (Liu，et al.，2011)。

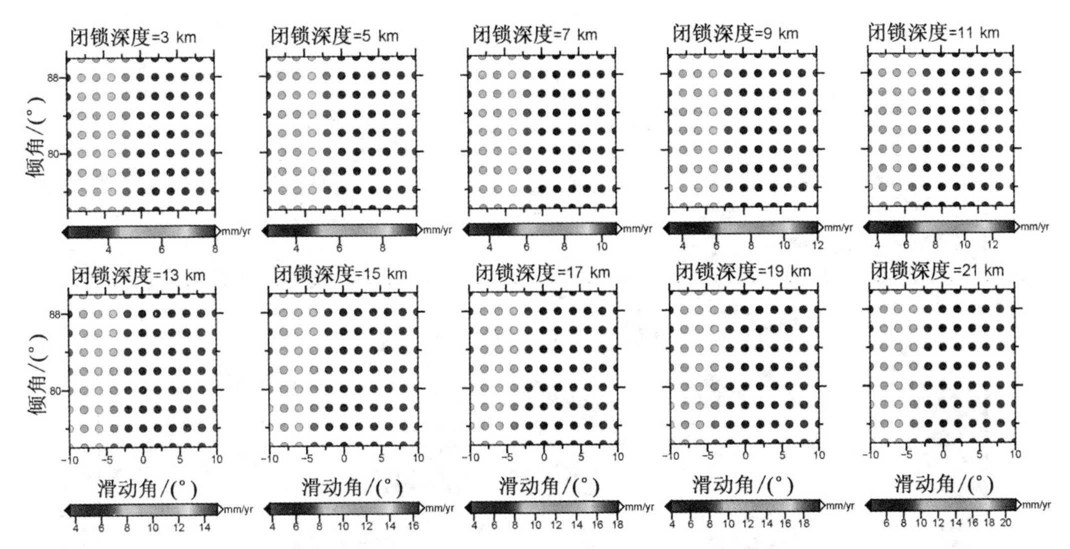

图 7.6　玉树-改则活动断裂带玉树段震间滑动速率与滑动角、倾角及闭锁深度的关系图

7.5　利用珊瑚礁垂直形变测量数据反演所罗门 Mw8.1 级地震的清动分析

7.5.1　所罗门群岛的地质背景及观测资料

2007 年 4 月 1 日在西南太平洋所罗门群岛发生了 Mw 8.1 级特大地震。该地震引起了局部大型海啸。如图 7.7 所示西南澳大利亚板块(AU)、伍德拉克板块(WL)和所罗门海板块(SS)相对稳定板块太平洋板块(PA)运动，运动速率和方向从澳大利亚板块的 96 mm/a 的斜向变化到伍德拉克板块上接近垂直的 106 mm/a。地震发生在太平洋板块和澳大利亚板块交界的圣克里斯托瓦尔海沟，向西北延伸穿过的伍德拉克板块，破裂到伍德拉克板块与所罗门海板块的交界处终止。这次地震造成了太平洋上冲板块与独立俯冲的澳大利亚和伍德拉克板块之间的大型逆断层破裂(Furlong，2009)。

Fritz(2008)于 2007 年 4 月 10 日到 24 日调查了涵盖西部和舒瓦瑟尔省超过 13 个岛屿上 65 个村庄的 175 个海啸值，并观测了 2007 年 4 月 12 日到 20 日间 9 座岛屿上的 37 个地表抬升和沉降。抬升量是依据生化技术研究裸露珊瑚得到的；沉降是通过观测游船码头、水下航海障碍和被淹没的树木确定的。4 月 12 日在 Ranongga 岛上测得 3.6m 的最大抬升，而 1.5m 的最大沉降是在 Simbo 岛上观测到的。另外一个小组(Taylor，2008)在 2007 年 4 月 16 日到 5 月 6 日之间得到了 11 座岛屿上 65 个测量点的同震抬升和沉降。两个小组得到的地表同震位移如图 7.8 所示。

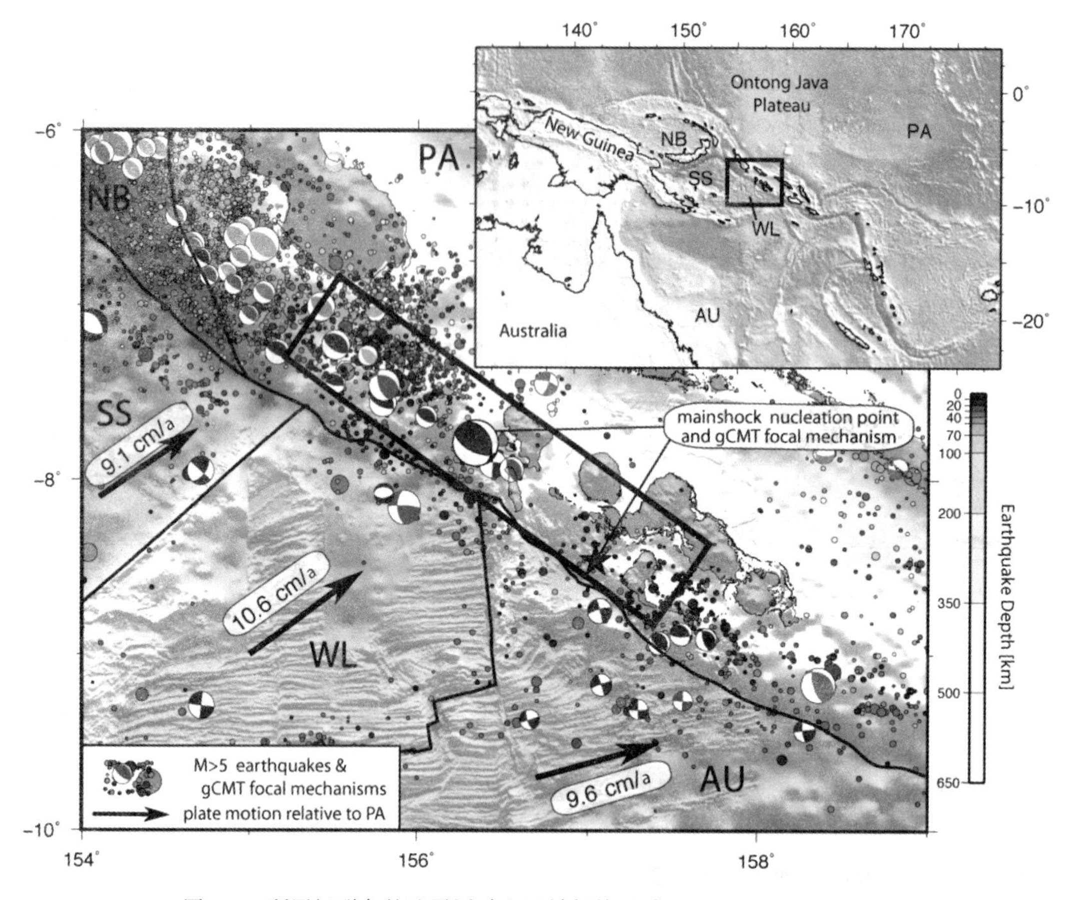

图7.7　所罗门群岛的地震活动和区域板块运动(Chen, et al., 2009)

7.5.2　所罗门群岛 Mw8.1 级地震的同震滑动分布反演

隆起的珊瑚礁和其他可观测到的沿海地貌垂直变化提供了同震和早期震后垂直运动。由于大地测量数据只包含垂直形变，所以只反演该大型逆冲断层的倾滑分量。地震破裂带东南部的垂直位移数据密度足以分析破裂面滑动分布。我们确定最佳的倾滑运动解以及用离散的 Okada 位错来描述破裂面。Okada 位错描述了模拟的断层滑动和地表面形变的线性关系。

模型中断层的走向为 305°，沿着圣克里斯图瓦尔海沟从 Rendova 岛向西北延伸 294km。地表数据只存在于东南部 60%的破裂带上方，缺少断层西部 40%的地表垂直位移数据，所以我们固定这片区域的滑动统一为 3 m（近似等于具有 30 GPa 的弹性刚度的 Mw 8.1 级地震的平均滑动量）。测试一系列在断层西部固定的滑动量的可能值（2~8 m)后发现对断层东部滑动分布的影响甚微（对临近块滑移量的影响小于 10%）。由于浅源破裂对估计海啸产生的重要作用，断层模型的深度是海底向下 40 km 处，这是该俯冲带地震破裂面的合理最大深度。我们用一个 60 列 14 行的格网离散破裂面，每个格网矩形元为大概 5km×5 km。我们用有界最小二乘(BVLS)方法来反演每一块对应的一系列可能解中的滑动

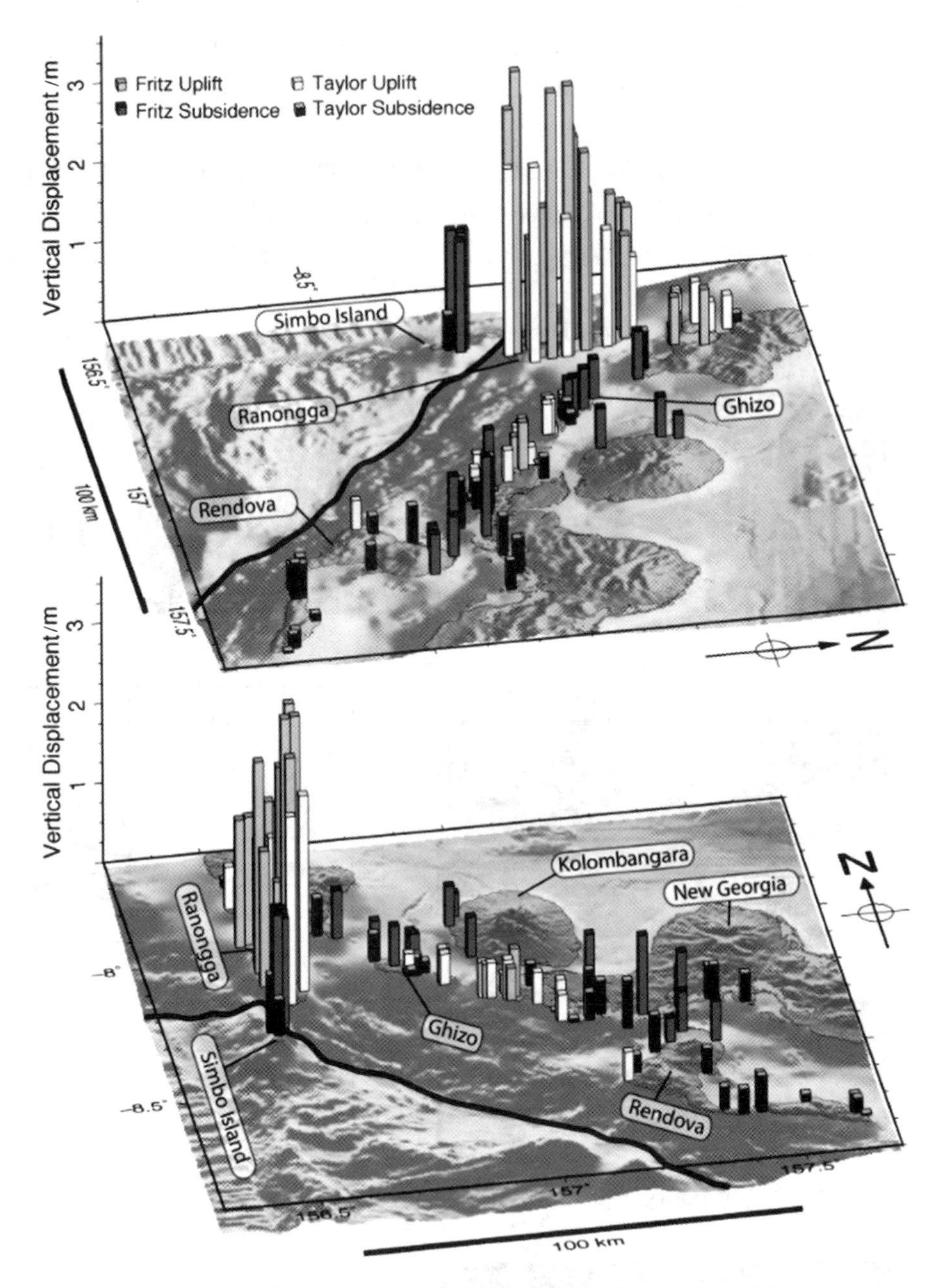

图 7.8 所罗门 Mw8.1 级地震地表垂直位移(Chen, et al., 2009)

最优解。我们设置东南部分倾滑的上界为 30 m。

由于一块断层块的破裂势能会影响临近断层块的滑动，通常会增加平滑参数来约束破裂面上的整体滑动。我们利用 Harris(1987)提出的方法来增加光滑因子 κ，通过给沿着走滑和倾滑方向的二维约束来减少相邻块体滑动粗糙度。随着光滑参数的值的增加，会使观测值和模型正演值之间的不符值增加。为了求取最佳俯冲破裂面倾角 δ，我们对倾角在 5°~45°之间进行一系列的反演。反演结果显示对一系列的光滑参数 κ，不符值分别在 20°

和 29°出现最佳值并且均能最佳拟合 Taylor(2008)和 Fritz(2008)的数据，最后我们选择倾角 δ 为 29°是因为 29°更加接近于 gCMT 的结果 δ = 37° ~ 38°，Furlong(2009)的断层模型得到倾角范围为 δ = 25°± 5°。

我们探索了增加光滑参数值的作用来决定光滑位置的最佳值，而光滑因子大于最佳值时候不符值就会显著增大(图 7.9)。在 κ 为 600 和 1 200 之间我们选择了相对折中的 κ 值以平衡不符值和粗糙度。在所有模型中滑动量增加至反演模型的上界(30 m)，得到的滑

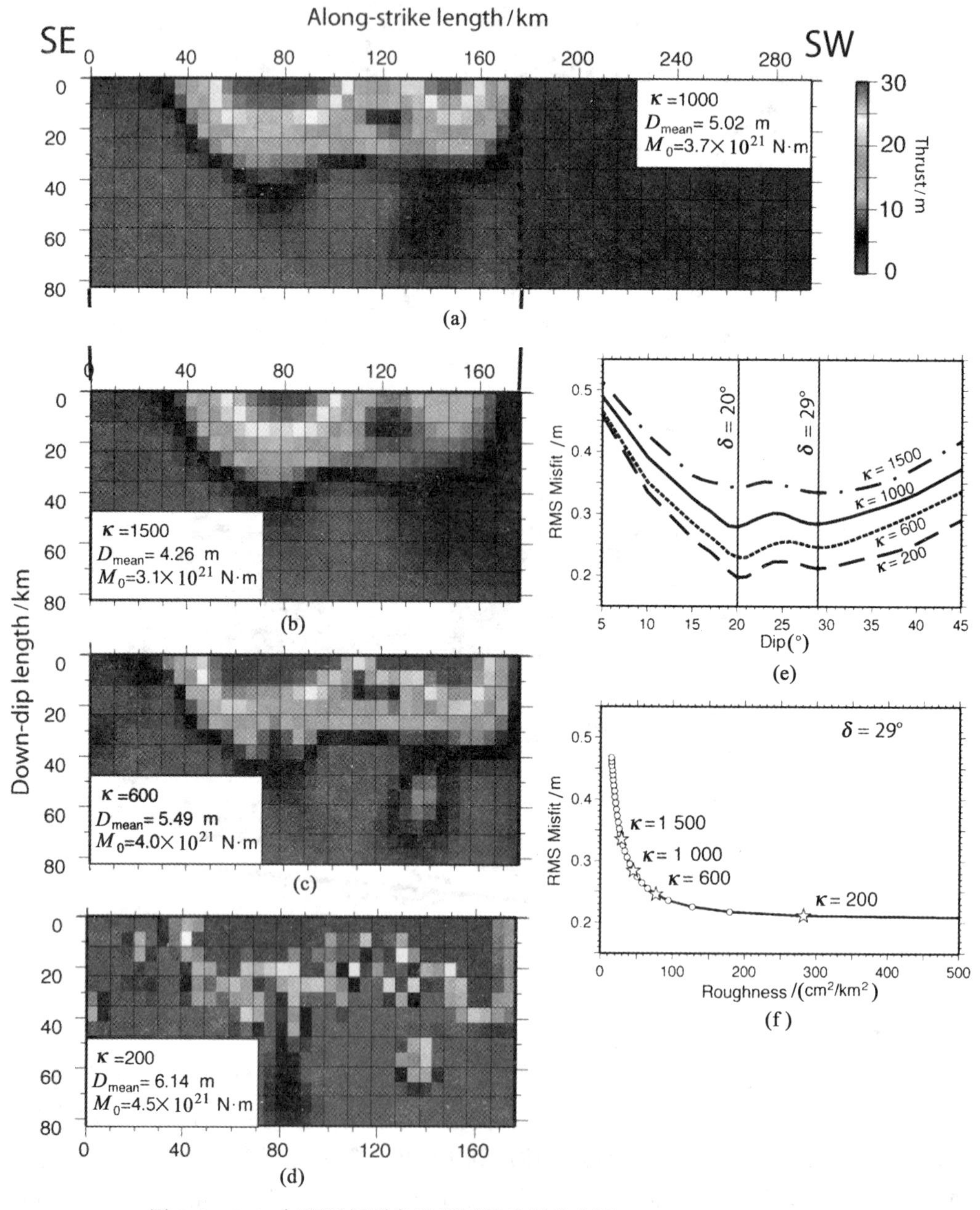

图 7.9　2007 年所罗门群岛地震同震破裂分布图(Chen, et al., 2009)

动量远远超过一个 Mw 8.1 的地震，很可能包含有大量的余震。和 Furlong(2009)的同震模型类似，两大滑动区块集中在我们反演得到的高滑动区域。用 Taylor(2008)和 Fritz(2008)的数据反演结果也独立显示了破裂面近海底处的两个较大滑动区域，但是整体分辨率较低。

我们模型反演得到的两大块滑动区域与用体波反演得到的同震有限断层模型反演得到的结果一致，但是我们得到的滑动主要分布在海沟附近。本研究包含多达一个月的余震的滑动，反演结果比只有同震的模型偏大；我们的模型在本次地震中仅有的垂直数据只能反演倾滑量，且只分布在破裂面的东南部。

◎ 参考文献：

[1]温扬茂，何平，许才军，刘洋．联合 Envisat 和 ALOS 卫星影像确定 L'Aquila 地震震源机制．地球物理学报，2012，55(1)：53-65

[2]温扬茂，许才军，刘洋，何平．利用断层自动剖分技术的 2008 年青海大柴旦 Mw 6.3 级地震 InSAR 反演研究．武汉大学学报·信息科学版，2012，37(4)：458-462

[3] Anzidei M, Boschi E, Cannelli V, Devoti R, Esposito A, Galvani A, Melini D, Pietrantonio G, Riguzzi F, Sepe V. Coseismic deformation of the destructive April 6, 2009 L'Aquila earthquake (central Italy) from GPS data. Geophysical Research Letters, 2009, 36 (17), doi: 10.1029/2009GL039145

[4]Atzori S, Hunstad I, Chini M, Salvi S, Tolomei C, Bignami C, Stramondo S, Trasatti E, Antonioli A, Boschi E. Finite fault inversion of DInSAR coseismic displacement of the 2009 L'Aquila earthquake (central Italy). Geophysical Research Letters, 2009, 36(15): L15305, doi: 10.1029/2009GL039293

[5]Barnhart W, Lohman R. Automated fault model discretization for inversions for coseismic slip distributions. Journal of Geophysical Research, 2010, 115(B10): B10419, doi: 10.1029/2010JB007545

[6]Cheloni D, D'agostino N., D'anastasio E, Avallone A, Mantenuto S, Giuliani R, Mattone M, Calcaterra S, Gambino P, Dominici D. Coseismic and initial post-seismic slip of the 2009 Mw 6.3 L'Aquila earthquake, Italy, from GPS measurements. Geophysical Journal International, 2010, 181(3): 1539-1546, doi: 10.1111/j.1365-246X.2010.04584.x

[7]Funning G J, Parsons B, Wright T J, Jackson J A, Fielding E J. Surface displacements and source parameters of the 2003 Bam (Iran) earthquake from Envisat advanced synthetic aperture radar imagery. Journal of Geophysical Research, 2005, 110(B09): B09406, doi: 10.1029/2004JB003338

[8]Johnson K M, Hsu Y J, Segall P, Yu S B. Fault geometry and slip distribution of the 1999 Chi-Chi, Taiwan earthquake imaged from inversion of GPS data. Geophysical Research Letters, 2001, 28(11): 2285-2288, doi: 10.1029/2000GL012761

[9]Liu Y, Xu C, Li Z, Wen Y, Forrest D. Interseismic slip rate of the Garze-Yushu fault belt in the Tibetan Plateau from C-band InSAR observations between 2003 and 2010. Advances in

Space Research, 2011, 48(12): 2005-2015, doi: 10.1016/j.asr.2011.08.020.

[10] Okada Y. Surface deformation due to shear and tensile faults in a half-space. Bulletin of the Seismological Society of America, 1985, 75(4): 1135-1154

[11] Okada Y. Internal deformation due to shear and tensile faults in a half-space. Bulletin of the Seismological Society of America, 1992, 82(2): 1018-1040

[12] Savage J C, Burford R O. Geodetic determination of relative plate motion in central California. Journal of Geophysical Research, 1973, 78: 832-845

[13] Walters R, Elliott J, D'Agostino N, England P, Hunstad I, Jackson J, Parsons B, Phillips R, Roberts G. The 2009 L'Aquila earthquake (central Italy): a source mechanism and implications for seismic hazard. Geophysical Research Letters, 2009, 36: 17312, doi: 10.1029/2009GL039337

[14] Xu C, Liu Y, Wen Y, Wang R. Coseismic slip distribution of the 2008 Mw 7.9 Wenchuan earthquake from joint inversion of GPS and InSAR data. Bulletin of the Seismological Society of America, 2010, 100(5B): 2736-2749, doi: 10.1785/0120090253

[15] Bird P. An updated digital model of plate boundaries. Geochemistry, Geophysics, Geosystems, 2003 4(3), 1027, doi: 10.1029/2001GC000252

[16] Chen T, Newman A V, Feng L, Fritz H M. Slip distribution from the 1 April 2007 Solomon Islands earthquake: A unique image of near-trench rupture. Geophysical Research Letters, 2009, 36(16), L16307

[17] Fritz H M, Kalligeris N. Ancestral heritage saves tribes during 1 April 2007 Solomon Islands tsunami. Geophysical Research Letters, 2008, 35(1), doi: 10.1029/2007/GL031654

[18] Furlong K P, Lay T, Ammon C J. A great earthquake rupture across a rapidly evolving three-plate boundary. Science, 2009 324(5924): 226-229

[19] Harris R A, Segall P. Detection of a locked zone at depth on the Parkfield, California, segment of the San Andreas fault. Journal of Geophysical Research: Solid Earth (1978-2012), 1987, 92(B8): 7945-7962

[20] Taylor F W, Briggs R W, Frohlich C, Brown A, Hornbach M, Papabatu A K, Billy D. Rupture across arc segment and plate boundaries in the 1 April 2007 Solomons earthquake. Nature Geoscience, 2008, 1(4): 253-257

第8章 基于黏弹体的地球物理大地测量反演方法

在板块构造学说中我们把岩石圈看成刚性的板块，它是不存在变形的。但是大量的观测事实表明在板块内部，尤其是板块边界存在着明显的变形，这种变形不仅包括弹性的，而且还包含有非弹性的复杂形变，这意味着岩石圈介质是一种流变体而非简单的刚体或弹性体。岩石圈的流变是指岩石圈介质在构造力作用下的流动和形变。岩石圈流变性质是控制大陆岩石圈构造变形特征的主要因素之一，是探讨大陆岩石圈动力学问题的关键。

研究岩石圈介质流变性质的方法有很多，大致可以将其分为三类。第一类是从岩石圈组成岩石或矿物的流变实验出发，结合岩石圈内温压状态和应变率分布，外推实验室结果或者在其约束下得到岩石圈的流变参数。第二类是通过地表观测资料来反演流变参数，通过假定岩石圈上部由脆性层(弹性层)，下层由黏滞层组成，在大地测量资料的约束下，通过优化方法来推算岩石圈介质的流变参数；或者利用地球物理资料(冰后回弹与海平面资料及岩石圈等效弹性厚度等)反演，对岩石圈流变性质进行研究。这类方法的好处是采用了实测数据，不足之处是结果的不唯一性比较大，且一般只能给出一个平均的数值，无法反映岩石圈流变的精细结构。第三类是通过流变模型来研究岩石圈介质应力、应变以及它们的时间变化率之间的关系。

8.1 岩石圈介质的黏弹性松弛模型

在流变学中，介质的流变模型可由三个基本元件按照不同的方式组合而成，它们分别是弹性体(也称胡克体或弹簧)、黏性体(牛顿流体或阻尼器)以及塑性体(圣维南体或滑块)。在这三种基本元件中，弹性体和黏性体都是线性元件(即应力、应变及它们的时间变化率之间是线性关系)。由这两种基本元件按照各种方式组合而成的各种模型，其基本量之间仍然是线性关系的，具有这样力学性质的材料称为线性黏弹性材料。而塑性体的应力与应变的关系不是线性关系，它是非线性材料。虽然有些材料在某些实验条件下所测得应力应变关系为非线性，但是在大多数情况下，仍然可以采用线性黏弹性材料去近似模拟，并获得较高的精度，而且线弹性材料在数学处理上也简单得多，因此，在实际应用中我们主要还是采用线性黏弹性材料来进行分析。

虽然介质的流变模型种类繁多，但是在地球内部介质的黏弹性研究中常用的模型主要包括麦克斯韦尔(Maxwell)体、开尔文(Kelvin)体、标准线弹性体和柏格斯(Burgers)体模型等(图8.1)。

其中，对于麦克斯韦尔体，当应变保持不变时，应力将按指数形式松弛直至为零；当

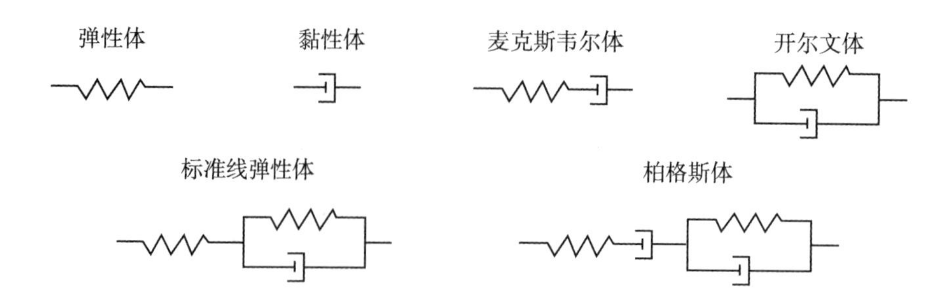

图 8.1　简单的黏弹性模型

应力保持不变时，应变将以常速率像液体一样流动；应力作用时间远小于松弛时间时，麦克斯韦尔体类似于弹性介质；当应力作用时间远大于松弛时间时，麦克斯韦尔体类似于黏滞流体。

对于开尔文体，由于当应变保持不变时应力也不变，因此该模型无松弛现象；但是当应力去除时，应变将按指数规律消除，这一特性称为弹性后效。开尔文体的弹性后效时间和麦克斯韦尔体的松弛时间具有相同的表述形式，均为黏滞系数与剪切模量的比值。按照这个松弛时间的计算公式，王绳祖(1996)基于剪切模量和黏滞系数给出了地壳、上地幔的典型黏滞系数和松弛时间(表 8.1)。

表 8.1　**地壳、上地幔的典型黏滞系数和松弛时间**

分层	剪切模量(G)/	黏滞系数(η)/	松弛时间	
	(10^{10} Pa)	(Pa s)	s	a
上地壳	4.0	10^{22}	2.50×10^{11}	7930
		10^{23}	2.50×10^{12}	79300
		10^{24}	2.50×10^{13}	793000
下地壳	5.0	10^{19}	2.00×10^{8}	6.34
		10^{20}	2.00×10^{9}	63.4
		10^{21}	2.00×10^{10}	634
岩石圈地幔	6.5	10^{20}	1.54×10^{9}	48.8
		10^{21}	1.54×10^{10}	488
		10^{22}	1.54×10^{11}	4880
软流圈地幔	7.5	10^{18}	1.33×10^{7}	0.423
		10^{19}	1.33×10^{8}	4.23
		10^{20}	1.33×10^{9}	42.3

数据引自王绳祖，1996。

而标准线(弹)性(固)体是由一个弹簧与一个开尔文体体串联或一个弹簧与一个麦克斯韦尔体并联而成。在初始状态受到一个应变作用时，应力发生突跃；然后应变保持不变，应力随时间逐渐松弛，但其松弛速率逐渐减小，当时间趋于无穷时，最终趋于一个有限渐近值，而不像麦克斯韦尔体趋于0。标准线弹性体的流变性质比麦克斯韦尔体及开尔文体更接近实际材料的流变性质。

柏格斯体实质上是由麦克斯韦尔体与开尔文体模型串联组成的流变模型，可以用来描述恒定应力作用下的纯黏滞流动。用柏格斯体模型能够描述介质的初始瞬时应变、过渡蠕变、平缓蠕变等三个形变阶段。例如柏格斯体模型可以同时解释地震引起的三个形变效应：即同震的瞬时弹性响应以及呈指数衰减的短期响应，线性增加的长期稳态响应。

上述几种常用的流变学模型只是作为一种物理模型表示了岩石的某些特性，在一定程度上反映了岩石流变性质的某些主要特征。岩石圈真实的流变性质非常复杂，它有多种形变和流动机制。从目前的认识来看，它的形变机制至少有以下四种：弹性形变、脆性破裂、摩擦滑动及蠕变。到目前为止还很难找到一种新的独立且完整的方法来描述，整个过程通常都是借助于在科学发展中已经成熟的知识来对其进行描述。因此也就把岩石圈的流变性质分解为几种典型的类型，主要包括有弹性性质、脆性性质、摩擦运动和蠕变，分别采用弹性模量、脆性破裂强度、摩擦参量和黏滞系数等来描述。

魏荣强等(2008)在基于中国及周边地区的岩石圈结构、岩石组成、温度及压力状态下，采用GPS实测应变率作为约束，建立了中国及周边地区的三维流变结构。图8.2给出了中国及周边地区岩石圈在30 km深度上的等效黏滞系数，从图中可以看出，构造

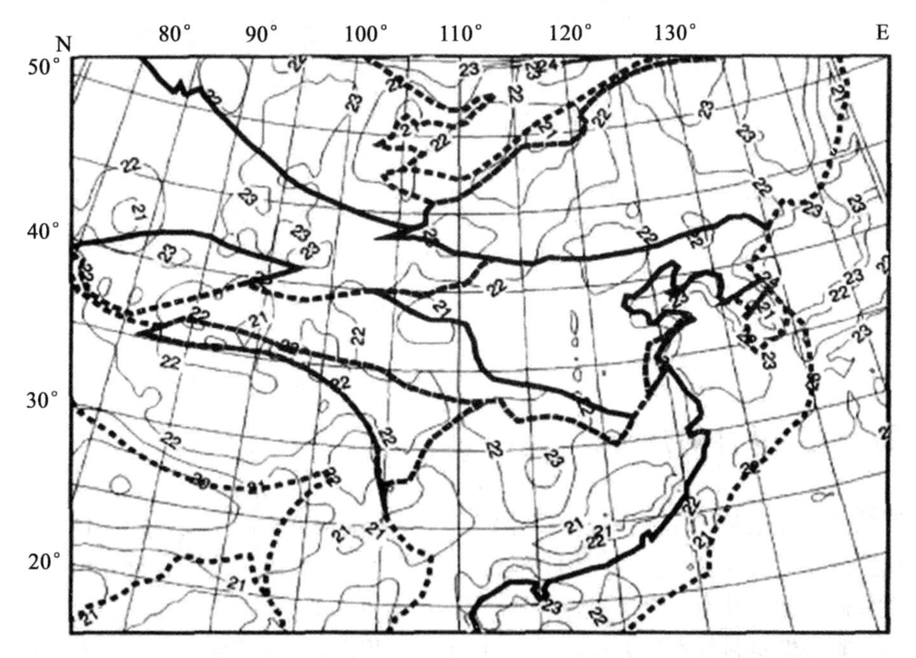

图8.2　中国及周边地区岩石圈30 km深度的等效黏弹性系数(引自魏荣强等，2008)
图中的黏弹性系数取了以10为底的对数

活跃的块体和构造非活跃的块体，黏滞系数分布不一样，构造活跃的块体黏滞系数相对较低，否则黏滞系数较高。同一块体，由于其本身结构上的差异，也表现出不同的黏滞系数分布。如华北地块整体比华南地块中北部低，塔里木块体在不同深度上的黏滞系数都表现的较大。

而一个强地震发生后，在数年甚至数十年内通常可以观测到其震后形变随时间衰减的特征(图8.3)。产生这种现象的主要原因是由于岩石圈下地壳和上地幔的流变所造成的，即弹性上地壳的同震破裂错动引起下地壳和上地幔的黏弹性松弛变形；而下地壳和上地幔的黏弹性松弛变形又反过来引起弹性上地壳发生耦合的变形。由于震后形变中包含有重要的岩石圈介质流变信息(黏滞系数、松弛时间等)，其观测已经成为研究岩石圈流变性质的重要手段。

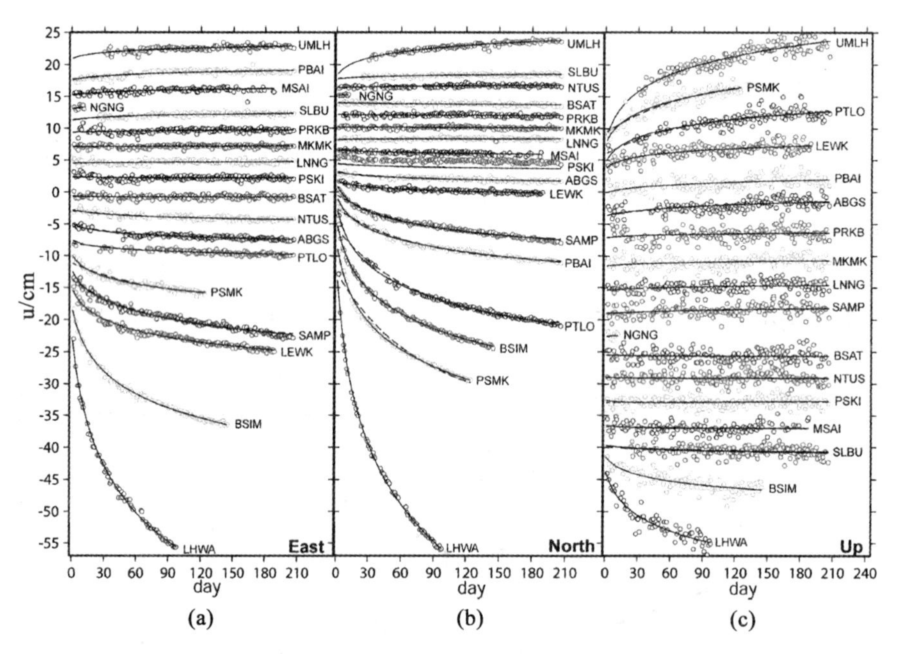

图8.3　2005年印尼Nias岛Mw 8.7级地震的震后形变时间序列(引自Kreemer等，2006)

8.2　黏弹性-弹性对应原理

线性黏弹性理论和线性弹性理论的差别仅仅在于本构方程的不同，线弹性理论的本构方程是线性的，但线性黏弹性的本构方程可能是微分方程，也可能是积分方程，这种复杂的本构方程使得黏弹性问题的求解比相应的弹性问题的求解复杂得多。但是，在拉普拉斯像空间下，黏弹性材料的本构方程也是线性的，这使得在拉普拉斯像空间下黏弹性理论的控制方程及边界条件和弹性理论的控制方程及边界条件在形式上就相同了(表8.2)。因此，若将弹性问题解中的拉梅常数 λ 换成 $\bar{\lambda}^{*}=s\bar{\lambda}(s)$，将 μ 换成 $\bar{\mu}^{*}=s\bar{\mu}(s)$，则可以得到黏弹性问题解的拉普拉斯形式，然后对其施加拉普拉斯逆变换，就可以获得黏弹性问题的解，这就是黏弹性-弹性问题的对应原理(Correspondence Principle)。

表 8.2 **黏弹性与弹性方程对比**

基本方程	弹性理论	黏弹性理论
平衡方程	$\dot{\boldsymbol{\sigma}}_{ij}=0$	$\dot{\bar{\boldsymbol{\sigma}}}_{ij}(s)=0$
几何方程	$\boldsymbol{\varepsilon}_{ij}=\frac{1}{2}(\dot{\boldsymbol{u}}_i+\dot{\boldsymbol{u}}_j)$	$\bar{\boldsymbol{\varepsilon}}_{ij}(s)=\frac{1}{2}[\dot{\bar{\boldsymbol{u}}}_i(s)+\dot{\bar{\boldsymbol{u}}}_j(s)]$
本构方程	$\boldsymbol{\sigma}_{ij}=\boldsymbol{\delta}_{ij}\boldsymbol{\lambda}\,\boldsymbol{\varepsilon}_{kk}+2G\,\boldsymbol{\varepsilon}_{ij}$	$\bar{\boldsymbol{\sigma}}_{ij}=\boldsymbol{\delta}_{ij}\,\bar{\lambda}^*(s)\,\bar{\varepsilon}_{kk}(s)+2\,\bar{G}^*(s)\,\bar{\varepsilon}_{ij}(s)$

表中带"–"上标的为经过拉普拉斯变换后的结果。

例如，麦克斯维尔体的本构方程为 $\frac{\partial}{\partial t}\varepsilon=\frac{1}{2}(\mu^{-1}\frac{\partial}{\partial t}+\eta^{-1})\sigma$，虽然该流变模型的应力-应变关系是线性的，但其具体形式是通过一个线性微分方程来描述的。如果对它进行拉普拉斯变换，即通过 $L(f(t))\equiv\bar{f}(s)=\int_0^\infty f(t)\,e^{-st}\mathrm{d}t$ 来进行。假定在初始时刻 $t=0$ 时，不存在应力和应变，则拉普拉斯变换后的本构方程为：

$$\bar{\sigma}=2\bar{\mu}\,\bar{\varepsilon} \tag{8.1}$$

其中，$\bar{\mu}(s)=\frac{S}{\mu^{-1}s+\eta^{-1}}$。

需要特别指出的是，这种对应原理只适用于准静态问题。由于黏弹性变形是与时间有关的，这里忽略了由于变形而引起的惯性力的影响。

8.3 黏性通道上覆弹性地壳的黏性松弛响应

1969 年，Elsasser 给出了黏性通道上覆弹性地壳模型(该模型由黏性通道下层以及上层弹性板块组成)的黏性松弛响应(图 8.4(a))，其中黏性通道的厚度为 h，弹性板块的厚度为 H。该模型黏性松弛所形成的地表形变是非平面形变。现在假定位于弹性层深度 H 位置处的平均位移为

$$u(x_1)=\frac{1}{H}\int_{-H}^{0}u_3(x_1,\ x_2)\,\mathrm{d}x_2 \tag{8.2}$$

同时还假定位于垂面上的应力为在深度方向均匀的应力，即

$$\sigma(x_1)=\frac{1}{H}\int_{-H}^{0}\sigma_{13}(x_1,\ x_2)\,\mathrm{d}x_2 \tag{8.3}$$

最后，还假定位于 x_3 方向的剪切牵引力 $\tau\equiv\sigma_{23}(x_1,\ x_2=-H)$，该牵引力是由于下层黏性体的流动所施加在弹性板块底部的力。由于变量 u，σ 和 τ 都是坐标 x_1 的函数，为简单起见，在后续推导过程中这些量的下标都将省略不写。

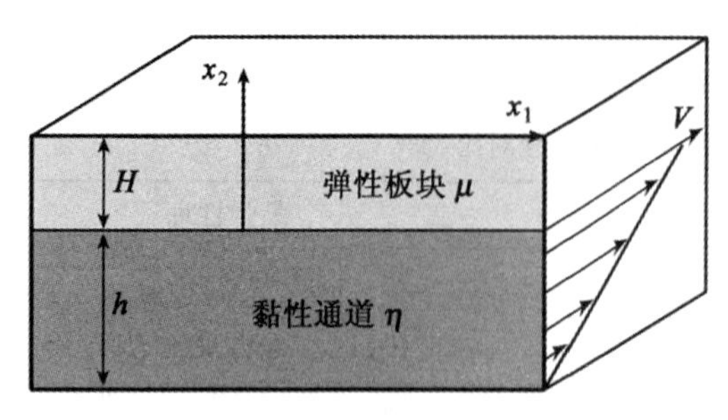

(a)黏性通道上覆弹性地壳结构图

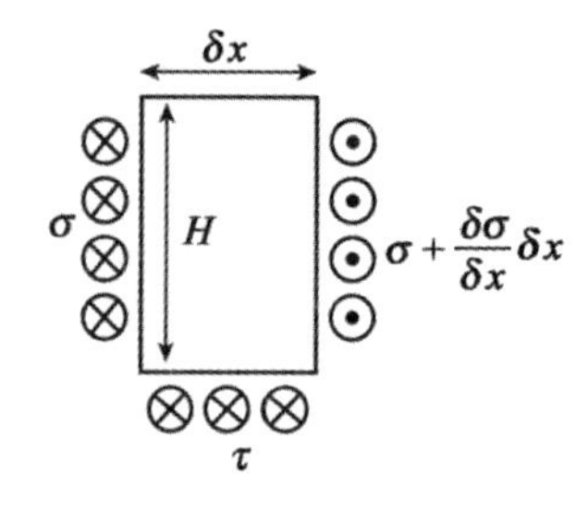

(b)弹性板块的基本元素

图 8.4　黏性通道上覆弹性地壳模型的黏性松弛响应

基于平衡方程，要求 x_3 方向上的力必须要保持平衡。现在考虑位于上层弹性板块上的一个单元，其尺寸为 $H\times\delta x$（图 8.4(b)），其左侧垂面上的力为 σH，而右侧垂面上的力为 $H[\sigma+(\partial\sigma/\partial x)\delta_x]$。现在左右两个垂面上的应力梯度差需要通过基底的剪切牵引力 τ 来进行平衡，即

$$H\frac{\partial \sigma}{\partial x}=\tau \tag{8.4}$$

由于上部的板块是弹性的，可以假定在深度上均匀的应力与在深度上均匀的应变之间是线性比例关系，即

$$\sigma=\mu\frac{\partial \sigma}{\partial x} \tag{8.5}$$

同时，还假定下层黏性通道的材料是线性黏弹性材料，也就是说，黏性通道中的剪应力和应变率之间的关系也是线性关系，即 $\tau=2\eta\dot{\varepsilon}$。由于从弹性地壳底部到顶部，速度从 0 线性增加到 v，则通道内的应变率是 $v/2h$。这样底部牵引力可以表述为：

$$\tau=\frac{\eta}{h}\frac{\partial u}{\partial t} \tag{8.6}$$

其中，η 为黏性通道(软流圈)的黏滞系数。

将式(8.5)和式(8.6)代入式(8.4)，得到

$$\frac{hH\mu}{\eta}\frac{\partial^2 u}{\partial x^2}=\frac{\partial u}{\partial t} \tag{8.7}$$

式(8.7)表明位移 u 服从传播系数为 κ 的传播方程，其中传播系数 κ 定义为：

$$\kappa=\frac{hH\mu}{\eta} \tag{8.8}$$

也就是说地震后的位移在弹性板块中按照 $\sqrt{\kappa t}$ 的比例进行传播。

黏性通道上覆弹性地壳模型的初始条件和边界条件都假定在地震前没有发生任何形变。而断层(位于 $x=0$ 处)在 $t=0$ 时突然产生了一个量级为 Δu 的变形，即

$$u(x,\ t=0)=0 \tag{8.9}$$

$$u(x=0,\ t)=\Delta u,\ t>0 \tag{8.10}$$

基于给定的边界条件和初始条件，传播方程式(8.7)的解为：

$$u(x,\ t) = \Delta u \operatorname{erfc}\left(\frac{x}{2\sqrt{\kappa t}}\right) \tag{8.11}$$

其中，erfc 为完全误差函数，定义为 $\operatorname{erfc}(z) = 1 - \operatorname{erf}(z) = 1 - \frac{2}{\sqrt{\pi}}\int_0^z e^{-y^2}dy$。

为了给出式(8.11)的无因次解，现将水平距离按弹性层厚度进行无量纲标准化处理，即

$$\tilde{x} = x/H \tag{8.12}$$

同时将 u 除以断层表面的位移，即

$$\tilde{u} = u/\Delta u \tag{8.13}$$

将式(8.12)和式(8.13)带入式(8.11)，则有：

$$\tilde{u} = \operatorname{erfc}\left(\frac{\tilde{x}}{2\sqrt{\tilde{t}}}\right) \tag{8.14}$$

其中，时间 $\tilde{t} = t/t_R$，为按特征松弛时间 $t_R = \frac{H\eta}{h\mu}$ 进行标准化后的值。

为了求出地表形变的运动速度，需要对式(8.14)进行时间上的微分，得到无因次的速度，为

$$\tilde{v} = \frac{1}{\tilde{t}}\frac{\tilde{x}}{2\sqrt{\pi\tilde{t}}}e^{-\frac{\tilde{x}^2}{4\tilde{t}}} \tag{8.15}$$

以及无因次的剪应变率，为

$$\frac{\partial\tilde{\gamma}}{\partial\tilde{t}} = \frac{\partial\tilde{v}}{\partial\tilde{x}} = \frac{1}{\tilde{t}}\frac{\tilde{x}}{2\sqrt{\pi\tilde{t}}}\left(1-\frac{\tilde{x}^2}{2\tilde{t}}\right)e^{-\frac{\tilde{x}^2}{4\tilde{t}}} \tag{8.16}$$

按照式(8.11)、式(8.15)和式(8.16)，可以计算出黏性通道上覆弹性地壳的黏弹性响应造成的标准化地表形变、速度和应变率等(图8.5)。这里需要特别指出的是，在图8.5(c)中，标准化剪应变率在 $\tilde{x} = \sqrt{2\tilde{t}}$ 处发生了符号变化，这与弹性半空间中深部螺型位错(screw dislocation)给出的应变率变化一致(即应变率在靠近断层的位置为正，在远离断层的位置为负)。

虽然黏性通道上覆弹性地壳的黏弹性松弛模型为理解震后应力传播的内在物理机理上提供了一个有效工具，但是它有两个严重的不足之处：其一，软流圈(下部黏性通道所在位置)并不是一个完全的黏性流体，在较短的时间尺度上，它更倾向于弹性体。此外，软流圈能够传递剪切波，以及在所有深度上的基于地球模型所给出来的同震形变都为弹性的。因此，关于软流圈的一个更好的描述是它更趋向于黏弹性体，即软流圈在较短的时间尺度内表现为弹性，然后在较长的时间尺度内随时间流动。其二，该模型忽略了位移和应力在垂直方向的梯度变化，这需要做更进一步的改善。

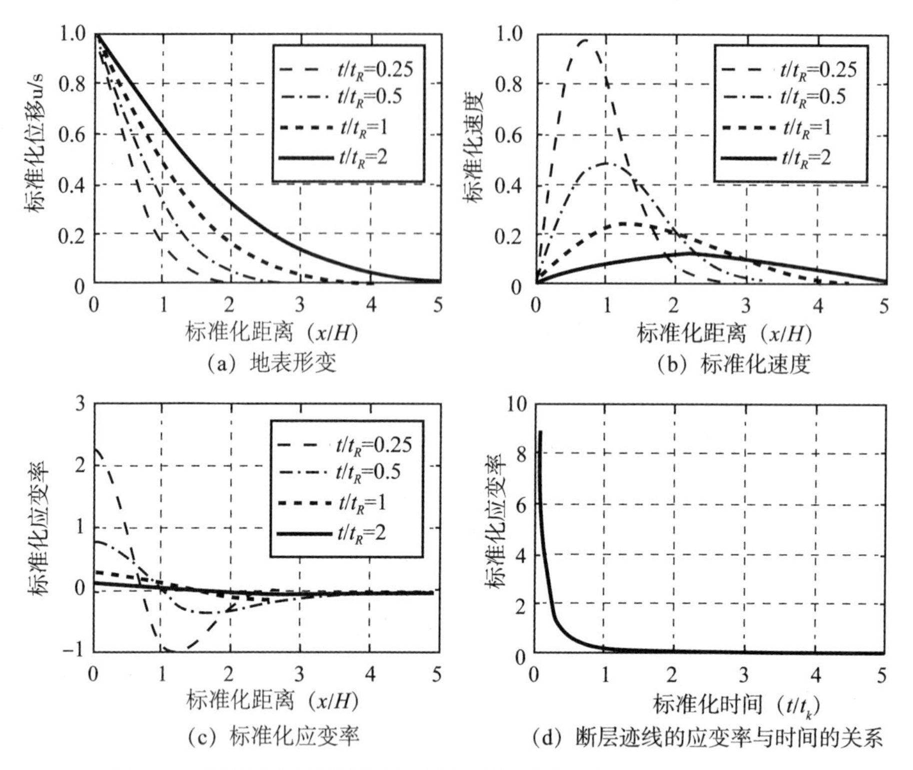

图 8.5　黏性通道上覆弹性地壳的黏弹性响应(修改自 Segall, 2010)

8.4　二维断层的黏弹性响应

8.4.1　走滑断层的黏弹性响应

1974 年，Nur 和 Mavko 给出了位于黏弹性半空间上弹性层中的无限长走滑断层所引起的地表形变表达式(Nur 和 Mavko, 1974)。

如图 8.6 所示，厚度为 H 的二维弹性层(剪切模量为 μ_1)覆盖在黏弹性半空间(剪切模量为 μ_2)上。表面 $x_2=0$ 是自由表面。走滑断层采用一个位于 $x_2=-D$ 处、滑动量为 Δu 的螺型位错来表示。滑动面位于垂直面 $x_1=0$ 上。如果下层为弹性半空间，则该位错在地表($x_2=0$)处所形成的形变可以通过位移分量 u_3 来表示。与 § 8.3 中类似，由于变量 u，σ 和 τ 都是坐标 x_1 的函数，因此在后续的推导过程中，为简单起见，也将下标省略不写，则位移 u 可以表述为(Nur 和 Mavko, 1974)：

$$u=\frac{\Delta u}{\pi}\left[\tan^{-1}\left(\frac{D}{x}\right)+\sum_{n=1}^{\infty}\left(\frac{\mu_1-\mu_2}{\mu_1+\mu_2}\right)^n F_n(x,\ D,\ H)\right] \tag{8.17}$$

其中，$F_n(x,\ D,\ H)=\left[\tan^{-1}\left(\frac{D+2nH}{x}\right)+\tan^{-1}\left(\frac{D-2nH}{x}\right)\right]=\tan^{-1}\left[\frac{2y_1D}{x^2+(2nH)^2-D^2}\right]$。

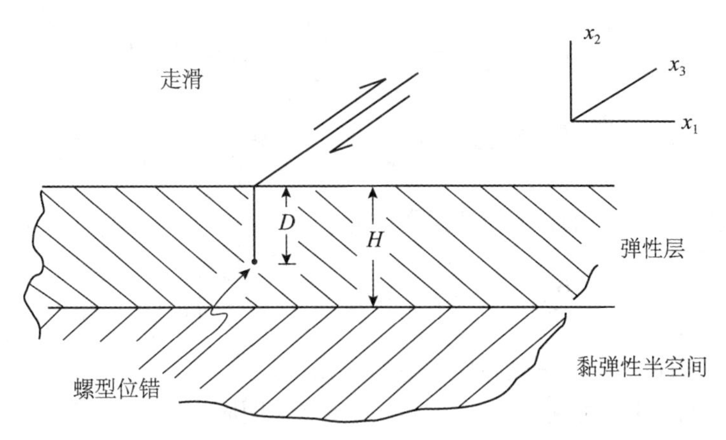

图 8.6 位于黏弹性半空间上弹性层中的走滑断层剖面图

但是在实际情况中，由于模型的下部是黏弹性半空间，因此，需要采用对应原理来获取 $t=0$ 时刻一个瞬时位错所造成的缓慢的、与时间相关的地表形变。该瞬时位错滑动量 $\Delta u(t)=\Delta uH(t)$，其中 $H(t)$ 是单位阶跃函数(或称 Heaviside 函数)，即 $t<0$ 时 $H(t)=0$，而 $t>0$ 时 $H(t)=1$。单位阶跃函数 $H(t)$ 的拉普拉斯变换比较简单，有 $L\{H(t)\}=1/s$。并且该模型的黏弹性行为主要来自于蠕动或者黏性流体的松弛，因此，仅需要将黏弹性半空间的弹性模量 μ_2 替换成拉普拉斯像空间的 $\bar{\mu}_2$，即

$$\bar{u}=\frac{\Delta u}{s\pi}\left[\tan^{-1}\left(\frac{D}{x}\right)+\sum_{n=1}^{\infty}\left(\frac{\mu_1-\bar{\mu}_2}{\mu_1+\bar{\mu}_2}\right)^n F_n(x, D, H)\right] \tag{8.18}$$

其中 $\bar{\mu}_2(s)=\dfrac{S}{\mu_2^{-1}s+\eta^{-1}}$。

如果上部弹性层和下部黏弹性半空间具有相同的物理属性，即上部弹性层也是具有和下部黏弹性半空间相同参数的黏弹性层，则式(8.18)退化为 $\dfrac{\Delta u}{\pi}\tan^{-1}\left(\dfrac{x}{D}\right)$ 形式。这表明位于均匀黏弹性半空间内的位错所造成的形变与时间无关，并且其值与弹性半空间内所造成的形变相同。这是由于弹性半空间内地表形变的解是与剪切模量 μ 无关的，因此，黏弹性半空间的解在按照对应原理进行处理时需要进行拉普拉斯变换的项只有 $\bar{u}_2$，而它的逆变换就是弹性半空间的解。但是黏弹性半空间的应力是与剪切模量 μ 和时间相关。因此当应力松弛时，弹性应变就转换成黏弹性(非弹性)应变，而总应变保持不变。

现在，引入变量 β，定义为

$$\beta=\frac{\mu_2}{2\eta}=\frac{1}{t_R}, \tag{8.19}$$

其中，t_R 是麦克斯韦尔松弛时间。这里需要注意的是不同学者给出的麦克斯韦尔松弛时间表达形式可能有所不同，如有的是 $t_R=\eta/\mu_2$ 的形式，这里给出的是 $t_R=2\eta/\mu_2$ 的形式。同时，为简单起见，我们假定上部弹性层和下部的黏弹性半空间具有相同的剪切模量，即 $\mu_1=\mu_2$，则式(8.18)在拉普拉斯像空间中的结果可以写成

$$\bar{u}=\frac{\Delta u}{s\pi}\left[\tan^{-1}\left(\frac{D}{x}\right)+\sum_{n=1}^{\infty}\left(\frac{\beta}{s+\beta}\right)^{n}F_n(x,\ D,\ H)\right]。\tag{8.20}$$

采用留数定理对 $\frac{1}{s}\left(\frac{\beta}{s+\beta}\right)^{n}$ 进行拉普拉斯逆变换，有 $L^{-1}\left\{\frac{1}{s}\left(\frac{\beta}{s+\beta}\right)^{n}\right\}=1-e^{-\beta t}\sum_{m=1}^{n}\frac{(\beta t)^{n-m}}{(n-m)!}$。则式(8.20)的拉普拉斯逆变换为：

$$(x,\ t)=\frac{\Delta u}{\pi}\left\{\tan^{-1}\left(\frac{D}{x}\right)+\sum_{n=1}^{\infty}\left[1-e^{-t/t_R}\frac{(t/t_R)^{n-m}}{(n-m)!}\right]F_n(x,\ D,\ H)\right\},\ t\geqslant 0\tag{8.21}$$

按照式(8.21)可以计算出黏弹性松弛的前几个阶次（$n=1,\ 2,\ 3,\ 4$）的空间形变和时间系数(图 8.7)。其中黏弹性松弛空间形变特征表明阶次越高(n 越大)的形变分量其量级越小，且具有更长的空间波长，即高阶项在总形变中贡献较小，但是在远离断层位置处的影响比较大。而黏弹性时间系数表明越靠近断层形变增长越快，而远离断层位置的形变增长比较缓慢。

下面来看看地表形变速度的计算，由于速度是将位移，即式(8.21)，对时间进行微分给出，但式（8.21）中与时间相关的部分是 $L^{-1}\left\{\frac{1}{s}\left(\frac{\beta}{s+\beta}\right)^{n}\right\}$，对其求导有 $\beta e^{-\beta t}\left[\sum_{m=1}^{n}\frac{(\beta t)^{n-m}}{(n-m)!}-\sum_{m=1}^{n-1}\frac{(\beta t)^{n-m-1}}{(n-m-1)!}\right]$。令 $q=m+1$，速度就可以表示为：

$$v(x,\ t)=\frac{\Delta u}{\pi t_R}e^{-t/t_R}\sum_{n=1}^{\infty}\frac{(t/t_R)^{n-1}}{(n-1)!}F_n(x,\ D,\ H)。\tag{8.22}$$

对应变率而言，它是速度在 x 上的导数，将式(8.22)对 x 求导，有：

$$\dot{\gamma}(x,\ t)=\frac{\Delta u}{\pi t_R}e^{-t/t_R}\sum_{n=1}^{\infty}\frac{(t/t_R)^{n-1}}{(n-1)!}G_n(x,\ D,\ H)\tag{8.23}$$

其中，$G_n(x,\ D,\ H)=\frac{-(2nH+D)}{x^2+(2nH+D)^2}+\frac{2nH-D}{x^2+(2nH-D)^2}$。

图 8.8 给出了 $D/H=1$ 时黏弹性松弛造成的地表形变、形变速率以及应变率。这个结果与§8.3 中 Elsasser 模型给出的结果(图 8.5)很类似。但是在黏性半空间上覆弹性板块的模型中，黏弹性松弛的速度更为缓慢，并且形变也显得更为分散。

1990 年，Savage 发现通过对位于均匀弹性半空间的位错施加特定的滑动分布，就可以产生与位于黏弹性半空间上弹性层中的位错一样的地表形变(如图 8.9)。这也就是说，从数学上看，黏弹性半空间上覆弹性层的位错所造成的地表形变(式 8(.21))，它可以由位于均匀弹性半空间内同震破裂面下的一系列断层滑动组合而成。以同震破裂破开整个弹性层（$D=H$）的黏弹性松弛模型为例，它对应的均匀弹性半空间等效模型则包括以下一系列的滑动分布：第一个滑动分布在 1D 到 3D 的深度；第二滑动分布在 3D 到 5D 的深度；第三个滑动分布在 5D 至 7D 的深度；依此类推。这些滑动量在这些不同深度上的分布是均匀的，但是每个滑动量的激发时间有其特殊性，即 $n=1$ 时 $\Delta u=1-e^{-t/t_R}$；$n=2$ 时 $\Delta u=1-e^{-t/t_R}[t/t_R+1]$；$n=3$ 时 $\Delta u=1-e^{-t/t_R}\left[\frac{(t/t_R)^2}{2}+t/t_R+1\right]$；$n=4$ 时 $\Delta u=1-$

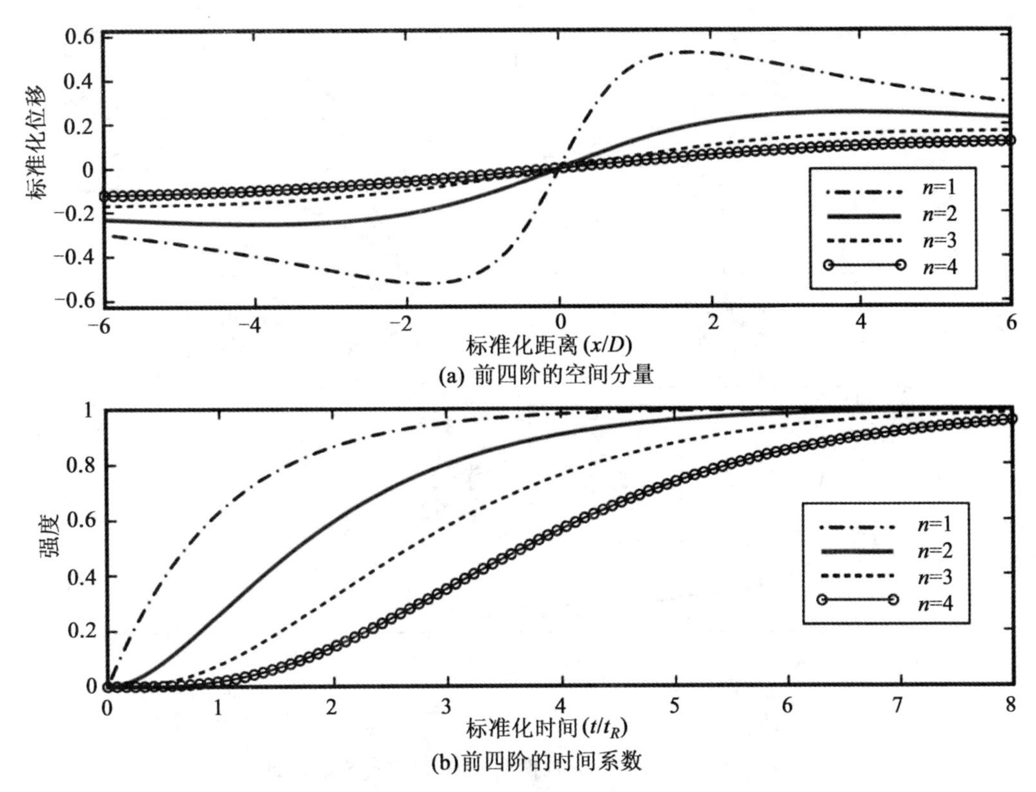

(a) 前四阶的空间分量

(b) 前四阶的时间系数

图 8.7 位于黏弹性半空间上弹性层内的无限长走滑断层的黏弹性效应(引自 Segall, 2010)

$e^{-t/t_R}\left[\frac{(t/t_R)^3}{3!}+\frac{(t/t_R)^2}{2}+t/t_R+1\right]$；等等。由于第一项 ($n=1$) 滑动所造成的地表形变在总地表形变中占据主导地位，因此无论是从地表位移，还是从形变运动速度，还是从应变率上，都是无法区分薄的或者厚的软流圈模型。

从上述分析中可以看到，如果单纯用形变观测来区分不同的断层模型是一项难度很大的工作。但是，这里需要特别指出的是，首先，这里所使用的断层模型是具有无限长度的走滑断层模型，而对有限长度的断层模型，或者倾滑断层模型，这个结论并不适用。其次，所用的滑动分布模型也是自然界中所不存在的一种特殊分段的，并且与深度无关的滑动分布。最后，通常还会采用其他的地球物理和地质学等方面的资料来辅助区分不同的断层模型。

8.4.2 倾滑断层的黏弹性响应

与 § 8.4.1 中的走滑断层所形成的位移不同，倾滑断层(图 8.10)所造成的位移被严格限制在 x_1x_2 平面内，即 $u_3=0$。同时，由于在 x_3 方向的位移分量不会随着位置发生变化，有 $\partial u_1/\partial x_3=\partial u_2/\partial x_3=0$。因此，倾滑断层的变形是一种平面应变形式，它比走滑断层的非平面应变形式的变形要复杂得多。

现有厚度为 H 的二维弹性层(剪切模量为 μ_1)覆盖在(黏)弹性半空间(剪切模量为 μ_2)上。表面 $x_2=0$ 是自由表面。则位于 Z_s 位置处的点源倾滑位错所造成的地表形变可以通过传播矩阵法来求得(详细推导过程见 Segall, 2010)，该形变在傅里叶域中的表达式为：

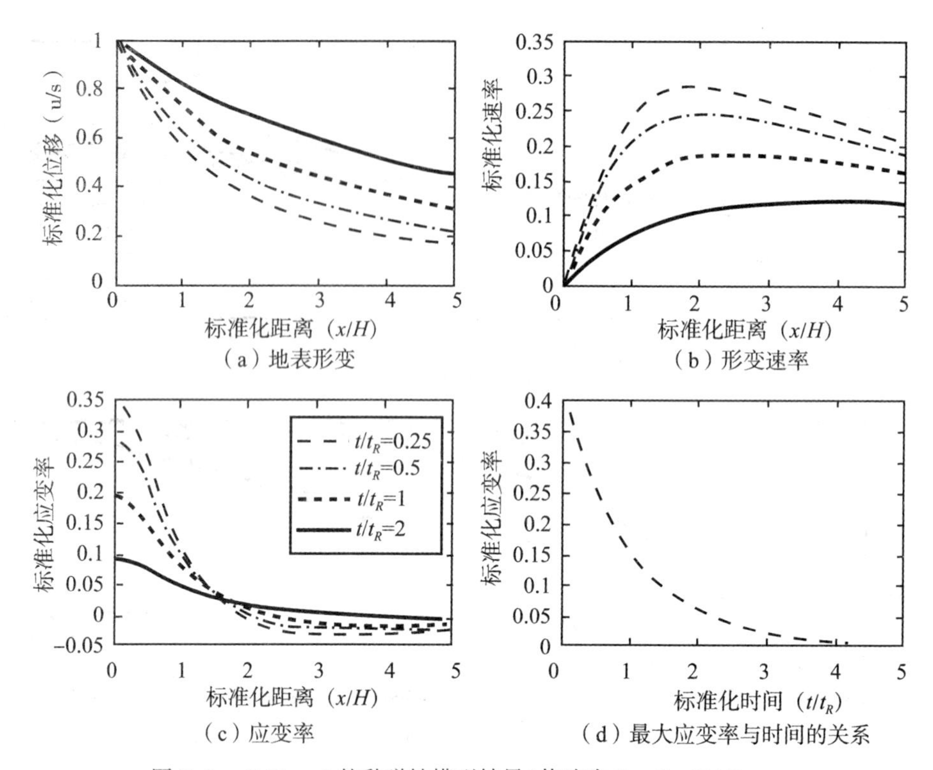

图 8.8　$D/H = 1$ 的黏弹性模型结果(修改自 Segall, 2010)

$$\begin{bmatrix} i\,u_1(z=0) \\ u_2(z=0) \\ 0 \\ 0 \end{bmatrix} = \boldsymbol{P}(0,\ H,\ k,\ \mu_1)[c_1(k)\,v_1(\mu_2,\ k) + c_2(k)\,v_2(\mu_2,\ k)] - \boldsymbol{P}(0,\ z_s,\ k,\ \mu_1)\,f_s(\boldsymbol{M},\ \mu_1) \tag{8.24}$$

式中，k 为波数；$v_1(\mu_2,\ k)$ 和 $v_2(\mu_2,\ k)$ 是弹性半空间解的广义特征向量；系数 c_1 和 c_2 是与边界条件相关的量；f_s 是与地震矩张量 $\boldsymbol{M}$ 和弹性模量有关的源向量。此外，$\boldsymbol{P}(0,\ H,\ k,\ \mu_1)$ 项将弹性半空间解传递到地表，以及 $\boldsymbol{P}(0,\ z_s,\ k,\ \mu_1)$ 项是将源位错传递到地表。

由于式(8.24)的源位错位于弹性层中，为了求得位于黏弹性半空间上弹性层中的倾滑点源位错所造成的地表形变，只需要将式(8.24)中与弹性半空间相关的解按照对应原理变换到黏弹性半空间中即可。对于半空间上覆弹性层问题，只有 v_1 和 v_2 是弹性模量 μ_2 和复频率 s 的函数。将这两个广义特征值组合成向量 $\boldsymbol{V}(s)$，同时定义 $\boldsymbol{c} = \begin{bmatrix} c_1 \\ c_2 \end{bmatrix}$，则式(8.24)的拉普拉斯变换可以写成：

$$\begin{bmatrix} i\,u_1(z=0) \\ u_2(z=0) \\ 0 \\ 0 \end{bmatrix} = \boldsymbol{P}(0,\ H)\boldsymbol{V}(s)\boldsymbol{c} - \boldsymbol{P}(0,\ z_s)\,\frac{f_s}{s} \tag{8.25}$$

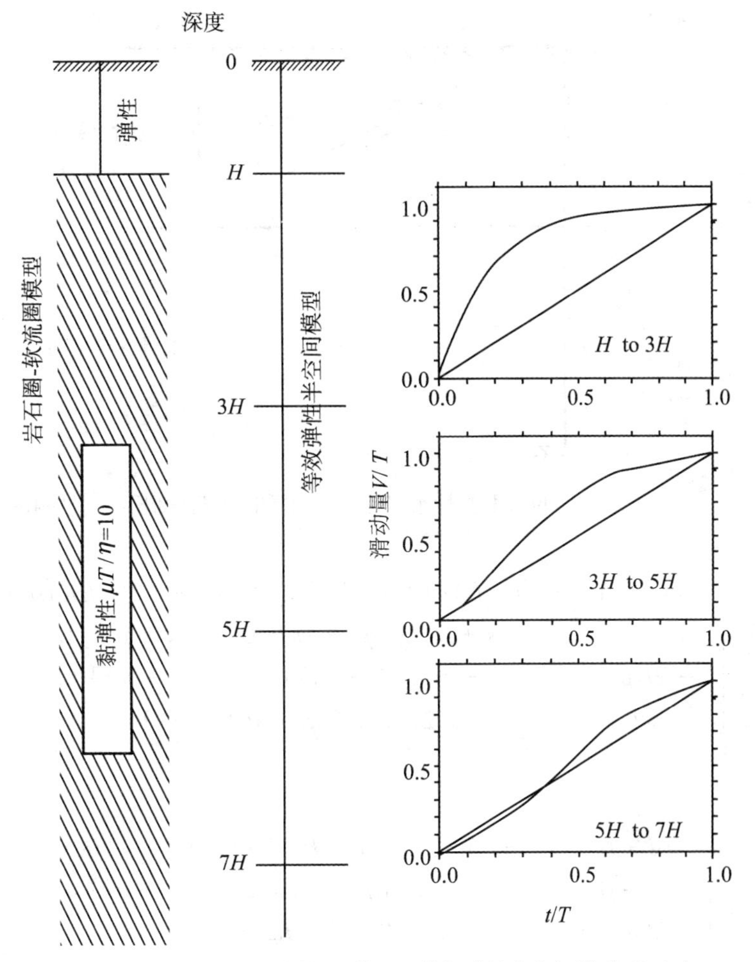

图 8.9 产生相同地表形变的黏弹性半空间上覆弹性层模型和均匀弹性半空间模型(修改自 Savage, 1990)

这里，同样假定点源位错是单位阶跃函数的形式，对应于 $t=0$ 时的地震错动。$\boldsymbol{P}(0, H)$ 和 $\boldsymbol{P}(0, z_s)$ 均为弹性层的剪切模量 μ_1 的函数，并且与复频率 s 相互独立。通过式(8.25)的后两式，可以解算出系数 $\boldsymbol{c}$，即

$$\boldsymbol{c} = [P_2(0, H)V(s)]^{-1} P_2(0, z_s) \frac{f_s}{s} \tag{8.26}$$

其中，下标 $({}_2)$ 指取矩阵 $\boldsymbol{P}$ 中的最后两行元素。将式(8.26)代入式(8.25)，则自由表面的形变为：

$$\begin{bmatrix} i u_1(z=0) \\ u_2(z=0) \end{bmatrix} = \boldsymbol{P}_1(0, H)\boldsymbol{V}(s) [\boldsymbol{P}_2(0, H)V(s)]^{-1} \boldsymbol{P}_2(0, z_s) \frac{f_s}{s} - \boldsymbol{P}_1(0, z_s) \frac{f_s}{s} \tag{8.27}$$

其中，下标 $({}_1)$ 指取矩阵 $\boldsymbol{P}$ 中的起始两行元素。

对于平面应变问题，矩阵 $\boldsymbol{V}(s)$ 的形式如下：

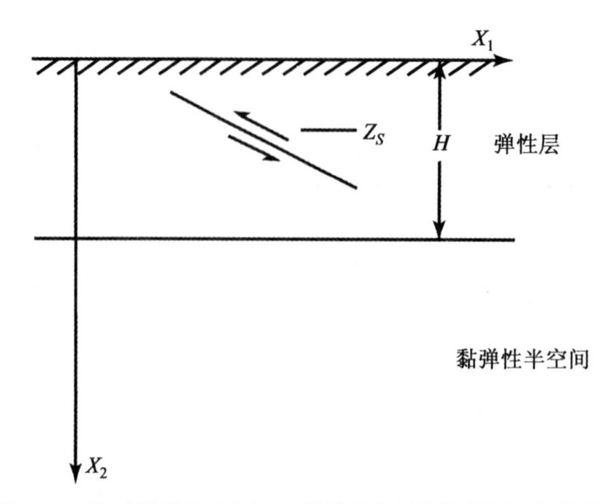

图 8.10　位于黏弹性半空间上弹性层中的倾滑断层几何结构图

$$\boldsymbol{V}=\begin{bmatrix} -(s+\beta) & -(s+\beta)[(1+Hk)(K\beta+s\lambda)+(2+HK)s\mu] \\ s+\beta & (s+\beta)\{-s\mu+Kk[K\beta+s(\lambda+\mu)]\} \\ -2ks\mu & -2ks\mu(1+Hk)[K\beta+s(\lambda+\mu)] \\ 2ks\mu & 2H\,k^2s\mu[K\beta+s(\lambda+\mu)] \end{bmatrix},\quad k<0 \tag{8.28}$$

以及

$$\boldsymbol{V}=\begin{bmatrix} -(s+\beta) & (s+\beta)[(1-Hk)(K\beta+s\lambda)+(2-HK)s\mu] \\ -(s+\beta) & -(s+\beta)\{s\mu+Kk[K\beta+s(\lambda+\mu)]\} \\ 2ks\mu & 2ks\mu(Hk-1)[K\beta+s(\lambda+\mu)] \\ 2ks\mu & 2H\,k^2s\mu[K\beta+s(\lambda+\mu)] \end{bmatrix},\quad k>0 \tag{8.29}$$

其中，K 为体积模量，即 $K=\lambda+2\mu/3$ 以及 k 为波数；和 §4.1 一样，β 为逆麦克斯韦松弛时间。

由于 $[\boldsymbol{P}_2(0,\ H)V(s)]$ 的行列式是 s 的三次多项式，因此式(8.27)可以写成：

$$\begin{bmatrix} i\,u_1(z=0,\ s) \\ u_2(z=0,\ s) \end{bmatrix}=\frac{\boldsymbol{P}_1(0,\ H)V(s)\ \mathrm{Adj}[\boldsymbol{P}_2(0,\ H)V(s)]\,\boldsymbol{P}_2(0,\ z_s)f_s}{as(s-s_1)(s-s_2)(s-s_3)}-\boldsymbol{P}_1(0,\ z_s)\frac{f_s}{s} \tag{8.30}$$

其中，$\mathrm{Adj}[\boldsymbol{P}_2(0,\ H)V(s)]$ 为矩阵 $[\boldsymbol{P}_2(0,\ H)V(s)]$ 的转置伴随矩阵；$s_i(i=1,\ 2,\ 3)$ 为行列式的根。

由于 $L^{-1}\left\{\frac{1}{s}\left(\frac{\beta}{s+\beta}\right)^n\right\}=1-\mathrm{e}^{-\beta t}\sum_{m=1}^{n}\frac{(\beta t)^{n-m}}{(n-m)!}$，对式(8.30)进行拉普拉斯逆变换，得到了形变在傅里叶域中的表达式，即

$$\begin{bmatrix} i\,u_1(z=0,\ t) \\ u_2(z=0,\ t) \end{bmatrix}=\frac{\boldsymbol{P}_1(0,\ H)V(s_1)\ \mathrm{Adj}[\boldsymbol{P}_2(0,\ H)V(s_1)]\,\boldsymbol{P}_2(0,\ z_s)f_s}{as(s-s_1)(s-s_2)(s-s_3)}\mathrm{e}^{s_1t}+$$

$$\frac{\boldsymbol{P}_1(0,\ H)V(s_2)\ \mathrm{Adj}[\boldsymbol{P}_2(0,\ H)V(s_2)]\boldsymbol{P}_2(0,\ z_s)f_s}{as(s-s_1)(s-s_2)(s-s_3)}\mathrm{e}^{s_2 t}+$$
$$\frac{\boldsymbol{P}_1(0,\ H)V(s_3)\ \mathrm{Adj}[\boldsymbol{P}_2(0,\ H)V(s_3)]\boldsymbol{P}_2(0,\ z_s)f_s}{as(s-s_1)(s-s_2)(s-s_3)}\mathrm{e}^{s_3 t}-$$
$$\frac{\boldsymbol{P}_1(0,\ H)V(0)\mathrm{Adj}[\boldsymbol{P}_2(0,\ H)V(0)]\boldsymbol{P}_2(0,\ z_s)}{a\,s_1\,s_2\,s_3}-\boldsymbol{P}_1(0,\ z_s)f_s \tag{8.31}$$

或者简写为

$$u_i(k,\ t)=u_i^e(k)H(t)+\sum_{n=1}^{3}\boldsymbol{Y}_i^{(n)}(H,\ k,\ x_s)(\mathrm{e}^{s_n t}-1) \tag{8.32}$$

其中，u_i^e 为弹性形变；$\boldsymbol{Y}_i^{(n)}(H,\ k,\ x_s)$ 为式(8.31)进行矩阵运算后的函数；H 为弹性层厚度；$H(t)$ 为单位阶跃函数；k 为波数；x_s 为源位错所在位置；s_n 为逆松弛时间。

这里给出了位于黏弹性半空间上弹性层内点源倾滑位错地表松弛形变解，如果想要获取有限宽度的倾滑断层所造成的地表松弛形变，则需要沿断层面对点源位错的解进行数值求和或者通过解析积分来求得。图 8.11 显示的是一个切割整个弹性层厚度的倾角为 30°

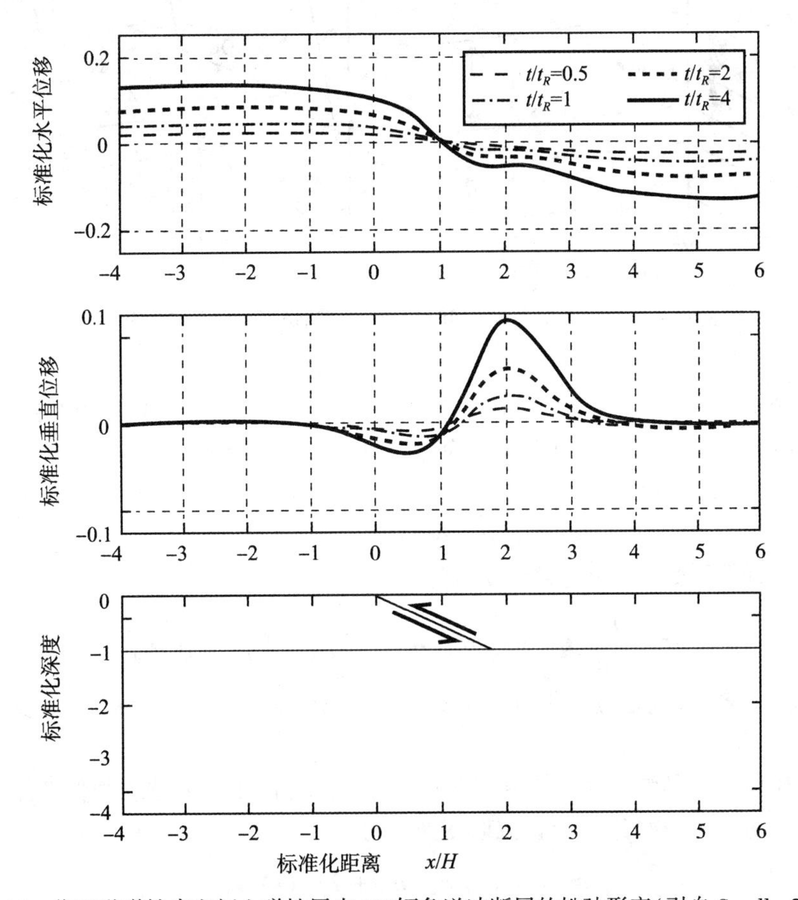

图 8.11 位于黏弹性半空间上弹性层内 30°倾角逆冲断层的松弛形变(引自 Segall，2010)

的逆冲断层所形成的震后松弛形变。从图 8.11 中可以看到，在上盘距断层 $x \geq H$ 位置处的地表形变是抬升状态，而在 $x \leq H$ 位置处的地表形变则表现为下沉形式。

8.5　三维断层的黏弹性响应

1976 年，Barker 最早给出了位于分层介质中三维断层由于断层错动在地面造成的地表形变的求解方法(Barker，1976)。根据该方法，Rundle(1978)和一些后续研究通过使用柱状向量谐函数对弹性场进行展开来获取分层半空间中的点源位错解，然后采用逼近方法来求取逆拉普拉斯变换。Mastu'ura 等(1981)将这些方法扩展到分层系统中并且考虑了密闭黏弹性层效应。

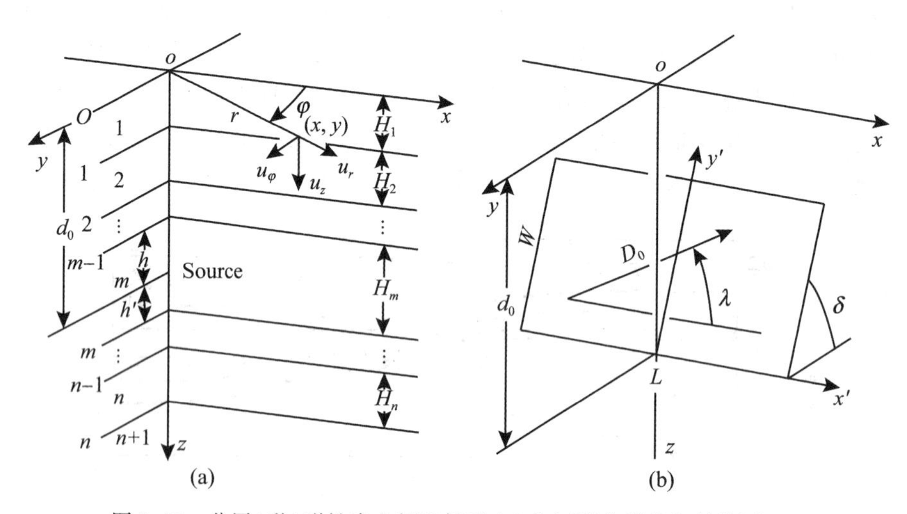

图 8.12　分层(黏)弹性半空间坐标系(a)和矩形位错几何结构图(b)

现有一个分层半空间(图 8.12(a))，它由 n 个平行、均匀和各向同性层覆盖在均匀、各向同性的基底上所组成，其中第 k 层为黏弹性体(麦克斯维尔体)以及其他层为标准弹性体。假定第 l 层的拉梅常数分别是 λ_l 和 μ_l，根据本构方程，对于弹性层有：

$$\boldsymbol{\sigma}_{ij} = \lambda_l \varepsilon_{mm} \boldsymbol{\delta}_{ij} + 2\mu_l \boldsymbol{\varepsilon}_{ij},\ l \neq k \tag{8.33}$$

以及对于黏滞系数为 η 的黏弹性层有：

$$\dot{\boldsymbol{\sigma}}_{ij} + \frac{\mu_k}{\eta}\left(\boldsymbol{\sigma}_{ij} - \frac{1}{3}\boldsymbol{\sigma}_{mm}\boldsymbol{\delta}_{ij}\right) = \lambda_k \dot{\boldsymbol{\varepsilon}}_{mm} \boldsymbol{\delta}_{ij} + 2\mu_k \dot{\boldsymbol{\varepsilon}}_{ij} \tag{8.34}$$

其中，$\boldsymbol{\sigma}_{ij}$、$\boldsymbol{\varepsilon}_{ij}$ 和 $\boldsymbol{\delta}_{ij}$ 分别是应力张量、应变张量和单位对角张量，上标(·)表示该项在时间上的微分。

根据对应原理，黏弹性体本构方程在拉普拉斯像空间中的表达式和弹性体的本构方程表达式一致，对式(8.34)进行拉普拉斯变换，有：

$$\bar{\boldsymbol{\sigma}}_{ij} = \bar{\lambda}_k(s)\, \bar{\varepsilon}_{mm} \boldsymbol{\delta}_{ij} + 2\bar{\mu}_k(s)\, \bar{\boldsymbol{\varepsilon}}_{ij} \tag{8.35}$$

其中，$\overline{\lambda}_k(s)=\dfrac{\lambda_k s+\mu_k K_k/\eta}{s+\mu_k/\eta}$；$\overline{\mu}_k(s)=\dfrac{\mu_k s}{s+\mu_k/\eta}$ 以及 K_k 为第 k 层的体积模量。

如图 8.12 所示，在柱坐标系（r，φ，z）下的分层弹性半空间内，有一个位于第 m 层中的点源位错，距上层边界的深度为 h，在 $t=0$ 时生了一个瞬时位错，其形式是单位阶跃函数，在这种情况下，地表形变 u_r、u_φ 和 u_z 可以表述为：

$$\begin{aligned}u_r(r,\varphi,t)=&\frac{u}{4\pi}H(t)\sum_{l=0}^{2}\Bigg[K_l(\varphi)\int_0^\infty\left\{U_{r,1}(\xi)\ \mathrm{e}^{-h\xi}+(-1)^l\ U_{r,2}(\xi)\ \mathrm{e}^{-h'\xi}\right\}\frac{\partial J_l(\xi r)}{\partial r}\mathrm{d}\xi\\&-L_l(\varphi)\int_0^\infty\left\{U_{r,3}(\xi)\ \mathrm{e}^{-h\xi}+(-1)^l\ U_{r,4}(\xi)\ \mathrm{e}^{-h'\xi}\right\}\frac{\partial J_l(\xi r)}{\partial r}\mathrm{d}\xi+\alpha_m h'L_l(\varphi)\\&\int_0^\infty\xi\left\{U_{r,1}(\xi)\ \mathrm{e}^{-h\xi}-(-1)^l\ U_{r,2}(\xi)\ \mathrm{e}^{-h'\xi}\right\}\frac{\partial J_l(\xi r)}{\partial r}\mathrm{d}\xi\Bigg]-\frac{u}{4\pi}H(t)\sum_{l=1}^{2}\\&\frac{\partial^2 L_l(\varphi)}{\partial\varphi^2}\int_0^\infty\left\{U_{\varphi,1}(\xi)\ \mathrm{e}^{-h\xi}-(-1)^l\ U_{\varphi,2}(\xi)\ \mathrm{e}^{-h'\xi}\right\}\frac{J_l(\xi r)}{r}\mathrm{d}\xi\end{aligned}\tag{8.36}$$

$$\begin{aligned}u_\varphi(r,\varphi,t)=&\frac{u}{4\pi}H(t)\sum_{l=0}^{2}\Bigg[\frac{\partial K_l(\varphi)}{\partial\varphi}\int_0^\infty\left\{U_{r,1}(\xi)\ \mathrm{e}^{-h\xi}+(-1)^l\ U_{r,2}(\xi)\ \mathrm{e}^{-h'\xi}\right\}\frac{J_l(\xi r)}{r}\mathrm{d}\xi\\&-\frac{\partial L_l(\varphi)}{\partial\varphi}\int_0^\infty\left\{U_{r,3}(\xi)\ \mathrm{e}^{-h\xi}+(-1)^l\ U_{r,4}(\xi)\ \mathrm{e}^{-h'\xi}\right\}\frac{J_l(\xi r)}{r}\mathrm{d}\xi+\alpha_m h'\frac{\partial L_l(\varphi)}{\partial\varphi}\\&\int_0^\infty\xi\left\{U_{r,1}(\xi)\ \mathrm{e}^{-h\xi}-(-1)^l\ U_{r,2}(\xi)\ \mathrm{e}^{-h'\xi}\right\}\frac{J_l(\xi r)}{r}\mathrm{d}\xi\Bigg]+\frac{u}{4\pi}H(t)\sum_{l=1}^{2}\frac{\partial L_l(\varphi)}{\partial\varphi}\\&\int_0^\infty\left\{U_{\varphi,1}(\xi)\ \mathrm{e}^{-h\xi}-(-1)^l\ U_{\varphi,2}(\xi)\ \mathrm{e}^{-h'\xi}\right\}\frac{\partial J_l(\xi r)}{\partial r}\mathrm{d}\xi\end{aligned}\tag{8.37}$$

$$\begin{aligned}u_z(r,\varphi,t)=&\frac{u}{4\pi}H(t)\sum_{l=0}^{2}\Big[K_l(\varphi)\int_0^\infty\left\{U_{z,1}(\xi)\ \mathrm{e}^{-h\xi}+(-1)^l\ U_{z,2}(\xi)\ \mathrm{e}^{-h'\xi}\right\}J_l(\xi r)\mathrm{d}\xi\\&-L_l(\varphi)\int_0^\infty\left\{U_{z,3}(\xi)\ \mathrm{e}^{-h\xi}+(-1)^l\ U_{z,4}(\xi)\ \mathrm{e}^{-h'\xi}\right\}J_l(\xi r)\mathrm{d}\xi+\alpha_m h'L_l(\varphi)\\&\int_0^\infty\xi\left\{U_{z,1}(\xi)\ \mathrm{e}^{-h\xi}-(-1)^l\ U_{z,2}(\xi)\ \mathrm{e}^{-h'\xi}\right\}J_l(\xi r)\mathrm{d}\xi\Big]\end{aligned}\tag{8.38}$$

其中，$\alpha_m=(\lambda_m+\mu_m)/(\lambda_m+2\mu_m)$；$h'=H_m-h$；$u$ 为最终的位错；$J_l(\xi r)$ 为第 l 阶贝塞尔函数；$H(t)$ 为 Heaviside 阶跃函数；H_m 为第 m 层的厚度；$K_0=(2+\alpha_m)\ a_0$，$K_0=a_1$，$K_0=(2-\alpha_m)\ a_2$，$L_0=3\,a_0$，$L_1=a_1$ 和 $L_2=a_2$；而 a_l 是倾角（δ）、走向角（λ）和方位角（φ）的函数，定义为：

$$\left.\begin{aligned}a_0&=\frac{1}{4}\sin\lambda\sin2\delta\\a_1&=\cos\lambda\cos\delta\cos\varphi-\sin\lambda\cos2\delta\sin\varphi\\a_2&=\frac{1}{4}\sin\lambda\sin2\delta cos2\varphi+\frac{1}{2}\cos\lambda\sin\delta\sin2\varphi\end{aligned}\right\}\tag{8.39}$$

式(8.36)、式(8.37)和式(8.38)中的 $U_{r(\varphi,\ z),\ j}(\xi)$ 称为核函数，表示分层效应，具体形式如下：

1. $U_{r(z),j}(j=1, \cdots, 4)$ 的表达式

$$\left.\begin{aligned}
U_{r(z),1} &= \frac{1}{\Delta}\{\Delta_{r(z),1}+\Delta_{r(z),2}+\Delta_{r(z),3}+\Delta_{r(z),4}\}\ \mathrm{e}^{-\sum_{j=1}^{m-1}\beta_j}\prod_{j=1}^{m}C_j \\
U_{r(z),1} &= \frac{1}{\Delta}\{-\Delta_{r(z),1}+\Delta_{r(z),2}+\Delta_{r(z),3}-\Delta_{r(z),4}\}\ \mathrm{e}^{-\sum_{j=1}^{m-1}\beta_j}\prod_{j=1}^{m}C_j \\
U_{r(z),1} &= \frac{1}{\Delta}\{(2-\alpha_m)\Delta_{r(z),2}+(1-\alpha_m)\Delta_{r(z),3}+\Delta_{r(z),4}\}\ \mathrm{e}^{-\sum_{j=1}^{m-1}\beta_j}\prod_{j=1}^{m}C_j \\
U_{r(z),1} &= \frac{1}{\Delta}\{(2-\alpha_m)\Delta_{r(z),2}+(1-\alpha_m)\Delta_{r(z),3}-\Delta_{r(z),4}\}\ \mathrm{e}^{-\sum_{j=1}^{m-1}\beta_j}\prod_{j=1}^{m}C_j
\end{aligned}\right\} \tag{8.40}$$

其中，$\left.\begin{aligned}\Delta &= (P_{11}+P_{21})(P_{32}+P_{42})-(P_{12}+P_{22})(P_{31}+P_{41}) \\ \Delta_{r,j} &= (P_{32}+P_{42})(Q_{1j}+Q_{2j})-(P_{12}+P_{22})(Q_{3j}+Q_{4j}) \\ \Delta_{z,j} &= (P_{11}+P_{21})(Q_{3j}+Q_{4j})-(P_{31}+P_{41})(Q_{1j}+Q_{2j})\end{aligned}\right\}$；$\beta_j=\xi H_j$ 以及 $C_j=\frac{1}{2}(1+\mathrm{e}^{-2\beta_j})$。这里，$P_{ij}$ 和 Q_{ij} 是 4 × 4 矩阵中的 ij 元素，即 $\boldsymbol{P}=[P_{ij}]$ 及 $\boldsymbol{Q}=[Q_{ij}]$，定义为：

$$\left.\begin{aligned}
\boldsymbol{P} &= \boldsymbol{E}_{n+1}\cdot\boldsymbol{D}_n\cdot\boldsymbol{F}_n\cdots\boldsymbol{D}_1\cdot\boldsymbol{F}_1 \\
\boldsymbol{Q} &= \boldsymbol{E}_{n+1}\cdot\boldsymbol{D}_n\cdot\boldsymbol{F}_n\cdots\boldsymbol{D}_{m+1}\cdot\boldsymbol{F}_{m+1}\cdot\boldsymbol{D}_m
\end{aligned}\right\} \tag{8.41}$$

其中，$\boldsymbol{E}_{n+1}=\begin{bmatrix}1 & 0 & 0 & 0\\ 0 & \alpha_{n+1}-1 & 2-\alpha_{n+1} & 0\\ -1 & 0 & 0 & 1\\ 0 & 1 & -1 & 0\end{bmatrix}$；$\boldsymbol{D}_j=\begin{bmatrix}1 & 0 & 0 & 0\\ 0 & 1 & 0 & 0\\ 0 & 0 & \delta_j & 0\\ 0 & 1 & 0 & \delta_j\end{bmatrix}$；

$\boldsymbol{F}_j=\begin{bmatrix}1+\alpha_j\beta_jT_j & \alpha_j(T_j-\beta_j)-T_j & \alpha_j(\beta_j-T_j)T_j & -\alpha_j\beta_jT_j\\ \alpha_j(\beta_j+T_j)-T_j & 1-\alpha_j\beta_jT_j & \alpha_j\beta_jT_j & 2T_j-\alpha_j(\beta_j+T_j)\\ \alpha_j(\beta_j+T_j) & -\alpha_j\beta_jT_j & 1+\alpha_j\beta_jT_j & T_j-\alpha_j(\beta_j+T_j)\\ \alpha_j\beta_jT_j & \alpha_j(T_j-\beta_j) & \alpha_j(\beta_j-T_j)+T_j & 1-\alpha_j\beta_jT_j\end{bmatrix}$，这里 $\alpha_j=(\lambda_j+\mu_j)/(\lambda_j+2\mu_j)$，$\delta_j=\mu_j/\mu_{j+1}$ 和 $T_j=\tanh\beta_j$。

2. $U_{\varphi,j}(j=1, 2)$ 的表达式

$$\left.\begin{aligned}
U_{\varphi,1} &= \frac{1}{(P'_{11}+P'_{21})}\{(Q'_{11}+Q'_{21})+(Q'_{12}+Q'_{22})\}\ \mathrm{e}^{-\sum_{j=1}^{m-1}\beta_j}\prod_{j=1}^{m}C_j \\
U_{\varphi,2} &= \frac{1}{(P'_{11}+P'_{21})}\{(Q'_{11}+Q'_{21})-(Q'_{12}+Q'_{22})\}\ \mathrm{e}^{-\sum_{j=1}^{m-1}\beta_j}\prod_{j=1}^{m}C_j
\end{aligned}\right\} \tag{8.42}$$

其中，P'_{ij} 和 Q'_{ij} 是 4 × 4 矩阵中的 ij 元素，即 $\boldsymbol{P}'=[P'_{ij}]$ 及 $\boldsymbol{Q}'=[Q'_{ij}]$，定义为：

$$\left.\begin{aligned}
\boldsymbol{P}' &= \boldsymbol{D}'_n\cdot\boldsymbol{F}'_n\cdots\boldsymbol{D}'_1\cdot\boldsymbol{F}'_1 \\
\boldsymbol{Q}' &= \boldsymbol{D}'_n\cdot\boldsymbol{F}'_n\cdots\boldsymbol{D}'_{m+1}\cdot\boldsymbol{F}'_{m+1}\cdot\boldsymbol{D}'_m
\end{aligned}\right\} \tag{8.43}$$

其中，$\boldsymbol{D}'_j=\begin{bmatrix}1 & 0\\ 0 & \delta_j\end{bmatrix}$ 以及 $\boldsymbol{D}'_j=\begin{bmatrix}1 & T_j\\ T_j & 1\end{bmatrix}$。

上面给出了弹性分层半空间的解，下面来考虑本节最初给出的黏弹性半空间的情况，即第 k 层为黏弹性的麦克斯维尔体，并且假定点源位错源发生在脆性的第 $m(m\neq k)$ 层弹性层中。根据对应原理，为了求得黏弹性体的解，需要对弹性问题的解进行拉普拉斯变换，即将拉梅常数 λ_k 和 μ_k 变换成与复频率 s 相关的量 $\bar{\lambda}_k(s)$ 和 $\bar{\mu}(s)_k$。同时，α_k 和 δ_k 的拉普拉斯变换可以写成：

$$\left.\begin{aligned}\bar{\alpha}_k(s)&=\alpha_k\left(1+\frac{1-\alpha_k}{\alpha_k}\frac{\kappa}{\tau s+\kappa}\right)\\ \bar{\delta}_{k-1}(s)&=\delta_{k-1}\left(1+\frac{1}{\tau s}\right)\\ \bar{\delta}_k(s)&=\delta_k\left(1-\frac{1}{\tau s+1}\right)\end{aligned}\right\}\tag{8.44}$$

其中，$1/\tau=\mu_k/\eta$；$\kappa=(\lambda_k+\frac{2}{3}\mu_k)/(\lambda_k+2\mu_k)$。

由于式(8.36)、式(8.37)和式(8.38)中除了核函数 $U_{r(\varphi,z),j}(\xi)$ 外的其他项均不含拉梅常数，因此，它们的黏弹性解中与复频率相关的就仅包括源时间函数 $H(t)$ 的拉普拉斯变换以及对应核函数 $\bar{U}_{r(\varphi,z),j}(s,\xi)$。其中 $H(t)$ 的拉普拉斯变换为 $1/s$，$\bar{U}_{r(\varphi,z),j}(s,\xi)$ 的具体形式如下：

1. $\bar{U}_{r(z),j}(j=1,\cdots,4)$ 的表达式

$\bar{U}_{r(z),j}(j=1,\cdots,4)$ 表达式中与复频率相关的有 $\bar{\boldsymbol{P}}(s)=[\bar{P}_{ij}(s)]$ 和 $\bar{\boldsymbol{Q}}(s)=[\bar{Q}_{ij}(s)]$，它们分别对应于弹性问题中的 $\boldsymbol{P}$ 和 $\boldsymbol{Q}$，具体形式为：

a)基底为弹性半空间时（$k<n+1$）

$$\left.\begin{aligned}\bar{\boldsymbol{P}}(s)&=\boldsymbol{P}^{(0)}+\frac{1}{\tau s}\boldsymbol{P}^{(1)}+\frac{1}{\tau s+1}\boldsymbol{P}^{(2)}+\frac{1}{\tau s+\kappa}\boldsymbol{P}^{(3)}\\ \bar{\boldsymbol{Q}}(s)&=\boldsymbol{Q}^{(0)}+\frac{1}{\tau s}\boldsymbol{Q}^{(1)}+\frac{1}{\tau s+1}\boldsymbol{Q}^{(2)}+\frac{1}{\tau s+\kappa}\boldsymbol{Q}^{(3)}\end{aligned}\right\}\tag{8.45}$$

其中，$\boldsymbol{P}^{(0)}$ 和 $\boldsymbol{Q}^{(0)}$ 与式(8.41)的 $\boldsymbol{P}$ 和 $\boldsymbol{Q}$ 一样，其他项定义为

$$\left.\begin{aligned}\boldsymbol{P}^{(i)}&=\boldsymbol{E}_{n+1}\cdot\boldsymbol{D}_n\cdot\boldsymbol{F}_n\cdots\boldsymbol{D}_k\cdot\boldsymbol{F}_k^{(i)}\cdot\boldsymbol{D}_{k-1}\cdots\boldsymbol{D}_1\cdot\boldsymbol{F}_1,\ (i=1,2,3)\\ \boldsymbol{Q}^{(i)}&=\boldsymbol{E}_{n+1}\cdot\boldsymbol{D}_n\cdot\boldsymbol{F}_n\cdots\boldsymbol{D}_k\cdot\boldsymbol{F}_k^{(i)}\cdot\boldsymbol{D}_{k-1}\cdots\boldsymbol{D}_{m+1}\cdot\boldsymbol{F}_{m+1}\cdot\boldsymbol{D}_m,\ (i=1,2,3)\end{aligned}\right\}\tag{8.46}$$

其中，$\boldsymbol{F}_k^{(1)}=\begin{bmatrix}0 & 0 & \beta_k+T_k & -\beta_kT_k\\ 0 & 0 & \beta_kT_k & T_k-\beta_k\\ 0 & 0 & 0 & 0\\ 0 & 0 & 0 & 0\end{bmatrix}$；$\boldsymbol{F}_k^{(2)}=\frac{1}{4}\begin{bmatrix}0 & 0 & 0 & 0\\ 0 & 0 & 0 & 0\\ -\beta_k-T_k & \beta_kT_k & 0 & 0\\ -\beta_kT_k & \beta_k-T_k & 0 & 0\end{bmatrix}$；

$$F_k^{(3)}=(1-\alpha_k)\kappa\times\begin{bmatrix}\beta_kT_k & T_k-\beta_k & (\kappa-1)(\beta_k-T_k)/\kappa & -(\kappa-1)\beta_kT_k/\kappa\\ \beta_k+T_k & -\beta_kT_k & \beta_kT_k & -(\kappa-1)(T_k-\beta_k)/\kappa\\ \kappa(\beta_k+T_k)/(\kappa-1) & -\kappa\beta_kT_k/(\kappa-1) & \beta_kT_k & -\beta_k-T_k\\ \kappa\beta_kT_k/(\kappa-1) & \kappa(T_k-\beta_k)/(\kappa-1) & \beta_k-T_k & -\beta_kT_k\end{bmatrix}$$

这里需要特别注意，如果点源位错位于比黏弹性层更深的位置（$k<m$），矩阵 $\boldsymbol{Q}^{(i)}(i=1,2,3)$ 将会消失，这个时候 $\overline{\boldsymbol{Q}}(s)=\boldsymbol{Q}$。

b)基底为黏弹性半空间时（$k=n+1$）

$$\left.\begin{aligned}\overline{\boldsymbol{P}}(s)&=\boldsymbol{P}^{(0)}+\frac{1}{\tau s}\boldsymbol{P}^{(1)}+\frac{1}{\tau s+\kappa}\boldsymbol{P}^{(3)}\\ \overline{\boldsymbol{Q}}(s)&=\boldsymbol{Q}^{(0)}+\frac{1}{\tau s}\boldsymbol{Q}^{(1)}+\frac{1}{\tau s+\kappa}\boldsymbol{Q}^{(3)}\end{aligned}\right\}\tag{8.47}$$

其中，$\boldsymbol{P}^{(0)}$ 和 $\boldsymbol{Q}^{(0)}$ 与式(8.41)的 $\boldsymbol{P}$ 和 $\boldsymbol{Q}$ 一样，其他各项定义为：

$$\left.\begin{aligned}\boldsymbol{P}^{(i)}&=\boldsymbol{E}_{n+1}^{(i)}\cdot\boldsymbol{D}_n\cdot\boldsymbol{F}_n\cdots\boldsymbol{D}_1\cdot\boldsymbol{F}_1,\ (i=1,3)\\ \boldsymbol{Q}^{(i)}&=\boldsymbol{E}_{n+1}^{(i)}\cdot\boldsymbol{D}_n\cdot\boldsymbol{F}_n\cdots\boldsymbol{D}_{m+1}\cdot\boldsymbol{F}_{m+1}\cdot\boldsymbol{D}_m,\ (i=1,3)\end{aligned}\right\}\tag{8.48}$$

其中，$\boldsymbol{E}_{n+1}^{(1)}=\begin{bmatrix}0&0&0&0\\0&0&0&0\\0&0&1&0\\0&0&0&1\end{bmatrix}$；$\boldsymbol{E}_{n+1}^{(3)}=(1-\alpha_{n+1})\kappa\begin{bmatrix}0&0&0&1\\0&0&(1-\kappa)/\kappa&0\\0&0&0&0\\0&0&0&0\end{bmatrix}$。

然后，将式(8.40)中的 $\boldsymbol{P}$ 和 $\boldsymbol{Q}$ 替换成 $\overline{\boldsymbol{P}}(s)$ 和 $\overline{\boldsymbol{Q}}(s)$ 就得到了拉普拉斯像空间中的核函数 $\overline{U}_{r(z),j}(s,\xi)$。

2. $\overline{U}_{\varphi,j}(j=1,2)$ 的表达式

类似的，核函数 $\overline{U}_{\varphi,j}(j=1,2)$ 中与复频率 s 相关的量包括有 $\overline{\boldsymbol{P}}'(s)=[\overline{P}'_{ij}(s)]$ 和 $\overline{\boldsymbol{Q}}'(s)=[\overline{Q}'_{ij}(s)]$，它们分别对应于弹性问题中的 $\boldsymbol{P}'$ 和 $\boldsymbol{Q}'$，具体形式为：

a)基底为弹性半空间时（$k<n+1$）

$$\left.\begin{aligned}\overline{\boldsymbol{P}}'(s)&=\boldsymbol{P}'^{(0)}+\frac{1}{\tau s}\boldsymbol{P}'^{(1)}+\frac{1}{\tau s+1}\boldsymbol{P}'^{(2)}\\ \overline{\boldsymbol{Q}}'(s)&=\boldsymbol{Q}'^{(0)}+\frac{1}{\tau s}\boldsymbol{Q}'^{(1)}+\frac{1}{\tau s+1}\boldsymbol{Q}'^{(2)}\end{aligned}\right\}\tag{8.49}$$

其中，$\boldsymbol{P}'^{(0)}$ 和 $\boldsymbol{Q}'^{(0)}$ 与式(8.43)的 $\boldsymbol{P}'$ 和 $\boldsymbol{Q}'$ 一样，其他各项定义为：

$$\left.\begin{aligned}\boldsymbol{P}'^{(i)}&=\boldsymbol{D}'_n\cdot\boldsymbol{F}'_n\cdots\boldsymbol{D}'_k\cdot\boldsymbol{F}'_k\cdot\boldsymbol{D}'_{k-1}\cdots\boldsymbol{D}'_1\cdot\boldsymbol{F}'_1,\ (i=1,2)\\ \boldsymbol{Q}'^{(i)}&=\boldsymbol{D}'_n\cdot\boldsymbol{F}'_n\cdots\boldsymbol{D}'_k\cdot\boldsymbol{F}'_k\cdot\boldsymbol{D}'_{k-1}\cdots\boldsymbol{D}'_{m+1}\cdot F'_m\cdot\boldsymbol{D}'_m,\ (i=1,2)\end{aligned}\right\}\tag{8.50}$$

其中，$\boldsymbol{F}_k'^{(1)}=\begin{bmatrix}0&T_k\\0&0\end{bmatrix}$，$\boldsymbol{F}_k'^{(1)}=\begin{bmatrix}0&0\\T_k&0\end{bmatrix}$。这里同样需要注意，如果点源位错位于比黏弹性层更深的位置（$k<m$），矩阵 $\boldsymbol{Q}'^{(i)}=(i=1,2)$ 将会消失，这时 $\overline{\boldsymbol{Q}}'(s)=\boldsymbol{Q}'$。

b)基底为黏弹性半空间时（$k=n+1$）

$$\left.\begin{aligned}\bar{\boldsymbol{P}}'(s)=\boldsymbol{P}'^{(0)}+\frac{1}{\tau s}\boldsymbol{P}'^{(1)}\\ \bar{\boldsymbol{Q}}'(s)=\boldsymbol{Q}'^{(0)}+\frac{1}{\tau s}\boldsymbol{Q}'^{(1)}\end{aligned}\right\}\tag{8.51}$$

其中，$\boldsymbol{P}'^{(0)}$ 和 $\boldsymbol{Q}'^{(0)}$ 与式(8.43)的 $\boldsymbol{P}'$ 和 $\boldsymbol{Q}'$ 一样，其他各项定义为

$$\left.\begin{aligned}\boldsymbol{P}'^{(1)}=\boldsymbol{I}'^{(1)}_{n+1}\cdot\boldsymbol{D}'_n\cdot\boldsymbol{F}'_n\cdots\boldsymbol{D}'_1\cdot\boldsymbol{F}'_1,\ (i=1,\ 2)\\ \boldsymbol{Q}'^{(1)}=\boldsymbol{I}'^{(1)}_{n+1}\cdot\boldsymbol{D}'_n\cdot\boldsymbol{F}'_n\cdots\boldsymbol{D}'_{m+1}\cdot\boldsymbol{F}'_m\cdot\boldsymbol{D}'_m,\ (i=1,\ 2)\end{aligned}\right\}\tag{8.52}$$

其中 $\boldsymbol{I}'^{(1)}_{n+1}=\begin{bmatrix}0&0\\0&1\end{bmatrix}$。

然后，将式(8.42)中的 $\boldsymbol{P}'$ 和 $\boldsymbol{Q}'$ 替换成 $\bar{\boldsymbol{P}}'(s)$ 和 $\bar{\boldsymbol{Q}}'(s)$ 就得到了拉普拉斯像空间中的核函数 $\bar{U}_{\varphi,\ j}(s,\ \xi)$。

最终的黏弹性解需要将式(8.36)、式(8.37)和式(8.38)中的核函数 $U_{r(\varphi,\ z),\ j}(\xi)$ 和单位阶跃函数 $H(t)$ 替换成它们的拉普拉斯变换式 $\bar{U}_{r(\varphi,\ z),\ j}(\xi)$ 和 $1/s$。拉普拉斯像空间中的黏弹性解 $\bar{W}_{r(\varphi,\ z),\ j}(s,\ \xi)$ 形式如下：

$$\left.\begin{aligned}\bar{W}_{r(z),\ j}(s,\ \xi)\equiv\frac{1}{s}\bar{U}_{r(z),\ j}(\xi),\ (j=1,\ \cdots,\ 4)\\ \bar{W}_{\varphi,\ j}(s,\ \xi)\equiv\frac{1}{s}\bar{U}_{\varphi,\ j}(\xi),\ (j=1,\ 2)\end{aligned}\right\}\tag{8.53}$$

对式(8.53)作拉普拉斯逆变换，就可以得到该问题与时间相关的黏弹性解 $W_{r(\varphi,\ z),\ j}(t,\ \xi)$，对该解在时间域上进行积分，则总形变 $w_{r(\varphi,\ z)}$ 可以写成：

$$w_{r(\varphi,\ z)}(r,\ \varphi,\ t)=u_{r(\varphi,\ z)}(r,\ \varphi,\ t)+v_{r(\varphi,\ z)}(r,\ \varphi,\ t)\tag{8.54}$$

其中，$u_{r(\varphi,\ z)}(r,\ \varphi,\ t)$ 的表达式与式(8.36)、式(8.37)和式(8.38)一致，而 $v_{r(\varphi,\ z)}(r,\ \varphi,\ t)$ 的形式如下：

$$\begin{aligned}v_r(r,\ \varphi,\ t)=&\frac{D_0}{4\pi}H(t)\sum_{l=0}^{2}\left[K_l(\varphi)\int_0^{\infty}\{V_{r,\ 1}(t,\ \xi)\mathrm{e}^{-h\xi}+(-1)^l V_{r,\ 2}(t,\ \xi)\mathrm{e}^{-h'\xi}\}\frac{\partial J_l(\xi r)}{\partial r}\mathrm{d}\xi\right.\\&-L_l(\varphi)\int_0^{\infty}\{V_{r,\ 3}(t,\ \xi)\mathrm{e}^{-h\xi}+(-1)^l V_{r,\ 4}(t,\ \xi)\mathrm{e}^{-h'\xi}\}\frac{\partial J_l(\xi r)}{\partial r}\mathrm{d}\xi+\\&\left.\alpha_m h'L_l(\varphi)\int_0^{\infty}\xi\{V_{r,\ 1}(t,\ \xi)\mathrm{e}^{-h\xi}-(-1)^l V_{r,\ 2}(t,\ \xi)\mathrm{e}^{-h'\xi}\}\frac{\partial J_l(\xi r)}{\partial r}\mathrm{d}\xi\right]-\\&\frac{D_0}{4\pi}H(t)\sum_{l=1}^{2}\frac{\partial^2 L_l(\varphi)}{\partial\varphi^2}\int_0^{\infty}\{V_{\varphi,\ 1}(t,\ \xi)\mathrm{e}^{-h\xi}-(-1)^l V_{\varphi,\ 2}(t,\ \xi)\mathrm{e}^{-h'\xi}\}\frac{J_l(\xi r)}{r}\mathrm{d}\xi\end{aligned}\tag{8.55}$$

$$\begin{aligned}v_\varphi(r,\ \varphi,\ t)=&\frac{D_0}{4\pi}H(t)\sum_{l=0}^{2}\left[\frac{\partial K_l(\varphi)}{\partial\varphi}\int_0^{\infty}\{V_{r,\ 1}(t,\ \xi)\mathrm{e}^{-h\xi}+(-1)^l V_{r,\ 2}(t,\ \xi)\mathrm{e}^{-h'\xi}\}\right.\\&\frac{J_l(\xi r)}{r}\mathrm{d}\xi-\frac{\partial L_l(\varphi)}{\partial\varphi}\int_0^{\infty}\{V_{r,\ 3}(t,\ \xi)\mathrm{e}^{-h\xi}+(-1)^l V_{r,\ 4}(t,\ \xi)\mathrm{e}^{-h'\xi}\}\frac{J_l(\xi r)}{r}\mathrm{d}\xi+\end{aligned}$$

$$\alpha_m h' \frac{\partial L_l(\varphi)}{\partial \varphi} \int_0^{\infty} \xi \{ V_{r,1}(t, \xi) e^{-h\xi} - (-1)^l V_{r,2}(t, \xi) e^{-h'\xi} \} \frac{J_l(\xi r)}{r} d\xi \Bigg] +$$

$$\frac{D_0}{4\pi} H(t) \sum_{l=1}^{2} \frac{\partial L_l(\varphi)}{\partial \varphi} \int_0^{\infty} \{ V_{\varphi,1}(t, \xi) e^{-h\xi} - (-1)^l V_{\varphi,2}(t, \xi) e^{-h'\xi} \}$$

$$\frac{\partial J_l(\xi r)}{\partial r} d\xi \tag{8.56}$$

$$v_z(r, \varphi, t) = \frac{D_0}{4\pi} H(t) \sum_{l=0}^{2} \Bigg[K_l(\varphi) \int_0^{\infty} \{ V_{z,1}(t, \xi) e^{-h\xi} + (-1)^l V_{z,2}(t, \xi) e^{-h'\xi} \} \frac{\partial J_l(\xi r)}{\partial r} d\xi -$$

$$L_l(\varphi) \int_0^{\infty} \{ V_{z,3}(t, \xi) e^{-h\xi} + (-1)^l V_{z,4}(t, \xi) e^{-h'\xi} \} \frac{\partial J_l(\xi r)}{\partial r} d\xi + \alpha_m h' L_l(\varphi)$$

$$\int_0^{\infty} \xi^2 \{ V_{z,1}(t, \xi) e^{-h\xi} - (-1)^l V_{z,2}(t, \xi) e^{-h'\xi} \} J_l(\xi r) d\xi \Bigg] \tag{8.57}$$

其中，$V_{r(\varphi,z),j}(t, \xi)$ 的具体含义请参考 *Matsu'ura* 等(1981)的文献。

以上为柱坐标系下点源位错形成的地表形变场的表达式，而对于位于笛卡尔坐标系 (x, y, z) 下位错(图 8.12(b))造成的地表形变，则可以通过坐标变换来实现，其变换公式为：

$$\begin{bmatrix} w_x \\ w_y \\ w_z \end{bmatrix} = \begin{bmatrix} \cos\varphi & -\sin\varphi & 0 \\ \sin\varphi & \cos\varphi & 0 \\ 0 & 0 & 1 \end{bmatrix} \begin{bmatrix} w_r \\ w_\varphi \\ w_z \end{bmatrix} \tag{8.58}$$

其中，$r = \sqrt{x^2 + y^2}$；$\cos\varphi = x/r$ 和 $\sin\varphi = y/r$。

现有位于笛卡尔坐标系下的矩形断层(图 8.12(b))，它展布在弹性层中，长度为 L，宽度为 W，断层面坐标系为笛卡尔坐标系 (x', y')。该断层造成的地表形变的计算可以先将点源位错公式中 r，$\cos\varphi$，$\sin\varphi$ 和 h 等变量替换成 $r' = \sqrt{(x - x')^2 + (y + y'\cos\delta)^2}$，$(x - x')/r'$，$(y + y'\cos\delta)/r'$ 和 $h - y'\sin\delta$；然后对 x' 从 $-L/2$ 到 $-L/2$，y' 从 0 到 W 进行积分，最后给出的笛卡尔坐标系中的地表形变为：

$$w_{x(y,z)}(x, y) = \int_{-L/2}^{L/2} \int_0^{W} w'_{x(y,z)}(x, y, x', y') d y' d x' \tag{8.59}$$

该积分公式的具体求解过程请参考 Sato 和 Matsu'ura(1973)的文献。

下面给出了三种不同黏弹性模型的矩形断层运动所造成的地表形变模式。模型的结构和黏弹性参数见图 8.13，所采用的矩形断层是一个逆冲、左旋走滑断层，其倾角 $\delta = 30°$，走向角 $\lambda = 45°$，长度 $L = 120$km，宽度 $W = 60$km 和底部埋深 $d = 40$km。该断层错动在三种黏弹性模型中所造成的垂直形变场见图 8.14。从图 8.14 中可以看到，模型 II 和 III 的形变模式与模型 I 的区别很大。对模型 I 而言，主导形变是中央部分的下沉；而在模型Ⅱ和Ⅲ中，抬升和下沉形变都很明显，分别位于断层的右上和左下位置。

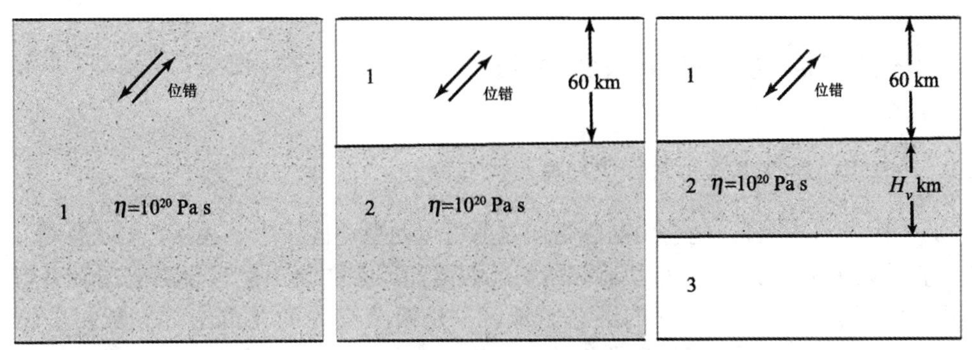

(a)模型Ⅰ：黏弹性半空间　(b)模型Ⅱ：两层模型（黏弹性半空间上覆弹性层）　(c)模型Ⅲ：三层模型（黏弹性层上覆弹性层）

图 8.13　三种不同黏弹性模型结构图

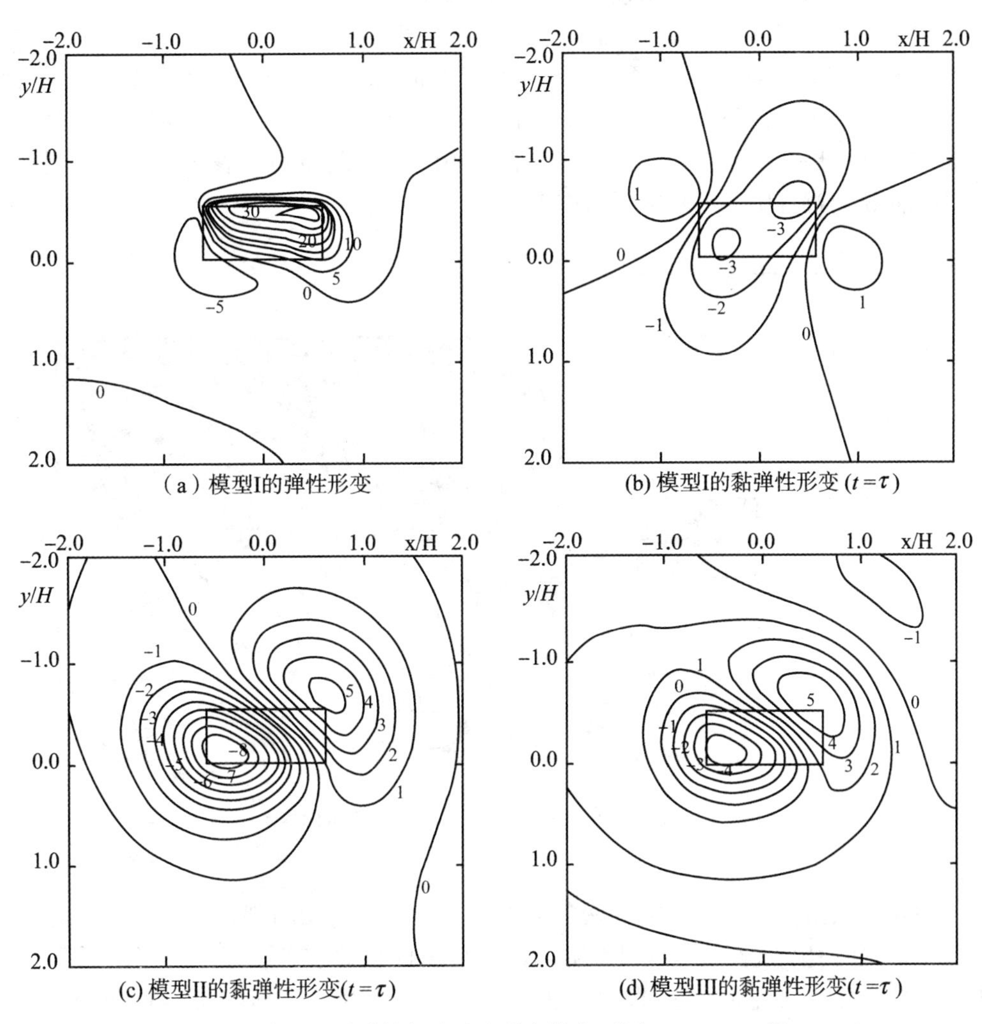

(a) 模型I的弹性形变　(b) 模型I的黏弹性形变 $(t=\tau)$

(c) 模型II的黏弹性形变 $(t=\tau)$　(d) 模型III的黏弹性形变 $(t=\tau)$

图 8.14　矩形断层的黏弹性松弛垂直形变模式(引自 Matsu'ura 等，1981)

8.6 塔里木盆地的黏滞系数反演

8.6.1 2001 年 Mw 7.8 级可可西里地震及构造背景

2001 年 11 月 14 日，昆仑山断裂带西端的可可西里地区发生了 Mw 7.8 级地震，该断裂带一直被认为是印度-欧亚板块碰撞所引起西藏高原东向挤出过程中形成的大型走滑断裂。昆仑山断裂位于西藏北部的昆仑山地区，是西藏高原的北部边界，断裂全长为约 1 500 km(图 8.15)。昆仑山断裂带起始于高海拔、低起伏的高原地区，延伸至以南北向高山山脉和山内盆地为特征的东部区域。该断裂同时还是沿昆仑山构造区的松潘-甘孜-可可西里地台的北部边界。基于卫星影像、宇宙射线测年、放射性碳测年和探槽测量的研究表明昆仑山断裂第四纪的平均滑动速率为 10~20 mm/a(Lin 等，2006)。使用更新世晚期至全新世期间的河流沉积偏移^{14}C 测年资料，Kirby 等(2007)认为昆仑山断层东段~150 km 区域内的滑动速率从>10 mm/a 逐步减小到小于 2 mm/a。自 20 世纪 90 年代开始的 GPS 观测表明昆仑山断裂是一条具有 10~20 mm/a 滑动速率的大型左旋走滑断层。地质学观测和 GPS 数据均认为昆仑山断裂带的活动速率在约 10 mm/a 的量级，表明昆仑山断裂在西藏中部的东向挤出过程中发挥着重要的作用。

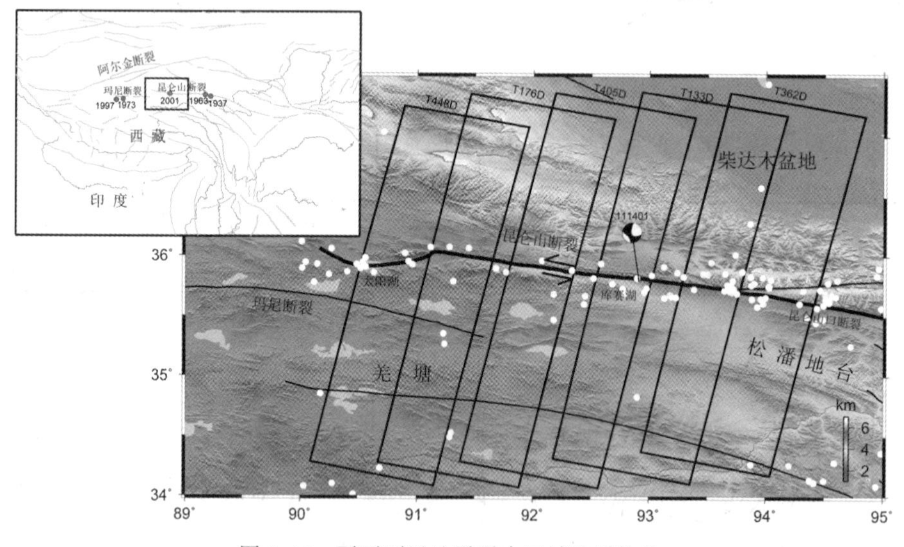

图 8.15　可可西里地震震中区域地质构造

昆仑山断裂是世界上地震活动密集的大型左旋走滑活动断裂之一。在过去的一百年间，除 2001 年发生在昆仑山断裂库赛湖段的可可西里地震外，还孕育了一系列的强震(M>7)(图 8.15 小图中的深色圆圈)。1963 年 Ms 7.0 级阿兰湖地震和 1937 年 M 7.5 级东溪措地震发生在昆仑山断裂的中段。1973 年 Ms 7.3 级玛尼地震发生在玛尼断层的西端，其地表破裂长度不明。但是其后发生的 1997 年玛尼 Ms 7.6 级地震发生在靠近昆仑山断裂西端的玛尼断裂上，地震的破裂长度为 180 km，最大左旋滑动量约 7 m(Funning 等，2007)。此外，基于探槽测量和地貌特征偏移的研究表明，昆仑山断裂的强震复发周期为 300~400 年(Lin 等，2006)。

2001 年可可西里地震的地表破裂长度约为 426 km，自震中位置(35.9°N，90.5°E)起至昆仑山口断层的起始处(35.6°N，94.5°E)(Xu 等，2006)。地震波初始形成于太阳湖西侧，即昆仑山断层西端马尾系统中的次级走滑断层处。然后向东传播，产生一个 45 km 长和 10 km 宽的拉张破裂后与并入昆仑山断裂的主支部分；地震波沿昆仑山南麓继续向前传播至昆仑山口断层，终止于 95°E 的位置。在地面考察的研究中，Xu 等(2006)发现最大的水平左旋同震形变发生在(35.767°N，93.323°E)的位置，量级达到 7.6 m。基于 1 m 分辨率的 IKONOS 和 0.61 m 的 Quickbird 卫星影像的分析表明同震走滑量在 2 m 至 16.7 m 之间，大部分滑动量分布在 3~8 m。Lasserre 等(2005)使用 4 轨相邻的 ERS-2 卫星影像基于分布式滑动模型给出的最大左旋滑动量约为 8 m，发生位置为地下 0 至 5 km 处(图 8.16)。无论是从破裂长度，还是从最大同震位移来说，可可西里地震都是有记录以来发生的最大的走滑型板内地震。

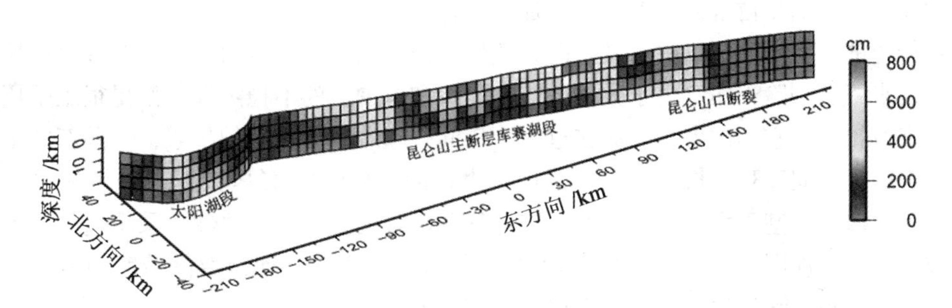

图 8.16 2001 年 *Mw* 7.8 级可可西里地震的同震滑动分布(引自 Lasserre 等，2005)

截至 2008 年 12 月 31 日，在昆仑山断裂带上一共观测到约 115 个余震(M>4)(图 8.15 中的白色小圈)。在这些事件中，最大的余震是发生在主震后 4.5 天的 M 5.6 级地震，它位于最大地表破裂的附近位置，是一个逆冲型地震。可可西里地震余震的这种数量相对较少，并且最大余震震级比主震震级小两级的特征，意味着主震可能释放了积累的大部分弹性应变能，这与 1999 年的 *Mw* 7.6 级玛尼地震和 2002 年 *Mw* 7.9 级 Denali 地震非常相似。

8.6.2 高精度 InSAR 震后形变场

合成孔径雷达干涉测量(InSAR)技术利用相似几何条件、不同成像时刻下获取的 SAR 影像复数据(幅度和相位)中的相位差以几十米的分辨率来测定大区域(例如，100 km × 100 km)范围内地表形变在雷达视线向(line-of-sight，LOS)上的位移。由于雷达卫星的全球覆盖和全天候成像能力，InSAR 技术成为地球科学中的一个重大进展，使得可以以一个全新的视角来研究各种地球物理和工程现象，如地震、火山、滑坡和采矿活动等。

1. InSAR 数据处理

可可西里地震发生在 2001 年 11 月 14 日，但是直到 2003 年才有覆盖该区域的 Envisat 卫星 SAR 影像(Envisat 是欧空局 2002 年 3 月发射升空的一颗地球资源卫星)。在本研究中，我们使用了五个相邻轨道(图 8.15 中的黑色方框，分别是 T448D、T176D、T405D、T133D 和 T362D)的 Envisat 影像来研究可可西里地震后的震后形变现象。研究中所处理的雷达影像为 ASAR Level 0 数据(原始数据)，采用 JPL/Caltech ROI_ PAC 软件(Version 3)来生成所有短垂直基线(<400 m)的干涉图。处理过程中，采用 3 秒(～90 m)分辨率的数字高程模型(DEM)和 ESA 提供的 DORIS 精密轨道(VOR)来移除干涉图中的地形影响。

由于在干涉相位测量中所得到的相位是实际相位对 2 π取模后的值，因此为了获取完整的地表形变场，一个众所周知的步骤——解缠，被用来重建整周相位模糊度。当前通用的几种解缠方法，如枝切法和最小费用流法被开发出来用以在 2D 空间中重建单个干涉图的 2 π模糊度。但是对于使用相同主影像和从影像建立的多干涉图而言，相位观测值可以在三个维度中解缠，这其中的第三维就是时间维。在本研究中，首先采用 SNAPHU 软件包对每幅干涉图进行二维空间上的相位解缠，然后使用相位闭合技术来探测已解缠相位中仍然存在的较大的相位解缠误差，进而加以改正。

在传统的差分干涉测量中，其中的大气效应(通常称为大气相位屏，APS)很难被准确地估计出来或者剔除干净。由于大气效应在量级和范围上的不稳定性，使得很难采用解析的方法来直接估计它们的大小。而在过去十年间，随着卫星数据的积累，一种新的多时刻技术，也就是时间序列分析技术，通过使用大量的(几十幅)影像数据来解算地表形变随时间的演化过程。基于大气在空间上的统计相关和时间上的不相关性，采用这种技术可以消除或者削弱干涉图中的 APS 影响，以及估计 DEM 误差，从而获取高精度的地表形变时间序列。采用短基线集法求解可可西里地震震后形变的具体流程请参考 Wen 等(2012)。

2. 震后形变场分析

由于在不同轨道位置所获取的卫星影像的成像时刻各异，研究中选取了各轨道的公共时间段来计算破裂区周围的累积 LOS 震后形变位移(2003 年 12 月至 2007 年 11 月)。震后形变场(图 8.17)中的显著特征是断层上部(北边)的 LOS 地表形变为正(远离卫星)，而断层的下部(南边)的 LOS 地表形变为负。最大震后形变位于距离断层～15 km 的位置，绝对形变最大差值(最大值与最小值之差)为～8 cm(图 8.17 中的 T133D 轨道的靠近断层位置处)。

由于卫星轨道设计原因，在两相邻轨道之间会存在一部分公共区域，通过对公共区域上的震后形变的比较分析可以得到累积 LOS 地表形变的精度水平。对相邻轨道公共区域间的分析显示可可西里地震的震后 2 至 6 年的地表形变场的标准差为 0.26 cm 至 0.56 cm。

假定累积 LOS 形变场的中误差(主要为残余大气效应和轨道误差)的统计特性在整个影像中具有相同的空间结构，则可以使用 1D 协方差函数来描述每个轨道中误差的特征(包括量级和空间尺度)。研究表明，一个简单的指数函数就可以很好地表征观测值的协方差函数(Hanssen，2002)：

$$C_{xr} = \sigma^2 e^{-\frac{l}{\alpha}} \tag{8.60}$$

其中，C_{xr} 为相距 l 的像素 x 和 r 之间的协方差函数；σ^2 是整个影像的方差；α 是误差衰减距离。计算结果表明所有这些轨道的震后位移的方差中值为 0.65 cm，并且协方差衰减距离为 8.6 km 至 15.3 km，该结果与前人的研究成果相一致。

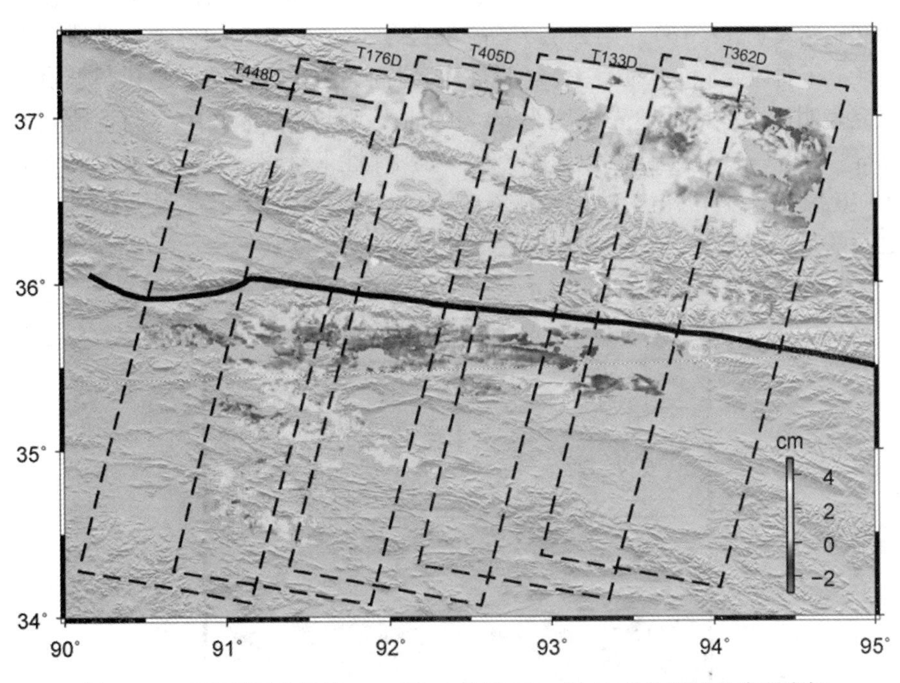

图 8.17　可可西里地震的 2003 年 12 月至 2007 年 11 月的震后地表形变场

由于原始的震后形变场(图 8.17)中包含有几十万个观测数据。因此，在研究中，我们首先去除了距离断层 2 km 内和>105 km 外的点；然后使用四叉树分解的方法对震后位移场进行重采样，该方法在高形变梯度区域采样量大，在低形变梯度区域采样数据小。完成采样过程后，观测值数目从 424 261 减小到 6 772。

8.6.3 黏滞系数反演及分析

上地壳和下地幔的黏弹性松弛通常被用来解释观测到的震后位移。在研究中，使用 PSGRN/PSCMP 程序(Wang 等，2006)来计算可可西里地震因黏弹性流变分层的应力松弛所造成的 LOS 地表位移。PSGRN/PSCMP 程序通过使用传播算法来计算格林函数，并通过快速傅里叶变换中使用反混淆技术来获取空间域的格林函数，从而计算给出黏弹性岩体震后变形，在许多研究中得到了成功的应用。该程序把地震的破裂面离散成许多离散的点位错，通过线性叠加的方法计算同震和震后形变。PSGRN/PSCMP 程序可以对弹性体、麦克斯韦尔体、标准线弹性体和柏格斯体等介质本构关系进行计算。在本文所采用的黏弹性模型中，弹性参数固定为常量(其中剪切模量为 40 GPa，泊松比为 0.25)，并且使用基于 4 轨相邻 InSAR 数据反演给出的同震滑动分布(图 8.16)作为发震断层输入参数。

1. 三层模型

为了模拟麦克斯韦尔流体的应力松弛过程，研究中首先采用了一系列的三层黏弹性模型(文中称为三层模型，图 8.18)，通过选取不同的参数，以格网搜索的形式来求解介质的黏滞系数。在这一系列的模型中，最上层为厚度为 15 km 的弹性层，这个深度包含了绝大多数的同震滑动(图 8.16)。第二层为黏弹性层，位于下地壳的位置，黏滞性系数取介于 1×10^{17} Pa s(弱地壳)和 1×10^{29} Pa s(弹性体)之间的值。基于宽频地震体波资料和重力数据的研究表明西藏地区的地壳深度为 60~80km，因此，在本文中我们将地壳的深度固定为 70 km。最后一层对应于上地幔的位置，为黏弹性半空间，其黏滞系数取介于 1×10^{17} Pa s 和 1×10^{21} Pa s 之间的值。对于这些流变结构，计算出模型值与观测得到的 LOS 地表形变量之间的带权残差和(weighted misfit, WRMS)：

$$WRMS = (\boldsymbol{d}_O - \boldsymbol{d}_m)^{\mathrm{T}} \boldsymbol{\Sigma}^{-1} (\boldsymbol{d}_O - \boldsymbol{d}_m) \tag{8.61}$$

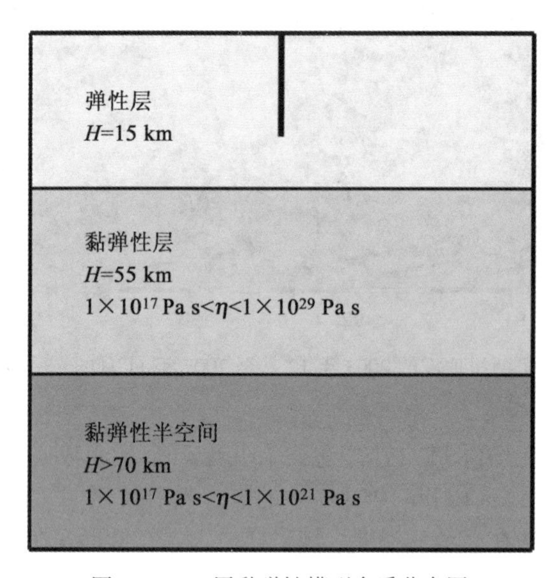

图 8.18　三层黏弹性模型介质分布图

其中，$\boldsymbol{d}_O$ 和 $\boldsymbol{d}_m$ 分别为观测和拟合的 LOS 形变；$\boldsymbol{\Sigma}$ 为根据 8.5.2 节的 1D 协方差函数计算得到的观测值方差-协方差矩阵。

图 8.19 为三层模型基于格网搜索给出的下地壳黏滞系数、上地幔黏滞系数与拟合值带权残差之间的关系图。从图 8.19 中可以看到，具有较小的拟合带权残差的黏滞系数倾向于落在一个条状区域中，对应的下地壳黏滞系数为 2×10^{19}~5×10^{19} Pa s 和上地幔黏滞系数为 2×10^{18} Pa s 至 1×10^{21} Pa s 之间，最佳三层模型的上地壳和下地幔的黏滞系数均为 2×10^{19} Pa s。

2. 标准线弹性体模型

此外，除了麦克斯韦尔体流变模型外，我们还采用了标准线弹性体模型来对可可西里地震的震后形变场进行分析。在标准线弹性体模型中，其参数为黏滞系数 η 和等效剪切模量与非松弛状态的剪切模量之比α(图 8.20)，模型中的其他介质参数参见三层模型。同

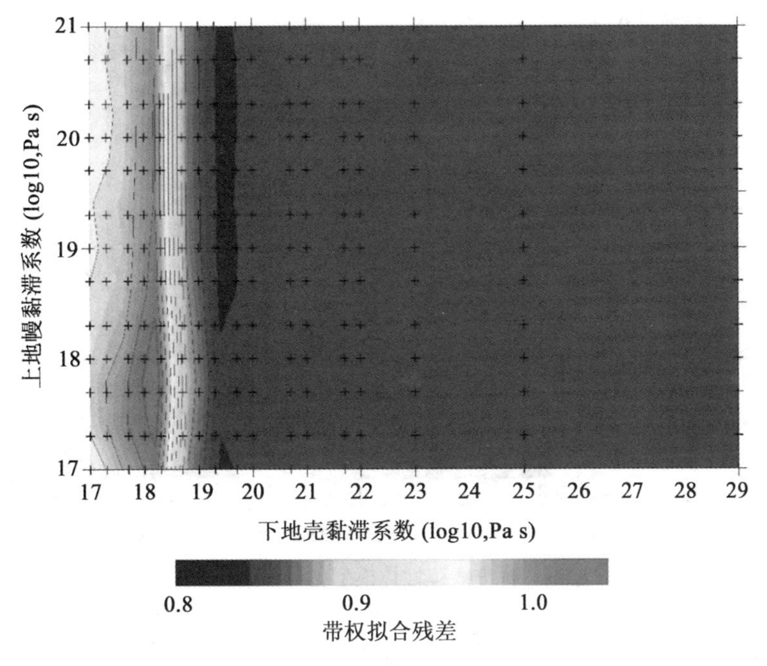

图 8.19　三层黏弹性模型黏滞系数分布图

样基于格网搜索的方法，按照式(8.60)计算各组标准线弹性模型的带权拟合残差和(图8.21)。该模型给出的最佳黏滞系数为 2×10^{19} Pa s 和剪切模量比为 0.4。

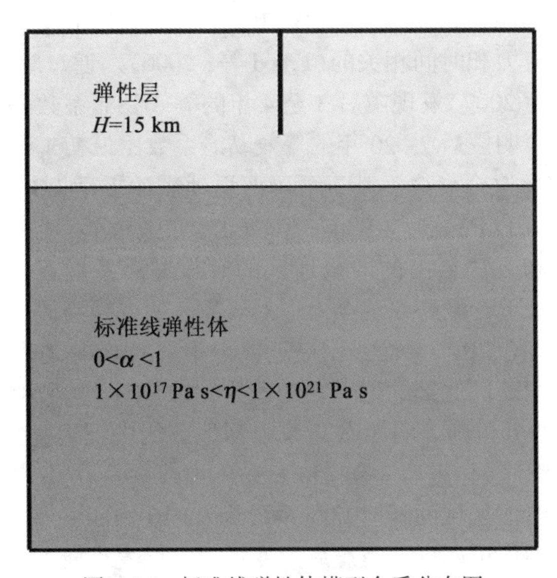

图 8.20　标准线弹性体模型介质分布图

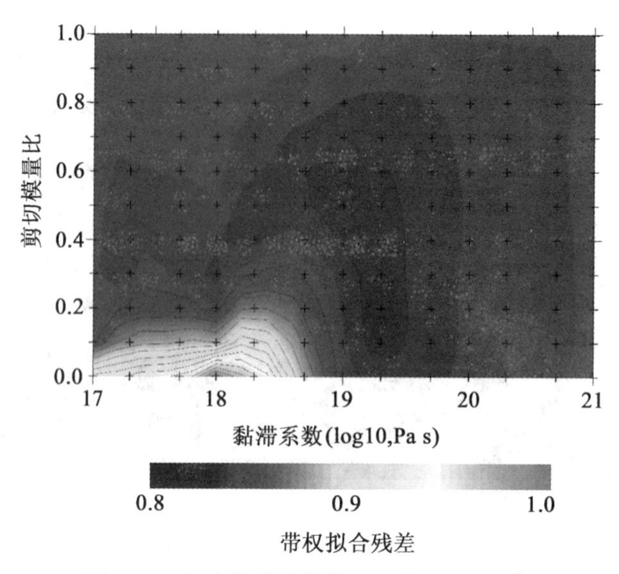

图 8.21 标准线弹性体模型黏滞系数分布图

3. 黏滞系数分析

在一些地震中，如西藏玛尼地震和土耳其的 Izmit 地震，下地壳是震后响应的主要发生区域。根据三层模型给出的结果，发现上地幔的等效黏滞系数与下地幔的等效黏滞系数关联性不大，可以认为可可西里地震 2003 年至 2007 年间的震后松弛主要发生在下地壳区域。基于 InSAR 资料的流变学研究表明，在震后形变的早期(最初的 0~3 年)其等效黏滞系数为~10^{18} Pa s，而在后期的等效黏滞系数>10^{19} Pa s。如果流变是非线性和瞬变的，则等效黏滞系数可能是与应力和时间相关的(Freed 等，2006)。通过对 1997 年玛尼地震的震后响应的分析，Ryder 等(2007)发现震后 3 至 4 年的等效黏滞系数是早期的 3 倍。而基于 GPS 数据的流变学研究表明震后 7~20 年的等效黏滞系数比最初 1 年间的高出 2 个数量级(张晁军等，2008)。按照这个规律，基于可可西里地震的震后 LOS 地表形变场得到的下地壳等效黏滞系数为 2×10^{19} Pa s，与 Ryder 等(2007)和张晁军等(2008)的结果相吻合。

采用不同技术手段和方法给出的西藏地区的有效黏滞系数在 $10^{16}\sim10^{21}$ Pa s 的范围(表 8.3)。例如，几个基于青藏高原现今地形的研究表明青藏高原的弱中下地壳是一个整体，其黏滞系数在 $10^{16}\sim10^{20}$ Pa s。而采用最近数十年来的 GPS 地表速度场，结合地震周期时变效应所给出的西藏高原北部的地壳黏滞系数≥10^{18} Pa s。采用 InSAR 观测数据，对 2008 年尼玛-改则地震的分析则表明西藏高原中部地区的中下地壳黏滞系数的下界为 3×10^{17} Pa s。采用 GPS 时间序列(震后一年)和 InSAR 视线向位移及柏格斯体黏弹性模型对可可西里地震的分析表明该区域的瞬时黏滞系数为 9×10^{17} Pa s，稳态黏滞系数为 1×10^{19} Pa s。基于震后 2~6 年的可可西里地震震后形变场，三层麦克斯韦尔体模型和标准线弹性体模型给出的塔里木盆地地区下地壳至上地幔的等效黏滞系数为 2×10^{19} Pa s，这个结果与前人研究成果相一致。

表 8.3　基于不同数据给出的青藏高原地区的等效黏滞系数

研究对象	数据	时间	位置	黏滞系数(Pa s)
可可西里地震	InSAR	震后 2~6 年	>15 km	2×10^{19}
	InSAR+GPS	瞬时	16.5~81.5	9×10^{17}
		稳态		1×10^{19}
	GPS	震后 6 个月	下地壳	5×10^{17}
	GPS	数十年	中下地壳至上地幔	$\geqslant10^{18}$
	GPS	震后一年		10^{17}
	滑动速率	长期	中地壳	$10^{19}\sim2\times10^{21}$
尼玛-改则地震	InSAR	震后 9 个月	>14 km	3×10^{17}
炉霍地震	水准	震后 7~30 年	>31 km	$10^{19}\sim10^{21}$
玛尼地震	InSAR	震后 25 天	>15 km	4×10^{18}
		震后 1145 天		$\geqslant10^{19}$
青藏高原	地形+GPS	-	下地壳	10^{19}
	地形	-	中下地壳	$10^{18}\sim10^{19}$
	地形	-	下地壳	10^{16}
	地势	-	下地壳	$10^{18}\sim10^{21}$

数据引自 Wen 等，2012

◎ 参考文献：

[1]王绳祖．地壳、上地幔变形属性的判别．地震地质，1996，18(3)：215-224

[2]魏荣强，臧绍先，宁杰远．中国大陆岩石圈物性结构(二)．中国地质地球物理研究进展：庆贺刘光鼎院士八十华诞．北京：海洋出版社，2008

[3]Kreemer C，Blewitt G，Maerten F. Co- and postseismic deformation of the 28 March 2005 Nias Mw8.7 earthquake from continuous GPS data. Geophys. Res. Lett.，2006，33(7)，doi：10.1029/2005gl025566

[4]张义同，热黏弹性理论．天津：天津大学出版社，2002

[5]Elsasser W. Convection and stress propagation in the upper mantle. New York：Wiley，1969：223-246

[6]Segall，P. Earthquake and volcano deformation. Princeton：Princeton University Press，2010

[7]Savage J C. Equivalent strike-slip earthquake cycles in half-space and lithosphere-asthenosphere earth models. J. Geophys. Res.，1990：95，4873-4879

[8]Nur A，Mavko G. Postseismic viscoelastic rebound. Science，1974：183：204-206

[9]Barker T. Quasi-static motions near the San Andreas fault zone. Geophys. J. Roy. Soc.，

1976, 45: 689-705
[10] Rundle J B, Viscoelastic crustal deformation by finite quasi-static sources. J. Geophys. Res. , 1978, 83: 5937-5945
[11] Matsu ' ura M. Tanimoto T. , Iwasaki T. Quasi-static displacements due to faulting in a layered half-space with an intervenient viscoelastic layer. J. Phy. Earth, 1981, 29, 23-54
[12] Sato R, Matsu'ura M. Static deformations due to the fault spreading over several layers in a multi-layered medium, Part I. Displacement. J. Phys. Earth, 1973, 21: 227-249
[13] Lin A, Guo J, Kano K. , et al. Average slip rate and recurrence internal of large magnitude earthquakes on western segment of the strike-slip Kunlun Fault, northern Tibet. Bull. Seism. Soc. Am. , 2006, 96(5): 1597-1611
[14] Kirby E, Harkins N, Wang E, et al. Slip rate gradients along the eastern Kunlun fault, Tectonics, 2007, 26, TC2010, doi: 10. 1029/2006TC002033
[15] Funning G, Parsons B, Wright T J. Fault Slip in the 1997 Manyi, Tibet Earthquake from linear elastic modelling of InSAR displacement. Geophys. J. Int. , 2007, 169: 988-1008
[16] Xu X, Yu G, Klinger Y, et al. Reevalution of surface parameters and faulting segmentation of the 2001 Kunlunshan earthquake (Mw 7. 8), northern Tibetan Plateau. J. Geophys. Res. , 2006, 111, B05316, doi: 10. 1029/2004JB003488
[17] Lasserre C, Peltzer G, Crampe F, et al. Coseismic deformation of the 2001 Mw = 7. 8 Kokoxili earthquake in Tibet, measured by synthetic aperture radar interferometry. J. Geophys. Res. , 2005, 10(B12408): doi: 10. 1029/2004JB003500
[18] Wen Y, Li Z, Xu C, et al. Postseismic motion after the 2001 M_W 7. 8 Kokoxili earthquake in Tibet observed by InSAR time series. J. Geophys. Res. , 2012, 117(B8), B08405, doi: 10. 1029/2011JB009043
[19] Hanssen R, Radar interferometric: data interpreatation and error analysis. Dordrecht: Kluwer Academic Publishers, 2002
[20] Wang R, Lorenzo-Martin F, Roth F. PSGRN/PSCMP-a new code for calculating co- and post-seismic deformation, geoid and gravity changes based on the viscoelastic-gravitional dislocation theory. Comput. Geosci, 2006, 32: 527-541
[21] Freed A M, Burgmann R, Calais E, et al. Inplication of deformation following the 2002 Denali, Alaska, earthquake for postseismic relaxation processes and lithospheric rheology. J. Geophys. Res. , 2006, 111(B01401): doi: 10. 1029/2005JB003894
[22] Ryder I, Parson B, Wright T, et al. Post-seimic motion following the 1997 Manyi (Tibet) earthquake: InSAR observation and modelling. Geophys. J. Int. , 2007, 169: 1009-1027
[23] 晁军, 曹建玲, 石耀霖. 从震后形变探讨青藏高原下地壳黏滞系数. 中国科学(D辑), 2008, 38(10): 1250-1257

第9章　地球物理大地测量联合反演地壳应变应力场

地球物理大地测量联合反演地壳应变应力场是有关地震孕震机理的重要研究内容之一。Reid(1910)的弹性回跳理论(elastic rebound theory)表明地震的孕育和发生与地震断层所受的力有着紧密的因果联系。地震断层上及其周围地壳应力场的时空变化是在块体或板块构造运动的大背景下发生的，因此追踪地壳构造应变应力场的时空演变过程是深刻认识地震孕育发生机理的重要手段。本章首先介绍地壳应变应力场反演的基本内涵，然后介绍地壳应变应力场的各种基本理论模型，最后介绍地震库仑应力转移理论及其在地震危险性研究中的具体应用。

9.1　地壳应变应力场反演的基本内涵

地壳应变应力场反演就是通过离散的位移观测量、速度观测量、地震矩张量、断层擦痕以及第四纪断层滑动速率来推求地壳的应变应力参量。位移或速度观测量可以是垂向变化的水准观测量，三维变化的 GNSS(Global Navigation Satellite System)观测量或者视向变化的 InSAR(Interferometric Synthetic Aperture Radar)观测量。由于具体的线性反演方法在§4已经介绍过，且地壳应变应力场的地球物理大地测量联合反演不过是单一观测数据反演向多类观测数据联合反演的直接推广，因此地壳应变应力场反演的首要工作实际上仍然是如何构建观测方程。简言之，地壳应变应力场反演的先决条件是建立起了联系离散的观测量与待估计的应变应力参量间的映射关系。因此，本章的核心内容主要是介绍当今地壳应力场研究领域常用的地壳应变应力场数学理论模型。

地壳应变场通常由地壳位移场推求得到，而与之对应的应力场则由应变-应力场的弹性本构关系推求得到。在地壳应变应力场反演领域，通常假定应变-应力场的弹性本构关系(elastical constitutive equation)是线性的。该线性弹性本构关系由胡克定律(Hooke's law)所刻画，其公式为：

$$\sigma_{ij} = \lambda\delta_{ij}\varepsilon_{kk} + 2\mu\varepsilon_{ij} \tag{9.1}$$

其中，σ_{ij} 为应力张量分量；ε_{ij} 为应变张量分量；ε_{kk} 为应变张量的迹且为 $\varepsilon_{kk} = \varepsilon_{11} + \varepsilon_{22} + \varepsilon_{33}$；$\delta_{ij}$ 为克罗内克符号(Kronecker delta)(即若 $i=j$ 则 $\delta_{ij}=1$；若 $i \neq j$ 则 $\delta_{ij}=0$)；λ 和 μ 为拉梅常数(Lamé parameters)(其中 λ 为第一拉梅常数，μ 为第二拉梅常数)；下标 i、j 在集合 $\{1, 2, 3\}$ 中取值且该集合中的序列元素1、2、3分别代表应变应力张量所在坐标系的 x、y 和 z 轴。

由式(9.1)可知，应变和应力可以相互转换，因此，地壳应变应力场的反演可以等效视作地壳应变场或地壳应力场的反演。事实上，地壳应力场的反演是在地壳应变场的反演结果的基础上，结合应变-应力场的弹性本构关系式式(9.1)所推得的。所以，如不特别加以说明，地壳应变应力场反演为地壳应变场的反演。

此外，地壳应变场由刻画位移-应变关系的几何方程得到，如果地壳形变场为地壳速度场(如 GNSS 速度场)而非位移场，那么由该几何方程得到的是应变率场，相应的地壳应力场就为地壳应力率场。因此，如不特别加以说明，下面我们将地壳应变场、地壳应变率场、地壳应力场和地壳应力率场统称为地壳应变场，具体含义可以由上下文所推知。

9.2　块体运动与应变模型

块体运动与应变模型就是刻画块体应变张量、刚体平动和旋转矢量同位移间的映射关系。通常文献中，如果考虑的观测值是位移的话，其对应的是确定应变参数；如观测值是速度的话，则确定的是应变率参数。若对所要确定应变参数或应变率参数不作特别说明，具体可视所采用的观测值来判定，统称应变参数，其对应的模型统称为块体运动与应变模型。

一般说来，基于几何方程和可微速度场可以导出应变率场，但是由于在实际情形中只能观测离散的速度场，因此为了导出应变率场首先要通过某种映射关系，构造出可微的速度场或者称之为光滑的速度场。因此，如何构造这种映射关系就成为关键一环。一般所构造的映射关系为表征速度矢量空间和与空间坐标有关的参数空间之间关系的线性算子，例如形函数、样条函数、球谐函数、泰勒展开等等，本质上都是对速度场基于完备函数空间的最佳逼近。

下面我们介绍全插值块体运动与应变模型(Shen 等，1996)、整体旋转线性应变模型(李延兴等，2007)和曲线坐标系下的块体运动与应变模型(Savage 等，2001；Wang 等，2009)。

9.2.1　全插值块体运动与应变模型

假定在某测区 Σ 采集了 n 个 GPS 观测数据：$d=\{(u_i,\ v_i,\ w_i)\mid i=1,\ 2,\ \cdots,\ n\}$，其中 u_i、v_i、w_i 分别为 GPS 台站的东向、北向和垂向位移分量。各台站的局部直角坐标为 $S=\{(x_i,\ y_i)\mid i=1,\ 2,\ \cdots,\ n\}$，其中 $(x_i,\ y_i)$ 为局部坐标系的东向和北向坐标分量。观测数据的方差-协方差阵为 $\boldsymbol{C}$。令有任一点 $(x_0,\ y_0)\in\boldsymbol{\Sigma}$。当以该点为新的坐标原点时，各台站的坐标则为 $S'=\{(x_i-x_0,\ y_i-y_0)\mid i=1,\ 2,\ \cdots,\ n\}$。采用线性插值函数表示所有观测点的位移场：

$$\begin{cases}u=a_0+a_1(x-x_0)+a_2(y-y_0)\\ v=b_0+b_1(x-x_0)+b_2(y-y_0)\end{cases}\tag{9.2}$$

其中，a_i、b_i 为插值函数系数

应变张量 $\boldsymbol{\varepsilon}$ 和旋转矢量 $\boldsymbol{\omega}$ 为：

$$\begin{cases} \boldsymbol{\varepsilon} = \dfrac{1}{2}(\nabla \vec{\boldsymbol{u}} + \vec{\boldsymbol{u}}\nabla) \\ \boldsymbol{\omega} = \dfrac{1}{2}\nabla \times \vec{\boldsymbol{u}} \end{cases} \tag{9.3}$$

其中，$\vec{\boldsymbol{u}}$ 为位移矢量且 $\vec{\boldsymbol{u}} = (u,\ v)^{\mathrm{T}}$；$\nabla$为梯度算子。

式(9.3)的分项形式为：

$$\begin{cases} \varepsilon_{ij} = \dfrac{1}{2}\left(\dfrac{\partial u_i}{\partial x_j} + \dfrac{\partial u_j}{\partial x_i}\right) \\ \omega_i = \dfrac{1}{2} e_{ijk} \dfrac{\partial u_k}{\partial x_j} \end{cases} \tag{9.4}$$

其中，$i = 1,\ 2,\ 3$，$j = 1,\ 2,\ 3$，$u_1 = u$，$u_2 = v$，$u_3 = w$，$x_1 = x$，$x_2 = y$，$x_3 = z$。$e_{ijk} = 1$ 当 $\{i,\ j,\ k\}$ 为偶排列时；$e_{ijk} = -1$ 当 $\{i,\ j,\ k\}$ 为奇排列时；$e_{ijk} = 0$，当 $\{i,\ j,\ k\}$ 中至少有两个数相等时。

取平面应力情形，则有：

$$\begin{cases} \varepsilon_{11} = \dfrac{\partial u}{\partial x} \\ \varepsilon_{12} = \dfrac{1}{2}\left(\dfrac{\partial u}{\partial y} + \dfrac{\partial v}{\partial x}\right) \\ \varepsilon_{22} = \dfrac{\partial v}{\partial y} \\ \omega_3 = \dfrac{1}{2}\left(\dfrac{\partial v}{\partial x} - \dfrac{\partial u}{\partial y}\right) \end{cases} \tag{9.5}$$

其中，$\varepsilon_{11} = \varepsilon_{xx}$，$\varepsilon_{12} = \varepsilon_{xy}$，$\varepsilon_{22} = \varepsilon_{yy}$，$\omega_3 = \omega_z$。

由式(9.2)和式(9.5)有：

$$\begin{pmatrix} u \\ v \end{pmatrix} = \begin{pmatrix} 1 & 0 & x - x_0 & y - y_0 & 0 & -(y - y_0) \\ 0 & 1 & 0 & x - x_0 & y - y_0 & x - x_0 \end{pmatrix} \begin{pmatrix} u_0 \\ v_0 \\ \varepsilon_{11} \\ \varepsilon_{12} \\ \varepsilon_{22} \\ \omega_3 \end{pmatrix} \tag{9.6}$$

加权方差-协方差阵定义为(Shen 等，1996)：

$$\boldsymbol{E}_{ij} = \boldsymbol{C}_{ij} \exp\left(\frac{\Delta R_I^2 + \Delta R_J^2}{\boldsymbol{\sigma}_D^2}\right) \tag{9.7}$$

其中，$\boldsymbol{C}_{ij}$ 为观测位移的方差-协方差阵；ΔR_I 和 ΔR_J 分别为测站 I 和测站 J 到任一待估点 $(x_0,\ y_0)$ 的距离；$\boldsymbol{\sigma}_D$ 为衰减距离。加权方差-协方差阵实际上在原有方差-协方差的诸元素上乘以了指数倍数 $\exp\left(\dfrac{\Delta R_I^2 + \Delta R_J^2}{\boldsymbol{\sigma}_D^2}\right)$，当测站离待估点近时，指数倍数较小，对应权重

就大；当测站离待估点远时，指数倍数较大，对应权重就小；影响距离以衰减距离 σ_D 来控制，当测站离待估点的距离远超衰减距离 σ_D 时，其对应的权重就很小，相当于该测站不参与计算。

由式(9.6)和式(9.7)可以建立起观测方程：

$$\begin{cases} \boldsymbol{Gm} = \boldsymbol{d} \\ \boldsymbol{D}_d = E \end{cases} \tag{9.8}$$

其中，$\boldsymbol{G} = \begin{pmatrix} G_1 \\ G_2 \\ \vdots \\ G_n \end{pmatrix}$；$\boldsymbol{G}_i = \begin{pmatrix} 1 & 0 & x_i - x_0 & y_i - y_0 & 0 & -(y_i - y_0) \\ 0 & 1 & 0 & x_i - x_0 & y_i - y_0 & x_i - x_0 \end{pmatrix}$；$d = \begin{pmatrix} d_1 \\ d_2 \\ \vdots \\ d_n \end{pmatrix}$；$d_i = (u_i,\ v_i)^{\mathrm{T}}$；$\boldsymbol{m} = (u_0,\ v_0,\ \varepsilon_{11},\ \varepsilon_{12},\ \varepsilon_{22},\ \omega_3)^{\mathrm{T}}$。

式(9.8)即为线性的观测方程组，因此可以采用§4介绍的线性反演方法来求解方程组的解。

9.2.2 整体旋转线性应变模型

整体旋转线性应变模型其实质为假设应变为坐标的线性函数，采用所有观测数据进行拟合，推求线性函数的待定系数，然后回代到应变模型中求得测区任意点处的平面应变参数，最后以最大剪应变、面膨胀等应变特征量进行地壳应变应力场的构造分析。其与全插值型块体运动与应变模型的相同之处为都通过观测位移反演应变参数，两者不同之处在于整体旋转线性应变模型假定应变随坐标线性变化，而全插值型块体运动与应变模型假定位移随坐标线性变化。下面详细介绍整体旋转线性应变模型的推导过程。

板块或者块体的运动可以分解为三个部分：整体平动、转动和内部形变。整体旋转线性应变模型只考察转动和内部形变的运动。转动部分可以由欧拉转动理论描述：$V(r) = \boldsymbol{\omega} \times \boldsymbol{r}$，其中 ω 为旋转矢量，r 为矢径。在球坐标系下，其为：

$$\begin{pmatrix} u \\ v \end{pmatrix} = \boldsymbol{r}\begin{pmatrix} -\sin\varphi\cos\lambda & -\sin\varphi\sin\lambda & \cos\varphi \\ \sin\lambda & -\cos\lambda & 0 \end{pmatrix}\begin{pmatrix} \omega_x \\ \omega_y \\ \omega_z \end{pmatrix} \tag{9.9}$$

其中，u 东向速度分量，v 为北向速度分量，r 为地球半径，φ 为纬度，λ 为经度，ω_x、ω_y、ω_z 为旋转矢量的三分量(需特别注意的是：旋转矢量为三维空间直角坐标系下的矢量，速度矢量为站心地平局部坐标系下矢量)。

现在我们来考察板块内部形变对速度场的贡献。对速度分量进行微分有：

$$\begin{cases} \mathrm{d}u = \dfrac{\partial u}{\partial x}\mathrm{d}x + \dfrac{\partial u}{\partial y}\mathrm{d}y \\ \mathrm{d}v = \dfrac{\partial v}{\partial x}\mathrm{d}x + \dfrac{\partial v}{\partial y}\mathrm{d}y \end{cases} \tag{9.10}$$

式(9.10)可进一步表述为：

$$\begin{cases} \mathrm{d}u = \dfrac{\partial u}{\partial x}\mathrm{d}x + \dfrac{1}{2}\left(\dfrac{\partial u}{\partial y} + \dfrac{\partial v}{\partial x}\right)\mathrm{d}y - \dfrac{1}{2}\left(\dfrac{\partial v}{\partial x} - \dfrac{\partial u}{\partial y}\right)\mathrm{d}y \\ \mathrm{d}v = \dfrac{1}{2}\left(\dfrac{\partial u}{\partial y} + \dfrac{\partial v}{\partial x}\right)\mathrm{d}x + \dfrac{\partial v}{\partial y}\mathrm{d}y + \dfrac{1}{2}\left(\dfrac{\partial v}{\partial x} - \dfrac{\partial u}{\partial y}\right)\mathrm{d}x \end{cases} \tag{9.11}$$

其中，$\begin{cases} x = r\cos\varphi_0(\lambda - \lambda_0) \\ y = r(\varphi - \varphi_0) \end{cases}$，$(\varphi_0, \lambda_0)$ 为板块中心原点的纬度和经度。

令块体内部形变是坐标的线性函数，则可令各应变分量满足(李延兴等，2007)：

$$\begin{cases} \varepsilon_{11} = A_0 + A_1x + A_2y \\ \varepsilon_{12} = B_0 + B_1x + B_2y \\ \varepsilon_{22} = C_0 + C_1x + C_2y \\ \omega_3 = D_0 + D_1x + D_2y \end{cases} \tag{9.12}$$

其中，ε_{11}、ε_{12}、ε_{22}、ω_3 分别为块体内部任意一点 (x, y) 处的东向正应变、剪应变、北向正应变和径向旋转量。

由式(9.5)、式(9.11)和式(9.12)可知：

$$\begin{cases} u = A_0x + \dfrac{1}{2}A_1x^2 + A_2xy + (B_0 - D_0)y + \dfrac{1}{2}(B_2 - D_2)y^2 \\ v = C_0y + \dfrac{1}{2}C_2y^2 + (B_0 + D_0)x + \dfrac{1}{2}(B_1 + D_1)x^2 + (B_2 + D_2)xy \end{cases} \tag{9.13}$$

其中 $A_2 = B_1 - D_1$，$C_1 = B_2 + D_2$。

故有：

$$\begin{pmatrix} u \\ v \end{pmatrix} = \begin{pmatrix} x & \dfrac{1}{2}x^2 & xy & y & 0 & y^2 & 0 & -\dfrac{1}{2}y^2 & 0 & -y \\ 0 & 0 & -\dfrac{1}{2}x^2 & x & x^2 & 0 & y & xy & \dfrac{1}{2}y^2 & x \end{pmatrix} \begin{pmatrix} A_0 \\ A_1 \\ A_2 \\ B_0 \\ B_1 \\ B_2 \\ C_0 \\ C_1 \\ C_2 \\ D_0 \end{pmatrix} \tag{9.14}$$

其中，$\begin{cases} x = r\cos\varphi_0(\lambda - \lambda_0) \\ y = r(\varphi - \varphi_0) \end{cases}$，$(\varphi_0, \lambda_0)$ 为板块中心原点的纬度和经度，(φ, λ) 为测站处的纬度和经度。

由于式(9.14)中 D_0 为旋转量(见式(9.12))，可以将其所产生的速度贡献量合并到欧拉旋转矢量所产生的速度贡献量。因此，由式(9.9)和式(9.14)可知整体旋转线应变模型为：

$$
\begin{pmatrix} u \\ v \end{pmatrix} = \begin{pmatrix} x & \frac{1}{2}x^2 & xy & y & 0 & y^2 & 0 & -\frac{1}{2}y^2 & 0 \\ 0 & 0 & -\frac{1}{2}x^2 & x & x^2 & 0 & y & xy & \frac{1}{2}y^2 \end{pmatrix} \begin{pmatrix} A_0 \\ A_1 \\ A_2 \\ B_0 \\ B_1 \\ B_2 \\ C_0 \\ C_1 \\ C_2 \end{pmatrix} +
$$

$$
r\begin{pmatrix} -\sin\varphi\cos\lambda & -\sin\varphi\sin\lambda & \cos\varphi \\ \sin\lambda & -\cos\lambda & 0 \end{pmatrix} \begin{pmatrix} \omega_x \\ \omega_y \\ \omega_z \end{pmatrix} \tag{9.15}
$$

至此，我们可以组建整体旋转线应变模型的观测方程：

$$
\begin{pmatrix} u_1 \\ v_1 \\ u_2 \\ v_2 \\ \vdots \\ u_n \\ v_n \end{pmatrix} = \begin{pmatrix} x_1 & \frac{1}{2}x_1^2 & x_1y_1 & y_1 & 0 & y_1^2 & 0 & -\frac{1}{2}y_1^2 & 0 \\ 0 & 0 & -\frac{1}{2}x_1^2 & x_1 & x_1^2 & 0 & y_1 & x_1y_1 & \frac{1}{2}y_1^2 \\ x_2 & \frac{1}{2}x_2^2 & x_2y_2 & y_2 & 0 & y_2^2 & 0 & -\frac{1}{2}y_2^2 & 0 \\ 0 & 0 & -\frac{1}{2}x_2^2 & x_2 & x_2^2 & 0 & y_2 & x_2y_2 & \frac{1}{2}y_2^2 \\ \vdots & \vdots & \vdots & \vdots & \vdots & \vdots & \vdots & \vdots & \vdots \\ x_n & \frac{1}{2}x_n^2 & x_ny_n & y_n & 0 & y_n^2 & 0 & -\frac{1}{2}y_n^2 & 0 \\ 0 & 0 & -\frac{1}{2}x_n^2 & x_n & x_n^2 & 0 & y_n & x_ny_n & \frac{1}{2}y_n^2 \end{pmatrix} \begin{pmatrix} A_0 \\ A_1 \\ A_2 \\ B_0 \\ B_1 \\ B_2 \\ C_0 \\ C_1 \\ C_2 \end{pmatrix} +
$$

$$
r\begin{pmatrix} -\sin\varphi_1\cos\lambda_1 & -\sin\varphi_1\sin\lambda_1 & \cos\varphi_1 \\ \sin\lambda_1 & -\cos\lambda_1 & 0 \\ -\sin\varphi_2\cos\lambda_2 & -\sin\varphi_2\sin\lambda_2 & \cos\varphi_2 \\ \sin\lambda_2 & -\cos\lambda_2 & 0 \\ \vdots & \vdots & \vdots \\ -\sin\varphi_n\cos\lambda_n & -\sin\varphi_n\sin\lambda_n & \cos\varphi_n \\ \sin\lambda_n & -\cos\lambda_n & 0 \end{pmatrix} \begin{pmatrix} \omega_x \\ \omega_y \\ \omega_z \end{pmatrix} \tag{9.16}
$$

其中，$\begin{cases} x_i = r\cos\varphi_0(\lambda_i - \lambda_0) \\ y_i = r(\varphi_i - \varphi_0) \end{cases}$ $(i=1, 2, \cdots, n)$，(φ_i, λ_i) 为测站处的纬度和经度，(φ_0, λ_0) 为板块中心的经度和纬度，r 为地球的半径。

求解方程组(9.16)后，将相关系数代入(9.12)即可求解任意一点的应变参量，它们为：

$$\begin{pmatrix}\varepsilon_{11}\\ \varepsilon_{12}\\ \varepsilon_{22}\end{pmatrix}=\begin{pmatrix}1 & x & y & 0 & 0 & 0 & 0 & 0 & 0\\ 0 & 0 & 0 & 1 & x & y & 0 & 0 & 0\\ 0 & 0 & 0 & 0 & 0 & 0 & 1 & x & y\end{pmatrix}\begin{pmatrix}A_0\\ A_1\\ A_2\\ B_0\\ B_1\\ B_2\\ C_0\\ C_1\\ C_2\end{pmatrix} \tag{9.17}$$

同样可以求其特征参量。这些特征参量包括最大剪应变 $\tau_{\max}$、最大最小主应变 $\varepsilon_{\max}$、$\varepsilon_{\min}$、最大主应变轴方位角 ϑ(最大主应变轴由北方向顺时针所转过的角度)、面膨胀 θ 及旋转量 ω。它们分别为：

$$\begin{cases}\tau_{\max}=\sqrt{\left(\dfrac{\varepsilon_{22}-\varepsilon_{11}}{2}\right)^2+\varepsilon_{12}^2}\\ \varepsilon_{\max}=\dfrac{1}{2}(\varepsilon_{11}+\varepsilon_{22})+\sqrt{\left(\dfrac{\varepsilon_{22}-\varepsilon_{11}}{2}\right)^2+\varepsilon_{12}^2}\\ \varepsilon_{\min}=\dfrac{1}{2}(\varepsilon_{11}+\varepsilon_{22})-\sqrt{\left(\dfrac{\varepsilon_{22}-\varepsilon_{11}}{2}\right)^2+\varepsilon_{12}^2}\\ \vartheta=\dfrac{1}{2}\arctan\left(\dfrac{2\varepsilon_{12}}{\varepsilon_{22}-\varepsilon_{11}}\right)\\ \theta=\varepsilon_{11}+\varepsilon_{22}\\ \omega=\sqrt{\omega_x^2+\omega_y^2+\omega_z^2}\end{cases} \tag{9.18}$$

9.2.3 曲线坐标系下的块体运动与应变模型

现代空间大地测量技术(如 GNSS、InSAR)的出现极大地提高了所观测的地壳形变场的时空分辨率，大范围、高精度的地壳时变应变应力场的图像获取成为可能(例如，Walter 等 2014)。不过，基于这些现代空间大地测量技术所获取的地壳形变数据源的应力应变分析，一般是在局部笛卡尔直角坐标系或球坐标系下进行的。采用局部笛卡尔直角坐标系进行应力应变分析常将块体近似为平面，或者将测区采用地图投影到高斯平面。即便有时采用球坐标系，但在采用球坐标系进行应力应变分析时通常忽略球坐标系的局部活动标架。这些近似处理在有关应力应变分析的建模过程中必然会引入模型误差。因此，有必要顾及并分析这些近似所造成的影响大小，下面采用张量分析的工具具体推导严密的球坐标系和椭球大地坐标系下的块体运动与应变模型。

1. 刚体运动模型

由欧拉刚体旋转理论，刚体运动模型可表述为：

$$\begin{cases}\boldsymbol{V}(r)=\boldsymbol{\omega}\times\boldsymbol{r}=\beta^i_{,j}r^k\overline{\omega}^j\mathrm{e}^{ikn}e_n\\ \beta^i_{,j}=A_i\dfrac{\partial x^i}{\partial\overline{x}^j}(i,\ j=1,\ 2,\ 3)\end{cases} \tag{9.19}$$

其中，$\boldsymbol{V}(r)$ 为正交曲线系(如球坐标系、椭球坐标系)中的速度矢量，$\boldsymbol{\omega}$ 为旋转矢量，$\overline{\omega}^j$ 为空间直角坐标系中的旋转矢量的各分量且 $\overline{\omega}^1=\omega_x$、$\overline{\omega}^2=\omega_y$、$\overline{\omega}^3=\omega_z$，$r$ 为矢径，r^k 为矢径在正交曲线坐标系中的坐标分量且基向量为 e_k，$r^1=\|r\|$，$r^2=r^3=0$，$e^{ijk}=\begin{cases}1, & 若(i,j,k)为偶置换\\ -1, & 若(i,j,k)为奇置换\\ 0, & 其他\end{cases}$，$\{i,j,k\}=\{1,2,3\}$，$g_i=\dfrac{\partial r}{\partial x^i}$ 为自然基矢，$A_i=\|g_i\|$，$e_i=\dfrac{g_i}{A_i}(i=1,2,3)$。$\overline{x}^j=\overline{x}^j(x^l)$ 为笛卡尔坐标系中的坐标分量，x^l 为正交曲线系中的坐标分量。$\omega^i r^j e^{ijk} e_k$ 中的同上标或下标表示 Einstein 求和(下同)。$\overline{\omega}^j$ 为笛卡尔坐标系中旋转矢量的分量，ω^i 为正交曲线系中的旋转矢量的分量，r^k 正交曲线系中的矢径的分量。

在球坐标系下式(9.19)可以表示为：

$$\begin{cases}V_e=-r\cos\theta\cos\varphi\omega_x-r\cos\theta\sin\varphi\omega_y+r\sin\theta\omega_z\\ V_n=r\sin\varphi\omega_x-r\cos\varphi\omega_y\end{cases}\tag{9.20}$$

其中，V_e 为东向速度，V_n 为北向速度，r 为地球平均半径，θ 为余纬，φ 为经度，ω_x、ω_y、ω_z 为笛卡尔坐标系中旋转矢量的分量。

在椭球坐标系下式(9.19)可以表示为：

$$\begin{cases}V_e=\dfrac{1}{\sqrt{M_3}}[(\cos LM_1N_4-\cos B\cos LM_2)\omega_x\\ \qquad+(\sin LM_1N_4-\cos B\sin LM_2)\omega_y+(M_1N_2-\sin BM_2)\omega_z]\\ V_n=M_1(\sin L\omega_x-\cos L\omega_y)\end{cases}\tag{9.21}$$

其中，B、L、H 分别为大地纬度、大地经度和大地高，ω_x、ω_y、ω_z 为笛卡尔坐标系中旋转矢量的分量，a 为椭球长半轴，e 为第一离心率，而 W、N_1、N_2、N_3、N_4、M_1、M_2、M_3 表示如下：

$$\begin{cases}W=\sqrt{1-e^2\sin^2B}\\ N_1=\dfrac{a(1-e^2)}{W}+H\\ N_2=\dfrac{a(1-e^2)e^2\sin2B\sin B}{2W^3}+N_1\cos B\\ N_3=\dfrac{a}{W}+H\\ N_4=\dfrac{ae^2\sin2B\cos B}{2W^3}-N_3\sin B\\ \mathrm{M}_1=aW+H\\ M_2=N_1N_2\sin B+N_3N_4\cos B\\ M_3=N_2^2+N_4^2\end{cases}\tag{9.22}$$

表 9.1 太平洋板块上的 GPS 速度场(李延兴等，2007)

经度/(°)	纬度/(°)	V_e / (mm/a)	V_n /(mm/a)
151.890	7.450	−71.8	21.3
153.980	24.290	−73.2	20.0
167.730	8.720	−70.0	26.2
183.434	−43.956	−41.4	32.0
188.000	−13.830	−65.3	31.1
200.240	21.980	−63.6	32.6
200.340	22.130	−62.6	31.4
202.140	21.300	−63.0	33.0
204.544	19.801	−62.7	32.4
210.391	−17.577	−65.3	31.8
210.430	−17.570	−65.2	32.0
237.001	37.697	−39.2	24.1
240.480	33.250	−43.1	20.7
241.510	32.910	−43.5	20.7
134.480	7.340	−65.8	19.7
204.120	20.250	−64.5	35.3
239.380	34.560	−43.8	20.0
243.330	31.870	−40.8	21.2
244.530	31.050	−48.3	21.1

表 9.2 球坐标系和椭球坐标系下的块体欧拉旋转参数结果对比

模型	ω_x /(rad/a)	ω_y /(rad/a)	ω_z /(rad/a)	Ω /(°/Ma)	Λ /(°)	Φ /(°)
球坐标	-1.3962×10^{-9}	4.8218×10^{-9}	-1.0593×10^{-8}	0.671 7	−64.645 2	106.149 3
椭球坐标	-1.3956×10^{-9}	4.8275×10^{-9}	-1.0586×10^{-8}	0.671 4	−64.605 4	106.124 2

为了比较球坐标系和椭球坐标系下的块体欧拉旋转模型(式(9.20)和式(9.21))，我们采用太平洋板块上的 GPS 速度场(表 9.1)反演太平洋板块的欧拉旋转参数，如表 9.2 所示。结果表明：球坐标系和椭球坐标系下的刚体旋转矢量($\boldsymbol{\omega}_x$、$\boldsymbol{\omega}_y$、$\boldsymbol{\omega}_z$)及欧拉矢量对应的欧拉极 $\boldsymbol{\Omega}$ 及其经度 $\boldsymbol{\Phi}$ 和纬度 $\boldsymbol{\Lambda}$ 都相差不大。因此，忽略地球的扁率而采用球坐标系下的块体欧拉旋转模型是合理的。

2. 块体运动与应变模型

首先定义 $\vec{\boldsymbol{u}}$：$\{u_1(x^1, x^2, x^3), u_2(x^1, x^2, x^3), u_3(x^1, x^2, x^3)\}$ 为正交曲线系中的

速度(位移)矢量，其在块体几何中心 r_0 处的泰勒展开为：

$$\vec{\boldsymbol{u}}(r)=\vec{\boldsymbol{u}}(r_0)+\vec{\boldsymbol{u}}\nabla\cdot(r-r_0)+\frac{1}{2!}\vec{\boldsymbol{u}}\nabla^2(r-r_0)^2+\frac{1}{3!}\vec{\boldsymbol{u}}\nabla^{3}\vdots_3(r-r_0)^2+\cdots+\frac{1}{n!}\vec{\boldsymbol{u}}\nabla^{n}\vdots_n(r-r_0)^n+o((r-r_0)^n) \tag{9.23}$$

式中，∇为梯度算子，且 $\nabla^n=\underbrace{\nabla\nabla\cdots\nabla}_{n}$，$\vec{\boldsymbol{u}}\nabla^2\vdots_2(r-r_0)^2=\{[\vec{\boldsymbol{u}}\nabla\cdot(r-r_0)]\nabla\}\cdot(r-r_0)$，

$\vec{\boldsymbol{u}}\nabla^3\vdots_3(r-r_0)^3=\{[\vec{\boldsymbol{u}}\nabla^2\vdots_2(r-r_0)^2]\nabla\}\cdot(r-r_0)$，$\vec{\boldsymbol{u}}\nabla^n\vdots_n(r-r_0)^n=\{[\vec{\boldsymbol{u}}\nabla^{n-1}\vdots_{n-1}(r-r_0)^{n-1}]\nabla\}\cdot(r-r_0)$

将式(9.22)右边取至一阶项后有：

$$u_m=(u_ie_i)|_0\cdot e_m+(u_{j,i}e_j)|_0\cdot e_m\mathrm{d}x^i+(u_je_{j,i})|_0\cdot e_m dx^i(i,\ j,\ m=1,\ 2,\ 3) \tag{9.24}$$

进一步地，对速度分量的偏导数为：

$$u_{m,n}=(u_ie_i)|_0\cdot e_{m,n}+[(u_{j,i}e_j)|_0\cdot e_{m,n}+(u_je_{j,i})|_0\cdot e_{m,n}]\mathrm{d}x^i+[(u_{j,n}e_j)|_0\cdot e_m+(u_je_{j,n})|_0\cdot e_m]\quad(i,\ j,\ m,\ n=1,\ 2,\ 3) \tag{9.25}$$

式中，$u_{j,i}\overset{\Delta}{=}\dfrac{\partial u_j}{\partial x^i}$，$e_{j,i}\overset{\Delta}{=}\dfrac{\partial e_j}{\partial x^i}$ $(i,\ j=1,\ 2,\ 3)$。

其次旋转张量、应变张量及旋转矢量依次为：

$$\begin{cases}\boldsymbol{\Omega}=\dfrac{1}{2}[(\dfrac{u_{j,i}}{A_i}-\dfrac{u_{i,j}}{A_j})e_ie_j+\dfrac{u_j}{A_i}e_ie_{j,i}-\dfrac{u_i}{A_j}e_{i,j}e_j]\\ \boldsymbol{\varepsilon}=\dfrac{1}{2}[(\dfrac{u_{j,i}}{A_i}+\dfrac{u_{i,j}}{A_j})e_ie_j+\dfrac{u_j}{A_i}e_ie_{j,i}+\dfrac{u_i}{A_j}e_{i,j}e_j]\\ \boldsymbol{\omega}=\dfrac{e_ie^{ijk}\boldsymbol{\Omega}^{jk}}{2}\\ \boldsymbol{A}_i=\|g_i\|\quad(i=1,\ 2,\ 3)\end{cases} \tag{9.26}$$

结合式(9.25)和式(9.26)，块体运动与应变模型可以统一表述为：

$$\vec{\boldsymbol{u}}=F(U_r\quad U_\theta\quad U_\lambda\quad \varepsilon_{rr}\quad \varepsilon_{r\theta}\quad \varepsilon_{r\lambda}\quad \varepsilon_{\theta\theta}\quad \varepsilon_{\theta\lambda}\quad \varepsilon_{\lambda\lambda}\quad \omega_r\quad \omega_\theta\quad \omega_\lambda)^{\mathrm{T}} \tag{9.27}$$

式中，F 为线性算子，$\boldsymbol{u}_i$、$\boldsymbol{\varepsilon}_{ij}$、$\boldsymbol{\omega}_i$ 分别为块体中心处的整体刚性运动、应变张量和旋转矢量。

如不考虑式(9.25)的第三项，可得 Savage et al. (2001)给出的应变模型，其实质是在球坐标下的应变模型，其中 F 可表示为：

$$\begin{cases}F_1=\begin{pmatrix}1 & \Delta\theta & \Delta\lambda\sin\theta_0 & \Delta r & r_0\Delta\theta & r_0\Delta\lambda\sin\theta_0\\ -\Delta\theta & 1 & \Delta\lambda\cos\theta_0 & 0 & \Delta r & 0\\ -\Delta\lambda\sin\theta_0 & -\Delta\lambda\cos\theta_0 & 1 & 0 & 0 & \Delta r\end{pmatrix}\\ F_2=\begin{pmatrix}0 & 0 & 0 & 0 & r_0\Delta\lambda\sin\theta_0 & -r_0\Delta\theta\\ r_0\Delta\theta & r_0\Delta\lambda\sin\theta_0 & 0 & -r_0\Delta\lambda\sin\theta_0 & 0 & \Delta r\\ 0 & r_0\Delta\theta & r_0\Delta\lambda\sin\theta_0 & r_0\Delta\theta & -\Delta r & 0\end{pmatrix}\\ F=(F_1\quad\vdots\quad F_2)\end{cases} \tag{9.28}$$

式中，$\Delta r = r - r_0$，$\Delta\theta = \theta - \theta_0$，$\Delta\lambda = \lambda - \lambda_0$ 且 $(r_0, \theta_0, \lambda_0)$、$(r, \theta, \lambda)$ 分别为块体中心坐标和台站坐标，r 为地球半径，θ 为台站余纬，λ 为台站经度。

如考虑(9.24)的第三项，则可推得球坐标下的严密的应变模型，其中 F 可表示为：

$$
\begin{cases}
F(1,1) = \sin\theta\sin\theta_0\cos(\lambda - \lambda_0) + \cos\theta\cos\theta_0 \\
F(1,2) = \sin\theta\cos\theta_0\cos(\lambda - \lambda_0) - \cos\theta\sin\theta_0 \\
F(1,3) = \sin\theta\sin(\lambda - \lambda_0) \\
F(1,4) = \Delta r[\sin\theta\sin\theta_0\cos(\lambda - \lambda_0) + \cos\theta\cos\theta_0] \\
F(1,5) = \Delta r[\sin\theta\cos\theta_0\cos(\lambda - \lambda_0) - \cos\theta\sin\theta_0] + \Delta\theta[\sin\theta\sin\theta_0\cos(\lambda - \lambda_0) + \cos\theta\cos\theta_0]r \\
F(1,6) = \Delta r\sin\theta\sin(\lambda - \lambda_0) + \Delta\lambda[\sin\theta\sin\theta_0\cos(\lambda - \lambda_0) + \cos\theta\cos\theta_0]r\sin\theta_0 \\
F(1,7) = \Delta\theta[\sin\theta\cos\theta_0\cos(\lambda - \lambda_0) - \cos\theta\sin\theta_0]r \\
F(1,8) = r\Delta\theta\sin\theta\sin(\lambda - \lambda_0) + \Delta\lambda[\sin\theta\cos\theta_0\cos(\lambda - \lambda_0) - \cos\theta\sin\theta_0]r\sin\theta_0 \\
F(1,9) = \Delta\lambda\sin\theta\sin(\lambda - \lambda_0)r\sin\theta_0 \\
F(1,10) = \Delta\theta\sin\theta\sin(\lambda - \lambda_0)r - \Delta\lambda[\sin\theta\cos\theta_0\cos(\lambda - \lambda_0) - \cos\theta\sin\theta_0]r\sin\theta_0 \\
F(1,11) = -\Delta r\sin\theta\sin(\lambda - \lambda_0) + \Delta\lambda[\sin\theta\sin\theta_0\cos(\lambda - \lambda_0) + \cos\theta\cos\theta_0]r\sin\theta_0 \\
F(1,12) = \Delta r[\sin\theta\cos\theta_0\cos(\lambda - \lambda_0) - \cos\theta\sin\theta_0] - \Delta\theta[\sin\theta\sin\theta_0\cos(\lambda - \lambda_0) + \cos\theta\cos\theta_0]r \\
F(2,1) = \cos\theta\sin\theta_0\cos(\lambda - \lambda_0) - \sin\theta\cos\theta_0 \\
F(2,2) = \cos\theta\cos\theta_0\cos(\lambda - \lambda_0) + \sin\theta\sin\theta_0 \\
F(2,3) = \cos\theta\sin(\lambda - \lambda_0) \\
F(2,4) = \Delta r[\cos\theta\sin\theta_0\cos(\lambda - \lambda_0) - \sin\theta\cos\theta_0] \\
F(2,5) = \Delta r[\cos\theta\cos\theta_0\cos(\lambda - \lambda_0) + \sin\theta\sin\theta_0] + \Delta\theta[\cos\theta\sin\theta_0\cos(\lambda - \lambda_0) - \sin\theta\cos\theta_0]r \\
F(2,6) = \Delta r\cos\theta\sin(\lambda - \lambda_0) + \Delta\lambda[\cos\theta\sin\theta_0\cos(\lambda - \lambda_0) - \sin\theta\cos\theta_0]r\sin\theta_0 \\
F(2,7) = \Delta\theta[\cos\theta\cos\theta_0\cos(\lambda - \lambda_0) + \sin\theta\sin\theta_0]r \\
F(2,8) = \Delta\theta\cos\theta\sin(\lambda - \lambda_0)r + \Delta\lambda[\cos\theta\cos\theta_0\cos(\lambda - \lambda_0) + \sin\theta\sin\theta_0]r\sin\theta_0 \\
F(2,9) = \Delta\lambda\cos\theta\sin(\lambda - \lambda_0)r\sin\theta_0 \\
F(2,10) = \Delta\theta\cos\theta\sin(\lambda - \lambda_0)r - \Delta\lambda[\cos\theta\cos\theta_0\cos(\lambda - \lambda_0) + \sin\theta\sin\theta_0]r\sin\theta_0 \\
F(2,11) = -\Delta r\cos\theta\sin(\lambda - \lambda_0) + \Delta\lambda[\cos\theta\sin\theta_0\cos(\lambda - \lambda_0) - \sin\theta\cos\theta_0]r\sin\theta_0 \\
F(2,12) = \Delta r[\cos\theta\cos\theta_0\cos(\lambda - \lambda_0) + \sin\theta\sin\theta_0] - \Delta\theta[\cos\theta\sin\theta_0\cos(\lambda - \lambda_0) - \sin\theta\cos\theta_0]r \\
F(3,1) = -\sin\theta_0\sin(\lambda - \lambda_0) \\
F(3,2) = -\cos\theta_0\sin(\lambda - \lambda_0) \\
F(3,3) = \cos(\lambda - \lambda_0) \\
F(3,4) = -\Delta r\sin\theta_0\sin(\lambda - \lambda_0) \\
F(3,5) = -\Delta r\cos\theta_0\sin(\lambda - \lambda_0) - r\Delta\theta\sin\theta_0\sin(\lambda - \lambda_0) \\
F(3,6) = \Delta r\cos(\lambda - \lambda_0) - r\Delta\lambda\sin^2\theta_0\sin(\lambda - \lambda_0) \\
F(3,7) = -r\Delta\theta\cos\theta_0\sin(\lambda - \lambda_0) \\
F(3,8) = \Delta\theta\cos(\lambda - \lambda_0)r - \Delta\lambda r\cos\theta_0\sin\theta_0\sin(\lambda - \lambda_0) \\
F(3,9) = r\Delta\lambda\cos(\lambda - \lambda_0)\sin\theta_0 \\
F(3,10) = r\Delta\theta\cos(\lambda - \lambda_0) + r\Delta\lambda\cos\theta_0\sin\theta_0\sin(\lambda - \lambda_0) \\
F(3,11) = -\Delta r\cos(\lambda - \lambda_0) - r\Delta\lambda\sin^2\theta_0\sin(\lambda - \lambda_0) \\
F(3,12) = -\Delta r\cos\theta_0\sin(\lambda - \lambda_0) + r\Delta\theta\sin\theta_0\sin(\lambda - \lambda_0)
\end{cases}
\tag{9.28}
$$

式中，$\Delta r = r - r_0$，$\Delta\theta = \theta - \theta_0$，$\Delta\lambda = \lambda - \lambda_0$ 且 $(r_0,\ \theta_0,\ \lambda_0)$、$(r,\ \theta,\ \lambda)$ 分别为块体中心坐标和台站坐标，r 为地球半径，θ 为台站余纬，λ 为台站经度。

在椭球坐标系下，由于具体形式大部分过于复杂，仅以其中最为简单的一项为例：

$$
\begin{cases}
F(1,\ 5) = \mathrm{d}x_1\left\{-\dfrac{ae^2\sin 2B}{2W^3\sqrt{K_3}}[\sin B\sin B_1\cos(L_1 - L) + \cos B\cos B_1(1 - e^2)] + \right. \\
\qquad \left.\dfrac{K_1}{\sqrt{K_3}}\cos B\sin B_1\cos(L_1 - L) - \dfrac{K_2}{\sqrt{K_3}}\cos B_1\right\} + \\
\qquad \dfrac{dx_2}{2}[\sin B_1\sin B\cos(L_1 - L) + \cos B_1\cos B] \times [4a^2e^4 - 8a^2e^2 - \\
\qquad 12H^2e^2\cos^2 B + 12H^2e^4\cos^4 B - 4H^2e^6\cos^6 B + 4(a^2 + H^2) + 8W^5 aH - \\
\qquad 2ae^4 H\sin^2(2B)W^3 - 8\sin^2 BW^5 ae^2 H]^{-\frac{3}{2}} W^{-3}[4a^2e^4 - 8a^2e^2 - 4H^2e^6\cos^6 B + \\
\qquad 12H^2e^4\cos^4 B - 12H^2e^2\cos^2 B + 4(a^2 + H^2) + 8W^5 aH - 2ae^4\sin^2(2B)W^3 H - \\
\qquad 8\sin^2 BW^5 ae^2 H]^{-1}, \\
W = (1 - e^2\cos^2 B)^{\frac{1}{2}}, \\
K_1 = \dfrac{a}{W} + H, \\
K_2 = \left[\dfrac{a(1 - e^2)}{W} + H\right]\sin B, \\
K_3 = \left[\dfrac{a(1 - e^2)e^2\sin(2B)\cos B}{2W^3} + K_2\right]^2 + \left(\dfrac{ae^2\sin(2B)\sin B}{2W^3} - K_1\cos B\right)^2.
\end{cases}
\tag{9.29}
$$

式中，$\mathrm{d}x_1 = H_1 - H$，H_1、B_1、L_1 分别为台站的大地高、余纬和经度，H、B、L 分别为块体中心的大地高、余纬和经度，a 为地球椭球长半轴，e 为地球椭球第一偏心率，r 为地球半径，θ 为台站余纬，λ 为台站经度。

我们同样采用表 9.1 的 GPS 速度场反演太平洋板块块体中心的应变参数。令 Savage et al. (2001) 的球坐标系下的块体运动与变形模型为模型一，严密的球坐标系块体运动与变形模型为模型二，椭球坐标系下的块体运动与变形模型为模型三，结果如表 9.3 所示。由该表可知，采用椭球坐标系和球坐标系下严密的块体运动与变形模型反演的应变参数相差无几，这表明可以忽略地球的扁率影响而采用严密的球坐标系下的块体运动与变形模型反演地壳应变参数。然而，对比严密的球坐标系下的模型（模型二）和非严密的球坐标系下的模型（模型一）可以发现，反演的应变参数结果差异明显，这表明忽略球坐标系下各测站处的局部切标架的影响对反演结果的影响非常显著。因此，对像太平洋板块这样的大尺度单元而言，反演地壳应变参数应采用顾及局部切标架的影响的严密的块体运动与变形模型。不过，对于数十上百公里的小尺度单元而言，局部切标架的影响就不那么显著了；对于如此小尺度单元，将其视作一个平面而非曲面是合理的、可接受的，因而可以采用非严密的模型来反演地壳应变参数。

表 9.3　块体运动与变形应变参数反演结果对比

模型	$\varepsilon_{\theta\theta}/(\times10^{-9}/a)$	$\varepsilon_{\theta\lambda}/(\times10^{-9}/a)$	$\varepsilon_{\lambda\lambda}/(\times10^{-9}/a)$
模型一	-1.3419	1.1237	1.5531
模型二	7.5012	1.5401	9.4131
模型三	7.5473	1.5411	9.4112

9.2.4 块体运动与应变模型算例

我们采用北美索尔顿海槽(Salton Trough)附近的 74 个 GPS 连续跟踪站和 109 个 2008-2009 年三期 Campaign GPS 观测资料(Crowell et al., 2013)(图 9.1)来反演地壳应变参数。采用的地壳应力场反演模型包括：全插值块体运动与应变模型(Shen et al., 1996)(模型 *A*)、整体旋转线性应变模型(李延兴等，2007)(模型 *B*)、非严密的球坐标系下的块体运动与应变模型(Savage et al., 2001)(模型 *C*)和严密的球坐标系下的块体运动与应变模型(Wang et al., 2009)(模型 *D*)。反演结果如图 9.2 所示。由该图可知，就整体而言，四种模型反演的地壳主应变场都呈现出南强北弱和东强西弱的整体态势。就局部而言，采用模型 *A*、*C* 和 *D* 反演的地壳主应变场具有较好的一致性，而与采用模型 *B* 反演的地壳主应变场在东北方向区域差异明显。这种显著差异是由模型 *B* 采用了应变场是空间坐标的线性函数的假定而其他模型采用了速度场是空间坐标的线性函数的假定所造成的。此外，采用

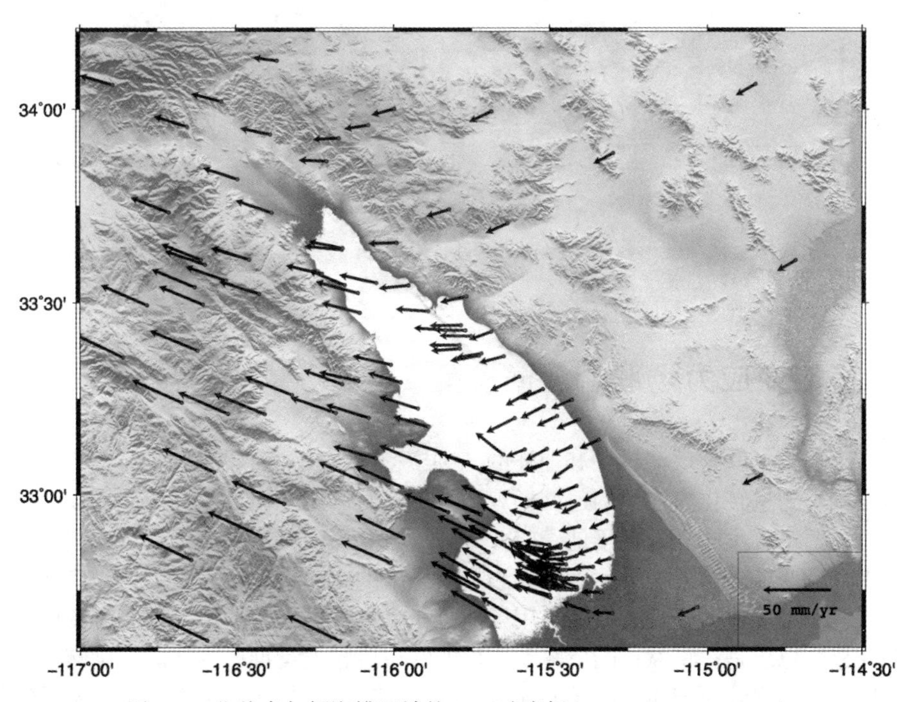

图 9.1　北美索尔顿海槽区域的 GPS 速度场(Crowell et al., 2013)

模型 A 和 C 反演的地壳主应变场差异最小，同时两者与模型 D 反演的地壳主应变场差异较小，这表明对小尺度单元的区域地壳应变场反演地球的曲率影响是次要的，可以直接采用较为简单的模型 A 进行地壳应变场反演。不过对于板块级大尺度单元的地壳应变场反演应顾及地球曲率的影响而采用球坐标系下的块体运动与变形模型，同时球坐标系下测站处的局部切标架随空间坐标变化的特性也应加以顾及、而采用严密的球坐标系下的块体运动与变形模型。

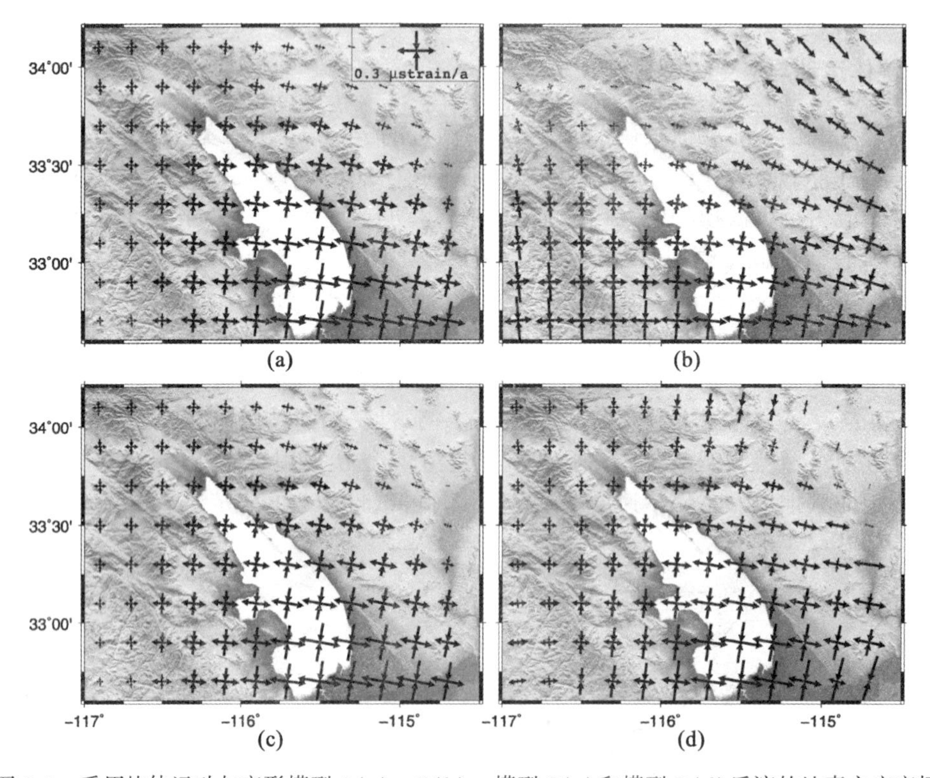

图 9.2　采用块体运动与变形模型 A(a)、B(b)、模型 C(c)和模型 D(d)反演的地壳主应变场

9.3　地壳应变应力场联合反演模型

地壳应变应力场联合反演模型和前述的三种模型就本质而言没有区别，因为它们都是将离散的速度场观测量转化为连续的速度场观测量，然后运用几何方程导出应变模型，从而建立起观测方程。略有不同之处在于地壳应变应力场联合反演模型采用了通过地震矩张量数据所估计的平均应变场来约束通过速度场观测量所导出的应变场。换言之，地壳应变应力场联合反演模型既采用了速度场观测量又采用了地震矩张量数据作为约束。地壳应变应力场联合反演模型的核心思想是：将欧拉刚体转动理论的欧拉旋转矢量推广为一般的旋转矢量，通过三次样条插值构建连续可微的、随空间坐标变化的旋转矢量，从而建立起连续可微的速度场，然后运用几何方程导出应变模型，以地震矩张量数据估计的平均应变和实际观测的速度场为约束条件进行联合反演求解插值待定参数，最后得到地球表面任意一点处的应变。下面

具体介绍地壳应变应力场联合反演模型(Haines & Haines, 1993; Beavan & Haines, 2001)。

9.3.1 地壳应变应力场联合反演模型的建立

球坐标下地球表面任一点的水平速度可以表示为:

$$\vec{u} = \vec{W}(\vec{r}) \times \vec{r} \tag{9.30}$$

式中, $\vec{u}$ 为水平速度; $\vec{W}(\vec{r})$ 为旋转矢量; $\vec{r}$ 为矢径。

球坐标系下的曲线坐标系的协变基矢量 $\{g_1, g_2, g_3\}$ 为:

$$\begin{cases} g_1 = \dfrac{\partial \vec{r}}{\partial r} \\ g_2 = \dfrac{\partial \vec{r}}{\partial \lambda} \\ g_3 = \dfrac{\partial \vec{r}}{\partial \theta} \end{cases} \tag{9.31}$$

其中, r 为地球半径, θ 为地心纬度, λ 为经度。

任意一点 $\vec{r}$ 处的球坐标为:

$$\begin{cases} x = r\cos\theta\cos\lambda \\ y = r\cos\theta\sin\lambda \\ z = r\sin\theta \end{cases} \tag{9.32}$$

故协变基矢量为:

$$\begin{cases} g_1 = \cos\theta\cos\lambda\vec{i} + \cos\theta\sin\lambda\vec{j} + \sin\theta\vec{k} \\ g_2 = - r\cos\theta\sin\lambda\vec{i} + r\cos\theta\cos\lambda\vec{j} \\ g_3 = - r\sin\theta\cos\lambda\vec{i} - r\sin\theta\sin\lambda\vec{j} + r\cos\theta\vec{k} \end{cases} \tag{9.33}$$

其中 $\vec{i}$ 、$\vec{j}$ 、$\vec{k}$ 为笛卡尔直角坐标系的基矢量。

令

$$\begin{cases} \hat{r} = \cos\theta\cos\lambda\vec{i} + \cos\theta\sin\lambda\vec{j} + \sin\theta\vec{k} \\ \hat{\theta} = - \sin\theta\cos\lambda\vec{i} - \sin\theta\sin\lambda\vec{j} + \cos\theta\vec{k} \\ \hat{\lambda} = - \sin\lambda\vec{i} + \cos\lambda\vec{j} \end{cases} \tag{9.34}$$

则协变基矢量可表示为:

$$\begin{cases} g_1 = \hat{r} \\ g_2 = r\cos\theta\hat{\lambda} \\ g_3 = r\hat{\theta} \end{cases} \tag{9.35}$$

故逆变基矢量为:

$$\begin{cases} g^1 = \hat{r} \\ g^2 = \dfrac{1}{r\cos\theta}\hat{\lambda} \\ g^3 = \dfrac{1}{r}\hat{\theta} \end{cases} \tag{9.36}$$

式(9.30)进一步表述为:

$$\vec{\boldsymbol{u}} = W_i g^i \times r_j g^j = W_i r_j \xi^{ijk} g_k = \frac{1}{\sqrt{g}} W_i r_j e^{ijk} g_k = \frac{r}{\sqrt{g}}(W_3 g_2 - W_2 g_3) \tag{9.37}$$

其中，$\sqrt{g} = (g_1 \times g_2) \cdot g_3 = r^2\cos\theta$。

将式(9.35)代入式(9.37)，有：

$$\vec{\boldsymbol{u}} = \frac{r}{\sqrt{g}}(W_3 r\cos\theta\hat{\lambda} - W_2 r\hat{\theta}) = W_3\hat{\lambda} - \frac{W_2}{\cos\theta}\hat{\theta} \tag{9.38}$$

应变张量为：$\varepsilon = \frac{1}{2}(\nabla\vec{\boldsymbol{u}} + \vec{\boldsymbol{u}}\nabla)$，其中 ∇为梯度算子。

$$\nabla\vec{\boldsymbol{u}} = \left(\hat{r}\frac{\partial}{\partial r} + \frac{1}{r\cos\theta}\hat{\lambda}\frac{\partial}{\partial\lambda} + \frac{1}{r}\hat{\theta}\frac{\partial}{\partial\theta}\right)\vec{\boldsymbol{u}} \tag{9.39}$$

由式(9.34)有：

$$\begin{cases} \dfrac{\partial\hat{\theta}}{\partial r} = 0, \quad \dfrac{\partial\hat{\theta}}{\partial\theta} = -\hat{r}, \quad \dfrac{\partial\hat{\theta}}{\partial\lambda} = -\sin\theta\hat{\lambda} \\ \dfrac{\partial\hat{\lambda}}{\partial r} = 0, \quad \dfrac{\partial\hat{\lambda}}{\partial\theta} = 0, \quad \dfrac{\partial\hat{\lambda}}{\partial\lambda} = -\hat{r}\cos\theta + \hat{\theta}\sin\theta \end{cases} \tag{9.40}$$

由式(9.38)、式(9.39)和式(9.40)有：

$$\begin{cases} \hat{r}\dfrac{\partial}{\partial r}\vec{\boldsymbol{u}} = \hat{r}\dfrac{\partial}{\partial r}\left(W_3\hat{\lambda} - \dfrac{W_2}{\cos\theta}\hat{\theta}\right) = 0 \\ \dfrac{1}{r\cos\theta}\hat{\lambda}\dfrac{\partial}{\partial\lambda}\vec{\boldsymbol{u}} = \dfrac{1}{r\cos\theta}\hat{\lambda}\dfrac{\partial}{\partial\lambda}\left(W_3\hat{\lambda} - \dfrac{W_2}{\cos\theta}\hat{\theta}\right) \\ \qquad = \dfrac{1}{r\cos\theta}\hat{\lambda}\left[-\dfrac{\partial W_2}{\partial\lambda}\dfrac{1}{\cos\theta}\hat{\theta} + W_2\tan\theta\hat{\lambda} + \dfrac{\partial W_3}{\partial\lambda}\hat{\lambda} + W_3(-\hat{r}\cos\theta + \hat{\theta}\sin\theta)\right] \\ \qquad = \dfrac{1}{r\cos\theta}\hat{\lambda}\left[-W_3\cos\theta\hat{r} + \left(-\dfrac{\partial W_2}{\partial\lambda}\dfrac{1}{\cos\theta} + W_3\sin\theta\right)\hat{\theta} + \left(W_2\tan\theta + \dfrac{\partial W_3}{\partial\lambda}\right)\hat{\lambda}\right] \\ \qquad = -\dfrac{W_3}{r}\hat{\lambda}\hat{r} + \dfrac{1}{r\cos\theta}\left(-\dfrac{\partial W_2}{\partial\lambda}\dfrac{1}{\cos\theta} + W_3\sin\theta\right)\hat{\lambda}\hat{\theta} + \dfrac{1}{r\cos\theta}\left(W_2\tan\theta + \dfrac{\partial W_3}{\partial\lambda}\right)\hat{\lambda}\hat{\lambda} \\ \dfrac{1}{r}\hat{\theta}\dfrac{\partial}{\partial\theta}\vec{\boldsymbol{u}} = \dfrac{1}{r}\hat{\theta}\dfrac{\partial}{\partial\theta}\left(W_3\hat{\lambda} - \dfrac{W_2}{\cos\theta}\hat{\theta}\right) \\ \qquad = \dfrac{1}{r}\hat{\theta}\left[-\dfrac{\partial W_2}{\partial\theta}\dfrac{1}{\cos\theta}\hat{\theta} + \dfrac{W_2}{\cos^2\theta}\hat{\theta} + \dfrac{W_2}{\cos\theta}\hat{r} + \dfrac{\partial W_3}{\partial\theta}\hat{\lambda}\right] \\ \qquad = \dfrac{1}{r}\dfrac{W_2}{\cos\theta}\hat{\theta}\hat{r} + \dfrac{1}{r}\left(-\dfrac{\partial W_2}{\partial\theta}\dfrac{1}{\cos\theta} + \dfrac{W_2}{\cos^2\theta}\right)\hat{\theta}\hat{\theta} + \dfrac{1}{r}\dfrac{\partial W_3}{\partial\theta}\hat{\theta}\hat{\lambda} \end{cases} \tag{9.41}$$

故应变张量 $\boldsymbol{\varepsilon}$ 的分量为：

$$\begin{cases} \varepsilon_{\theta\theta} = \dfrac{1}{r}\left(-\dfrac{\partial W_2}{\partial\theta}\dfrac{1}{\cos\theta} + \dfrac{W_2}{\cos^2\theta}\right) \\ \varepsilon_{\lambda\lambda} = \dfrac{1}{r\cos\theta}\left(W_2\tan\theta + \dfrac{\partial W_3}{\partial\lambda}\right) \\ \varepsilon_{\lambda\theta} = \dfrac{1}{2}\left[\dfrac{1}{r}\dfrac{\partial W_3}{\partial\theta} + \dfrac{1}{r\cos\theta}\left(-\dfrac{\partial W_2}{\partial\lambda}\dfrac{1}{\cos\theta} + W_3\sin\theta\right)\right] \end{cases} \tag{9.42}$$

旋转矢量 $\vec{W}$ 为：

$$\vec{W}=W_i g^i=W_1\hat{r}+W_2\frac{1}{r\cos\theta}\hat{\lambda}+W_3\frac{1}{r}\hat{\theta} \tag{9.43}$$

故有：

$$\begin{cases}\dfrac{\partial(\vec{W}\cdot\hat{\lambda})}{\partial\theta}=\dfrac{\partial}{\partial\theta}\dfrac{W_2}{r\cos\theta}=\dfrac{1}{r}\left(\dfrac{\partial W_2}{\partial\theta}\dfrac{1}{\cos\theta}-\dfrac{W_2}{\cos^2\theta}\right)\\ \dfrac{\partial(\vec{W}\cdot\hat{\lambda})}{\partial\lambda}=\dfrac{\partial}{\partial\lambda}\dfrac{W_2}{r\cos\theta}=\dfrac{1}{r\cos\theta}\dfrac{\partial W_2}{\partial\lambda}\\ \dfrac{\partial(\vec{W}\cdot\hat{\theta})}{\partial\lambda}=\dfrac{1}{r}\dfrac{\partial W_3}{\partial\lambda}\\ \dfrac{\partial(\vec{W}\cdot\hat{\theta})}{\partial\theta}=\dfrac{1}{r}\dfrac{\partial W_3}{\partial\theta}\end{cases} \tag{9.44}$$

将式(9.44)代入式(9.42)，有：

$$\begin{cases}\varepsilon_{\theta\theta}=-\dfrac{\partial(\vec{W}\cdot\hat{\lambda})}{\partial\theta}=-\dfrac{\partial\vec{W}}{\partial\theta}\cdot\hat{\lambda}\\ \varepsilon_{\lambda\lambda}=\dfrac{1}{r\cos\theta}\left(W_2\tan\theta+\dfrac{\partial W_3}{\partial\lambda}\right)=\dfrac{1}{\cos\theta}\dfrac{\partial(\vec{W}\cdot\hat{\theta})}{\partial\lambda}+\dfrac{\tan\theta}{r\cos\theta}W_2\\ \quad=\dfrac{1}{\cos\theta}\dfrac{\partial(\vec{W}\cdot\hat{\theta})}{\partial\lambda}+\dfrac{\tan\theta}{r\cos\theta}r\cos\theta\vec{W}\cdot\hat{\lambda}=\dfrac{1}{\cos\theta}\dfrac{\partial(\vec{W}\cdot\hat{\theta})}{\partial\lambda}+\tan\theta\vec{W}\cdot\hat{\lambda}\\ \quad=\dfrac{1}{\cos\theta}\left[\dfrac{\partial\vec{W}}{\partial\lambda}\cdot\hat{\theta}+\vec{W}\cdot(-\sin\theta\hat{\lambda})\right]+\tan\theta\vec{W}\cdot\hat{\lambda}=\dfrac{1}{\cos\theta}\dfrac{\partial\vec{W}}{\partial\lambda}\cdot\hat{\theta}\\ \varepsilon_{\lambda\theta}=\dfrac{1}{2}\left[\dfrac{1}{r}\dfrac{\partial W_3}{\partial\theta}+\dfrac{1}{r\cos\theta}\left(-\dfrac{\partial W_2}{\partial\lambda}\dfrac{1}{\cos\theta}+W_3\sin\theta\right)\right]\\ \quad=\dfrac{1}{2}\left[\dfrac{\partial(\vec{W}\cdot\hat{\theta})}{\partial\theta}-\dfrac{1}{r\cos\theta}\dfrac{1}{\cos\theta}r\cos\theta\dfrac{\partial(\vec{W}\cdot\hat{\lambda})}{\partial\lambda}+\dfrac{W_3}{r}\tan\theta\right]\\ \quad=\dfrac{1}{2}\left\{\dfrac{\partial\vec{W}}{\partial\theta}\cdot\hat{\theta}-\vec{W}\cdot r-\dfrac{1}{\cos\theta}\left[\dfrac{\partial\vec{W}}{\partial\lambda}\cdot\hat{\lambda}+\vec{W}\cdot(-\hat{r}\cos\theta+\hat{\theta}\sin\theta)\right]+\dfrac{W_3}{r}\tan\theta\right\}\\ \quad=\dfrac{1}{2}\left[\dfrac{\partial\vec{W}}{\partial\theta}\cdot\hat{\theta}-\vec{W}\cdot r-\dfrac{1}{\cos\theta}\dfrac{\partial\vec{W}}{\partial\lambda}\cdot\hat{\lambda}+\vec{W}\cdot\hat{r}-\tan\theta\vec{W}\cdot\hat{\theta}+\dfrac{W_3}{r}\tan\theta\right]\\ \quad=\dfrac{1}{2}\left(\dfrac{\partial\vec{W}}{\partial\theta}\cdot\hat{\theta}-\dfrac{1}{\cos\theta}\dfrac{\partial\vec{W}}{\partial\lambda}\cdot\hat{\lambda}\right)\end{cases} \tag{9.45}$$

由式(9.45)可知若要求得水平应变，需知旋转矢量 $\vec{W}$ 的具体形式。旋转矢量 $\vec{W}$ 采用双三次样条插值函数得到(Beavan & Haines，2001)，其为：

$$\vec{W}=\sum_{p=0}^{1}\sum_{q=0}^{1}\left\{\vec{W}(\xi_{i+p},\ \eta_{j+q})h_p(\hat{\xi})h_q(\hat{\eta})+\frac{\partial\vec{W}(\xi_{i+p},\ \eta_{j+q})}{\partial\xi}\Delta\xi k_p(\hat{\xi})h_q(\hat{\eta})+\right.$$
$$\left.\frac{\partial\vec{W}(\xi_{i+p},\ \eta_{j+q})}{\partial\eta}h_p(\hat{\xi})\Delta\eta k_q(\hat{\eta})+\frac{\partial^2\vec{W}(\xi_{i+p},\ \eta_{j+q})}{\partial\xi\partial\eta}\Delta\xi k_p(\hat{\xi})\Delta\eta k_q(\hat{\eta})\right\} \tag{9.46}$$

式中，$(\xi_{i+p},\ \eta_{j+q})$ 为曲线坐标系 $(\xi,\ \eta)$ 的节点坐标，$\Delta\xi=\xi_{i+1}-\xi_i$，$\Delta\eta=\eta_{i+1}-\eta_i$，$\hat{\xi}=\dfrac{\xi-\xi_i}{\Delta\xi}$，$\hat{\eta}=\dfrac{\eta-\eta_i}{\Delta\eta}$，$h_0(z)=1-3z^2+2z^3$，$h_1(z)=3z^2-2z^3$，$k_0(z)=z-2z^2+z^3$，$k_1(z)=-z^2+z^3$。

经纬度坐标也采用式(9.46)的插值函数表示：

$$\begin{cases}\theta(\xi,\ \eta)=\displaystyle\sum_{p=0}^{1}\sum_{q=0}^{1}\left\{\theta(\xi_{i+p},\ \eta_{j+q})h_p(\hat{\xi})h_q(\hat{\eta})+\frac{\partial\theta(\xi_{i+p},\ \eta_{j+q})}{\partial\xi}\Delta\xi k_p(\hat{\xi})h_q(\hat{\eta})+\right.\\ \qquad\left.\dfrac{\partial\theta(\xi_{i+p},\ \eta_{j+q})}{\partial\eta}h_p(\hat{\xi})\Delta\eta k_q(\hat{\eta})+\dfrac{\partial^2\theta(\xi_{i+p},\ \eta_{j+q})}{\partial\xi\partial\eta}\Delta\xi k_p(\hat{\xi})\Delta\eta k_q(\hat{\eta})\right\}\\ \lambda(\xi,\ \eta)=\displaystyle\sum_{p=0}^{1}\sum_{q=0}^{1}\left\{\lambda(\xi_{i+p},\ \eta_{j+q})h_p(\hat{\xi})h_q(\hat{\eta})+\frac{\partial\lambda(\xi_{i+p},\ \eta_{j+q})}{\partial\xi}\Delta\xi k_p(\hat{\xi})h_q(\hat{\eta})+\right.\\ \qquad\left.\dfrac{\partial\lambda(\xi_{i+p},\ \eta_{j+q})}{\partial\eta}h_p(\hat{\xi})\Delta\eta k_q(\hat{\eta})+\dfrac{\partial^2\lambda(\xi_{i+p},\ \eta_{j+q})}{\partial\xi\partial\eta}\Delta\xi k_p(\hat{\xi})\Delta\eta k_q(\hat{\eta})\right\}\end{cases} \tag{9.47}$$

下面我们来确定式(9.45)中 $\dfrac{\partial\vec{W}}{\partial\theta}$ 和 $\dfrac{\partial\vec{W}}{\partial\lambda}$ 的具体形式，经纬度坐标 $(\theta,\ \lambda)$ 的全微分形式分别为：

$$\begin{cases}\mathrm{d}\lambda=\dfrac{\partial\lambda}{\partial\xi}\mathrm{d}\xi+\dfrac{\partial\lambda}{\partial\eta}\mathrm{d}\eta\\ \mathrm{d}\theta=\dfrac{\partial\theta}{\partial\xi}\mathrm{d}\xi+\dfrac{\partial\theta}{\partial\eta}\mathrm{d}\eta\end{cases} \tag{9.48}$$

故有：

$$\begin{pmatrix}\mathrm{d}\xi\\ \mathrm{d}\eta\end{pmatrix}=\begin{pmatrix}\dfrac{\partial\lambda}{\partial\xi} & \dfrac{\partial\lambda}{\partial\eta}\\ \dfrac{\partial\theta}{\partial\xi} & \dfrac{\partial\theta}{\partial\eta}\end{pmatrix}^{-1}\begin{pmatrix}\mathrm{d}\lambda\\ \mathrm{d}\theta\end{pmatrix}=\frac{1}{\dfrac{\partial(\lambda,\ \theta)}{\partial(\xi,\ \eta)}}\begin{pmatrix}\dfrac{\partial\theta}{\partial\eta} & -\dfrac{\partial\lambda}{\partial\eta}\\ -\dfrac{\partial\theta}{\partial\xi} & \dfrac{\partial\lambda}{\partial\xi}\end{pmatrix}\begin{pmatrix}d\lambda\\ d\theta\end{pmatrix} \tag{9.49}$$

其中，$\dfrac{\partial(\lambda,\ \theta)}{\partial(\xi,\ \eta)}=\begin{vmatrix}\dfrac{\partial\lambda}{\partial\xi} & \dfrac{\partial\lambda}{\partial\eta}\\ \dfrac{\partial\theta}{\partial\xi} & \dfrac{\partial\theta}{\partial\eta}\end{vmatrix}$

由式(9.49)有：

$$\begin{cases} \dfrac{\partial\xi}{\partial\lambda} = \dfrac{\partial\theta}{\partial\eta} \dfrac{1}{\dfrac{\partial(\lambda, \theta)}{\partial(\xi, \eta)}} \\ \dfrac{\partial\xi}{\partial\theta} = -\dfrac{\partial\lambda}{\partial\eta} \dfrac{1}{\dfrac{\partial(\lambda, \theta)}{\partial(\xi, \eta)}} \\ \dfrac{\partial\eta}{\partial\lambda} = -\dfrac{\partial\theta}{\partial\xi} \dfrac{1}{\dfrac{\partial(\lambda, \theta)}{\partial(\xi, \eta)}} \\ \dfrac{\partial\eta}{\partial\theta} = \dfrac{\partial\lambda}{\partial\xi} \dfrac{1}{\dfrac{\partial(\lambda, \theta)}{\partial(\xi, \eta)}} \end{cases} \tag{9.50}$$

旋转矢量 $\vec{\boldsymbol{W}}$ 对经纬度的偏导数 $\dfrac{\partial\vec{\boldsymbol{W}}}{\partial\lambda}$、$\dfrac{\partial\vec{\boldsymbol{W}}}{\partial\theta}$ 为:

$$\begin{cases} \dfrac{\partial\vec{\boldsymbol{W}}}{\partial\lambda} = \dfrac{\partial\vec{\boldsymbol{W}}}{\partial\xi}\dfrac{\partial\xi}{\partial\lambda} + \dfrac{\partial\vec{\boldsymbol{W}}}{\partial\eta}\dfrac{\partial\eta}{\partial\lambda} \\ \dfrac{\partial\vec{\boldsymbol{W}}}{\partial\theta} = \dfrac{\partial\vec{\boldsymbol{W}}}{\partial\xi}\dfrac{\partial\xi}{\partial\theta} + \dfrac{\partial\vec{\boldsymbol{W}}}{\partial\eta}\dfrac{\partial\eta}{\partial\theta} \end{cases} \tag{9.51}$$

将式(9.50)代入式(9.51)，有:

$$\begin{cases} \dfrac{\partial\vec{\boldsymbol{W}}}{\partial\lambda} = \left(\dfrac{\partial\vec{\boldsymbol{W}}}{\partial\xi}\dfrac{\partial\theta}{\partial\eta} - \dfrac{\partial\vec{\boldsymbol{W}}}{\partial\eta}\dfrac{\partial\theta}{\partial\xi}\right) \dfrac{1}{\dfrac{\partial(\lambda, \theta)}{\partial(\xi, \eta)}} \\ \dfrac{\partial\vec{\boldsymbol{W}}}{\partial\theta} = \left(-\dfrac{\partial\vec{\boldsymbol{W}}}{\partial\xi}\dfrac{\partial\lambda}{\partial\eta} + \dfrac{\partial\vec{\boldsymbol{W}}}{\partial\eta}\dfrac{\partial\lambda}{\partial\xi}\right) \dfrac{1}{\dfrac{\partial(\lambda, \theta)}{\partial(\xi, \eta)}} \end{cases} \tag{9.52}$$

令 $\dfrac{\partial\vec{\boldsymbol{W}}}{\partial\xi}\dfrac{\partial\theta}{\partial\eta} - \dfrac{\partial\vec{\boldsymbol{W}}}{\partial\eta}\dfrac{\partial\theta}{\partial\xi} = \dfrac{\partial(\vec{\boldsymbol{W}}, \theta)}{\partial(\xi, \eta)}$, $-\dfrac{\partial\vec{\boldsymbol{W}}}{\partial\xi}\dfrac{\partial\lambda}{\partial\eta} + \dfrac{\partial\vec{\boldsymbol{W}}}{\partial\eta}\dfrac{\partial\lambda}{\partial\xi} = \dfrac{\partial(\lambda, \vec{\boldsymbol{W}})}{\partial(\xi, \eta)}$ 则有:

$$\begin{cases} \dfrac{\partial\vec{\boldsymbol{W}}}{\partial\lambda} = \dfrac{\dfrac{\partial(\vec{\boldsymbol{W}}, \theta)}{\partial(\xi, \eta)}}{\dfrac{\partial(\lambda, \theta)}{\partial(\xi, \eta)}} \\ \dfrac{\partial\vec{\boldsymbol{W}}}{\partial\theta} = \dfrac{\dfrac{\partial(\lambda, \vec{\boldsymbol{W}})}{\partial(\xi, \eta)}}{\dfrac{\partial(\lambda, \theta)}{\partial(\xi, \eta)}} \end{cases} \tag{9.53}$$

平均应力场为:

$$
\begin{cases}
\bar{\dot{\varepsilon}}_{\theta\theta}=\dfrac{1}{S}\iint\dot{\varepsilon}_{\theta\theta}\mathrm{d}S\\
\bar{\dot{\varepsilon}}_{\lambda\lambda}=\dfrac{1}{S}\iint\dot{\varepsilon}_{\lambda\lambda}\mathrm{d}S\\
\bar{\dot{\varepsilon}}_{\lambda\theta}=\dfrac{1}{S}\iint\dot{\varepsilon}_{\lambda\theta}\mathrm{d}S
\end{cases}
\tag{9.54}
$$

其中，$S=\iint\mathrm{d}S=\iint r^2\cos\theta\mathrm{d}\theta\mathrm{d}\lambda=\iint r^2\cos\theta\dfrac{\partial(\lambda,\theta)}{\partial(\xi,\eta)}\mathrm{d}\xi\mathrm{d}\eta$。

将式(9.45)和式(9.53)代入式(9.54)，有：

$$
\begin{cases}
\bar{\dot{\varepsilon}}_{\theta\theta}=\dfrac{1}{S}\iint\dot{\varepsilon}_{\theta\theta}\mathrm{d}S=-\dfrac{1}{S}\iint\dfrac{\partial\vec{\boldsymbol{W}}}{\partial\theta}\cdot\hat{\lambda}\mathrm{d}S=-\dfrac{1}{S}\iint\dfrac{\dfrac{\partial(\lambda,\vec{\boldsymbol{W}})}{\partial(\xi,\eta)}}{\dfrac{\partial(\lambda,\theta)}{\partial(\xi,\eta)}}\cdot\hat{\lambda}\dfrac{\partial(\lambda,\theta)}{\partial(\xi,\eta)}r^2\cos\theta\mathrm{d}\xi\mathrm{d}\eta\\
\quad=-\dfrac{1}{S}\iint\dfrac{\partial(\lambda,\vec{\boldsymbol{W}})}{\partial(\xi,\eta)}\cdot\hat{\lambda}r^2\cos\theta\mathrm{d}\xi\mathrm{d}\eta\\
\bar{\dot{\varepsilon}}_{\lambda\lambda}=\dfrac{1}{S}\iint\dot{\varepsilon}_{\lambda\lambda}\mathrm{d}S=\dfrac{1}{S}\iint\dfrac{1}{\cos\theta}\dfrac{\partial\vec{\boldsymbol{W}}}{\partial\lambda}\cdot\hat{\theta}\mathrm{d}S=\dfrac{1}{S}\iint\dfrac{1}{\cos\theta}\dfrac{\dfrac{\partial(\vec{\boldsymbol{W}},\theta)}{\partial(\xi,\eta)}}{\dfrac{\partial(\lambda,\theta)}{\partial(\xi,\eta)}}\cdot\hat{\theta}\dfrac{\partial(\lambda,\theta)}{\partial(\xi,\eta)}r^2\cos\theta\mathrm{d}\xi\mathrm{d}\eta\\
\quad=\dfrac{1}{S}\iint\dfrac{\partial(\vec{\boldsymbol{W}},\theta)}{\partial(\xi,\eta)}\cdot\hat{\theta}r^2\mathrm{d}\xi\mathrm{d}\eta\\
\bar{\dot{\varepsilon}}_{\lambda\theta}=\dfrac{1}{S}\iint\dot{\varepsilon}_{\lambda\theta}\mathrm{d}S=\dfrac{1}{S}\iint\dfrac{1}{2}\left(\dfrac{\partial\vec{\boldsymbol{W}}}{\partial\theta}\cdot\hat{\theta}-\dfrac{1}{\cos\theta}\dfrac{\partial\vec{\boldsymbol{W}}}{\partial\lambda}\cdot\hat{\lambda}\right)\mathrm{d}S\\
\quad=\dfrac{1}{S}\iint\dfrac{1}{2}\left[\dfrac{\dfrac{\partial(\lambda,\vec{\boldsymbol{W}})}{\partial(\xi,\eta)}}{\dfrac{\partial(\lambda,\theta)}{\partial(\xi,\eta)}}\cdot\hat{\theta}-\dfrac{1}{\cos\theta}\dfrac{\dfrac{\partial(\vec{\boldsymbol{W}},\theta)}{\partial(\xi,\eta)}}{\dfrac{\partial(\lambda,\theta)}{\partial(\xi,\eta)}}\cdot\hat{\lambda}\right]\dfrac{\partial(\lambda,\theta)}{\partial(\xi,\eta)}r^2\cos\theta\mathrm{d}\xi\mathrm{d}\eta\\
\quad=\dfrac{1}{S}\iint\dfrac{1}{2}\left[\dfrac{\partial(\lambda,\vec{\boldsymbol{W}})}{\partial(\xi,\eta)}\cdot\hat{\theta}\cos\theta-\dfrac{\partial(\vec{\boldsymbol{W}},\theta)}{\partial(\xi,\eta)}\cdot\hat{\lambda}\right]r^2\mathrm{d}\xi\mathrm{d}\eta
\end{cases}
\tag{9.55}
$$

至此，我们推导了平均应力场与旋转矢量间的函数关系(即式(9.55))。

反演地壳应力应变场场的目标函数可以表述为：

$$
\sum_{\text{cells}}\sum_{\alpha\beta,\ \lambda\mu}(\bar{\dot{\varepsilon}}_{\alpha\beta}^{\text{fit}}\ \bar{\dot{\varepsilon}}_{\alpha\beta}^{\text{obs}})C_{\alpha\beta,\ \lambda\mu}^{-1}(\bar{\dot{\varepsilon}}_{\lambda\mu}^{\text{fit}}\ \bar{\dot{\varepsilon}}_{\lambda\mu}^{\text{obs}})+\sum_{\text{points}}\sum_{\alpha,\ \beta}(u_{\alpha}^{\text{fit}}-u_{\alpha}^{\text{obs}})C_{\alpha,\ \beta}^{-1}(u_{\beta}^{\text{fit}}-u_{\beta}^{\text{obs}})=\min
\tag{9.56}
$$

其中，$\bar{\dot{\varepsilon}}_{\alpha\beta}^{\text{fit}}$ 和 $\bar{\dot{\varepsilon}}_{\lambda\mu}^{\text{fit}}$ 分别为格网单元内的平均应变率拟合值(由式(9.55)计算得到)，$\bar{\dot{\varepsilon}}_{\alpha\beta}^{\text{obs}}$ 和 $\bar{\dot{\varepsilon}}_{\lambda\mu}^{\text{obs}}$ 为格网单元内的平均应变观测值(其由地震矩张量所求得，在下一小节介绍)，u_{α}^{fit} 和 u_{β}^{fit} 为测

站速度拟合值(由式(9.38)计算得到), $u_{\alpha}^{\mathrm{obs}}$ 和 u_{β}^{obs} 测站速度观测值, $C_{\alpha\beta,\ \lambda\mu}$ 为格网单元内的平均应变率观测值先验方差, $C_{\alpha,\ \beta}$ 为测站速度观测值的方差，下标 α, $\beta \in \{1, 2, 3\}$。

下面我们具体介绍由地震矩张量确定平均应变率场。

9.3.2　地震矩张量确定平均应变率场

地震矩张量可表述为:

$$M = M_0(\overrightarrow{s n} + \overrightarrow{n s}) \tag{9.57}$$

其中, M_0 为标量地震矩(scalar seismic moment), $\vec{s}$ 和 $\vec{n}$ 分别为地震断层的单位滑动方向和断层面单位法向。$\overrightarrow{sn}$ 为 $\vec{s}$ 和 $\vec{n}$ 的并矢(dyad), $\overrightarrow{ns}$ 为 $\vec{n}$ 和 $\vec{s}$ 的并矢。由于互换 $\vec{s}$ 和 $\vec{n}$ 不改变式(9.57)，因此，地震矩张量是对称张量。

断层的滑动方向 $\vec{s}$ 可以表示为:

$$\vec{s} = \boldsymbol{e}_{\xi}\cos\lambda + \boldsymbol{e}_{\eta}\sin\lambda \tag{9.58}$$

其中, $\boldsymbol{e}_{\xi}$ 为断层走向单位矢量(strike-slip), $\boldsymbol{e}_{\eta}$ 为断层逆冲方向单位矢量(thrust-slip), λ 为断层滑动角(其为断层走向与断层滑动方向的夹角，以逆时针方向为正)。

断层走向 $\boldsymbol{e}_{\xi}$ 和断层逆冲方向 $\boldsymbol{e}_{\eta}$ 由下式确定(见§4中的式(4.3)):

$$\begin{cases} (\boldsymbol{e}_{\xi} \quad \boldsymbol{e}_{\eta} \quad \boldsymbol{e}_{n}) = (e_1 \quad e_2 \quad e_3)\, R_{\varphi} R_{\delta} \\ \boldsymbol{R}_{\varphi} = \begin{pmatrix} \cos\varphi & \sin\varphi & 0 \\ \sin\varphi & -\cos\varphi & 0 \\ 0 & 0 & 1 \end{pmatrix} \\ \boldsymbol{R}_{\delta} = \begin{pmatrix} 1 & 0 & 0 \\ 0 & \cos\delta & -\sin\delta \\ 0 & \sin\delta & \cos\delta \end{pmatrix} \end{cases} \tag{9.59}$$

其中, $\boldsymbol{e}_{\xi}$ 为断层走向单位矢量(strike-slip), $\boldsymbol{e}_{\eta}$ 为断层逆冲方向单位矢量(thrust-slip), $\boldsymbol{e}_{n}$ 为断层法向单位矢量(normal), e_1、e_2、e_3 分别为局部坐标系的北方向、东方向和垂直向上, φ 和 δ 分别为断层方位角(strike angle)和断层倾角(dip angle)。

由式(9.57)、式(9.58)和式(9.59)，在局部坐标系 $(e_1 \quad e_2 \quad e_3)$ 中的地震矩张量各分量为(因地震矩张量为对称张量，故只给出六个独立分量(如 Aki & Richards, 2002),

$$\begin{cases} M_{11} = -M_0(\sin2\varphi\sin\delta\cos\lambda + \sin^2\varphi\sin2\delta\sin\lambda) \\ M_{12} = M_0(\cos2\varphi\sin\delta\cos\lambda + \dfrac{1}{2}\sin2\varphi\sin2\delta\sin\lambda) \\ M_{13} = M_0(\cos\varphi\cos\delta\cos\lambda + \sin\varphi\cos2\delta\sin\lambda) \\ M_{22} = M_0(\sin2\varphi\sin\delta\cos\lambda - \cos^2\varphi\sin2\delta\sin\lambda) \\ M_{23} = M_0(\sin\varphi\cos\delta\cos\lambda - \cos\varphi\cos2\delta\sin\lambda) \\ M_{33} = M_0\sin2\delta\sin\lambda \end{cases} \tag{9.60}$$

若采用哈佛中心矩张量(Harvard CMT)坐标系 $(r,\ t,\ p)$: r、t、p 分别为垂向向上、南向和东向，则地震矩张量各分量为:

$$
\begin{cases}
M_{rr} = M_{33} \\
M_{rt} = - M_{13} \\
M_{rp} = M_{23} \\
M_{tt} = M_{11} \\
M_{tp} = - M_{12} \\
M_{pp} = M_{22}
\end{cases}
\tag{9.61}
$$

不论地震矩张量是位于局部坐标系 ($e_1 \quad e_2 \quad e_3$) 中，还是位于哈佛中心矩张量(Harvard CMT)坐标系 (r, t, p) 中，都可以表示为 $\boldsymbol{M} = \boldsymbol{M}_{ij}\boldsymbol{e}_{x_i}\boldsymbol{e}_{x_j}$，其中 $\boldsymbol{M}_{ij}$ 为地震矩张量分量，$\boldsymbol{e}_{x_i}$、$\boldsymbol{e}_{x_j}$ 为坐标轴 x_i 和 x_j 的单位向量，下标 $i, j \in \{1, 2, 3\}$。至此，我们推导了地震矩张量的表示方法，下面我们进一步介绍地震矩张量与平均应变率场的关系。

地震矩张量与平均应变率场的关系可以表述如下(Kostrov，1974)：

$$
\dot{\varepsilon}_{ij} = \frac{1}{2\mu VT}\sum_{k=1}^{N}\boldsymbol{M}_{ij}^{(k)}
\tag{9.62}
$$

其中，$\dot{\varepsilon}_{ij}$ 为平均应变率，μ 为剪切模量，V 为断层带所围区域体积，T 为区域 V 内所发生的地震目录时段，N 为该区域时段 T 内地震目录中的地震个数，$\boldsymbol{M}_{ij}^{(k)}$ 为第 k 个地震的地震矩张量分量。

由式(9.60)(或式(9.61))和式(9.62)即可确定格网单元内的平均应变率。结合上一小节的讨论，地壳应变应力场的联合反演流程可以总结如下：

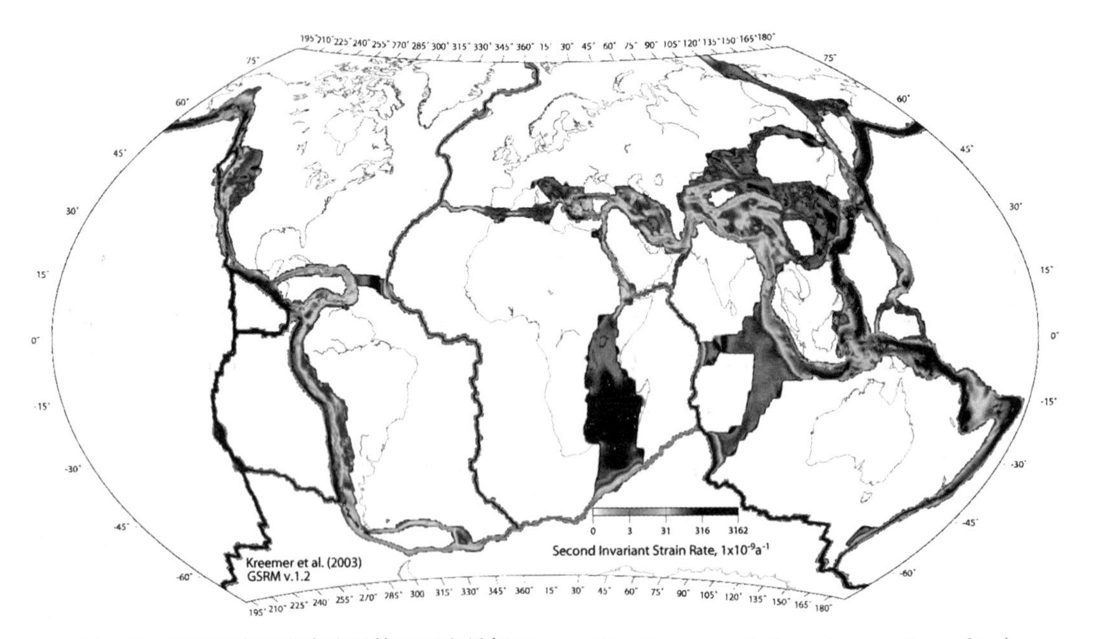

图 9.3　全球地壳应变率张量第二不变量场(http：//geodesy. unr. edu/cornekreemer/gsrm. htm)

以式(9.56)这一目标函数为估计准则的地壳应变应力场联合反演方法为：利用观测

值地壳速度场和由地震矩张量所确定的单元平均应变率，在该估计准则下，使得速度观测值同与旋转矢量有关的样条插值函数系数所确定的速度拟合值，以及由地震矩张量得到的平均应变率值与由样条插值函数系数所确定的平均应变率的拟合误差最小，这一估计问题仍归结为求解线性方程组的解(插值系数)，可采用第四章介绍的线性反演方法求解。图9.3即为Kremmer等(2003)采用该方法联合反演得到的全球地壳应变率张量场(第二不变量)的结果。

9.4 四维整体大地测量有限单元法

9.4.1 有限元法的核心内容

有限元法的基本思想可以追溯至Courant(1943)的开创性的工作，首次采用三角剖分单元上的分片连续函数，从最小位能原理出发求解了St. Venant扭转问题的解。有限元法核心之一可以概之为刚度矩阵的构建。胡克定律描述了弹性限度内力与弹性形变的正比关系，由最小位能原理所导出的有限元的求解方程也与之类似：给定了边界力即可求得研究单元内的形变，反之给定了边界位移约束条件即可反演边界力。有限单元的求解方程可以表述为(王瑁成，2006)：

$$\boldsymbol{KU} = \boldsymbol{F} \tag{9.63}$$

式中，$\boldsymbol{K}$为刚度矩阵，其与材料参数有关，$\boldsymbol{U}$为位移，$\boldsymbol{F}$为边界力。下面我们简单介绍该方程的导出过程。

最小位能原理的泛函总位能在平面问题中的矩阵表达式为：

$$\Pi_p = \int_{\Omega} \frac{1}{2}\boldsymbol{\varepsilon}^{\mathrm{T}}\boldsymbol{D}\boldsymbol{\varepsilon} h\mathrm{d}x\mathrm{d}y - \int_{\Omega} u^{\mathrm{T}} f h\mathrm{d}x\mathrm{d}y - \int_{S_\sigma} u^{\mathrm{T}} T h\mathrm{d}S \tag{9.64}$$

式中，ε为应变，$\boldsymbol{D}$为本构方程系数矩阵，u为位移，f为体力，T为面力，h为厚度。

位移矩阵为：

$$\boldsymbol{u} = \boldsymbol{NU} \tag{9.65}$$

式中，$\boldsymbol{N}$为插值函数矩阵或者形函数矩阵，$\boldsymbol{U}$为单元节点位移矩阵。

单元应变矩阵为：

$$\boldsymbol{\varepsilon} = \boldsymbol{BU} \tag{9.66}$$

式中，$\boldsymbol{B}$为应变矩阵，$\boldsymbol{U}$为单元节点位移矩阵。

将式(9.65)和式(9.66)代入式(9.64)有：

$$\Pi_p = \sum_e \Pi_p^e = \sum_e \left(\boldsymbol{U}_e^{\mathrm{T}}\int_{\Omega_e} \frac{1}{2}\boldsymbol{B}^{\mathrm{T}}\boldsymbol{DB}h\mathrm{d}x\mathrm{d}yU_e\right) - \sum_e \left(\boldsymbol{U}_e^{\mathrm{T}}\int_{\Omega_e}\boldsymbol{N}^{\mathrm{T}} f h\mathrm{d}x\mathrm{d}y\right) - \sum_e \left(\boldsymbol{U}_e^{\mathrm{T}}\int_{S_\Omega^e}\boldsymbol{N}^{\mathrm{T}} T h\mathrm{d}S\right) \tag{9.67}$$

上式隐含单元各项矩阵的阶数(即单元的节点自由度)和结构各项矩阵的阶数(即结构的结点自由度)相同，为此需要引入单元节点自由度和结构自由度的转换矩阵$\boldsymbol{P}$使得：

$$\boldsymbol{U}_e = \boldsymbol{PU} \tag{9.68}$$

令

$$\begin{cases} K^e = \int\limits_{\Omega^e} \boldsymbol{B}^{\mathrm{T}}\boldsymbol{D}\boldsymbol{B}h\mathrm{d}x\mathrm{d}y \\ F_f^e = \int\limits_{\Omega^e} \boldsymbol{N}^{\mathrm{T}}fh\mathrm{d}x\mathrm{d}y \\ F_S^e = \int\limits_{S_\Omega^e} \boldsymbol{N}^{\mathrm{T}}Th\mathrm{d}S \\ F^e = F_f^e + F_S^e \end{cases} \tag{9.69}$$

由式(9.67)、式(9.68)和式(9.69)，有：

$$\Pi_p = \boldsymbol{U}^{\mathrm{T}}\frac{1}{2}\sum_e(\boldsymbol{P}^{\mathrm{T}}K^e\boldsymbol{P})\boldsymbol{U} - \boldsymbol{U}^{\mathrm{T}}\sum_e\boldsymbol{P}^{\mathrm{T}}F^e \tag{9.70}$$

令

$$\begin{cases} \boldsymbol{K} = \sum_e(\boldsymbol{P}^{\mathrm{T}}K^e\boldsymbol{P}) \\ \boldsymbol{F} = \sum_e(\boldsymbol{P}^{\mathrm{T}}F^e) \end{cases} \tag{9.71}$$

式中，$\boldsymbol{K}$ 和 $\boldsymbol{F}$ 分别称为结构整体刚度矩阵和结构结点载荷矩阵。

将式(9.71)代入式(9.70)，有：

$$\Pi_p = \frac{1}{2}\boldsymbol{U}^{\mathrm{T}}\boldsymbol{K}\boldsymbol{U} - \boldsymbol{U}^{\mathrm{T}}\boldsymbol{F} \tag{9.72}$$

由变分原理，泛函 Π_p 取驻值的条件是它的一次变分为零，亦即 $\delta\Pi_p = 0$，因而 $\frac{\partial\Pi_p}{\partial\boldsymbol{U}} = 0$。

故有：

$$\boldsymbol{K}\boldsymbol{U} = \boldsymbol{F} \tag{9.73}$$

以上即为基于弹性力学最小位能原理的有限元求解方程的导出过程。就具体地球物理反演应用而言，涉及构造区域边界的设定、构造区域介质参数的设定、格网剖分单元的选择、单元刚度矩阵的形成、单元等结点载荷阵的形成、集合单元刚度矩阵和单元等效结点载荷阵组装成结构刚度矩阵和结构等效载荷矩阵，而且还涉及给定边界位移条件(如 GPS 实测位移场或速度场)。具体应用可借助诸如 ANSYS、MARC、ABAQUS 等商业软件，它们包含众多的单元格式、材料模型，具备格网自动剖分、GUI 图形显示等。

9.4.2　四维整体大地测量有限单元法

利用大地测量监测资料反演构造应力场的可靠性和准确度，取决于多种因素。地壳的构造运动都比较复杂，反映在构造应力场上就表现为应力分布的非线性变化。对于区域格网剖分而言，在应力集中或变化大的部位格网要划得密些，即结点密集些，变化均匀的部位可疏些，在边界上也是如此，划分不当则影响解的准确度。边界上已知位移约束的数量和分布也是影响构造应力场反演结果的重要因素，通常大地测量监测点都比较稀疏，如在青藏地区往往几百公里间距一个 GPS 点，水准点分布不均匀，重力点也稀少，边界约束薄弱则难以求得可靠的反演结果。其次，介质岩性参数的选取，由所给本构方程描述的应力应变力学状态是否接近构造变形过程的实际，如是否考虑介质的流变性，都在不同程度上影响反演结果的准确性。

以有限单元法为基础，将四维整体大地测量(含重力观测)模型与固体力学方程反演构造应力场相结合，利用多种大地测量监测数据推估边界面节点位移值，以增强边界的几何和物理约束，以期改善反演构造应力场的可靠性和准确度，提出了四维整体大地测量有限单元法(晁定波，许才军，刘大杰，1997；许才军，2002)。

设有一变形体 V 与地球相比很小，则研究变形体 V 的重力效应时可将地球看成半无限空间。设地平坐标系 (X, Y, Z)，X，Y 轴在地平面上，Z 轴指向地球内部。地面测站点 $P(x, y, z)$ 与 V 内一变形点 $Q(x', y', z')$ 的距离为 l，Q 点的密度和位移分别为 $\rho(x', y', z')$、$u(x', y', z')$。位移发生后使相对于坐标系不移动的微体积元 dV 内的质量增加一扰动质量 $\nabla(\rho u)\mathrm{d}V$；由 V 内经其边界面元 $\mathrm{d}A$ 移出质量 $\rho\vec{u}\cdot\vec{n}\mathrm{d}A$，$\vec{n}$ 是 $\mathrm{d}A$ 的单位法向量，则由 V 变形引起 P 点重力位变化为：

$$\delta W = f\int_V \frac{\nabla(\rho u)}{l}\mathrm{d}V - f\int_A \frac{\rho\vec{u}\cdot\vec{n}}{l}\mathrm{d}A \tag{9.74}$$

式中，f 为引力常数，$u = \|\vec{u}\|$，$l = \sqrt{(x-x')^2 + (y-y')^2 + (z-z')^2}$。

相应重力变化为：

$$\delta g_V = f\int_V \frac{(z-z')\,\nabla(\rho u)}{l^3}\mathrm{d}V - f\int_A \frac{(z-z')\rho\vec{u}\cdot\vec{n}}{l^3}\mathrm{d}A \tag{9.75}$$

假定 V 内存在空洞，则定义 V 的表面为地面 A_g、非变形围岩界面 A_0 和部空洞表面 A_c 所组成。由于 P 点在 XY 平面上 $Z=0$，A_0 界面上的位移 $\vec{u}=0$。顾及地面上 h 产生的形变重力变化及 P 随之上升的空间效应，令地表密度为 ρ_g，则 V 变形引起的重力变化为：

$$\delta g_v = -f\int_V \frac{z'\,\nabla(\rho u)}{l^3}\mathrm{d}V + f\int_{A_c} \frac{z'\rho\vec{u}\cdot\vec{n}}{l^3}\mathrm{d}A + 2\pi f\left(\rho - \frac{4}{3}\rho_g\right)h \tag{9.76}$$

V 外密度为 ρ' 的围岩质量移进 A_g 和 A_0 所包围的空洞内时，则经 A_0 移进 A_c 内的质量 $\rho'\vec{u}'\cdot\vec{n}\mathrm{d}A$ 引起的重力变化为：

$$\delta_{g_c} = f\int_{A_c} \frac{z'\rho'\vec{u}'\cdot\vec{n}}{l^3}\mathrm{d}A \tag{9.77}$$

式中，$u' = \|\vec{u}'\|$，其为空洞表面的位移。

于是，在地壳构造运动中由于 V 变形和移进质量引起 P 点总的重力变化可表示为：

$$\delta g_v = -f\int_V \frac{z'\,\nabla(\rho u)}{l^3}\mathrm{d}V + f\int_{A_c} \frac{z'(\rho\vec{u} + \rho'\vec{u}')\cdot\vec{n}}{l^3}\mathrm{d}A + 2\pi f\left(\rho - \frac{4}{3}\rho_g\right)h \tag{9.78}$$

式中，$\vec{n}$ 由边界面 A_0 的形状确定，ρ 和 ρ' 可取已知介质密度值，若无有关变形体空洞资料可不考虑，但可能对结果产生影响。将式(9.78)积分离散化，划分成适当尺度的规则单元，用离散求和逼近积分式，取 u、u' 和 h 为待定位移参数，若 u、u' 的三维分量采用统一符号 m，δg 为地面观测量，则可将观测方程写为：

$$\delta g = \boldsymbol{G}m + \varepsilon \tag{9.79}$$

式中，$\boldsymbol{G}$ 为系数矩阵，m 为待估参数，ε 为误差项。

利用 Stokes 公式可计算大地水准面的变化：

$$\delta N = \frac{R}{4\pi\gamma}\iint_{\sigma}\delta g_0\left[S(\psi) - \frac{1}{2}\right]\mathrm{d}\sigma \tag{9.80}$$

式中，R 为平均地球半径，γ 为位于参考椭球上的正常重力，$S(\psi)$ 为 Stokes 函数，ψ 为从地心分别至计算点与积分点两方向的夹角，$\mathrm{d}\sigma$ 为单位球上的面积微元，δg_0 为地面点 δg 加空间改正后归算到未变化以前的大地水准面上的值。

同样式(9.80)也可用格网化离散求和的形式逼近，并将和式中的 δg 用式(9.79)代入，若 δN 为观测量，则其观测方程可类似式(9.79)写成以下形式：

$$\delta \boldsymbol{N} = Nm + \varepsilon \tag{9.81}$$

式中，N 为系数矩阵，其展开式从略，m 为待估参数，ε 为误差项。

为研究地壳形变及构造应力场，仅考虑目前广泛应用的 GPS、水准和重力测量三类大地测量监测技术。重复 GPS 观测可直接测定地面点三维位移速率 u，联合 GPS 和水准复测资料可测定大地水准面变化 δN，重复重力测量则可测定重力变化 δg，这里 δN 和 δg 都认为仅仅是由于地壳构造运动产生的，并在观测值中扣除了一切非构造运动的影响。将这些观测资料所对应的观测方程(式(9.79)和式(9.81))、本构方程及弹性运动方程统一表述为固体力学边值问题的一般方程，其为：

$$\begin{cases} \varepsilon = Lu(t) \\ L^{\mathrm{T}}\sigma + P = 0 & (\text{在 } V \text{ 内}) \\ L_1^{\mathrm{T}}\sigma = q & (\text{在 } V \text{ 的边界上}) \\ \sigma = f(\varepsilon) \\ u_{|\partial V} = u_0 & (\text{在 } V \text{ 的边界上}) \end{cases} \tag{9.82}$$

式中，ε 为应变张量，$u(t)$ 为位移矢量，L、L_1 为计算因子，$u_{|\partial V} = u_0$ 为位移约束条件。

四维整体大地测量模型与固体力学方程的有限元法结合在一起，称为四维整体大地测量有限单元法(许才军，2002)。由于 GPS 和水准监测提供了比较可靠的地壳位移参数，当测站比较稀疏，且位移场变化较均匀的情况下，可利用解固体力学方程采用的插值函数(定义同样的形函数)，利用测站点已知结点参数对 GPS 水准点和重力点上的位移参数进行内插，此时我们假定单元划分时已将这些测站点列为单元结点。这样可加强边界上的大地测量约束，可望得到更为可靠的应变场、应力场解，这是四维整体大地测量有限单元法的另一层含义。

9.5　基于震源机制的地壳构造应力场

本章前面各小节主要介绍了利用 GNSS 和 InSAR 等形变数据反演地壳构造应力场。除此之外，断层擦痕数据和震源机制数据同样可以用于反演地壳构造应力场(如 Michael，1984；谢富仁等，1993)。采用现代大地测量形变资料所反演的地壳构造应力场的时间尺度通常是数年或数十年，且该反演主要基于位移-应变几何方程和应变-应力弹性本构关系；采用断层擦痕数据所反演的地壳构造应力场的时间尺度通常是地质时间尺度(如第四纪及第四纪早期)，且该反演主要基于断层擦痕方向与区域构造应力场在断层面投影的剪切应力方向的最佳拟合；采用震源机制数据所反演的地壳构造应力场的时间尺度通常是数年或数十年，且该反演方法是基于区域范围内的均匀构造应力场在各个地震断层面上投影的剪切应力方向和其对应的地震断层的滑动方向的最佳拟合。利用断层擦痕数据的地壳应力场反演首先需要确定断层的断错时代，这可以通过地层断错标志、断错地貌标志和借助碳-14 确定断层的物质年代等方式加以确定。而利用震源机制的地壳应力场反演可以直接利用震源机制数据作为观测量。由于两者的反演模型大体相仿，只不过前者采用断层擦痕作为观测量而后者采用震源机制作为观测量。因此，本节主要介绍基于震源机制的地壳构造应力场反演模型。

9.5.1 震源机制的地壳应力场反演基本假设

采用震源机制反演地壳应力场的基本思想是：已知地震断层的滑动方向，反推驱动地震断层运动破裂的地壳构造应力场方向。简言之，区域构造应力场控制各地震断层的滑动。该基本思想的假设前提是：(1)各地震断层的运动破裂是相互独立的，它们仅由地壳构造应力场所决定；(2)构造应力场是均匀的；(3)构造应力场在各地震断层面上投影的剪切应力的大小相等。

假设一认为驱动地震断层的力为地壳构造应力场，通过多个地震断层的运动破裂方向就可以反演地壳构造应力场。值得注意的是：反演的结果是地壳构造偏应力场的方向，而不是地壳构造应力场本身。这是因为平均静水应力张量(mean hyrostatic stress tensor)(或称为球形应力张量(volumetric stress tensor))对地震断层上的剪切应力没有贡献，并且偏应力张量(deviatoric stress tensor)在地震断层面上投影的剪切应力方向与偏应力张量的大小(偏应力张量所对应的行列式)无关。因此，利用地震震源机制反演地壳应力场的反演结果通常只给出偏应力张量所对应的三个主应力方向和应力形因子(shape factor)。

假设二认为构造应力场在一定的时间和空间范围内都是相同的。由于一定空间范围内的地震断层通常不是在同一时间破裂的，因而利用地震断层震源机制所反演的构造应力场仅仅是给定时空范围内构造应力场的一个平均值。换言之，该时空范围内的地震断层的破裂不影响该区域的构造应力场；构造应力场作用于地震断层使之破裂，但地震断层的破裂不改变该区域的构造应力场。

假设三认为构造应力场在各地震断层面上投影的剪切应力方向可以变化但大小不变。由于构造应力场在各断层面上投影的剪切应力的方向是构造应力张量(偏应力张量)的非线性函数，因而通常需要借助非线性反演方法反演构造应力场。但当反演过程中引入第三个假设使得偏应力张量归一化时，剪切应力的方向就是构造应力张量的线性函数，于是就可以建立线性的观测方程，从而采用线性的反演方法快速反演构造应力场。

9.5.2 基于震源机制的地壳应力场反演模型

根据弹性力学知识，区域构造应力张量 $\boldsymbol{\sigma}$ 在法向为 $\vec{\boldsymbol{n}}$ 的断层面上的剪切应力 $\vec{\boldsymbol{\tau}}$ 为：

$$\vec{\boldsymbol{\tau}} = \boldsymbol{\sigma n} - (\boldsymbol{n}^{\mathrm{T}}\boldsymbol{\sigma n})\boldsymbol{n} \tag{9.83}$$

其中，$\boldsymbol{\sigma}=\begin{pmatrix}\sigma_{11}&\sigma_{12}&\sigma_{13}\\\sigma_{12}&\sigma_{22}&\sigma_{23}\\\sigma_{13}&\sigma_{23}&\sigma_{33}\end{pmatrix}$，$\boldsymbol{n}=\begin{pmatrix}n_1\\n_2\\n_3\end{pmatrix}$。

将应力张量$\boldsymbol{\sigma}$分解为偏应力张量$\boldsymbol{\sigma}_d$和静水应力张量$\boldsymbol{\sigma}_h$，其为：

$$\boldsymbol{\sigma}=\boldsymbol{\sigma}_d+\boldsymbol{\sigma}_h \tag{9.84}$$

其中，$\boldsymbol{\sigma}_d=\begin{pmatrix}\sigma_{11}-\frac{1}{3}\mathrm{tr}(\sigma)&\sigma_{12}&\sigma_{13}\\\sigma_{12}&\sigma_{22}-\frac{1}{3}\mathrm{tr}(\sigma)&\sigma_{23}\\\sigma_{13}&\sigma_{23}&\sigma_{33}-\frac{1}{3}\mathrm{tr}(\sigma)\end{pmatrix}$，$\boldsymbol{\sigma}_h=\begin{pmatrix}\frac{1}{3}\mathrm{tr}(\sigma)&0&0\\0&\frac{1}{3}\mathrm{tr}(\sigma)&0\\0&0&\frac{1}{3}\mathrm{tr}(\sigma)\end{pmatrix}$，$\mathrm{tr}(\sigma)=\sigma_{11}+\sigma_{22}+\sigma_{33}$。

将式(9.84)代入式(9.83)，有：

$$\begin{aligned}\vec{\boldsymbol{\tau}}&=[\sigma_d\boldsymbol{n}-(\boldsymbol{n}^{\mathrm{T}}\sigma_d\boldsymbol{n})\boldsymbol{n}]+[\sigma_h\boldsymbol{n}-(\boldsymbol{n}^{\mathrm{T}}\sigma_h\boldsymbol{n})\boldsymbol{n}]\\&=[\sigma_d\boldsymbol{n}-(\boldsymbol{n}^{\mathrm{T}}\sigma_d\boldsymbol{n})\boldsymbol{n}]+[\sigma_h\boldsymbol{n}-\sigma_h\boldsymbol{n}]\\&=\sigma_d\boldsymbol{n}-(\boldsymbol{n}^{\mathrm{T}}\sigma_d\boldsymbol{n})\boldsymbol{n}\end{aligned} \tag{9.85}$$

由式(9.85)可知剪切应力$\vec{\boldsymbol{\tau}}$仅与偏应力张量$\boldsymbol{\sigma}_d$有关，而与静水应力张量$\boldsymbol{\sigma}_h$无关。为简便计，令$\boldsymbol{\sigma}_d$为：

$$\boldsymbol{\sigma}_d=\begin{pmatrix}\tilde{\sigma}_{11}&\tilde{\sigma}_{12}&\tilde{\sigma}_{13}\\\tilde{\sigma}_{12}&\tilde{\sigma}_{22}&\tilde{\sigma}_{23}\\\tilde{\sigma}_{13}&\tilde{\sigma}_{23}&-(\tilde{\sigma}_{11}+\tilde{\sigma}_{22})\end{pmatrix} \tag{9.86}$$

由式(9.85)和式(9.86)，有：

$$\vec{\boldsymbol{\tau}}=\begin{pmatrix}n_1-n_1^3+n_1n_3^2&n_2-2n_1^2n_2&n_3-2n_1^2n_3&n_1n_3^2-n_1n_2^2&-2n_1n_2n_3\\n_2n_3^2-n_1^2n_2&n_1-2n_1n_2^2&-2n_1n_2n_3&n_2-n_2^3+n_2n_3^2&n_3-2n_2^2n_3\\n_3^3-n_1^2n_3-n_3&-2n_1n_2n_3&n_1-2n_1n_3^2&n_3^3-n_2^2n_3-n_3&n_2-2n_2n_3^2\end{pmatrix}\begin{pmatrix}\tilde{\sigma}_{11}\\\tilde{\sigma}_{12}\\\tilde{\sigma}_{13}\\\tilde{\sigma}_{22}\\\tilde{\sigma}_{23}\end{pmatrix} \tag{9.87}$$

其中，n_1、n_2、n_3 为断层法向分量，其由式(9.59)确定，其为：$n_1 =- \sin\varphi\sin\delta$，$n_2 = \cos\varphi\sin\delta$，$n_3 = \cos\delta$。$\varphi$ 为断层走向，δ 为断层倾角，且 n_1、n_2、n_3 分量位于局部坐标系中：x 轴指北、y 轴指东、z 轴垂直向上。

剪切应力的归一化假设三使得 $\| \vec{\tau} \| = 1$，则有剪切应力方向 $\dfrac{\vec{\tau}}{\| \vec{\tau} \|} = \vec{\tau}$。此外，由式(9.59)可知断层的滑动方向 $\vec{s} = (s_1 \quad s_2 \quad s_3)^{\mathrm{T}}$ 为：$s_1 = \cos\varphi\cos\lambda + \sin\varphi\cos\delta\sin\lambda$，$s_2 = \sin\varphi\cos\lambda - \cos\varphi\cos\delta\sin\lambda$，$s_3 = \sin\delta\sin\lambda$。因此，如果已知地震断层的震源机制(走向 φ、倾角 δ 和滑动角 λ)，那么就可以求得断层的滑动方向 $\vec{s}$。进一步利用多个断层滑动方向作为观测量在 $\| \vec{s} - \vec{\tau} \| = \min$ 的估计准则下，就可以由式(9.87)建立观测方程，其为：

$$
\begin{pmatrix} \tilde{s}_1 \\ \tilde{s}_2 \\ \vdots \\ \tilde{s}_N \end{pmatrix} =
\begin{pmatrix}
n_{11} - n_{11}^3 + n_{11}n_{13}^2 & n_{12} - 2n_{11}^2 n_{12} & n_{13} - 2n_{11}^2 n_{13} & n_{11}n_{13}^2 - n_{11}n_{12}^2 & -2n_{11}n_{12}n_{13} \\
n_{12}n_{13}^2 - n_{11}^2 n_{12} & n_{11} - 2n_{11}n_{12}^2 & -2n_{11}n_{12}n_{13} & n_{12} - n_{12}^3 + n_{12}n_{13}^2 & n_{13} - 2n_{12}^2 n_{13} \\
n_{13}^3 - n_{11}^2 n_{13} - n_{13} & -2n_{11}n_{12}n_{13} & n_{11} - 2n_{11}n_{13}^2 & n_{13}^3 - n_{12}^2 n_{13} - n_{13} & n_{12} - 2n_{12}n_{13}^2 \\
n_{21} - n_{21}^3 + n_{21}n_{23}^2 & n_{22} - 2n_{21}^2 n_{22} & n_{23} - 2n_{21}^2 n_{23} & n_{21}n_{23}^2 - n_{21}n_{22}^2 & -2n_{21}n_{22}n_{23} \\
n_{22}n_{23}^2 - n_{21}^2 n_{22} & n_{21} - 2n_{21}n_{22}^2 & -2n_{21}n_{22}n_{23} & n_{22} - n_{22}^3 + n_{22}n_{23}^2 & n_{23} - 2n_{22}^2 n_{23} \\
n_{23}^3 - n_{21}^2 n_{23} - n_{23} & -2n_{21}n_{22}n_{23} & n_{21} - 2n_{21}n_{23}^2 & n_{23}^3 - n_{22}^2 n_{23} - n_{23} & n_{22} - 2n_{22}n_{23}^2 \\
\vdots & \vdots & \vdots & \vdots & \vdots \\
n_{N1} - n_{N1}^3 + n_{N1}n_{N3}^2 & n_{N2} - 2n_{N1}^2 n_{N2} & n_{N3} - 2n_{N1}^2 n_{N3} & n_{N1}n_{N3}^2 - n_{N1}n_{N2}^2 & -2n_{N1}n_{N2}n_{N3} \\
n_{N2}n_{N3}^2 - n_{N1}^2 n_{N2} & n_{N1} - 2n_{N1}n_{N2}^2 & -2n_{N1}n_{N2}n_{N3} & n_{N2} - n_{N2}^3 + n_{N2}n_{N3}^2 & n_{N3} - 2n_{N2}^2 n_{N3} \\
n_{N3}^3 - n_{N1}^2 n_{N3} - n_{N3} & -2n_{N1}n_{N2}n_{N3} & n_{N1} - 2n_{N1}n_{N3}^2 & n_{N3}^3 - n_{N2}^2 n_{N3} - n_{N3} & n_{N2} - 2n_{N2}n_{N3}^2
\end{pmatrix}
\begin{pmatrix} \tilde{\sigma}_{11} \\ \tilde{\sigma}_{12} \\ \tilde{\sigma}_{13} \\ \tilde{\sigma}_{22} \\ \tilde{\sigma}_{23} \end{pmatrix}
\tag{9.88}
$$

其中，$\tilde{s}_i = (s_{i1} \quad s_{i2} \quad s_{i3})^{\mathrm{T}} |_{i=1,2,\cdots,N}$，$n_i = (n_{i1} \quad n_{i2} \quad n_{i3})^{\mathrm{T}} |_{i=1,2,\cdots,N}$，$N$ 为地震断层震源机制的个数。

基于式(9.88)即可利用地震断层震源机制反演地壳构造应力场。如果需要进一步顾及所反演的构造应力场的变化的平滑性，可以引入平滑矩阵，具体参见相关文献(Hardeeck & Michael, 2006)；如果需要进一步顾及地震前后的同震应力变化对构造应力场的扰动影响并反演偏应力场的绝对量，可以建立相应的观测方程进行反演，具体参见相关文献(Yang et al., 2013)，均在此不再赘述。

9.6　地震库仑应力场与地震危险性

近年来频发的全球灾害性强震给人类造成了巨大的伤亡和社会经济损失，我国也难以幸免，因而地震防灾减灾的社会需求愈发迫切，灾害性强震的孕震机理研究任务愈发紧迫。由于地震的发生致使地球系统内的物质在局部或更大范围内重新分布，地壳应力场也随之调整。地球也是一个各圈层互相耦合的复杂巨系统。相应地，地壳应力应变场的响应机制同样是极其复杂的，目前地壳应力应变场的唯像分析研究，仍不足以全面深刻彻底地揭示地壳应力应变场的瞬态物理响应机制和灾害性强震的孕育发生机理。地壳应力应变场研究应从系统科学的角度出发，采用多学科交叉的方法来展开，才能有助于突破目前利用地壳形变场信号提取应力应变特征参数的研究范式，进而深入到地壳应力应变场的力学驱动机制层面，推进并深化地震灾害动力学机制研究不断向纵深扩展。

地壳应力应变场研究应始终贯彻以地震预测预报为目标的指导思想，紧密围绕地壳应力应变场的瞬态过程与地震间因果关系来进行，深入挖掘形变观测数据所蕴含的地壳应力应变这一物理场与地震间的耦合机制信息，系统分析地震孕育发生过程中地壳应力场时空演化过程及其与地震间的响应机制。国际地学界中的地震应力场转移演化模式研究就是这类理念的具体实现。本节简要介绍地震库仑应力转移的数学模型。

9.6.1　地震库仑应力模型

地震应力转移模型基于库仑失稳准则。该准则是说如果地震断层上受到的剪切力大于最大静摩擦力则断层倾向于滑动；反之，如果地震断层上受到的剪切力小于或等于最大静摩擦力则断层倾向于静止。因此库仑应力模型（或称为库仑应力失稳函数）被定义为地震激发的、在接收断层面上的剪切力变化和摩擦力变化的合力，这可以用简单物理常识与之类比：平推置于水平面的箱子，若推力大于最大静摩擦力则箱子滑动，反之若推力小于或等于最大静摩擦力则箱子静止。用数学模型来刻画之即为：

$$\Delta \mathrm{CFF} = \Delta\tau + \mu(\Delta\sigma_n + \Delta P) \tag{9.89}$$

式中，$\Delta\tau$ 为沿断层滑动方向的剪切力变化，$\Delta\sigma_n$ 为断层面上的正应力变化（以张应力为正），ΔP 为断层周围的孔隙压力变化，μ 为摩擦系数。

因地震同震阶段地壳孔隙介质的流体仍处于未排水状态（undrained），孔隙压力变化 ΔP 为 $\Delta P = -B\dfrac{\Delta\sigma_{kk}}{3}$，其中 B 为 Skempton 系数，$\Delta\sigma_{kk}$ 为应力张量的迹。将 ΔP 代入式（9.89）则库仑应力模型可表述为：

$$\Delta \mathrm{CFF} = \Delta\tau + \mu\left(\Delta\sigma_n - B\frac{\Delta\sigma_{kk}}{3}\right) \tag{9.90}$$

更进一步地，如果令 $\dfrac{\Delta\sigma_{kk}}{3} = \Delta\sigma_n (k \in \{1, 2, 3\})$，则库仑应力模型可简化为：

$$\Delta \mathrm{CFF} = \Delta\tau + \mu'\Delta\sigma_n \tag{9.91}$$

式中，$\mu' = \mu(1-B)$ 为有效摩擦系数，$\mu' \in [0, 1]$，$\mu \in [0, 1]$，$B \in [0, 1]$。

对比式（9.91）和式（9.89），后者为前者的特殊形式，故后续讨论针对库仑应力广义模型式（9.90）。要求解式（9.90），需要知道地震激发的断层面上剪切力的变化 $\Delta\tau$ 和正应力变化 $\Delta\sigma_n$。由式（9.59）和张量变换法则，将局部笛卡尔直角坐标系中的应力张量 σ 转换到断层面坐标系为的应力张量 $\tilde{\boldsymbol{\sigma}}$ 的转换公式可表述为：

$$\tilde{\boldsymbol{\sigma}} = (\boldsymbol{R}_{\varphi}\boldsymbol{R}_{\delta})^{\mathrm{T}}\boldsymbol{\sigma}(\boldsymbol{R}_{\varphi}\boldsymbol{R}_{\delta}) \tag{9.92}$$

式中，$\boldsymbol{\sigma} = \begin{pmatrix} \sigma^{11} & \sigma^{12} & \sigma^{13} \\ \sigma^{21} & \sigma^{22} & \sigma^{23} \\ \sigma^{13} & \sigma^{23} & \sigma^{33} \end{pmatrix}$，$\tilde{\boldsymbol{\sigma}} = \begin{pmatrix} \tilde{\sigma}^{11} & \tilde{\sigma}^{12} & \tilde{\sigma}^{13} \\ \tilde{\sigma}^{21} & \tilde{\sigma}^{22} & \tilde{\sigma}^{23} \\ \tilde{\sigma}^{13} & \tilde{\sigma}^{23} & \tilde{\sigma}^{33} \end{pmatrix}$，$\boldsymbol{R}_{\varphi}$ 和 $\boldsymbol{R}_{\delta}$ 为转换矩阵。

将断层面坐标系的应力张量 $\tilde{\boldsymbol{\sigma}}$ 投影到该断层面的滑动方向和断层面法向即可求得剪切力变化和正应力变化：

$$\begin{cases} \Delta\tau = \begin{pmatrix} \cos\lambda \\ \sin\lambda \\ 0 \end{pmatrix}^{\mathrm{T}} \tilde{\boldsymbol{\sigma}}\ (0 \quad 0 \quad 1)^{\mathrm{T}} \\ \Delta\sigma_{n} = \begin{pmatrix} 0 \\ 0 \\ 1 \end{pmatrix}^{\mathrm{T}} \tilde{\boldsymbol{\sigma}}\ (0 \quad 0 \quad 1)^{\mathrm{T}} \end{cases} \tag{9.93}$$

亦即：

$$\begin{cases} \Delta\tau = \tilde{\sigma}^{13}\cos\lambda + \tilde{\sigma}^{23}\sin\lambda \\ \Delta\sigma_{n} = \tilde{\sigma}^{33} \end{cases} \tag{9.94}$$

由式(9.90)、式(9.92)和式(9.94)可知，库仑应力具体模型为(Xu et al., 2010；Wang et al., 2014)：

$$\begin{aligned} \Delta CFF = {} & \sin\lambda\Big[-\frac{1}{2}\sin^{2}\varphi\sin(2\delta)\sigma^{11} + \frac{1}{2}\sin2\varphi\sin(2\delta)\sigma^{12} + \sin\varphi\cos(2\delta)\sigma^{13} \\ & - \frac{1}{2}\cos^{2}\varphi\sin(2\delta)\sigma^{22} - \cos\varphi\cos(2\delta)\sigma^{23} + \frac{1}{2}\sin(2\delta)\sigma^{33}\Big] + \cos\lambda\Big[-\frac{1}{2} \\ & \sin(2\varphi)\sin\delta\sigma^{11} + \cos(2\varphi)\sin\delta\sigma^{12} + \cos\varphi\cos\delta\sigma^{13} + \frac{1}{2}\sin(2\varphi)\sin\delta\sigma^{22} \\ & + \sin\varphi\cos\delta\sigma^{23}\Big] + \mu\Big[\sin^{2}\varphi\sin^{2}\delta\sigma^{11} - \sin(2\varphi)\sin^{2}\delta\sigma^{12} - \sin\varphi\sin(2\delta)\sigma^{13} \\ & + \cos^{2}\varphi\sin^{2}\delta\sigma^{22} + \cos\varphi\sin(2\delta)\sigma^{23} + \cos^{2}\delta\sigma^{33} - \frac{B}{3}(\sigma^{11} + \sigma^{22} + \sigma^{33})\Big] \end{aligned} \tag{9.95}$$

其中，φ、δ、λ 分别为接收断层的走向、倾角和滑动角，$\{\sigma^{ij} \mid i, j = 1, 2, 3\}$ 为发震断层激发的应力张量，该应力张量位于局部笛卡尔直角坐标系中：x 轴为北向、y 轴为东向、z 轴垂直向上。

地震库仑应力模型式(9.95)可以简写为：

$$\Delta CFF = f(\sigma^{ij}, \varphi, \delta, \lambda, u, B) \tag{9.96}$$

由上式可知，地震激发的库仑应力与应力张量 $\{\sigma^{ij}\}$ 、接收断层的走向 φ 、接收断层的倾角 δ 和接收断层的滑动角 λ 、接收断层摩擦系数 μ 以及围岩的 Skempton 系数 B 有关。应力张量可以采用相应的位错模型(e. g. , Okada, et al. , 1992)和发震断层的滑动分布(它是地球物理大地测量反演的一项重要研究内容且已在第四章介绍过)来计算，接收断层参数可以根据地质调查、大地测量学和地震学手段得到，而有效摩擦系数 μ' 则根据接收断层的滑动习性给定一个经验参数，一般为 0. 4 (如 King et al. , 1994)。

9. 6. 2　地震库仑应力误差估计模型

地震库仑应力与其参数的选择有关(见式(9. 95))，因此有必要分析参数的选择对结果的影响。如果参数的误差很大，以致计算的地震库仑应力的误差过大，会使得基于地震库仑应力的研究分析建立于不可靠的结果之上。因此，下面具体介绍地震库仑应力误差估计模型的推导过程。

1. 地震库仑应力误差估计模型

对式(9. 96)进行全微分有：

$$\mathrm{d}f = \frac{\partial f}{\partial \sigma^{ij}}\mathrm{d}\sigma^{ij} + \frac{\partial f}{\partial \varphi}\mathrm{d}\varphi + \frac{\partial f}{\partial \delta}\mathrm{d}\delta + \frac{\partial f}{\partial \lambda}\mathrm{d}\lambda + \frac{\partial f}{\partial \mu}\mathrm{d}\mu + \frac{\partial f}{\partial B}\mathrm{d}B \tag{9.97}$$

其中 $\frac{\partial f}{\partial \sigma^{ij}}\mathrm{d}\sigma^{ij}$ 一项如下：

$$\frac{\partial f}{\partial \sigma^{ij}}\mathrm{d}\sigma^{ij} = \begin{pmatrix} \frac{\partial f}{\partial \sigma^{11}} & \frac{\partial f}{\partial \sigma^{12}} & \frac{\partial f}{\partial \sigma^{13}} & \frac{\partial f}{\partial \sigma^{22}} & \frac{\partial f}{\partial \sigma^{23}} & \frac{\partial f}{\partial \sigma^{33}} \end{pmatrix} \begin{pmatrix} \mathrm{d}\sigma^{11} \\ \mathrm{d}\sigma^{12} \\ \mathrm{d}\sigma^{13} \\ \mathrm{d}\sigma^{22} \\ \mathrm{d}\sigma^{23} \\ \mathrm{d}\sigma^{33} \end{pmatrix} \tag{9.98}$$

令 $\frac{\partial f}{\partial \sigma^{ij}} = k_{\sigma^{ij}}$， $\frac{\partial f}{\partial \varphi} = k_{\varphi}$， $\frac{\partial f}{\partial \delta} = k_{\delta}$， $\frac{\partial f}{\partial \lambda} = k_{\lambda}$， $\frac{\partial f}{\partial \mu} = k_{\mu}$， $\frac{\partial f}{\partial B} = k_B$， 将其代入式(9. 97)有：

$$\begin{cases} \mathrm{d}f = \boldsymbol{K}^{\mathrm{T}} \left(\mathrm{d}\sigma^{11} \quad \mathrm{d}\sigma^{12} \quad \mathrm{d}\sigma^{13} \quad \mathrm{d}\sigma^{22} \quad \mathrm{d}\sigma^{23} \quad \mathrm{d}\sigma^{33} \quad \mathrm{d}\varphi \quad \mathrm{d}\delta \quad \mathrm{d}\lambda \quad \mathrm{d}\mu \quad dB\right)^{\mathrm{T}} \\ \boldsymbol{K} = \left(k_{\sigma 11} \quad k_{\sigma 12} \quad k_{\sigma 13} \quad k_{\sigma 22} \quad k_{\sigma 23} \quad k_{\sigma 33} \quad k_{\varphi} \quad k_{\delta} \quad k_{\lambda} \quad k_{\mu} \quad k_B\right)^{\mathrm{T}} \end{cases} \tag{9.99}$$

令 $\underset{11\times 11}{\boldsymbol{D}}$ 为库仑应力模型参数 $\underset{11\times 1}{\boldsymbol{X}}$ 的方差且 $\underset{11\times 1}{\boldsymbol{X}}$ 为：

$$\underset{11\times 1}{\boldsymbol{X}} = \left(\sigma^{11} \quad \sigma^{12} \quad \sigma^{13} \quad \sigma^{22} \quad \sigma^{23} \quad \sigma^{33} \quad \varphi \quad \delta \quad \lambda \quad \mu \quad B\right)^{\mathrm{T}} \tag{9.100}$$

则库仑应力误差估计公式为：

$$m^2_{\Delta\mathrm{CFF}} = \underset{1\times 11}{\boldsymbol{K}^{\mathrm{T}}} \underset{11\times 11}{\boldsymbol{D}} \underset{11\times 1}{\boldsymbol{K}} \tag{9.101}$$

现在让我们来考察方差-协方差阵 $\underset{11\times 11}{\boldsymbol{D}}$。该矩阵与三类参数有关：(1)应力张量分量 $\{\sigma^{11}, \sigma^{12}, \sigma^{13}, \sigma^{22}, \sigma^{23}, \sigma^{33}\}$；(2)接收断层参数 $\{\varphi, \delta, \lambda\}$；(3)有效摩擦系数和 Skempton 系数 $\{\mu, B\}$。第一类参数为地震或火山激发的地壳应力张量，采用位错模型和发震断层滑动分布来确定；第二类参数接收断层和第三类参数特别给定。因此，一般而言，方差-协方差矩阵 $\underset{11\times 11}{\boldsymbol{D}}$ 为块对角阵且有如下形式：

$$\underset{11\times 11}{\boldsymbol{D}} = \begin{pmatrix} \underset{6\times 6}{\boldsymbol{D}_\sigma} & & & \\ & \underset{3\times 3}{\boldsymbol{D}_{\varphi\delta\lambda}} & & \\ & & \boldsymbol{D}_\mu & \\ & & & \boldsymbol{D}_B \end{pmatrix} \tag{9.102}$$

将式(9.102)代入式(9.101)并顾及式(9.99)中的 $\underset{11\times 1}{\boldsymbol{K}}$ 有：

$$\underset{1\times 1}{m^2_{\Delta\mathrm{CFF}}} = (k_{\sigma^{11}} \quad k_{\sigma^{12}} \quad k_{\sigma^{13}} \quad k_{\sigma^{22}} \quad k_{\sigma^{23}} \quad k_{\sigma^{33}}) \underset{6\times 6}{\boldsymbol{D}_\sigma} \begin{pmatrix} k_{\sigma^{11}} \\ k_{\sigma^{12}} \\ k_{\sigma^{13}} \\ k_{\sigma^{22}} \\ k_{\sigma^{23}} \\ k_{\sigma^{33}} \end{pmatrix} + (k_\varphi \quad k_\delta \quad k_\lambda) \underset{3\times 3}{\boldsymbol{D}_{\varphi\delta\lambda}} \begin{pmatrix} k_\varphi \\ k_\delta \\ k_\lambda \end{pmatrix}$$

$$+ k^2_\mu \underset{1\times 1}{\boldsymbol{D}_\mu} + k^2_B \underset{1\times 1}{\boldsymbol{D}_B} \tag{9.103}$$

更进一步地，如果方差-协方差阵 $\underset{3\times 3}{\boldsymbol{D}_{\varphi\delta\lambda}}$ 是对角阵，且为 $\begin{pmatrix} m^2_\varphi & 0 & 0 \\ 0 & m^2_\delta & 0 \\ 0 & 0 & m^2_\lambda \end{pmatrix}$（其中 m_φ、m_δ、m_λ 分别为接收断层走向、倾角和滑动角的标准差）。

令 $(k_{\sigma^{11}} \quad k_{\sigma^{12}} \quad k_{\sigma^{13}} \quad k_{\sigma^{22}} \quad k_{\sigma^{23}} \quad k_{\sigma^{33}}) = \boldsymbol{k}_\sigma$ 且 $\underset{1\times 1}{\boldsymbol{D}_\mu} = m^2_\mu$，$\underset{1\times 1}{\boldsymbol{D}_B} = m^2_B$，则式(9.103)为：

$$m^2_{\Delta\mathrm{CFF}} = \underset{1\times 6}{\boldsymbol{k}_\sigma} \underset{6\times 6}{\boldsymbol{D}_\sigma} \underset{6\times 1}{\boldsymbol{k}_\sigma}^{\mathrm{T}} + k^2_\varphi m^2_\varphi + k^2_\delta m^2_\delta + k^2_\lambda m^2_\lambda + k^2_\mu m^2_\mu + k^2_B m^2_B \tag{9.104}$$

式(9.104)可简写为：

$$m_{\Delta\mathrm{CFF}} = \sqrt{(m^\sigma_{\Delta\mathrm{CFF}})^2 + (m^\varphi_{\Delta\mathrm{CFF}})^2 + (m^\delta_{\Delta\mathrm{CFF}})^2 + (m^\lambda_{\Delta\mathrm{CFF}})^2 + (m^\mu_{\Delta\mathrm{CFF}})^2 + (m^B_{\Delta\mathrm{CFF}})^2} \tag{9.105}$$

其中 $m^\sigma_{\Delta\mathrm{CFF}} = \sqrt{\underset{1\times 6}{\boldsymbol{k}_\sigma} \underset{6\times 6}{\boldsymbol{D}_\sigma} \underset{6\times 1}{\boldsymbol{k}_\sigma}^{\mathrm{T}}}$，$m^\varphi_{\Delta\mathrm{CFF}} = |k_\varphi| m_\varphi$，$m^\delta_{\Delta\mathrm{CFF}} = |k_\delta| m_\delta$，$m^\lambda_{\Delta\mathrm{CFF}} = |k_\lambda| m_\lambda$，$m^\mu_{\Delta\mathrm{CFF}} = |k_\mu| m_\mu$，$m^B_{\Delta\mathrm{CFF}} = |k_B| m_B$。

至此，已经建立起基于式(9.95)的库仑应力误差估计模型。在该模型中，尚需确定参数 $\underset{6\times 6}{\boldsymbol{D}_\sigma}$、$\underset{1\times 6}{\boldsymbol{k}_\sigma}$、$k_\varphi$、$k_\delta$、$k_\lambda$、$k$、$k_B$。参数 $\underset{6\times 6}{\boldsymbol{D}_\sigma}$ 在后面给出，首先给出参数 $\underset{1\times 6}{\boldsymbol{k}_\sigma}$、$k_\varphi$、$k_\delta$、$k_\lambda$、$k_\mu$、$k_B$，参数如下：

$$
\begin{cases}
k_{\sigma 11} = \dfrac{\partial f}{\partial \sigma^{11}} = -\dfrac{1}{2}\sin^2\varphi\sin(2\delta)\sin\lambda - \dfrac{1}{2}\sin(2\varphi)\sin\delta\cos\lambda + \mu\sin^2\varphi\sin^2\delta - \dfrac{1}{3}\mu B \\
k_{\sigma 12} = \dfrac{\partial f}{\partial \sigma^{12}} = \dfrac{1}{2}\sin(2\varphi)\sin(2\delta)\sin\lambda + \cos(2\varphi)\sin\delta\cos\lambda - \mu\sin(2\varphi)\sin^2\delta \\
k_{\sigma 13} = \dfrac{\partial f}{\partial \sigma^{13}} = \sin\varphi\cos(2\delta)\sin\lambda + \cos\varphi\cos\delta\cos\lambda - \mu\sin\varphi\sin(2\delta) \\
k_{\sigma 22} = \dfrac{\partial f}{\partial \sigma^{22}} = -\dfrac{1}{2}\cos^2\varphi\sin(2\delta)\sin\lambda + \dfrac{1}{2}\sin(2\varphi)\sin\delta\cos\lambda + \mu\cos^2\varphi\sin^2\delta - \dfrac{1}{3}\mu B \\
k_{\sigma 23} = \dfrac{\partial f}{\partial \sigma^{23}} = -\cos\varphi\cos(2\delta)\sin\lambda + \sin\varphi\cos\delta\cos\lambda + \mu\cos\varphi\sin(2\delta) \\
k_{\sigma 33} = \dfrac{\partial f}{\partial \sigma^{33}} = \dfrac{1}{2}\sin(2\delta)\sin\lambda + \mu\cos^2\delta - \dfrac{1}{3}\mu B \\
k_{\varphi} = \dfrac{\partial f}{\partial \varphi} = \sin\lambda\left[-\dfrac{1}{2}\sin(2\varphi)\sin(2\delta)\sigma^{11} + \cos(2\varphi)\sin(2\delta)\sigma^{12} + \cos\varphi\cos(2\delta)\sigma^{13}\right. \\
\quad \left. + \dfrac{1}{2}\sin(2\varphi)\sin(2\delta)\sigma^{22} + \sin\varphi\cos(2\delta)\sigma^{23}\right] + \cos\lambda[-\cos(2\varphi)\sin\delta\sigma^{11} \\
\quad - 2\sin(2\varphi)\sin\delta\sigma^{12} - \sin\varphi\cos\delta\sigma^{13} + \cos(2\varphi)\sin\delta\sigma^{22} + \cos\varphi\cos\delta\sigma^{23}] \\
\quad + \mu[\sin(2\varphi)\sin^2\delta\sigma^{11} - 2\cos(2\varphi)\sin^2\delta\sigma^{12} \\
\quad - \cos\varphi\sin(2\delta)\sigma^{13} - \sin(2\varphi)\sin^2\delta\sigma^{22} - \sin\varphi\sin(2\delta)\sigma^{23}] \\
k_{\delta} = \dfrac{\partial f}{\partial \delta} = \sin\lambda[-\sin^2\varphi\cos(2\delta)\sigma^{11} + \sin(2\varphi)\cos(2\delta)\sigma^{12} - 2\sin\varphi\sin(2\delta)\sigma^{13} \\
\quad - \cos^2\varphi\cos(2\delta)\sigma^{22} + 2\cos\varphi\sin(2\delta)\sigma^{23} + \cos(2\delta)\sigma^{33}] \\
\quad + \cos\lambda\left[-\dfrac{1}{2}\sin(2\varphi)\cos\delta\sigma^{11} + \cos(2\varphi)\cos\delta\sigma^{12} - \cos\varphi\sin\delta\sigma^{13}\right. \\
\quad \left. + \dfrac{1}{2}\sin(2\varphi)\cos\delta\sigma^{22} - \sin\varphi\sin\delta\sigma^{23}\right] + \mu[\sin^2\varphi\sin(2\delta)\sigma^{11} - \sin(2\varphi)\sin(2\delta)\sigma^{12} \\
\quad - 2\sin\varphi\cos(2\delta)\sigma^{13} + \cos^2\varphi\sin(2\delta)\sigma^{22} + 2\cos\varphi\cos(2\delta)\sigma^{23} - \sin(2\delta)\sigma^{33}] \\
k_{\lambda} = \dfrac{\partial f}{\partial \lambda} = \cos\lambda\left[-\dfrac{1}{2}\sin^2\varphi\sin(2\delta)\sigma^{11} + \dfrac{1}{2}\sin(2\varphi)\sin(2\delta)\sigma^{12} + \sin\varphi\cos(2\delta)\sigma^{13}\right. \\
\quad \left. - \dfrac{1}{2}\cos^2\varphi\sin(2\delta)\sigma^{22} - \cos\varphi\cos(2\delta)\sigma^{23} + \dfrac{1}{2}\sin(2\delta)\sigma^{33}\right] - \sin\lambda\left[-\dfrac{1}{2}\sin(2\varphi)\sin\right. \\
\quad \left.\delta\sigma^{11} + \cos(2\varphi)\sin\delta\sigma^{12} + \cos\varphi\cos\delta\sigma^{13} + \dfrac{1}{2}\sin(2\varphi)\sin\delta\sigma^{22} + \sin\varphi\cos\delta\sigma^{23}\right] \\
k_{\mu} = \dfrac{\partial f}{\partial \mu} = \sin^2\varphi\sin^2\delta\sigma^{11} - \sin(2\varphi)\sin^2\delta\sigma^{12} - \sin\varphi\sin(2\delta)\sigma^{13} + \cos^2\varphi\sin^2\delta\sigma^{22} \\
\quad + \cos\varphi\sin(2\delta)\sigma^{23} + \cos^2\delta\sigma^{33} - \dfrac{B}{3}(\sigma^{11} + \sigma^{22} + \sigma^{33}) \\
k_{B} = \dfrac{\partial f}{\partial B} = -\dfrac{\mu}{3}(\sigma^{11} + \sigma^{22} + \sigma^{33})
\end{cases}
\tag{9.106}
$$

2. 地震应力张量的方差-协方差阵

依位错理论(如 Okada, 1992), 单个发震断层在空间某点处激发的地壳应力张量为:

$$\boldsymbol{\sigma} = \boldsymbol{G}\boldsymbol{s} \tag{9.107}$$

其中, $\underset{6\times1}{\boldsymbol{\sigma}}$ 为局部笛卡尔直角坐标系下的应力张量分量:

$(\sigma^{11} \quad \sigma^{12} \quad \sigma^{13} \quad \sigma^{22} \quad \sigma^{23} \quad \sigma^{33})^{\mathrm{T}}$(该应力张量位于局部笛卡尔直角坐标系的 x 轴指向北、y 轴指向东、z 轴垂直向上), $\underset{6\times3}{\boldsymbol{G}}$ 格林函数和 $\underset{3\times1}{\boldsymbol{s}}$ 断层位错量(包括走滑位错量 s_1、倾滑位错量 s_2、张裂位错量 s_3)。

令有 M 个采样点和 N 条断层(或同一条断层上的 N 个子断层片), 则 N 条断层上的位错所产生的在 M 个采样点处的应力张量分量为:

$$\begin{pmatrix} \boldsymbol{\sigma}_1 \\ \boldsymbol{\sigma}_2 \\ \vdots \\ \boldsymbol{\sigma}_M \end{pmatrix} = \begin{pmatrix} \boldsymbol{G}_{11} & \boldsymbol{G}_{12} & \cdots & \boldsymbol{G}_{1N} \\ \boldsymbol{G}_{21} & \boldsymbol{G}_{22} & \cdots & \boldsymbol{G}_{2N} \\ \vdots & & & \vdots \\ \boldsymbol{G}_{M1} & \boldsymbol{G}_{M2} & \cdots & \boldsymbol{G}_{MN} \end{pmatrix} \begin{pmatrix} \boldsymbol{s}_1 \\ \boldsymbol{s}_2 \\ \vdots \\ \boldsymbol{s}_N \end{pmatrix} \tag{9.108}$$

其中, $\underset{6\times1}{\boldsymbol{\sigma}_i}\big|_{i=1,\,2,\,\cdots,\,M} = (\sigma_i^{11},\ \sigma_i^{12},\ \sigma_i^{13},\ \sigma_i^{22},\ \sigma_i^{23},\ \sigma_i^{33})^{\mathrm{T}}\big|_{i=1,\,2,\,\cdots,\,M}$ 为第 i 采样点处的应力张量分量, $\underset{6\times3}{\boldsymbol{G}_{ij}}\big|_{i=1,\,2\cdots,\,M;\ j=1,\,2,\,\cdots,\,N} = (G(1 \quad 0 \quad 0)^{\mathrm{T}},\ G(0 \quad 1 \quad 0)^{\mathrm{T}},\ G(0 \quad 0 \quad 1)^{\mathrm{T}})$ 为第 j 条断层位错在第 i 个采样点处激发的地壳应力张量分量, $\underset{3\times1}{\boldsymbol{s}_j}\big|_{j=1,\,2,\,\cdots,\,N} = (s_1^j,\ s_2^j,\ s_3^j)^{\mathrm{T}}\big|_{j=1,\,2,\,\cdots,\,N}$ 为第 j 条断层位错上的位错分量(分别为走滑分量、倾滑分量和张裂分量)。对式((9.108)采用误差传播定律可得应力张量分量的方差-协方差阵为:

$$\begin{pmatrix} \boldsymbol{D}_{\sigma_1\sigma_1} & \boldsymbol{D}_{\sigma_1\sigma_2} & \cdots & \boldsymbol{D}_{\sigma_1\sigma_M} \\ \boldsymbol{D}_{\sigma_2\sigma_1} & \boldsymbol{D}_{\sigma_2\sigma_2} & & \boldsymbol{D}_{\sigma_2\sigma_M} \\ \vdots & & & \vdots \\ \boldsymbol{D}_{\sigma_M\sigma_1} & \boldsymbol{D}_{\sigma_M\sigma_2} & \cdots & \boldsymbol{D}_{\sigma_M\sigma_M} \end{pmatrix} = \begin{pmatrix} G_{11} & G_{12} & \cdots & G_{1N} \\ G_{21} & G_{22} & & G_{2N} \\ \vdots & & & \vdots \\ G_{M1} & G_{M2} & \cdots & G_{MN} \end{pmatrix} \times \begin{pmatrix} \boldsymbol{D}_{s_1s_1} & \boldsymbol{D}_{s_1s_2} & \cdots & \boldsymbol{D}_{s_1s_N} \\ \boldsymbol{D}_{s_2s_1} & \boldsymbol{D}_{s_2s_2} & & \boldsymbol{D}_{s_2s_N} \\ \vdots & & & \vdots \\ \boldsymbol{D}_{s_Ns_1} & \boldsymbol{D}_{s_Ns_2} & \cdots & \boldsymbol{D}_{s_Ns_N} \end{pmatrix} \times \begin{pmatrix} G_{11} & G_{12} & \cdots & G_{1N} \\ G_{21} & G_{22} & & G_{2N} \\ \vdots & & & \vdots \\ G_{M1} & G_{M2} & \cdots & G_{MN} \end{pmatrix}^{\mathrm{T}} \tag{9.109}$$

该式左边即为所有 M 采样点处的应力张量分量方差-协方差阵, $\{\boldsymbol{D}_{s_is_j}\}$ 为发震断层位错的方差-协方差阵, $\{\boldsymbol{G}_{ij}\}$ 为格林函数矩阵。

由式(9.109)有第 k 个采样点处的应力张量分量方差-协方差阵 $\boldsymbol{D}_{\sigma_i\sigma_i}\big|_{i=1,\,2,\,3,\,\cdots,\,M}$ 为:

$$\underset{6\times6}{\boldsymbol{D}_{\sigma_k}}\big|_{k=1,\,2,\,3,\,\cdots,\,M} = (G_{k1} \quad G_{k2} \quad \cdots \quad G_{kN}) \begin{pmatrix} \boldsymbol{D}_{s_1s_1} & \boldsymbol{D}_{s_1s_2} & \cdots & \boldsymbol{D}_{s_1s_N} \\ \boldsymbol{D}_{s_2s_1} & \boldsymbol{D}_{s_2s_2} & & \boldsymbol{D}_{s_2s_N} \\ \vdots & & & \vdots \\ \boldsymbol{D}_{s_Ns_1} & \boldsymbol{D}_{s_Ns_2} & \cdots & \boldsymbol{D}_{s_Ns_N} \end{pmatrix} \begin{pmatrix} G_{k1}^{\mathrm{T}} \\ G_{k2}^{\mathrm{T}} \\ \vdots \\ G_{kN}^{\mathrm{T}} \end{pmatrix} \tag{9.110}$$

至此给出了每个采样点处的应力张量分量方差-协方差阵，将式(9.110)代入式(9.105)中与地震应力张量有关的库仑应力误差项 $m_{\Delta CFF}^{\sigma}$，得其估计公式为 $m_{\Delta CFF}^{\sigma} = \sqrt{\underset{1\times6}{\boldsymbol{k}_{\sigma}}\,\underset{6\times6}{\boldsymbol{D}_{\sigma}}\,\underset{6\times1}{\boldsymbol{k}_{\sigma}}^{\mathrm{T}}}$。

◎ 参考文献：

[1]李延兴，张静华，何建坤，等．由空间大地测量得到的太平洋板块现今构造运动与板内形变应变场．地球物理学报，2007，50（2）：437-447

[2]王瑁成．有限单元法，北京：清华大学出版社，2006

[3]汪建军，许才军，申文斌．2010 年 Mw 6.9 级玉树地震同震库仑应力变化研究．武汉大学学报．信息科学版，2012，37(10)：1207-1211

[4]晁定波，许才军，刘大杰，四维整体大地测量有限单元法．测绘学报，1997，26(1)：7-13

[5]谢富仁，祝景忠，梁海庆，刘光勋．中国西南地区现代构造应立场基本特征．地震学报，1993，15(4)：407-417

[6]许才军．青藏高原地壳运动模型与构造应力场，北京：测绘出版社，2002

[7]Aki K，Richards P G. Quantitative seismology. 2nd Edition. Sausalito：Univ. Sci. Books，2002：112-113

[8]Beavan J.，Haines J. Contemporary horizontal velocity and strain rate fields of the Pacific-Australian plate boundary zone through New Zealand. J. Geophys. Res.，2001，106(B1)：741-770，doi：10.1029/2000JB900302

[9]Crowell B W，Bock Y，Sandwell D T，Fialko Y. Geodetic investigation into the deformation of the Salton Trough. J. Geophys. Res.，2003，118：5030-5039，doi：10.1002/jgrb.50347

[10]Courant R. Variantional method for solutions of problems of equilibrium and vibrations. Bull. Am. Math. Soc.，1943，49：1-23

[11]Haines A J，Holt W E. A procedure for obtaining the complete horizontal motions within zones of distributed deformation from the inversion of strain rate data. J. Geophys. Res.，1993，98(B7)：12057-12082，doi：10.1029/93JB00892

[12]Hardebeck J L，Michael A J. Damped regional-scale stress inversions：Methodology and examples for southern California and the Coalinga aftershock sequence. J. Geophys. Res.，2006，111，B11310，doi：10.1029/2005JB004144

[13]King G C P，Stein R S，Lin J. Static stress changes and the triggering of earthquakes. Bull. Seismol. Soc. Am.，1994，84(3)：935-953

[14]Kreemer C，Holt W E，Haines A J. An integrated global model of present-day plate motions and plate boundary deformation. Geophys. J. Int.，2003，154：8-34. doi：10.1046/j.1365-246X.2003.01917.x

[15]Kostrov V V，Seismic moment and energy of earthquakes，and seismic flow of rocks. Izv. Acad. Sci. USSR Phys. Solid Earth，1，Eng. Transl.，1974：23-44

[16]Michael A J. Determination of stress from slip data: Faults and folds. J. Geophys. Res., 1984, 89(B13): 11517-11526, doi: 10.1029/JB089iB13p11517

[17]Okada, Y. Internal deformation due to shear and tensile faults in a half-space. Bull. Seismol. Soc. Am., 1992, 82(2): 1018-1040

[18]Reid H F, The Mechanics of the Earthquake, The California Earthquake of April 18, 1906. Report of the State Investigation Commission, Vol. 2, Carnegie Institution of Washington, Washington, D. C. 1910

[19]Shen Z K, Jackson D D, Ge B X. Crustal deformation across and beyond the Los Angeles basin from geodetic measurements. J. Geophys. Res., 1996, 101(B12): 27957-27980

[20]Walters R J, Parsons B, Wright T J. Constraining crustal velocity fields with InSAR for Eastern Turkey: Limits to the block-like behavior of Eastern Anatolia. J. Geophy. Res., 2014, 119: 5215-5234, doi: 10.1002/2013JB010909

[21]Wang J J, Xu C J. Analyses of crustal motion and deformation models in a curvilinear coordinate system. Chinese J. Geophys., 2009, 52(6): 1210-1219

[22]Wang J J, Xu C J, Freymueller J T, Li Z H, Shen W B. Sensitivity of Coulomb stress change to the parameters of the Coulomb failure model: A case study using the 2008 Mw 7.9 Wenchuan earthquake. J. Geophys. Res., 2014, 3371-3392, doi: 10.1002/2012JB009860

[23]Xu C J, Wang J J, Li Z H, Drummond J. Applying the Coulomb failure function with an optimally oriented plane to the 2008 Mw 7.9 Wenchuan earthquake triggering. Tectonophys., 2010, 491(1-4): 119-126

[24]Xu X W, Wen X Z, Ye J Q, et al. The Ms8.0 Wenchuan earthquake surface ruptures and its seismogenic structure (in Chinese). Seismol. Geol., 2008, 30(3): 597-629

[25]Yang Y R, Johnson K M, Chuang R Y. Inversion for absolute deviatoric crustal stress using focal mechanisms and coseismic stress changes: The 2011M9 Tohoku-oki, Japan, earthquake. J. Geophys. Res., 2013, 118: 5516-5529, doi: 10.1002/jgrb.50389

[26]Zhang P Z, Xu X W, Wen X Z, Ran Y K. Slip rates and recurrence intervals of the Longmen Shan active fault zone, and tectonic implications for the mechanism of the May 12 Wenchuan earthquake, 2008, Sichuan, China. Chinese J. Geophys., 2008, 51(4): 1066-1073

[27]Zhou R J, Li Y, Densmore A L, Ellis M A, He Y L, Li Z Y, Li X G. Active tectonics of the Longmen Shan region on the eastern margin of the Tibetan plateau. Act. Geol. Sin., 2007, 81(4): 593-604, doi: 10.1111/j.1755-6724.2007.tb00983.x